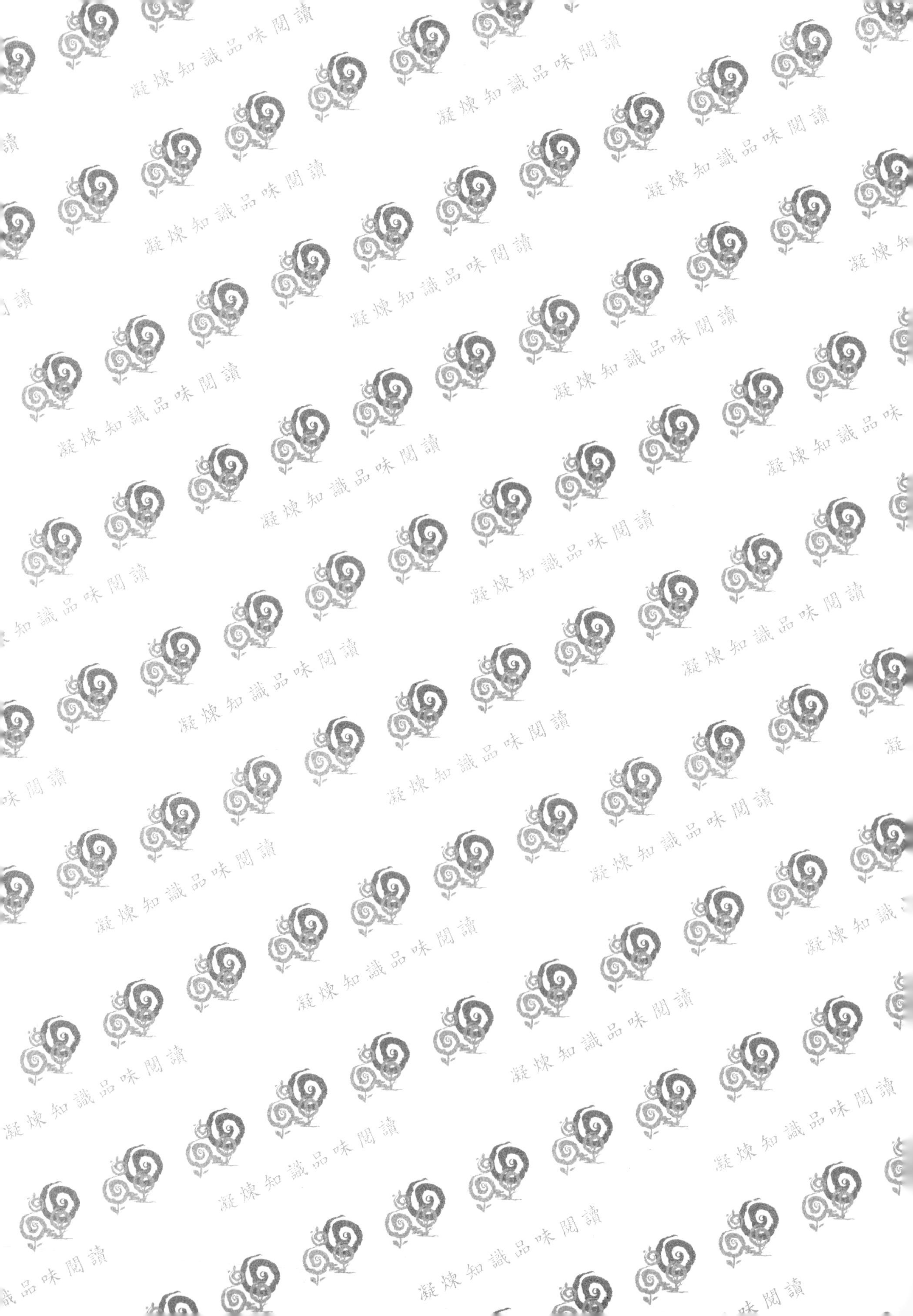
凝煉知識品味閱讀

應用高分子手冊

張　豐　志　主編

五南圖書出版公司　印行

序　言

人類早在石器時代就已經知道使用天然高分子材料，例如：絲、麻、棉花與蟲膠。高分子技術開發過程中最具代表性的三種，是十九世紀的天然橡膠之改質、硝化纖維與合成酚醛樹脂。其中前兩種只能算是天然高分子的改質，酚醛樹脂才算是真正由低分子量單體聚合的熱固型高分子材料。雖然酚醛樹脂有達近百年歷史，但至今仍是廣被使用的熱固型高分子材料。這也是長春樹脂公司在台灣光復後起家的主要產品。

二次大戰之前高分子技術雖然已相當成熟，但大量商用高分子產品種類及數量仍然相當有限。二次大戰期間，戰爭所必需的輪胎橡膠主要產地——東南亞地區為日軍所占領。當時美國與德國因無法取得天然橡膠，而被迫投入大量人力、物力於研製人造橡膠，用來取代天然橡膠。在美國原子彈與人造橡膠的開發，是當時最重要的兩大國防計畫，投入極大的人力與物力。戰爭結束後，天然橡膠又恢復供給。戰時參與研究與生產人造橡膠的幾家大型化學公司（如Dow）開始轉入民生用多元化塑膠產品發展。當時有部分參與戰時橡膠計畫的研究人員轉入各大學，帶動學術界高分子領域的快速進展，加上戰後原油十分便宜，更促進高分子工業的快速成長。

在七〇年代之前，應用高分子材料的研發大部分強調耐高溫與增強應用於汽車與航太工業的工程塑膠。八〇年代後光電產業開始起飛，而高分子材料被發現可廣泛應用於此新興產業。不論工業界或學術界也開始朝此方向研究。尤其最近十年來光電用高分子材料已成為高分子研究主流。三、四十年前歐美與日本大學裡從事高分子研究的並不多。為配合環境的變遷及需求，目前幾乎所有大學均有教授從事高分子相關研究。中國大陸近年來也十分重視高分子領域的發展。目前幾乎每所稍具規模的大學均設有高分子系所。台灣學術界從事高分子教學或研究起步稍晚。1960 年初期台大化工系陳秩宗教授曾開授了一門高分子纖維課程。1966 年林建中教授由德國回台大化工系才正式有了高分子學術研究。目前台大化工系邱文英與謝國煌教授均係當年林建中教授所指導的學生。邱文英教授應是台灣第一位高分子博士，與成大化工系陳志勇教授（郭人鳳教授指導）幾乎同時取得得高分子博士學位。目前各大學及技術學院教授屬於高分子領域甚多。其比例甚至遠高於美國，這充分反應出台灣高分子工業發達。不過目前台灣高分子界少有獨立系所，大部分分布於各大學的化學、化工或材料系所。

本人於 1987 年離開工作十六年的美國 Dow Chemical Company，回國任教於交大應化系所教授高分子相關課程十餘年。授課內容大多為一般傳統基礎高分子。對於近十年來高分子材料廣泛應用於光電科技則甚少涉及。這些光電業新高分子應用領域種類日新月異發展迅速，甚至對一般高分子教授也感到相當陌生。而我們所栽培出的學生，也大部分將進入這些新興高分子領域工作。為使學生在離校之前對於各類應用高分子領域有初步了解，以協助他們就業選擇參考，於兩年前決定開一門應用高分子演講課程。每學期邀請十五位國內在應用高分子領域專家學者無代價來本系上兩小時簡介課程。在此本人對這數十位學者專家表示最大的敬意與謝意。一年下來就有三十種不同應用高分子題材。其中不僅介紹高科技光電材料，也包括一些較重要且與台灣相關的傳統高分子材料。一般學生在無壓力情況下，依我的觀察大多十分用心聽講，效果甚佳。同時也特別請求每位講員義務性將內容整理出一篇簡介性章節，合編這本《應用高分子手冊》。將來若有稿費收入，除了必須支出費用外，將全數捐贈給高分子學會。有機會將再籌劃二、三十種領域，再編輯續冊。台灣目前尚缺類似高分子參考書供各行業參考。本書對於台灣各種不同領域，不論學術或工業界，均極具參考價值。對於其中任何高分子領域，只須花一、兩個小時，就能有個大略了解。本書也適合一般大學或技術學院做為高分子特論的教科書或參考書。本書在百忙中由我的學生陳憲偉博士與邱俊毅協助編輯與校正，特予致謝。

台灣新竹市交通大學理學院院長

應用化學系教授

張豐志

目　錄

第四章 聚矽氧烷（Polysiloxane）化學工業簡介／李杜雄

第五章 高分子有機電激發光顯示技術／李裕正

第六章 導電性高分子材料／沈永清

第七章 二次非線性光學高分子／林宏洲

第八章 電子產業高密度化之發展趨勢／邱國展

第十二章 淺談可攜式資訊產品的人機界面——液晶顯示器技術與未來展望／黃素真

第十三章 噴墨列印材料／張信貞

第十四章 高分子奈米複合材料／廖建勛

第十八章　聚胺酯——單體、化學原理、合成與產品／戴憲弘

第十九章　聚烯烴的發展演進與應用／謝永堂

第二十章　芳磷系難燃劑／蘇文炯

第二十一章　界面活性劑／黃建銘

第一章
mCOC 之現況及未來展望

丁晴

學歷：國立中興大學博士

經歷：工研院化工所聚合觸媒室
研究員

現職：工業技術研究院化學工業研究所研究員

一、背景說明

COC（Cyclo Olefin Copolymer，環烯烴共聚物）為環烯烴和另一單體如乙烯或丙烯的共聚物，其結構包括堅硬非極性環烯烴與柔軟線性的烯烴共聚段，正因為有如此結構，mCOC 具有高透明性、低收縮率、低吸濕性、低雙折射率、高耐熱性、尺寸安定性、低介電係數、耐化學藥品等等特性，且此共聚物的玻璃轉化溫度（T_g）可依環烯烴單體的含量高低而調整，且呈一線性關係（見圖 1-1），此外，由於此材料具有上述許多優異的特性，因此，COC 材料的開發成功，具有涵蓋光學、電子、生醫等高附加價值之應用空間（見表 1-1）。

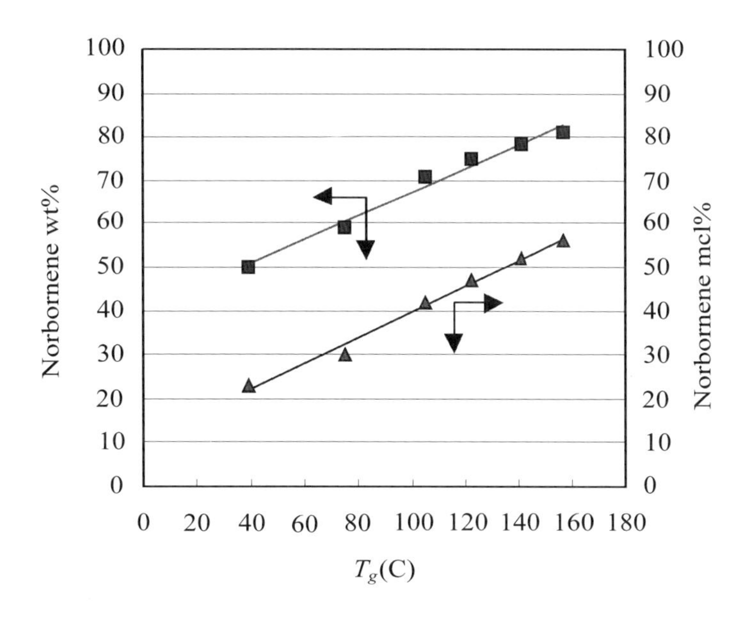

圖 1-1　Norbornene 單體含量對材料 T_g 的影響

表 1-1　COC 材料的特性及其應用

Physical Properties	Applications		
	光電／光學	電子零件	生醫／醫藥
Low Dk（2.35） Hight T_g（>200℃） HDT>170℃ 高光學清晰度（92%） 尺寸安定性佳 （mold shrinkage=0.4%） 低滲水性（<0.01%） 低雙折率（<20nm） 血清相容性佳 適用於各類之消毒方法	CD DVD 讀寫頭 塑膠光纖 光學鏡片 光波導 平面顯示基材 光阻劑 稜鏡 燈罩	PCB EMC 薄膜電容器 電氣製品 連接器	試管 樣品瓶 醫療器具 醫撿器具 藥劑用盤 泡殼包裝 食品包裝 注射器

二、mCOC之合成方法簡介

環烯烴共聚物之合成方法探討，基本尚可分為觸媒與製程兩大部分，現就此分別作簡單的說明；COC材料所使用之觸媒系統基本上可分為四大類，分別為：(1) Ziegler-Natta 類型；(2) Metallocene 類型；(3) ROMP 類型；(4) Vinyl Addition Polymerization 類型。其中 Ziegler-Natta 及 Metallocene 兩者之 COC 材料具有類似之結構，而各種不同的觸媒系統所產生的 COC 材料，如圖 1-2 所示。

其中ROMP觸媒具有活性低，去金屬不易的缺點，而所生成的共聚物須再經一道加氫過程，因此成本相對增加；Ziegler-Natta 觸媒則由於對環烯烴之相對反應性低，要達到適用 T_g 範圍的材料，必須以叫 Norbornene 更多環狀結構的反應單體，因此，生產成本亦較高，而且其材料 T_g 也有一定的限制；至於 Vinyl Addition Polymerization 的觸媒，因對α-Olefin 亦產生β-Hydride Eliminaiton 的步驟，無法加入乙烯或其他大量的α-Olefin來調整 T_g，導致應用上有其限制，再加上觸媒的反應性不高，因此，生產成本與Metallocene觸媒所產出的mCOC來比，相去甚遠；由此簡單的分析來看，以Metallocene觸媒來生產mCOC具有最高的觸媒活性，對環烯烴單體的相對反應性亦最高，生成材料的 T_g 可由所加入的單體比

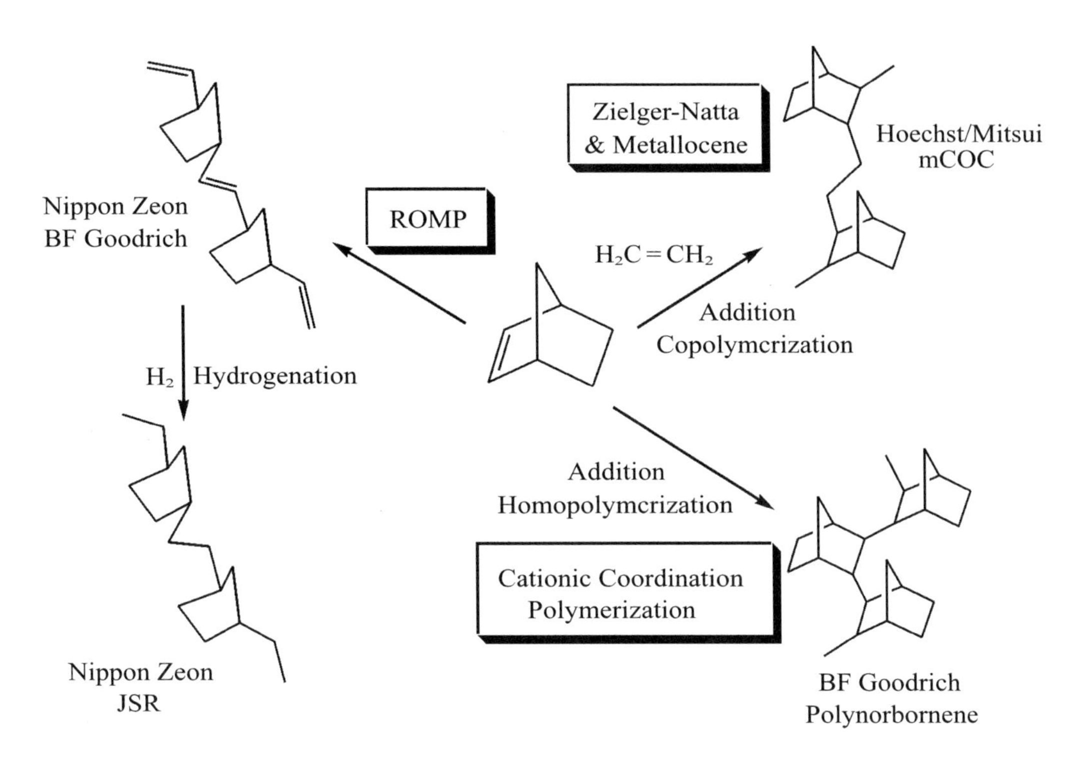

圖 1-2 各種不同觸媒系統所產生之 COC 材料

例，輕易調整，因此應用範圍相對寬廣許多，再加上生產成本最低，對產業的影響也大大的提升了。

從製程的角度來看，文獻中顯示 COC 的生產製程是一個連續式的溶液聚合反應（Continuous solution Polymerization），常見的溶劑為甲苯（Toluene），使用量約為 15%，共聚組成的控制在於 Norbornene 和乙烯單體於液相中的比例，而這是決定產物COC的 T_g（玻璃轉化溫度）最重要的參數。COC的 T_g 和Norbornene的含量有一定的關係，如附圖 1-1 所示，T_g 愈高表示Norbornene含量愈高，專利文獻上皆利用反應乙烯的壓力來控制 COC 不同規格的需求。至於 COC 的生產流程可區分為單體原料純化、聚合反應、單體回收、金屬離子清洗、沉降分離與萃取及乾燥與造粒等單元，整個製程方塊流程圖，如圖 1-3 所示。由專利文獻上得知 COC 產品品質的優劣與否除控制操作條件外，最重要的依據是 Norbornene 單體的品質，所以在進行聚合反應前單體原料的純化及規格需求的標準，亦應納

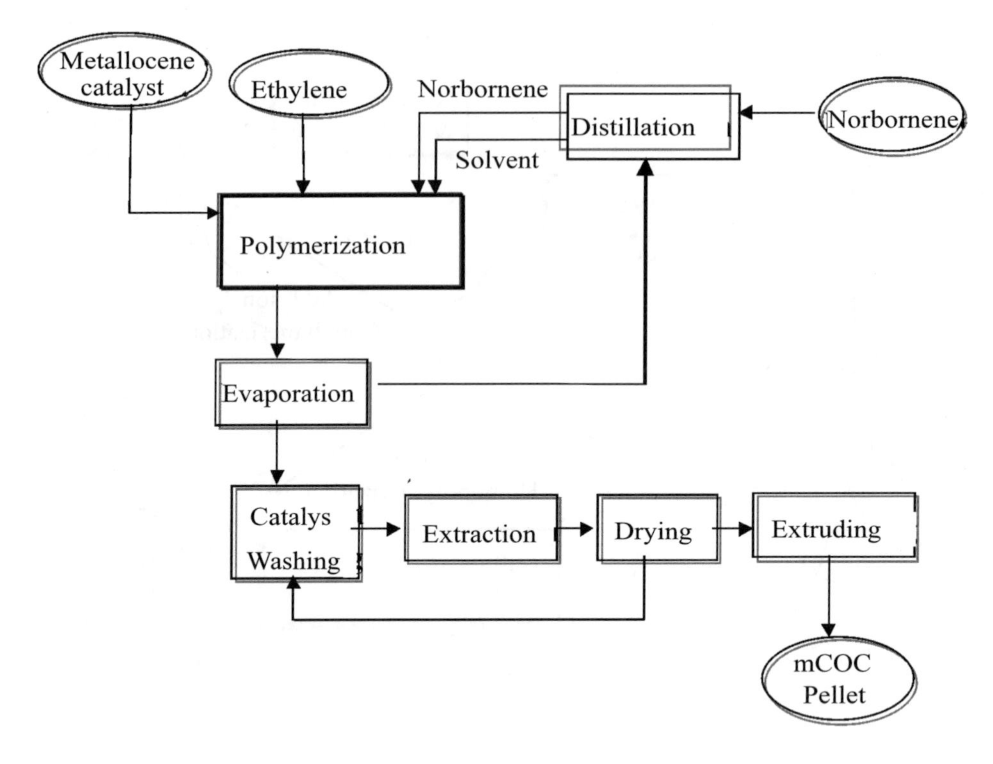

圖 1-3　COC 生產方塊流程圖

入生產工廠設計前實驗室或 Pilot Plant 應完成探討首要的目標。

三、mCOC 應用介紹

mCOC 於各種領域的應用（見表 1-1）包括：

(一)光學應用

此類產品包含有光碟片、塑膠鏡片、塑膠光纖、光波導、光平面顯示器、光阻劑與光學薄膜等等。

㈡電子零件之應用

本項應用包括有封裝材料、耐高溫電容器薄膜、電氣製品零件與外殼，或是低介電耐高溫基板等等用途。

㈢醫藥容器、器材、零件或包裝應用

此類產品包括有耐γ-ray消毒滅菌容器、食品包裝、化粧品包裝或其他生醫的應用。

化工所所開發新型 Metallocene 觸媒，成功合成 mCOC 材料，並通過自行開發的二套連續式 Pilot Plant 的驗證，已可小量生產相關 mCOC 的樹脂，供應應用研究開發之用；由上述介紹可知之mCOC的應用廣泛性，因此，化工所本年度先行鎖定國內極富前景的光碟基板，尤其是未來適用 400nm 藍光的 HD-DVD 基板進行開發，成為可能取代 PC 之光碟基板材料（表 1-2 與表 1-3）。此外，由於 COC 材料具有低介電性（見圖 1-4）、低能量損失、高耐熱性、低吸水性、耐化學性等特性，於電子方面的應用有相當的優勢，因此，另一優先開發之應用研究為鎖定未來通訊用高頻低介電通訊天線基板，期能配合成長迅速之高頻通訊市場之需求。

表 1-2　COC 與其光學塑膠之物性比較

項目	mCOC	PC	PMMA
比重	1.05	1.2	1.2
吸水率（%）	<0.01	0.2	0.3
折射率	1.54	1.58	1.49
透光率（%）	91	90	92
複折射率（nm）	<20	<60	<20
熱變形溫度（℃）	60~300℃	120~140	80~90
抗拉強度（kg/cm^2）	400~750	640	700
彎曲彈性率（kg/cm^2）	24,000~32,000	24,000	33,000
鉛筆硬度	2H	B	3H

未來除持續上述研究外，亦將持續結合觸媒、製程與應用開發之整體研發，開發新一代之 mCOC，並進行可取代 TFT-LCD、OLED、PLED 等玻璃顯示，用基板的「塑膠光學顯示基板」及極富市場潛力的光學通訊的各項全塑膠元件，如 Optical Wave Guide 的應用開發研究。

表 1-3　mCOC 應用於高密度的 DVD 基板材料之必要性

	DVD	HD-DVD
容量	4.7GB	15GB
讀寫光頭	紅光雷射（600nm）	藍光雷射（400nm）
光碟基板材料	PC（Polycarbonate） mCOC	mCOC｛比重低於 PC 洞訊複雜度優於 PC 複折射率優於 PC
透光率	PC（90%） mCOC（91%）	PC（70%） mCOC（88%）

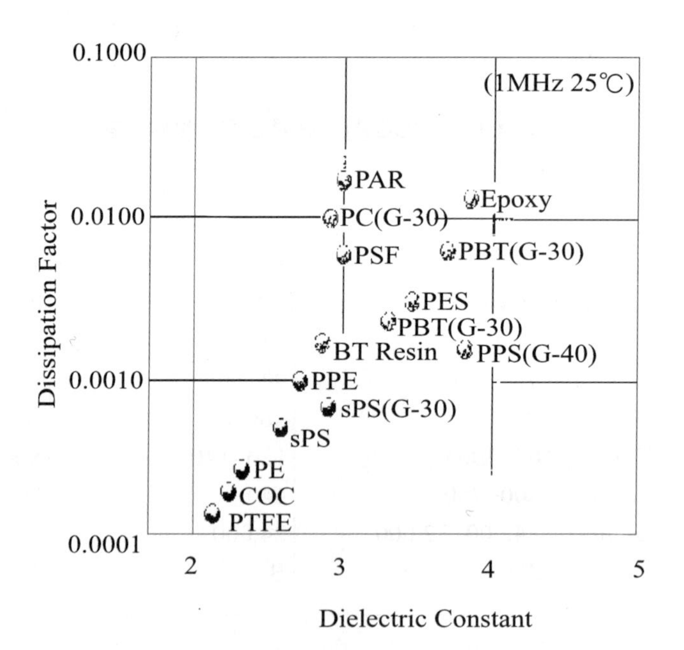

圖 1-4　mCOC 具有優異的電子材料物性

Hoechst/Ticona 為世界上第一家以 Metallocene 觸媒生產 COC 的公司，事實上，該公司早在 1990 年即開始進行實驗室 COC 的研究計畫；1993 年和 Mitsui 石油化學公司共同合作建造第一套連續式 Pilot Plant；1995 年建造第一套連續式半生產工廠（Semi-Commercial Plant）；1996 年使用 Metallocene 觸媒進行 COC 材料的生產；1997 年使用 Norbornene 單體進行生產，開始販售 TOPAS；2000 年其 30,000 噸工廠將正式運轉。而工研院化工所是除了 Hoechst 之外，唯一一家有系統開發 mCOC 材料的研究單位，在短短三年急起直追的過程中，不但在觸媒開發、材料改質、製程開發及各式材料應用技術的建立上，均獲致亮麗的成果。

四、mCOC 於化工所研究發展介紹

高級材料一直是經濟部重點支持的產業政策之一，化工所於科技專案支持下，於 1995 年開始專研於 Metallocene 觸媒開發及其相關技術的建立，數年來已陸續開發出多項單點聚合觸媒（Single Site）的金烯觸媒，在 1998 積極投入 Metallocene 之 COC 材料之研究開發工作，即鎖定新觸媒開發、製程開發及材料應用三大領域，齊頭並進，並曾獲得世界各國多項專利。目前已獲得相當好之成果，茲歸納整理如下：

1. 已成功開發出具高活性及高環烯烴單體活性之觸媒，現已提出二項 mCOC 觸媒系統之專利申請案，申請國家包括美、日及歐洲等各國。

2. 完成聚合反應的最適化條件探討，包括聚合反應溫度、乙烯壓力、環烯烴單體濃度、觸媒濃度及共觸媒濃度等因素之研究。

3. 已建立 mCOC 共聚物的分析技術，包括 COC 材料的玻璃轉化溫度、分子量、分子量分布及微結構分析等。

4. 從批式 mCOC 聚合反應技術建立著手，進而完成 mCOC Bench-Top 及較大型連續式反應製程系統，並已成功達成連續式生產 mCOC 產品之計畫指標，同時亦為材料開發技術落實奠定穩固的基礎。

5. 目前鎖定光碟及高頻基板等兩項應用作為應用技術開發的短期目標，且經由與業界的密切合作，達成材料開發及應用之連貫性。

結　論

mCOC由於具備優異的特性，已展現其在各項產業的潛力應用，在材料開發及應用整體技術上，工研院化工所亦已在國內建立了自主性的核心技術，惟除了上述化工所以掌握的mCOC應用外，仍有許多不同的新應用空間，要能真正落實mCOC的量產，且將觸角延伸至更寬廣的應用層面，實有賴產業界，與研發單位展現其魄力與專業，共同努力於此材料的各項研發，果能如此，我們可期待當mCOC材料於國內量產時，國產mCOC製之新應用產品亦將隨之上市。

Current Status and Future Developments of Metallocene-Based Cyclic Olefin Copolymer

A Brief Background Introduction of Production Technology of Cyclic Olefin Copolymer (COC) is Included in This Article. The Advantages of Metallocene Catalyst in mCOC Synthesis and an Overview of Process Technology are Illustrated. The High Potential of mCOC in Optical, Electronic and Medical Applications is Also Discussed Herein. Finally, Current Status and Future Aspects of mCOC Research in Union Chemical Labs/ITRI are Summarized as Well.

第二章
感光高分子與微影製程技術

宋清潭

學歷：台灣大學化學博士

經歷：工業技術研究院 化學工業研究所感光高分子研究室主任
工業技術研究院化學工業研究所研究員
台灣大學化學系助教

現職：工業技術研究院 化學工業研究所光電及電子化學材料產品研究組經理

研究領域與專長：感光化學與材料

E-mail：ttsong@itri.org.tw

一、前　言

感光高分子及其配方應用在工業上一直是很重要的關鍵材料與技術，其主要的應用範圍包括印刷製板用光阻層、UV 表面塗裝、硬化油墨和接著劑、光阻劑及其他相關微影製程材料等。其相關產業涵蓋了印刷、表面塗裝、印刷電路板、IC、平面顯示器及相關電子和光電產品之製造。不同類型的感光高分子及其配方之光化學反應有不同的應用，除了一般的光交聯反應外，其他例如：光聚合反應、光分解反應，或因光反應而產生的物性變化，例如：溶解度、顏色變化、相變化、導電度或折射率等等。在感光化學反應的 UV 曝光模式上，則包含了圖案影像及非圖案影像兩部分，在非圖案影像方面主要利用 UV 進行表面塗裝的硬化，如木器、紙張、塑膠、光碟片、光纖、金屬及玻璃等不同材質表面層的保護、印刷或接著等功能。在圖案影像方面主要是利用底片或光罩將圖案轉換到感光層表面進行曝光，由於曝光區的光化學反應，因而與非曝光區產生了溶解度的差異，經過顯影液顯影後，產生所需的影像圖案。其基本的感光成像技術流程圖，如圖 2-1 所示，當曝光區溶解度與非曝光區比較時變高，一般稱之為正型光阻劑，反之曝光區溶解度與非曝光區比較時變低，則稱之為負型光阻劑。

一般感光高分子在光阻劑的應用中，光聚合和光交聯這兩種化學反應，是較常被利用的模式，主要技術包括了光起始劑及光敏感劑的使用，反應性單體及樹脂特性等。一般的光起始劑在照光後，其分子能階的變化，如圖 2-2 表示，當光起始劑吸光後由基態到激發態後，有的分子直接由單重態（S）直接分解成自由基，有的則經由三重態（T）再分解成自由基進行下一步的化學反應。

光起始劑的種類繁多包括單一分子反應，進行所謂 Norrish Type 1 反應，或光起始劑與光敏感劑組合的形態，例如：能量轉換、電子轉換，或有氫提供者之反應類型。Norrish Type 1 反應之光起始劑，吸光後直接會分解成兩個自由基，一般的結構通式可表示為：

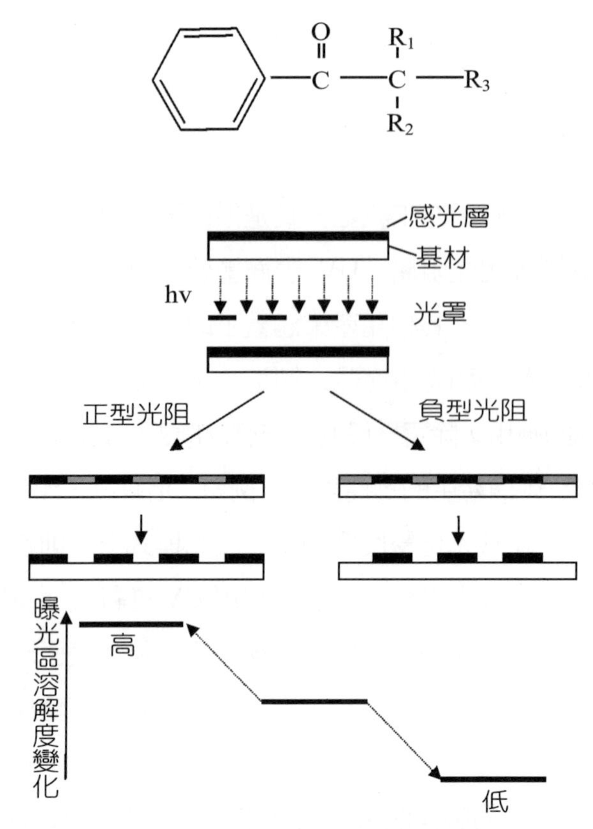

圖 2-1　感光成像技術流程圖

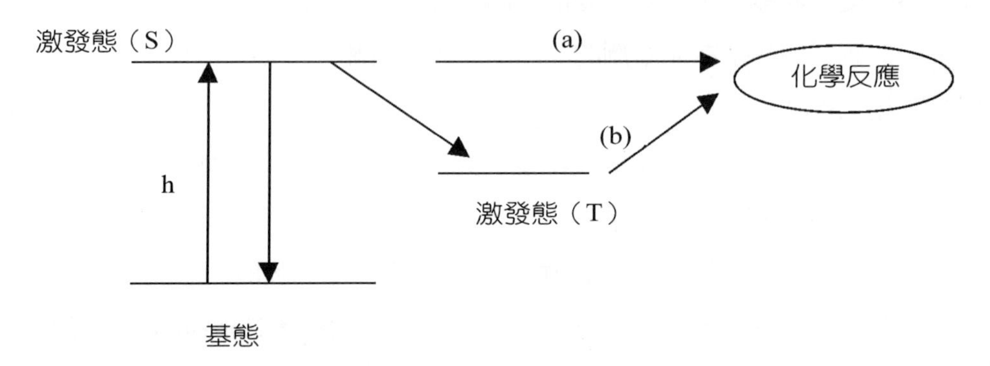

圖 2-2　光起始劑吸光後分解成自由基進行化學反應

其中 R_1 可為 H、OCH_3、OC_2H_5 等等，R_2 可為 H、OH、$CH_3OC_2H_5$，R_3為 H 或 Phenyl等。例如：Benzil ketal分子，其吸光後直接分解成二個自由基的反應如下：

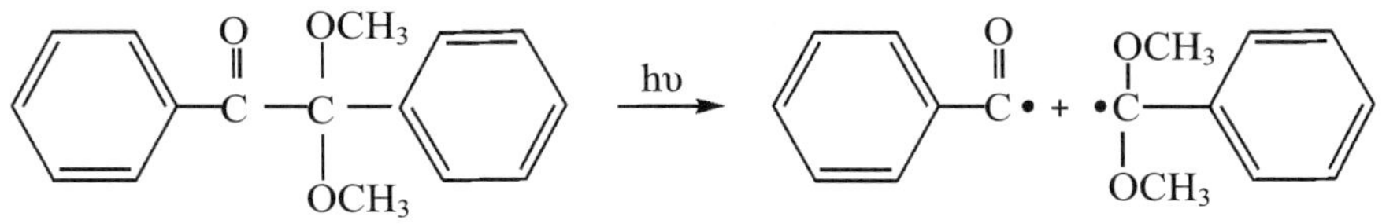

或是 2-Hydroxy-2, 2-Dimethyl Acetophenone，吸光後直接分解成二個自由基的反應。

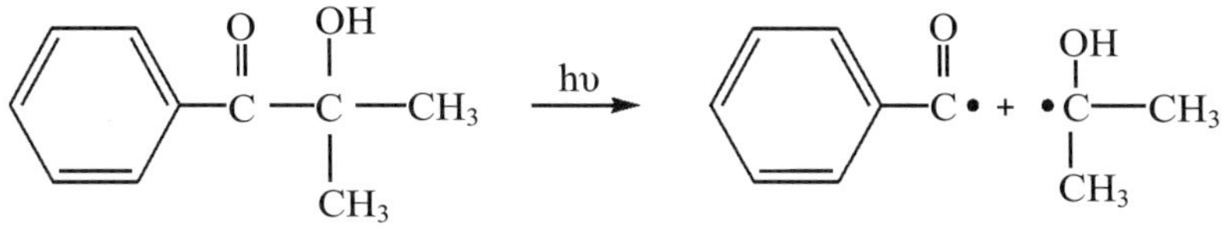

另一種光起始劑與光敏感劑組合形態的反應，常用的有氫提供者之反應類型，例如：Benzophenone 與三級胺（RH）的反應，三級胺具低揮發性，一般常被利用當氫的提供者。

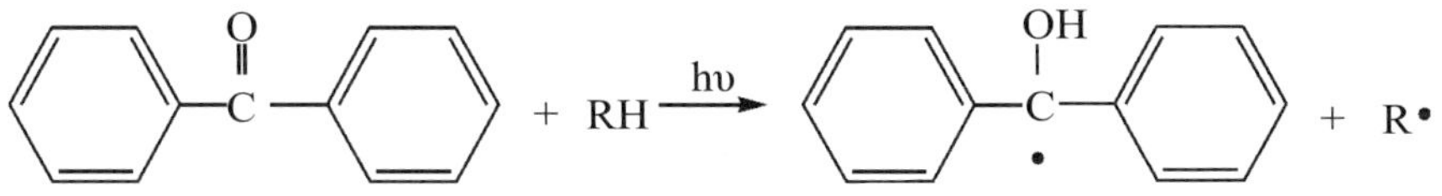

除了產生自由基的光起始劑外，另一種光起始劑是所謂陽離子型光起始劑，主要是應用在光酸產生劑上，其種類有 Onium Salts、Fe-arene 錯合物、Sulfonic acid ester、o-Nitrobenzyl Ester 和 *p*-Nitrobenzyl Sulfonate 等等。比較常用的光酸產生劑有 Diaryl Iodonium Salts（$Ar_2I^+X^-$）和 Triaryl Sulfonium Salts（$Ar_3S^+X^-$）這兩種類型。當光酸產生劑照光後所產生的酸，可以和具有光酸保護基的樹脂反應，而形成可溶解的正型光阻，目前主要應用在深紫外光光阻劑上。或是當形成酸後和 Epoxy 或 Vinyl Ether 等反應性單體或寡聚合物，進行陽離子聚合反應，這一類大部分屬於負型光阻劑的應用，$Ar_3S^+X^-$ 和 Epoxy 或 Vinyl Ether 單體的反應如下列反應表示：

$$Ar_3S + X^- \xrightarrow[RH]{h\upsilon} Ar_2S + Ar\bullet + HX + R\bullet$$

$$HX + \text{(epoxide, R)} \longrightarrow \left[\text{CH}_2\text{CH(R)}\text{–O–CH}_2\right]_n$$

（Epoxy 反應單體）

$$HX + \text{(vinyl ether)} \longrightarrow \left[\text{CH}_2\text{CH(OR)}\text{–CH}_2\text{CH}_2\right]_n$$

（Vinyl Ether 反應性單體）

一般自由基聚合和陽離子型聚合的應用各有其優缺點，自由基聚合反應一般較快，配方選擇性較廣，材料亦較便宜。陽離子型則是具有低的收縮變形量（Shrinkage）、附著性及不受氧氣影響反應為其優點，二者的特性比較，如表 2-1。

表 2-1　自由基和陽離子型特性比較

起始劑種類	自由基	陽離子
硬化速度	快	慢
配方選擇性	廣	窄
O_2 抑制影響	有	沒有
H_2O 抑制影響	沒有	有
收縮變形量	不佳	佳
後段暗硬化	沒有	有
價格	低	高

利用自由基或陽離子型光酸所配製之光阻劑，應用的範圍非常廣泛，依材料特性而有不同的配製方式。例如：負型光阻劑應用在印刷製版方面有平版印刷用的 PS 版及凹版，或凸版印刷的照像製版等；在印刷電路板方面有乾膜光阻劑、液態光阻劑、感光綠漆，以及在增層法製程中的感光絕緣層。正型光阻劑在IC製程中上有 G-line、I-line 光阻劑，化學增幅型的 248nm 光阻劑、193nm 光阻劑及 157nm光阻劑等。在平面顯示器製程上有顏料分散型的LCD用Color Filter、黑色

矩陣（Black Matrix）、間隔材（Spacer）、電漿顯示器（PDP）的感光銀電極、阻隔壁（Rib）、螢光體漿料，場發射顯示器（FED）的阻隔壁（Separate Wall）及感光厚膜在微機電材料應用等等，對於電子及光電製程及材料的角色上具有非常重要的地位。

二、光阻劑在印刷電路板的應用

感光樹脂在印刷電路板的應用主要，包括光阻劑、表面保護層及絕緣層三部分，依材料的製作及製程特性不同分析，如圖 2-3。

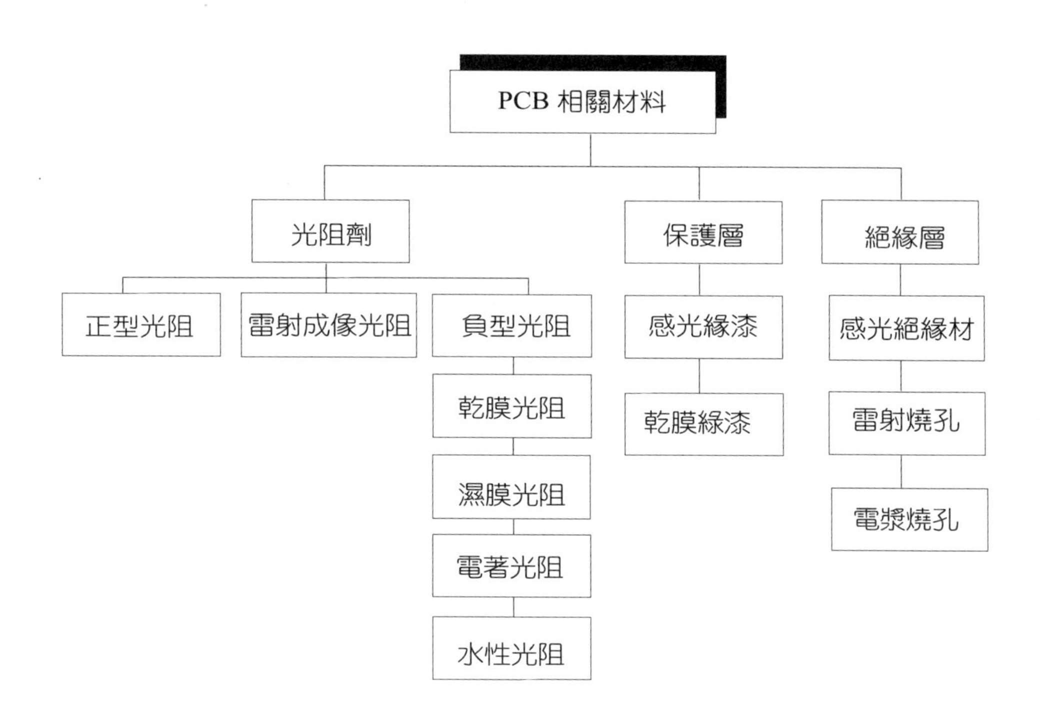

圖 2-3　感光樹脂在印刷電路板的應用

在光阻劑應用方面，目前以乾膜光阻或溼膜光阻為主，所謂乾膜光阻①是光阻劑夾在 PET 膜及 PE 膜之間，光阻膜厚度約在 20~30μm 之間，應用時先將 PE 膜撕去後，再直接將乾膜光阻熱壓（80~120℃）至基板上，再進行曝光與顯影的步驟。而溼膜光阻一般是利用旋轉塗佈（Spin Coating）、滾輪塗佈（Roller Coating）或網版印刷（Screen Printing）等方式，將光阻塗佈在基板上，一般利用濕膜光組的方法，可以得到較佳的解析度。典型的光阻配方在組成方面，包括了樹脂、反應性單體、光起始劑、染料及其他添加劑，主要仍以自由基起始聚合之負型光阻為主體，並以搭配雙成分光起始劑為主，如〔2, 2'-bis-（o-Chlorophenyl）-4, 4', 5, 5'-Tetraphenylbiimidazole, BDMA〕。當光起始劑再搭配Tertiary Amine，其照光後反應如下②：

BDMA $\xrightarrow{h\upsilon}$ (radical)

Ph=Phenyl

(radical) + $H_3C-CH_2-NR_2$ (Tertiary Amine) ⟶ (product, Ph, H) + $H_3C-\dot{C}H-NR_2$

在光阻劑成分中加入變色染料，主要是為方便製程中直接的觀察，當曝光後產生之自由基會與染料作用，而染料則因共軛結構之變化而使顏色在照光前後產生變化。

(radical) + $HC(C_6H_4NR_2)_3$ (Leuco Dye) ⟶ $\cdot C(Ar)_3$ $\xrightarrow{-e}$ $Ar_2C{=}C_6H_4{=}N^+R_2$

Ar=Aryl

在產生自由基及染料顏色變化的同時，光阻劑曝光前後亦因光交聯反應而產生對顯影液溶解度的變化，其主要來自自由基與反應單體及樹脂的交聯與聚合作用。其中反應單體主要是以壓克力單體為主，樹脂的種類包括了壓克力、環氧樹脂、聚酯、PU、聚醚和 Styrene/MA 共聚物等。

$$CH_2{=}CH{-}\overset{O}{\overset{\|}{C}}{-}O{-}(R){-}O{-}\overset{O}{\overset{\|}{C}}{-}CH{=}CH_2 \xrightarrow{hu}$$

R: Epoxy, Polyester, Polyurethane, Polyether

有時候為了增加交聯程度，在分子設計上同時會導入自由基聚合基團及陽離子聚合基團③，如圖 2-4 分子結構，這種結構的好處是具有較高程度的交聯密度，而照光反應後分子內部的化學鍵結，使得光阻的對比具有較好的控制，其照光後同時具有自由基聚合及陽離子聚合的特性為其特點。印刷電路板一般在傳統的線路製程要求上，解析度約在 100~200μm之間，而在高階印刷電路板線路製程上，則以走上高密度互連的基板技術，其線路解析度已要求至 50μm 以下。在多層板製程上，一般內層板線路大多已濕膜製程為主，外層板線路則因鍍通孔的覆蓋作用（Tenting），而以乾膜製程為主。

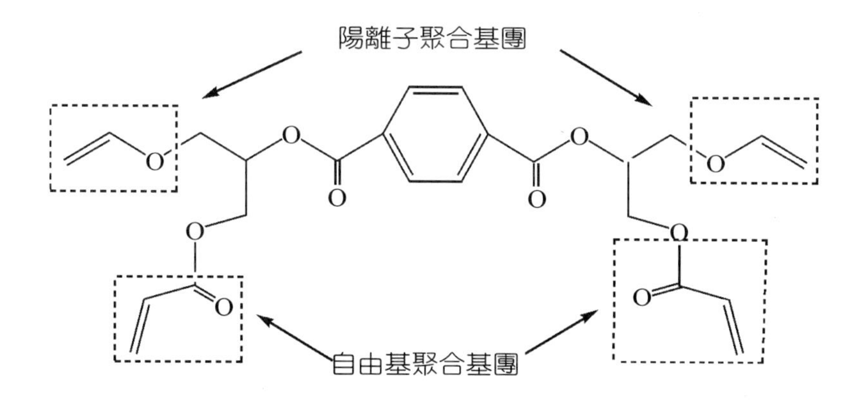

圖 2-4　**具自由基團及陽離子基團之分子結構**

三、感光性絕緣材料（*Photosensitive Dielectric Material*）

隨著電子或光電元件的微小化或多層結構等精密製程的需求，有機的絕緣材料層已經走向可進行感光微影製程的方向，這類材料具備的特點是：耐熱性高、優良的電氣特性及機械特性，較常見使用的樹脂種類有環氧樹脂，主要應用於電路基板表面塗裝用的感光綠漆（Liquid Photoimagable Solder Mask, LPSM）及應用於增層法多層板製程（Build-up Process, Photo Via）的絕緣層，或以聚亞醯胺樹脂（Polyimide）為主，應用於 IC 製程的絕緣層材料等。在平面顯示器應用方面，例如：電漿顯示器（PDP）的阻隔壁材料（Rib）、場發射顯示器（FED）的阻隔壁（Separate Wall）等。

感光綠漆應用在電路基板表面塗裝，例如：PCB 和 BGA 基板，除了具耐熱性及電氣性質外，對於耐酸鹼、硬度、耐磨性、抗溶劑及耐高溫錫爐等性質特別要求。常用的樹脂如 Epoxy Chalcone 或 Epoxy Acrylate，主要是利用 UV 光進行交聯反應，再進一步顯影產生所需要的圖形部分，最後再進行熱交聯反應達成材料的物性需求，Epoxy Chalcone 類型的反應如下：

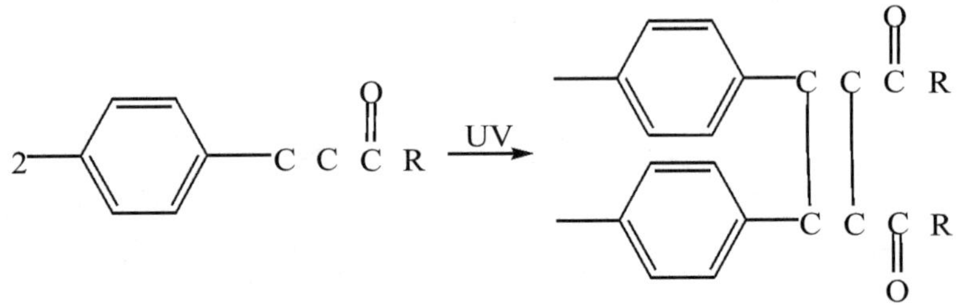

UV 曝光後產生 2 加 2 的加成聚合反應，其中 R 為含 Epoxy 的分子基團，當 UV 光交聯反應後，環氧樹脂進一步再進行高溫的熱交聯反應，熱交聯搭配的硬化劑如 Amine、Dicyandiamide（DICY）等，環氧樹脂與 DICY 的反應如下：

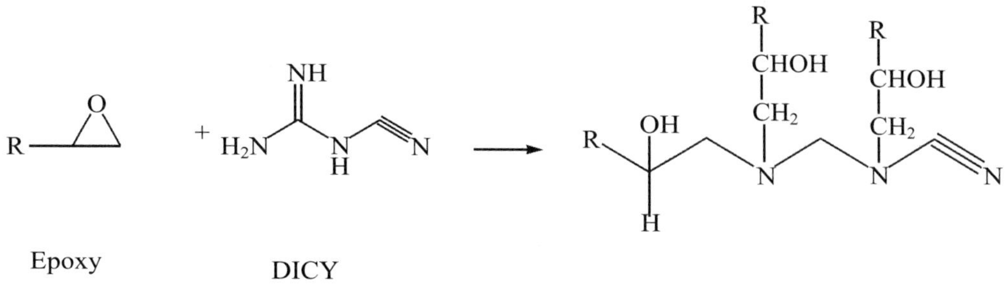

Epoxy　　DICY

另一種常用的感光綠漆的樹脂是 Epoxy Acrylate ④，主要是利用含環氧基的酚醛樹脂（Novolac Epoxy）為基礎，利用壓克力單體導入不飽和鍵，再進一步和馬來酸酐（MA）進行改質，使其具有羧酸基，其反應如下：

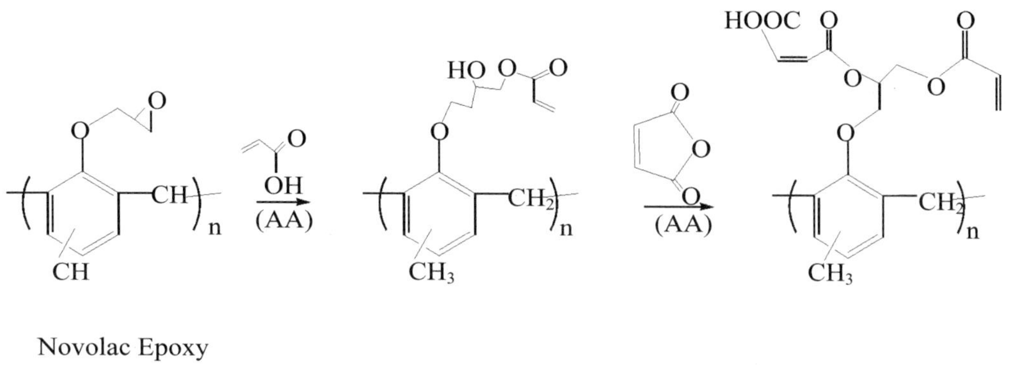

Novolac Epoxy

其中不飽和鍵可進行光交聯反應，而產生與非曝光區溶解度的差異，而羧酸基除了具有在 1%Na_2CO_3 弱鹼水溶液顯影的功能外，更進一步可與環氧樹脂進行熱交聯反應，在感光綠漆中常用到多官能基型的環氧樹脂進行熱交聯反應，例如，Triglycidyl-isocyanurate（TGIC）本身為粉體狀態，具有高的 T_g 及熱安定性，而被使用於感光綠漆的配方中。

Triglycidyl-isocyanurate（TGIC）

在多層基板的材料與製程方面，早期利用環氧樹脂含浸玻璃纖維形成所謂的FR4 基板，再利用 FR4 基板多層高壓高熱堆疊成多層板，由於電子產品要求的輕、薄、短小趨勢，FR4 基板多層堆疊法已不能滿足目前的需求，目前均以增層法（Build up）的技術為主。圖 2-5 是一般 PCB 製程及增層法 PCB 製程的比較，增層法的優點是具有高密度的線路佈局，較薄的多層板技術、鍍通孔及線路較佳的設計空間及製程中不需要如 FR4 基板間的熱壓製程等。

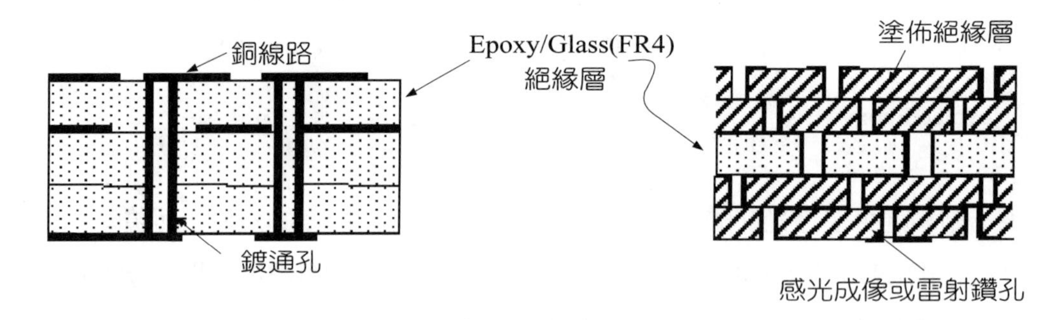

圖 2-5　增層法及傳統 PCB 多層板結構比較

增層法除了核心板以FR4 當基板外，每一層的絕緣材料均以塗佈或乾膜的方法，塗裝於電路板的內層，這種材料要求的特性是與銅的接著性、耐電鍍性、低介電常數及介電損失、低熱膨脹係數（CTE）及機械韌性等。目前在增層法的製程中，主要有雷射鑽孔（Laser Via）法、感光成像（Photo Via）法及電漿（Plasma Via）法等不同方式。感光型的絕緣材料主要是利Photo Via的製程方法，如圖 2-6

表示，每一絕緣層經過曝光、顯影、鍍銅及蝕刻後，再重複上第二層絕緣層而達到輕、薄、短小的製程優點。

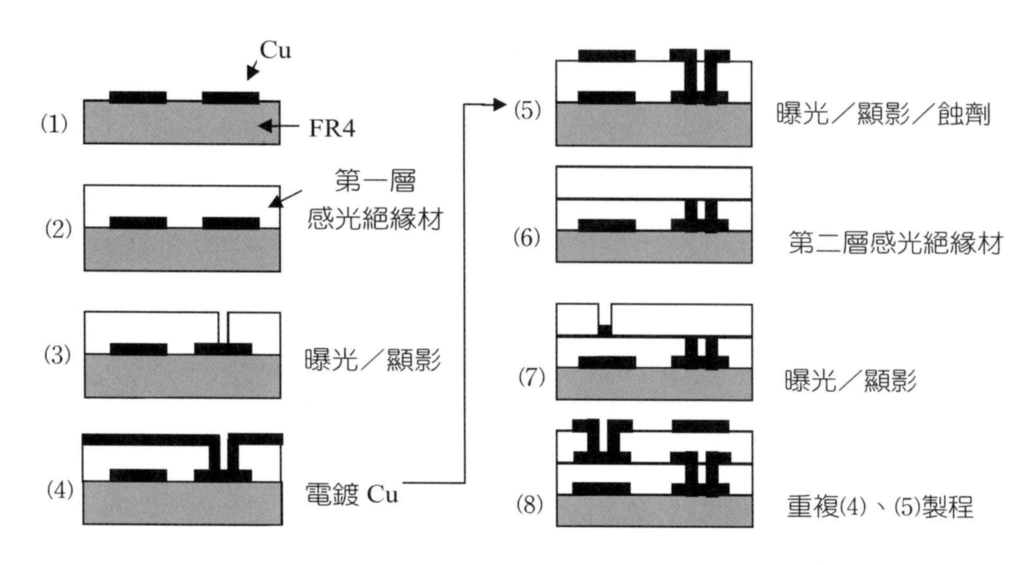

圖 2-6　Photo via 增層法

感光增層法用的絕緣材料與感光緣漆類似，主要是以環氧樹脂為主體，感光綠漆一般是塗佈在印刷電路板表面，而感光絕緣材料大部分塗佈在電路板內層。由於要求的特性不同，在材料配方的組成上，包括樹脂物性、填充劑種類、反應性單體及添加劑等，均依材料要求特性而不相同。

以環氧樹脂為主的感光絕緣材料，一般的玻璃轉換溫度（T_g）約在 150~180℃之間，耐熱性較低，聚亞醯胺（PI）的 T_g 值在 250℃以上，耐熱性高，主要應用在 IC 製程中的絕緣層材料。在應用上 PI 有不同類型的前驅物（Precursor），其結構種類與特性，包括非感光型的 Polyamic Acid（PAA）及感光型兩種。非感光型的 PAA 塗佈後經加熱過程，即形成具有高耐熱及優良電氣特性的 PI 絕緣材料。

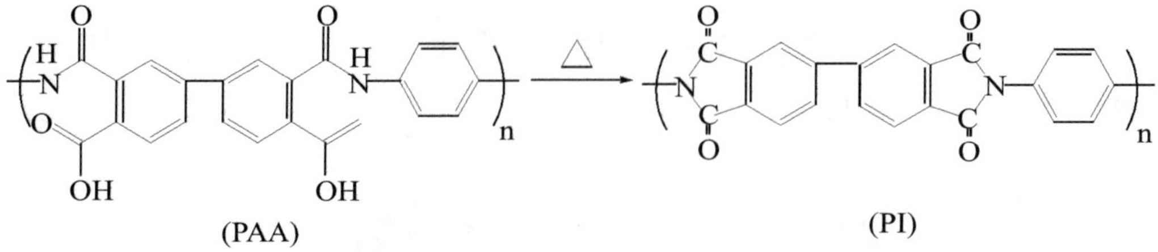

O O H H N N O OH OH n △ O O C C N N C C O O n

(PAA) (PI)

在感光型方面包括離子型及酯類二種感光前驅物種類，離子型的感光前驅物⑤（Ionic Type Photosensitive Polyimide Precursor, Ionic PSPI），主要是由 PAA 與胺類反應而來，例如：

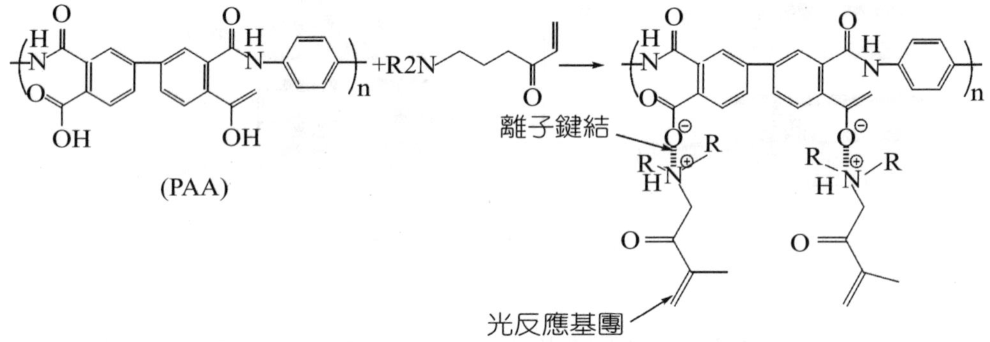

O O H H N N O OH OH n +R2N O O O H H N N O n O ⊖ O ⊖ R R R R H N ⊕ H N ⊕ O O

(PAA)

離子鍵結

光反應基團

離子型 PSPI 前驅物

而酯類的感光前驅物（Ester Type Photosensitive Polyimide Precursor, Ester PSPI），主要由酸酐和雙胺類製備而來，例如：

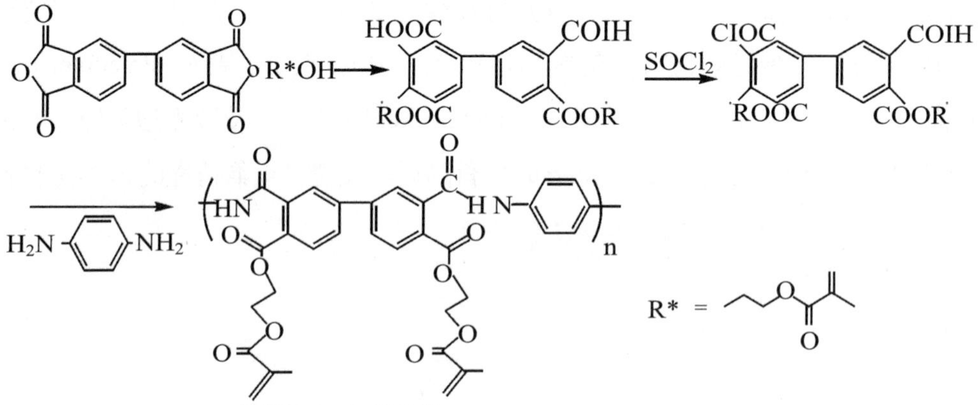

O O O O O O R*OH HOOC COIH ROOC COOR $SOCl_2$ ClOC COIH ROOC COOR

O O HN H N H_2N NH_2 O O n O O O O O O

R* = O O

酯類 PSPS 前驅物

感光型 PSPI 比非感光型 PSPI 的好處是具有黃光微影的製程優點，如圖 2-7 中製程步驟比較。

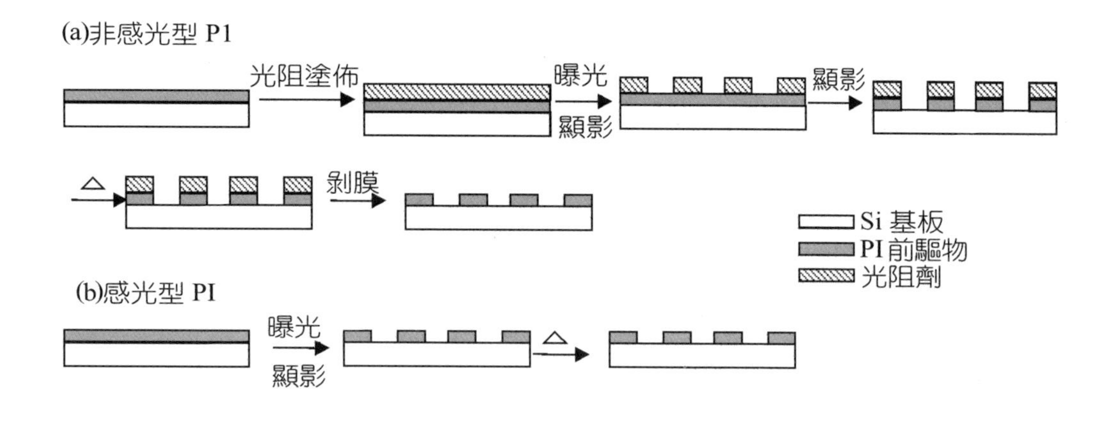

圖 2-7　非感光型與感光型 PI 製程比較

感光型 PI 的優點是：具有製程簡單的方便性，當 UV 曝光後（一般在 365nm 左右的波長），形成所需微影的圖案後，再高溫加熱進行熱交聯反應，而得到絕緣性及耐熱性材料，而且對於 Si、Si_3N_4及 SiO_2 均具有很好的附著性，這類材料主要是應用在 IC 製程中內層的平坦絕緣層或表面的保護層為主。

感光絕緣材料用在平面顯示器應用方面，主要是電漿顯示器（PDP）的阻隔壁材料（Rib）及場發射顯示器（FED）的阻隔壁（Separate Wall）。由於顯示器基板為玻璃，所以，感光絕緣材料中約有 40~60%的玻璃粉摻雜其中，其他成分則和一般的光阻劑成分類似。當感光絕緣材料在顯示器的製程中曝光後，形成所需的圖案設計，再經由 500~600℃的高溫燒結過程，這個時候有機物均已分解，只剩玻璃粉成分為主，而達到與玻璃基板高附著性、絕緣性及微影製程的目的。

四、IC 光阻劑

在IC製造的過程中，黃光微影技術占了極重要的角色，當光阻劑利用旋轉塗佈方法，塗佈在晶圓上後，IC 線路影像會經由光罩上以 1/4 或 1/5 倍的影像投射在晶圓表面的光阻劑上，由於光阻在曝光前後對顯影液溶解度的差異，而使得線路設計的影像成現在光阻上，然後再經由後續的蝕刻、離子植入等後段製程技術而完成基本的 IC 製程。

提高光學微影技術及高解析度的電路佈線上，主要的理論是依據雷里（Rayleigh）方程式，其中解析度，R 可表示為：

$$R = K_1\lambda/NA$$

其中，λ是曝光光源的波長，K_1是製程實驗參數，一般數值在 0.4~1 之間，NA是數值孔徑值（Numerical Aperture）。經過近 20 年的半導體工業的技術發展，在曝光設備方面，光源波長方面已由 UV 負型光阻，進入正型光阻之 G-line（436nm）、I-line（365nm）、KrF 雷射（248nm）、ArF 雷射（193nm）至 F2 雷射（157nm）的波長，其在 DRAM 黃光微影技術發展狀況，如圖 2-8 所示。而鏡片數值孔徑值亦從 0.6 達到目前 0.75 的水準，因此，解析度方面已經由 1985 年的 1.25μm 提升至目前 0.13μm 的製程水準，使得 DRAM 的記憶容量由 256Mbits 進入 1Gbits 至 4Gbits 的世代。IC 光阻劑在 1970 年代初期，配方是以 Azide 搭配 Cyclized Rubber 的系統為主，且本身為溶劑顯影，由於負型光阻在 1μm 以下的線寬及線距範圍，本身容易在顯影液中產生澎潤（Swelling）的現象，而得在更高解析度使用上受到限制。因此在 1980 年代有 G-line、I-line 光阻劑的出現，其主體是酚醛樹脂（Novolac）及 Diazo 起始劑的組合為溶解抑制型光阻，並且是以水溶液顯影，具有 0.35μm 線路解析的能力。在 1990 年代中期，則正式進入深次微米的時代，主要是利用化學增幅型的光阻技術，利用 248nm、193nm 及 157nm 之雷射波長，開啟了 IC 製程技術的高峰期。

隨著半導體製程技術不斷的進步，光學微影設備及相關製程技術，已面臨到一些新的考驗，當電路佈局的線路寬度變得愈來愈細時，光學微影技術隨著曝光波長減短，就會面臨到光學成像技術的極限。依目前技術趨勢分析⑥⑦⑧，0.13μm 的製程需求，將會以 193nm 的微影製程為主，雖然利用 248nm 的微影製程搭配

相位移光罩（Phase Shift Mask, PSM），可以使 248nm 達到 0.13μm 的需求，但這樣的製程不符合經濟效益，且會付出較高的製造成本。對於 0.1μm 以下製程，其中比較可能微影的方式包括了 193nm 光學微影、157nm 光學微影、極紫外線（Extreme Utra Violet, EUV）、電子投射微影（Electron Beam Projection Lithography, EPL）、近接 x 射線微影（Proximity x-ray Lithography, PXL）、離子投射微影（Ion Beam Projection Lithography,IPL）及電子束直接寫（Electron Beam Direct Write, EBDW）方法等。而相對在光阻劑需求方面如 193nm 光阻劑、157nm 光阻劑、EUV 光阻劑、E-Beam 光阻劑和 x-ray 光阻劑等就成為下世代光阻劑發展的趨勢。

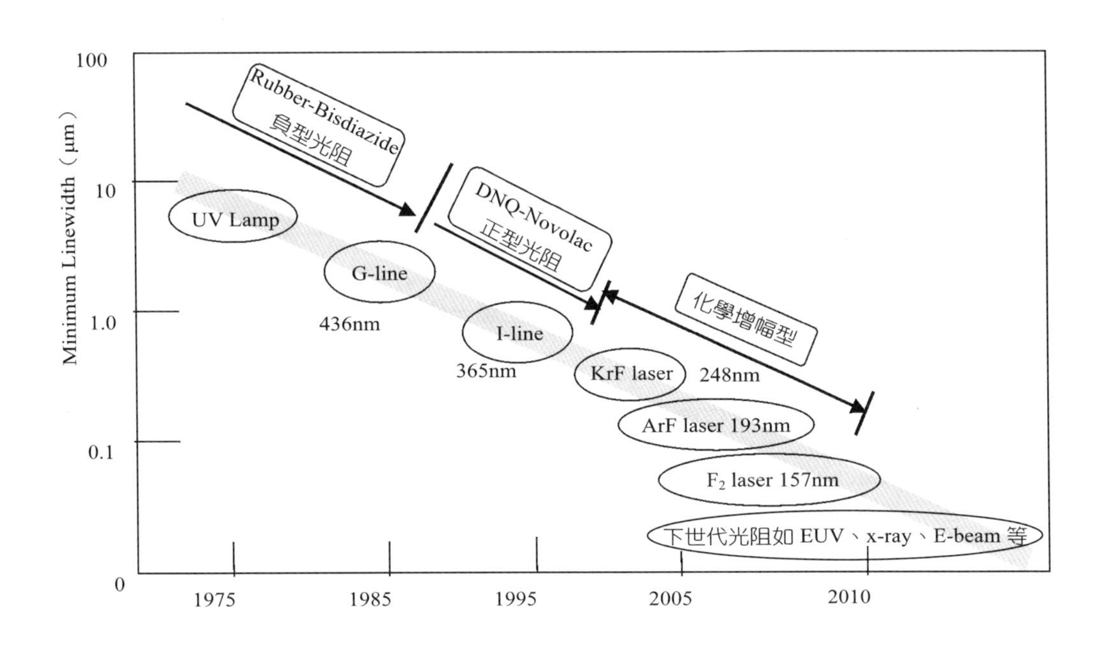

圖 2-8 DRAM 黃光微影技術發展狀況

(一) I-line 光阻劑

正型光阻劑最早應用在 IC 製程的是溶解仰制型的酚醛樹脂（Novolac）/ Diazonaphtohquinone（DNQ）系統。利用 UV 汞燈的光源，波長在 436nm

（G-line）或365nm（I-line）的區域。由於DNQ在此波長的高量子產率、Novolac對這個區域波長的透明性，以及親油性之 DNQ 具有溶解抑制劑的功能，使得DNQ/Novolac樹脂組合系統在I-line光源曝光前後，具有很高的溶解速率的差異，如圖 2-9 所示。

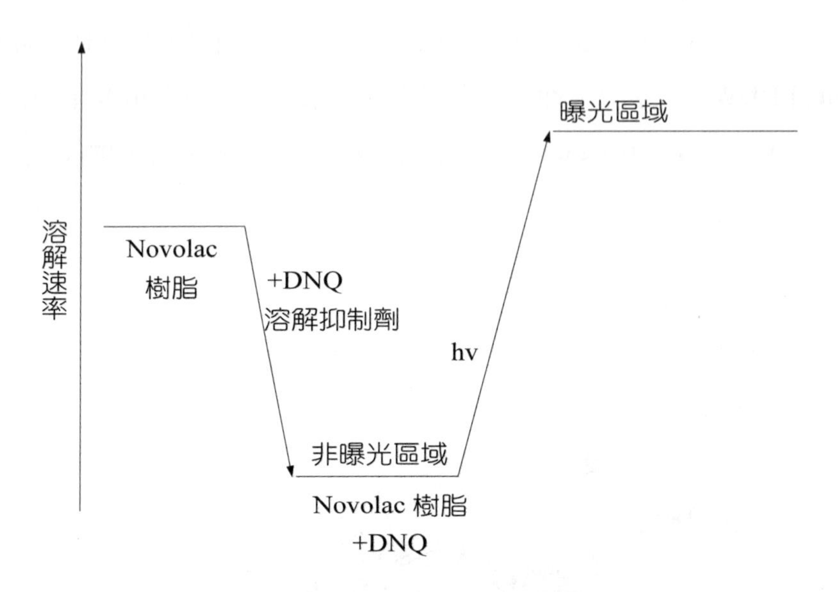

圖 2-9　DNQ/Novolak 正型光阻曝光前後溶解速率變化

這一類型的正型光阻劑反應架構中，DNQ在曝光後會經由Wolff Rearrangment反應成 Indenylidene Ketene，後再與水反應形成具有親水性質的 Idenecarboxylic acid，此部分極容易在顯影液（2.38%Tetramethylammonium Hydroxide, TMAH）中溶解，其感光成像過程的相關化學反應，如圖 2-10 表示。描述這種溶解抑制型光阻的反應模型有所謂的 Stone-Wall 模型⑨，主要利用 Novolac 樹脂的高、低分子量及 DNQ 的組合，當曝光後 DNQ 所形成具有酸基的 Idenecarboxylic acid 及低分子量 Novolac 樹脂均會溶解於顯影液中，同時會加速高分子量 Novolac 樹脂的溶解。而非曝光區部分，因低分子量 Novolac 樹脂及 DNQ 在鹼性顯影液中產生偶合反應（Azo-coupling），因此而形成高對比特性的光阻劑。

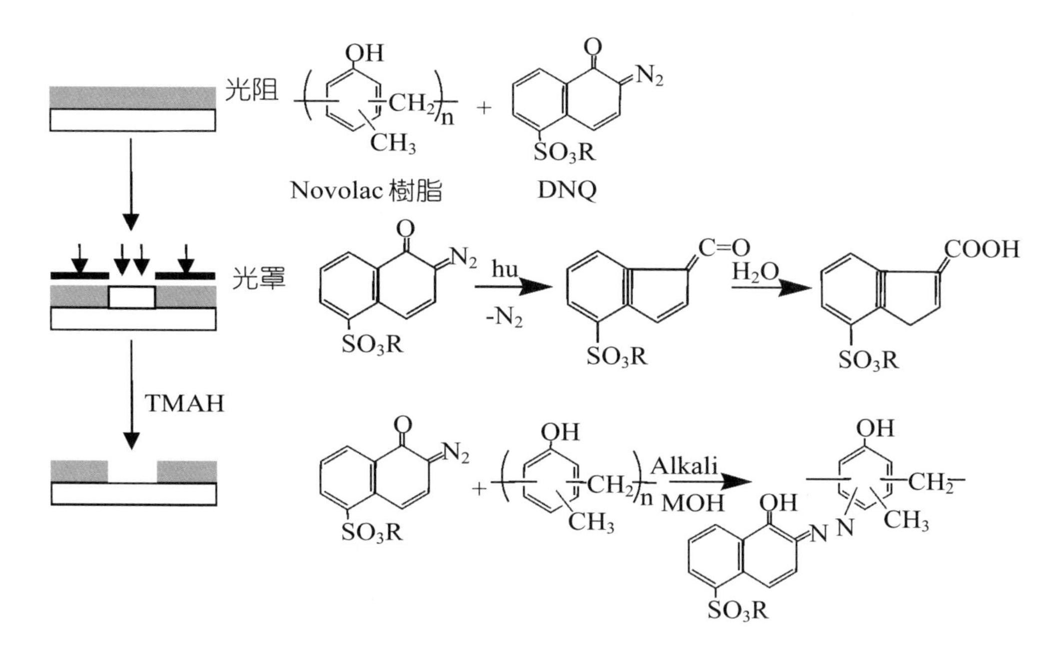

圖 2-10　DNQ/Novalac 感光成像系統

Novolac 樹脂的特性，影響了光阻材料及黃光微影的結果，除了分子量、分子量分布外，樹脂結構形態亦為重要。一般應用上主要仍以鄰位鏈結之酚醛樹脂樹脂結構為主，由 Host-Guest Complex 模型⑨或 Octopus-Pot 模型⑩鄰位鏈結的分析，由於鄰位鏈結之 OH 與 DNQ 間具有氫鍵及凡得瓦力作用，使得鄰位鏈結之結構具有較佳的溶解抑制作用，而產生較高的光阻對比效果。

鄰位結構之 Novolac 樹脂

在 DNQ 分子結構也是影響光阻材料的重要因素，常見的結構，例如：

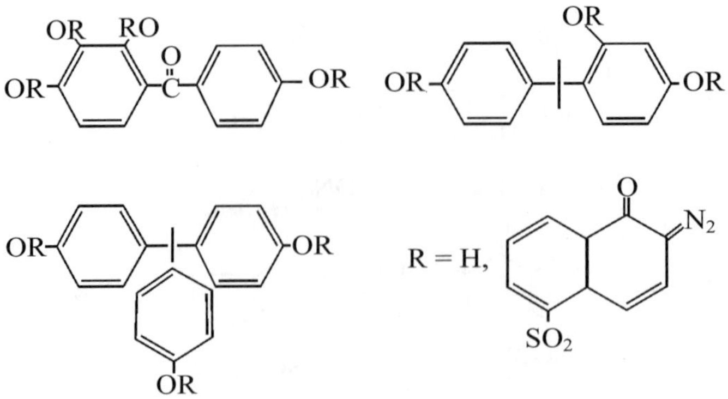

在不同DNQ結構的種類中，依OR位置不同或對I-line吸收波長的透明性，而有不同的選擇性。

DNQ/Novolac系統目前被廣泛應用在電子和光電產業的製程上，一般光阻劑利用旋轉塗佈方法，將光阻塗佈在晶圓上，其光阻厚度約在 0.5 到 10μm 之間，解析度可達到 0.35 到 10μm，如 64Mbit DRAM 的應用等，在黃光微影製程上可達到 0.35μm 的製程技術。

(二)深紫外光光阻劑（Deep UV Resist）

為了提高光阻劑解析度，光阻劑的曝光波長必須從I-line（365nm）進入深紫外光（Deep UV）波長的區域。由於 Novolac 樹脂在此波長有太強的吸收，以及具強吸收但低量子產率的 DNQ，因此，I-line 光阻劑的系統並不適用於深紫外光波長的區域。深紫外光光阻劑是以化學增幅型光阻劑（chemically amplified photoresist）為基礎，其基本的反應模式是利用光酸產生 H^+ 後，再與樹脂的酸保護基反應，而形成具有水溶解性高的樹脂，而 H^+ 在這個過程中是一直重複產生。在 IC 光阻劑的應用上，最早是以 248nm 光阻劑的微影製程，早期光阻劑的樹脂成分是以壓克力系統為主，由於壓克力樹脂的光敏感度低，且耐後段製程的蝕刻能力不好，而以選擇芳香族類樹脂，目前主要以聚對苯乙烯樹脂系統為主。由於聚對苯乙烯樹脂具有與Novolac/DNQ系統相近的耐蝕刻能力，使其被廣泛應用在248nm 的光阻劑上，其反應機構如圖 2-11 表示：

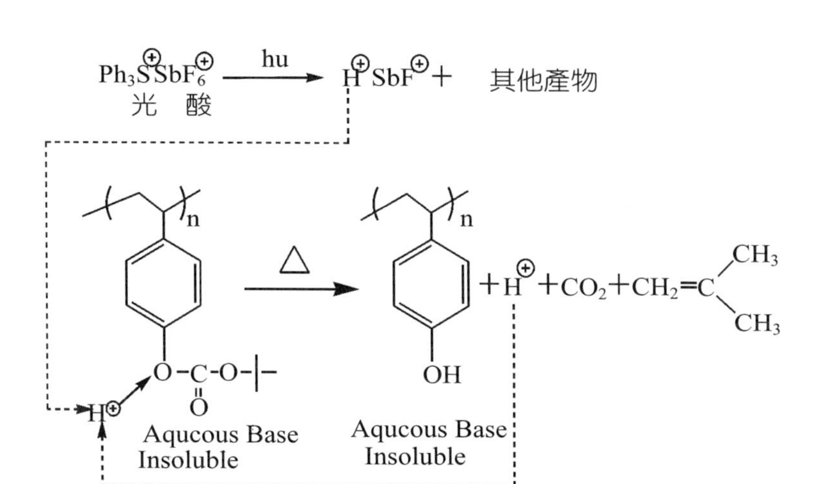

圖 2-11　248nm 化學增幅型光阻反應機構

在光阻劑成分中，光酸一般以 Iodonium Salts 或 Sulfonium Salts 等 Onium Salts 為主，而在酸保護基團方面，則有各種不同的種類結構，如圖 2-12 表示：

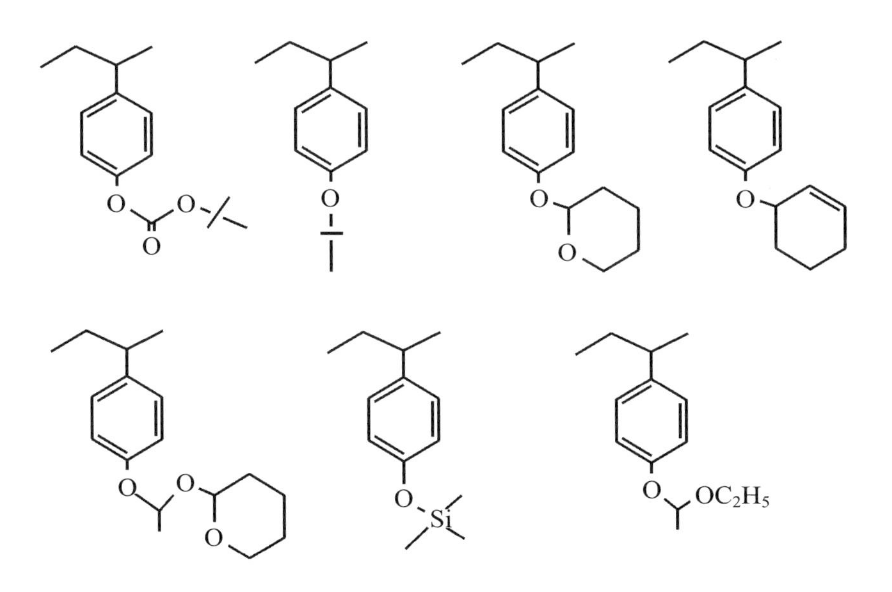

圖 2-12　248nm 光阻劑各種去保護基結構

248nm 光阻劑的微影製程與 I-line 光阻製程相似，曝光光源則以 KrF 雷射光源（λ=248nm）取代 I-line 製程之 UV 汞燈（λ=365nm）。一般利用旋轉塗佈方法，將光阻塗佈在晶圓上，其光阻厚度約在 0.5 到 1μm 之間，曝光能量約在 10~30mJ/cm2 之間，一般解析度能力可達到 0.25 到 0.15μm 的水準，如目前 DRAM 的應用，其記憶體設計容量在 256Mbit。

㈢ 193nm 光阻劑

在光阻劑的選擇上，先前 KrF 雷射光源（λ=248nm）用的樹脂系統聚對羥苯乙烯（polyhydroxystryenes），由於本身具有碳—碳鍵的共軛結構，在 193nm 波長有較強的吸收，因此，不適用於 193nm 光源的製程上。隨著 ArF 雷射（λ=193nm）黃光微影的技術應用，目前已有一系列的樹脂被選擇用在 193nm 光阻上。其主要的特性要求之一為，對 193nm 要有高的透明度及耐蝕刻特性等。比較常用的樹脂種類以脂肪族為主[12][13]，包括：⑴壓克力聚合物 Poly methyl methacrylate polymer）；⑵環狀脂肪族聚合物（Cyclo Olefin Polymer）；⑶環狀脂肪族/馬來酸酐共聚物（Cyclic Olefin-co-Maleic Anhydride, COMA）；和⑷烯醚／馬來酸酐共聚物（Vinyl Ether-co-Maleic Anhydride, VEMA）等。

1. 壓克力聚合物

一般的壓克力化學結構（如圖 2-13），主要包括含多碳的環狀結構之耐蝕刻特性基團、酸保護基團及含極性基羧酸基團。壓克力樹脂的好處是在 193nm 有很高的透明性，而且自由基聚合的方法比較容易製備，同時又具有高解析度及對基材的附著性。壓克力樹脂的缺點是耐蝕刻特性均較差，所以，常會在側鏈上導入一些環狀脂肪族結構基團來提高其耐蝕刻特性。

2. 環狀脂肪族聚合物

環狀脂肪族聚合物主要包括環狀開環聚合物（Ring Opening Metathesis Polymer Using Cyclic Olefin, ROMP）及環狀脂肪族聚合物（Cyclo Olefin Polymer）兩種，環狀開環聚合物結構，如圖 2-14 表示。

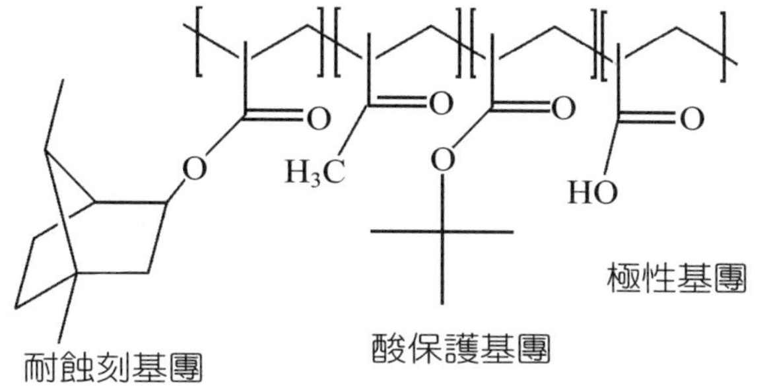

耐蝕刻基團　酸保護基團　極性基團

圖 2-13　一般壓克力結構

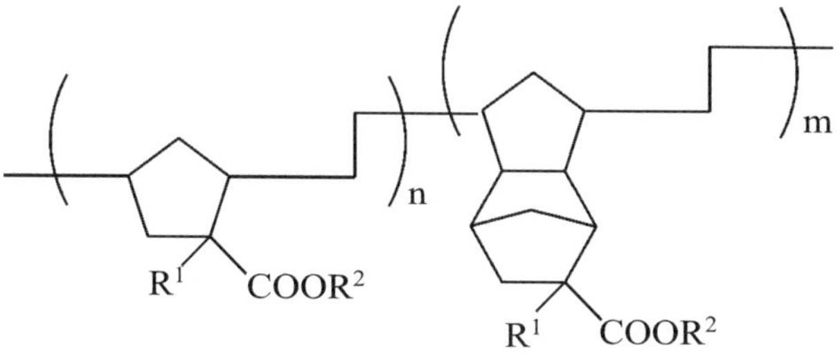

圖 2-14　ROMP 化學結構

在圖 2-14ROMP 結構中，R^1 為極性基，R^2 為羧酸保護基。在環狀脂肪族聚物方面，則主要以冰片烯的（Norbornenes）衍生物共聚合結構為主，如圖 2-15 表示：

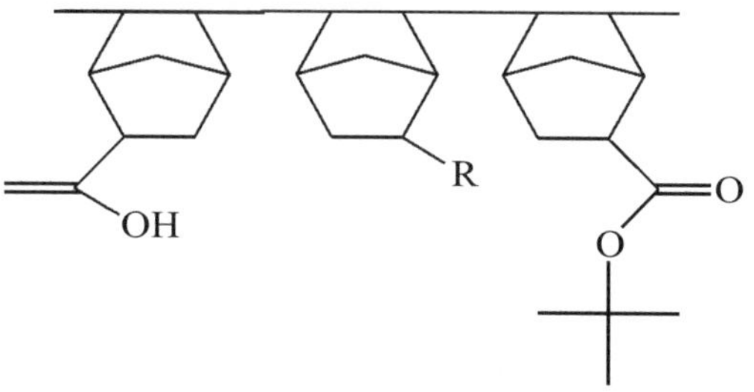

圖 2-15　冰片烯衍生物共聚樹脂結構

這兩類樹脂都是利用金屬催化劑的方式聚合，由於具有較高的環狀結構，所以具有很高的耐蝕刻特性。因聚合反應方式的關係，單體的選擇性較受到限制。環狀脂肪族樹脂對193nm的透明性很高，並具有優良的機械特性。不過，這一類樹脂由於為了提高反應的產率，常會得到較高的分子量（$M_w > 30000$），因此，光阻劑容易在顯影後產生膨脹（Swelling）的現象，另外，因反應利用金屬當催化劑的因素，增加了對樹脂的金屬純化步驟。

3. **環狀脂肪族／馬來酸酐聚合物**（COMA）

環狀脂肪族／馬來酸酐聚合物，主要是利用Norborenes和MA利用自由基聚合反應而成，其化學結構，如圖2-16表示：

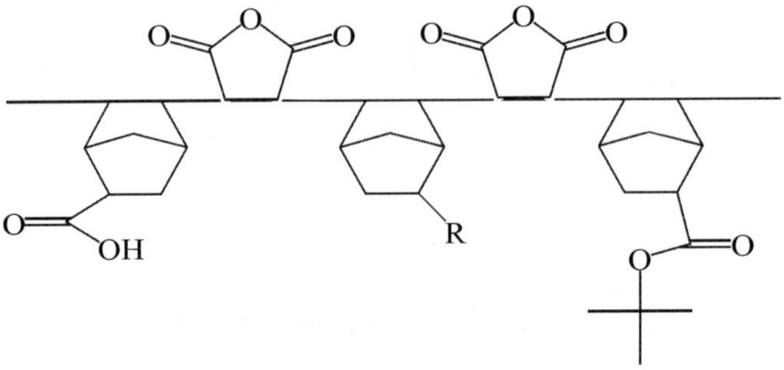

圖2-16　COMA一般化學結構

利用 COMA 或 COMA 與壓克力共聚合，可提高這一類樹脂在耐蝕刻特性的表現，而且在顯影後光阻亦具有很好的機械特性及表面平整度。此類系統的缺點為在193nm的透明度較差，而且因為樹脂含有馬來酸酐成分，因此，在光阻劑的儲存安定性上，較容易有水解現象發生，使得光阻較不穩定，一般可加入一些抑制劑來解決這個現象。

4. **烯醚／馬來酸酐聚合物**（VEMA）

VEMA 共聚物或 VEMA 與壓克力共聚物，如圖2-17化學結構式，主要利用推電子基團單體與含拉電子基團單體共聚合而成，並利用鏈轉移劑（Chain Transfer Agent）來控制分子量。

圖 2-17　VEMA 一般化學結構，R^1 一般為環狀羧酸保護基團，R^2 為烯醚類基團

VEMA 具有很好的透明性與耐蝕刻特性，但此系統的缺點與 COMA 相同，均同樣含有 MA 成分，而影響其光阻劑的儲存安定性。

由以上不同樹脂系統在 193nm的微影製程上分析，目前主要的樹脂應用上，仍以壓克力樹脂系統、環狀脂肪族／馬來酸酐聚合物（COMA）、環狀脂肪族聚合物及烯醚／馬來酸酐聚合物（VEMA）等，具有較佳的製程特性。各類樹脂在 193nm 微影製程的優缺點比較，如表 2-2 表示。

表 2-2　193nm 光阻劑樹脂系統優缺點比較

樹脂系統	優點	缺點
壓克力樹脂	・容易合成 ・透明度高 ・附著性高 ・高解析度	・機械特性（T_g） ・蝕刻特性 ・光阻表面粗糙及側邊的平整性
環狀脂肪樹脂族	・透明度高 ・蝕刻特性 ・機械特性（T_g） ・光阻表面粗糙度及側邊平整性	・聚合分子量控制 ・樹脂純化
COMA	・耐蝕刻特性 ・機械特性（T_g） ・光阻表面粗糙及側邊平整性	・透明性 ・安定性
VEMA	・透明度 ・耐蝕刻 ・光阻表面粗糙及側邊平整性	・安定性

㈣矽烷化反應（Silylation）

目前在微影製程上，不論 I-line 光阻、248nm 光阻或 193nm 光阻，均是以單層光阻為主，塗佈厚度在 0.5~1.0μm 左右。由於降低光阻層厚度，可以增加光阻解析度，因此而有了矽烷化反應（Silylation）的技術。矽烷化反應主要是被用在 193nm 和 EUV 黃光微影製程的應用，利用頂層表面成像技術（Top Surface lmage, TSI），將含矽的分子擴散到光阻表層與樹脂進行矽化反應，接著再進行 O_2 電漿的乾式顯影方法，而達到高解析度的製程要求。

一般矽烷化製程區分，為正型光阻⑭和負型光阻⑮兩種形態，正型光阻的反應過程，如圖 2-18 表示。

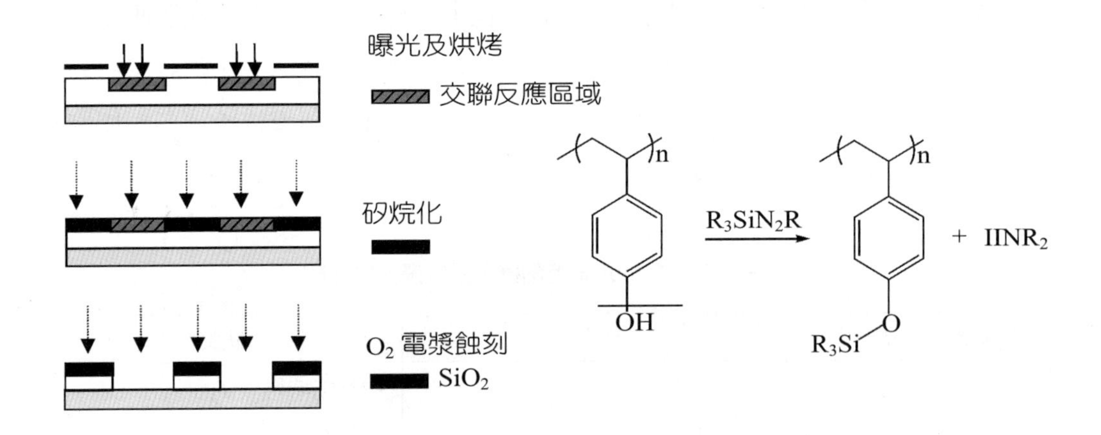

圖 2-18　正型 TSI 成像技術

在圖 2-18 正型 TSI 成像技術的反應中，光阻塗佈厚度在 0.5~1.0μm 左右。首先進行光阻表層的曝光，烘烤後曝光區域進行了交聯反應後，非曝光區則進行矽烷化反應。反應的形式有液相或氣相兩種方式，一般常用的矽烷化分子，例如：bis（dimethylamino）methylsilane〔B（DMA）MS〕、bis（dimethylamino）dimethyl-silane〔B（DMA）DS〕和 dimethylsilydimethylamine（DMSDMA），負型光阻

B(DMA)MS	B(DMA)DS	DMSDMA
Me	Me	Me
$(Me)_2N-Si-N(Me)_2$	$(Me)_2N-Si-N(Me)_2$	$(Me)_2N-Si-Me$
H	Me	H

的反應過程，如圖 2-19 表示，光阻表層曝光後，產生的光酸與含光酸保護基之聚對位苯乙烯衍生物反應，顯影後再進行矽烷化反應，最後再進行 O_2 電漿的乾式顯影。

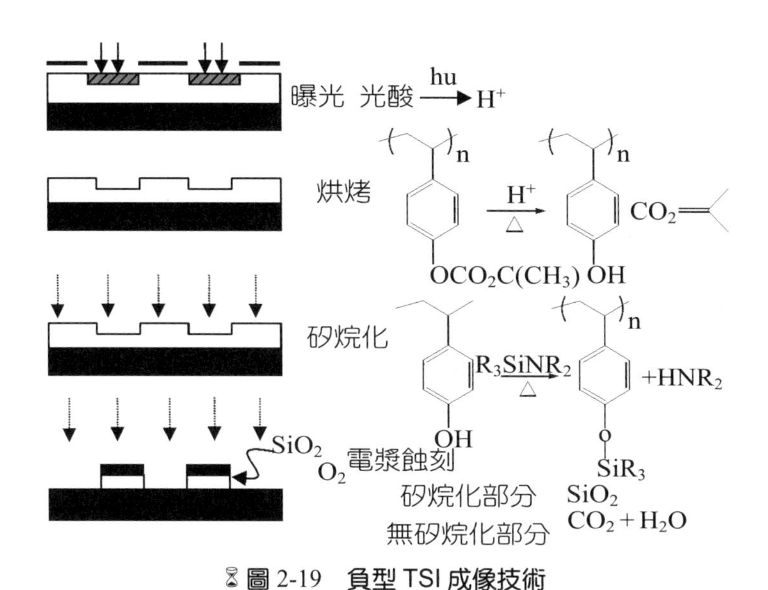

圖 2-19　負型 TSI 成像技術

不論正型或負型 TSI 成像製程，光阻的樹脂成分大部分仍以聚對位羥基苯乙烯為主，TSI 在 193nm 或 EUV 的應用由於考慮波長吸收度的問題，也可用環狀脂肪樹脂等較低吸收的樹脂，來降低光阻側邊平整性的問題。

㈤雙層光阻劑（Bilayer Resist）

深紫外光光阻劑的應用技術除了單層光阻及 TSI 外，另一種方式是雙層光阻劑。其與矽烷化反應不同的是，光阻的含矽成分不是經由矽烷化反應而來，而是直接由含矽之單體與其他單體共聚合，優點是在製程上與單層光阻相同，而且沒有 TSI 製程複雜。雙層光阻劑的成分，包括上層的含矽光阻層及下層平坦層⑯⑰⑱，利用上層較薄的含矽光阻（約 0.2μm），來得到較高的光阻解析度，另外，利用含矽光阻劑在 O_2 電漿蝕刻時，表面生成 SiO_2 而達到耐蝕刻的效果。平坦層一般使用DNQ-Novolac的光阻系統，具有很好的耐蝕刻穩定性，雙層光阻的微影成像過程，如圖 2-20 表示。

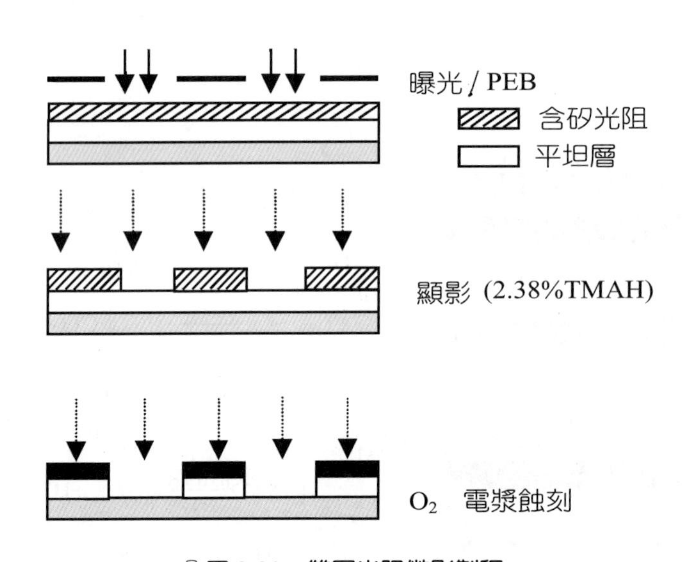

圖 2-20 雙層光阻微影製程

一般上層含矽光阻劑的含矽樹脂設計，常利用圖 2-21 含矽單體結構共聚合。

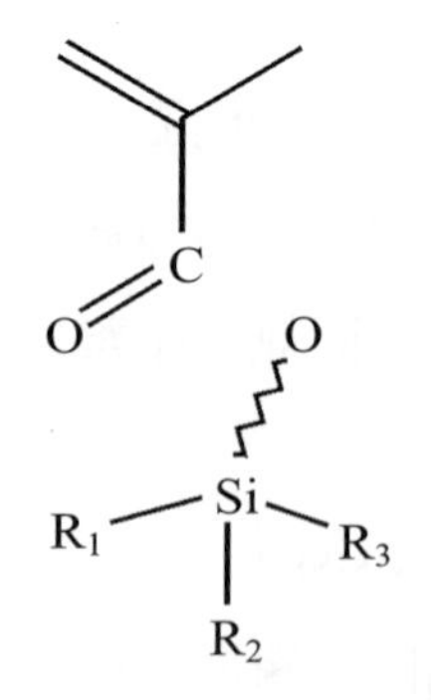

圖 2-21 一般含矽單體結構

圖 2-21 結構中 Si 與二個碳原子鍵結，這種β結構由於 Si-C-C^+ 本身具有穩定的共振結構，而使得本身同時又具有光酸去保護基的功能[16]，當光酸形成後其反應機構，如圖 2-22 表示。

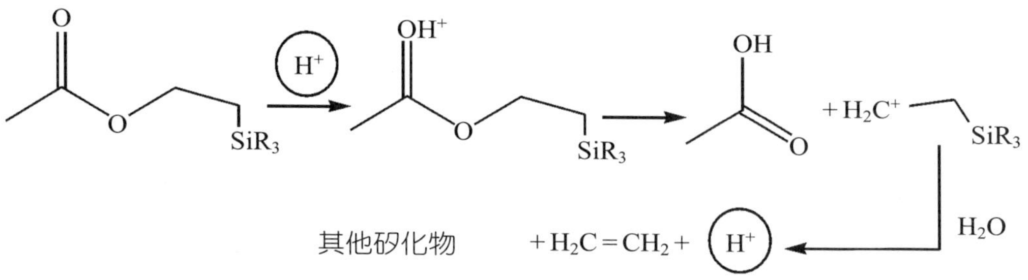

其他矽化物 $+ H_2C = CH_2 +$ H^+

圖 2-22 β-Si 去保護基反應機構

這種β-Si 結構可應用在 248nm 光阻的聚對羥苯乙烯及 193nm 光阻的壓克力共聚合樹脂，如圖 2-23 結構。

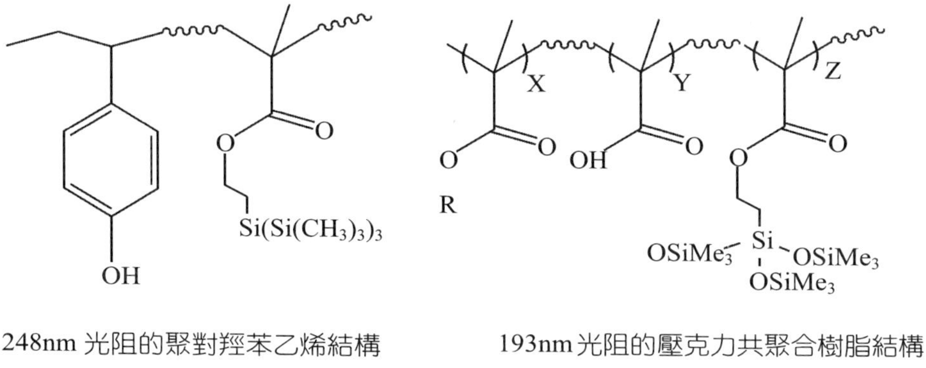

248nm 光阻的聚對羥苯乙烯結構　　193nm 光阻的壓克力共聚合樹脂結構

圖 2-23 含矽光阻在 248nm 及 193nm 光阻應用的樹脂結構

在圖 2-23 中，R 可為任何去保護基結構或具有含矽單體等特性，應用在 193nm 光阻的壓克力共聚合樹脂，為了增加耐蝕刻的效果，亦常用環狀脂肪族[19]，如冰片烯的（Norbornenes）衍生物共聚合結構。

㈥ 157nm 光阻劑

由於 IC 製程進入 0.1μm 以下的技術需求，於是有 157nm 微影製程的出現。此項技術的重大挑戰，主要來自於氟化鈣光學材料、光學鍍膜、光罩製作、光罩保護膜（Pellicle）、F_2 雷射（157nm）曝光系統和光阻劑等重要關鍵材料技術。

發展 157nm 光阻劑與 248nm 光阻劑或 193nm 光阻劑的設計原理是相同的，即必須對 157nm 波長要有很高的透明度，對電漿蝕刻的阻抗性高及對顯影劑的溶解度等考量。在材料的透明度方面，由於 248nm 用的聚對羥苯乙烯類之芳香族結構（Aromatic Groups），或 193nm 系統中含有的羰基族（Carbonyl Groups），均因具有 π 電子的關係，在真空紫外線有很強的吸收性而不適用於 157nm 光阻。目前改善對 157nm 波長透明度的方式有導入氟原子的含氟聚合物，或含矽原子的矽氧烷（Siloxane）為主，這類聚合物的化學結構除了對 157nm 波長有較佳的透明性外，由於含氟之強拉電子基團的誘導效應，而形成穩定的共軛鹼，或矽與氧原子間的鍵結效應而具有共軛鹼穩定方式，因此而產生足夠的酸性使光阻劑在曝光後更容易溶解於顯影液中。一般來說矽氧烷聚合物在 157nm 微影的製程中，光阻劑成分中因光分解，而容易產生 SiO_2 或其他氣體（Outgassing），對微影系統容易造成污染而且較不易清洗，所以目前主要仍以含氟的聚合物為主。

在 157nm 光阻成像的製程當中，單層成像或多層成像的技術均有被考慮，多層成像中以甲矽化頂層表面成像技術為主，但其產生的圖案在線邊常有表面粗糙度的問題，目前大部分採用單層成像技術。由於目前的光阻材料對 157nm 普遍吸收性仍很強，所以光阻層厚度均被限制在 0.1μm 以下，以適用於初期的微影設備測試，但厚度較薄的光阻容易產生表面的缺陷問題。為提高光阻的透明度，目前研究中的含氟樹脂系統種類繁多[20][21][22]，包括壓克力、環狀脂肪族聚合物、壓克力／環狀脂肪族聚合物、壓克力／聚對羥苯乙烯共聚物、烯烴族一氧化碳聚合法、環狀脂肪族／4 氟乙烯共聚物，及環狀脂肪族／馬來酸酐共聚物等含氟樹脂。

1. 壓克力系統

在 193nm 常用的壓克力樹脂在導入氟之後，吸收值（Optical Density, μm^{-1}）會明顯的降低，例如：PMMA（Polymethyl methacrylate），當 α 位置的 CH_3 以 CF_3 取代後變成 PMTFMA（Polymethyl -α-trifluoromethylacrylate），其吸收值由

6.9μm^{-1}降至 2.68μm^{-1}，或 Poly（1, 1, 1, 3, 3, 3 -hexafluoro-propyl methacrylate）其吸收值更降至 2.2μm^{-1}。

2. **環狀脂肪族聚合物**

環狀脂肪族聚合物在 193nm 光阻的主要特點是，其樹脂含多碳結構而具有較佳耐蝕刻特性，但是環狀脂肪族聚合物的結構在 157nm 的波長下吸收值仍太高。當導入氟原子後，在透明度方面對 157nm 的吸收值會明顯降低，例如：NBHFA〔5-（2-trifluoromethyl-1, 1, 1-trifluoro-2-hydroxypropyl）-2-norbornene〕吸收值在 1.7~2.2μm^{-1}之間，具有很高的透明性，因此，可做為共聚物的單體選擇。冰片酸在金屬觸媒催化下的共聚合反應或加成聚合反應化學式，例如：含氟樹脂結構

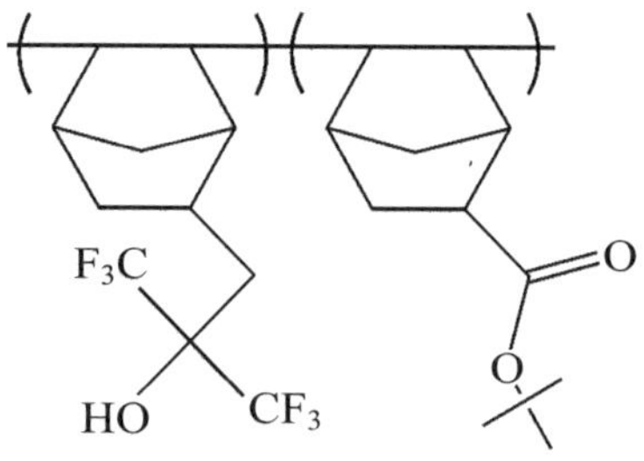

其在 157nm 的波長吸收值為 2~3μm^{-1}。

3. **壓克力／環狀脂肪族共聚物**

利用自由基聚合的壓克力樹脂或利用金屬觸媒催化的環狀脂肪樹脂，所面對的問題與前面 193nm 提到的問題相同，如果將這兩種形態單體利用自由基聚合，缺點是聚合速率及產率較差，但簡單的自由基聚合模式仍具其有方便性。其結構形態，例如下列樹脂

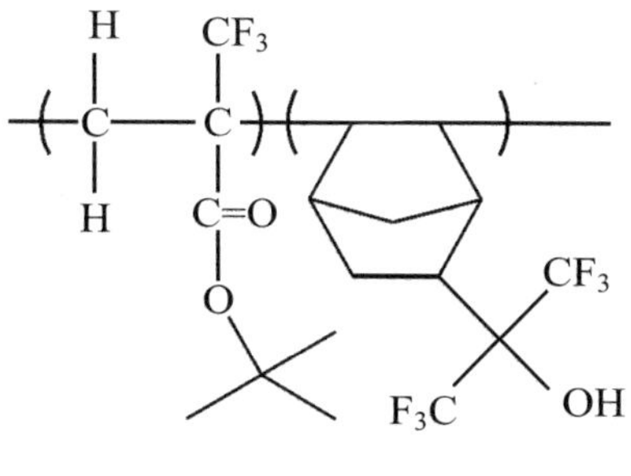

導入氟原子後，在 157nm 的吸收值為 3.0~3.2μm^{-1}。

4. **聚對羥苯乙烯/壓克力族共聚物**

前面提到由於 248nm 光阻中，聚對羥苯乙烯的π- 鍵結或 193nm 光阻中的羰基族對 157nm均有很強的吸收，但導入氟原子後吸收值均降至 3μm^{-1}左右，於是聚對羥基苯乙烯的衍生物亦被當做 157nm光阻劑的研究之一，例如：聚對羥苯乙烯在 157nm 的吸收值約 6.5μm^{-1}，但是導入含氟取代基的結果，例如：PSTHFA〔Poly（4-（1,1,1,3,3,3-hexafluoro-2-hydroxypropyl）styrene〕，其吸收值降至 3.6μm^{-1}。如將 PSTHFA 與含氟之壓克力共聚合，例如：下列樹脂結構

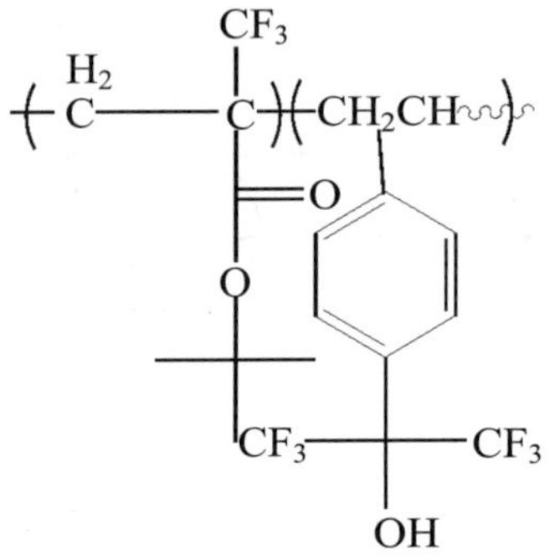

吸收值約在 3.2~3.6μm^{-1}之間，對 157nm 具有很高的透明度。

5. **環狀脂肪族／一氧化碳聚合法**

利用環狀脂肪族／一氧化碳當單體的聚合法，主要在 UT，Austin 的 Willson 研究小組㉓，利用催化劑、反應溶劑及溫度的因素控制而會有不同的反應，例如下列反應式，可能產生酮類（Ketone）結構或縮酮類（Ketal）結構。

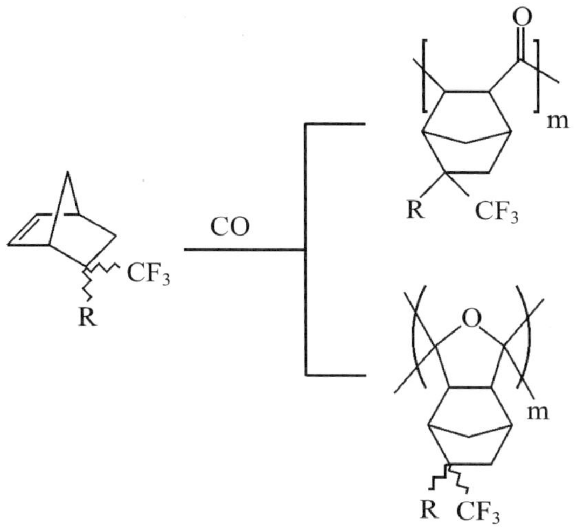

CO

酮類結構

縮酮類結構

Willion 研究小組 2001 年在 SPIE 發表了幾個縮酮類結構樹脂，在 157nm 的吸收值約 2.5~3.1μm^{-1}之間。

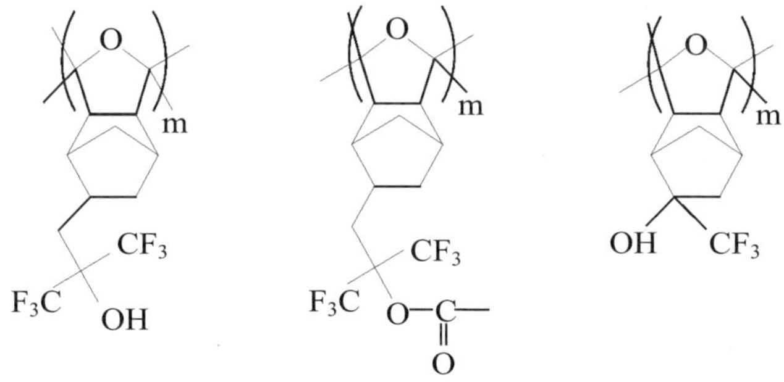

2.5μm^{-1}　　3.15μm^{-1}　　2.7μm^{-1}

6. **環狀脂肪族/四氟乙烯共聚物**

環狀脂肪族與 SO_2的自由基共聚法，例如 NBHFA 和 SO_2共聚物其吸收值約 3.1μm^{-1}，冰片酸與四氟乙烯共聚物吸收值可達到 1.1μm^{-1}，目前，Willson研究小組更進一步合成下列樹脂

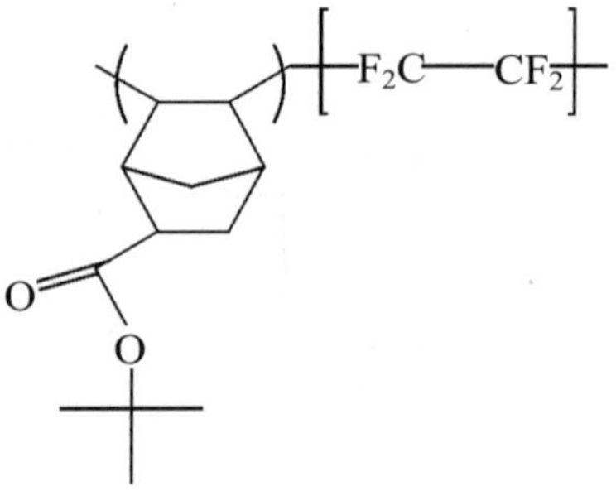

樹脂本身具酸保護基的結構，以適合於 157nm 的光阻劑特性。

7. 環狀脂肪族與馬來酸酐共聚物

一般馬來酸酐對 157nm 有較強的吸收，當馬來酸酐形成雙醇類（Diol）的結構後，樹脂對 157nm 的透明度會變得較高，例如：下列反應

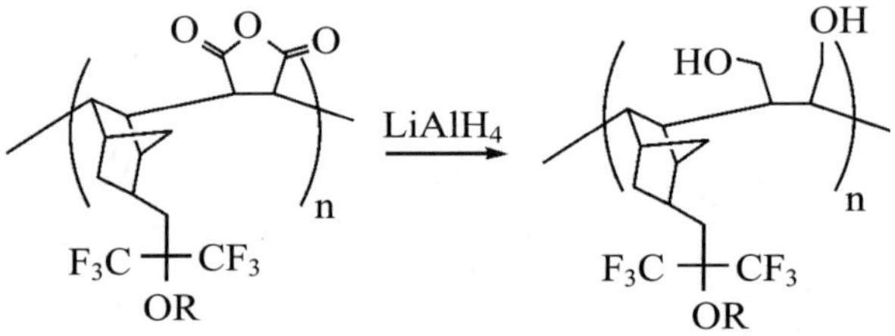

而且 OH 官能基的極性又具有對基材附著性功能。

由以上 157nm 光阻的樹脂特性及吸收值分析，各種發展中的樹脂在 157nm 的吸收值約在 1~3μm^{-1}之間，其在 157nm 的吸收值仍偏高，因此，目前仍在尋找各種可能的結構，當然主要仍以含氟樹脂為主。對 157nm 透明性高的樹脂，可以使得 157nm 光阻的厚度不至於太薄，而達到耐蝕刻穩定的作用。

㈦極紫外線光阻劑（EUV Resist）

極紫外線（Extreme Ultra-Violet, EUV）微影製程是 0.7μm 以下製程的可能方法之一，EUV 亦可稱為軟 x—射線（Soft x-ray），波長約在 10~14nm 之間。主要利用同步輻射源（symchrotrons）、自由電子雷射（free-electron laser）或電漿產

生EUV光源，其中以電漿方式應用在微影製程較為可能。圖2-24表示EUV微影成像系統，EUV光源系統主要利用高能量的雷射（例如Nd：YAG laser）照射目標物產生熱電漿後，雷射再激發電漿成分至激發態而放出x-ray，經由聚光透鏡系統至光罩上反射至投影系統（1/4影像）再至晶圓上曝光㉔。

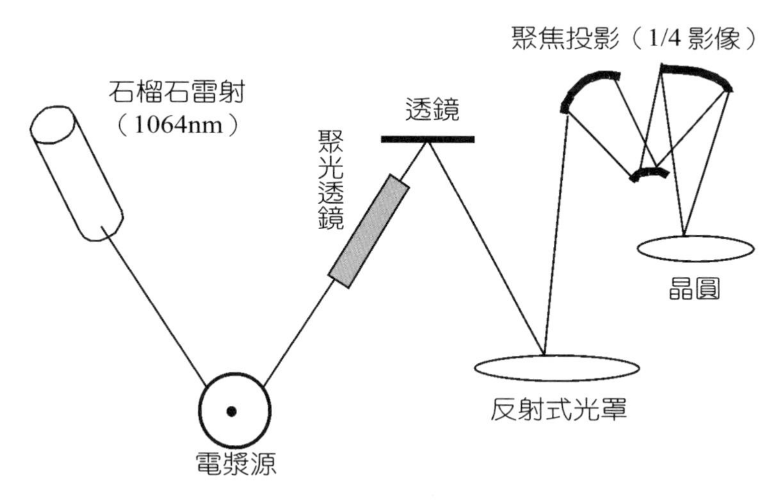

圖2-24　EUV微影成像系統

EUV的反射式光罩為一多層結構，其中吸收層如Ni、Ge或Al均可，而反射層如MoSi，在EUV數值孔徑值（NA）均不大約2.5。光阻材料方面對EUV（13nm）波長吸收均很大，為降低樹脂對EUV的吸收，而增加光阻解析度，常用較薄的單層光阻，含矽雙層光阻或甲矽化表面成像製程等，不過單層光阻仍是主要的選擇。一般壓克力如PMMA吸收值太高，為了降低樹脂對13nm波長的吸收，常利用脂肪族基導入樹脂結構中，如深紫外光常用的正型或負型化學增幅型樹脂（聚對位羥基苯乙烯），或Novolac/DNQ的溶解抑制型樹脂，一般要求的光敏感度約在2.5~5mJ/cm^{2}之間。

EUV用光阻在非化學增幅型的方面，例如：負型光阻ZEP520（NIPPON Zeon）為一聚苯乙烯／壓克力共聚物的結構㉕。

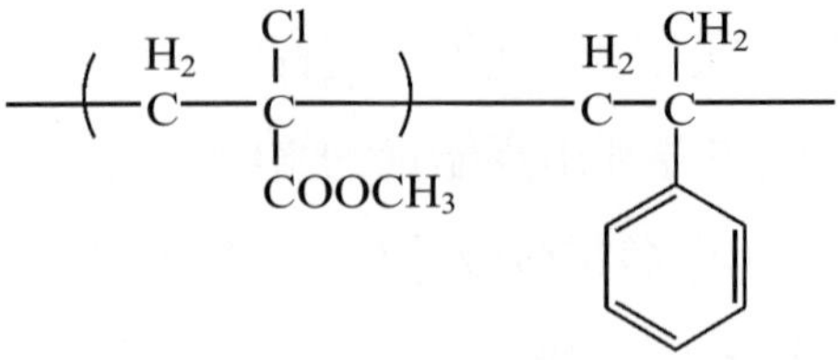

ZEP-520

或溶解仰制型光阻之 DNQ/Novolac 系統，這一類 Novolac 樹脂在黃光製程的環境中一般較化學增幅型樹脂穩定。

在化學增幅型樹脂方面，包括正型或負型光阻，例如，深紫外光（248nm）的正型光阻劑以聚對羥苯乙烯樹脂為架構㉖。

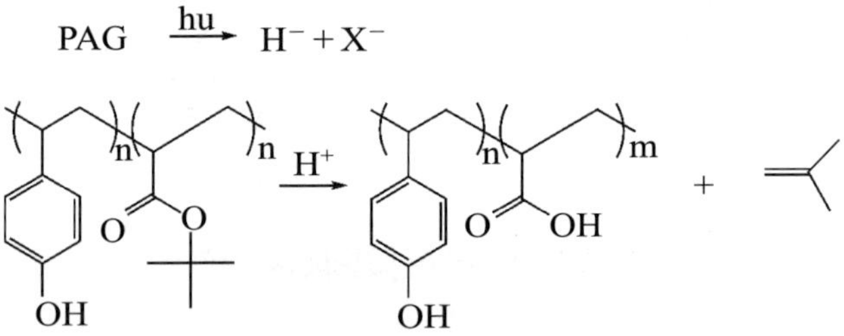

$$\text{PAG} \xrightarrow{hu} H^- + X^-$$

而在化學增幅型負型光阻方面，例如，交聯劑（melamine）與酸醛樹脂在光酸下交聯反應㉗。

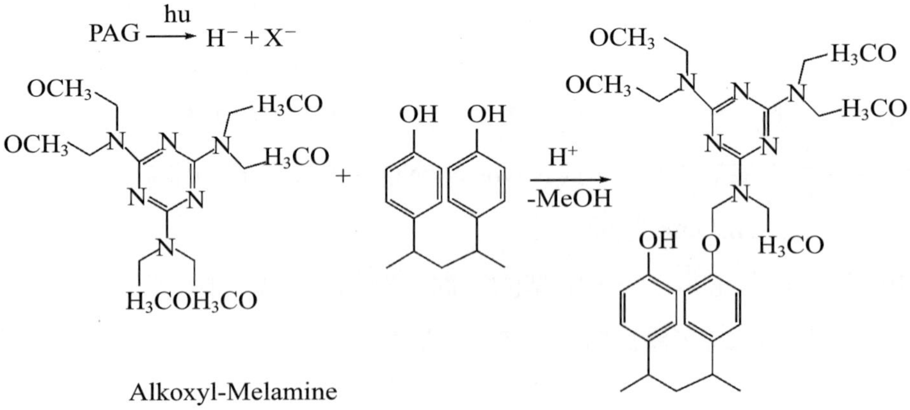

$$\text{PAG} \xrightarrow{hu} H^- + X^-$$

Alkoxyl-Melamine

目前 Deep UV 的光阻劑和 DNQ/Novolac 較常用於 EUV 的微影製程的研究上，除此之外，一般在 EUV 微影過程亦必須考慮到光阻劑因 EUV 照射而裂解的小分子〔CO、（CH）x 或其他雜質〕對系統的污染，其中 ZEP520 比 DNQ/Novolac 污染濃度大了近 100 倍，而正型之化學增幅型光阻因光阻本身的自由體積較少，相對因光裂解而產生的裂解物就比負型光阻低。

㈧電子束光阻劑（E-beam Resist）

不論是黃光微影或 x—射線微影的光罩，目前主要是用電子束微影的方法來製造，如用電子束進行微影，目前的缺點是商業化量產較低。由於黃光微影製程在光阻解析度上的限制，電子束微影仍是為下一世代微影的趨勢之一。在 0.1μm 以下的製程技術中，目前較具商業化可行性的電子束微影製程有制限制角度散射投影的 SCALPEL（Scattering with Angular Limitation in Projection Electron-beam Lithography）和 PREVAIL（Projection Exposure with Variable Axis Immersion Lensens）電子束微影方法，圖 2-25 是 SCALPEL 的微影成像系統的示意圖㉘。

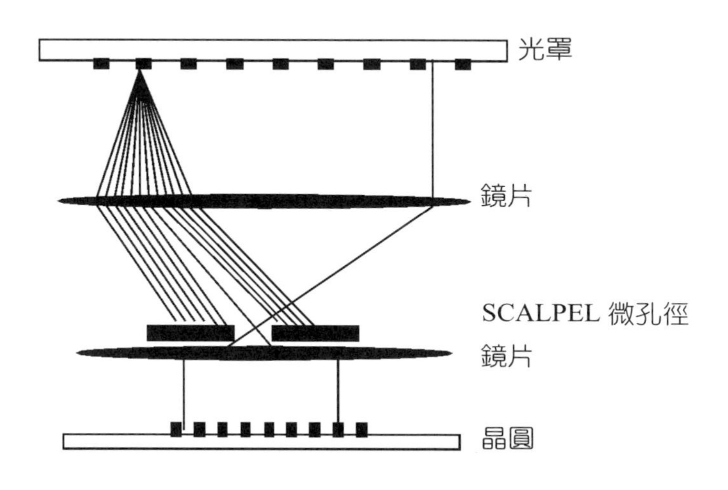

圖 2-25　E-Beam 微影成像系統

在微影的示意圖中，光罩包含了低原子量形成的薄膜及高原子量的圖案成型薄膜，一般在 100KeV 的能量下電子束通過光罩後，產生散射的電子束極少數會達到光阻表面，而沒有散射的電子則直接聚焦進入光阻表面，於是產生很高對比的圖案影像。

電子束微影的光阻劑反應形態，主要有分子裂解型或分子交聯反應型兩種。

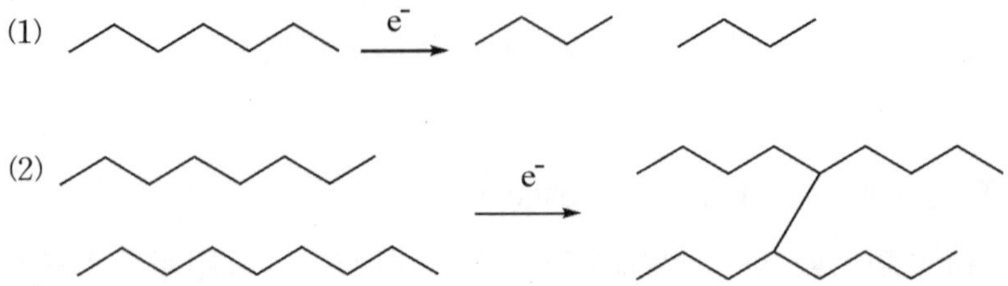

(1) $\xrightarrow{e^-}$

(2) $\xrightarrow{e^-}$

分子裂解型常用的樹脂為 PMMA，但 PMMA 對電子束的敏感度很低，一般只用於光罩的線路製作上。為了增加電子束的敏感度，其他的正型光阻劑，例如，壓克力系樹脂導入鹵素原子，如 Toray 的 EBR-P Poly（2.2.2-tri-fluoroethy-α-chloroacrylate）、含鹵素壓克力與聚苯乙烯共聚物，如 Nippon Zeon 的 ZEP-520 Poly（α-chloroacrylate-co-α-methylstyrene），或 Bell 實驗室含壓克力/SO_2 系的 PBS Poly（butene-1-sulfone）等均已有商業化產品。

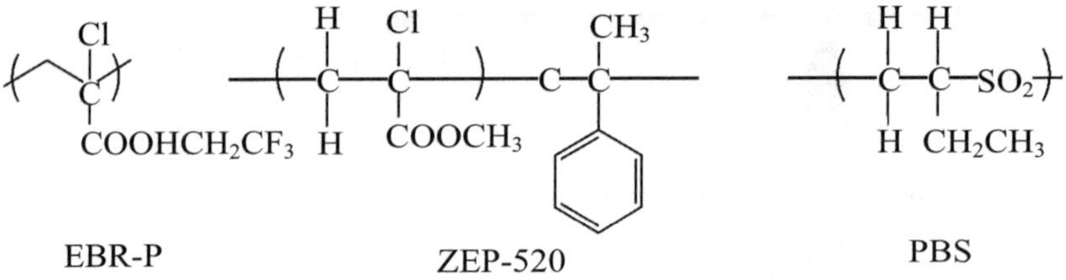

Cl C $COOHCH_2CF_3$ H Cl CH_3 C C C C H $COOCH_3$ H H C C SO_2 H CH_2CH_3

EBR-P ZEP-520 PBS

另外一種分子裂解型的電子束光阻是一種溶解抑制劑的反應形態，例如，PMPS（Poly（2-methylpentene-1-sulfone））加上 Novolac 樹脂，其中 PMPS 當作溶解抑制劑，其功能與 I-line 光阻的 DNQ 功能相似，這種系統的好處是除了具有高敏感度外，亦具有很好的耐蝕刻特性。在分子交聯反應型方面，材料大部分仍以含環氧基的壓克力或含鹵素的聚對苯聚乙烯衍生物為主，利用碳—碳雙鍵或碳與鹵素族鍵因電子束產生的自由基做聚合反應，這一類負型光阻的缺點是，顯影後光阻會有膨潤（Swelling）現象，主要原因還是與交聯密度的控制有關。

大部分的深紫外光光阻劑均可應用於電子束微影光阻，包括深紫外光負型及深紫外光正型光阻等㉙，在 100KV 下光敏感度約 1~4μC/cm^2可達到 60nm 的解析度。另外，以Novolac樹脂為主的光阻也常被應用，Novolac樹脂主要應用在I-line光阻，在深紫外光因吸收太大而不適用，但卻是一個很好的電子束微影光阻㉚。利用 Novolac 樹脂搭配溶解抑制劑及光酸可產生化學增幅正型反應的光阻，或者利用 Novolac 樹脂搭配 bisazide 的負型光阻，亦可得到很好的解析效果。

㈨ x 射線光阻劑（x-ray Resist）

x射線的微影製程方式㉛㉜與其他微影方式比較不同的是，圖案影像利用光罩以 1：1 的模式成像，其中對 x 射線透光的薄膜厚度約 1~2μm，材料為 SiC、Si_3N_4或 Si，對 x 射線吸收而成像的材料厚度約 0.5μm，一般為金（Au）、鎢（W）、鉭（Ta）或 TaSi 等，其微影成像如圖 2-26 所示。一般 x 射線的波長常用的範圍在 0.4~2nm 之間，光源主要是同步輻射源（Synchrotron），為了減少二次電子的影響及產生繞射的現象，較適當的波長選擇約在 0.8~1.2nm 之間。為了減少繞射帶來的干擾，光罩和光阻之間的距離也很重要，距離愈靠近愈可以得到較高的解析度，一般的距離選擇在 10~30μm 之間。

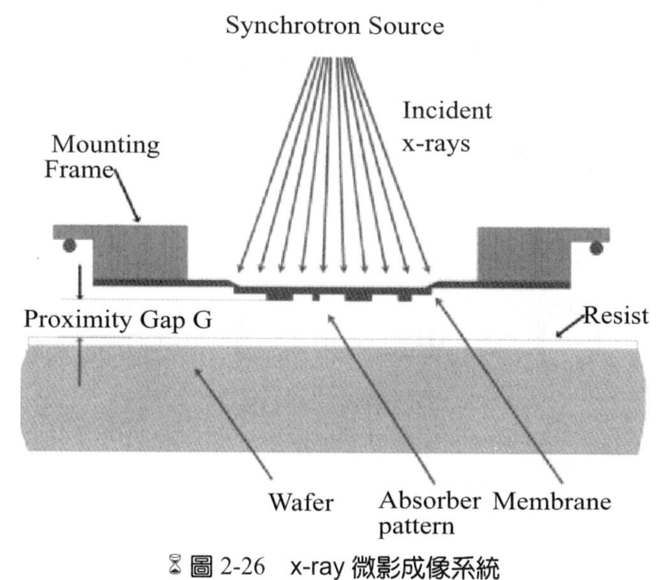

圖 2-26　x-ray 微影成像系統

x 微影製程用的光阻劑，主要有負型光阻和正型光阻兩種，正型光阻常用的如 PMMA 經 x—射線照射後，長鏈 PMMA 分裂成許多短鏈可溶的部分。這一類樹脂的優點為解析度高，但光敏感度非常低，有時曝光時間長達 1 小時。主要原因是 PMMA 含 C、O、H 等原子量較小的原子，對 x—射線有較低的光敏感度，並且在耐蝕刻方面特性也較差，因此只用在光罩的製作上。目前比較常用光阻的材料趨勢為化學增幅型的正型光阻或負型光阻，為達到較高的光敏感度，以選擇含有較高原子量光酸產生劑如六氟化銻三本基硫鹽（Triphenylsulfonium Hexaflaouoantimonate）中含銻原子（Sb）的結構，

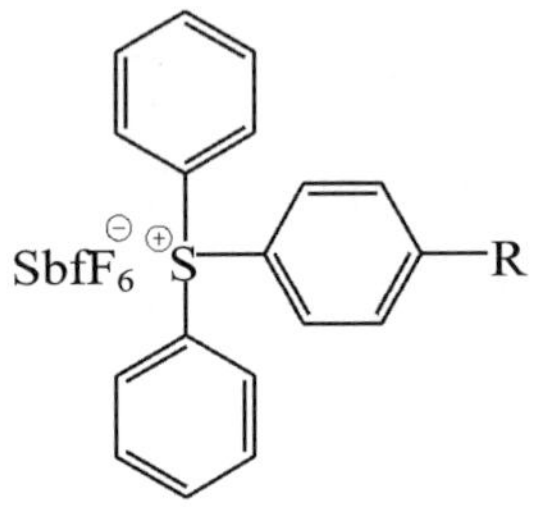

$SbfF_6^{\ominus}$ $\overset{\oplus}{S}$ —R

由於 Sb 與 C、H 和 O 等比較，其原子量較高且對 x—射線有很高的光敏感度，經由光酸產生劑產生的H^+，可進一步與光阻成分中的樹脂進一步反應，其反應種類包括化學增幅型正型光阻劑，此反應行為與深紫外線光阻劑的反應行為相似。由光酸產生劑生成的$H^{\oplus}$進一步與含保護基之聚對羥苯乙烯類之芳香族反應，例如：PTBSS 的反應模式㉝。

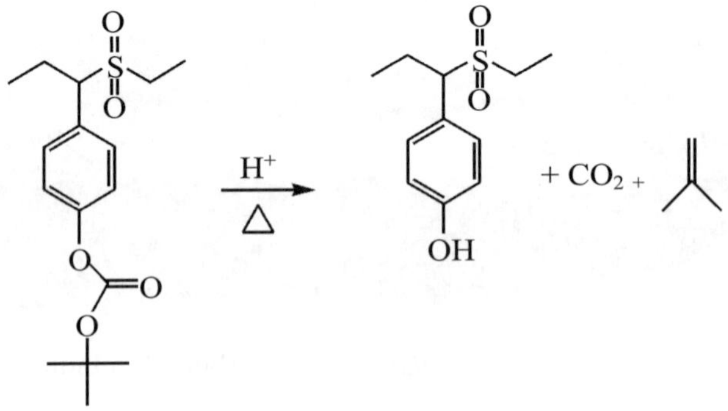

O S O O O O O (PTBSS) $\xrightarrow[\triangle]{H^+}$ O S O OH $+ CO_2 +$

其中PTBSS亦可以單一成分在x—射線下產生光酸，再進一步進行去保護基的反應。

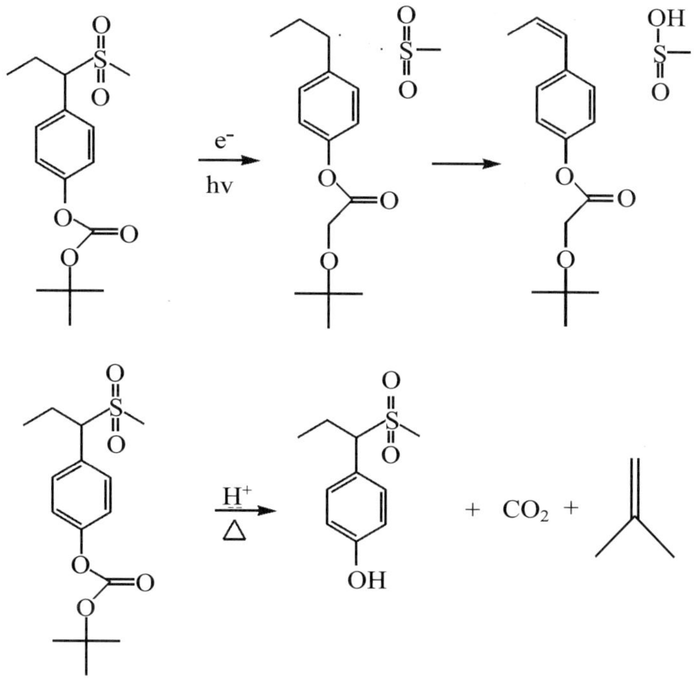

另外一種溶解抑制型光阻如NPR光阻（由PMPS與Novolac樹脂組成）㉞，PMPS在x—射線曝光下自行分解，而使光阻劑在曝光前後的溶解度產生差異性。

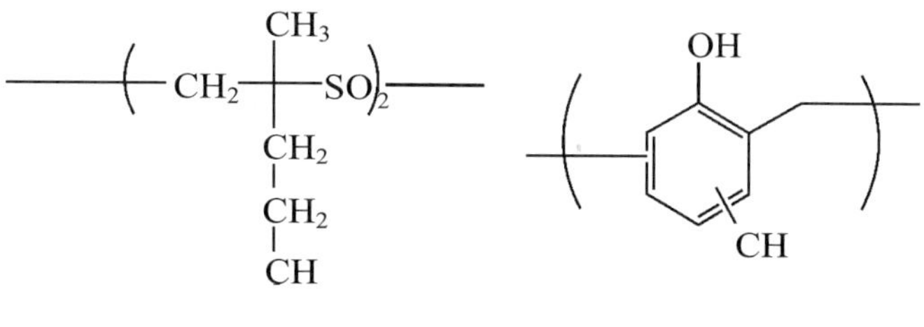

PMPS　　　　Novolak

x—射線用負型光阻，包括壓克力系含鹵素之苯乙烯聚合物，或其含環氧基可供交聯的聚合物。一般分子量愈高對 x—射線光敏感度會愈高，但相對因容易產生膨潤（swelling）的現象而影響解析度。目前常利用光酸搭配高反應性樹脂及交聯劑，而產生高敏感度及高解析度的光阻。

結　論

光阻劑的應用範圍廣泛，尤其在電子及光電的運用，在印刷電路板方面有乾膜光阻劑、液態光阻劑、感光綠漆，及在增層法製程中的感光絕緣層，在IC製程中上有 G-line、I-line 光阻劑，化學增幅型的 248nm 光阻劑、193nm 光阻劑、157nm光阻劑、EUV光阻劑、E-beam及x—射線光阻劑等，在平面顯示器製程上有顏料分散型的 LCD 用 Color Filter、黑色矩陣（Black Matrix）、間隔材（Spacer），電漿顯示器（PDP）的感光銀電極、阻隔壁（Rib）、螢光體漿料，及場發射顯示器（FED）的阻隔壁（Separate Wall）及感光厚膜在微機電應用等等。印刷電路板光阻劑已走向高密度互連的基板技術，其線路解析度已要求至50μm以下，而感光綠漆及在增層法製程中的感光絕緣層則已具有耐熱性為主。而在 IC 製程技術上 DRAM 主要仍是 256Mb 至 1Gb 之間的設計規格，電路線幅設計規格在 0.18μm 製程部分，主要以 KrF 雷射之 248nm 微影製程為主，如果再加上相位移光罩技術或其他光學修正技術，可以達到 0.15μm 的水準，當 DRAM 設計規格在 1Gb 以後，則以 0.13μm 或 0.1μm 的製程為主，技術上則利用 ArF 雷射之 193nm 微影製程。當線路解析度從 0.1μm 至 0.07μm 之間時，就必須利用到真空紫外線的波長，目前主要以F_2雷射的 157nm 微影為主，0.07μm 至 0.05μm 的技術則以利用極紫外線（EUV），或其他可能達到 0.1μm 以下的微影方法，包括電子束（SCALPEL, PREVAIL）、x—射線及離子束等不同的方法。以目前在電子及光電產品的技術發展趨勢分析，感光高分子及其相關之微影製程技術，在未來材料的需求及運用上將占有極為重要的角色。

1 US patent 3469982（1969）.

2 US patent 4298678（1981）.

3 H. Ito, et al., Abs. 45th Thermosetting Resin Symp. 61~62（1995）.

4 US Patent 4943516（1990）.

5 M. Asano et al., *J. Photopolym. Sci. Technol.* **9** 305（1996）.

6 Internation Technology Roadmap for Semiconductors, ITRS 1999.

7 R. A. Lawes, *Appl. Surf. Sci.* **154-155**, 519（2000）.

8 L. R. Harriott, *Materials Today*. **2**, 10（1999）.

9 H. Mokoto, V. Yasunori and F. Akihiro, *J. Vac. Sci. Technol* **B7**, 640（1989）.

10 T. Kajita, T. Ota, H. Nemoto, Y. Yumoto, and T. Miura, *Proc. SPIE* **1262**, 493（1990）.

11 K. Hoda, B. T. Beauchemin, Tr., R. J. Hurditch, A. J. Blakeney, K. Kawabe, and T. Kokubo, *Proc. SPIE* **1262**, 493（1990）.

12 A. M. Goethals, G. Vandenberghe, I. Pollentier, M. Ercken, P. De Bisschop，M. Maenhoudt and K. Ronse, *J. Photopolym. Sci. Technol.* **14**, 333（2001）.

13 T. Kajita, Y. Nishimura, M. Yamamoto, H. Ishii, A. Soyano, A. Kataoka, M. Slezak, S. Makoto, P. R. Varanasi, G. Jordahamo, M. C. Lawson, R. Chen, W. R. Brunsvold, W. Li, R. D. Allen, H. Ito, H. Truong and T. Wallow, *Proc. SPIE* **4345**, 712（2001）.

14 M. H. Somervell, D. S. Fryer. B. Osborn, K. Ptterson, J. Byers and C. G. Willson, *J. Vac. Sci. Technol* **B18** 2551（2000）.

15 M. Katsumi, O. Takeshi, A. Naoaki and H. Etsuo, *Proc. SPIE* **2438**, 465（1995）.

16 R. Sooriyakumaran, G. M. Wallraff, C. E. Larson, F. A. Debra, R. A. DiPietro, J. Opitz and D. C. Hofer, *Proc SPIE* **3333**, 219（1997）.

17 U. Schaedeli, E. Tinguely, A. J. Blakeney, P. Falcigno and R. R. Kunz, *Proc SPIE* **2724**, 344（1996）.

18 A. Blakeney et al., *Solid State Technology* June, 69（1998）.

19 T. S. Jean, T. T. Song, W. T. Jiaang, J. F. Chang, H. B. Cheng, C. S. Chuang and T. Y. Lin, *J. Photopolym. Sci. Technol.* **14**, 503（2001）.

20 H. Ito, G. M. Wallraff, N. Fender, P. J. Brock , C. E. Larson, H. D. Truong, G. Breyta, D. C. Miller, M. H. Sherwood, and R. D. Allen, *J. photopolym. Sci. Technol.* **14**, 583（2001）.

21 R. J. Hung et al., *Proc. SPIE* **4345**, 385（2001）.

22 K. Patterson, M. Somervell, C. G. Willson , *Solid State Technology* , 41（2000）.

23 C. G. Willson http://willson.com.utexas.edu/publications.htmls.

24 H. Kinoshita and T. Watanabe, *J. photopolym. Sci. Technol.* **10**, 369（1997）.

25 S. Irie, et al, *J. photopolym Sci. Technol.* **14**, 561（2001）.

26 S. Irie, et al, *J. photopolym Sci. Technol.* **13**, 385（2000）.

27 T. Watanabe, K. Hamamoto, H. Kinoshita, H. Tsubakino, H. Hada, H. Komano, M. Endo, and M. Sasago, *J. photopolym. Sci. Technol.* **14**, 555（2001）.

28 L. R. Harriott, *J. Vac. Sci. Technol.* **B15**, 2130（1997）.

29 L. E. Ocola, M. I. Blakey, P. A. Orphanos, W. Y. Li, R. J. Kasica. A. E. Novembre, *J. photopolym. Sci. Technol.* **14**, 547（2001）.

30 H. Shirashi, N. Hayashi, T. Veno, T. Sakamizu, and F. Murai, *J. Vac. Sci. Technol.* **B9,** 3343（1991）.

31 O. Kirch, K. Elian, K. Seibold, *Microelectronic Engineering* **57-58**, 579（2001）.

32 J. P. Silverman, *J. Vac. Sci. Technol.* **B16**, 927（1998）.

33 A. E. Novembre, N. Munzel, *Microelectronic Engineering* **32**, 229（1996）.

34 A. E. Novembre, J. M. Kometani, C. S. Knurek, U. Kumar, T. X. Neenan, D. A. Mixon, O. Nalamasu, and N. Munzel, *Microelectronic Engineering* **32**, 229（1996）.

第三章
光硬化接著劑簡介

李明旭

學歷：清華大學化學系（輔系：化工系）
（1990）
清華大學化工系（輔系：經濟系）
（1992）
清華大學化工所博士班畢業（1997）

經歷：交通大學應化所聚摻實驗室（1997）
陸軍砲兵少尉（1999）
永寬化學股份有限公司研發部
（2002～）

研究領域與專長：環氧樹脂
開發光硬化接著劑

一、光硬化的歷史

早在十九世紀就發現：將不飽和野菜油做的印刷油墨在太陽光下曝曬，可以縮短油墨的乾燥時間，此為光硬化技術的濫觴。在 1940 年代到 1950 年代間，陸續有紫外光硬化的油墨，紫外光的燈管、印刷機等等專利技術發表。但是，紫外光硬化樹脂直到 1968 年西德 Bayer 公司發表紫外線硬化塗料（不飽和聚酯系）時，才漸漸受到矚目的，當時這種產品僅用於部分的木器塗裝。直到 1970 年代，由於光化學煙霧等環境問題與石油危機的震盪，才使得無溶劑、無公害、省能源的光硬化樹脂嶄露頭角，開始被各個產業所採用。在此同時，光硬化接著劑（壓克力系統，修改自缺氧膠的技術）也開始被應用於玻璃黏著與填縫等等地方①。

時至今日，光硬化的技術已經廣泛的應用在木器漆、印刷油墨、光纖塗裝、CD 表面塗層、DVD 接著、PCB 用蝕刻油墨、防銲油墨、電子零組件的接著與封裝等等各個領域。新材料的開發和新技術的拓展更是方興未艾，光硬化的技術在現代的生活中已經占有不可或缺的地位。

二、光線的定義

光線是電磁波（Electromagnetic Radiation）的一種，電磁波隨著波長的不同而有不同的名稱：電波、微波、紅外光、可見光、紫外光、x—射線、電子線等等。紫外光是指波長 10nm~400nm 的電磁波，用來進行光硬化反應的紫外光波長是以 250nm~400nm 為主②。電磁波的波長與名稱間的關係請詳見圖 3-1。

一般提及放射線硬化（Radiation Curing）是包含紫外光硬化（Ultra Violet Curing）和電子束硬化（Electron Bean Curing）兩種技術。前者是利用光源放出的光子（Photon）來起始反應，後者是利用電子束中的電子（Electron）來進行反應③。內容僅包含前者，但是，以「光硬化」（Photo Curing）來取代「紫外光硬化」這個名詞，因為現在已經有很多光硬化的組成可以吸收波長較長的可見光（Visible Light）來驅動反應。部分電磁波的物理特徵與其影響，詳見表 3-1。

三、光硬化接著劑的優點

光硬化接著劑是指未照光前為液態，照光後硬化反應成固態的物質。換句話說，透過光線來啟動聚合反應，達到接著的目的者，均可稱為光硬化接著劑。光硬化接著劑的優點有下列幾項：

1. 反應迅速：光硬化接著劑的反應速度在幾秒鐘內即可完成，是反應速度最快的接著劑之一。

2. 製程簡便：光硬化接著劑是單液型接著劑，不像傳統 Epoxy 或 PU 接著劑在使用前需要兩液混合。

3. 性質安定：光硬化接著劑未照光前的儲存時間長達數月，不像瞬間接著劑一碰到空氣就起反應，使用者能夠從容的操作。

4. 線上品管：光硬化接著劑在曝光的同時即完成硬化，生產線上能夠立即判定接著品質的合格與否。

5. 常溫硬化：光硬化的製程中不會有很高的溫度，適合應用於對熱敏感、不能受熱的材質。

6. 節省能源：驅動光硬化接著劑所需要的能源是光線，比熱硬化接著劑所耗費的熱能要低許多，所以，非常的節省能源。

7. 綠色科技：大多數的光硬化樹脂不會逸散出溶劑、不含有毒物質，對環境沒有什麼危害，被譽為綠色科技。

8. 降低成本：光硬化接著劑能夠把樹脂的硬化時間從數小時縮短成數秒鐘，占地十多公尺的烤箱用兩公尺長的輸送帶來替換，一條生產線可以發揮原來數倍的產能，所以光硬化接著劑節省下來的生產成本、人事費用、空間效益等等將非常可觀。

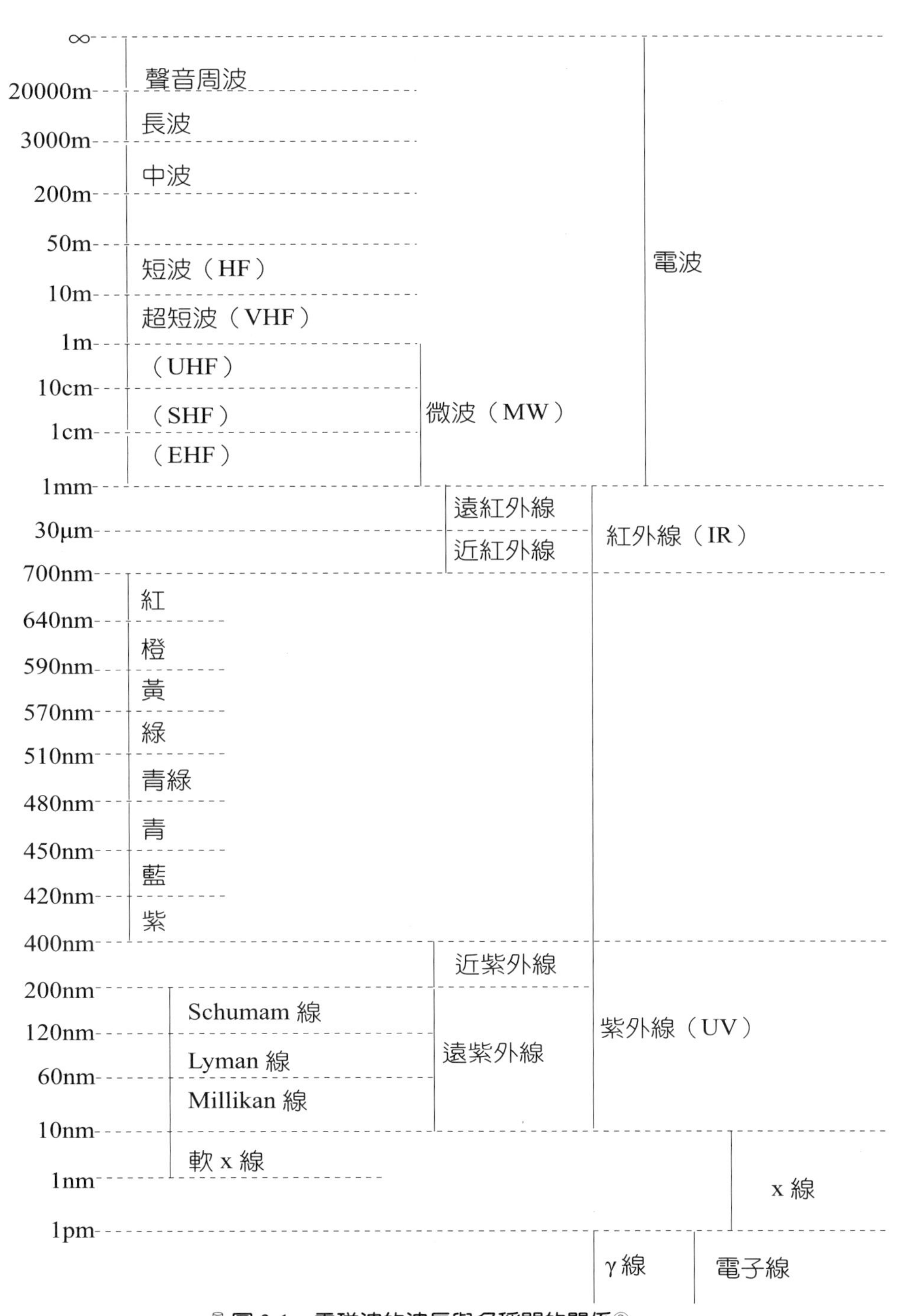

圖 3-1　電磁波的波長與名稱間的關係②

表 3-1　部分電磁波的物理特徵與其影響③

範圍	無線電波	微波	紅外線	可見光線和紫外線	x-射線
頻率（Hz）	$3*10^{10}$	$3*10^{12}$	$3*10^{14}$	$3*10^{16}$	
波長	1cm	100μm	100μm	10nm	
能量（Kj/E）	$7.1*10^{-4}$	$7.1*10^{-2}$	7.1	$7.1*10^{2}$	
物質的效應	對原子核與電子有輕微的影響	影響極性分子的旋轉與空間運動	改變分子內原子間振動的程度	改變分子內鍵結原子的電子組態分布	對電子的效應和 UV 一樣，但是能夠影響被原子核束縛的更緊的電子
巨觀的結果	需要特殊儀器	增加極性分子的蒸發速率	蒸發速率提高。若是原子間的振動導致化學鍵斷裂，就會發生化學反應	造成化學鍵斷裂而誘發一連串的化學反應	離子化導致化學鍵斷裂並發生化學反應
生理學上的影響	正常強度下沒有影響	深層組織燒傷	有熱的感覺，表面皮膚燒傷	400-700nm 為可見光的範圍。UV 會使皮膚組織損壞	離子化的放射線造成組織損壞

四、光硬化接著劑的缺點

光硬化接著劑雖然有許多的優點，但是就實際應用上來說也有一些限制：

1. 需要設備投資：使用光硬化接著劑的初期必須投資設備，例如：紫外燈、輸送帶等等，投資額約在數萬至數十萬左右。

2. 需要教育訓練：相對於許多開罐就可以上膠傳統的樹脂，使用光硬化接著劑需要對光源特性，周邊設備甚至是樹脂本身有基本的了解，才能把光硬化接著劑的優點完全發揮。

3. 原料價格偏高：和 Epoxy、PU 等等大量生產的合成樹脂比較起來，光硬化

樹脂屬於精密化學品的範疇。其原料的種類繁多而產量少，價格也就比傳統樹脂貴了許多（約在 Epoxy 的數倍至數十倍之間）。

*4.*應用範圍受限：光硬化接著劑需要曝光才能驅動其反應。若是兩側都不能讓光線穿透的材料就不適合用光硬化接著劑。

*5.*中等強度的物性：光硬化接著劑反應後的結構不如部分熱硬化接著劑來的緻密，所以其耐熱性、耐藥品性、機械強度等等物性大多不是合成樹脂中最好的。

*6.*可能會刺激皮膚：有部分壓克力系（Acrylates）的光硬化接著劑對皮膚有很強的刺激性，會導致紅腫、過敏、發炎等等症狀，需要戴手套防護並在通風良好的環境下操作。

五、壓克力系統的組成

光硬化接著劑是由反應型的寡聚合體（Oligomer）、單體（Monomer）、起始劑（Initiator）及其他添加劑（Additive）所構成的。以壓克力系統的光硬化接著劑為例：寡聚合體和單體均具有壓克力官能基，當光線誘發起始劑產生自由基時，壓克力官能基可以和自由基反應，達到光硬化的目的。其反應方程式與速率方程式如表 3-2 ④：

表 3-2　自由基聚合的反應方程式與速率方程式

	反應方程式	速率方程式
起始反應	$I \rightarrow 2R\cdot$	$r_i = 2fk_d[I]$
成長反應	$R\cdot + M \rightarrow M1\cdot$ $M_X\cdot + M \rightarrow M_{X+1}\cdot$	$r_p = k_p[M][M\cdot]$
終止反應	$M_X\cdot + M_Y\cdot \rightarrow M_{X+Y}$ $M_X\cdot + M_Y\cdot \rightarrow M_X + M_Y$	$r_t = k_t[M\cdot]^2$

㈠壓克力系寡聚合體

壓克力系的寡聚合體可以分成壓克力化的環氧樹脂（Epoxy Acrylates）、壓克力化的胺基甲酸酯（Urethane Acrylates）、壓克力化的聚酯（Polyester

Acrylates）、壓克力化的聚醚（Polyether Acrylates）等等幾種⑤。其寡聚合體結構均是在原有的樹脂結構末端導入壓克力的官能基，使這些寡聚合物能夠進行自由基的聚合反應。

壓克力化的環氧樹脂

$$CH_2=CHCO-CH_2CH(OH)CH_2O-C_6H_4-C(CH_3)_2-C_6H_4-OCH_2CH(OH)CH_2-OCCH=CH_2$$

壓克力化的胺基甲酸酯

$$CH_2=CHCO-CH_2CH_2OCN(H)-R-N(H)CO-P-OCN(H)-R-N(H)COCH_2CH_2-OCCH=CH_2$$

壓克力化的聚酯

$$CH_2=CHCO\left[CH_2CH_2-OC-C_6H_4-CO-CH_2CH_2\right]_n OCCH=CH_2$$

壓克力化的聚醚

$$CH_2=CHCO\left[CH_2CH_2O-CH_2CH_2\right]_n OCCH=CH_2$$

使用寡聚合體是為了求取其結構的特殊性能。例如：壓克力化的環氧樹脂較堅硬，抗化性較好；壓克力化的胺基甲酸酯較柔軟，耐衝擊性佳；壓克力化的聚酯、聚醚對木器和紙張的濕潤性較高等等。

(二)壓克力單體

壓克力系的單體大多是由壓克力酸與醇類反應，脫水生成的酯類。隨著醇類取代基的結構不同，可以得到不同性質的壓克力單體。壓克力單體的官能基數也

可以視壓克力酸與單元醇、二元醇或者是多元醇的反應而不同。壓克力單體常按照官能基數來分成：(1)單官能基、(2)雙官能基與(3)多官能基等三類⑥。

單官能基的壓克力單體

$CH_2{=}CHC(=O)O{-}H$

Acrylic Acid

$CH_2{=}C(CH_3)C(=O)O{-}CH_3$

Methyl Methacrylate

$CH_2{=}CHC(=O)O{-}CH_2CH(C_2H_5)C_4H_9$

2-Ethyl Hexyl Acrylate

$CH_2{=}CHC(=O)O{-}C_6H_{11}$

Cyclohexyl Acrylate

$CH_2{=}CHC(=O)O{-}CH_2CH_2O{-}C_6H_5$

2-Phenoxy Ethyl Acrylate

$CH_2{=}CHC(=O)O{-}$(isobornyl)

Isobornyl Acrylate

雙官能基的壓克力單體

$CH_2{=}CHC(=O)O{-}C_6H_{12}{-}OC(=O)CH{=}CH_2$

1, 6-Hexanediol Diacrylate

$CH_2{=}CHC(=O)O{\left(CH_2CH(CH_3)O\right)}_3{-}OC(=O)CH{=}CH_2$

Tripropylene Glycol Diacrylate

$CH_2{=}CHC(=O)O{\left(CH_2CH_2O\right)}_X{-}C_6H_{12}{-}O{\left(CH_2CH_2O\right)}_Y{-}OC(=O)CH{=}CH_2$　　X+Y=2

Ethoxylated(2) 1, 6-Exanediol Diacrylate

$CH_2{=}CHC(=O)O{\left(CH(CH_3)CH_2O\right)}_X{-}C_6H_{12}{-}O{\left(CH_2CH(CH_3)O\right)}_Y{-}OC(=O)CH{=}CH_2$　　X+Y=2

ProPoxylated(2) 1, 6-Hexanediol Diacrylate

多官能基的壓克力單體

$$
\begin{array}{l}
\qquad\qquad\qquad\qquad\qquad\quad CH_2-OC(=O)CH=CH_2 \\
CH_2=CHC(=O)O-CH_2-C-CH_2CH_3 \\
\qquad\qquad\qquad\qquad\qquad\quad CH_2-OC(=O)CH=CH_2
\end{array}
$$

Trimethylolpropane Triacrylate

$$
\begin{array}{l}
\qquad\qquad\qquad\qquad\qquad CH_2-OC(=O)CH=CH_2 \qquad\qquad\qquad\qquad CH_2-OC(=O)CH=CH_2 \\
CH_2=CHC(=O)O-CH_2-C-CH_2-O-CH_2-C-CH_2-OC(=O)CH=CH_2 \\
\qquad CH_2=CHC(=O)O-CH_2 \qquad\qquad CH_2=CHC(=O)O-CH_2
\end{array}
$$

Dipentaerythritohexaacrylate

㈢光起始劑

光起始劑會吸收特定光線的能量，產生自由基來引發光硬化反應。其反應機構大多屬於以下兩種：⑴分子內開裂型（Intramolecular Phothcleavage Type），簡稱 P1 型；⑵分子間氫原子抽出型（Intermolecular Hydrogen Abstraction Type），簡稱 P2 型⑦。詳細的反應機構如下所示：

1. P1 型

多數的光起始劑都是分子內開裂型，藉著吸收光線的能量進入三重態（Triplet State），再發生斷鍵，產生兩個自由基。斷鍵位於α碳的位置者稱為α開裂型（α-Cleavage），又稱為 Norrish I 型。常見的系統有 Benzyl Dimethyl Ketal, Benzoin Ethers, Hydroxy Alkyl Phenyl Ketones, Dialkoxy Acetophenones, Benzoyl Cyclohexanol, Trimethyl Benzyl Phosphine Oxides, Methyl Thio Phenyl Morpholino Ketones,Morpholino Phenyl Amino Ketones 等等。

$$
C_6H_5-C(=O)-C(CH_3)_2-OH \xrightarrow{UV} C_6H_5-C(=O)\cdot + \cdot C(CH_3)_2-OH
$$

斷鍵位於β碳的位置者，稱為β開裂型（β-Cleavage），常見的系統有 α-Halogeno Acetophenones, Oxysulfony Ketones 等等。

$$C_6H_5-\overset{O}{\overset{\|}{C}}-CCl_3 \xrightarrow{UV} C_6H_5-\overset{O}{\overset{\|}{C}}-\dot{C}Cl_2 + \cdot Cl$$

2. P2 型

一部分的光起始劑是分子間氫原子抽出型。起始劑藉著吸收光線的能量進入三重態（Triplet State），再與氫原子供體（Hydrogen Donor）反應，透過氫原子的轉移，產生兩個自由基。這一種反應屬於雙分子步驟，其光起始劑以 Benzophenones、Thioxanthones、Benzyls 等等較常見；共起始劑（即氫原子供體）則以三級胺類最多。

$$C_6H_5-\overset{O}{\overset{\|}{C}}-C_6H_5 + N(CH_2CH_2OH)_3 \xrightarrow{UV} C_6H_5-\overset{OH}{\overset{|}{\dot{C}}}-C_6H_5 + N(\dot{C}HCH_2OH)(CH_2CH_2OH)_2$$

除了上述兩種最常見的反應機構外，還有一種反應機構值得一提：分子內氫原子抽出型（Intramolecular Hydrogen Abstraction Type）。有一些 Ketones 類的光起始劑在吸收光線進入三重態後，會奪取分子內γ碳上的氫原子，產生兩個自由基。這一類的起始劑又稱為 Norrish II 型⑧，其反應機構如下：

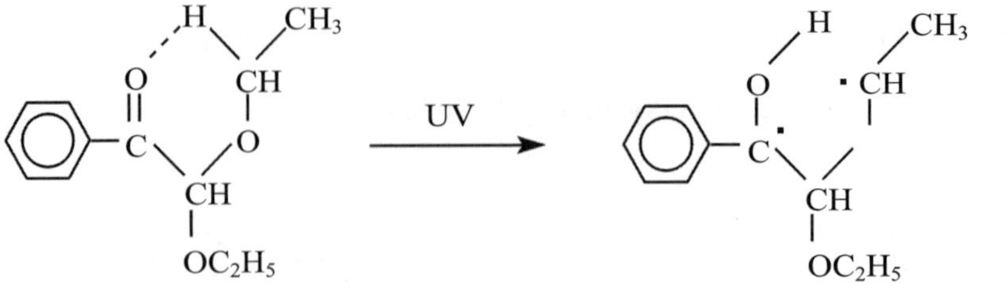

UV

常見的自由基光起始劑可依化學結構分成 Acetophenone 類、Benzoin 類、Benzophenone 類、Thioxanthone 類與其他特殊的系統等幾種，其結構如下所示：

Acetophenone 類

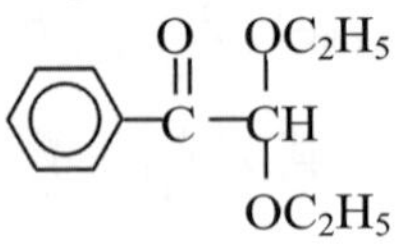

Diethoxy Acetophen-
one
[DEAP]

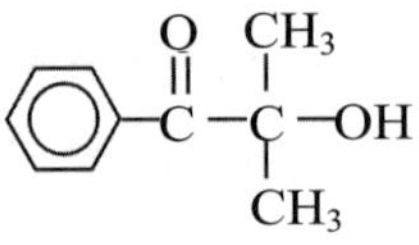

2-Hydroxy-2-methyl
-1-phenyl-propane-
1-one [HAP]

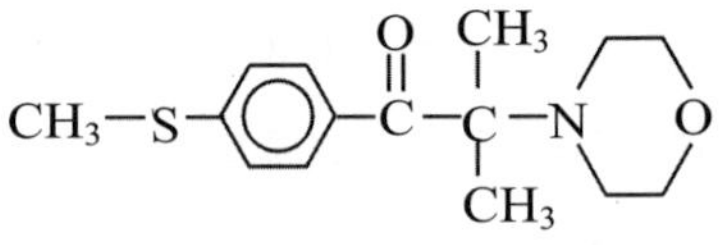

2-Methyl-1-[4-(methylthio)
phenyl]-2-morpholino-pro-
pane-1 [TPMK]

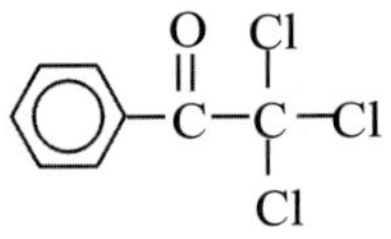

Trichloroacetop-
henone [TAP]

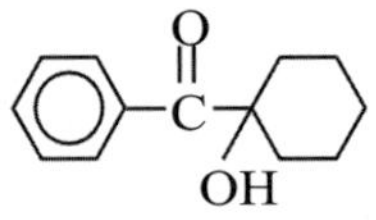

1-Hydroxy Cyclo-
hexyl Phenyl Ketone
[HCAP]

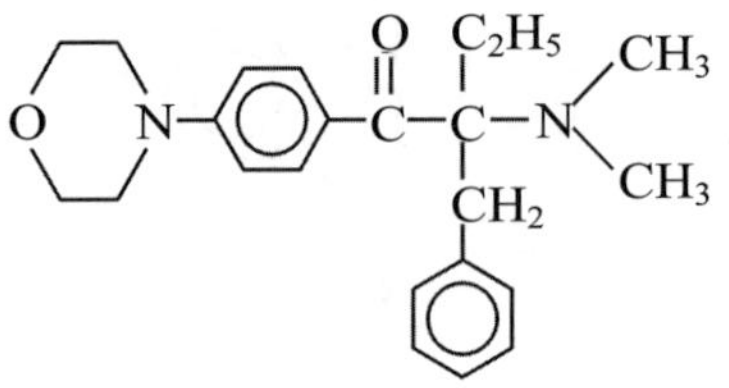

2-(Dimethyl amino)-1-[4(4-
morpholinyl)phenyl]-2-
(phenyl methyl)-1-butanone
[BDMB]

Benzoin 類

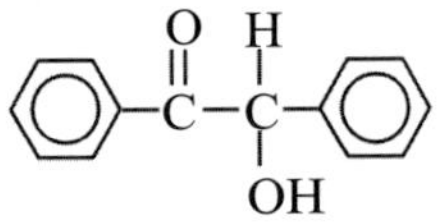

Benzoin
[BZ]

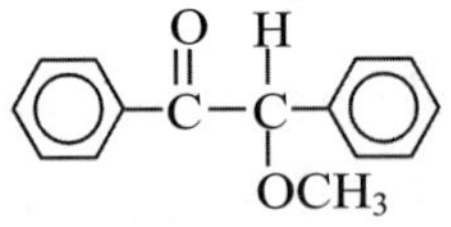

Benzoin Methyl Ether
[BME]

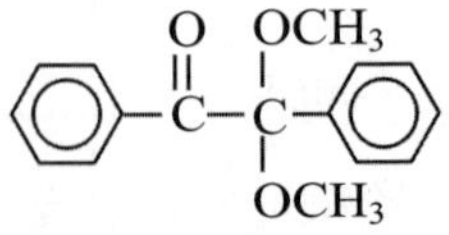

Benzyl Dimethyl Ketal
[BDK]

Benzophenone 類

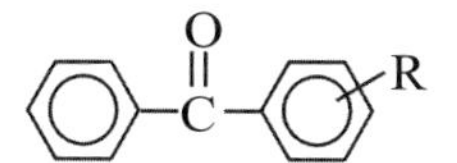

Benzophenone
[BP]

Alkyl Benzophenone

4-Benzoyl-4'-Methyl Diphenyl Sulphide [BMS]

Thioxanthone 類

Thioxanthone
[TX]

2-Chlorothioxanthone
[CTX]

Isopropylthioxanthone
[ITX]

特殊的系統

1-Phenyl-1, 2-propane-dione-2-(O-ethoxycar bonyl)oxime [PDO]

Methyl Phenyl Glyoxylate
[MPG]

2,4,6,-Trimethyl Benzoil Diphenyl Phosphine Oxide
[TPO]

2-Ethylanthraquinone
[2EAQ]

Benzil
[B]

Titanocene
CAS No. 125051-32-3

六、壓克力系與環氧樹脂系的比較

除了自由基聚合的壓克力系光硬化接著劑外，陽離子聚合的環氧樹脂系光硬化接著劑也在許多領域被推廣開來。陽離子聚合和前述自由基聚合在反應特性上有很大的差異：

㈠自由基的特性

自由基的壽命很短，大約只有數十個 ns（10 的負 9 次方秒）。

換句話說，壓克力系的光硬化樹脂在照光時會產生自由基來聚合，停止照光時自由基會馬上消失殆盡，無法再進一步反應。

㈡陽離子的特性

環氧系的光硬化樹脂在照光時會產生陽離子來聚合，停止照光時陽離子不會馬上消失⑨。陽離子在停止照光後的壽命可以長達 2、3 天。照光時產生的陽離子在停止照光後的 2、3 天內會繼續反應，提高硬化物的各項性質，也可以升高溫度來達到後硬化的目的，這一種特性稱為活性聚合（Living Polymerization）。

七、環氧樹脂系的優缺點

除了活性聚合外，環氧樹脂系還有下列幾項優點：

1. 環氧樹脂系光硬化接著劑的硬化收縮率比壓克力系低，而其耐熱性、耐化性、抗濕性比壓克力系高。

2. 陽離子聚合不受空氣中的氧氣所干擾，硬化後的表面乾燥性良好，不會有油油黏黏的現象發生。

3. 環氧樹脂系接著劑不含揮發性物質，也不含刺激皮膚的成分，安全衛生較有保障。

和自由基聚合的壓克力系比較起來，陽離子聚合的環氧樹脂系有下列幾項缺點：

1. 陽離子聚合的反應速度比自由基系統慢，部分加工速度很快的製品並不適用。

2. 環氧樹脂系的反應深度比壓克力系統淺，厚度較大的製品無法成型。

3. 和自由基的光起始劑比較起來，陽離子起始劑的吸收波長較低，吸收範圍較窄。

4.和壓克力系統比較起來，環氧樹脂系單體、寡聚合體的種類較少，影響配方的可變化性。

八、環氧樹脂系的組成

和壓克力系的光硬化接著劑一樣，環氧樹脂系的光硬化接著劑也有起始劑、寡聚合體、單體和改質劑等等組成。

最常見的陽離子型光起始劑結構如下⑩：

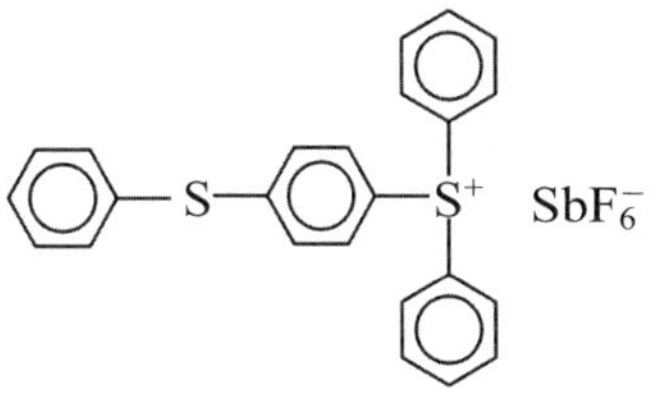

SbF_6^-

Triaryl Sulfonium
Hexafluoroantimonat

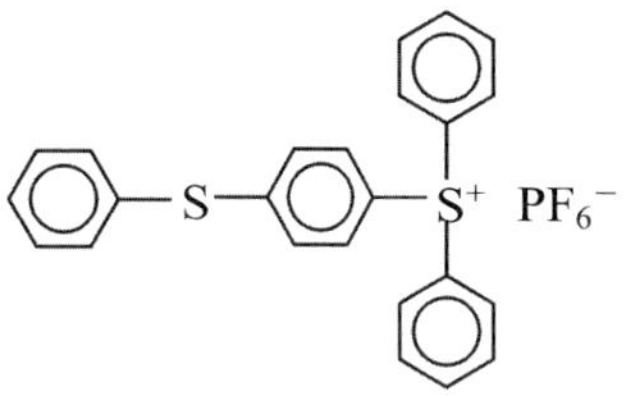

PF_6^-

Triaryl Sulfonium
Hexafluoroantimonat

表 3-3　環氧樹脂光硬化系統和壓克力光硬化系統比較表

項目＼種類	環氧樹脂	壓克力樹脂
反應速率	較慢	較快
硬化深度	較低	較高
照光後的反應性	有	沒有
硬化收縮率	較低，3~5%	較高，8~10%
表面乾燥性	極佳	視配方而定
揮發物含量	較低	較高
皮膚刺激性	沒有	有
耐溶劑性	較佳	較差
耐酸鹼性	較佳	較差
耐水性	較佳	較差
耐熱性	較佳	較差
成品價格	較貴	較便宜

當光起始劑吸收光線能量後，會進行一連串複雜的反應，最後生成質子酸（有時稱為 Photo Acid 或是 Super Acid）。其反應方程式如下⑩：

$$(C_6H_5)_3S^+MX_n^- \xrightarrow{h\nu} [(C_6H_5)_3S^+MX_n^-]^*$$

$$[(C_6H_5)_3S^+MX_n^-]^* \longrightarrow (C_6H_5)_2S^{+\cdot} + C_6H_5\cdot + MX_n^-$$

$$(C_6H_5)_2S^{+\cdot} + YH \longrightarrow (C_6H_5)_2S^+H + Y\cdot$$

$$(C_6H_5)_2S^+H \longrightarrow (C_6H_5)_2S + H^+$$

$$MX_n^- = SbF_6^-,\ PF_6^-$$

當環氧基與光起始劑產生的質子酸相遇時，就會進行陽離子聚合⑪：

起始反應

$$H{-}O^+(C{-}C{\sim}E) + O(C{-}C{\sim}E) \longrightarrow HO{-}C(E){-}C{-}O^+(C{-}C{\sim}E)$$

成長反應

$$HO{-}C(E){-}C{-}O^+(C{-}C{\sim}E) + n\ O(C{-}C{\sim}E)$$

$$\longrightarrow HO{-}C(E){-}C{-}[O{-}C(E){-}C]_n{-}O{-}C(E){-}C{-}O^+(C{-}C{\sim}E)$$

由於分子成長的活性位置都保持在鏈端，所以上述這個反應機構被稱為 ACE 機構（Active Chain End）。

有的光硬化樹脂中包含二元醇或者是多元醇的成分，藉以增加韌性、提高反應速率、改善對金屬的接著力等等。這些醇類的出現會改變陽離子的反應機構。

起始反應

$$H-\overset{+}{O}\langle(C-C\sim E) + ROH \longrightarrow HO-\underset{\underset{E}{\wr}}{C}-C-\underset{\underset{H}{|}}{\overset{+}{O}}-R$$

成長反應

$$HO-\underset{\underset{E}{\wr}}{C}-C-\underset{\underset{H}{|}}{\overset{+}{O}}-R + O\langle(C-C\sim E)$$

$$\longrightarrow HO-\underset{\underset{E}{\wr}}{C}-C-OR + H-\overset{+}{O}\langle(C-C\sim E)$$

再起始反應

$$H-\overset{+}{O}\langle(C-C\sim E) + ROH \longrightarrow HO-\underset{\underset{E}{\wr}}{C}-C-\underset{\underset{H}{|}}{\overset{+}{O}}-R$$

由於分子成長的活性位置都保持在被活化的單體，所以上述這個反應機構被稱為 AM 機構（Actived Monomer）。

陽離子聚合的環氧樹脂以脂環族系（Cycloaliphatic Type）和縮水甘油醚系（Glycidyl Type）兩種最為常見，其代表性的結構如下：

$$\text{(epoxycyclohexyl)}-\overset{\overset{O}{\|}}{C}-O-\text{(epoxycyclohexyl)}$$

$$\overset{O}{\widehat{CH_2CHCH_2}}-\left[O-C_6H_4-\underset{CH_3}{\overset{CH_3}{C}}-C_6H_4-O-CH_2\underset{OH}{CH}CH_2\right]_n-O-C_6H_4-\underset{CH_3}{\overset{CH_3}{C}}-C_6H_4-O-CH_2\overset{O}{\widehat{CHCH_2}}$$

多元醇則以聚醚系 Polypropylene Oxide Triol 的與聚酯系的 Poly Caprolactone Diol 最常見。

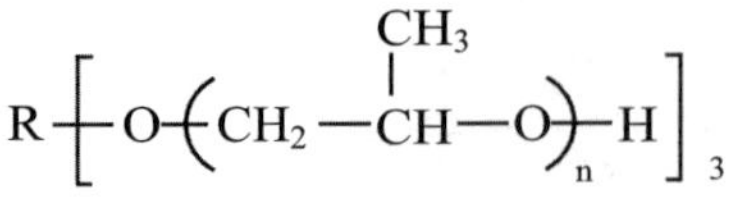

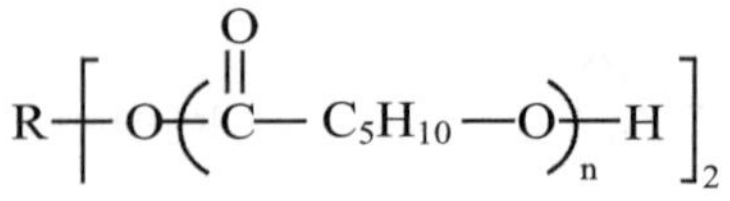

$$R\left[O\left(CH_2-\underset{|}{\overset{CH_3}{CH}}-O\right)_n H\right]_3 \qquad R\left[O\left(\overset{O}{\overset{\|}{C}}-C_5H_{10}-O\right)_n H\right]_2$$

九、影響光硬化反應的幾項變數

不論光硬化樹脂的系統是屬於壓克力系或是環氧系，下列幾項影響光硬化反應的變數均是考量的要點；包括起始劑的吸收波長、起始劑的吸收感度、光源的放射波長、需要的照射能量、光源的強度（照度）、光硬化反應的環境等等，分別詳述如下：

㈠起始劑的吸收波長

前面已經提及起始劑吸收光線的能量，躍升至激發態後產生自由基，起始整個光硬化反應。其實，起始劑的種類繁多，吸收光線波長的位置也各不相同。

以 BP 為例，其吸收波長在 315nm 以下，適用於提高光硬化樹脂的表面硬化速率（圖 3-2）；TPO的吸收波長約達可見光的藍光附近（430nm），應用於材質透明但是紫外光無法穿透的情況（圖 3-3）；Titanocenes的吸收波長可高達 550nm 以上，有非常強的反應性，需要在黃光室或暗室下使用（圖 3-4）。

㈡起始劑的吸收感度

除了考量起始劑的吸收波長外，起始劑的吸收感度也是影響光硬化反應的一項重要因素。高感度的起始劑有較高的起始效率，能夠在光線強度較弱或者是光線能量較低的情況下達到相同的效果。

以 BDMB 和 HCAP 這兩個起始劑做比較（圖 3-5、圖 3-6）：兩者在 365nm

的波長都有吸收，但是前者的吸收感度卻比後者高出甚多，所以BDMB比HCAP適合用於深色的光硬化系統。

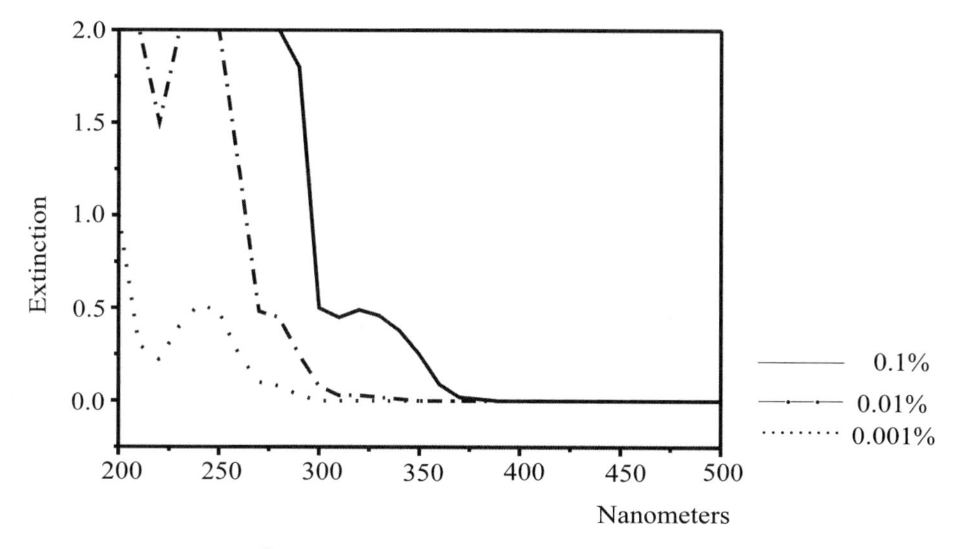

圖 3-2　BP 的紫外光—可見光吸收光譜⑫

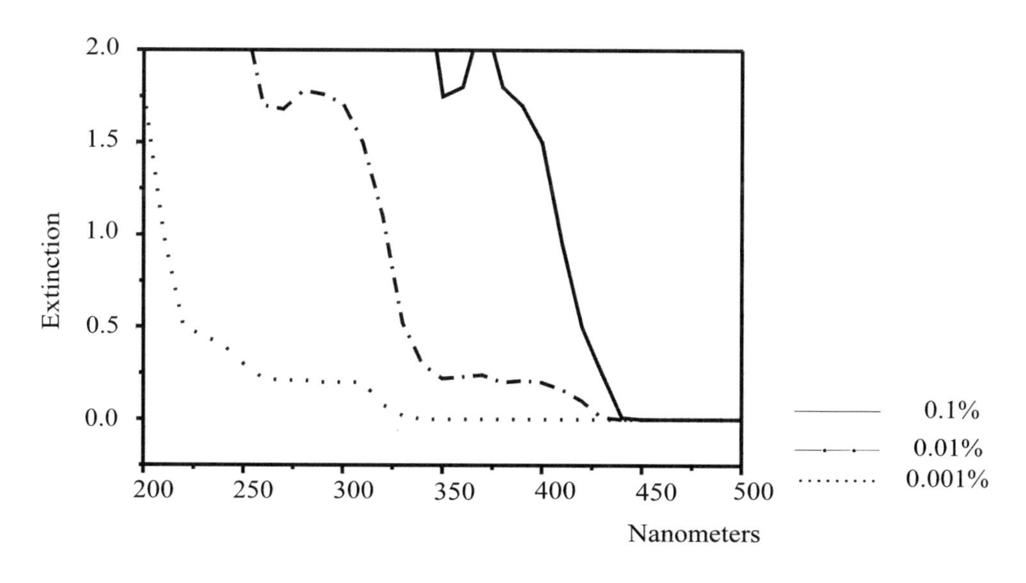

圖 3-3　TPO 的紫外光—可見光吸收光譜⑫

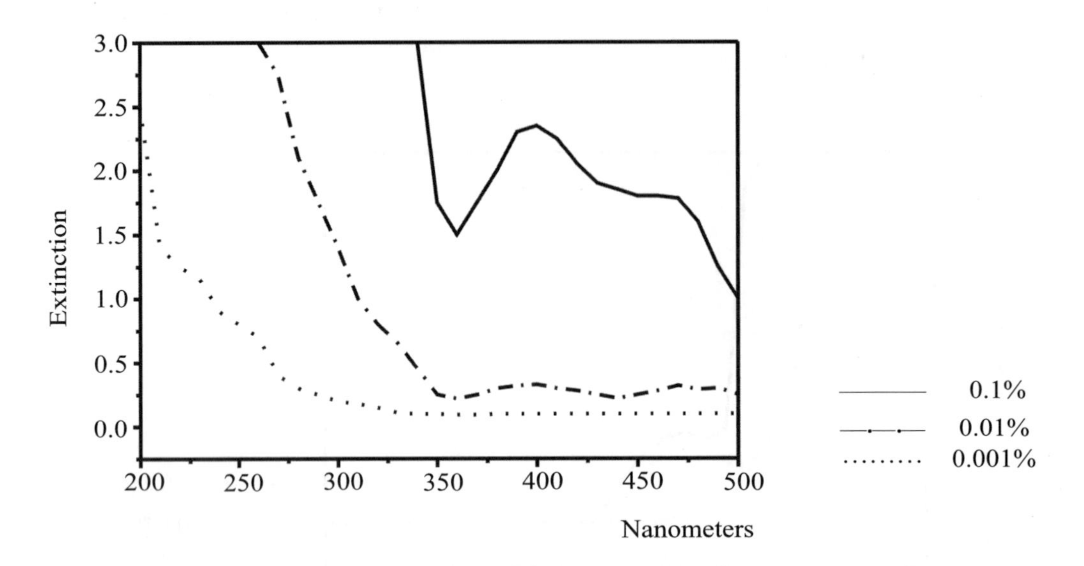

圖 3-4　Titanocenes 的紫外光—可見光吸收光譜⑫

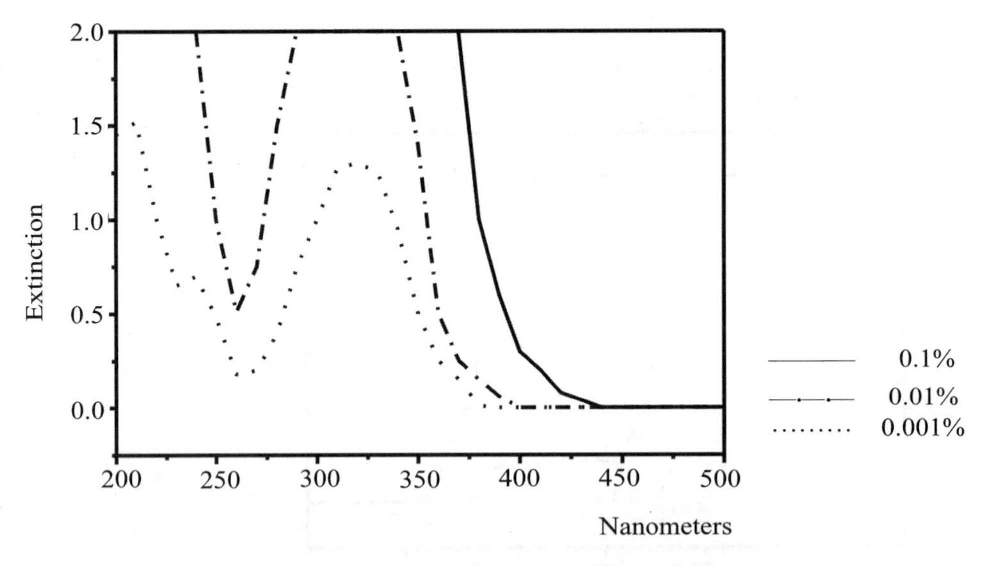

圖 3-5　BDMB 的紫外光—可見光吸收光譜⑫

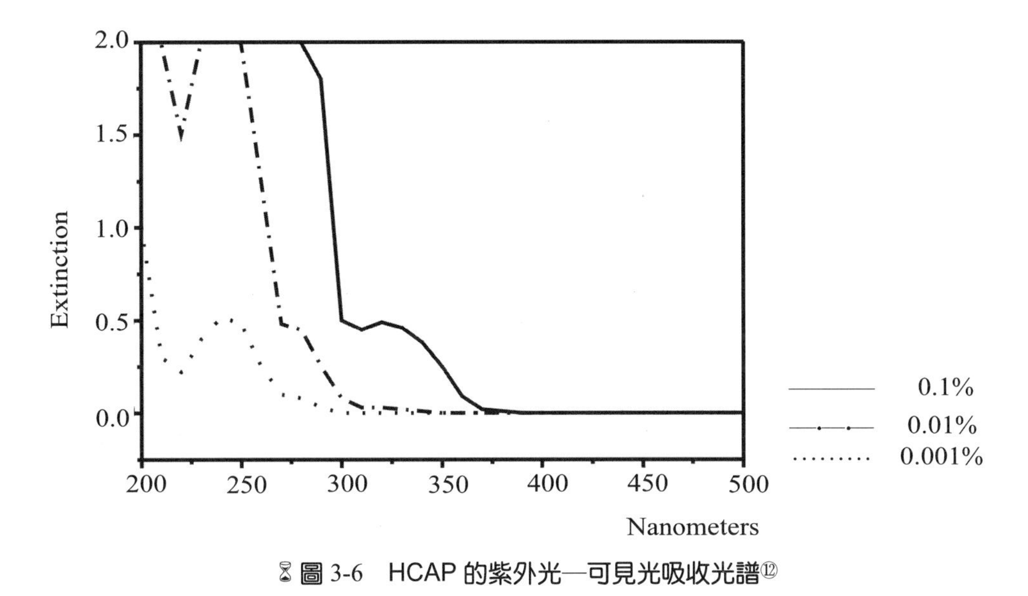

圖 3-6　HCAP 的紫外光—可見光吸收光譜⑫

添加增感劑是提高起始劑吸收感度的方法之一：有部分增感劑的吸收感度比起始劑高，當增感劑吸收光線進入激發態後，能夠把能量傳給基態的起始劑，使其進入激發態，誘發起始反應⑬。

$$S \xrightarrow{hv} S^*$$

$$I + S^* \longrightarrow I^* + S$$

$$I^* \longrightarrow 2R\cdot$$

㈢光源的放射波長

光源提供光線讓起始劑吸收，進行光硬化反應。相對於起始劑對光線波長的吸收為連續光譜，光源的放射波長多呈現不連續分布。以低壓水銀燈（10^{-2}~10^{-3} Torr）為例，其放射波長以UVC的185nm和UVB的254nm為主。由於波長低於300nm的紫外光對皮膚的傷害較大，又會和空氣中的氧氣反應產生臭氧（臭氧會導致肺癌），所以，廣泛用於光硬化系統的光源是高壓水銀燈（10^2 Torr），其最大的放射波長是位於 UVA 的 365nm。在高壓水銀燈中摻雜部分金屬鹵化物可以把光源的放射波長往可見光方向偏移，俗稱鹵素燈。其最大的放射波長會出現在藍光附近的 400~450nm 間⑭。

不同的應用可以透過不同的起始劑，配合不同的光源來達到目的。例如，在強調表面迅速硬化的系統中，可以用 BP 配合低壓水銀燈；一般的光硬化系統常以 BDK 配合高壓水銀燈；抗 UV 的應用可以 TPO 配合鹵素燈，來達到最佳的效果。

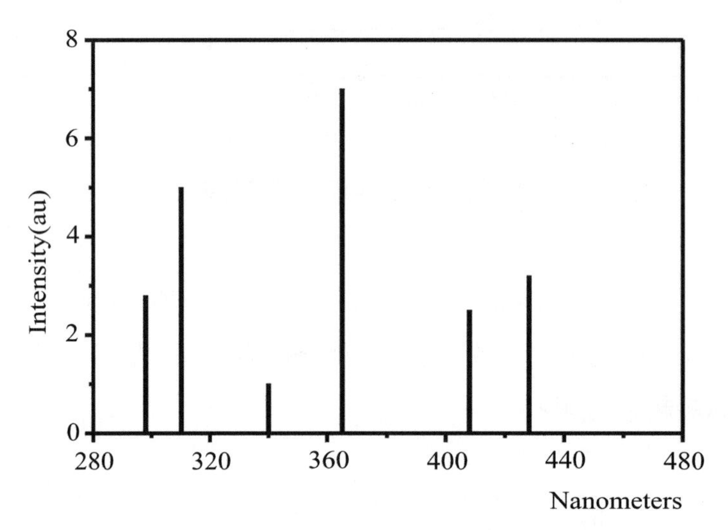

圖 3-7　高壓水銀燈的放射光譜⑭

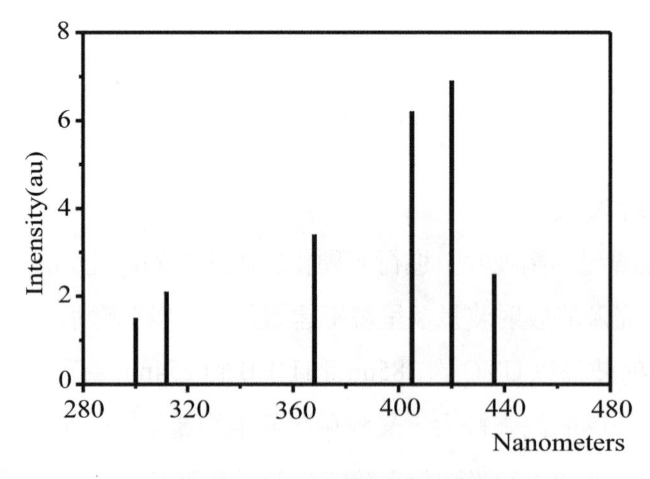

圖 3-8　鹵素燈的放射光譜⑭

㈣需要的照射能量

光硬化樹脂反應條件的敘述是以：特定波長下，單位面積的照射能量（mJ/cm^2）來做標準。舉例來說：一般壓克力系統的光硬化接著劑在 365nm 下反應所需要的能量約 1500~2000mJ/cm^2，環氧樹脂系的光硬化接著劑約需要 3000~6000mJ/cm^2，部分感度較高的壓克力系統在 254nm 下反應只需要 800mJ/cm^2。照射能量的多寡主要是視反應率的需求而定，過少的照射能量會導致膠體硬化不完全，性質未達最適化；過多的照射能量會造成樹脂黃化、劣化。

㈤光源的強度（照度）

樹脂所接受到的照射能量（mJ/cm^2）是以光源強度（mW/cm^2）乘照射時間（sec）來表示。以反應需要 2000mJ/cm^{2}的系統為例，若使用強度 2000mW/cm^{2}的集束點光源來照射，僅需耗費 1 秒。若使用強度 100mW/cm^{2}的平面光源來照射，需要 20 秒。若使用晴天的太陽來固化接著劑（照度約 1~2mW/cm^2），則要曝曬 15~30 分鐘以上。

光源強度的選擇和製程條件、成品性質、成本因素均密切相關。以 DVD 的接著為例，製程上使用非常強的光源，讓接著劑在 2 秒內曝光完畢，以滿足快速量產的需求。不過，太強烈的照度對成品性質有負面影響。舉例來說：提高 n 倍的照度可以提高 n 倍的起始反應速率，產生 n 倍的自由基，使得成長速率提高 n 倍；但是，在此同時，終止反應的速度會提高 n^2倍。換句話說，太強的照度會使接著劑的分子量下降，分子鏈的鏈端變多，反而沒有得到最佳的強度。

最常見、最節省成本的光源是太陽。部分藝品加工業把光硬化接著劑慣稱為太陽膠。因為成本的關係，晴天時他們以太陽作為接著劑硬化的光源，雨天時則以很簡陋的燈管（例如捕蚊燈）來固化接著劑。

㈥光硬化反應的環境

光硬化接著劑會受到環境因素的影響。以陽離子型環氧樹脂為例，其反應速率很容易受到濕度的影響，因為空氣中的水氣會終止陽離子的活性，遲滯反應速率。再以壓克力系統的光硬化接著劑為例，其反應速率很容易受到空氣中氧氣的影響。因為光硬化的壓克力樹脂是靠自由基與單體反應，生成新的自由基等等重複的步驟來進行反應的；但是自由基也會與空氣中的氧氣反應，產生過氧化物的自由基。後者的反應速度比前者快了數百倍，而其所生成的過氧化物自由基再與單體反應的速度卻很慢，造成反應速度受到影響[5,6]。

$$1 \xrightarrow{h\nu} R\cdot \xrightarrow{O_2} RO_2\cdot$$

$$\xrightarrow{M} RM\cdot \xrightarrow{O_2} RMO_2\cdot$$

這一種效應在樹脂與空氣接觸的位置（通常是表面）最為明顯，輕微的情況是樹脂表面的反應率稍低，耐刮性較差；嚴重一點的表面摸起來會油油黏黏；在塗膜很薄時，甚至會有完全無法硬化的例子。

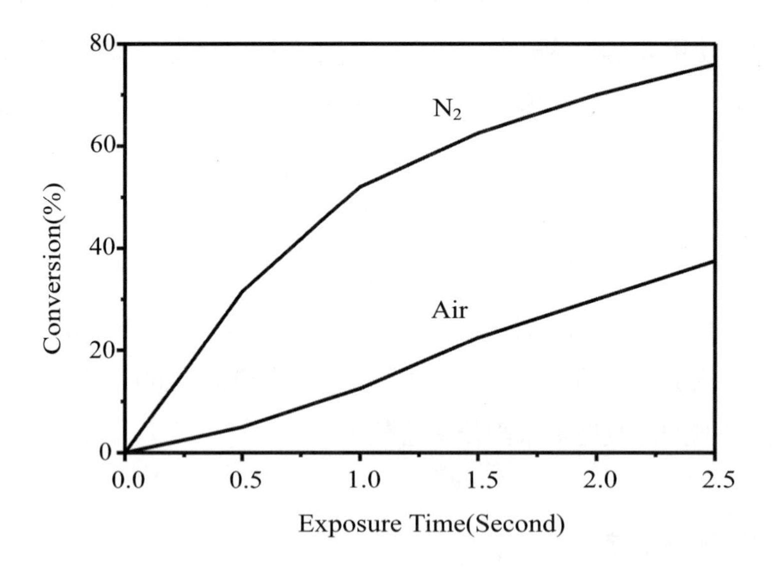

圖 3-9　壓克力化的胺基甲酸酯在空氣與氮氣中光硬化的反應率差異[15]

光硬化接著劑應用在許多地方有其侷限，例如：部分接著的位置有陰影、單純光硬化的反應率不夠高等等。有一些情況可以用多重硬化機構—光硬化合併其他硬化機構來解決。

以自由基聚合的壓克力系接著劑為例，有光硬化合併熱硬化、光硬化合併厭氧硬化、光硬化合併濕氣硬化等等系統。陽離子聚合的環氧樹脂系接著劑則以光硬化合併熱硬化較常見。

也有光硬化接著劑是以混成系統（Hybride Systems）來符合特殊的用途。例如：以少量的壓克力混在陽離子系統，提高整體的硬化速率；少量的陽離子系統混在壓克力中，改善氧氣對表面乾燥性的影響；PU 混在壓克力中，提供系統陰影硬化的能力等等。透過這些方法，光硬化接著劑得以擴展其適用領域。

從配方研究者的角度來看，光硬化接著劑的組成相當的複雜多變，就連國外大廠仍不斷更新其產品的種類與性能。相對的，國內投入光硬化接著劑的製造廠商較少，值得各方同好一起努力。

❶工研院化工所編，《光硬化型樹脂的發展動向》，工研院化工所（1987）。

❷日本化學會編，《化學便覽》，丸善（1975）。

❸R. H. Leach, "The Printing Ink Manual", SBPIM（1988）.

❹杜逸虹，《聚合體學》，三民出版社（1998）。

❺AFP/SPE, Radiation Curing：An Introduction to Coatings, Varnishes, Adhesives and Inks, 2nd Ed.（1986）.

❻R. Holman, "UV & EB Curing Formulation for Printing Inks & Paints", SITA.LTD.（1984）.

❼G. L. Bassi, *J. Radiation Curing* **14** 18（1987）.

❽M. Hamity, J. C. Scaiano, *J. Photochem* **4,** 229（1975）.

❾P. K. T. Oldring, "Chemistry & Technology of UV & EB Formulation for Coatings", Inks & Paints 5, SITA Technology（1994）.

❿ J. V. Crivello, "Epoxy Resin Chemistry" *ACS Symp. Series 114*（1979）.

⓫ Y. S. Li, *J. Ploym. Sci., Part A: Polym. Chem.* **37**, 3614（1999）.

⓬ Ciba 技術資料 Pub. No. 016295.00.040 e/CH（1999）.

⓭ K. Dietliker, M. Rembold, G. Rist, W. Rutsch, F. Sitek, Radcure Europe, Technical Paper 3-37, SME Ed., Dearborn, MI.（1987）.

⓮ K. H. Meyer, *Proc. RadTech Mediterraneo* 45（1993）.

⓯ C. Decker, *Macromolecules* **23**, 5217（1990）.

第四章
聚矽氧烷（Polysiloxane）化學工業簡介

李桂雄

學歷：中國文化大學化學系學士（1980）
台灣大學化學碩士（1983）
交通大學應化所搏士（1999）
經歷：工研院化工所研究室主任
現職：工研院化工所正研究員
研究領域與專長：矽氧烷高分子材料科學

一、前　言

有機矽氧化合物（Silicones或Siloxane）早在1863年由C. Friedel與J. M. Crafts發現從二乙基鋅（ET_2Zn）與四氯矽烷（$SiCl_4$）反應製得四乙基矽烷〔Si（$ET)_4$〕；而英國Nottingham大學的Frederick S. Kipping是最早有系統研究有機矽烷的科學家，今天美國化學會（ACS）每二年在有機矽氧化學領域中，設立Frederick S. Kipping獎，來紀念F. S. Kipping在有機矽氧化學的貢獻。一直到1940年美國GE. Co.公司的E. G. Rochow & W. F. Gilliam發現氯化烷氣體（CH_3Cl）在高溫下與Si金屬反應，並在銅觸媒的作用中生成甲基矽烷單體，其反應式如下：

$$Si+nCH_3Cl \xrightarrow{Cat.} (CH_3)_nSiCl_{4-n}$$

而使得商業化製造變得可行，該製程被稱為直接法，直到今日全世界的有機矽氧化合物單體的生產商都採用此法。

矽（Silicon），代號為Si，是地球上僅次於氧的第二大元素，在地表占有25.7%（參考表4-1），一般它是與氧結合成為Silicon Dioxide（或稱為Silica）或與氧及金屬結合成為Silicates這二種形式存在於大自然中；有機矽氧烷化合物（Silicones或Siloxane）是由矽、氧及各種碳氫化合物所結合而成的合成高分子聚合物，它結合有機與無機的特色，例如低表面能、低分子間的作用力、疏水性等有機特性及高表面能、反應性以及高吸附性等無機特性；從化學結構鍵角及鍵能上的觀點來比較矽氧化合物與碳化合物之間的差異如表4-2所示，可以看出矽氧化合物具有高度自由體積、高分子鏈的移動性佳、分子間的吸引力低、低表面能（22dynes/cm）、與脂肪族、芳香族的溶劑相容性佳，但與有機高分子的相容性差，這也是造成矽氧化合物擁有熱安定性、耐候抗氧化性、氣體透過性、疏水／撥水性、低溫安定性、高壓縮性、無毒生理惰性、離型性及低表面張力等眾多優異性能的原因。

聚矽氧烷之基本結構可分成四種類型，如圖4-1所示：單官能型，簡稱為M；

二官能型，簡稱為 D；三官能型，簡稱為 T；四官能型，簡稱為 Q。

表 4-1　地球表面存在的主要元素

元素	含量
氧元素　O	49.5%
矽元素　Si	25.7%
鋁元素　Al	7.5%
鐵元素　Fe	4.7%
鈣元素　Ca	3.4%
鈉元素　Na	2.6%
鉀元素　K	2.4%
鎂元素　Mg	1.9%
氫元素　H	0.9%
鈦元素　Ti	0.6%

資料來源：伊藤邦雄，Silicone Handbook（1992）.

表 4-2　矽化合物與碳化合物之比較

碳、矽間的比較			矽氧化合物物理性質特性
	C	Si	
原子半徑	0.66A	1.06A	‧分子內作用力低（黏性流動的活化能低）
共價鍵半徑	0.77A	1.17A	
電負性	2.5	1.8	‧聚合鍵的移動性高（低溫特性）
多價鍵	YES	No	‧表面張力低~21 dyncs/cm（消泡、撥水性）
鍵結轉域	Sp^3	Sp^3,Sp^3D,SP^3D^2	
離子化位能	259.2KCAL	187.9KCAL	‧自由體積分率高（氣體透過率高）
鍵角	109	130	‧與有機高分子不相溶（離型性）
鍵結能	C-C 82.6 Kcal/mol	Si-0 106 Kcal/mol	

矽氧化合物的重要發展歷史如表 4-3 所示，如今全世界主要的製造廠家如表 4-4 所列，其中前 5 大生產廠商依序分別為 Dow Corning、G. E、信越化學工業、Wacker-Chemie 及 Rhone-Poulene。

表 4-3　矽化合物的重要發展歷史

年代	發明人或團體	事件說明
1823	Berzolius	矽元素被分離出來
1846	Ebelman	$Si + Cl_2 \rightarrow SiCl_4$ $SiCl_4 + EtOH \rightarrow Si(OEt)_4$
1863~1866	Friedel Crafts	Si-C 鍵的合成 $SiCl_4 + Et_2Zn \rightarrow Et_4Si$
1903~1939	Kipping	建立有機矽化合物化學基礎
1940~1943	Hyde[Corning Glass] Rochow/Patnode	合成 Siloxane（Si-O）聚合物 發明直接法合成矽氧化合物
1943	Dow Corning	以 Grignard Method 生產矽氧化合物
1946	G.E.	G.E.開始以直接法生產矽氧化物
1949	U.C.C.	加入矽氧化合物的生產行例
1953	東芝、信越化學	工業化開始
1966	Toray Silicone	成立
1971	Toshiba Silicone	成立
1990	日本	產、官、學、研開始次世代 Si 系高分子材料研究

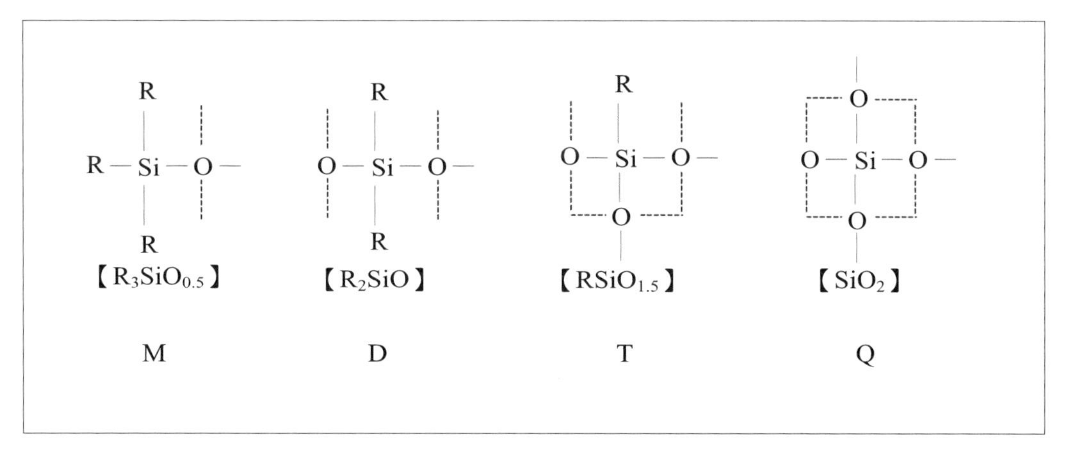

資料來源：丸山英夫等編，Silicones and Their Uses（1994）.

圖 4-1　聚矽氧烷基本分子結構之類型

表 4-4　世界上主要生產矽化合物的廠商

USA	Europe	Japan
Dow Corning	Dow Corning（UK）	Toray Dow Corning Silicone
General Electric	General Electric Plastics	Toshiba Silicone
	（Holland）	
Shin-Etsu Silicones of	Shin-Etsu Silicones Europe	信越化學工業
America	（Holland）	
Rhone-Poulene	Rhone-Poulene Chimie（France）	Rhone-Poulene Silicone
Wacker Silicones	Wacker Chemie（Ger.）	Wacker Chemicals East-
OSi Specialities	OSi Specialities	日本　　　—
	SA（Switzerland）	
Miles	Bayer（Ger.）	Bayer

資料來源： SRI International, Chemical Economics Handbook（1996）.

聚矽氧烷（Silicone）自 1943 年被商業化生產以來，應用範圍就不斷擴展，目前產品規格多達 4000~5000 種，也就因為其應用廣泛，過去 5 年美國、西歐、日本的平均成長率約 7%，比大部分的化工產業還高，加上用途都屬於較高附加價值，因此產品利潤也相當誘人。

不過綜觀全球的矽氧化合物產業，近 10 年來國際上幾乎鮮有新的競爭者進入，探究其原因主要在於技術與原料取得十分困難，加上產品眾多，不僅要研發新應用，還必須為現有客戶作技術服務，所投入的研發經費、人力與時間不可等閒視之，這些都是該產業最大的進入障礙。

二、有機矽氧化合物化學說明

自從 1940 年代起，有機矽氧化合物之化學與技術持續地進步而開發出各式各樣的產品與工業應用，這些產品一般最常見的方式是以矽油（Silicone Fluids）、矽橡膠（Silicone Rubbers）和矽樹脂（Silicone Resins）的本質方式應用之。例如：矽油被用來作為消泡劑（Defoamers）、上光（Polishes）、潤滑劑（Lubricants）、離型用、電氣絕緣用、撥水用等；矽橡膠被用來作為耐候、耐熱

的襯墊、O-Ring、管件、皮帶、按鍵、滾輪等；矽樹脂則被配成電子絕緣用清漆、耐高溫、耐腐蝕之塗料及塑膠表面之超硬塗料、感壓膠等；矽氧化合物之工業生產是個複雜的程序，圖 4-2 是矽氧化合物整體的上、中游的流程圖，依據此流程圖將扼要的介紹各種矽化合物的單體、中間體及聚矽氧烷高分子等之基本化學，有此全盤的概念後，再加以詳細介紹後續的各項重要產品之生產製程。

有機矽氧化合物單體（Organo Silicon Monomers）

現階段商業化的製程是以直接合成（Direct Synthesis）法製得該系列產品，它包括下列幾項重要產品。

㈠甲基氯化矽烷（Methylchlorosilanes）

最主要的單體是二甲基二氯矽烷（Dimethyl-Dichlorosilane），是由氯化甲基（Methylchloride）與矽金屬在銅的觸媒、高溫之下直接反應合成，此反應十分複雜，所得到的產品是一系列的混合物，簡單的化反應式如下：

$$CH_3Cl+Si \xrightarrow{(Cu)} (CH_3)_2SiCl_2+CH_3SiCl_3+(CH_3)_3SiCl+\cdots\cdots$$

產物中以 $(CH_3)_2SiCl_2$ 為主產物，約占 70%以上，而 CH_3SiCl_3 是主要的副產物，產物的分離純化是以蒸餾（Distillation）製程為主。

㈡三氯氫矽烷（Thichlorosilane）

其製程類似上述，它是由矽金屬和氯化氫（HCl）直接合成，同樣的也有一些副產物如 Dichlorosilane；Silicone Tetrachloride 和 Polysilanes，主要的化學反應如下：

$$Si+3HCl \rightarrow SiHCl_3+H_2$$

另外，高純度的Trichlorosilane，也是製造半導體的矽晶元的主要原料來源。

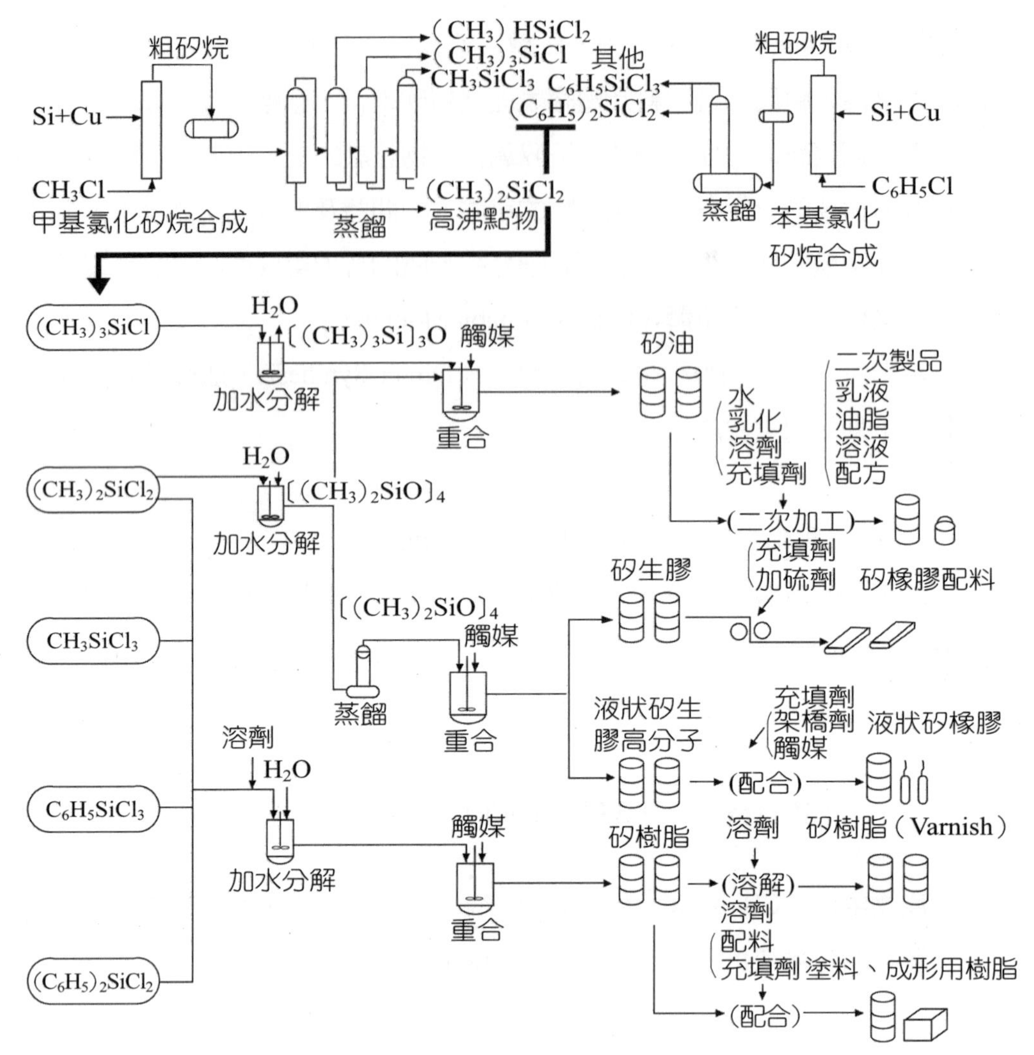

資料來源：丸山英夫等編，Silicones and Their Uses（1994）.

圖 4-2 矽氧化合物上、中游相關製程流程圖

㈢ Phenylchlorosilanes 和 Vinylchlorosilanes

這些單體的用量遠少於Methylchlorosilanes，所以，工業上常用適當的有機物與 Hydrosilanes 反應製得，例如：

$$C_6H_6+HSiCl_3 \xrightarrow{BCl_3} C_6H_5SiCl_3+H_2$$

$$C_6H_6+CH_3HSiCl_2 \xrightarrow{BCl_3} (C_6H_5)(CH_3)SiCl_2+H_2$$

$$CH_2=CHCl+HSiCl_3 \rightarrow CH_2=CHSiCl_3+HCl$$

$$CH_2=CHCl+CH_3HSiCl_2 \rightarrow (CH_2=CH)(CH_3)SiCl_2+HCl$$

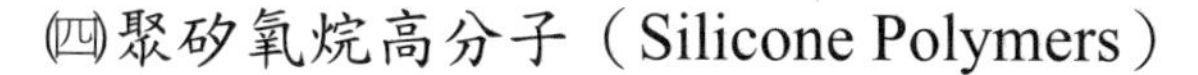
㈣聚矽氧烷高分子（Silicone Polymers）

有機矽氧化合物單體（Organosilicon Monomers）經由數個步驟可製得有機聚矽氧烷（Organopolysiloxanes）以下扼要介紹。

1. **二甲基二氯矽烷水解反應**（Hydrolysis of Dimethyldichlorosilane）

其化學反應式如下：

$$(CH_3)_2SiCl_2 + H_2O \rightarrow HO[(CH_3)_2SiO]_nH + [(CH_3)_2SiO]_n + HCl$$

線性寡聚體（Linear Oligomers）　　環狀物單體（Cyclic Monomers）

一般是以 22%HCl 水溶液下在 Loop Reactor 內連續水解反應，所得到的產物約等比例的線性寡聚體和環狀物單體，另三甲基一氯矽烷（Trimethylchlorosi-lane）是以批次水解反應來製得六甲基二矽烷（Hexamethyldisiloxane，簡稱 M2），它是在平衡反應器中，作為調節黏度用的鏈終端封頭劑（Chain Stopper）。

2. **環狀物單體分離**（Cyclic Separation）

在製造高分子量的矽油或生膠，常用的是環狀物單體，一般這些環狀物單體是由上述水解反應得到，再經由蒸餾純化而製造的產品。

3. **平衡反應**（Equilibration）

一般而言，二甲基二氯矽烷水解的產物或者從水解產物中蒸餾出環狀物單體而留下的線性寡聚體，它們的黏度皆不穩定；反而要製得穩定黏度的矽油皆是在強酸或強鹼觸媒之下，用 M2 和水解產物或蒸餾出來的環狀物單體或線性寡聚體之平衡反應製得的，控制黏度的高低是以 M2 的濃度來調整的；一般矽油經過真空蒸餾，回收低分子的矽化合物，再循環到平衡反應槽中。

4. **環狀物單體聚合反應**（Polymerization of Cyclics）

高黏度的矽油或生膠皆是由環狀物單體在酸或鹼觸媒下聚合製得，使用的反應槽可以是玻璃襯裡或不銹鋼材質，未反應的單體經由減壓脫離（Devolatilization），再回收循環使用；生膠中常需要一些 Methyl Vinylsiloxy 官能基團或 Phenyl 基團作為特殊規格（如抗低溫性佳）之用。

5.聚矽氧烷彈性體（Silicone Elastomers）

此乃矽生膠經過交聯後產生網狀結構的產物；高分子量的矽生膠可用過氧化物（Peroxide）為起始劑進行交聯反應，亦可藉著其具有反應終端基在室溫之下硬化，因此，聚矽氧烷彈性體的分類有兩種：一是高溫硬化型（Heat Curing Elastomers），另一是室溫硫化型（Room Temerature Vulcanizing Elartomers）。

⑴高溫硬化型：一般聚矽氧烷彈性體是由高分子量的矽生膠、添加劑、補強的填充料和交聯劑一同配料而成；該補強填充料是各式各樣的 Silica，交聯劑在150℃到250℃之下將會引發聚矽氧烷上的烷基自由基化而形成交聯，添加劑的功能是附與顏色、改善熱安定性、延緩硬化等等；配料所用的工具一般是各種混合器，如雙滾輪（Two-Roll Mills）、萬馬力混合器（Banbury Mixers）、Dough Mixers等；一般交聯劑都未事先配料在聚矽氧烷彈性體內，而是先溶在另一種聚矽氧烷化合物，成為膏狀（Paster），到了生產產品時，才予以摻配之。最後配料完的矽橡膠，押出經過一細小的篩網來除掉任何不純物或結塊的填充物。

⑵室溫硫化型（簡稱RTV）：室溫硫化的聚矽氧烷彈性體一般皆帶有反應性官能基，它又可分為二液型或一液型兩種；二液型RTV的基本反應是矽氫加成反應（Hydrosilation），是將 Si-H 加成到 Vinyl 基團上，白金觸媒有助於此交聯結構的形成，反應可在室溫之下進行，但加熱有助於加速反應；一般觸媒是加在含有Vinyl基團的聚矽氧烷化合物內為一包裝，而含氫聚矽氧烷（Silicone Hydride）交聯劑則另外包裝；或另外一種涉及含有終端官能基的主劑與一多官能基的交聯劑行縮合反應，例如，含有 Hydroxyl End Group 的主劑和 Alkoxyl、Amino 或 Acetoxy Group 的交聯劑，一般這類反應有脂肪酸錫鹽或鉛鹽作為觸媒。

一液型RTV是藉大氣中的濕氣將聚矽氧烷化合物的終端多官能基團水解後，再發生縮合反應而起交聯變化方式，如多官能基團交聯劑 Methyltriacetoxy Silane 與終端為氫氧基的矽化合物在無水狀態之下結合成終端帶有多官能基的矽化合物，當其暴露在大氣濕氣中，Acetoxy Group將發生水解反應，然後再縮合成為交聯結構，一般此硫化速率可加入一些適當的觸媒來加速反應。

三、甲基氯化矽烷（Methylchlorosilane）直接合成法

有機氯化矽烷（Organohalosilanes）的直接合成尤其是 Methyl 和 Phenyl Chlorosilanes是矽氧化合物的單體主要生產製程，此法早在1940年代由Rochow、Muller等人發明其概念是十分簡單，但是其化學反應卻是十分複雜。

㈠化學性質（Chemistry）介紹

最主要的反應是 CH_3Cl 和 Si 在銅或銅鹽的觸媒存在下，反應溫度約 300℃進行，製造出主產品為二甲基二氯矽烷（Dimethyldichlorosilane），然而真實的反應還有許多一連串化合物產生，可以下列各式子代表之：

$$2Si+4CH_3Cl \rightarrow (CH_3)_3SiCl+CH_3SiCl_3 \quad (1)$$
$$Si+3CH_3Cl \rightarrow CH_3SiCl_3+2CH_3* \quad (2)$$
$$2CH_3* \rightarrow C_2H_6 \quad (3)$$
$$Si+3CH_3Cl \rightarrow (CH_3)_3SiCl+Cl_2 \quad (4)$$
$$Si+2Cl_2 \rightarrow SiCl_4 \quad (5)$$
$$2Si+4CH_3Cl \rightarrow (CH_3)_4Si+SiCl_4 \quad (6)$$
$$2CH_3Cl \rightarrow C_2H_4+2HCl \quad (7)$$
$$Si+3HCl \rightarrow HSiCl_3+H_2 \quad (8)$$
$$Si+CH_3Cl+HCl \rightarrow CH_3SiHCl_2 \quad (9)$$

還有一些不純物Metalchloride存在時，也會發生Dealkylation與Alkylation反應，而產生如表 4-5 所示各式各樣的矽烷化合物，一般而言甲基氯化矽烷的直接合成是個放熱反應，每生產一磅會放出 1,000 Btu，因此反應中如何有效移除反應熱，避免發生焦點是該反應的重點要素。

㈡反應機構（Reaction Mechanism）

直接合成法的反應機構曾被多人提出解釋，例如：Hurd 和 Rochow 是第一個解釋銅的活性是促進 CH_3Cl 和 Si 的反應；Trambouze 和 Imelik 提出合成過程是在

矽與銅所形成的矽銅混合物（Contact Mixture）的表面上進行的；1965 年 Bazant 提出最新的反應機構，他提出第一階段是 CH_3Cl 吸附在活性中心（Active Center）上，其化學反應式表示如下：

$$\text{Si-Cu+CH}_3\text{Cl} \rightarrow \begin{array}{ccc} \text{Cl} & \cdots & \text{CH}_3 \\ \vdots & & \vdots \\ \text{Si} & \cdots & \text{Cu} \end{array}$$

就如同前面所敘述的，甲基氯化矽烷製程得到一系列化合物，其中以二甲基二氯矽烷是最主要產物，其他尚有許多副產物，因為這些副產物皆是有用的中間體或原料，所以需要許多輔助程序來分離純化，整個製程是相當複雜。以下分別針對影響反應速率和產物性質的幾個重要參數加以說明：

表 4-5　甲基氯化矽烷直接合成各式各樣的矽烷化合物

Compound	BP（℃, at 760 mmHg）
低沸點產物	
$Si(CH_3)_4$	26.6
$Si(CH_3)_3Cl$	57.7
$Si(CH_3)_2Cl_2$	70.0
$Si(CH_3)\ Cl_3$	65.7
$Si(CH_3)\ HCl_2$	41.0
$Si(CH_3)_2HCl$	36.0
$SiHCl_3$	31.8
$SiCl_4$	57.6
高沸點產物	
$(CH_3)(C_2H_5)\ SiCl_2$	101/749 BP（℃/torr）
$C_2H_5SiCl_3$	97.9/760
$(C_2H_5)_2HSiCl$	100.5/760

表 4-5　甲基氯化矽烷直接合成各式各樣的矽烷化合物（續）

$(CH_3)(C_3H_7)\ SiCl_2$	119/737
$C_3H_7SiCl_3$	122/740
$(CH_3)_2ClSi\text{-}O\text{-}SiCl(CH_3)_2$	139/739
$(CH_3)\ Cl_2Si\text{-}O\text{-}SiCl_2(CH_3)$	138/760
$(CH_3)_2ClSi\text{-}O\text{-}SiCl_2(CH_3)$	142/739
$(CH_3)_2ClSi\text{-}O\text{-}SiCl_3$	147/735
$(CH_3)\ Cl_2Si\text{-}O\text{-}SiCl_2(CH_3)$	158/760
$(CH_3)_3Si\text{-}O\text{-}SiCl_2(CH_3)$	—
$(CH_3)_2ClSi\text{-}O\text{-}SiCl_2(C_2H_5)$	181/744
$(C_2H_5)_2ClSi\text{-}SiCl_2(C_2H_5)$	187/731
$(CH_3)\ Cl_2Si\text{-}CH_2\text{-}SiCl_2(CH_3)$	187/734
$(CH_3)_2ClSi\text{-}CH_2\text{-}SiCl_2(CH_3)$	189-192/760
$(CH_3)\ Cl_2Si\text{-}CH_2CH_2\text{-}SiCl_2(CH_3)$	209/746

資料來源： SRI International, Process Economics Program Report No. 160（1983）.

1. 觸媒和結合混合物（Catalyst & the Contact Mixture）

Rochow已經探討過，銅是用來生產Methylchlorsilane最好的觸媒，所以過去40幾年來工業生產都是使用銅觸媒為主，其使用量大約在5~10%之間；若深入來看時，重要的關鍵是銅與矽的結合混合物之活化中心的形成，它經過下列幾個程序：

(1) CuCl 吸附在矽金屬表面上。

(2) CuCl 被矽還原成 Cu。

(3) Cu 滲透到矽金屬內而成為 Cu_3Si。

(4) Cu_3Si 與 CH_3Cl 反應成 Me_2SiCl_2和 Cu。

因此，結合混合物的反應性是與 Si-Cu 的介面金屬相的形成有決定的關聯，一般 Al、Zn 或非常細的銅粉有助於其的形成。

2. **原料的純度與共觸媒**（Purity of Raw Materials and Cocatalysts）

不純物對Si-Cu結合混合物的反應性與選擇性的效應，目前雖並未十分了解，但一般若存有 2~20%Al，將會有更高產率的 Trimethylchlorosilane，其他金屬如 Zn、Mg 都有相似的結果；此外，金屬鹵化物會促進結合混合物的反應性，並會增加高鹵素含量的產物比例，例如：氯化鐵、氯化鋁、氯化鈉……等將會增加 Methyltrichlorosilane 的比例；然而若是有少量的 Zn（< 0.5%）或氯化鋅的存在則會增加二甲基二氯矽烷的含量。因此一般生產矽氧化合物所用的矽金屬純度需在 99%，（SRI 的資料用 98%、信越化學宣稱用 99.9%、Dow Corning 則用 98% 的純度，資料由訪談得到）。

CH_3Cl 的純度一般並沒有特別說明，所以一般工業規格的 CH_3Cl 即可使用。

3. **溫度**（Temperature）

在直接合成法中，溫度是最重要的參數，不僅是要維持某一溫度，而且還要避免在結合混合物內發生 Hot Spots（因為本反應是高放熱反應）。在溫度過高的情況下，CH_3Cl 會熱裂解成碳、氫等化合物，而使產生之碳元素粒子沈積在結合混合物之表面上，如此將會防礙反應的進行，不利反應。

曾有研究說明反應溫度與產物間的比例關係如圖 4-3 所示（這是在固定床反應器之下的研究），二甲基二氯矽烷的產率隨著反應溫度的上升，而降低。

4. **壓力**（Pressure）

也有些研究來探討在高壓之下 Methylchlorosilane 的合成，因為反應速率與 CH_3Cl 的分壓有正比關係，所以最適宜的壓力在 5~7 atm。

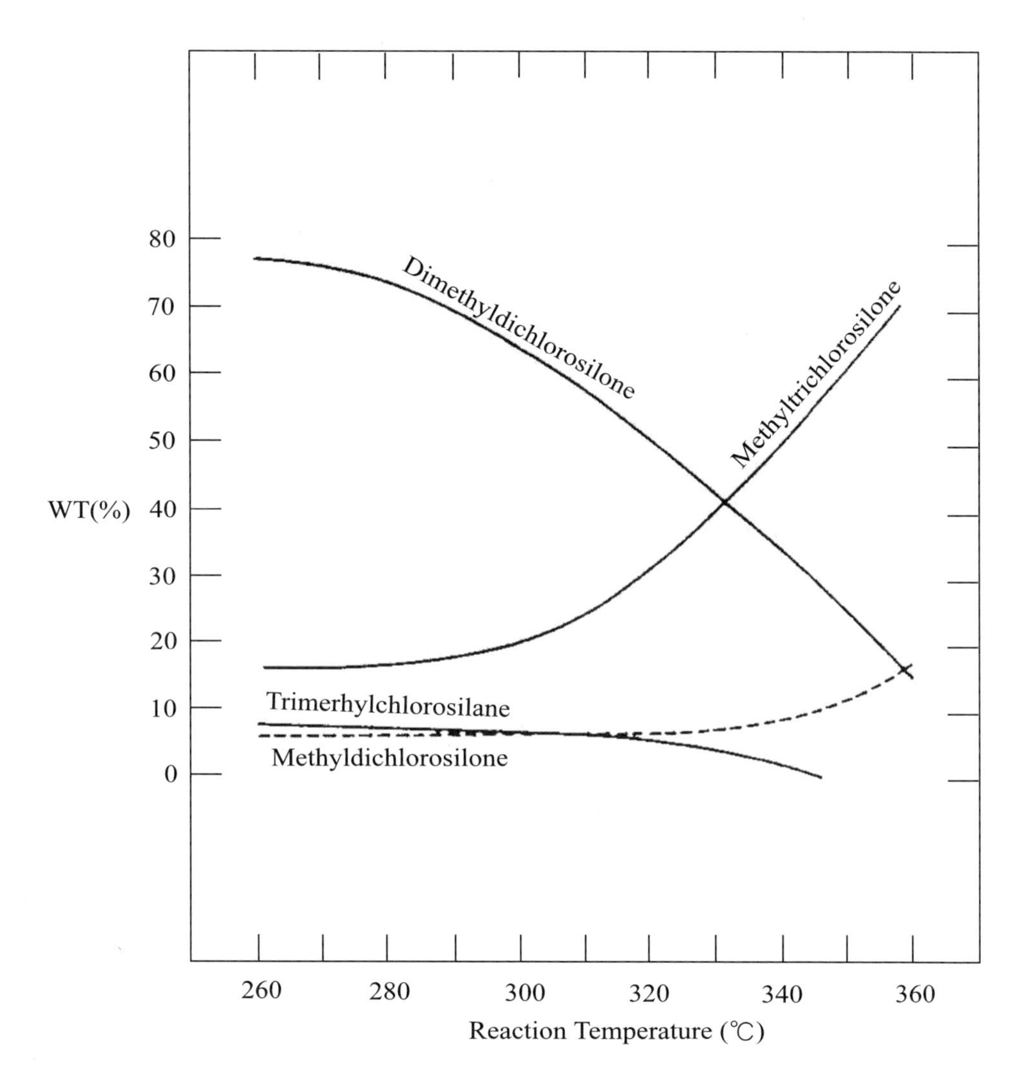

資料來源：SRI International, Process Economics Program Report No. 160 （1983）.

圖 4-3　直接合成法之產物組成比例與反應溫度之關係

5.反應器型式（Type of Reactor）

前面已談到反應溫度的重要性，而該反應是放熱量大的反應，因此反應器的設計重點在如何迅速移除反應中所產生的熱量，而且維持某一固定溫度；所以，文獻曾提出各種不同反應器設計，但研究結果證明，仍是以流體化床反應器（Fluidized Bed Reactor）最適宜。

6. 矽轉化率（Silicon Conversion）

直接合成法是一種在固體觸媒存在下的氣－固反應，在流體化床反應器中，粒子的磨損會保持結合混合物的表面乾淨及活化時間更長，而十分細的粒子可再回收處理與矽金屬再反應，如此可提高矽金屬與銅觸媒的使用率；本文所引用之 SRI 的製程評估中假設矽金屬的轉化率為 80%，銅觸媒含量是 10%，而不回收這些細的矽/銅結合混合物。

7. 產物分離（Product Separation）

產物分離是最主要的問題，因為有許多不同沸點的副產物存在，甚至於有共沸的問題，更增加了分離的複雜性； SRI 所引用的製程是用 4 個蒸餾塔系列，未反應的CH_3Cl在第一個管柱回收之，從第二個管柱的底部回收超過 70℃的高沸點混合物，第三個管柱則從頂部分離出沸點低於 66℃的混合物，而第四管柱則從二甲基二氯矽烷中分出甲基三氯矽烷（Methyltrichlorosilane）。一般低沸點的部分有許多是共沸物，例如表 4-6 所示說明如何處理，部分反應再分離。

表 4-6　沸點在 54.7~63.2℃的共沸物組成

共沸物混合物	BP（℃）
$SiCl_4$（64.8%）；（CH_3）$_3$SiCl（35.2%）	54.7
（CH_3）$_3$SiCl（70%）, 2-Methylpentane（30%）	56.4
（CH_3）$_3$SiCl（75%）, 3-Methylpentane（25%）	57.3
$SiCl_4$（63.5%）, 1,1-Dichloroethane（36.5%）	53.0

資料來源：SRI International, Process Economics Program Report No. 160（1983）.

四、矽油（Silicone Fluids）

矽油主要為二甲基聚矽氧烷（Dimethyl Silicone，簡式為 MDxM），一般為無色透明油狀流體，黏度範圍在 0.65~100 萬 cps，具有耐高、低溫（使用溫度為 −50℃~180℃）、耐氧化、耐化學藥品、蒸氣壓低、壓縮率大、閃點高、凝固點

低，及優良的電絕緣性和介電性能，常被用來作為光亮、消泡劑、脫模劑及其他應用，此外，有機團上的不同也會附與不同的性能，例如苯基（Phenyl Group），可促進耐熱及低溫流動性。

㈠化學性質（Chemistry）

在矽油合成中最重要的化學反應是二甲基二氯矽烷的水解，其化學反應式如下：

$$(CH_3)_2SiCl_2+2H_2O\rightarrow(CH_3)_2Si(OH)_2+2HCl$$

$$2(CH_3)_2Si(OH)_2\rightarrow HO\text{-}\underset{CH_3}{\overset{CH_3}{Si}}\text{-}O\text{-}\underset{CH_3}{\overset{CH_3}{Si}}\text{-}OH+H_2O$$

$$n[HO\text{-}\underset{CH_3}{\overset{CH_3}{Si}}\text{-}O\text{-}\underset{CH_3}{\overset{CH_3}{Si}}\text{-}OH]\rightarrow\underbrace{[\text{-}\underset{CH_3}{\overset{CH_3}{Si}}\text{-}O]x}_{\text{Cyclics}}+\underbrace{HO[\underset{CH_3}{\overset{CH_3}{Si}}\text{-}O\text{-}\underset{CH_3}{\overset{CH_3}{Si}}\text{-}O]yH}_{\text{Linear Oligomer}}+H_2O$$

$x, y = 3$ or 更大

生成物中環狀寡聚物與線性寡聚物的相對量是根據如 pH 值、溫度、是否有溶劑等水解反應條件來控制，二甲基二氯矽烷在過量水的條件下行水解反應時，可製得約 50%的環狀寡聚物，若在更強的酸性之下，或者加入一些與水可互溶的溶劑之下，此環狀寡聚物的含量比例會更高。

㈡酸性觸媒反應機構（Acid Catalyst Reaction Mechanism）

一般矽油最常用的製造程序即是以酸性觸媒為主，其化學式如下：

線性寡聚物

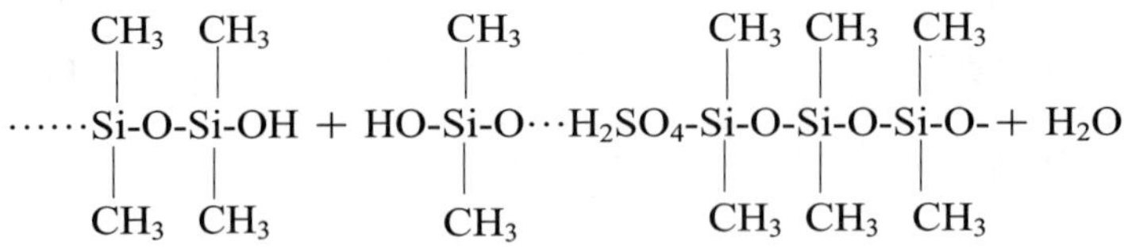

$$\cdots\cdots\underset{CH_3}{\overset{CH_3}{\overset{|}{\underset{|}{Si}}}}-O-\underset{CH_3}{\overset{CH_3}{\overset{|}{\underset{|}{Si}}}}-OH + HO-\underset{CH_3}{\overset{CH_3}{\overset{|}{\underset{|}{Si}}}}-O\cdots H_2SO_4-\underset{CH_3}{\overset{CH_3}{\overset{|}{\underset{|}{Si}}}}-O-\underset{CH_3}{\overset{CH_3}{\overset{|}{\underset{|}{Si}}}}-O-\underset{CH_3}{\overset{CH_3}{\overset{|}{\underset{|}{Si}}}}-O- + H_2O$$

環狀寡聚物

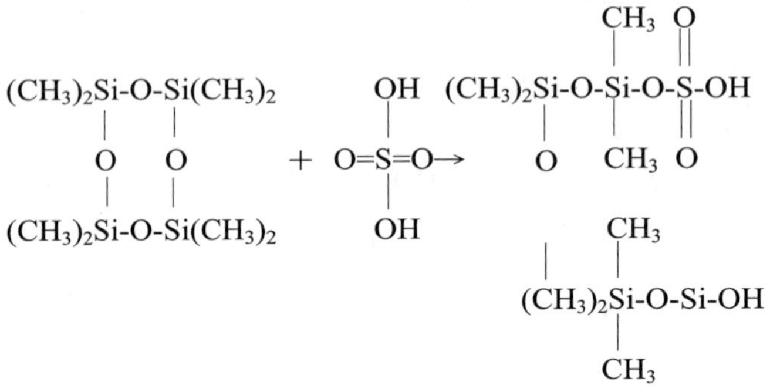

$$\begin{array}{c}(CH_3)_2Si-O-Si(CH_3)_2\\ |\qquad\quad | \\ O\qquad\quad O \\ |\qquad\quad | \\ (CH_3)_2Si-O-Si(CH_3)_2\end{array} + \begin{array}{c}OH\\ |\\ O=S=O\\ |\\ OH\end{array} \rightarrow \begin{array}{l}(CH_3)_2Si-O-\underset{CH_3}{\overset{CH_3}{\overset{|}{\underset{|}{Si}}}}-O-\underset{O}{\overset{O}{\overset{\|}{\underset{\|}{S}}}}-OH\\ \quad\ \ |\\ \quad\ \ O\\ \quad\ \ |\\ (CH_3)_2Si-O-\underset{CH_3}{\overset{CH_3}{\overset{|}{\underset{|}{Si}}}}-OH\end{array}$$

(I)

$$2(I)\rightarrow HO-\underset{O}{\overset{O}{\overset{\|}{\underset{\|}{S}}}}-O-[\underset{CH_3}{\overset{CH_3}{\overset{|}{\underset{|}{Si}}}}O-]_8\underset{O}{\overset{O}{\overset{\|}{\underset{\|}{S}}}}-OH + H_2O$$

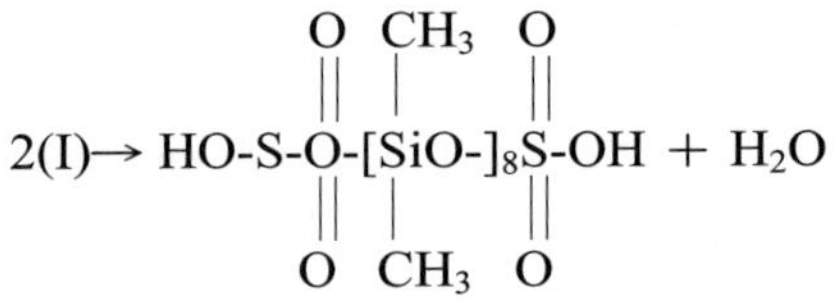

酸性觸媒很容易用鹼性水溶液清洗除去。

(三)鹼性觸媒反應機構（Base Catalyst Reaction Mechanism）

一些高黏度的矽油或大部分的矽生膠的生產製程，是以環狀寡聚物（尤其是D_4），在鹼性觸媒下製造之，反應之化學式如下：

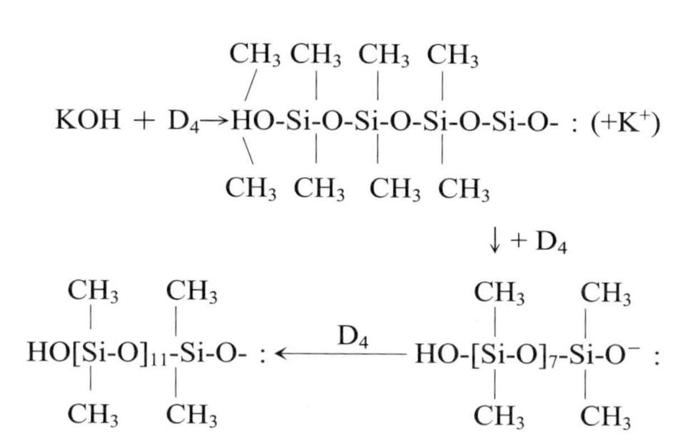

此反應會持續進行，一直到D4的濃度剩下6%時達到平衡，或者去鹹離子反應來停止鍵的成長。

㈣矽油生產製程

依據SRI的資料，整個矽油生產流程示意圖如圖4-4所示。

1. 六甲基二矽氧烷（Hexamethyldisiloxane）製備

Trimethylchlorosilane與等當量的水在R-101反應器攪拌，很快生成六甲基二矽氧烷，經過水洗、Na_2CO_3水溶液中和，若有需要則再蒸餾純化之。

2. 二甲基二氯矽烷的水解

純度99.7%的二甲基二氯矽烷和水及22wt%HCl水溶液一起進到R-201水解循環反應器中，經由離心幫浦（P-201）及交換器（E-201）保持在45℃~50℃之間，爾後經過傾析器（V-201）、水洗（V-203）、中和（V-204）其中HCl水溶液從傾析器中分離時濃度約有31wt%，經由預熱、HCl脫氣（C-201）除水等一系列處理可得到高純度的HCl氣體，可再回送到Methylchloride的生產製程及22wt% HCl水溶液，再回到水解循環反應器內。

3. 環狀寡聚物分離

水解後的生成物在蒸餾塔（C-301）中可蒸餾出高純度的環狀寡聚物儲存在（V-303），而線性寡聚物及一些三官能基不純物則在塔底直接到平衡進料儲槽（V-302）。

4.平衡反應部分

從平衡進料儲槽中的線性寡聚物等混合物進到平衡反應器（R-401A-C），此反應器另外可加入不同試劑，可調整黏度、phenyl 取代基、觸媒等，反應溫度在100℃，反應完加入水稀釋酸、分離之，油層在（V-402A-C）中和、過濾儲存在（V-403A-C）；在這個階段是靠Me_2SiO/Me_3SiO的比例來控制矽油的黏度，一般來說 10wt%的六甲基二矽氧烷存在下，可製得 15cst 黏度的矽油；1.2wt%的六甲基二矽氧烷存在下，可製得 350 cst 黏度的矽油。

5.聚合部分

高黏度的矽油（黏度＞30,000 cst）是由環狀寡聚物經由聚合反應器（R-501）在 230°F下反應而成，觸媒溶液是在V-501 製備之，它是由 Tetrabutylphosphonium Hydroxide 水溶液與環狀寡聚物混合之，然後在室溫之下真空除水而成，所製得的高黏度矽油經由加熱器（E-501）加熱到 340°F分解觸媒，然後經由薄膜蒸發器（M-501）除去未反應或低分子量的寡聚物。

主要設備材料，在水解反應中，因為有強腐蝕性的HCl水溶液存在，因此皆必須用玻璃襯反應器，但是只要經過中和後的步驟裡，則不會有腐蝕的問題，可以考慮使用碳鋼設備。

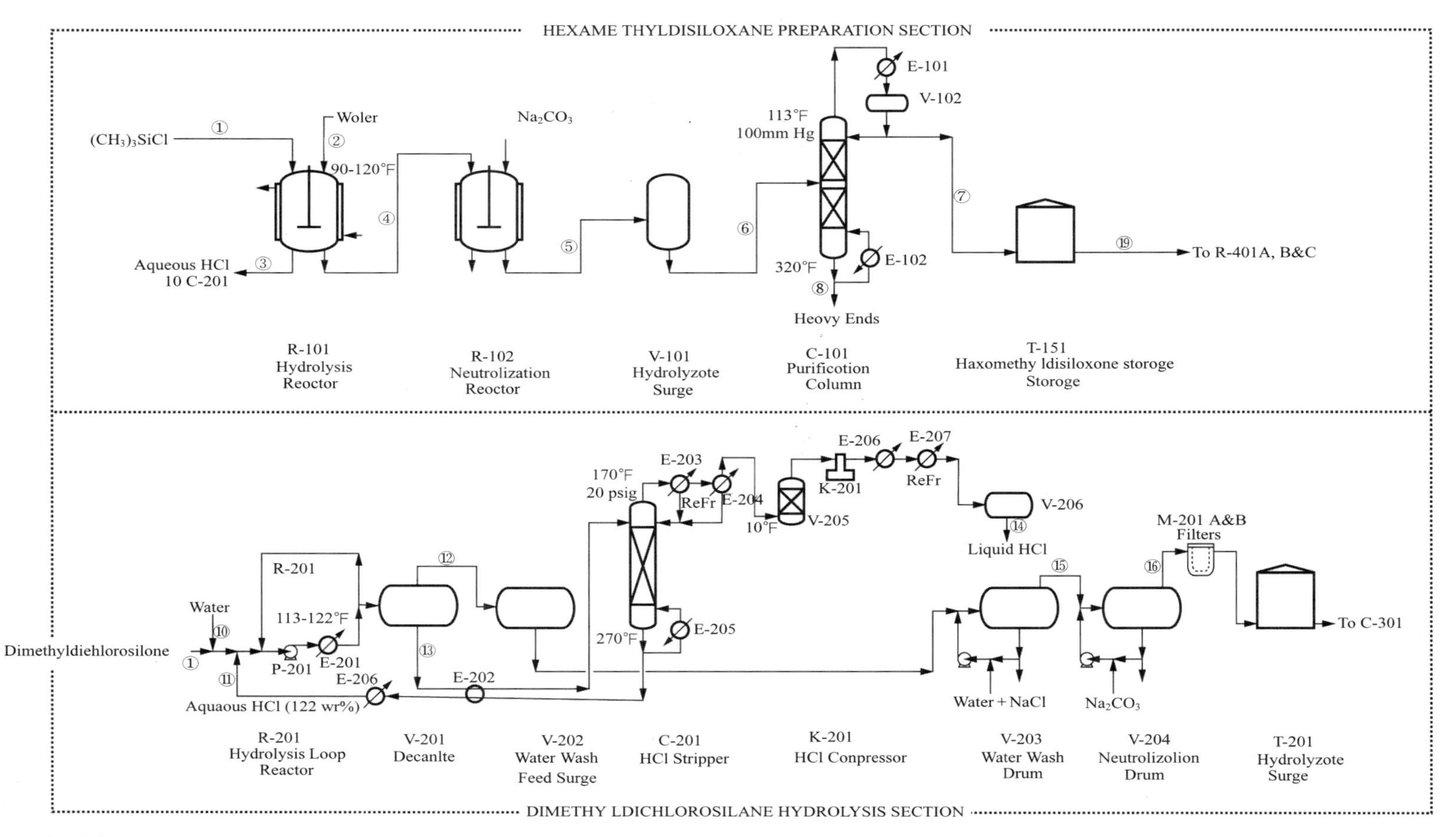

資料來源：SRI International, Process Economics Progtam Report No. 160

圖 4-4　矽油生產流程圖

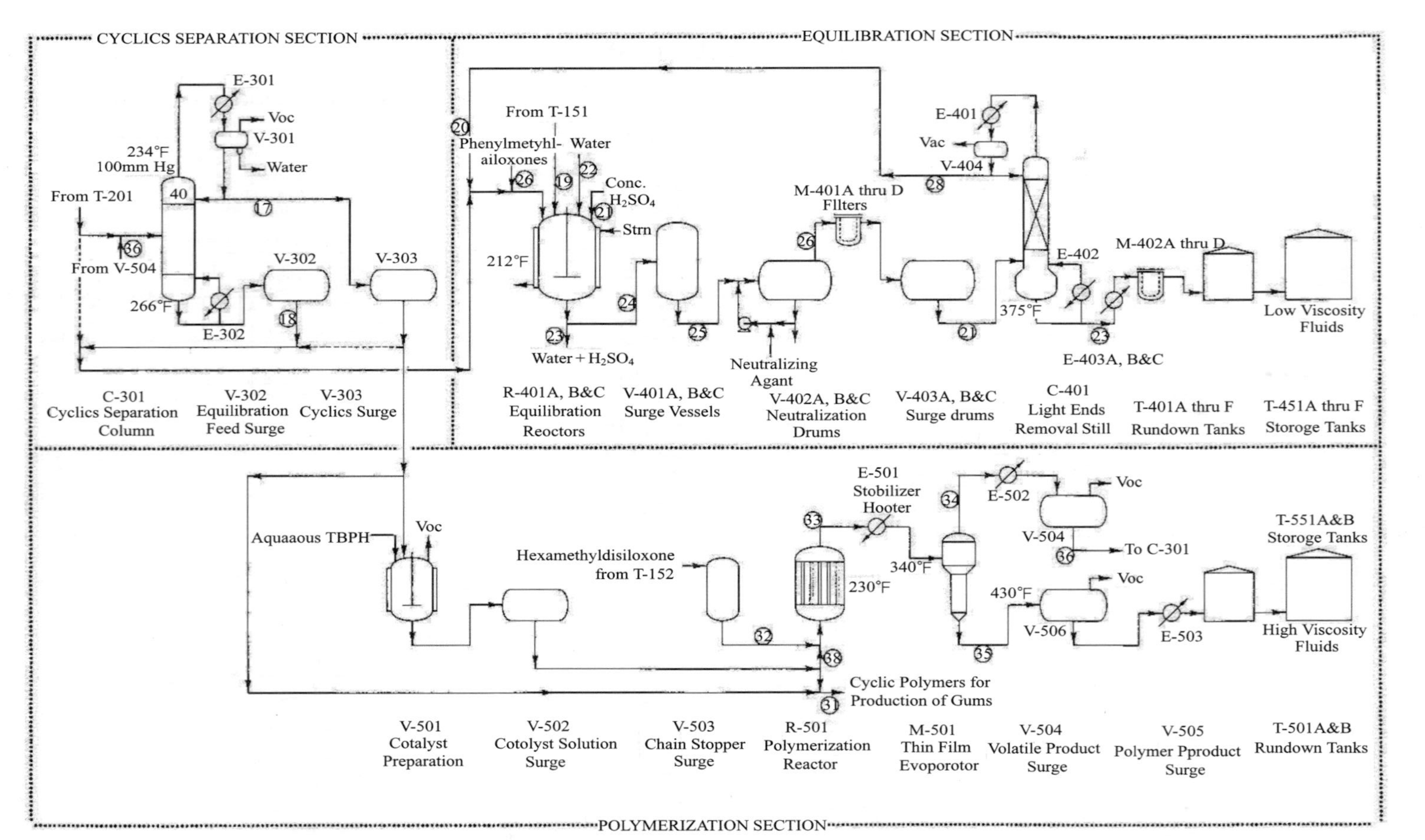

資料來源：SRI International, Process Economics Program Report No. 160

圖 4-4　矽油生產流程圖

五、矽橡膠與彈性體（Silicone Gums and Elastomers）

高分子量的聚矽氧烷化合物（平均分子量在 50~80 萬之間）稱為生膠，大部分的結構如矽油一樣，是MDxM，若要改善低溫柔曲性或耐高熱等性能可導入一些官能基如苯基（Phenyl）、氟化烷基（Fluoroalkyl）等；生膠若要作成彈性體時，則必須引入含有不飽和鍵的乙烯基（Vinyl）官能基；其硫化系統又可分為兩大類，高溫硬化及室溫硬化，無論是那一類系統，皆必須與其他添加劑如不只一種的填充料、色料、添加劑、觸媒（或硬化劑）等配料而成。

㈠化學性質

在矽油介紹中，已說明高分子量的生膠的合成常用高純度的環狀寡聚物在鹼性觸媒下聚合，而最常使用的觸媒是 Tetrabutylphosphoniumhydroxide 這是因為該觸媒加熱至 130℃以上將會進行依下列反應化學式分解，而失去觸媒的功能：

$$[(nC_4H_9)_4P]OHnC_4H_{10}+(nC_4H_9)_3PO$$

在製造聚矽氧烷彈性體時，生膠必須經由硬化形成網狀結構的階段，因此將分別介紹下列兩大硬化系統。

㈡高溫硫化系統（High Temperature Vulcanizable, HTV）

高溫硫化矽橡膠亦稱為 HCE（Heat Cure Elastomer），它最常使用的硬化劑是有機過氧化物，以BPO（Benzoyl Peroxide）和其衍生物最廣泛被使用，化學反應式如：

$$C_6H_5\overset{O}{\overset{\|}{C}}O\overset{O}{\overset{\|}{OC}}C_6H_5 \rightarrow 2C_6H_5\overset{O}{\overset{|}{C}}O$$

$$\sim\underset{CH_3}{\overset{CH_3}{Si}}\text{-}O\sim + C_6H_5\overset{O}{\overset{\|}{C}}O\cdot \rightarrow \sim\underset{\cdot CH_2}{\overset{CH_3}{Si}}\text{-}\sim + C_6H_5\overset{O}{\overset{\|}{C}}OH$$

$$_2\sim\underset{\cdot CH_2}{\overset{CH_3}{Si}}\text{-}O\sim \rightarrow \begin{array}{c} CH_3 \\ | \\ \sim Si\text{-}O\sim \\ | \\ CH_2 \\ | \\ CH_2 \\ | \\ \sim Si\text{-}O\sim \\ | \\ CH_3 \end{array}$$

一般而言，每莫耳裂解的過氧化物，可形成交聯的結構遠小於一莫耳，這是因為過氧化物還有其他副反應，可能的反應如下：

$$\phi\overset{O}{\overset{\|}{C}}O\overset{O}{\overset{\|}{C}}\phi \rightarrow 2\phi\overset{O}{\overset{\|}{C}}O\cdot$$

$$\phi\overset{O}{\overset{\|}{C}}O\cdot \rightarrow \phi\cdot + CO_2$$

$$2\phi\cdot \rightarrow \phi\phi$$

$$\phi\cdot + \phi\overset{O}{\overset{\|}{C}}O\cdot \rightarrow \phi\overset{O}{\overset{\|}{C}}O\phi$$

$$\phi\cdot + \phi\overset{O}{\overset{\|}{C}}OH \rightarrow \phi H + \cdot\phi COOH$$

$$\phi\cdot + \cdot\phi COOH \rightarrow \phi\phi COOH$$

若聚矽氧烷高分子有乙烯基存在時，由於此乙烯基的反應性較甲基高很多，因此就連那些無法與二甲基聚矽氧烷反應的 Hydro Peroxides 或 Dialkyl Peroxides 皆可做為硬化劑。交聯反應是發生在甲基與乙烯基之間，其化學反應式如下：

$$
\begin{array}{ccccc}
CH_3 & & CH_3 & & CH_3 \\
| & & | & & | \\
\sim Si\text{-}O\sim & & \sim Si\text{-}O\sim & & \sim Si\text{-}O\sim \\
| & & | & & | \\
CH{=}CH_2 & & \cdot\, CH\text{-}CH_2OR & & CH\text{-}CH_2OR \\
 & \xrightarrow[-ROH]{2RO\,\cdot} & & \longrightarrow & \\
CH_3 & & \cdot\, CH_2 & & CH_2 \\
| & & | & & | \\
\sim Si\text{-}O\sim & & \sim Si\text{-}O\sim & & \sim Si\text{-}O\sim \\
 & & | & & | \\
CH_3 & & CH_3 & & CH_3
\end{array}
$$

另外，亦可能形成三亞甲基（Trimethylene）方式，化學反應式如下：

$$
\begin{array}{ccccc}
CH_3 & & CH_3 & & CH_3 \\
| & & | & & | \\
\sim Si\text{-}O\sim & & \sim Si\text{-}O\sim & & \sim Si\text{-}O\sim \\
| & & | & & | \\
CH{=}CH_2 & & \cdot\, CH\text{-}CH_2OR & & \cdot\, CH \\
 & \xrightarrow[-ROH]{2RO\,\cdot} & & \longrightarrow & \\
CH_3 & & \cdot\, CH_2 & & CH_2 \\
 & & | & & | \\
\sim Si\text{-}O\sim & & \sim Si\text{-}O\sim & & CH_2 \\
 & & & & \\
CH_3 & & CH_3 & & \sim Si\text{-}O\sim \\
 & & & & \\
 & & & & CH_3
\end{array}
$$

除了上述二種生膠（二甲基聚矽氧烷與甲基乙烯基矽氧烷）外，其他還有甲基苯基乙烯基矽氧烷及氟素矽氧烷二種矽生膠。

㈢室溫硫化彈性體（Room Temperature Vulcanizing Elastomers）

室溫硫化彈性體的種類可分成三種：一液型縮合反應、二液型縮合反應及二液型加成反應。它們的化學反應式分別如下：

一液型縮合反應

$$HO-\left[\begin{matrix}CH_3\\|\\Si-O\\|\\CH_3\end{matrix}\right]-H+2CH_3Si(O\overset{O}{\overset{\|}{C}}CH_3)_3 \rightarrow (CH_3\overset{O}{\overset{\|}{C}}O)_3\overset{CH_3}{\overset{|}{Si}}-\left[\begin{matrix}CH_3\\|\\Si-O\\|\\CH_3\end{matrix}\right]-\overset{CH_3}{\overset{|}{Si}}(O\overset{O}{\overset{\|}{C}}CH_3)_2$$

(I)

$$(I)+H_2O \rightarrow \sim O-\underset{OH}{\underset{|}{\overset{CH3}{\overset{|}{Si}}}}-O\ \overset{O}{\overset{\|}{C}}CH_3+CH_3COOH$$

(Ⅱ)

$$(\text{I})+(\text{II}) \rightarrow \sim O\ \overset{CH_3}{\overset{|}{Si}}-O-\overset{O}{\overset{\|}{C}}\ CH_3$$

$$O \quad O \qquad + CH_3\ COOH$$

$$H_3C - Si - OC - CH_3$$

$$\int$$

注：又稱為濕氣硬化型，先是將終端帶有氫氧基的聚矽氧烷與帶有可水解的多官能基矽烷反應成（Ⅰ）的結構，往後應用時，當（Ⅰ）遇到大氣中的濕氣即進行硬化反應；可水解的多官能基有Alkoxy（-OR）、Amino（$-NR_2$）、Oxime（$ONCR_2$）及 Acetoxy Group（$-O-\overset{O}{\overset{\|}{C}}-R$）。

二液型縮合反應

$$HO-\left[\begin{matrix}CH_3\\|\\Si\\|\\CH_3\end{matrix}\right]_n-H + R'O-\underset{OR'}{\underset{|}{\overset{R}{\overset{|}{Si}}}}-OR' \xrightarrow{Cat.} \sim O-\underset{CH_3}{\underset{|}{\overset{CH_3}{\overset{|}{Si}}}}-O-\underset{\underset{H_3C-\underset{\int}{Si}-CH_3}{|}}{\underset{O}{\underset{|}{\overset{R}{\overset{|}{Si}}}}}-O-\underset{CH_3}{\underset{|}{\overset{CH_3}{\overset{|}{Si}}}}\sim$$

二液型加成反應

$$\sim O-\overset{CH_3}{\underset{CH_3}{Si}}-CH=CH_2+\sim\overset{H}{\underset{CH_3}{Si}}-O-\overset{H}{\underset{CH_3}{Si}}-\xrightarrow{pt}\sim O-\overset{CH_3}{\underset{CH_3}{Si}}-CH_2-CH_2-\overset{CH_3}{\underset{\overset{|}{O}\atop\int}{Si}}-O-\overset{H}{\underset{CH_3}{Si}}\sim$$

1. **填充劑**（Fillers）

應用在矽橡膠的填充劑最常見的有兩種，即乾式 Silica 及濕式 Silica （比表面積皆大於 100m2/g）；前者是從 $SiCl_4$製造的，其化學反應式如下：

$$SiCl_4 + 2H_2 + O_2 \rightarrow SiO_2 + 4HCl$$

具有純度高、電氣特性、密封耐熱性、動態疲勞耐久性等優良性質，補強效果高；後者製造的方式如下：

$$Na_2 \cdot m\,SiO_2 + HCl \rightarrow SiO_2 \cdot n\,H_2O + NaCl$$

具有吸濕性大、電氣特性及耐熱性較差，二者的結構如圖 4-5 所示，市面上主要的商品列於表 4-7 以供參考。

濕潤劑（Wetting Agent）或稱為耦合劑（Coupling Agent）添加濕潤劑的主要功能是防止 Silica 因表面活性而產生凝集，造成分散不良而無法得到良好的補強效果。常見的濕潤劑的結構是使用含有－ Si － OR 或者~Si － OH 的低分子量矽氧烷化合物，其化學反應式如下：

$$\text{Silica}-OH+(CH_3)_3SiCl \rightarrow \text{Silica}-OSi+(CH_3)_3+HCL$$

$$\text{Silica}-(OH)_3+〔(CH_3)_3Si_2〕NH \rightarrow \text{Silica}\begin{cases} OSi(CH_3)_3+NH_3 \\ OSi(CH_3)_3 \end{cases}$$

$$\text{Silica}-(OH)_3+RSi(OR)_3 \rightarrow \text{Silica}\begin{cases} O \\ O \\ O \end{cases} SiR+3ROH$$

硬化劑（Curing Agents）最常見硬化劑有下列幾種過氧化物，表 4-8 整理一些市售的硬化劑、2,4-Dichlorobenzoyl Peroxide、Benzoyl Peroxide、Tertiary Butyl Perbenzoate、Dicumyl Peroxide、2,5-Dimethyl -2,5-di（t-butyl peroxy）hexane。4.5.4-HTV 矽橡膠的製造圖 4-6 是矽橡膠的基本配料流程圖，在此製程中，藉由熱處理的方式將 Silica 中的水分及其他的低揮發分去除，並加速生膠與 Silica 的結合。

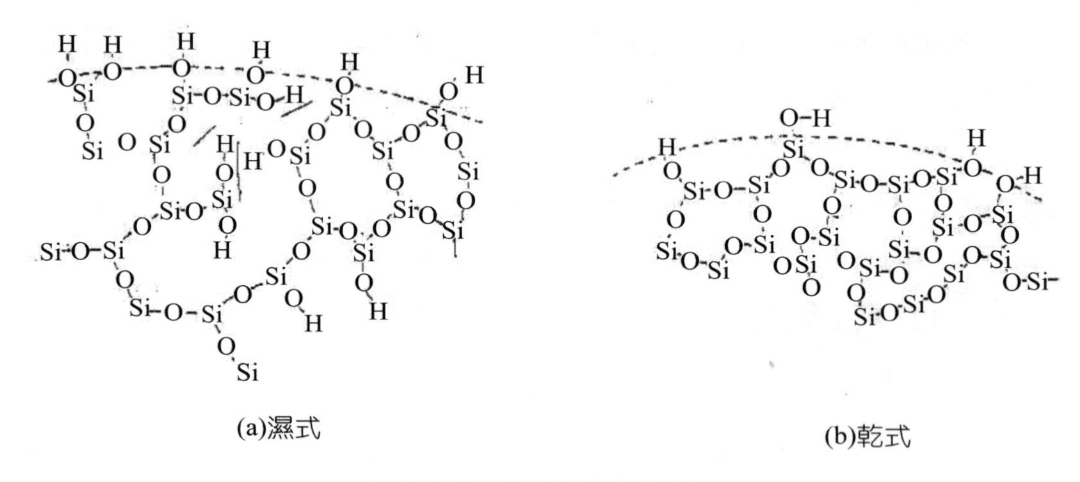

(a)濕式　　(b)乾式

圖 4-5　矽膠補強填充劑的結構

表 4-7　市售的補強用填充劑

Trademark	Manufacturer	Description	Partical Size Mean Diameter(m)
Silica	Cabot	Fume Process Silica	15-10
Quso F-20	Philadelphia Quartz	Wet Process　Silica	—
Santocel FRC	Monsanto	Wet Process　Silica	18-30
Hi—Sil233	PPG Ind,Inc.	Wet Process　Silica	22
Carbon black Shawinigan Blank	Shawinigan Products		45

資料來源：SRI International, Process Economics Program Report No. 160（1983）.

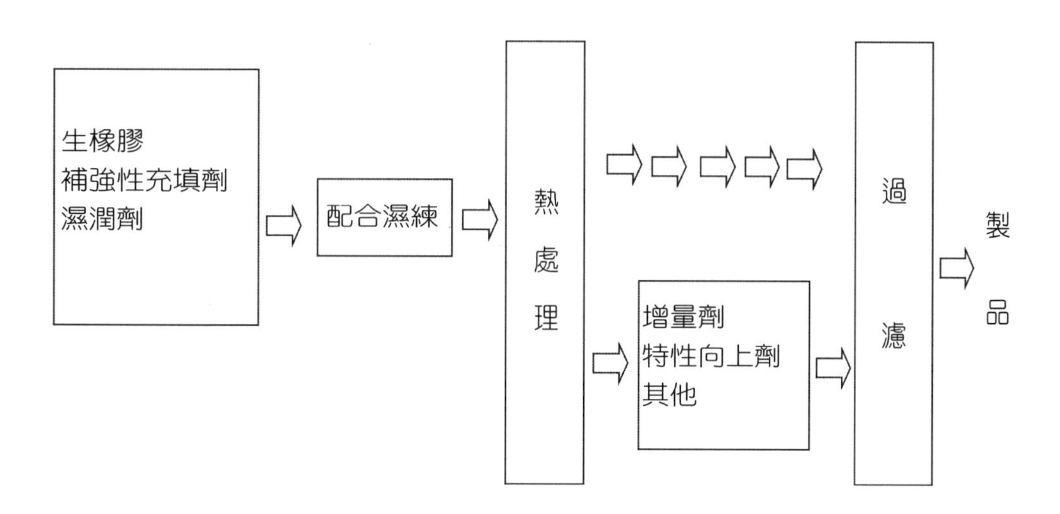

配合濕練機：萬馬力混合機
　　　　　　兩滾輪
　　　　　　捏合機
熱　處　理：捏合機
過　　　濾：壓出過濾機

圖 4-6　矽橡膠的基本配料流程圖

表 4-8 市售 HTV 矽橡膠的硬化劑

Curing agent	Trademark	Manufacturer	Physical Form	Percent Active	Recommended Mold Time and Temperature
2,4-Dichlorobenzoyl peroxide	LupercoCST Cadox TS50	Lucidol Div., Penn. Noury Chem. Corp.	Paste Paste	50 50	5 min at 116℃ 5 min at 116℃
Benzoyl peroxide	LupercoAST Cadox BCP Cadox BSD	Lucidol Div., Penn. Noury Chem. Corp Noury Chem. Corp.	Paste Powder Paste	50 35 50	5 min at 127℃ 5 min at 127℃ 5 min at 127℃
Tert-Butyl perbenzoate		Lucidol Div., Penn.	Liquid	100	10 min at 150℃
Dicumyl peroxide	Di-cup 40C Di-cup R	Hercules,Inc.,	Powder Crystals	40 95	10 min at 150℃ 10 min at 150℃
2,5-Dimethyl-2,5-di（t-butyl peroxy）hexane	Luper-sol-101 Varox	Lucidol Div., R.T.Vanderbilt	Liquid Powder	100 50	10 min at 171℃ 10 min at 171℃

資料來源：SRI International, Process Economics Program Report No. 160（1983）.

2. 多官能基交聯劑（Multifunctional Crosslinking Agent）

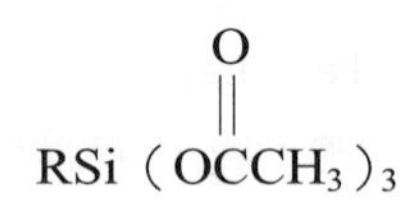

$$RSi(OCCH_3)_3 \quad (C{=}O)$$

對於一液型RTV來說，它是依據矽化合物的終端可水解、縮合反應的官能基進行交聯，而此可水解、縮合的官能基，即是由多官能基交聯劑，最常見的是Alkyl Triacetoxy Silanes，其他Acetoxy Group的矽烷還有1, 2-Dimethyl Tetracetoxy Disilane、Dialkoxy Diacetoxysilane、Methyl Trio-（2-Ethyl Hexanoyloxy） Silane

等，共硫化速度是依據大氣濕氣的滲透速率而定。除了Acetoxy Group的交聯劑外，尚有使用其他官能基，例如：Alkoxy（-OR）、Amino（$-NR_2$）、Oxime（$-ONCR_2$）和 Aminoxy（$-ONR_2$）官能基。

3. **觸媒**

一液型RTV，常因所使用的多官能基交聯劑的差異，而使用不同的觸媒，例如：(1) Alkoxy 官能基則常用 Organosiloxytitanium 化合物或 Beta-Dicarbonyl Titanium 化合物或 Organometallic Ester 等；(2) Amino 官能基則常用酸性觸媒；(3) Aminoxy 官能基因為其反應速率快，所以不必使用觸媒。

(四)矽橡膠製程介紹

最早期高分子量線性的聚矽氧烷是由二甲基二氯矽烷的水解產物在 $FeCl_3$觸媒下進行聚合，由於二甲基二氯矽烷有三官能基的不純物存在，因此造成此生膠發生部分交聯。現今的製程則大都由環狀寡聚物在鹼性觸媒下進行聚合。依據SRI的資訊，矽生膠含有不同程度的 Phenyl 和 Vinyl 取代基團，再添加平均 20%補強矽酸鈣；整個製造工廠流程圖如圖 4-7 所示。

環狀寡聚物從T-151 儲槽，經過預熱到 110℃後，與觸媒TBPH（製備成安定的Silanolate Solution，如前面矽油中所敘述的一樣），及鏈終止劑六甲基二矽烷、進入聚合器，此外甲基乙烯基矽烷（Vinylmethylsiloxane）和甲基苯基矽烷（Phenylmethylsiloxanes）則依需求亦適量一併加入，該聚合器是 雙縲桿押出機（Twin-Screw Extruder），然後高分子量產品再進入另一個雙縲桿押出機，去除未反應的可揮發性單體或寡聚物，以及分解觸媒，因此較適當的條件為 250℃，50mm Hg 真空之下進行，揮發性的單體或寡聚物可凝集到 V-101 再回收應用，而生膠則儲存於 V-102A、B 和 C。

生膠再和補強矽酸鈣及其他添加劑配料成各式各樣規格的矽橡膠，這裡有三大類的規格：(1)一般級；(2)高性能；以及(3)特殊用途的矽橡膠。每一批配料要達到均勻的產物，則需要 7.5 小時的混合時間，混合設備選用帶有 Sigma 形狀攪拌葉片的 Dough Mixer，其底部有一個縲桿押出洩料裝置，並經過一個很細的篩網過濾外來的粒子及凝聚的填充料。

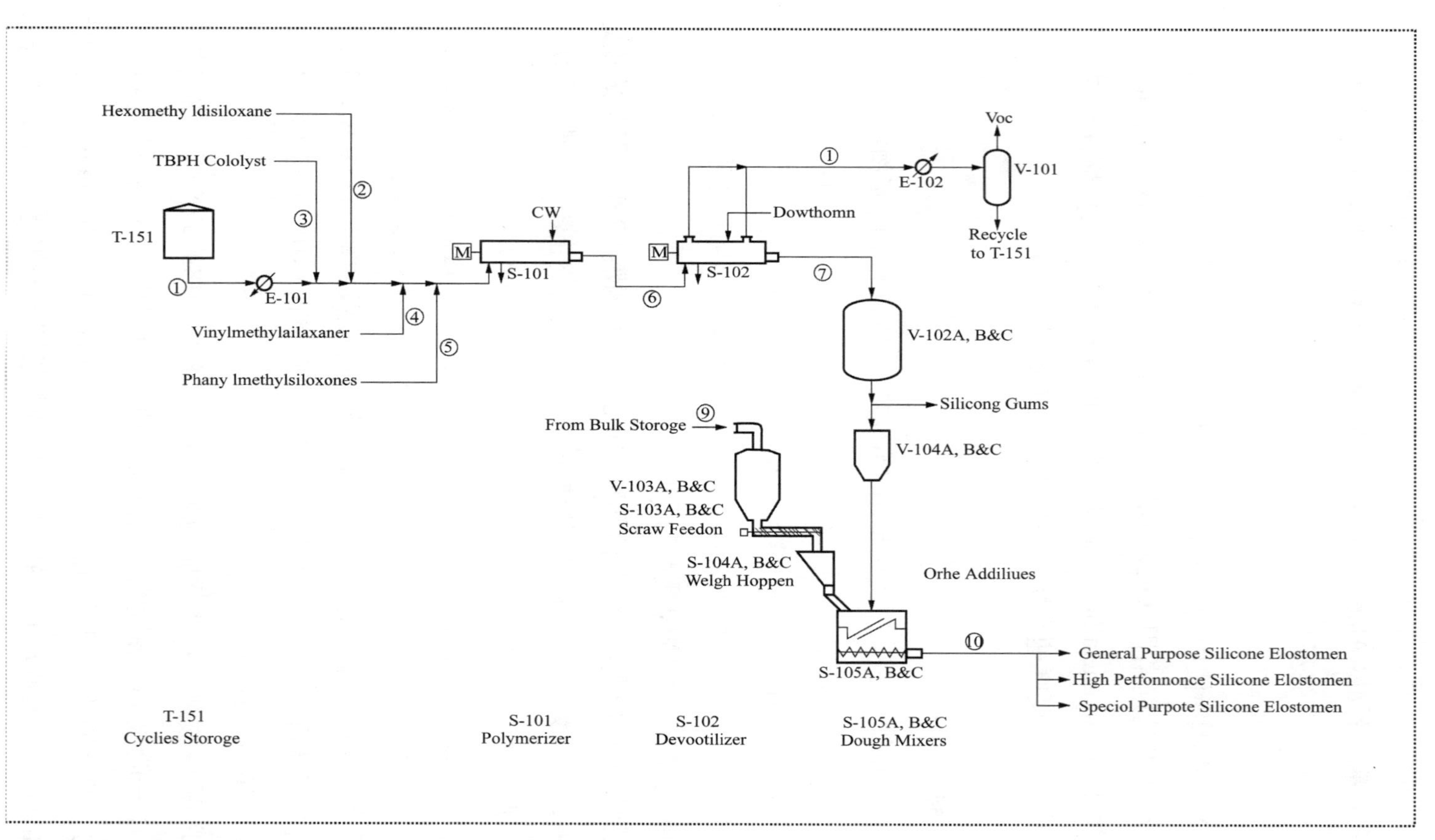

資料來源：SRI International, Process Economics Progam Report No. 160

圖 4-7　矽生膠及矽橡膠生產流程圖

六、*矽樹脂（Silicone Resins）*

矽樹脂俱有耐高溫、耐化學性、潑水性以及優良的介電性質，它是有高度交聯的矽氧烷（Siloxane）結構，當矽樹脂完全硬化時，它是低彈性及高硬度的特性。

一般它皆溶在溶劑中，不但易操作且可防止太早硬化，它是最早應用在電子相關產業中，如在電子或電器設備的清漆或電子零件中作為層狀樹脂或作為塗料或作為包覆、材料。

㈠化學性質

矽樹脂一般是由各類氯化矽烷（Chlorosilanes）或 Alkoxysilanes 的混合物之水解產物，氯化矽烷一般常用的有甲基三氯矽烷、二甲基二氯矽烷、苯基三氯矽烷和甲基苯基二氯矽烷；在水解時，常會放出氯化氫，而形成不穩定的中間體如 Dialkyl（or Diaryl）Silanediol 和 Alkyl（or Aryl）Silanetriol，化學反應式如下：

$$R_2SiCl_2+2H_2O \rightarrow R_2Si(OH)_2+2HCl$$
$$RSiCl_2+3H_2O \rightarrow RSi(OH)_3+3HCl$$

而這些中間體很容易形成矽氧烷鍵結，而導致部分交聯與些許環狀物；其組成與性能要考量下列幾個要點如反應條件、媒介體的酸性、是否有溶劑、溶劑的極性等。甲基三氯矽烷與水在室溫之下或更高溫之下水解反應會形成無法熔融或溶解的 $(CH_3SiO_{1.5})_X$ 高分子；若在極性溶劑如乙醚、醇或 Dioxane 之下，則可溶解的其單體與高分子，而其縮合反應過程是在有機相中，沒有沈澱物發生；若稀釋濃度時，將會增加環狀物的產生，減少氫氧基的縮合程度，因而限制了其聚合度；在 Alkyltrichlorosilanes 中，烷基愈大時，愈會妨礙高分子的形成，例如對甲基三氯矽烷水解成甲基聚矽氧烷時，其 R/Si 比值要小於 1.1 時，才會形成固體樹脂產物，而對乙基聚矽氧烷和丁基聚矽氧烷來說，若要形成樹脂產物，其 R/Si 比值則要設計在 1.5~1.8。

甲基三氯矽烷和丁醇－水混合物一起水解時，會降低凝膠（gel）的發生，因為所形成的烷氧基矽烷（Alkoxylsilane）較不易縮合，它會有三種競爭反應，其反應式如下：

$$CH_3SiCl_3+3H_2O \rightarrow (CH_3Si(OH)_3+3HCl$$
$$\quad \rightarrow (CH_3SiO_{1.5})_n$$
$$CH_3SiCl_2+3C_4H_9OH \rightarrow CH_3Si(OC_4H_9)_3+3HCl$$
$$CH_3Si(OC_4H_9)_3+3H_2O \rightarrow CH_3Si(OH)_3+3C_4H_9OH$$
$$\quad \rightarrow (CH_3SiO_{1.5})_n$$

前 2 個反應相當快，而第 3 個反應則相當慢，因此整個反應結果如下式：

$$CH_3SiCl+2H_2O+C_4H_9OH \longrightarrow \left(CH_3-\underset{OC_4H_9}{\overset{OH}{Si}}-OH \right) + 3HCl$$

$$n\left(CH_3-\underset{OC_4H_9}{\overset{OH}{Si}}-OH \right) \longrightarrow HO-\underset{OC_4H_9}{\overset{CH_3}{Si}}-O-\left(\underset{OC_4H_9}{\overset{CH_3}{Si}}-O- \right)_{n-2}\underset{OC_4H_9}{\overset{CH_3}{Si}}-HO$$

這丁氧基團封鎖了一些可能形成氫氧基的位置，而妨礙更進一步的交聯反應，苯基三氯矽烷若在乙醚中行水解反應時，所形成的高分子中，其矽含量為 22%，而氫氧基占 2.2%，它可能是由環狀物與氧構成線性或分歧結構連結，如下列各式：

$$C_6H_5Si(OH)_3 \longrightarrow [C_6H_5SiO(OH) + H_2O]$$

$$3C_6H_5SiO(OH) \longrightarrow [(C_6H_5SiO(OH)_3)]$$

$$[C_6H_5SiO(OH)_3] \longrightarrow$$

```
      HO       C6H5       HO       C6H5
          Si                  Si
      O        O          O        O
                 C6H5                 C6H5
      Si       CH3        Si       Si
  O        O          O        O        O
      C6H5                C6H5
```

由於有大的苯基團存在，因為立體障礙的因素會妨礙分子與分子間氫氧基的縮合，而降低了三度空間網狀結構的形成。

雙官能基和三官能基的 Organosilicon 共水解可行成環狀線性結構，而酸觸媒會促進環化的形成；酸的強度效應以 Alkylchlorosilanes 和 Alkyl Acetoxysilanes 來比較，後者將會放出醋酸，它並不會促進分子內的縮合，也就是環狀化程度低。

由於環化的形成會使三官能基單體中許多可交聯的官能基失去；一般這些產物仍會留存一些氫氧基，這些官能基因為濃度的降低以及整體黏度的提升造成縮合速率變慢，因而會留存些許氫氧基；一般共水解後的粗產物有時候進一步加熱（用或不用觸媒）預以賦形化（Bodying），降低氫氧基的含量或在應用時再重排，將在加熱及觸媒之下更進一步硬化，如下式所示：

```
     CH3    CH3    CH3    CH3                      CH3    CH3    CH3    CH3
     |      |      |      |                        |      |      |      |
-O - Si - O - Si - O - Si - O - Si - OH          -O - Si - O - Si - O - Si - O - Si - OH
     |      |      |      |                        |      |      |      |
     CH3    OH     CH3    OH                       CH3    O      CH3    O
                                   ------->                |             |
     CH3    OH     CH3    OH                       CH3    |      CH3    |
     |      |      |      |                        |      |      |      |
-O - Si - O - Si - O - Si - O - Si - OH          -O - Si - O - Si - O - Si - O - Si - OH
     |      |      |      |                        |      |      |      |
     CH3    CH3    CH3    CH3                      CH3    CH3    CH3    CH3
```

1. 製程的回顧

製造矽樹脂的開發製程有許多方向，對於較軟性的樹脂是適用於具有柔曲性的膠帶；更進一步具有韌性、硬度中等的樹脂適用於結合電子線圈或其他結構體；而非常硬的樹脂則需要礦物（雲母）的結合。這些矽樹脂的特性仍依據鍵結在矽上的有機基團的性質、官能基團及水解與賦形的方法而定。

最早期矽樹脂的製備是混合適當比例的二甲基二氯矽烷和甲基三氯矽烷直接水解，而後進一步縮合而成。如果 CH_3SiC_{13} 水解成 $CH_3Si（OH）_3$，進一步縮合太快時，將會有白色不溶或不溶粉狀物產生；水解若是在溫和條件及溶解中，將可得到帶有些許氫氧基的矽樹脂溶液，溶劑在此扮演的角色是溶解 Chlorosilanes 及避免產生局部化高濃度的氯化氫，防止樹脂膠化；最常使用的溶劑有酮類、醚類、酯類、氯化烷、甲苯、二甲苯。無論如何，在低溫之下，無溶劑或水溶性低的溶劑之下水解，可製備低的CH_3/Si比值，硬化快速的矽樹脂，此樹脂要維持在低溫以及低濃度之下，防止膠化發生，對於甲基矽樹脂來說CH_3/Si的比值若低於1.2時，它是像具有黏性蜜狀，很容易在室溫之下（成微溫之下）變成脆、玻璃狀固體；CH_3/Si 的比值愈高，則硬化的溫度或時間就需要愈高或愈長。

矽樹脂的性能不緊依據最初起始物 Chlorosilane 的組成配方，而且亦依據製造及硬化的技術，無論如何矽氧官能基數愈多時，愈硬、愈不易與有機高分子相溶。苯基矽氧烷（Phenylsiloxane）俱有較佳的耐熱性、熱塑性及韌性，以及與有機高分子相溶性較佳，雙官能基的單體則會增加柔曲性和降低硬度。

2. 製程說明

圖 4-8 是 SRI 資料中製造矽樹脂可能的製程步驟，各種氯化矽烷和溶劑計量進到 V-101 和 V-102，爾後下料到 V-103 混合均勻，該混合物再送到含有水、溶劑和低分子量醇的水解槽（R-101）內，溶劑和低分子量醇是要降低膠化的形成，進料速率要控制好，以維持反應溫度，攪拌速率要快，反應完所形成的聚矽氧烷溶解在溶劑（上層液）中，放出的酸在下層液中，排放掉下層的HCl水溶液，上層液再以鹽水清洗數次，以除去殘留的酸。

一般在溶液中的樹脂之分子量仍不夠大，因此要再賦予具體化，反應條件是在溶劑的沸點之下進行迴流，該階段也會去除部分低沸點的溶劑，此外也使用金屬鹽類觸媒（或在最後階段冷卻，稀釋後再加觸媒），反應完後，此濃縮樹脂溶液冷卻及稀釋到適當的固體濃度，過濾安裝。

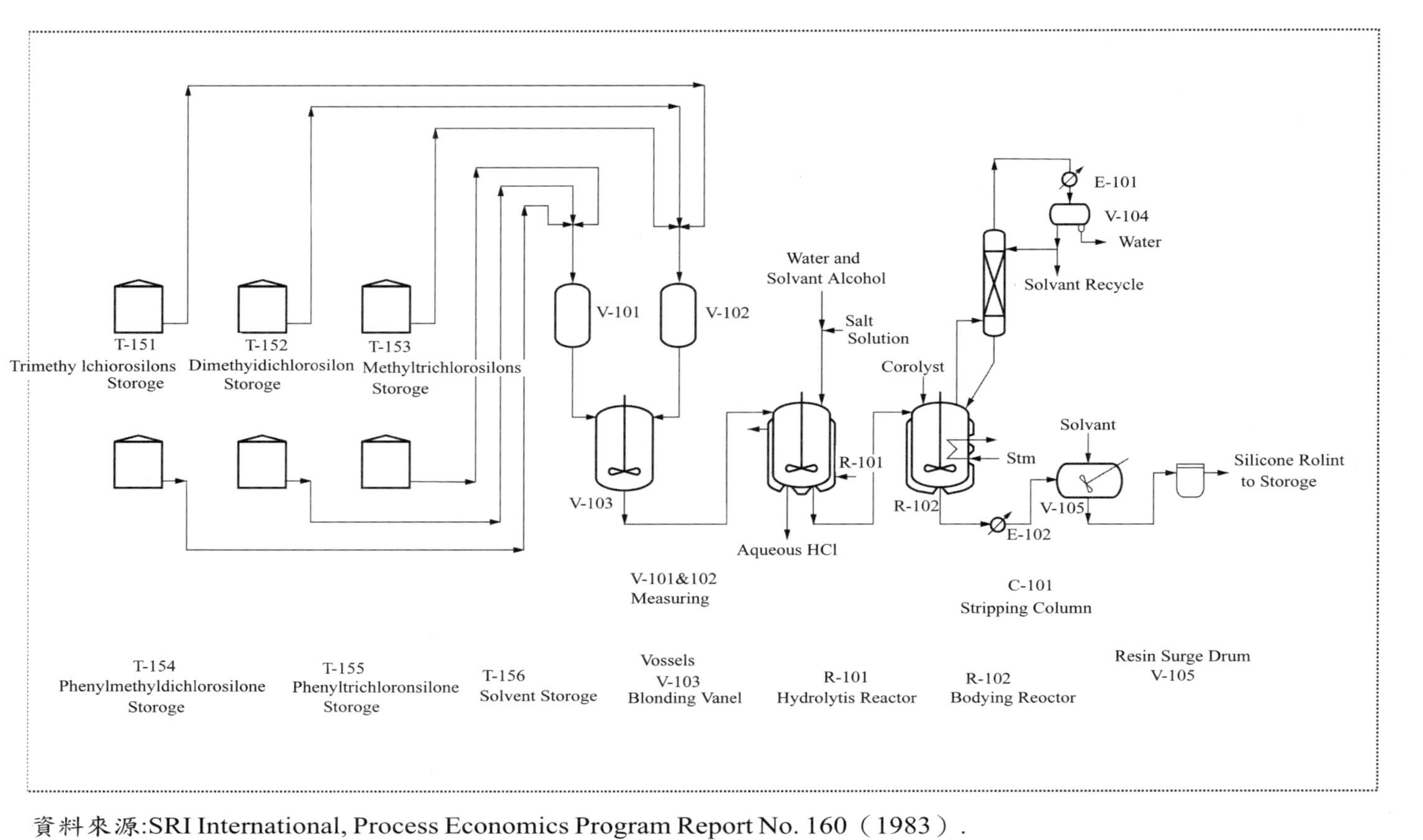

資料來源:SRI International, Process Economics Program Report No. 160（1983）.

圖 4-8 矽樹脂合成配製流程圖

七、聚矽氧烷的市場介紹

矽氧化合物的發展十直保持著較高的速度，但市場競爭也相當地激烈，在 1995 年時全世界的矽氧化合物總量超過 627 千噸，總值約 57 億美元，世界主要生產公司與其銷售總值之排名參考圖 4-8，其中以 Dow Corning 公司最大，這些公司中除了 OSi 以外，皆有自行生產單體與初始原料，一般而言，此產業中主要是銷售中間體及最終產品為主。

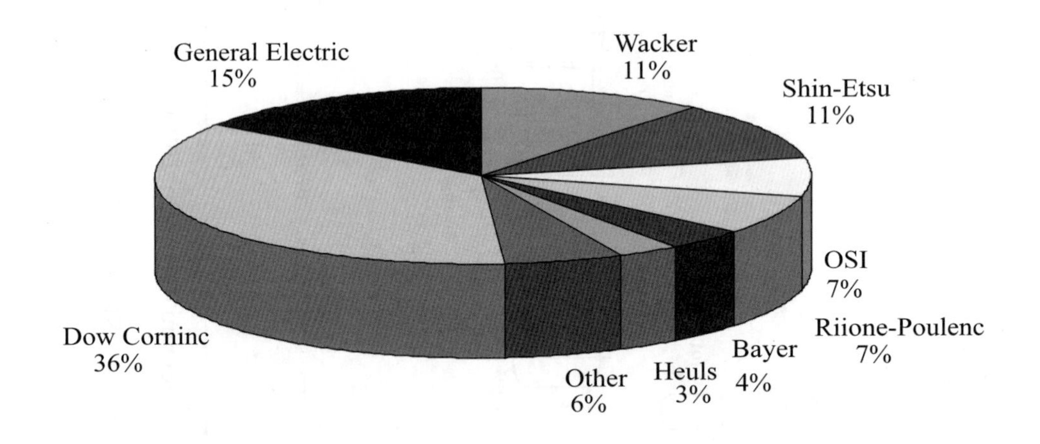

資料來源：SRI Intcrnational, Chcmical Economics Handbook（1996）.

圖 4-9　世界主要矽氧化合物製造公司及其占有率之排序

台灣由於電子資訊業快速成長，重要工程與建築業的推動以及海峽兩岸貿易密切的交流，帶動著國內矽氧化合物的快速成長，此外，日本信越化學在新竹工業區持續擴大矽橡膠的生產規模，亦帶動基礎原料大量從日本進口到台灣來，圖 4-9 是近 8 年來台灣矽氧化合物進出口的現況，從表中可以清晰看到台灣歷年來矽氧化合物進口十分穩定的高度成長，而出口量亦因國內低級品的Key Pad與Key Board 外移到東南亞與大陸，其原料亦從台灣出口到這些地區。

針對 1996 年國內矽氧化合物種類區分如表 4-9 所示，矽油進口平均單價約

102 元/kg 矽橡膠進口平均單價約 150 元/kg，矽樹脂進口平均單價約 188 元/kg，矽油膏進口平均單價約 469 元/kg 而其他聚矽氧/初級原料進口平均單價約 126 元/kg，以下分別說明：

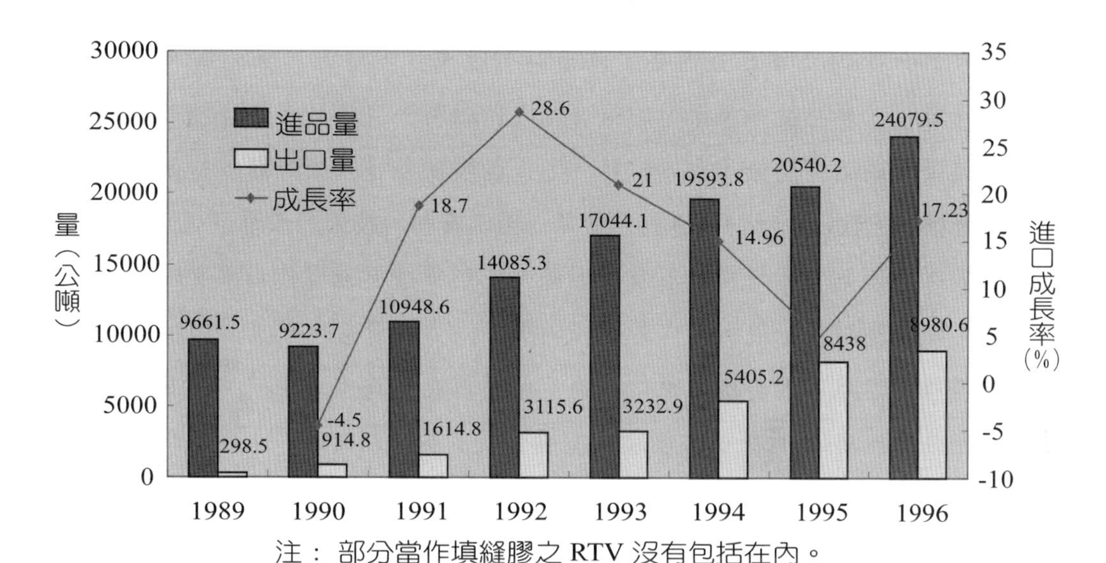

注：部分當作填縫膠之 RTV 沒有包括在內。

資料來源：《海關進出口貿易統計月報》。

圖 4-10　近 8 年來台灣矽氧化合物進出口現況與趨勢

表 4-9　1996 年台灣矽氧化合物市場概況

	矽油		矽橡膠		矽樹脂		矽油膏		其他（有機矽氧化合物）聚矽氧／初級原料	
	進口	出口	進口	出口	進口	出口	進口	出口	進口	出口
重量（公噸）	6036	330	10504	5600	1762	1467	27.5	67.6	5750	1516
金額（千元）	618,213	38,823	1,570,368	877,095	330,724	125,794	12,886	10,441	722,734	183,292
平均單價（元/kg）	~102	~118	~150	~157	~188	~86	~469	~154	~126	~121

合計：進口量 24079.5 公噸　進口金額 3,254,925（千元）　出口量 8980.6 公噸　出口金額 1,235,446（千元）

資料來源：《海關進出口貿易統計月報》。

結　論

現在和未來的社會日益需要生產出具省能源、少資源、無公害、具有安全性、高可靠性、多功能、多形態的複合化之新材料，有機矽氧化合物是一類可以滿足上述要求的新型高分子合成材料。它以能解決各種技術難題，提高生產技術水準而著稱，它數以千計的用途幾乎讓每一個工業和科技部門都留下深刻的印象，使用之效果顯著是其他材料所不及，因此，它形象被譽為現代科學文明的「工業味精」。隨著高科技發展，國內外正投入更多人力、資金，不遺餘力的發展有機矽氧化合物。世界各大有機矽氧化合物生產廠都在擴建生產規模，尤其日本將有機矽氧化合物列為21世紀高技術產業重點發展的尖端關鍵材料；矽氧化合物每年都有新產品投產和專利發表，新的應用領域與技術皆不斷產生，例如：光纖外層UV 硬化之矽氧化合物塗料；宇宙工業採用耐高溫性能和化學惰性十分優異的碳化矽纖維；增加金屬與陶瓷的強度，提高宇宙飛航器的性能；改性有機矽氧化合物高分子膜製成的富氧薄膜，用於深水作業和高純度氣體的分離或富氧化，是醫用工程、海洋工程、鍋爐燃燒節能的安全手段；地下鐵道變壓器若不使用高性能有機矽油易發生爆炸，高層建築幕牆玻璃和室內電線電纜穿洞口若不採用有機矽橡膠密封，則不可靠，和萬一著火便穿過洞口蔓延直到燒完；紡織品和羊毛衫若不用有機矽油處理劑整理，則很難發展高級衣料；化粧品與日用化工不加入有機矽氧化合物則無法提高性能和品級等，由此可見，有機矽氧化合物高分子材料已與國民經濟發展有著密切的關聯，事實也是如此。自從1943年美國Dow Corning在Midland建立第一個有機矽氧化合物工廠以來，至今有機矽氧化合物經歷了50多年，亦開發出5,000多種產品，迄今已成為技術密集，在國民經濟占有重要地位的新型精細化工體系，其應用亦深入到國防科技、航太、生醫工程及電子光電等尖端科技。

世界先進國家例如：美國、德國、日本、法國等，都在加強有機矽氧化合物材料的科技發展工作，而且這些大廠在世界各地建立或擴建其有機矽氧化合物的單位原料和應用研究機構，對台灣而言，國內下游加工業的使用量，並未足以讓台灣投入有機矽氧單體的生產，不但該階段耗能，且投資十分龐大，台灣的電費高不適宜，而且技術取得亦十分困難；從另一個角度來看，歐美大廠上游原料皆持續擴廠中，因此未來 5~10 年內，上游原料將供過於求，因此，對台灣發展矽氧化合物，可以從歐美購買原料，再往下發展出具有優勢的產品，這個策略是十分可行，也適合我們中小企業的發展方式。

展望未來到公元 2000 年，全球矽氧化合物的年成長率在 3~4%左右，其中以亞洲開發中國家（除了日本外）的成長速度最快，國內 1996 年進口矽氧化合物超過 24,000 公噸（不含生產），其中矽橡膠有 10,504 噸、矽油 6,036 公噸、矽樹脂 1,762 公噸、矽油膏 27.5 公噸，以及其他有機矽氧化合物 5,750 公噸，近 5 年平均成長率高達 17%，另外，中國大陸近年來由於經濟開放政策，無論民生、建築工業皆迅速成長，有鑑於地域性、同文同種的優勢，未來市場潛力極為可觀。

1. Silicones, "Chemical Economics Handbook Marketing Research Report"（Discussion Draft）, SRI International（1996）.
2. Silicones, Process Economics Program Report No. 160, SRI International（1983）.
3. 伊藤邦雄編，SILICONE HANDBOOK 日刊工業新聞社（1990）。
4. 丸山英夫監修，SILICONE THEIR USES（1994）.
5. Silicone Technology Review, Chem System（1993）.
6. "GE Plans Major European Investment", Chemical Week（1996）.
7. 李光亮編，《有機矽高分子化學》，科學出版社（1996）。
8. Roy Anderson etc., "Silicon Compounds: Register and Review", Huls（1991）.
9. 章基凱主編，《有機矽材料》（1999）。
10. 界面活性劑在工業上之應用研討會，工研院化工所（1996）。
11. 促進產業發展／高分子合成樹脂研討會 VII-Silicone 特化品技術與應用，工研院化工所（1995）。
12. 矽化合物專題調查報告，工研院化工所，經濟部產業科技資訊服務專案計畫，（1994）。
13. Silicone 製造和應用技術研討會，工研院化工所（1994）。
14. 矽氧（矽利光）材料應用研討會，工研院化工所（1993）。
15. Silicone Compounds-U. S. Materials, Applications, Markets, Technomic Co.,（1995）.

第五章
高分子有機電激發光顯示技術

李裕正

學歷：中興大學化學系學士（1993）
清華大學化學工程博士（1999）

現職：工研院光電所

研究領域與專長：高分子發光二極體製程改進
噴墨列印技術之開發

一、前　言

隨著行動時代的來臨，資訊電器中扮演人機界面傳達訊息的顯示器由以往笨重的陰極射線管（Cathode Ray Tube, CRT），逐漸朝輕薄短小的平面顯示器發展，目前的平面顯示技術主要有彩色液晶顯示器（Liquid Crystal Display, LCD）、電漿顯示器（Plasma Display Panel, PDP）、螢光顯示器（Vacuum Fluorescent Display, VFD）、場發射顯示器（Field Emission Display, FED）及電激發光顯示器（Electroluminescent Display, ELD）等，而電激發光顯示技術又可分為無機薄膜顯示器、無機發光二極體（Inorganic Light Emitting Diode, Inorganic LED）及有機電激發光顯示器（Organic Electroluminescent Display, OELD），統稱為冷光（ColdLight）元件，其中有機電激發光顯示器是唯一直接以有機材料為發光物質製作的元件，具有自發光、製程簡單、低成本、易像素化及可撓曲等優點，成為平面顯示領域中新崛起的潛力新兵。

有機顯示技術雖早在 1962 年即開始研究①，但所需的操作電壓太高，不具實用價值。直到 1987 年 Kodak 公司的 Tang 及 Vanslyke②將有機材料以真空蒸著的方式，製作出雙層的發光元件，其特性較以往大幅提升，操作電壓下降及效率增加，讓世人重新評估此技術在顯示技術領域之可行性，自此有機顯示技術的研究逐漸受到廣泛的重視。而同樣具有螢光性的共軛有機高分子，自 1977 年 Shirakawa, MacDiarmid 及 Heeger 等人③發現其具有類似半導體的特性以來，經過十幾年有關半導體特性及應用的研究，在 1990 年英國劍橋大學 Friend 等人④以旋轉塗佈的方式，將共軛高分子當發光層，製作出單層的發光元件，由於其具有製程簡單及高分子良好的機械性質，因此亦開啟了共軛高分子在有機顯示技術的研究。

故目前若以所使用的有機發光材料為區分標準，有機顯示技術可概分為二大系統，一是以有機小分子（Small Molecule）為主的 OLED（Organic Light-Emitting Diode or Display），其分子量約小於數千；另一是以有機聚合體（Polymer）為主的 PLED（Polymeric Light-Emitting Diode or Display），其分子量約介於數萬至數百萬之間，主要是具螢光性的共軛高分子，亦為本文主要探討的內容。

二、有機材料的電子結構

材料的電子性質取決於其電子結構，一般均以能帶理論（Energy Band Theory）來解釋⑤。最外層價電子所占有之能帶稱為共價帶（Valence Band, VB），在基態（Ground State）時沒有電子占有之能帶稱為傳導帶（Conduction Band, CB），傳導帶之最低能量與共價帶之最高能量的間隔，稱為能隙（Bandgap, Eg）；由共價帶移去一個電子所需的能量稱之為游離能（Ionization Potential, IP），而從外界取得一個電子置於傳導帶所放出的能量稱之為電子親和力（Electron Affinity, EA），如圖 5-1(a)所示。絕緣體的能隙較大，室溫時的熱能或外加電場仍無法將共價帶電子激發至傳導帶，故其導電度相當低；而金屬因共價帶與傳導帶重疊，故其能隙為零，電子可自由傳遞而具高導電度；半導體的能隙大小與導電度值介於絕緣體與金屬之間，其導電度會因溫度、照光、磁場及微量雜質的變化而不同，隨溫度的增加會造成能隙的下降，而使導電度提高。

對於傳統的無機半導體材料而言，可藉由摻雜電子供給者（Donor）或電子接受者（Acceptor）的雜質，而分別於傳導帶與共價帶間產生一新的能帶，以降低能隙寬度，得到較高導電度的 N-Type 或 P-Type 半導體，如圖 5-2(b)及 5-1(c)所示。而傳統的有機高分子均為絕緣體，例如：聚乙烯（Polyethylene, PE）主鏈為 α 鍵的單鍵結構，無多餘之電子可供傳遞，使其能隙高達 8 eV 而為絕緣體。而共軛導電高分子的主鏈是由單鍵及雙鍵交替而成，主鏈上之 π 電子軌域經混成而成一連續的分子軌域，其分子軌域之 π-π* 能隙隨著 π 電子共軛的長度增加而降低⑤，因此對聚乙炔（Polyacetylene, PA）而言，若結構上沒有缺陷的無限長共軛系統，其電子結構應類似石墨具高導電性，導電帶與共價帶重疊，而實際上 PA 會因主鏈上兩相鄰重複單位之二體化（Dimerization）結構上的缺陷與有限的共軛長度而具有 1.4 eV 的能隙，如圖 5-2 所示，此種電子結構類似前述之半導體。故常見的共軛導電高分子：聚乙炔、Polythiophene（PT）、Polypyrrole（PPy）、聚對位苯〔Poly（para-Phenylene）, PPP〕、聚對位苯基乙烯〔Poly（Phenylene Vinylene）,

PPV〕、聚苯胺（Polyaniline, PAn）等，其結構如圖 5-3 所示，其能隙（約介於 1.5 ~ 3.0 eV）較一般傳統高分子為小。經過適度的摻雜，其導電度的變化可由摻雜前的 10^{-15}~10^{-9}S/cm 增至摻雜後的 1~10^{4}S/cm（如圖 5-4 所示）⑥，導電度變化範圍涵蓋了絕緣體、半導體及導體的導電範圍，由於質量輕、容易加工及成本低等有機高分子材料之特性，使其應用的範圍很廣，如可反覆充電再使用的二次電池、氣體感測器、電容器、電磁波遮蔽層、抗靜電塗料、整流器、太陽電池、電晶體、發光二極體等，其中有機發光二極體為目前最熱門的一項應用。

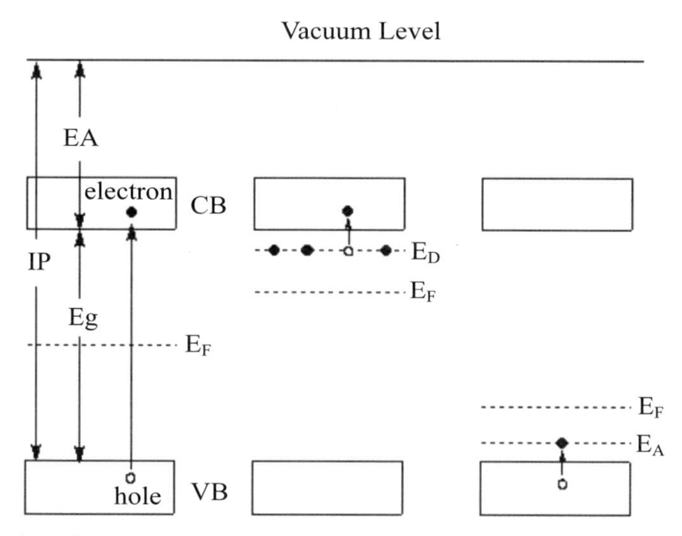

圖 5-1　半導體的能帶結構（E_F : Fermi Level, E_D : Donor Level, E_A : Acceptor Level）

π systems of CH
-(CH)-n
-(CH)2-(CH)4-(CH)3-(CH)-16
Uniform C-C bond order
Alternating C-C bond order
π*
π
Eg~1.4eV

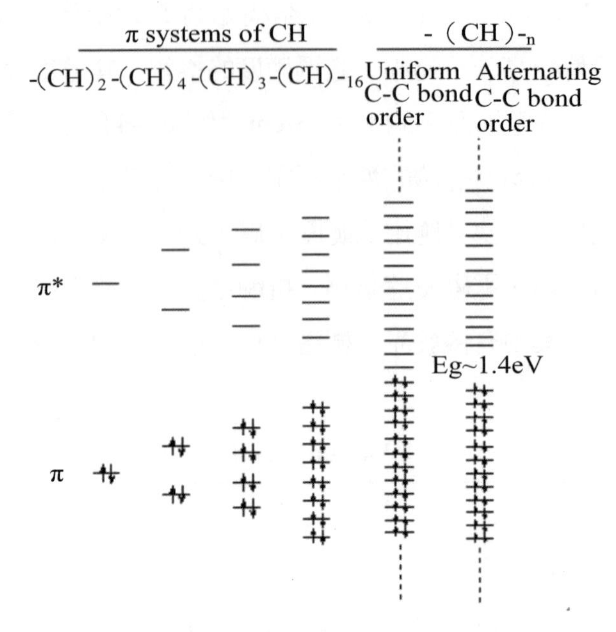

圖 5-2　聚乙炔π分子軌域能階的形成

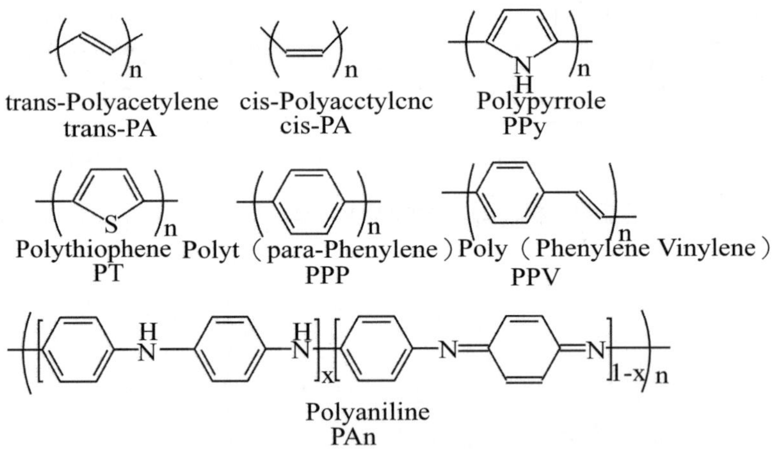

trans-Polyacetylene
trans-PA
cis-Polyacctylcnc
cis-PA
Polypyrrole
PPy
Polythiophene
PT
Polyt（para-Phenylene）
PPP
Poly（Phenylene Vinylene）
PPV
Polyaniline
PAn

圖 5-3　常見的共軛高分子

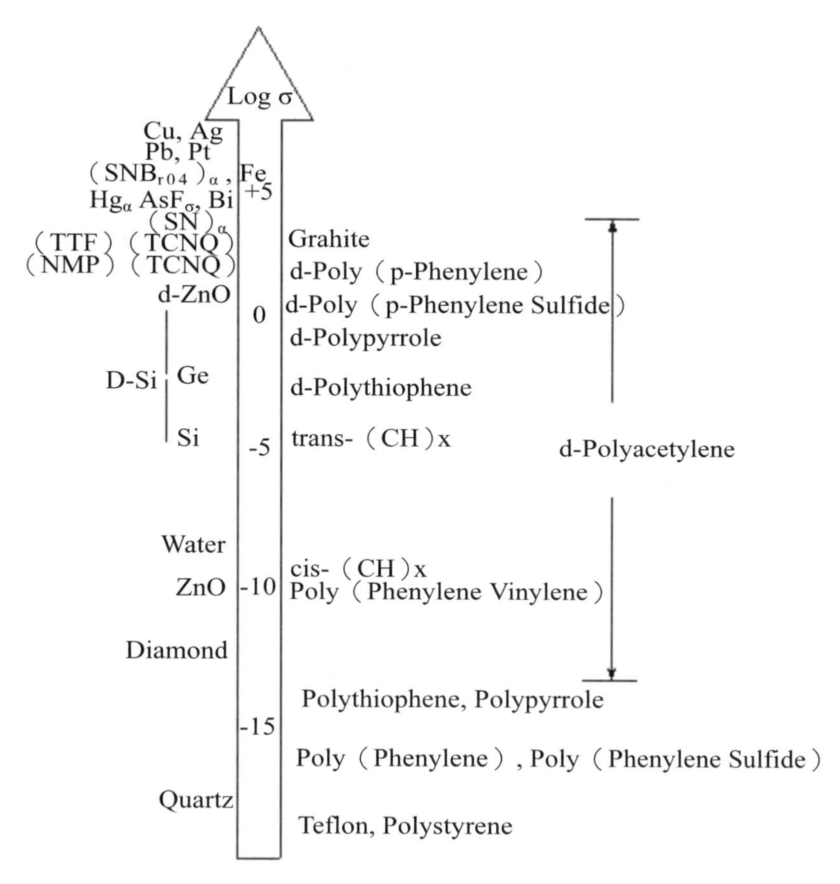

圖 5-4　共軛高分子材料的導電度變化（d：摻雜態）

三、螢光理論及有機元件發光原理

多數的物質對所吸收的輻射能都是以熱的形式釋放至外界，而不產生螢光。會產生螢光的物質大部分都是具有芳香性（Aromatic）及共軛結構（Conjugated）之共振安定性化合物。如圖 5-5 所示，當螢光分子吸收可見光或紫外光時，其位於基態能階的電子會被激發至激發態（Excited State），形成激態分子（Exciton），隨即以不同的能量方式（光或熱）衰退回基態。若以光的方式衰退（Radiative Decay）則會產生我們所謂的螢光（Fluorescence）或磷光（Phosphorescence）⑦。

以量子化學的觀點而言，大多數的穩定的分子都具有偶數電子，即所有的電子均成對且反向自旋於基態，此時我們稱之單一基態（Singlet Ground State, S_0），當分子吸收外界輻射能時，位於基態的電子會被激發至較高的能階，形成單一激發態（Excited Singlet State, S_1）或三重激發態（Excited Triplet State, T_1），其中前者之激發態電子的自旋方向與仍位於基態之未激發電子之自旋方向相反，而後者則相同，且其能量比前者為小。激態分子有時會與基態分子或溶劑分子相互碰撞而失去能量，此時能量以非輻射方式衰退（Non-Radiative Decay）而釋放出熱，稱為外部轉化程序（External Conversion）。故材料之螢光量子效率（Quantum Efficiency）為$\phi_{PL}=k_f/(k_f+k_{nr})$，其中$k_f$及$k_{nr}$分別為螢光輻射及非輻射衰退程序之速率常數，此參數之高低與發光元件之好壞息息相關。

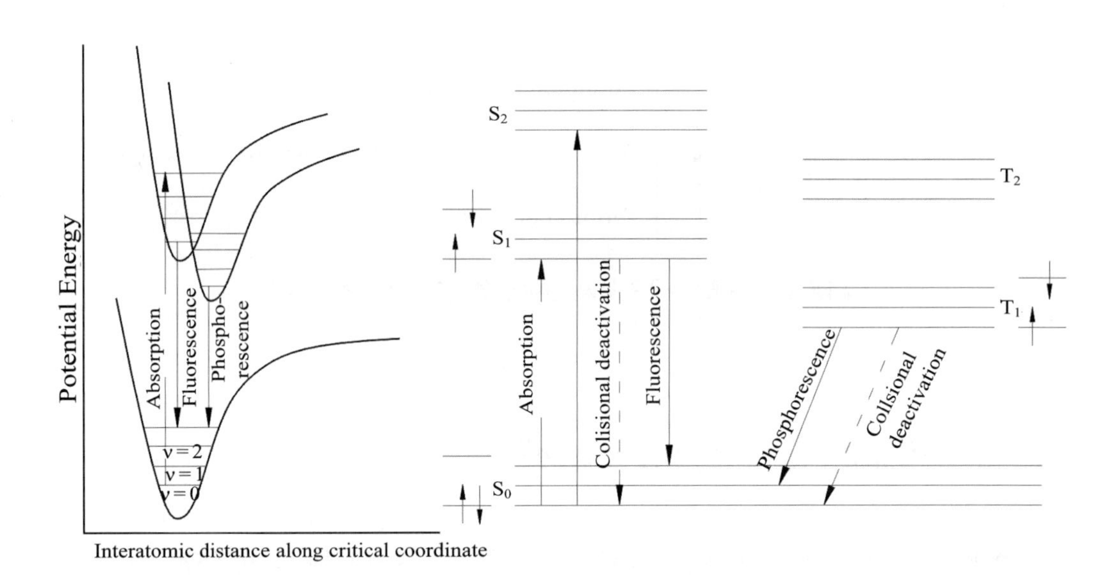

圖 5-5　分子光激發程序之能階簡圖

一般單層有機發光元件之結構如圖 5-6 所示，其正極為透明之 ITO 電極，以塗佈或蒸鍍之方式，將發光層成膜於正極基材上，再蒸鍍上負極金屬成三明治結構。當外加正向偏壓後，電洞與電子分別從正、負極注入有機層（如圖 5-7(b)所示），越過個別的界面能障後在發光層相遇而形成中性的激態分子，隨後單重態

之激態分子（Singlet Exciton）以輻射放光的方式由激發狀態衰退回到基態。大多數有機發光元件的電激發光光譜（Electroluminescence, EL）與該材料的螢光光譜（Photoluminescence, PL）相近，雖然其激發的方式不同，但若在激發態無其他交互作用存在，此二種激發方式最後形成之放射物種應同為單重激態分子⑧，經由激態分子的輻射衰退可得幾乎相同之放光光譜。而所得元件之外部量子效率（ϕ_{EL}）⑨如方程式(1)所示，

$$\phi_{EL} = \chi\phi_{PL}\eta_r\eta_e \quad \cdots\cdots (1)$$

其中χ為載子結合後形成單重態激態分子之比例（約為 1/4），η_r及η_e分別為注入載子形成激態分子及為光子逸出元件之比例常數，前者與材料的電性影響，後者則與元件結構有關，若基板為平面玻璃則此參數為（$2n^2$）$^{-1}$，n 為元件結構中最大的折射率。所以一般螢光材料之發光元件，若將元件最佳化至ϕ_{PL}及η_r均可達 100 %，則其最大內部量子效率（Internal Quantum Efficiency）為 25 %。

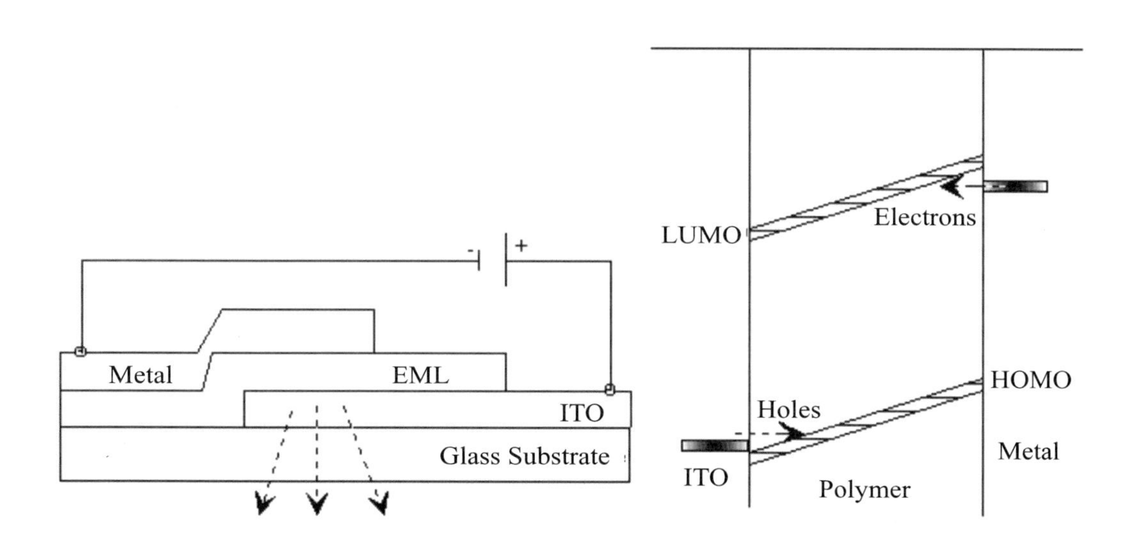

圖 5-6　單層有機發光二極體結構及其對應能階圖

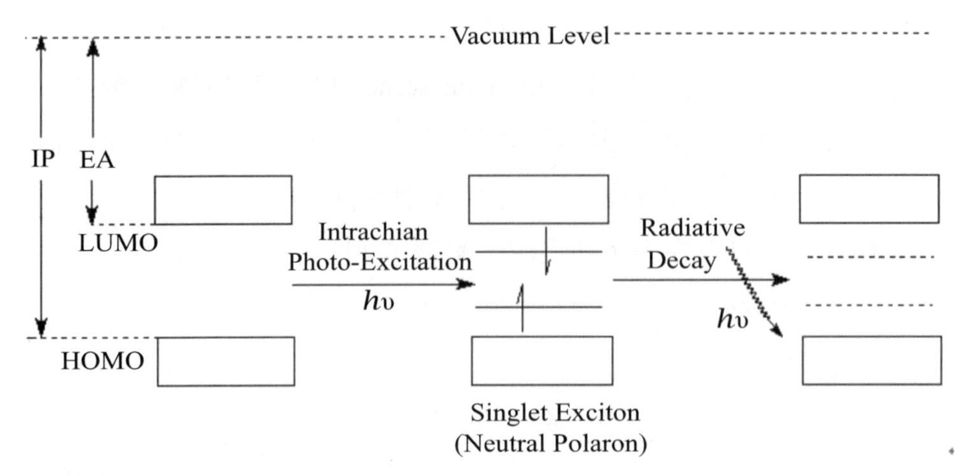

(a) 螢光

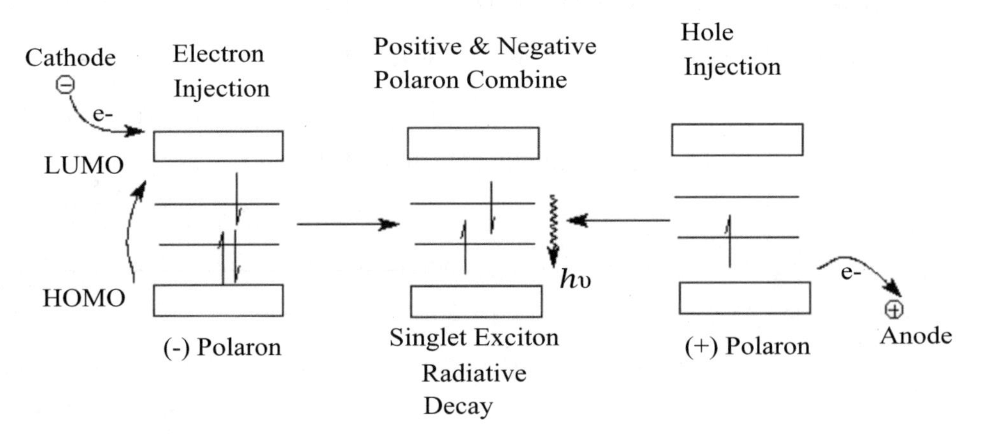

(b)電激發光程序中單重態激態分子形成的能帶圖

圖 5-7

目前用來描述高分子有機發光二極體 I-V 電性的理論模型主要有下列兩種：

㈠ 界面限制（Contact Limited）

高分子有機發光二極體的 I-V 電性與電場強度相關，而與溫度無關，此種二極體特性通常與穿隧（Tunneling）程序相關聯，在Fowler-Nordheim穿隧理論中，電流與電場的關係如方程式⑵所示，可見其電流與能障大小有關。

$$I = AF^2 \exp\left[\frac{-k}{F}\right] \quad \cdots\cdots (2)$$

其中

$$k = \frac{8\pi\sqrt{2m^*}\phi^{3/2}}{3qh} \quad \cdots\cdots (3)$$

式中的ϕ為能障，F為電場強度，k為與能障形狀有關的參數，m^*為電荷的有效質量，h為蒲朗克常數（Planck Constant）。

Uniax 公司利用上述的理論探討烷氧基取代 PPV 的元件⑩，發現此理論可適當的描述其實驗結果，而得下列幾點結論：

1. PLED 中之正負載子均是以穿隧的方式進入發光層，其所造成之電流大小與其界面能障相關。

2. PLED 的 I-V 曲線乃是由主要載子所控制，而元件的量子效率由少數載子所決定，而當正負電極之功函數分別與發光層之 HOMO 及 LUMO 匹配時，能障為零，元件效率最高。

3. 穿隧理論中所謂的起始電壓（Turn-on Voltage）是指元件到達"Flat-Band"（如圖 5-8 所示）時所需的電壓，等於高分子之能隙減去其與正負電極之能障，與厚度無關。

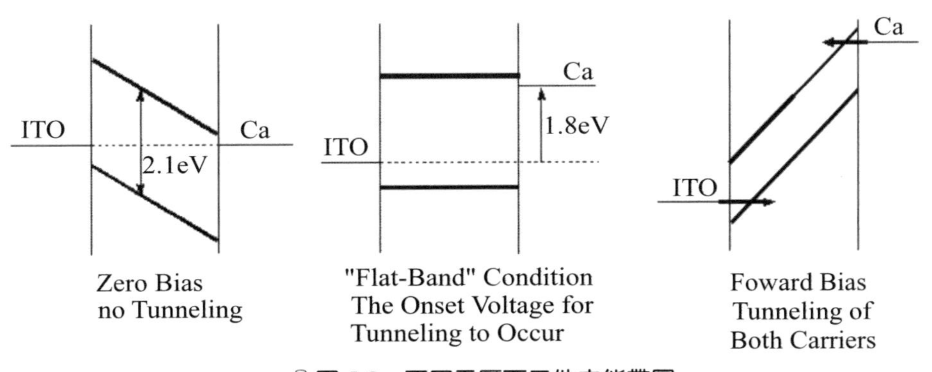

圖 5-8　不同電壓下元件之能帶圖

4. 在穿隧理論下我們可以利用方程式(3)計算電極與高分子的能障。

但當高分子能階與電極之能障很小時，由於熱激發（Thermionic Emission）的現象逐漸重要而偏離穿隧理論，故當能障小於 0.3 eV 時即不適用界面限制之理論。

(二)主體限制（Bulk Limited）

當界面能障小於 0.2 eV 時，元件的載子注入不受界面限制，視為歐姆接面，其電流大小由材料本身之導電性決定。而用來解釋此種元件特性的理論為「Space-charge Limited Current」，簡稱 SCLC，其電流與電壓之關係如方程式(4)所示，其電流正比於電壓的平方（V^2），但這必須在材料主體不含載子陷阱時才成立。對於烷氧基取代 PPV 衍生物，Blom 等人[11]發現可用 SCLC 理論解釋其電洞的傳遞特性，由其 I-V 曲線（圖 5-9(a)）可得其電洞移動率 $\mu_p = 0.5\square10^{-6}$ cm²/V s，且不存在電洞陷阱（Hole Trap）；對電子而言，由於材料中存在電子陷阱（Electron-Trap），隨電壓的升高，當這些陷阱被電子填滿後，電子電流的特性才轉為 SCLC 模式（圖 5-9(b)）。

$$J = \frac{8}{9} \varepsilon_0 \varepsilon_R \mu \frac{V^2}{L^3} \varepsilon\varepsilon\mu \quad \cdots\cdots (4)$$

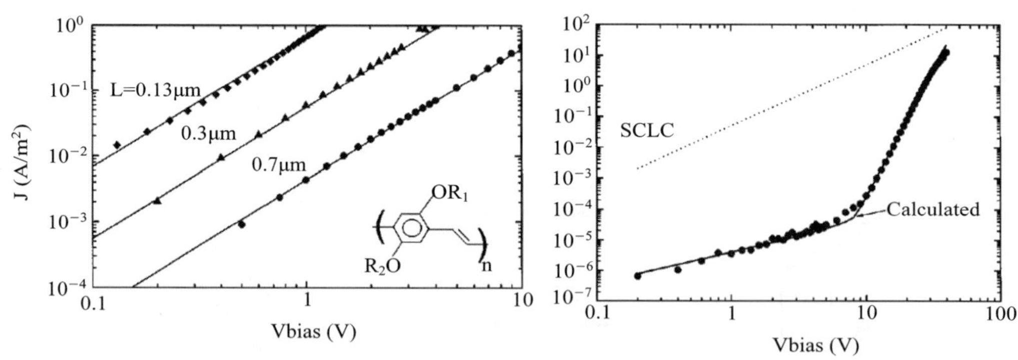

(a)不同高分子膜厚之電洞元件（ITO/PPV/Au）

(b)高分子膜厚為 0.3μm 之電子元件（ITO/PPV/Ca）

（實線為理論計算值，點為實驗值）

圖 5-9　元件之電流—電壓圖

四、有機高分子發光二極體材料的發展

有機材料在發光元件上的應用在60年代①即開始研究，與無機發光二極體的發跡幾乎同時，當時所使用的發光材料為Anthracene單晶體，雖具有高螢光性，但有機材料的導電性不佳，導致所得元件之起始電壓太高（400 V）及亮度微弱，且由於單晶不易成長，故此技術一直未突破性之進展。直到 1987 年，Tang 及 Vanslyke ②等人將有機小分子染料以真空蒸鍍的方式，製作結構為 ITO/Diamine/Alq3/Mg:Ag（如圖 5-10 所示）之雙層薄膜有機發光二極體，此元件具有 1%的外部量子效率及 1000 cd/m^2的亮度（低於 10 V），從此有機螢光材料正式由單純光激發的應用進入電激發應用的時代。但OLED所用之發光及傳遞材料均為低分子量之化合物，雖具有易純化、螢光量子效率高、易製備等優點，但小分子有易碎及再結晶的問題，容易造成元件的損壞，且成膜是以真空熱蒸鍍的方式，將小分子材料沉積於正極基板上，其在基板上的厚度和均勻度也將影響元件的特性，此部分較不利於大尺寸顯示器的製作，另外，為了避免不同材料間的相互污染及產量的考量，須使用多腔體真空設備，導致設備成本較高；而同樣具有螢光性之共軛高分子雖至1990年才由英國劍橋大學 Cavendish 實驗室的研究群以 PPV 做為發光層，製作出結構為 ITO/PPV/Ca 之黃綠色單層發光二極體，但因高分子具有成膜性佳、可大面積化、製程簡單及可撓曲特性等優點，使得高分子發光二極體的研究成為目前導電高分子的重要應用之一。其成膜方式則是先將高分子發光材料溶於適當的有機溶劑中，目前主要以旋轉塗佈的方式成膜於基板，與 CD-R 的製程類似，設備成本較低，另外可應用滾筒塗佈（Roll-to-roll Coating）、網印（Screen Printing）或噴墨列印法（Ink Jet Printing, IJP）方式成膜，較有利於大尺寸顯示器之發展。

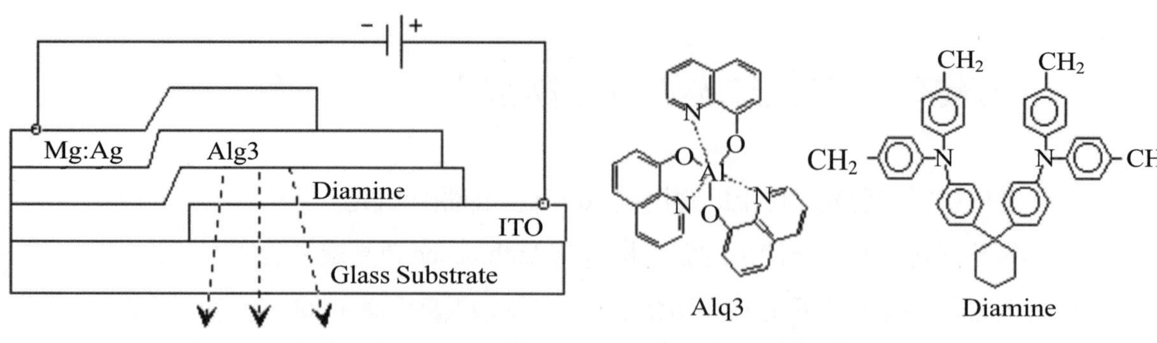

圖 5-10 雙層 OLED（ITO/Diamine/Alq3/Mg:Ag）及所用材料之結構

㈠高分子螢光材料

由於共軛高分子主鏈剛硬的特性，不溶於任何有機溶劑，故早期所得之材料主要均是寡聚體粉末或不具加工性之材料，故 1970~1990 年間是以合成出具加工性材料及其摻雜後之半導體特性應用為主要的研究方向；而在 1990 年發現高分子發光二極體的應用後，則是以合成基團改質之高螢光效率及具載子傳遞能力的螢光材料為主。目前所使用之發光高分子材料主要有PPV及PPP系列之衍生物，此二系列之高分子均可經由化學改質的方法得到不同螢光光色之材料，其範圍已可涵蓋紫外光、可見光及紅外光區域（300 ~ 1000 nm）⑫。

PPV 類衍生物主要是以 Wessling 前驅法⑬、Gilch 直接合成法⑭、Wittig 合成法⑮或 Heck 合成法⑯所得（如圖 5-11 所示），其中 Wessling 法所得之聚電解質 PPV 前驅體可溶於水、甲醇及二甲基醯胺（Dimethyl Foramide, DMF）等高極性之溶劑，以澆濤（Casting）或旋轉塗佈成膜後，經高溫加熱脫去可得黃綠色螢光之 PPV 薄膜；由於 PPV 不溶於有機溶劑，故後三種直接合成方法必須應用於可溶性基團改基之單體，以鹼性催化劑或有機金屬催化劑進行聚合反應，可得具高分子量之 PPV 衍生物，為目前文獻上常見之加工性 PPV 合成法。

(a)Wessling Precursor Method

ClCH2　CH2Cl　S　MeOH　S+　Cl−　Cl−　S+

OH−　H+　Dialysis

Heat　Vacuum　n　S+　Cl−　n

(c)Wittig Reaction

X−　Ph3+P − H2C　CH − P+Ph3　X−

+

OHC　CHO

base　EtOH　PPV Oligomer

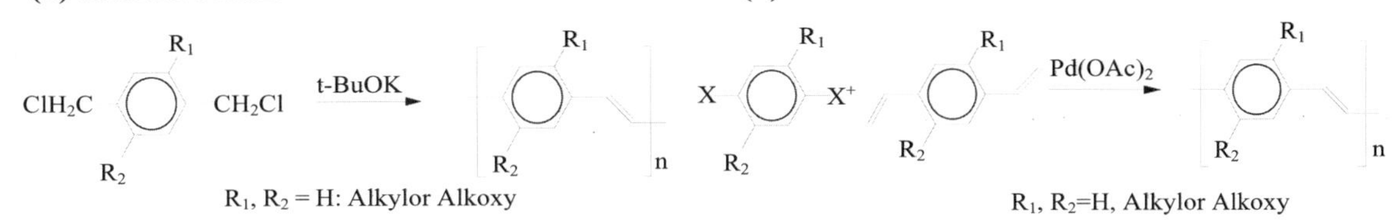

圖 5-11　PPV 系高分子之合成法

故英國劍橋研究群於 1990 年④首先以前驅法 PPV 製作出黃綠光之發光二極體，此材料之能隙為 2.5 eV，EL 光譜的峰值（λ_{max}）在 515 nm 及 550 nm，但由於此材料之前驅體不穩定，所得之光譜會隨製備條件及前驅體溶液的保存時間而有所差異。為避免前驅體法須經高溫熟化的步驟，美國加州大學 Santa Barbara 分校的 Heeger 研究群於 1991 年，首先以 Gilch 法合成之 MEH-PPV（圖 5-12）製作發光元件⑰，因分支基團的引入，使其可溶於有機溶劑，如此可簡化 PLED 的製程，且因烷氧基之推電子效應，使光色紅移至橘紅色（λ_{max}= 610 nm），能隙為 2.1 eV；若引入推電子能力較差之含 Si 烷基及立體效應較大之烷氧基，如此主鏈的共平面性變差，使材料之光色藍移而得綠光（λ_{max}= 515 nm）之 CS-PPV ⑱。

1994 年，荷蘭 Philips 公司以烷基取代之 PPV（dR-PPV）為綠光之發光材料，此材料隨非共軛鏈段含量的不同，其 PL 光譜之峰值分別為 532nm（5 %）、526nm（15%）及 516 nm（45%），非共軛鏈段含量愈多，PL 效率愈高，但 EL 效率愈低⑲；以烷氧基改質之苯環為取代基改質 PPV ⑳，以苯環取代基增加主鏈之立體效應，而使光色藍移，經由與烷氧基改質之單體共聚合的方式可得綠色至黃色之螢光材料（Phenyl-PPV）。1998 年，美國 Xerox 公司的 Hseih 等人㉑合成出苯環及烷基改質之 PPV（PdPHPV），利用立體效應使主鏈之共軛結構扭曲，導致有效共軛鏈長下降及光色藍移，此效應較 dR-PPV 更明顯，可在完全共軛之 PPV 衍生物中，得到光色波長最短的材料（λ_{max}= 490 nm）。

除了在側鏈上的變化外，若將-CN 基團引入 dRO-PPV 主鏈之乙烯基上，可得到發紅光之 dRO-CNPPV，其能隙雖與 dRO-PPV 同為 2.1 eV，但因分子間之交互作用增加，使其在固態膜時之激發態分子主要為 Excimer 的放光物種，其 EL 光譜的峰值紅移至 710nm 而得深紅色之光色；且因-CN 基團之高陰電特性，使此材料亦具有電子傳遞（Electron Transporting）的能力㉒。若再引入一個烷基取代之 Thiophene 基團在主鏈結構中而得 CN-P（PV-co-TV），因結構共平面性之增加，使其光色紅移至近紅外光，其能隙為 1.75 eV，EL 光譜的 λ_{max}= 740 nm ㉓。

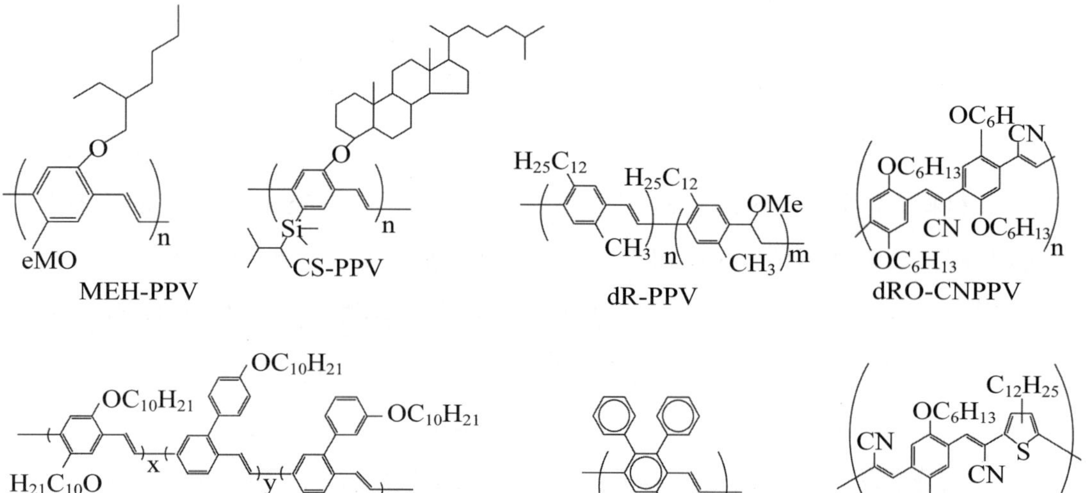

MEH-PPV　CS-PPV　dR-PPV　dRO-CNPPV

Phenyl PPV　PdPHPV　CN P（PV-co-TV）

圖 5-12　可溶性之共軛 PPV 系衍生物

對於完全共軛的 PPV 衍生物，即使利用立體障礙較大之取代基改質仍不易獲得光色峰值小於 490 nm 的衍生物，故對於藍光材料之發展，苯基乙烯系材料的發展有下列二種獨立發光團（Chromophore）的系統（如圖 5-13 所示），利用共軛鏈段長度的控制，使其有效共軛鏈長較完全共軛系統為短，而使光譜有大幅度的藍移：⑴ Karasz 等人㉔㉕首先以 Wittig 法製備固定共軛長度之醚基嵌段共聚合物，其光色峰值為 470nm，為淡藍光之材料（PCn），且溶解性因柔軟醚基鏈段的引入而增加；另外，經由發光基團共軛鏈長的延伸或改質亦可得可得綠色及紅色之材料㉖；(2) Baigent 等人㉗將發光團引入傳統高分子之側鏈為發光材料（NBTPV-C5），而得 EL 光譜的半高寬（Full Width at the Half Maximum, FWHM）等於 75 nm 的藍光元件（λ_{max}= 450 nm）；Karasz 等人㉘將二苯乙烯（Stilbene）引入聚苯乙烯（Polystyrene）的側鏈，亦可得λ_{max}= 450 nm 的藍光材料（PS-Stilbene）。但此類材料之電阻值較完全共軛之 PPV 為高，故所得之元件之操作電壓均偏高。

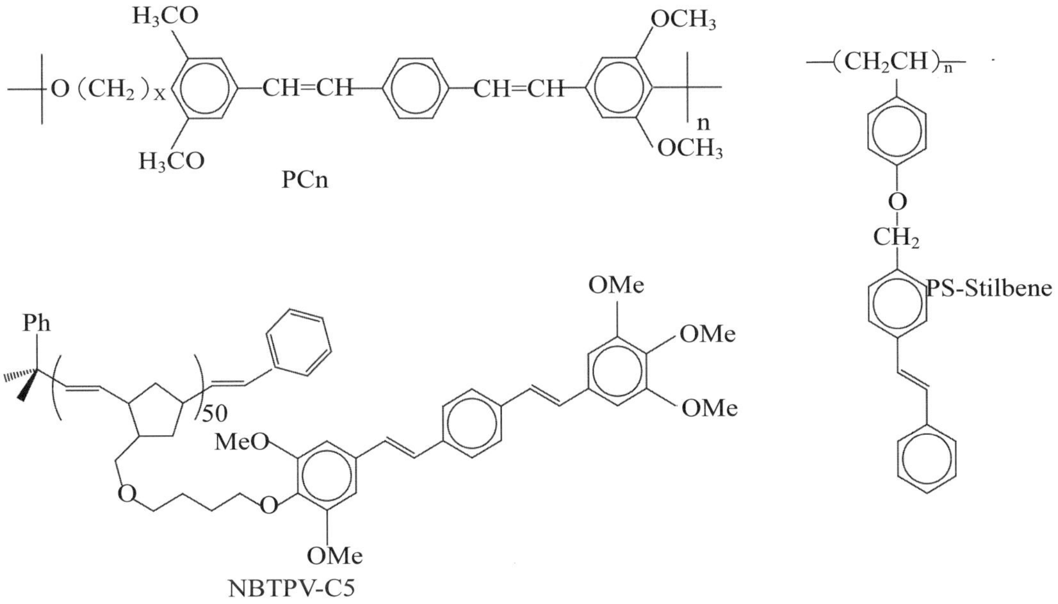

PCn　NBTPV-C5　PS-Stilbene

圖 5-13　非共軛 PV 系材料

因 PPV 系藍光材料的發展不易，若要得到完全共軛之藍光材料，則必須求助於 PPP 系之高分子。目前 PPP 類衍生物主要是以 Suzuki 偶合法㉙（圖 5-14）所得，早期由於其他合成方法無法得到高分子量的 PPP 聚合體，使所得材料之薄膜的機械性質及成膜性均不佳，且因分子容易聚集之現象，使所得元件之光色會隨操作時間而變，因而限制其在高分子發光二極體及其他電性上之應用。隨著合成條件的改進，目前 Dow Chemical 公司利用改進之 Suzuki 偶合法已可得高分子量（50000 至 600000 Da）之 PPP 類衍生物㉚，使此類材料的相關研究報導有逐漸增加的趨勢。

在光色的發展上，未改質之 PPP 同樣因具有共軛高分子剛硬的結構，不溶於任何溶劑，其粉末具有藍色之螢光（λ_{max}= 459 nm）[31]，在引入烷氧基團增加可溶性後，雖烷氧基團具有推電子性，但其所造成之立體效應更大，扭曲主鏈之共平面性導致有效共軛鏈段變短，使光色藍移至深藍（λ_{max}= 412 nm）[32]（RO-PPP, 圖 5-15）。為避免可溶性基團引入造成主鏈過度扭曲，利用伸烷基（Methylene）將相鄰的苯環相連環化，增加主鏈的共平面性而得 Fluorene 類結構之藍光 R-PF（Alkyl Polyfluorene）[33]或梯狀 PPP 衍生物〔L-PPP1（Ladder Type PPP1）〕，但 L-PPP1 因共平面性佳會增加分子間之交互作用，而產生 Excimer 之黃色螢光[34]。Mllen 等人[35]將伸烷基上的氫換成甲基，利用立體空間之障礙減少分子間之交互作用，可避免Excimer的產生，而得穩定之藍綠光材料（L-PPP2）。引入部分鏈段立體效應較大之 PPP 基團，可破壞部分的共平面性，而得藍光材料（L-PPP3）[36]。若與共平面性較佳之 PV 基團[37]或具推電子性之胺類基團[30]進行組合，則可得綠光之 PF 衍生物〔P（RF-PV）及 P（RF-Amine）〕。另外，因 PPP 類衍生物不具有乙烯基，而較 PPV 類材料有較好之光穩定性及耐候性，使其更具工業化之競爭力。

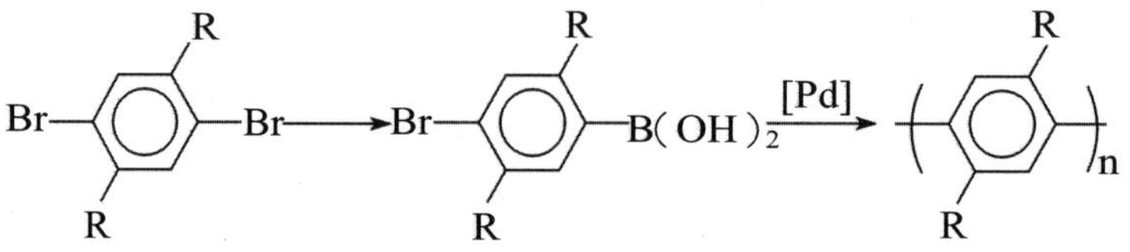

圖 5-14　Suzuki 偶合法

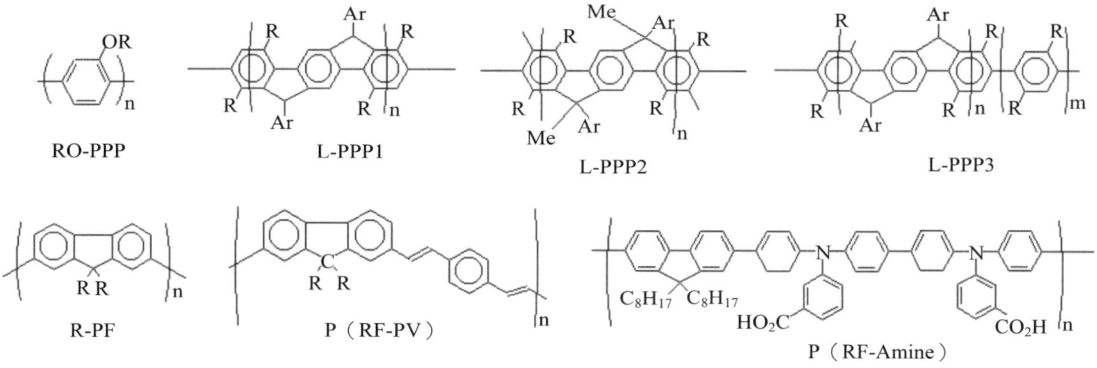

RO-PPP　L-PPP1　L-PPP2　L-PPP3

R-PF　P（RF-PV）　P（RF-Amine）

圖 5-15　PPP 系材料

㈡高分子電子傳遞層（Electron Transporting Layer, ETL）材料

由於應用於發光二極體的導電高分子大都屬 p-型半導體，其對電洞的傳遞能力較電子為佳[38]，電子傳遞能力的不平衡，使其再結合的區域較靠近負極，由於高電場的作用造成激子的解離及電極附近之淬息位置（Quenching Site）較多，使得元件的發光效率降低。為增進高分子發光元件的效率，可於二極體的結構中加入電子傳遞層製作多層結構的元件，以阻滯電洞的傳遞及增加電子的注入及傳遞。有機材料中，含碳氮雙鍵或三鍵的基團具有較大的陰電性，故含此類基團之化合物有較佳的電子傳遞能力。此類分子中含 Oxadiazole 基團〔例如：2-（4-Biphenyl）-5-（4-tert-Butylphenyl）-1,3,4-Oxadiazole, PBD（圖 5-16）〕的衍生物在小分子元件中，已被廣泛的當作電子傳遞層[39-41]使用，劍橋研究群於 1992 年首先將其應用於高分子元件中當 ETL[42]，製作出 ITO/PPV/PBD：PMMA/Ca 的元件，此雙層元件的發光效率由原先單層元件的 0.05 % 提升至雙層元件的 0.8 %，顯示因 ETL 的使用而大幅增加其量子效率，但其操作電壓升高。

但小分子的 ETL 在實用上有再結晶的問題[43]，故隨後之研究方向為將此類雜環基團高分子化。含 Oxadiazole 基團（OXD）之高分子早在 1960 年代即開始研究[44~47]，目的是發展耐熱性及抗氧化的材料，而在電子元件上應用之報導很少。至 1995 年，UNIAX[48]公司首先以 OXD1 當 ETL，以 MEH-PPV 為發光層，以 Al 為負極時，元件效率可增加 40 倍（0.002~0.08 %），當 ETL 中 OXD 基團含量增加時（OXD2）[49]，元件之起始電壓較低，顯示電子傳遞能力增加；此後亦陸續發展出一系列含 OXD 或 Triazole（TAZ）的基團在側鏈〔其中 Poly（Acrylate）為主鏈〕或主鏈結構的高分子衍生物當 ETL [43][50~52]，其元件效率視發光層的製備及ETL材料的不同而有不同程度的改進（數倍至十倍），但均可增加元件的穩定性。其他高分子 ETL 材料尚有 PPQ〔Poly（Phenyl Quinoxaline）〕[53]及具發光特性之 dRO-CNPPV [22]，若以 PPQ 為 ETL 亦可較單層元件之效率提高約 10 倍，但其起始電場較單層元件高很多，顯示此材料之導電度不高。而 dRO-CNPPV 為能隙低小之材料，若所用具電洞傳遞能力之螢光材料的能隙較大，則所得元件之光色為 dRO-CNPPV 之紅光（4 %的外部量子效率），故其不適用於藍、綠光之元件。而若以此類高分子當發光材料所得之單層元件效率均不佳。

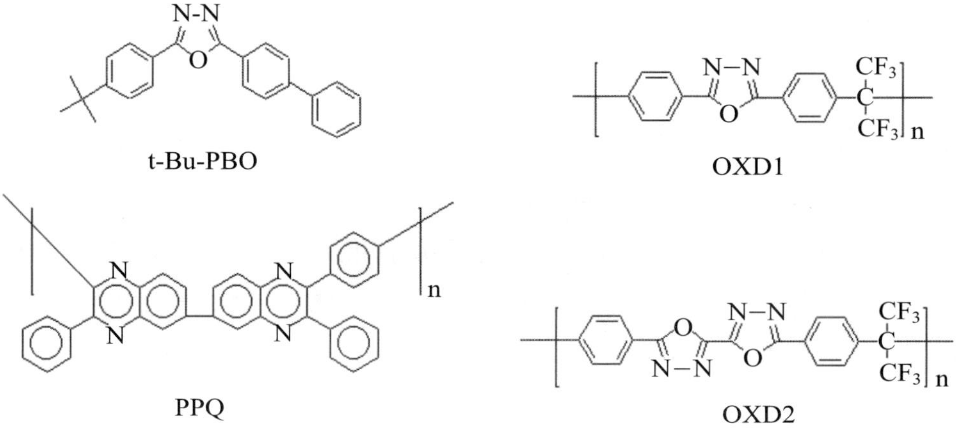

圖 5-16　PBD 及高分子 ETL 材料

㈢高分子雙極性（Bipolar）材料

由於雙層元件的製作較繁複，且需考慮成膜時，所用溶液對下層材料的溶解性可能導致界面存在極大的不確定性，為避免這些問題，可將小分子ETL材料與高分子發光材料摻合（Blend），製作單層發光元件[54~57]，如此雖可使元件效率提高，但因小分子的移動性高，容易發生聚集而有相分離的情形，尤其在受熱及元件操作時，此問題更嚴重，導致元件的壽命不佳；且小分子的摻合量不可太高，否則會造成膜的不均勻，使發光面產生黑點或甚至自己形成一條通路，使得電子

與電洞在電子傳遞分子形成激態分子而產生該材料的光色。

因此，開始有發展 Bipolar 材料的概念產生，Cambridge 研究群[58]及 Boyd 等人[59]以共聚合的方式合成出含有發光基團〔苯基乙烯或 Diphenyl Anthracene（DPA）〕及電子傳遞基團（OXD）的非共軛主鏈之高分子螢光材料，其具有強烈之藍色螢光。陰電性基團的引入可使元件效率提高，且由 PL 顯示 OXD 基團受激發後會將能量轉移給發光基團。但整體而言，此種主鏈非共軛之高分子所得單層元件之效率並不理想。

在主鏈共軛材料的發展上，Chen 及 Lee[60]首先將 OXD 基團引入 PPV 之側鏈（OXDPPV1），其與主鏈有柔軟基〔$-O(CH_2)_nO-$〕隔開，光色與未改質之烷氧基 PPV 相同，顯示陰電性基團的引入對光色沒有影響，對應於不含陰電性基團材料之單層元件，量子效率可改進 19 倍。經由共聚合之方式，可調整陰電性基團之含量及材料之光色，而得效果更佳之單層元件[61]。隨後，Bao 等人[62]以 Heck 反應合成出 PPV 共聚合體（OXDPPV2），因合成方法之限制，其陰電性基團之含量最高只能達 50 %（by mole），元件之發光效率可提高 10 倍，外部量子效率可達 0.02 %（Al）。Chung 等人[63]合出側鏈改質之 OXDPPV3，其光色與 PPV 相近，但其 PL 光譜沒有明顯之 Vibronic 躍遷且半高寬較大，顯示其陰電性基團直接與主鏈共軛會影響電子結構，其元件效率較 PPV 提高 38 倍，為黃綠光之元件。

而在主鏈的改質上，1997 年 Grice 等人將 TAZ 基團引入 PPV 之主鏈（TAZPPV）[64]，得藍光材料（λ_{max}= 486 nm），元件之外部量子效率為 0.02 %，較 PPV 高 3 倍。Peng 等人將 OXD 基團引入 PPV 之主鏈（OXDPPV4）[65]，而得黃色之螢光材料，元件之效率約為 0.15 %，較對應結構之 PPV 衍生物提高 40 倍，且起始電壓較低；當陰電性基團含量增加時（OXDPPV5），發光材料中之電子傳遞能力增加而成單極性（Unipolar）之材料，使元件載子的注入及傳遞不平衡，造成元件效率下降[66]。Song 等人將含有電子傳遞性之 OXD 基團單體與具有電洞傳遞能力之 Carbazole（Cz）基團單體進行縮合聚合，所得之共聚合體〔P（OXD-Cz）〕為藍綠光之材料[67]，其元件之起始電場較 PPV 為高，效率較 PPV 高 36 倍。但 EL 光譜之半高寬（約 124 nm）較 PL 光譜（半高寬為 64 nm）為寬，顯示此二基團有分子間之交互作用，導致元件光譜變化。

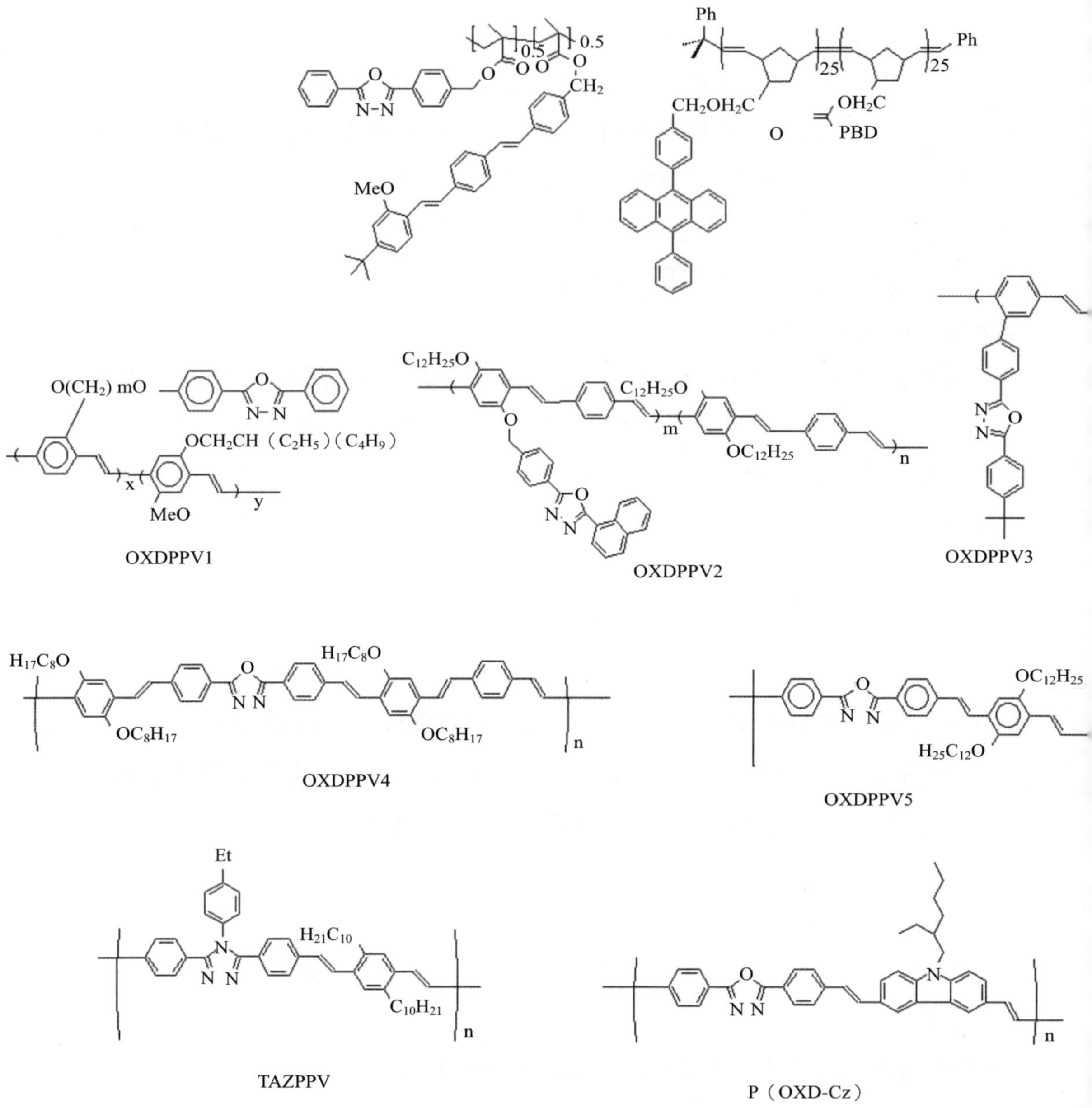

OXDPPV1

OXDPPV2

OXDPPV3

OXDPPV4

OXDPPV5

TAZPPV

P（OXD-Cz）

圖 5-17 Bipolar 高分子發光材料

㈣高分子電子傳遞層（Hole Transporting Layer, HTL）材料

如前所述，因大部分有機材料對電洞的傳遞能力較電子為佳，故在 PLED 的應用上，有關高分子 HTL 材料的研究相對較少，目前較常用之 HTL 有 PVK〔Poly

(Vinylcarbazole)〕、摻雜態之聚苯胺及 PEDOT〔Poly(Ethylenedioxy Thiophene)(圖 5-18)〕。其中 PVK 為中性態之材料，可溶於有機溶劑，故在使用上有所限制，摻合是較常用之方法，但會有相分離之現象；而後二者因以離子性之有機酸〔Poly(Styrene Sulfonic Acid), PSS 或 Camphor Sulfonic Acid, CSA〕進行摻雜，可均勻分散於水及高極性之有機溶劑，在進行發光層塗佈時不會有互溶之現象，其薄膜在在可見光範圍幾乎透明；此外，由於其功函數較高(5.0 eV)且與基板之附著性遠較發光材料為佳，有助於電洞之注入，另外在與發光材料的接面上，所用摻雜體會對發光材料進行摻雜，因此，降低彼此界面的能障，亦有助於載子的傳輸。亦可降低 ITO 基板之表面粗糙度，綜合這些作用，可使所得之有機元件之操作電壓下降、效率及壽命增加[68][69]。

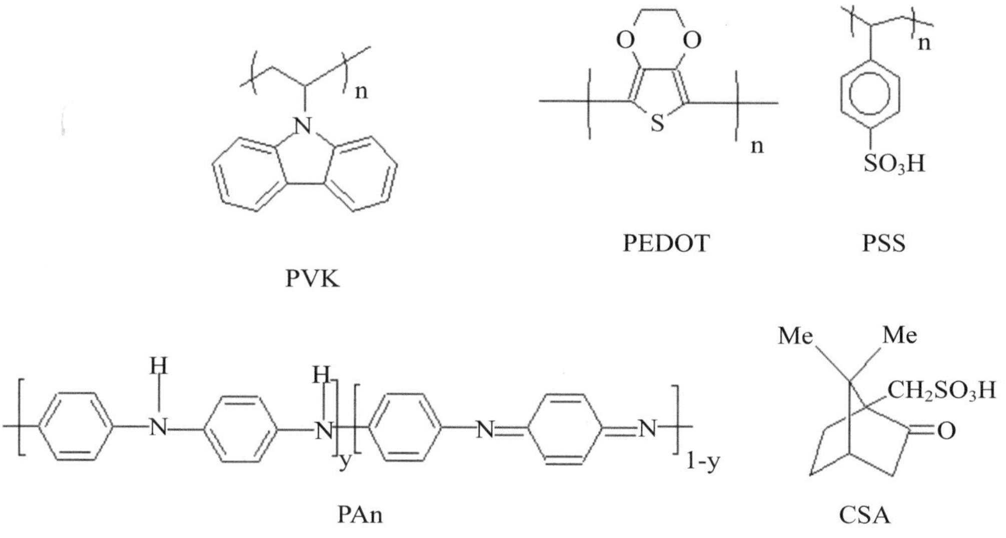

PVK　PEDOT　PSS

PAn　CSA

圖 5-18　高分子 HTL 材料

結論與展望

隨著近年對材料特性及元件結構的逐步了解，使有機發光二極體的光電特性有長足的進展，在元件特性的表現上已與商品化多年之無機二極體不相上下，且光色改變容易，目前的發光材料已可符合全彩化色素之要求（圖 5-19）[70]，配合噴墨列印法及低溫多晶系薄膜電晶體驅動技術的發展，Seiko-Epson 及 Toshiba 已有高解析度之原型產品出現（圖 5-20(a)、(b)）；另外，利用高分子摻合的方式，亦可得到高分子白光以應用於照明設備；再加上可撓曲之特性，大日本印刷應用印刷的方式製作出可彎曲之靜態顯示元件（圖 5-20(c)、(d)）。但目前唯一美中不足的就是壽命較差，此與材料的純度、結構、穩定性及元件結構之設計、各層界面的穩定性、封裝膠材的選擇、基板之性質均有密不可分之關係，而挾著此顯示技術之優點、快速發展之趨勢及市場對平面顯示產品之大量需求，使世界上各大公司相繼投入此類產品之研發量產，相信這些問題不久應可迎刃而解。

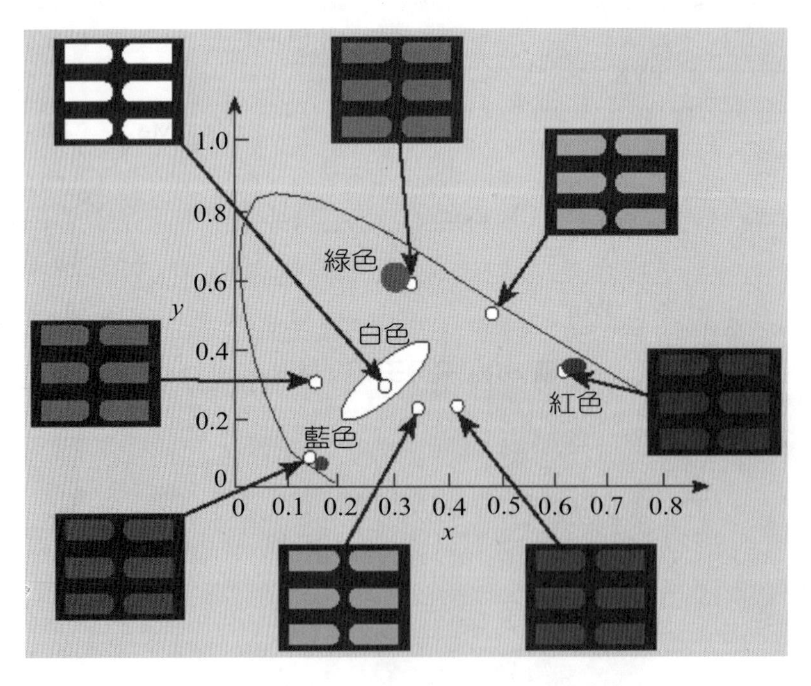

圖 5-19 高分子材料光色在 CIE 圖之分布

(a)CDT 與 Seiko-Epson

(b)Toshiba 之噴墨列印全彩顯示器

(c)大日本印刷之單色高分子發光元件

(d)大日本印刷之單色高分子發光元件

圖 5-20

1. M. Pope, H. P. Kallmann and P. Magnante, *J. Chem. Phys.* **38** 2042（1962）.
2. C. W. Tang and S. A. Vanslyke, *Appl. Phys. Lett.* **51** 913（1987）.
3. H. Shirakawa, E. J. Louis, A. G. MacDiarmid, C. K. Chiang and A. J. Heeger, *J. Chem. Soc. Chem. Commun.* 578（1977）.
4. J. H. Burroughes, D. D. C. Bradley, A. R. Brown, R. N. Marks, K. Mackay, R. H. Friend, P. L. Burn and A. B. Holmes, *Nature* **347** 539（1990）.
5. C. Kittel, "Introduction to Solid State Physics", 6th edition, John Wiley & Son, Singapore（1986）.
6. J. C. W. Chien, "Polyacetylene:Chemistry, Physics, and Material Science", Academic Press, Orlando（1984）.
7. D. A. Skoog, D. M. West and F. J. Holler, "Fundamentals of Analytical Chemistry", 5th edition, Saunders College Publishing（1988）.
8. A. B. Holmes, D. D. C. Bradley, A. R. Brown, P. L. Burn, J. H. Burroughes, R. H. Friend, N. C. Greenham, R. W. Gymer, D. A. Halliday, R. W. Jackson, A. Kraft, J. H. F. Martens, K .Pichler and I. D. W. Samuel, *Synth. Met.* **55** 4031（1993）.
9. M. A. Baldo, D. F. O'Brien, Y. You, A. Shoustikov, S. Sibley, M. E. Thompson and S. R. Forrest, *Nature* **151** 395（1998）.
10. I. D. Parker and A. J. Heeger, *J. Appl. Phys.* **75** 1656（1994）.
11. P. W. M. Blom, M. J. M. de Jone and J. J. M. Vleggaar, *Appl. Phys. Lett.* **68** 3308（1996）.
12. A. Kraft, A. C. Grimsdale and A. B. Holmes, *Angew. Chem. Int. Ed.* **37** 402（1998）.
13. R. A. Wessling and R. G. Zimmermann, U.S. Patent 3,401,152（1968）.
14. H. G. Gilch and W. L. Wheelwright, *J. Polymer Sci. Part A* **4** 1337（1966）.
15. R. N. McDonald and T. W. Campbell, *J. Am. Chem. Soc.* **82** 4669（1960）.

16 W. Heitz, W. Brugging, L. Freund, M. Gailberger, A. Greiner, H. Jung, U. Kampschulte, N. Nieβner, F. Osan, H.-W. Schmidt and M. Wicker, *Makromol. Chem*. **189** 119（1988）.
17 D. Braun and A. J. Heeger, *Appl. Phys. Lett.* **58** 1982（1995）.
18 S. Aratani, C. Zhang, K. Pakbaz, S. Hoger, F. Wudl and A. J. Heeger, *J. Electron. Mater.* **22** 745（1993）.
19 E. G. J. Staring, R. C. J. E. Demandt, D. Braun, G. L. J. Rikken, Y. A. R. R. Kessener, T. H. J. Venhuizen, H. Wynberg, W. ten Hoeve and K. J. Spoelstra, *Adv. Mater.* **6** 934（1994）.
20 H. Spreitzer, H. Becker, E. Kluge, W. Kreuder, H. Schenk, R. Demandt and H. Schoo, *Adv. Mater*. **10** 1340（1998）.
21 B. R. Hsieh, Y. Yu, E. W. Forsythe, G. M. Schaaf and W. A. Feld, *J. Am. Chem. Soc.* **120** 231（1998）.
22 N. C. Greenham, S. C. Moratti, D. D. C. Bradley, R. H. Friend and A. B. Holms, *Nature* **365** 628（1993）.
23 D. R. Baigent, P. J. Hamer, R. H. Friend, S. C. Moratti, A. B. Holmes, *Synth. Met*. **71** 2175（1995）.
24 Z. Yang, I. Sokolik, F. E. Karasz, *Marcomolecues* **26** 1188（1993）.
25 Z. Yang, F. E. Karasz, H. J. Geise, *Macromolecules* **26** 6570（1993）.
26 B. Hu, N. Zhang, F. E. Karasz, J. Appl. Phys., 83（1998）6002.
27 D. R. Baigent, R. H. Friend, J. K. Lee and R. R. Schrock, *Synth. Met*. **71** 2171（1995）.
28 M. Aguiar, F. E. Karasz, L. Akcelrud, *Macromolecules* **28** 4598（1995）.
29 N. Miyaura, T. Yanagi, A. Suzuki, *Synth. Commun*. **11** 513（1981）.
30 M. T. Bernius, M. Inbasekaran, J. O'Brien and W. Wu, *Adv. Mater*. **12** 1737（2000）.
31 G. Grem, G. Leditzky, B. Ullrich and G. Leising, *Synth. Met.* **51** 383（1992）.
32 C. I. Chao, S. A. Chen, *Synth. Met.* **79** 93（1996）.
33 Y. Ohmori, K. Uchida, K. Muro and K. Yoshino, *Jpn. J. Appl. Phys*. **30** L1941（1991）.
34 U. Scherf and K. Mllen, *Macromolecules* **25** 3546（1992）.

35 U. Scherf, A. Bohnon and K. Mllen, *Makromol. Chem.* **193** 1127（1992）.

36 J. H(ber, K. M(llen, J. Salbeck, H. Schenk, U. Scherf, T. Stehlin and R. Stern, *Acta Polym.* **45** 244（1994）.

37 H. N. Cho, J. K. Kim, D. Y. Kim, C. Y. Kim, N. W. Song and D. Kim, *Macromolecu les* **32** 1476（1999）.

38 A. R. Brown, D. D. C. Bradley and R. H. Friend, *Chem. Phys. Lett.* **200** 46（1992）.

39 C. Adachi, T. Tsutsui and S. Saito, *Appl. Phys. Lett.* **55** 1489（1989）.

40 C. Adachi, T. Tsutsui and S. Saito, *Appl. Phys. Lett.* **57** 531（1990）.

41 Y. Hamada, C. Adachi, T. Tsutsui and S. Saito, *Optoelectronics-Devices and Technol ogies* **7** 83（1992）.

42 A. R. Brown, D. D. C. Bradley, J. H. Burroughes, R. H. Friend, N. C. Greenham, P. L. Burn, A.B. Holmes and A. Kraft, *Appl. Phys. Lett.* **61** 2793（1992）.

43 M. Strukelj, T. M. Miller, F. Papadimitrakopoulos and S. Son, *J. Am. Chem. Soc.* **117** 11976（1995）.

44 A. H. Frazer, W. Sweeny and F. T. Wallenberger, *J. Polym. Sci., Part A* **2** 1157（1964）.

45 Y. Iwakura, K. Uno and S. Hara, *J. Polym. Sci., Part A* **3** 45（1965）.

46 J. Preston, *J. Heterocyclic Chem.* **2** 441（1965）.

47 E. R. Hensema, J. P. Boom, M. H. Mulder and C. A. Smolder, *J. Polym. Sci., Part A* **32** 513（1994）.

48 Q. Pei, Y. Yang, *Adv. Mater.* **6** 559（1995）.

49 Q. Pei, Y. Yang, *Chem. Mater.* **7** 1568（1995）.

50 M. Strukelj, F. Papadimitrakopoulos, T. M. Miller and L. J. Rothberg, *Science* **267** 1969（1995）.

51 E. Buchwald, M. Meier, S. Karg, P. Posch, H.-W. Schmidt, P. Strohriegl, W. Rieβ and M. Schwoerer, *Adv. Mater.* **7** 839（1995）.

52 X.-C. Li, F. Cacialli, M. Giles, J. Gruner, R.H. Friend, A.B. Holmes, S.C. Moratti and T. M. Yong, *Adv. Mater.* **7** 898（1995）.

53 D. O'Brien, M. S. Weaver, D. G. Lidzey and D. D. C. Bradley, *Appl. Phys. Lett.* **69** 881（1996）.

54 C. Zhang, S. Hoger, K. Pakbaz, F. Wudl and A.J. Heeger, *J. Electron. Mater.* **23** 453（1994）.

55 M. Yoshida, A. Fujii, Y. Ohmori and K. Yoshino, *Jpn. J. Appl. Phys.* **34** L1546（1995）.

56 M. Yoshida, H. Kawahara, A. Fujii, Y. Yutaka and K. Yoshino, *Jpn. J. Appl. Phys.* **34** L1273（1995）.

57 Y. Cao, I. D. paker, G. Yu, C. Zhang and A. J. Heeger, *Nature* **397** 414（1999）.

58 F. Cacialli, X.-C. Li, R. H. Friend, S. C. Moratti and A. B. Holmes, *Synth. Met.* **75** 161（1995）.

59 T. J. Boyd, Y. Geerts, J.-K. Lee, D. E. Fogg, G. G. Lavoie, R. R. Schrock and M. F. Rubner, *Macromolecules* **30** 3553（1997）.

60 S.-A., Chen and Y.-Z., Lee,（Poly(p-phenylenevinylene）s Modified with 2,5-Di-phenylene-1,3,4-Oxadiazole Moieties as EL Materials, presented in the *International Conference on Organic Electroluminescent Materials*（Sep. 14-17, 1996, Rochester, New York, USA）.

61 Y.-Z. Lee, X. Chen, S.-A. Chen, P.-K. Wei and W.-S. Fann, *J. Am. Chem. Soc.* **123** 2296（2001）.

62 Z. Bao, Z. Peng, M. E. Galvin and E. A. Chandross, *Chem. Mater.* **10** 1201（1998）.

63 S.-J. Chung, K.-Y. Kwon, S.-W. Lee, J.-I. Jin, C. H. Lee and Y. Park, *Adv. Mater.* **10** 1112（1998）.

64 A. W. Grice, A. Tajbakhsh, P. L. Burn and D. D. C. Bradley, *Adv. Mater.* **9** 1174（1997）.

65 Z. Peng, Z. Bao and M. E. Galvin, *Adv. Mater.* **10** 680（1998）.

66 Z. Peng, Z. Bao and M. E. Galvin, *Chem. Mater.* **10** 2086（1998）.

67 S.-Y. Song, M. S. Jang, H.-K. Shim, D.-H. Hwang and T. Zyung, *Macromolecules* **32** 1482（1999）.

68 Y. Yang, E. Westerweele, C. Zhang, P. Smith and A.J. Heeger, *J. Appl. Phys.* **77** 694（1995）.

69 Y. Cao, G. Yu, C. Zhang, R. Menon and A. J. Heeger, *Synth. Met.* **87** 171（1997）.

70 R. Friend, J. Burroughes and T. Shimoda, *Phys. World* 35（June 1999）.

第六章
導電性高分子材料

沈永清

學歷：清華大學化學所碩士

經歷：工業技術研究院化學工業研究所研究員

現職：工業技術研究院化學工業研究所通訊及奈米計畫研究員

研究領域與專長：導電高分子材料

一、前　言

由於全球電子及光電產業迅速成長，帶動電子及光電用相關材料之需求蓬勃發展，導電性高分子材料即是其中之項關鍵性產品；隨著電子產品輕、薄、短、小之趨勢及高速運算電子元件的需求增加，對於抗靜電、靜電放電（Electrostatic Discharge, ESD）之防護、防電磁波干擾（Electgromagnetic Interference, EMI）及導電接著產品之要求也愈來愈高。

一般材料之導電程度，依其表面電阻分為以下四個部分如表 6-1，即(1)表面電阻在 10^9~10^{12}Ω/cm²，這個部分為抗靜電部分，提供低電壓時的 ESD 防護或靜電聚集，常用於包裝材料；(2)表面電阻在 10^5~10^9Ω/cm²定義成靜電消散物質，常用易靜電聚集，或易造成電弧使電子設備短路，其靜電靜消散速率比導電物質略低，通常用在包裝材料或操作工具；(3)用於 EMI/RFI 遮蔽之導電物質其體積電阻至少要小於 1Ω・ cm，也可以應用在高壓電時的靜電防護；(4)最後部分用於導電接著劑，塗料之導電物質其體積電阻約為 10^{-4}~10^{-6} Ω・ cm。本文乃針對抗靜電、靜電放電之防護及防電磁波干擾材料做深入之說明。

表 6-1　導電性高分子材料用途分類

用途	電阻範圍	導電材料或技術
抗靜電	10^9~10^{12} Ω/cm²	四級銨鹽、胺類化合物、磷酸酯類、脂肪酯類、聚乙烯醇類
靜電消散	10^5~10^9 Ω/cm²	導電碳黑、導電纖維、導電塗料、表面金屬化
EMI/RFI 遮蔽	<1 Ω・ cm	導電纖維（不銹鋼絲、碳纖維、石墨纖維、鍍鎳石墨纖維、銅纖維、鋁玻纖）、銅、鎳、銀、導電塗料、表面金屬化（電鍍、真空蒸著）
導電接著劑、塗料	10^{-4}~10^{-6} Ω・ cm	導電銀膠，摻入銅、鎳、銀之導電塗料

資料來源：工研院化學工業研究所電子組整理。

二、電阻及阻抗之定義

絕緣電阻（Resistance, R）之定義為材料在兩電極間所量測到之電壓（Voltage, V）與電流（Current, I）之比值，即R＝V/I，它也可以由比電阻求得，如下列之公式：

$$R = \frac{\rho \ell}{A}$$

其中

R＝絕緣電阻（Insulation Resistance, ohms）
ℓ＝長度（Length, cm）
A＝面積（Area, cm^2）
ρ：比電阻、阻抗或稱為電阻係數（Specific Resistance or Cresistivity, ohm-cm）

一般之標準為以阻抗（Resistivity）做為材料比較之標準，常見之體積阻抗（Volume Resistivity）單位為ohm-cm或ohm-inch，這是指在邊長1cm或1inch的立方體所測得之歐姆電阻值、表面阻抗（Surface Resistivity）則是在材料表面量測到之電阻其常用之單位可表示為ohm/cm^2。而導體常用之單位為電導（Conductance）及電導係數（Conductivity），電導為電阻（Resistance）之倒數，單位為$ohms^{-1}$，電導係數為阻抗Resistivity之倒數，單位為$ohms^{-1}$ cm^{-1}。

多數之材料可以粗略分為導體、半導體非導體三個等級（如圖6-1），例如金屬材料是屬於導體，有很好絕緣性的塑膠材料屬於非導體，而介於這兩者間的為半導體，常見的為摻雜（Doped）的Silicone及砷化鎵（Gallium Arsenide），主要以無機材料為主。

如果再把材料再依體積阻抗值區分如圖6-1，導電度最高之銀及銅與導電度較差之聚四氟乙烯（Polytetrafluoroethylene）或聚苯乙烯（Polystyrene）之體積阻抗，可相差24個數量級以上。

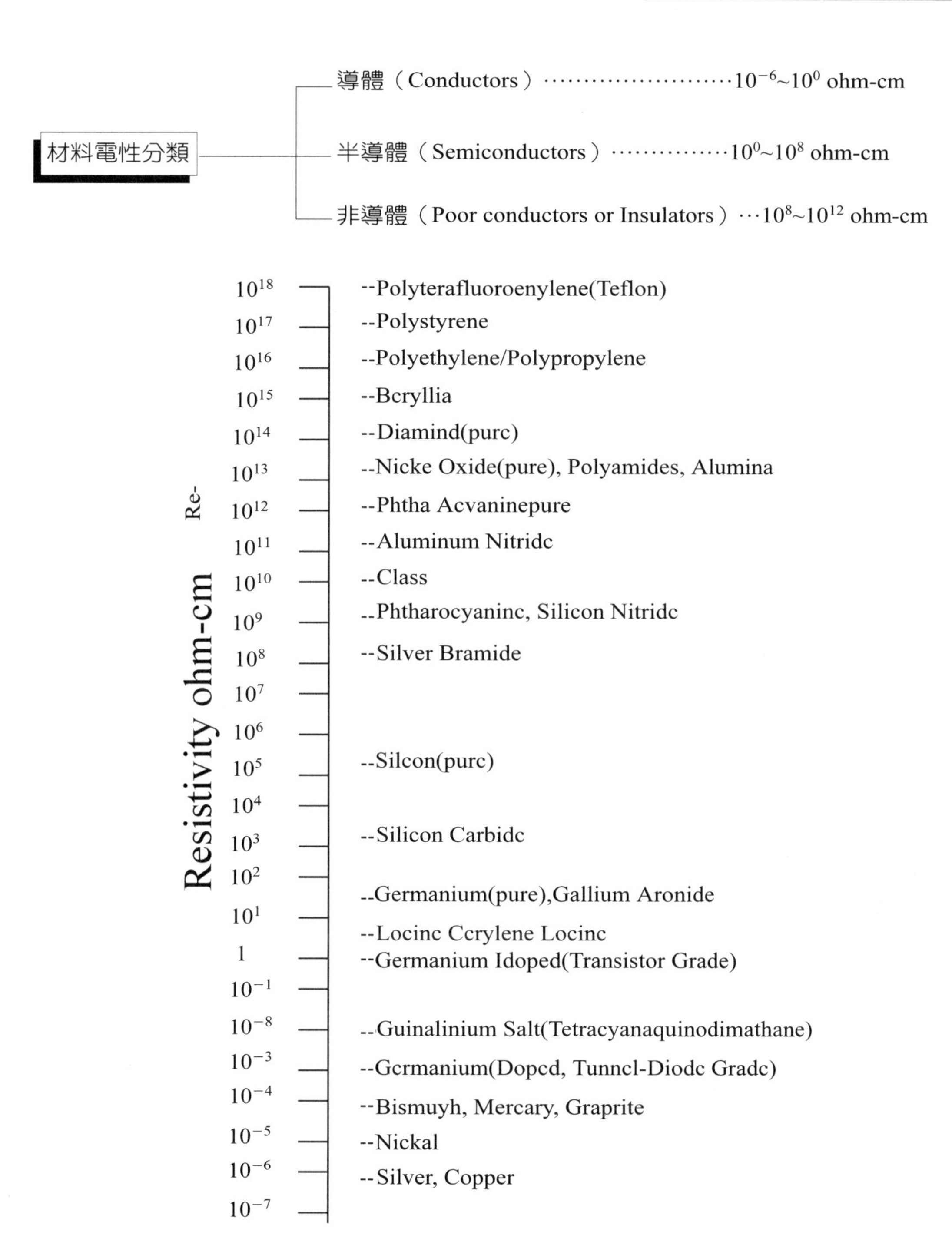

資料來源：J. J. Licari and L. A. Hughes, Hand Book of Polymer Coatings for Electronics, New Jersey（1990）.

圖 6-1　各種材料之體積阻抗

三、高分子於抗靜電材料之應用

隨著高科技、高精密化產業之蓬勃發展，電子產品的小型化及高速運算電子元件的需求增加，對於靜電放電之防護也日益重要。小型化、高密度化的電子元件，最易受靜電破壞，因此，需要進行靜電防護處理，並且電子元件在製造、儲存、運輸到最終產品使用，均需要靜電防護材料，以防止各種操作行為產生的靜電電壓損害電子元件正常運作（表 6-2）。例如，靜電作用會在各種場所產生一些問題，靜電之危害常見於損壞靈敏的電子元件，在工廠引起爆炸或火災或使影印機、列表機之紙匣滾輪易沾上灰塵等，因此需要某種程度的靜電防護。

表 6-2　各種行為所產生 ESD 大小

發生的情形	ESD 的 Volts （V）	
	低相對濕度	高相對濕度
在乙烯類地毯上走動	12,000	250
在人造地毯上走動	35,000	1,800
人造的工作墊	6,000	100
melamine 的表面	8,000	150
PU 發泡體的工作椅	18,000	1,500
一般 PE 包裝袋	20,000	1,200
一般 PE 氣泡袋	9,000	800

資料來源：TBA Electro Conductive Products.

抗靜電需求方面，在電子工業及製藥工業之快速成長下，刺激了抗靜電材料的需求，例如：電子產品之製造、運送、包裝、儲存等均需要做好靜電的防護。再者電子廠或製藥廠無塵室內使用之地板、工作台面、操作工具、防塵口罩、手套、無塵衣等，以及在其他工業如食品包裝及化學工廠的原料儲存運送等，如果有抗靜電材料的幫助，不僅可增加作業的方便性，更可避免重大災害造成的損失。

㈠ 抗靜電產品主要的材料及用途

抗靜電產品主要的用途，以美國市場為例最大的用量在於抗靜電包裝上，約占 44%，隨著高功能化及高靈敏度的電子元件的成長，在製造、裝配、操作、運送及儲存每一個步驟都需要靜電的防護，以降低電子元件損害而造成成本提高的可能性。第二大用量在於操作工具約占 24%，其他在工作臺面、地板等所占的比例約 12%。

抗靜電包裝材料使用的種類以 PE 及 PVC 為主（圖 6-2），主要原因為其易加工處理成薄膜及成本低。導電 PE 的年成長率為 6%。導電塑膠袋材料以 PE、PVC、PP 為主，主要在防止微晶片、電路板及易爆的化學混合槽在操作、儲存及運送時遭受靜電損害。其他包裝材料為硬質及半硬質的盒子、圓柱狀管件、熱成型托盤、氣泡袋及管子，其中將來成長最快的為在特殊用途、耐撕裂、透明性高、阻氣性高的包裝袋。

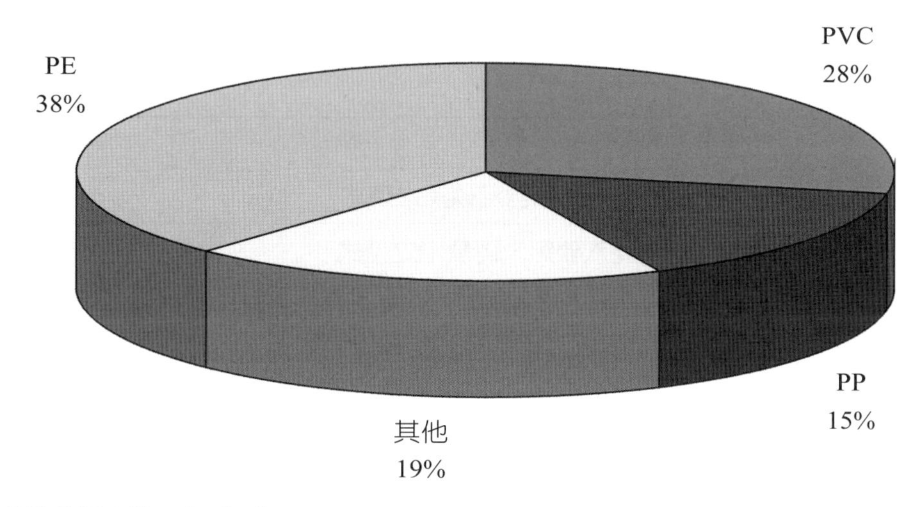

資料來源：Freedonia Group.

圖 6-2　美國抗靜電包裝材料所用樹脂分布圖

導電性包裝製品在國內市場主要使用在 IC 晶圓、IC 封裝、測試、光電等電子零件產品之包裝上，目的都是為了避免其他帶電荷物品與其接觸。主要有包裝袋、晶圓盒、IC 盤、IC 管、自動包裝捲帶（Carrier Tape）以及泡綿等項產品（表

6-3）。這些產品將視被包裝之產品不同，而對導電度有不同的要求規範。近年來之需求以自動包裝捲帶 Tape & Reel（Carrier & Cover Tape）及硬質之托盤發展最受重視。以包裝IC用的IC Tray（托盤）為例，主要可使用PS、PP、PVC、PC、PET、MPPO 等樹脂，於其中直接添加抗靜電劑，導電碳黑等導電性添加物，再經押出或射出成型，亦或是先直接以樹脂成型後再塗佈抗靜電塗料。

表 6-3　我國導電性包裝製品需求分析

製品	材料與製造
包裝帶	・聚乙烯中混練入抗靜電劑、碳黑、碳纖維等材料，吹氣或押出成型
	・PET膜施以金屬蒸著，或與其他基材作積層
托盤（Tray）	・硬質 PVC、PS、PP、PC、PET、MPPO 等混練入抗靜電劑、碳黑或碳纖維等材料或塗佈
	・加工法為真空成型、壓縮成型、射出成型
IC 管	・硬質 PVC 混練入抗靜電劑、碳黑等物或塗佈
	・加工法為異型押出
晶圓盒	・IC box
泡綿（Foam）	・Urethane 泡綿含浸碳黑之型式
	・預先混入碳黑、再發泡之型式
	・PE、 EVA、PS 發泡（預先混練入碳黑或抗靜電劑）
裝載帶 （Carrier Tape）	・IC 及其他電子元件之 Carrier（Chip Carrier、Carrier Tape）、PS

資料來源：工研院化學工業研究所 IT IS 計畫整理。

㈡抗靜電劑的種類及應用

1. 靜電劑的抗靜電機構

抗靜電劑的抗靜電機構主要可藉著潤滑的作用及形成導電路徑（Conductive Channel）來進行。其中形成導電路徑又可分為藉由氫鍵造成網狀結構（即具有OH、NH 等官能基）及單薄的水層來達成導電的路徑，因此，其靜電導洩的方法可分為以下兩種：

⑴利用接地的特性。即利用接地的通路將質子或離子經由此通路進行質子遷移（Proton Transfer）及離子遷移（Ionic Transfer）而將靜電導洩。

⑵利用單薄水層直接導洩在大氣中，其導洩機構如下，電荷經由水層、水氣或大氣中的帶電物質而導洩電荷的產生。

$$H^{\oplus}\cdots\underset{\displaystyle H}{\underset{|}{O}}-H\cdots\overset{\displaystyle H}{\overset{|}{O}}-H\cdots\underset{\displaystyle H}{\underset{|}{O}}-H \rightleftharpoons H-\underset{\displaystyle H}{\underset{|}{O}}\cdots H-\overset{\displaystyle H}{\overset{|}{O}}\cdots H-\underset{\displaystyle H}{\underset{|}{O}}\cdots H^{\oplus}$$

而這幾種方式在相對濕度高時，其靜電導洩作用的大小為利用水層＞離子遷移＞質子遷移，而相對濕度低時，其作用大小為質子遷移＞離子遷移＞利用水層。

2. 靜電劑種類之介紹

抗靜電劑依照其產品化學結構來區分可區分為界面活性劑，具有官能基的 Polymer 或一般有機，無機化合物，常用的界面活性劑型的抗靜電劑又可分為陰離子型、陽離子型。

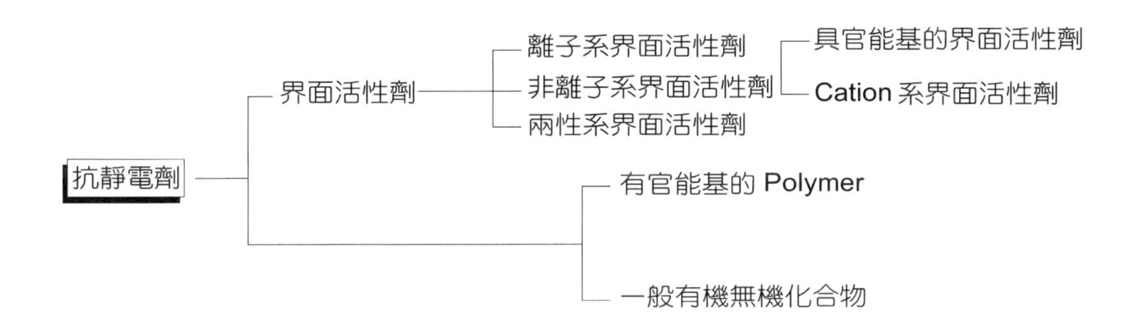

圖 6-3　抗靜電劑的分類（依產品化學結構）

塑膠在使用、製造、運用過程都是極易產生靜電的，這些靜電可藉由添加碳黑或胺類添加劑來防止，抗靜電用之添加劑主要以添加胺類化合物、磷酸酯類、烷乙氧類、脂肪酯類、脂肪胺類及醇類衍生物等化合物為主（表 6-4）。胺類及其他抗靜電劑也提供了其他作用例如當滑劑、離型脫模劑。

抗靜電劑使用時必須要考量的缺點，如使用碳黑時易受摩擦而有脫碳的現象而污染產品，使用胺類抗靜電劑時通常不適合在乾燥環境下使用，因此，研發永久型抗靜電劑及濕度依存度、溫度依存度低的抗靜電劑是當務之急。

表 6-4　界面活性劑型之抗靜電劑

	結構	特徵
陰離子	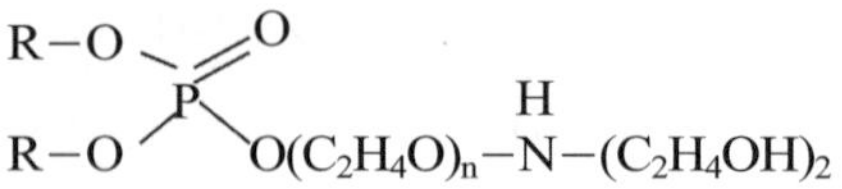 $(R{-}O)_2P(=O){-}O(C_2H_4O)_n{-}NH{-}(C_2H_4OH)_2$ $R_{12}O(CH_2H_4O)n{-}SO_3NH{-}(C_2H_4OH)_2$	· 耐熱性、抗靜電性佳 · 和樹脂相溶性不佳 · 一般以塗佈方式使用 · 抗靜電性屬中程度 · 可作為脫膜劑及 Anti-Blocking · 不適於印刷或塗佈之樹脂
陽離子	$R_{17}CONHC_3H_6N(CH_3)_2C_2H_4OH$ $R_{12}CONHC_2H_4OSO3Na$	· 抗靜電性最佳 · 耐熱性差 · 適用於塗佈方法 · 易形成網狀結構 · 抗靜電劑遷移能力低
非離子	Polyoxyethylene Alkylether $R{-}O{-}(CH_2CH_2O)_nH$ Polyoxyethylene Arylether 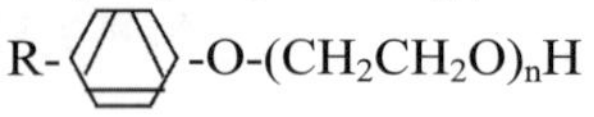 $R{-}C_6H_4{-}O{-}(CH_2CH_2O)_nH$	· 抗靜電性屬中程度 · 耐熱性佳 · 對基材之物性影響小 · 一般與其他型抗靜電劑併用
兩性	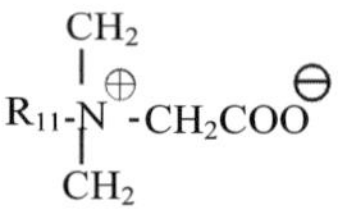 $R_{11}{-}N^{\oplus}(CH_2)(CH_2){-}CH_2COO^{\ominus}$	· 用於 PE、PP 等 Polyolefine 系樹脂摻合 · 抗靜電性良好 · 外部型→適 PVC 等高極性 Vinyl 類熱塑性塑膠 · 效果佳、添加量少

㈢抗靜電劑之技術現況

抗靜電劑常被使用添加於各種樹脂中，例如：ABS、壓克力、Nylon、PE、PC、PET、PP 及 PVC 等，也有以塗佈方式於塑膠表面。用途有抗靜電包裝袋、薄膜、薄板、泡綿、管件、IC Tray、Carrier Tape、IC元件運送、儲存材料及無塵室用衣物等，其中最大量者為抗靜電包裝材料，主要用於化學藥品、電子產品、工廠粉體及醫藥產品之包裝，抗靜電包裝可防止灰塵沾染及火花產生，主要之樹脂材料及 PE、PVC、PE 等。

抗靜電材料之添加劑一般以胺類、銨鹽類及聚乙烷醇類最為普遍，主要的抗靜電機構，乃是以吸收空氣中水氣，而達抗靜電的效果為主。添加低分子量之抗靜電劑，常因時間久或高溫加工而遷移流失，而且易被擦拭掉，因此，研究永久型之抗靜電劑是目前重要的課題。未來的發展方面，將是以永久型的抗靜電劑為主，不僅可保持材料本身長效的抗靜電性，更可增進材料的物性，以及避免低分子抗靜電劑遷移所造成的污染。

一般傳統小分子抗靜電劑的缺點為不耐久性、易流失、耐熱性低，且對濕度依存性高，針對著這些的缺點，因而發展出長效型之抗靜電劑來，而長效型抗靜電劑以PEO改質之共聚合體最為常見，其與低分子型抗靜電劑之比較，如表6-5，而 PEO 之導電原理也如圖 6-4。

表 6-5　長效型抗靜電劑與傳統型抗靜電劑之比較

	長效型抗靜電劑	傳統型抗靜電劑
抗靜電材料	· 親水性 PEO 改質共聚合體 $(-\underset{H}{\overset{H}{C}}-\underset{H}{\overset{H}{C}}-O-)$ · 即效性 · Long Term 之抗靜電效果	· 低分子脂肪胺或銨離子（$\sim NH_2 \sim NH_4^+$） · 導電碳黑 · 金屬粉或金屬氧化物（Fe, Al, AG, Zno2 …） · 導電纖維（Stainless Steel, Cu, NCG） · 遲效性 · Short Term 之抗靜效果 （擦拭，水洗→消耗抗靜電劑）
物性差異	· 親水性樹脂不會 Migration（表面特性佳） · 濕度依存性低，穩定 · 可著色 · 不需高%RH · FlexualModulus 較低，但 Impact Strength 較佳 · 可透明化	· 抗靜電劑會 Migration（表面特性差） · 濕度依存性高，不穩定 · 可著色（導電碳黑除外） · >15%RH 才有抗靜電效果 · Reference · 可透明化

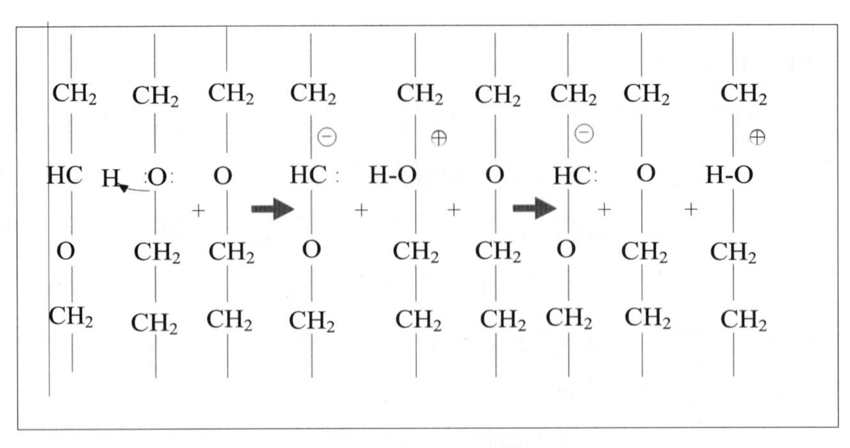

圖 6-4　PEO 之導電原理

四、高分子於防電磁干擾（EMI）材料之應用

電磁干擾（EMI）及電線電波干擾（RFI）是一種非游離輻射，與一般輻射屋所產生的游離輻射不同。游離輻射會殘存在人體內並產生病變，電磁干擾只是電子在導體內移動的現象，雖然不會殘存在人體內部，但也不能輕忽。影響所及，包括精密電子儀器設備、醫院儀器、飛機導航設備、汽車控制系統，其至心律調整器等都會受到影響，近年在飛機上禁止打大哥大，亦是顧慮無線電波影響飛航安全。為了避免電磁干擾的影響，創造電磁相容（EMC）環境，可降低電子電器產品的電磁干擾或提高電子電器產品的電磁耐受性。

在小型化元件的趨勢下，EMI/RFI 遮蔽的需求非常重要。電磁波遮蔽之材料分類，如圖 6-5。不管如何，Surface Mount 及其他技術，能減少電路路徑長度，就可減少雜訊產生的可能性。一般 EMI/RFI 發生的波長範圍在 10KHz~10GHz 之間，這些電磁波干擾來自於電路截斷器、電腦、電子計算機、汽車的點火裝置、汽車通訊系統、微波、搖控器、電視、手提電話（大哥大）等。而會受到 EMI/RFI 影響的產品有商用機器、家用電子產品、收音機、Cardiac Pacemakers、Citizen Band Ratio Receivers、電腦、影印機、數位時鐘、微處理器、Navigational Equipment、電話、電視、數位手錶。

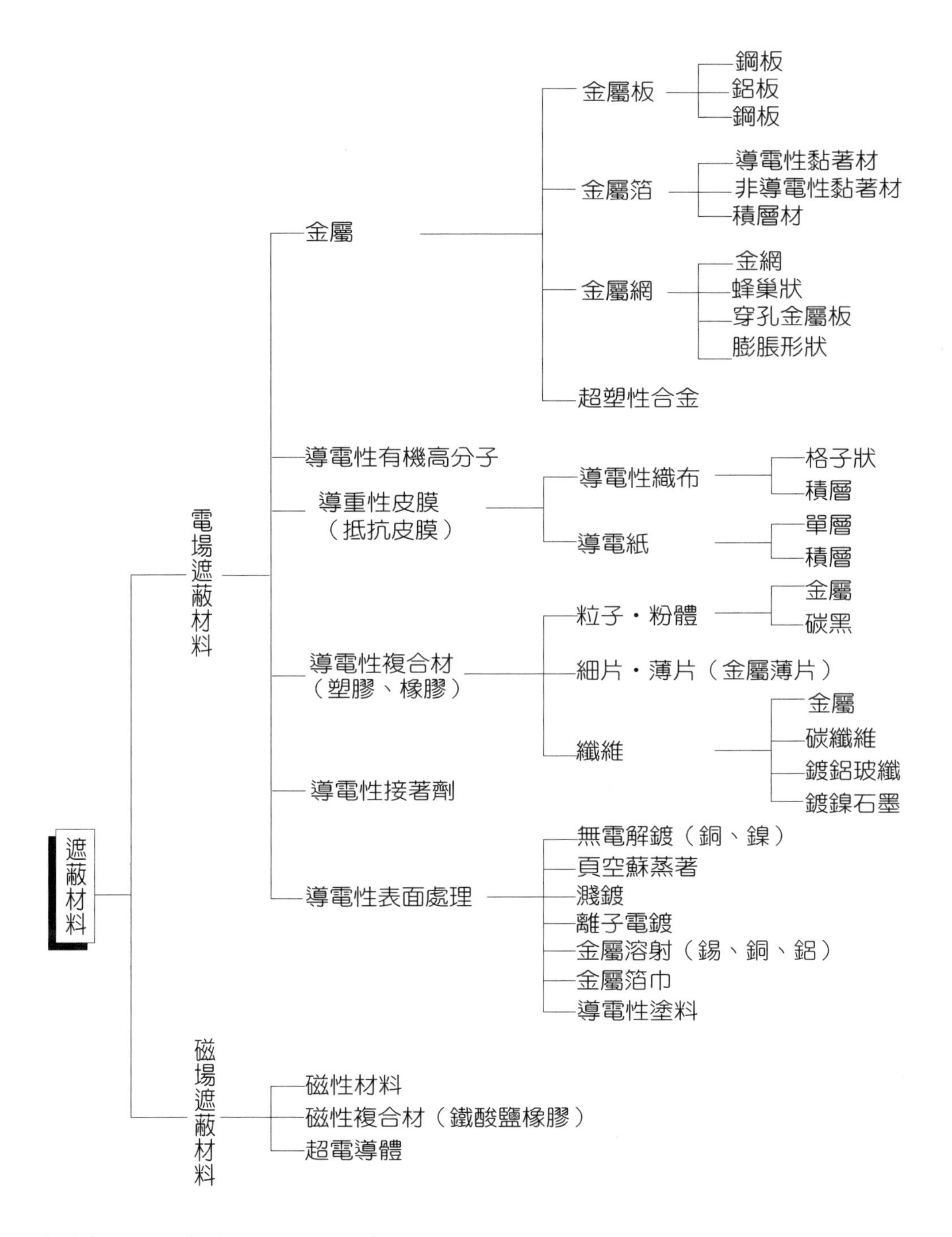

資料來源：工業材料(H)，1996 年 8 月。

圖 6-5　電磁波遮蔽材料的分類

要確實做好EMI/RFI遮蔽，可使用高導電度的材料，如金屬及導電性高分子材料、導電性高分子的製造是在塑橡膠材質中加入導電纖維或導電填充劑，以防止電荷造成損害及電子雜訊的產生。而樹脂及導電添加劑所製成的導電性高分子，比起以金屬做為電磁干擾遮蔽及靜電消散等，在功能方面有加工成型容易，易設計各種形狀、重量輕、美觀及低成本的優勢。導電性高分子導電處理的方法，除了將金屬粉、片、Mesh、Sheet 及纖維加工成型，在塑膠中得到遮蔽效果外，也可以用表面處理方式，例如：真空蒸鍍、塗佈導電漆、電鍍、導電膠帶及積層的方式進行（圖 6-6）。

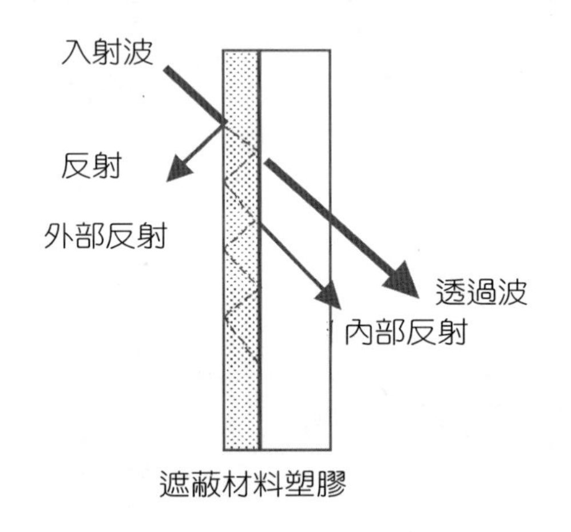

圖 6-6 電磁波的反射和吸收

㈠ EMI/RFI 遮蔽原理

EMI/RFI 遮蔽的定義為當一個入射波(b)，受到材料遮蔽後所得到的穿透波(a)，此時材料的遮蔽效果（Shieldingf Effectgiveness,SE）（單位為 Decibels, dB）如下式及表 6-5、圖 6-6。

SE = 20 log（Eb/Ea）　　E：電場強度（Volts/m）
SE = 20 log（Hb/Ha）　　H：磁場強度（amps/m）
SE = 10 log（Pb/Pa）　　P：能量（Watts/m^2）

表 6-5　不同 dB 值所代表遮蔽效果

dB 值	遮蔽效果（%）	遮蔽程度
0 至 10	90	低或沒有效果
10 至 30	90 至 99.9	最低限度遮蔽效果
30 至 60	99.9 至 99.9999	平均值遮蔽效果
60 至 90	99.9999 至 99.9999999	平均值之上遮蔽效果
90 至 120	99.9999999 至 99.9999999999	最佳之遮蔽效果

資料來源：Plastics Technology（1980）.

電阻與遮蔽率之關係如表 6-6 所示，假定體積固有電阻為 1, 10, 100Ω・ cm 時，其遮蔽效果在不同頻率下各有不同。遮蔽效果受頻率影響很大，若要有充分的遮蔽效果，最小需 1Ω・ cm 以下的體積固有電阻。如此從體積固有電阻可預測大概的遮蔽效果。所以遮蔽材料愈厚、體積固有電阻愈小，遮蔽效果愈大。一般來說，具 30~60dB 的遮蔽效果就可供實用。

表 6-6　體積固有電阻和頻率的關係

體積固有電阻（Ω・ cm）	S（dB）			
	10MHz	100MHz	500MHz	1000MHz（1GHz）
1	42	35	34	36
10	31	22	17	15
100	21	10	4	2

資料來源：高分子系電子材料（1986）。

(二) EMI/RFI 遮蔽之處理方式

1. 表面金屬化之方式

表面金屬化的導電高分子在西元 2000 年約為 8100 萬磅，每年成長率為 2.7%，低成長率來自於金屬 FIBER 填充劑或內部改質高分子技術的競爭。在塑膠材料附著金屬薄層，主要做為 ESD 防護及 EMI/RFI 遮蔽用。表面金屬化塑膠的好處在於有好的遮蔽效率且比起金屬 Fiber 有較低價格。主要的應用樹脂為 ABS、PVC、PC 及 PS。表面金屬化可透過各種製造過程而得，例如：真空蒸鍍、濺鍍、電鍍、電弧、火燄噴塗法等。

2.無電解電鍍之方式

1985 年來採用之無電解電鍍之方法，乃是在塑膠外殼施與 1μm 厚之無電解銅及 0.25μm 無電解鎳，如此即可達到很好的防電磁波之效果，而一般塑膠無電解電鍍通常需經過粗化、敏化、活化、加速化的步驟，且每一步驟均需經水洗，再施以無電解電鍍銅、鎳之步驟如下：

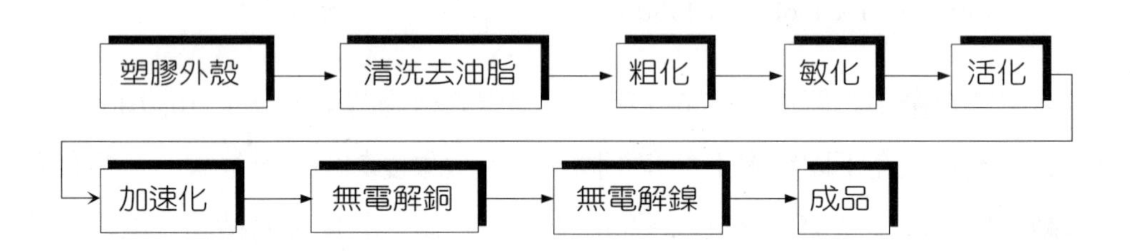

而目前這種無電解電鍍之方法具有以下之限制：

⑴所經過處理之流程長、耗費時間，尤其廢水通常會造成很大的污染，因此廢水需經過處理。

⑵受限於可電鍍材料的等級，塑膠成型之模具及成型條件需特別注意。

⑶無電解電鍍較不完整處會有剝離的現象。

⑷ Masking 等之部分電鍍不易。

為了克服以上之問題，在 1990 年 Shiply 開發 SST 法，其製造方法如下：

⑴塑膠材料做塗裝時，先將塑膠材料做表面處理（如 Etching），以利於在表面做觸媒化的工程及無電解電鍍。

⑵不需電鍍的部分，先以電鍍不能附著的塗裝處理後再進行電鍍。

⑶以含有觸媒之塗料塗裝後，在上面直接做電鍍之步驟。

SST 法特點為在塑膠及非導電性材料上以 2~10μm 厚 Primer 的塗裝後在其上就可直接電鍍 1~4μm 厚無電解銅，而為了防氧化故在無電解電鍍銅上再電鍍一層無電解鎳（含有 8%的磷）。

3.塗佈之方式

以塗佈之方法進行防電磁波干擾的處理，主要是將銀、銅或鎳金屬等金屬粉末摻混入樹脂中，其中，金屬粉末之大小、形狀、長度直徑比、粉體燒結的溫度、合金的比例及是否充分分散等均是非常重要的部分，塗佈的好處在於可適用於各種類表面，且易加工、低成本、可降低IC中電子雜訊。但塗佈時易有針孔產生，而靜電荷或電磁波就易散射出。另一重要的部分是樹脂的選擇，其關係著導電性塗料、金屬粉末是否容易被氧化、附著力強弱、複雜形狀的塗佈性、金屬粉末的分散性，以及耐候性、耐腐蝕性施工性等問題。

一般而言，金屬材料之遮蔽幾乎都是反射損失的作用。在高周波時，大部分是吸收損失的作用，所以有時在樹脂中加入一些超微粉末的石墨或磁性材料，可幫助在高周波的 EMI 遮蔽效果。

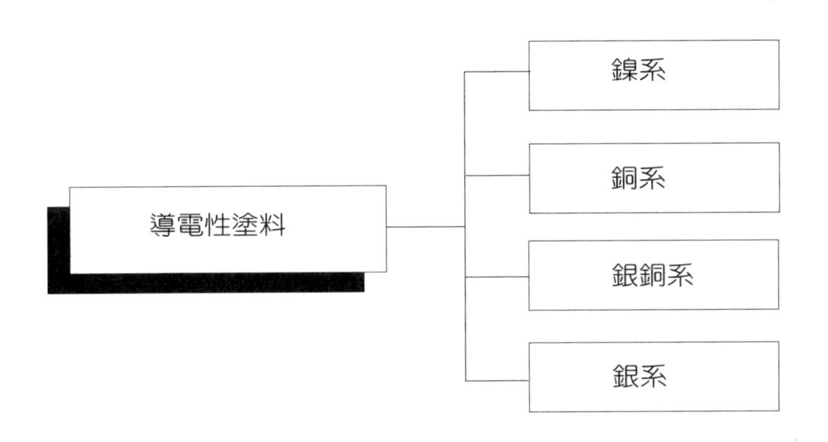

4. **填充導電纖維之方式**

填充導電纖維的導電高分子，雖然目前使用量不到 10%，但預估是成長最快速。高功能的電子元件及零組件極易受靜電損害及電磁波干擾，而導電纖維可提供良好的EMI遮蔽，但是導電纖維填充的方法，比起競爭的塗佈導電漆及表面金屬化的方法成本都貴了許多，對於較低應用層次方面，便沒有競爭利基。

導電纖維主要使用的樹脂為 ABS、Nylon、PC、PE、Polyphenylene-Based、PP、PVC 及熱塑性塑膠；常用的導電纖維包含不銹鋼絲、鍍鎳石墨纖維、碳黑／石墨纖維、銅絲、鋁及金屬化的玻璃纖維等，其中又以不銹鋼絲及銅絲使用最多，主要原因在於它們有好的導電性及加工性，銅絲常被用於一般消費性產品及商業子相關產品，如電視、電腦、文字處理器，它的價格可以和表面金屬化方法及塗佈導電層的方法相競爭。

導電纖維有高的長度／直徑比，所以使用時可相互接觸而形成連續的導電網，因此使用在EMI/RFI的遮蔽就有好的效果，而不同導電性的纖維其添加自然就有所不同，例如不銹鋼絲約加 5%不銹鋼絲，因添加量少，其加工較容易，且可彌補價格高的不利因素。雖然鍍鎳石墨纖維有很高的導電性，但是因為它需添加量較高（比不銹鋼絲高）且價格較貴的因素，因此只用在少數設備上。

5.使用本質型導電高分子（ICPs，Intrinsic Conductive Polymers）之方式

另一個使用做為導電高分子者，為本質型的導電高分子，這些本質型導電高分子在還未克服其難以加工及穩定性的技術之前，其使用量仍然受到限制，各種導電高分子結構如下：

(a)Polyacetrylene

$\left(CH=CH \right)_n$

(b)Aromatic Compounds

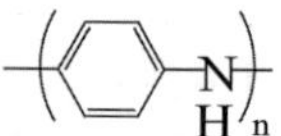

Polyaniline

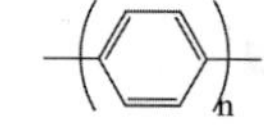

Polyparaphenylene

(c)Heterccyclic Compounds

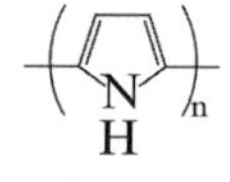

Polypyrrole

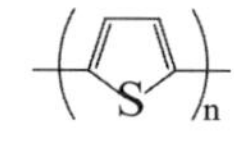

Polythiophene

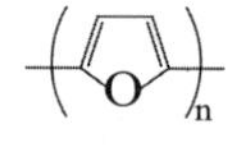

Polyfuran

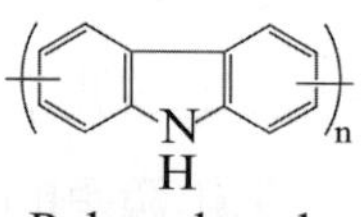

Polycarbazole

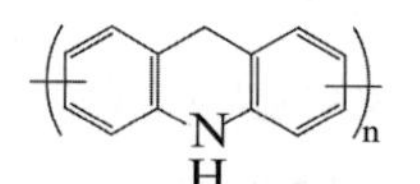

Polyiminodibenzyl

(d)Polycyclic Compounds

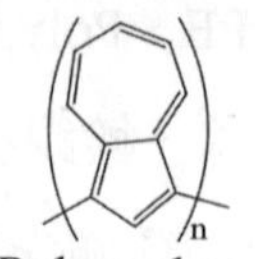

Polyazulene

Polyacene

各種 EMI/FRI Shielding 處理方式優缺點比較如表 6-7 所示。EMI Shielding 處理方式目前仍以電鍍及導電塗佈兩種方面最為普偏，而以電鍍的厚度最薄，EMI-Shielding 效果最好，也最均勻，但因其均需經過二次加工處理，且污染問題較嚴重，且必須考慮回收的問題。因此，以導電填充劑直接添加入塑膠不需二次加工，且較沒有污染及回收的問題的方式，其成長將會較為快速。

表 6-7　EMI/RFI 遮蔽處理加工方式比較

處理方式	優點	缺點
金屬板	遮蔽效果好、結構不易破壞	重量太重難以成型加工
電鍍	遮蔽效果好、適合各種形狀、低勞工成本、自動化	薄、易刮傷而失散，易有碎片而造成短路、污染大、過程長
金屬賤鍍	遮蔽效果好、適合各種形狀、低投資成本	需表面預先處理、碎片易造成短路
導電塗佈	遮蔽效果好、適合各種形狀、低投資成本、易加工	碎片易剝落使用在低頻遮蔽、處理成本大、有污染問題
添加導電填充劑	遮蔽效果好、容易做新設計、不需二次加工處理	物性強度損失較大、成型加工分散不均的問題，色澤及表面外觀較粗糙

資料來源：工研院化工所電子組整理。

五、未來技術發展

抗靜電材料之添加劑一般以胺類、銨鹽類、聚乙烯醇類最為普遍，主要的抗靜電機構，仍然以吸收空氣中水氣，而達抗靜電的效果為主。未來的發展方面，將是以永久型的抗靜電劑為主，不僅可保持材料本身長效的抗靜電性，更可增進材料的物性，以及避免低分子的抗靜電劑遷移所造成的污染。

在 ESD 及 EMI 防護方面，使用的處理方式主要分為內部添加及外部處理兩方面。內部添加劑通常有以下之缺點需高的添加量價格高，分散不均加工困難，易影響物性，因此，常造成塑膠材料脆裂，目前仍以外部處理為主，如用導電漆及表面金屬化處理（電鍍、真空蒸著），甚至以金屬薄片或金屬網貼合處理。但在加工方便性環保及回收考量上，未來的研發方向，仍以新的導電填充劑開發為主，以降低添加量，增加導電度，降低對材料物性的影響及增加加工性，為主要考量點，如微直微（≦0.1μ）不銹鋼絲，導電微料子（Microspheres）及雲母（Mica）電鍍金屬等研發，即是這方面的研究。

第七章
二次非線性光學高分子

林宏洲

學歷：台灣大學化工學士（1983）
西北大學化工碩士（1986）
伊利諾大學材料科學博士（1992）
經歷：中央研究所化學所副研究員（1992~2000）
輔仁大學化學系、台灣大學化工系及交通大學材料系之兼任副教授（1992~2000）
現職：交通大學材料系副教授
研究領域與專長：雜環液晶材料
氫鍵液晶材料
液晶發光二極體材料
雜環發光二極體材料
氫鍵發光二極體材料

一、前　言

過去十年來，有機材料廣泛地應用於非線性光學上。例如二倍頻、光儲存裝置、光電開關及調節器等①~⑤。有機材料比傳統無機材料（$LiNbO_3$）⑥，有更大的二次非線性光學特性且容易改變分子結構來獲得所需要的特質。有機材料尤其是具有非線性光學的高分子將會有機會取代傳統的無機材料，因為高分子材料其價格便宜且加工容易，可結合半導體的技術應用於光電產品上⑦。本文將對高分子非線性光學材料作一回顧與整理，並會針對一些重要的結構設計與文獻上已完成的高分子來討論。此外，將依據不同形式的高分子材料分開說明，與探討未來研究發展的趨勢。

首先，要合成二次非線性光學高分子材料必須先知道二次非線性光學敏感張量（Second-Order Susceptibility）$\chi^{(2)}$（$-\omega; \omega_1, \omega_2$），此乃根據下式而來⑧：

$$Pi(\omega)= x_{ij}{}^{1}(\omega)E_j(\omega)+x_{ijk}{}^{(2)}(-\omega; \omega_1, \omega_2)E_j(\omega_2)E_k(\omega 2)+ x_{ijkl}{}^{(3)}(-\omega; \omega'_1, \omega'_2, \omega'_3)Ej(\omega'_1)Ek(\omega'_2)E_1(\omega'_3) \cdots\cdots (1)$$

其中，Pi（ω）為在頻率ω時，介質產生的極化；Ei 為在頻率ω_i時，提供的電磁場強度（Electromagnetic Field）；及$\chi_{ij}{}^{(1)}$（ω），$\chi_{ijk}{}^{(2)}$（$\omega; \omega_1, \omega_2$），$\chi_{ijkl}{}^{(3)}$（$-\omega; \omega'_1, \omega'_2, \omega'_3$）分別為一次、二次及三次非線性光學敏感張量。

由上式了解，敏感張量可以得到不同形式的非線性光學效應，且頻率與敏感張量相關，由此可看出能量守恆定律。例如二次諧波訊號 Second Harmonic Generation（SHG）的產生，主要乃二次非線性光學敏感張量 $\chi^{(2)}$（$-2\omega; \omega, \omega$）與其他二次非線性光學效應 $\chi^{(2)}$（$-\omega; \omega, 0$）之表徵。而從結構上來說明，要產生二次非線性光學的材料，其結構必須為中心不對稱分子④。就微觀上，此項十分容易達成，可由π共軛架橋連結電子予體（Donor）及受體（Acceptor）成為一強偶極分子；但是巨觀上就非常困難，通常我們可以加電場於高分子、液晶或 LB 薄膜④，使材料呈現非對稱結晶來完成。以高分子來說，將具有NLO發色團的高分子藉由旋轉塗佈（Spin Coated）在 ITO 玻璃上，接著將薄膜加熱到材料的玻璃相轉移溫度（T_g），再施以外加電場（50~250V/μm），當 NLO 發色團的偶極矩沿電場方向排列後，再降至室溫而後移去電場，此時發色團便被凍結在此極化規則排列下，產生 $C_{\infty v}$ 之非對稱結構。由二個獨立的敏感張量，如 $x_{333}^{(2)}$ 和 $x_{311}^{(2)(3)}$：垂直於薄膜平面，1：薄膜平面）描述如下④：

$$x_{333}^{(2)}(-\omega; \omega_1, \omega_2) = NFE\mu\beta_z(-\omega; \omega_1, \omega_2)/5kT$$
$$x_{311}^{(2)}(-\omega; \omega_1, \omega_2) = NFE\mu\beta_z(-\omega; \omega_1, \omega_2)/15kT \cdots\cdots (2)$$

其中 N 為單位體積內發色團之分子數，F 為在電場 E 下之局部電場分率，μ為偶極矩（Dipole Moment），k 為波茲曼常數以及 β_2 為發色團的超極化度部分向量（Hyperpolarizability）。

同樣地，實驗得到的二次諧波訊號圖，可以分析來決定二次非線性光學敏感張量，此實驗所得的參數和敏感張量的關係如下⑨：

$$x_{333}^{(2)}(-2\omega; \omega, \omega) = 2d_{33}(-2\omega; \omega, \omega)$$
$$x_{311}^{(2)}(-2\omega; \omega, \omega) = 2d_{31}(-2\omega; \omega, \omega) \cdots\cdots (3)$$

而光電實驗測量極性高分子的折射率時，光電係數與敏感張量有下列關係⑨：

$$x_{ijk}^{(2)}(-\omega; \omega, 0) = -(1/2)\varepsilon_{ii}(\omega) r_{ij}(\omega) r_{ij,k}(-\omega; \omega, 0) \cdots\cdots (4)$$

此處ε為介電常數。

近年來 NLO 的敏感張量都用 SHG 來量測⑩（如圖 7-1 所示），根據上述的理論發現，強極性排列方向的 $\chi^{(2)}$ 高分子，其呈現為一理想聚集之 NLO 材料。以上的說明，乃是對於二次非線性光學性質的基本原理介紹，以下將介紹不同類型的高分子非線性光學材料與未來發展。

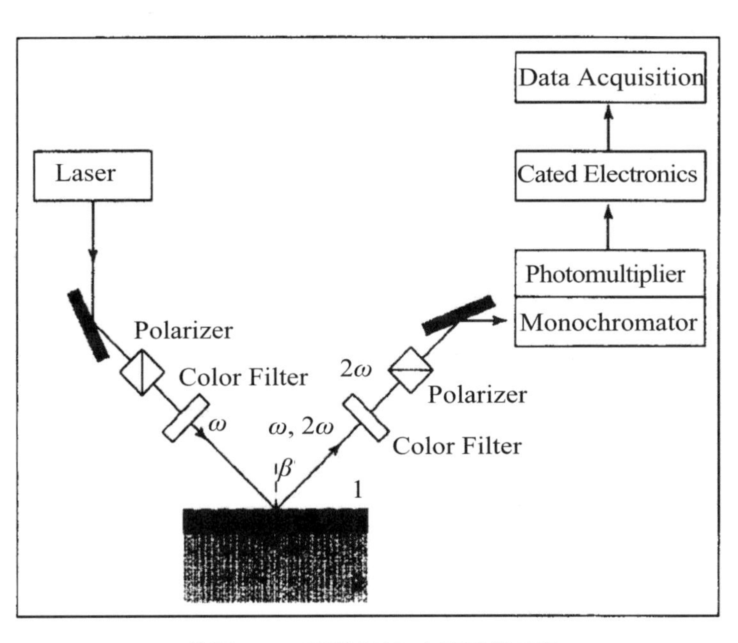

圖 7-1　量測 SHG 之實驗裝置[10]

二、混合型高分子（Guest-host Polymers）

此為最簡單設計的 NLO 高分子系統，其做法為將具有 NLO 發色團的有機小分子混摻至高分子裡，而這些高分子主體可為等向性玻璃態高分子（Glassy Polymer）或液晶高分子。但是此類型的高分子會有許多問題產生：(1)有機小分子很難溶於高分子（低於 10%wt），過多的發色團會導致相分離；(2)發色團易昇華；及(3)發色團會減低 T_g，使得穩定性降低。如 Meredith 等[11]，於 1982 年首先發現，將 N,N-Dimethylaminonitrostibene（DANS）（化合物 1）混摻於向列型液晶（Nematic）高分子中，因液晶之非等向性環境有助於 $\chi^{(2)}$ 值之增強，但是研究結果發現 SHG 訊號在長時間觀察下，有漸漸衰減之趨勢，同時當溫度漸升至 T_g 時，SHG 訊號迅速消失。

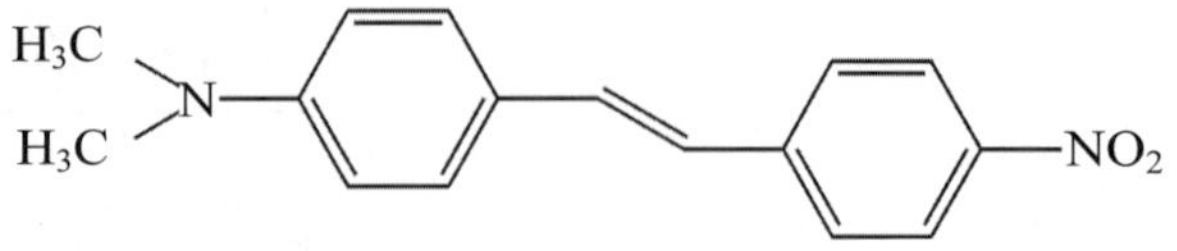

H_3C N H_3C NO_2

化合物 1

另一種為只有少數帶有發色團之 Polyvinylethers 被合成的高分子[12-14]。此時以 polyvinyl ethers 為主體，混摻不同 NLO 材料，例如：4-Cyano、4-Nitro-4-Alkoxyazobenzene、4-Dicyanovinyl 和 4-Cyano-4-Carbomethoxyvinyl-4（-Alkoxybenzene [15]（化合物 2~4）。此類聚合物為陽離子聚合反應，以二氯乙烷（CH_2Cl_2）為溶劑，且以碘化氫（HI）和碘（I_2）為起始劑於-15℃下合成，經過旋轉塗佈、真空乾燥和 Corona 極化後，量測其 SHG 特性，如表 7-1 所示。聚合物 1a 和 2a 為含有 100%之發色團，3a 為含有 40%之發色團。從表中可以看出發色團的量影響 SHG 的值，與式(2)和(3)可以得到印證。同樣地，比較 1a 和 2a 可以發現發色團超極化度效應，因為 1a的發色團有較高的 $\mu\beta_z$ 值，所以就有較高的d值。但是這些聚合物都沒有實際被應用，原因為這些聚合物 T_g 太低，而且於室溫發色團就開始鬆弛。因此，這類聚合物使用上有壽命太短的問題。

表 7-1　Poly(alkyl vinyl ether)s 聚合物之物性與 SHG 值[15]

Polymer	M_w	M_w/M_n	T_g/℃	d_{33}/（pm/V）
1a	5300	1.19	61	9.8
2a	7300	1.09	38	7.1
3a	3800	1.22	67	6.3

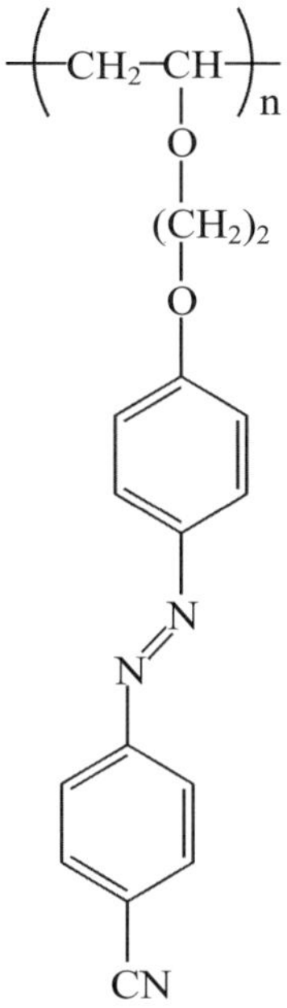

化合物 2 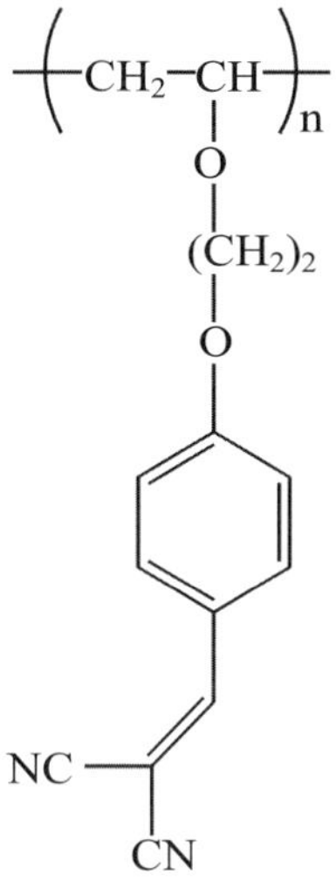　　化合物 3 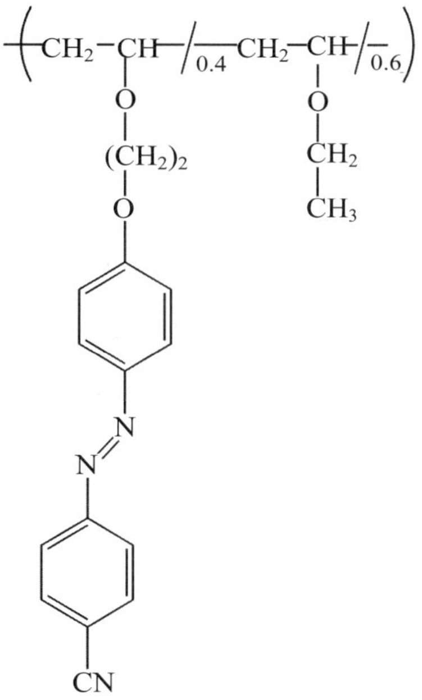　　化合物 4

還有一類屬於具有相分離的複合材料，P-Nitroaniline 溶於 Polyethyleneoxide（PEO）由 Watanabe 等[16]提出，本為對稱性晶體的 P-Nitroaniline 竟可在 PEO 中形成非對稱之共錯合晶體（Cocrystalline Complex），此效應類似於包藏化合物（Inclusion Compound），此共錯合晶體在長晶過程中施以微小電場，可得 SHG 訊號為 Urea 粉末的 20~30 倍，但 SHG 訊號會隨時間而消失，可能因晶體隨時間而分解有關，但亦是另一種產生 NLO 材料的方式。

三、*主鏈型 NLO 高分子（Main-chain Polymers）*

NLO 發色團直接接於高分子的主鏈上，Green 等[17][18]最早製備這類型的 NLO 高分子，但是大部分的高分子都不溶解或結晶，故沒有二次非線性光學特質。而 Xu 等[19]以 Polyurethane 和 Dialkylamino Sulfonyl Azobenzene 合成的 NLO 高分子，測得其 d 值為 40pm/V，此外，G. S'Heeren 等[20]也合成共聚酯化合物 PMa 與 PMb（化合物 5），其特性如表 7-2。結果顯示 SHG 值非常低，其原因乃低 T_g 造成 SHG 訊號在室溫就迅速消失，以及產生低的 $\mu\beta_z$ 值。

$$-\!\left(O-(CH_2)_6-O-C_6H_4-N{=}N-C_6H_4-\overset{O}{\overset{\|}{C}}-O-(CH_2)_{15}-\overset{O}{\overset{\|}{C}}\right)_n\!-$$

化合物 5

表 7-2　PMa 與 PMb Copolyesters 的物性與 SHG 值[20]

Polymer	m_{pol} a)	M_w	M_w/M_n	T_g/℃	d_{33}/（pm/V）
PMa	0.63	114900	2.19	51	0.54
PMb	0.34	98700	1.97	53	0.27

a）：每單位發色團的莫耳分率。

主鏈型 NLO 高分子因提高 NLO 發色團在整體高分子的濃度並減少部分相分離，使 SHG 訊號將更穩定，但可惜發色團在長條狀的主鏈上，其極化過程中因長度過長，將遭遇極大的阻力，而產生極化困難之現象[21~26]。理論上若能將主鏈中各發色團極化使之規則排列，則整個系統再回復到紊亂狀態之活化能會相當大，因此其 NLO 性質應將極為穩定。

四、側鏈型 NLO 高分子（Side-Chain Polymers）

將 NLO 發色團接枝於高分子的側鏈上，其優點為極化過程只需將側鏈極化排列即可，與主鏈型比起來較易極化，而與混合型系統相較，此結構限制發色團的局部運動而減緩鬆弛。另一優點為可選擇高β值的發色團加以官能化（Functionalized）即可接於高分子上合成所需的材料[27~35]。此類高分子可以根據極性排列、NLO 性能及分子鬆弛加以合成。

以 Methacrylate 為主的側鏈高分子來說，表 7-3 為 P4 和 P5（化合物 6, 7）之 SHG 值。可以清楚知道 P4 隨著發色團濃度增加，而獲得較大的 d 值，但是 P5 則剛好相反，這是因為 P5 有較多堅硬的結構所造成。

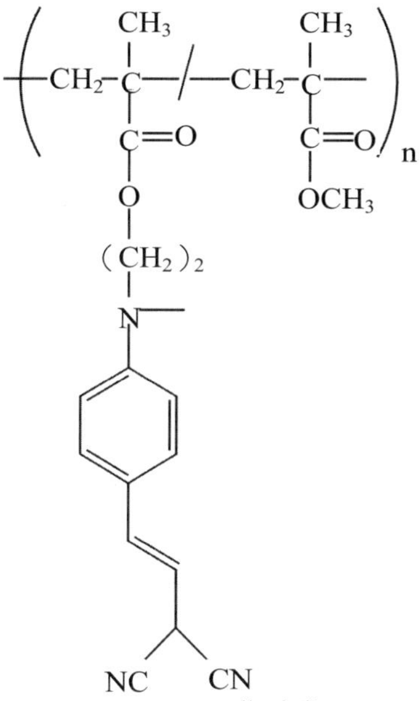

化合物 6 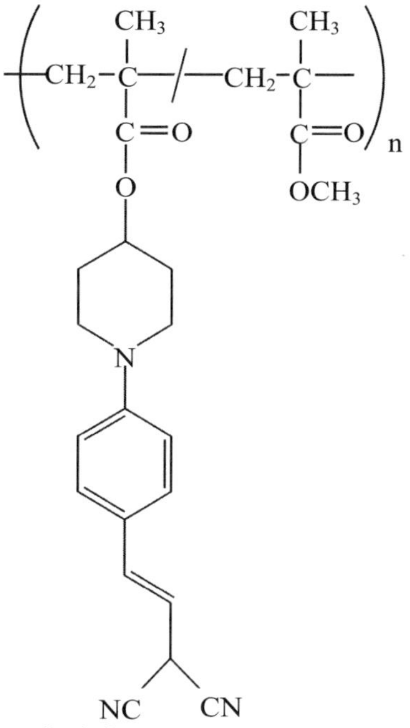　　化合物 7

表 7-3　polymethacrylates P4 和 P5 的物性與 SHG 值㉟

Polymer	m_{pol}[a]	M_w[b]	M_w/M_n	$T_g/^0C$	d_{33}/（pm/V）
P4-10	0.088	56900	1.74	119	12.1
P4-20	0.18	58000	1.90	118	21.8
P4-35	0.31	48000	1.90	109	26.4
P4-100	1.00	-	-[c]	120	65.8
P5-20	0.17	35900	1.71	135	45.7
P5-40	0.41	27900	1.56	142	20.1
P5-60	0.61	-[d]	-	131	9.0

a)：共聚合物中染料單體的莫耳分率。

b)：以 GPC 量測使用 THF 當溶劑，Polystyrene 為標準。

c)、d)：不溶於 THF，η_{red}分別為 0.14dL/g 和 0.25dL/g。

另又以 4-Dialkylamino-4'-Cyanoazobenzene 和 4-Dialkylamino-4'-Cyanostilbene 官能化後接於 Methacrylate 側鏈上[35]，得到表 7-4 的結果化合物 8、9。P6 的 d 值並不會隨發色團濃度增加而提高，而是在 31.5mol-%有最大 d 值，這是因為鄰近的發色團相互作用而造成，經過實驗證實這些高分子的SHG性質可以在室溫下穩定 4 個月之久。

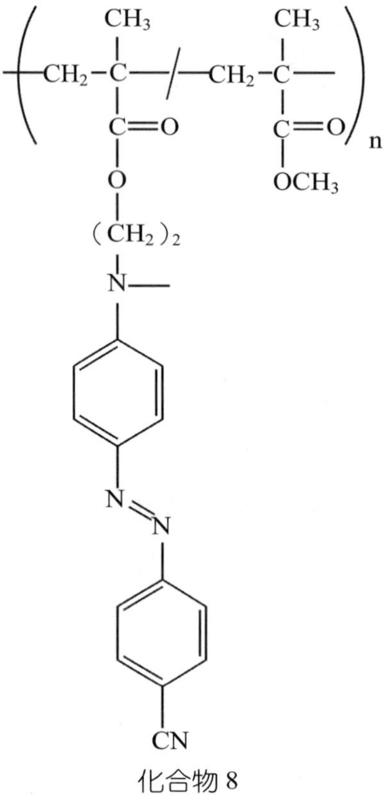

化合物 8

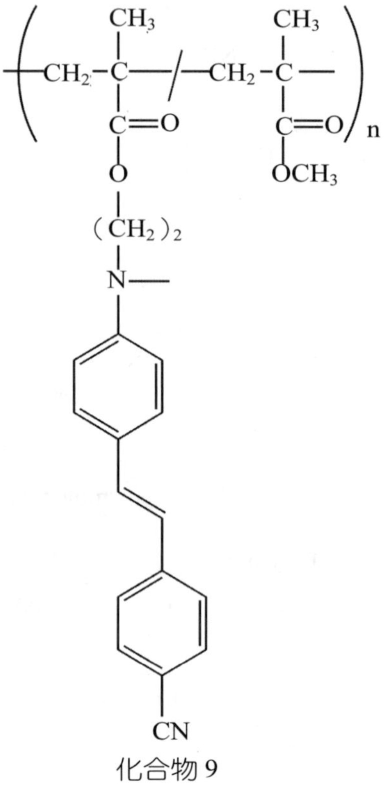

化合物 9

表 7-4　共聚合物 P6 和 P7 的物性與 SHG 值[35]

Polymer	m_{pol} a)	M_w b)	M_w/M_n	$T_g/^0C$	d_{33}/（pm/V）
P6-10	0.119	59300	2.14	129	5.2
P6-20	0.164	43500	1.69	128	21
P6-35	0.315	59300	2.24	134	68
P6-40	0.440	38600	1.71	128	45
P6-60	0.490	97900	1.83	125	32
P6-80	0.717	35800	1.83	124	31
P6-100	1.000	15300	1.32	181	26
P7-10	0.103	45400	1.68	107	8.8
P7-20	0.164	58700	2.08	107	11.5
P7-30	0.225	40000	1.61	75	12
P7-50	0.430	32200	1.60	80	12

a)：共聚合物中染料單體的莫耳分率。

b)：以 GPC 量測使用 THF 當溶劑，Polystyrene 為標準。

五、對掌性高分子（Chiral Polymers）

近年來發現，高對掌性的聚合物似乎也有 NLO 的特質，從理論上顯示等向性對掌分子或高分子的中間體也擁有光電特質[36]，這與對掌材料原有的低對稱結構有關，甚至包含非對稱的等向性對掌分子或高分子所構成的中間體。此類高分子不容易鬆弛而且熱力學上安定。但不幸地，對稱的等向性對掌中間體考慮到倍頻太高，因此只適用於光電效應和混頻上，而從實驗上也確定此效應對 NLO 有很大的衝擊，所以，非對稱的結構較為實用。

六、高 T_g 值高分子（High Glass Transition Polymers）

我們知道要得到高 T_g 的高分子，交聯（Crosslinked）高分子通常都有較高的 T_g 值[37~52]，從前面所述得知，T_g 值太低 SHG 訊號很快就衰減了，因此，合成出側鏈型 NLO Aromatic Polyimides PI-1 和 PI-2（化合物 10, 11），從表 7-5 可以看出 T_g 點都很高，再由圖 7-2 知道 PI-2 在 125℃有較高的 d 值，而 PI-1 的 SHG 訊號於 24 小時減少了 20%，PI-2 減少 7%，但是之後的 1000h 都沒有任何改變[53]~[55]。同樣的於升溫的過程中 SHG 的訊號有一些衰減，不過達到設定溫度後，SHG 訊號就穩定了。 還有一些有趣的高 T_g 值 NLO 高分子，例如 Polyimides 分別和 Dialkylamino Nitrostibene 及 Dialkylamino Methylsulfonylstilbene 所組合的 NLO 高分子 （化合物 12~15）。其 T_g 值分別為 230℃, 250℃, 240℃和 235℃，d 值則為 115 pm/V、28.8 pm/V、51 pm/V 和 146 pm/V。而高熱穩定的 Polyimides 也曾被合成過 （化合物 16,17），此二種化合物都能於 300℃下穩定幾個小時，且 T_g 值都高於 300℃。

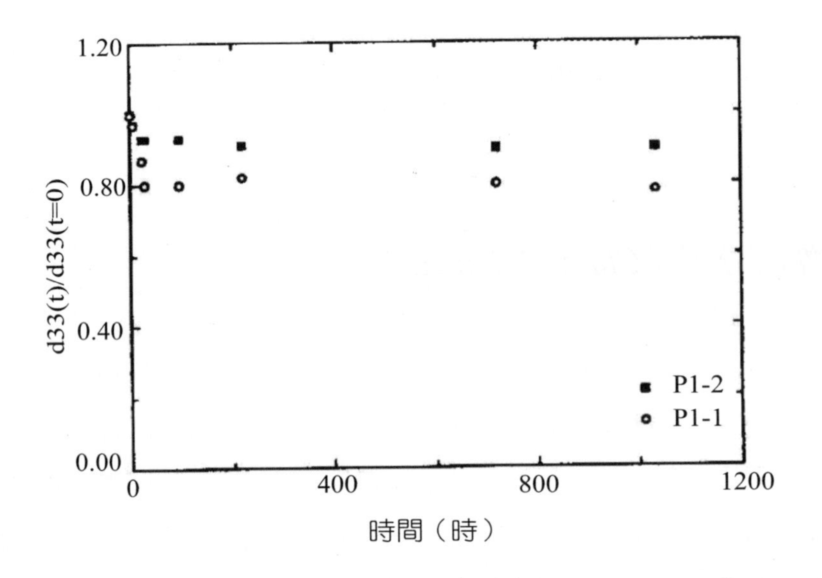

圖 7-2　PI-1 與 PI-2 於 125℃下的 SHG 訊號隨時間變化[20]

表 7-5　具有發色團之 Polyimides PI-1 和 PI-2 的物性[20]

Polymer	M_w	M_w/M_n	Chrom. wt.%	T_g/℃	T_d/℃[a)]
PI-1	72400	2.1	45	220	293
PI-2	63500	3.9	25	275	314

a)：裂解溫度。

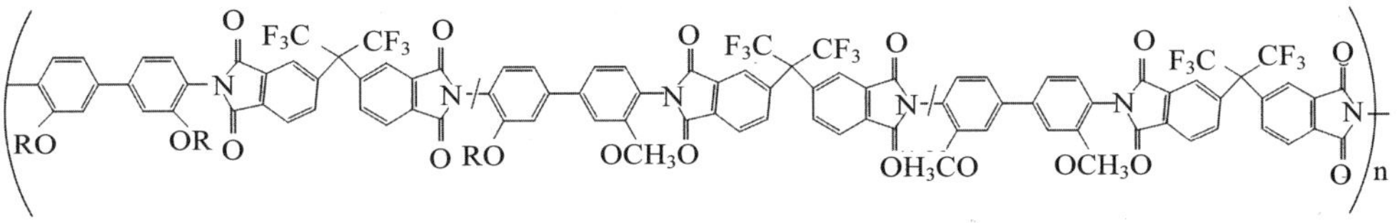

化合物 10

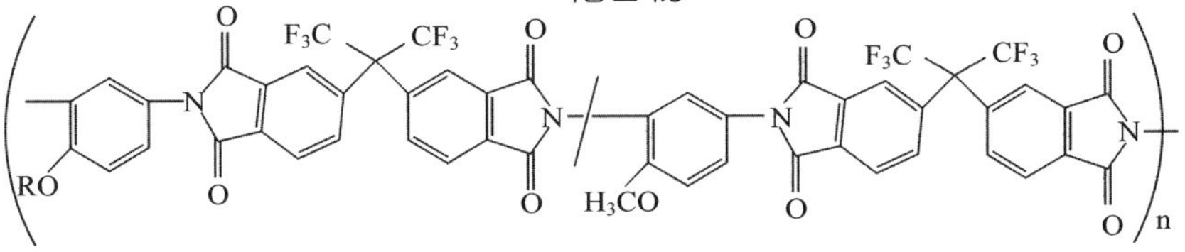

化合物 11

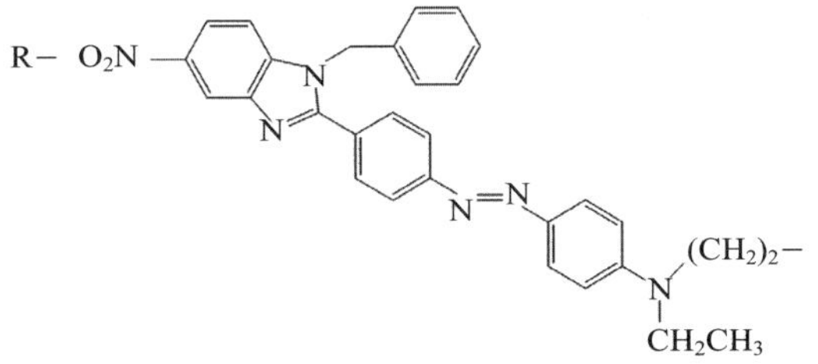

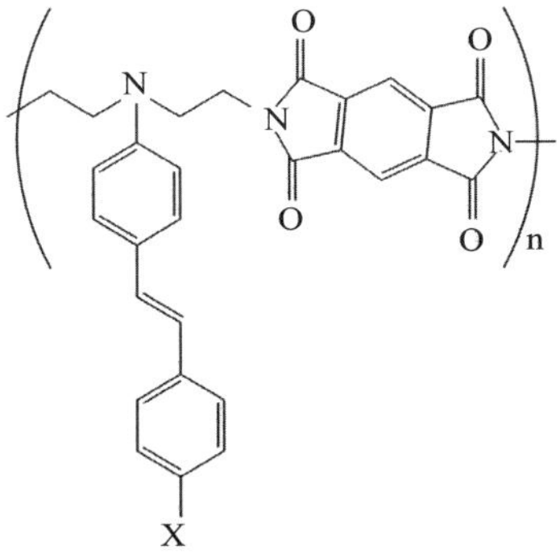

化合物 12 : X= NO_2

化合物 13 : X= SO_2CH_3

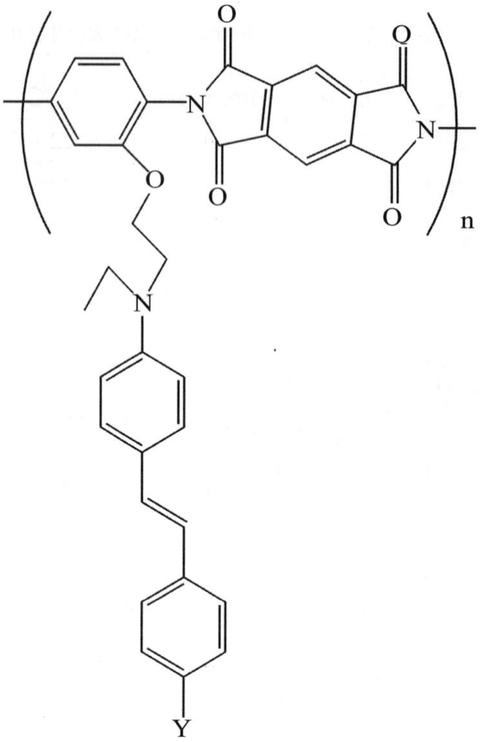

O O N N O O O n N Y

化合物 14: Y= SO_2CH_3
化合物 15: Y= NO_2

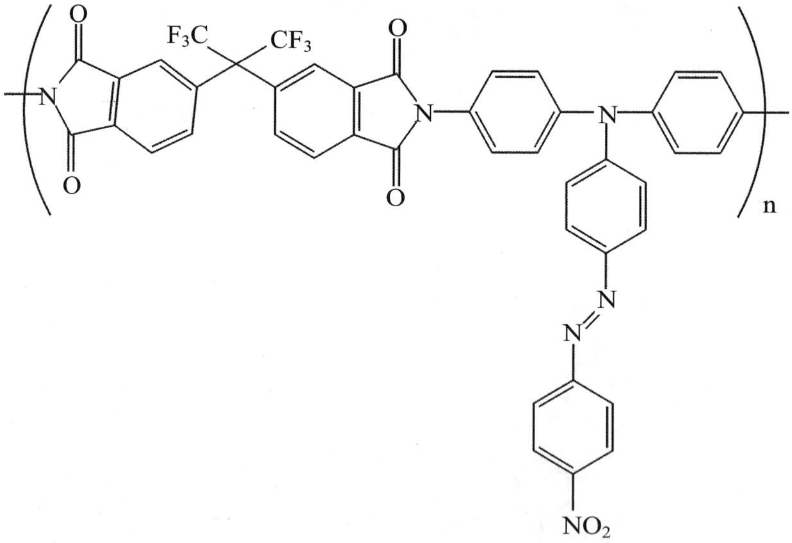

O F_3C CF_3 O N N N O O n N N NO_2

化合物 16

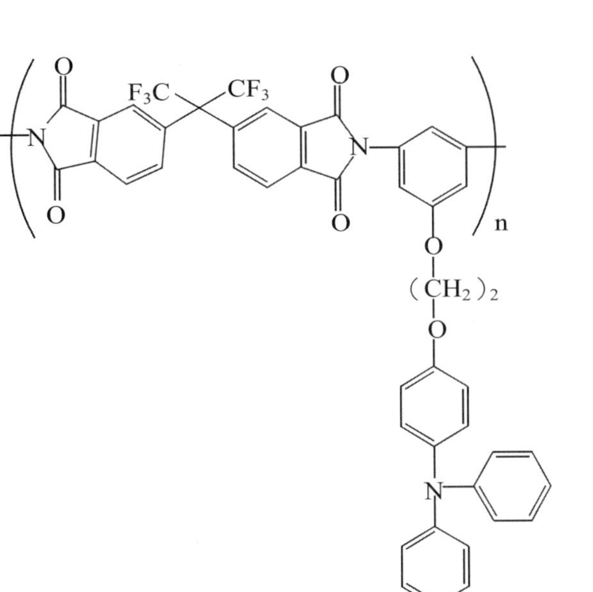

化合物 17

七、液晶型高分子（LC Polymers）

當設計一液晶高分子結構時，發現與 NLO 材料的需求相符，之前所提到的 NLO高分子都有可能是液晶高分子，而液晶高分子最大的優點為：在極化的過程中，於適當的溫度在液晶相極化，因為液晶對電磁場感應很強，使得極化排列非常容易。所以分子設計上的需求，為尋求一穩定之向列型液晶相，以便於極化規則排列後，將溫度驟冷下形成玻璃態，以穩定 SHG 訊號。為了增加 NLO 發色團在高分子中之濃度及利用液晶導致的極性排列，Le Barny 等[56]合成了含 Stilbene 之側鏈型液晶共聚合高分子（化合物 18），但同樣因 T_g 點太低（33℃），且發色團濃度過高會影響到此共聚高分子之液晶性能，因此，應用上仍受限制。

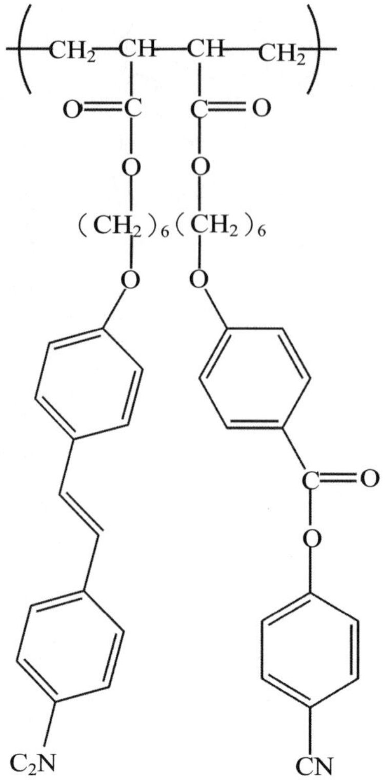

化合物 18

另外還有含 Oxynitrobiphenyl 於 Methacrylate 側鏈及 Siloxane 為主鏈之側鏈型液晶高分子（化合物 19, 20），以 Methacrylate 為主鏈時，增加 n 值即 Spacer 長度，可增加液晶安定性，但也相對降低了 T_g 值，且層列型液晶相穩定度超過於向列型液晶相，當 n=12 時，甚至會在慢速冷卻下形成結晶。主鏈若用 Siloxane 取代（化合物 20），則主鏈對側鏈影響較小，液晶安定性較佳，但相對的 T_g 點也降低了，若欲使 T_g 增加，主鏈型液晶高分子似乎較可行，但必須先解決極化的問題，譬如 $\chi^{(3)}$ 不需極化，則主鏈型液晶高分子將會是一個不錯的選擇。

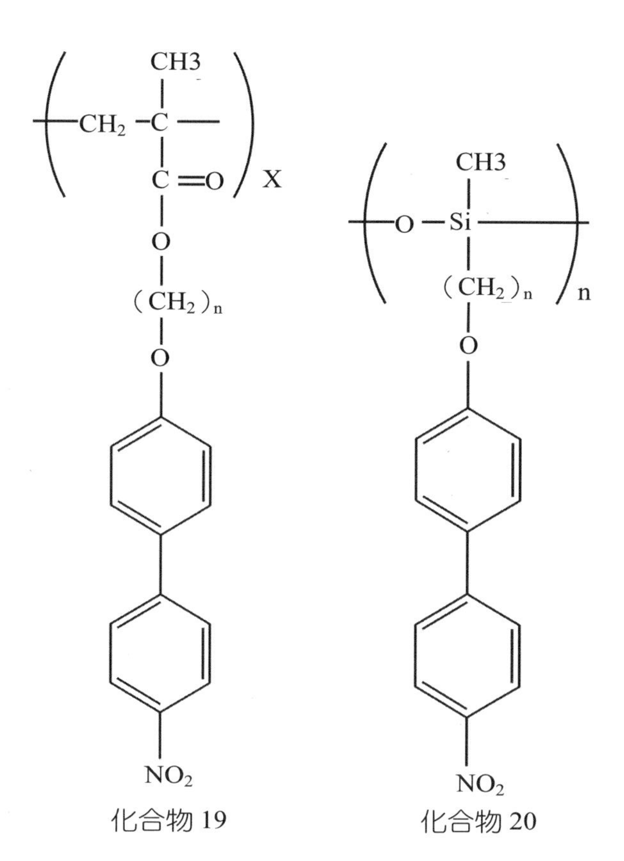

化合物 19　　化合物 20

八、交聯型高分子（Crosslinked Polymers）

在 T_g 點之下，交聯是阻礙物理衰變的最好方式。事實上 NLO 高分子應用於裝置上有時候系統會長時間在 80℃下操作。雖然高分子本身 T_g 點在 175℃左右，不過，其穩定性並不好，因此，需要交聯的結構才可以實際應用。過去的幾年來，只有少數的交聯型 NLO 高分子被發展出來，而且氧化和光化學反應會破壞交聯的發色團，這方面的問題應該被重視。

合成交聯型高分子依其交聯方式和製備的不同，可分為以下幾種類型：溶膠—凝膠（Sol-Gel）、光化學反應、熱交聯反應（Thermal Crosslinked Polymers）和相互穿透之網狀高分子（IPN）。以下作一說明：

㈠溶膠—凝膠（Sol-Gel）

此方法為經由水解，縮合（Condensation）等步驟交聯結構，因為反應溫度低不會造成熱裂解的現象，因此合成的材料交聯密度較均勻且有較優良的光學性質。 化合物 21 為交聯型聚亞醯胺的高分子，其 T_g 點為 250℃，量測 SHG 值在 110℃下經過了 120 小時仍然沒有衰減的現象產生，可以看出其優越的熱穩定性。

㈡光化學反應

由光化學反應聚合的交聯型高分子乃是將具有感光性官能基低分子與高分子相混合，經過 UV 光的照射造成光化學反應而形成交聯型的結構。同樣地，此反應溫度低與溶膠—凝膠法一樣無高溫反應所造成的熱裂解，但會有些微的光裂解。化合物 22 為在 75℃下，經過 UV 光照射 10 分鐘而形成交聯型高分子，此材料 d 值約為 20 pm/V。

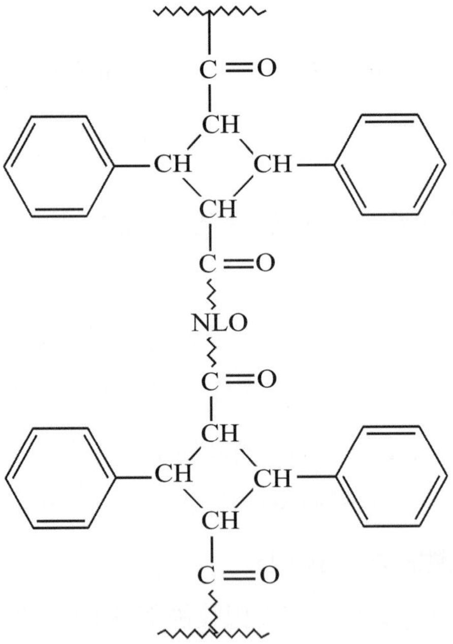

NLO: Nonlinear Optical Moiety

化合物 21

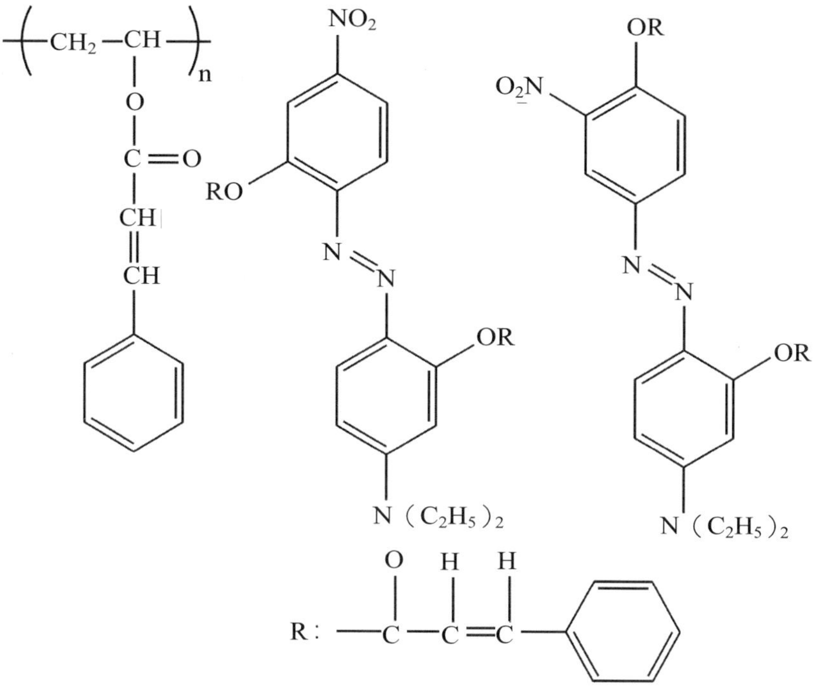

$-(CH_2-CH)_n-$
O
C=O
CH
CH

NO_2
RO
N=N
OR
$N(C_2H_5)_2$

OR
O_2N
N=N
OR
$N(C_2H_5)_2$

R：$-C(=O)-CH=CH-C_6H_5$

化合物 22

⑶熱交聯反應（Thermal Crosslinked Polymers）

此方法為將發色團聚合或接枝於主鏈上，經過旋轉塗佈後同時進行熱交聯反應。因為要避免發色團在高溫下產生熱裂解，所以此類型之交聯密度不佳，而造成較差的透光性。

⑷相互穿透型網狀高分子（Interpenetrating Polymer Network, IPN）

將兩種不同的低分子材料混合且各自進行交聯反應，而形成兩種分子之相互穿透的網狀高分子結構，可根據彼此的特性加以改質，以符合所需要的材料性質。化合物 23 由於高密度的交聯結構產生，因此具有優越的熱穩定。此材料在 110℃下經過 200 小時後，其 SHG 值仍無衰減的現象產生。

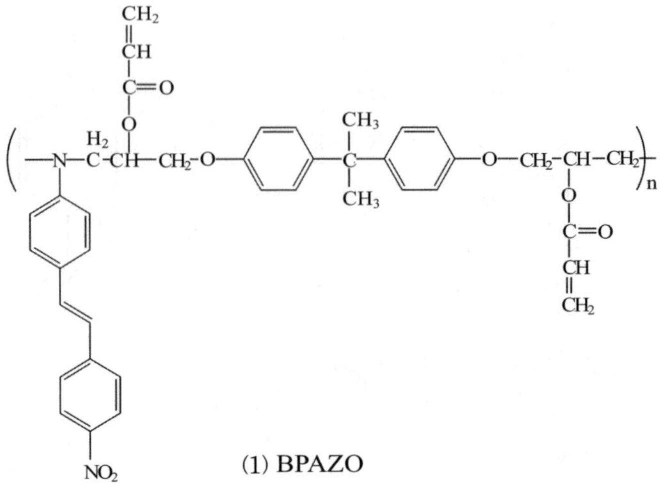

(1) BPAZO

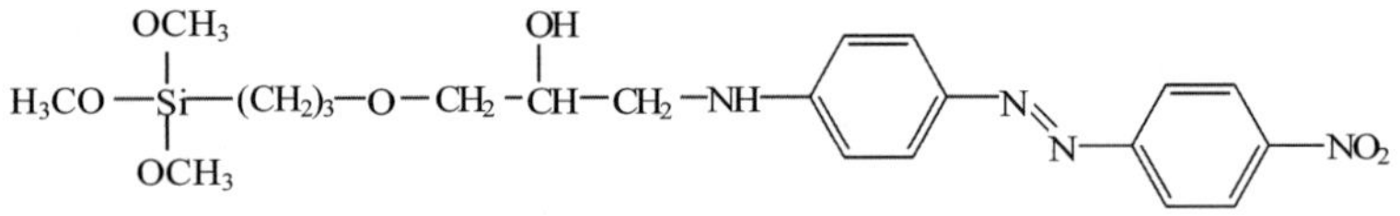

(2) ASD

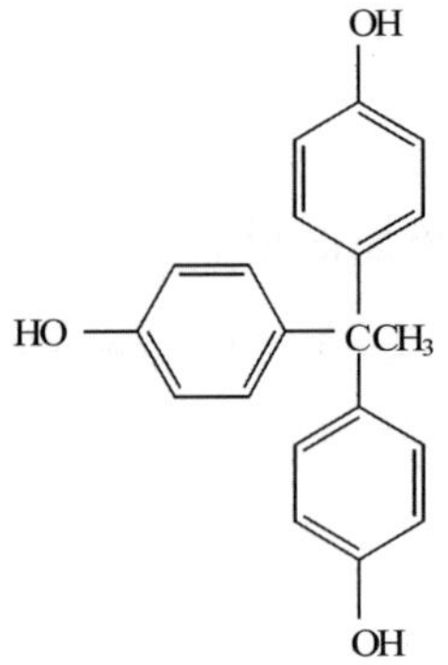

(3) THPE

化合物 23

認識不同類型的 NLO 高分子後，我們來探討主鏈的方向跟發色團的關係，由圖 7-3 所示。其硬段上偶極矩總和可以下式表示：

$$\mu=\mu_{backbone}+n\mu_{chrom}\langle\cos\theta\rangle \quad (5)$$

此處μ_{chrom}為發色團的偶極矩向量和，$\mu_{backbone}$的方向與μ相同，θ為μ_{chrom}和μ的

夾角，由圖 7-3 所示。此外，高分子的超極化度（β）可以寫成下式[57]：

$$\beta = n\beta_{chrom} \langle \cos\theta \rangle \quad \cdots\cdots (6)$$

而由式(5)和式(6)，可以將μβ以下式表示：

$$\mu\beta = n\mu_{backbone}\beta_{chrom}\langle \cos\theta \rangle + n^2\mu_{chrom}\beta_{chrom}\langle \cos\theta \rangle^2 \quad \cdots\cdots (7)$$

所以，由上式看出欲使SHG增加可由增加發色團的量、主鏈偶極矩強度和超極化度大小、及發色團的排列。從實驗上也可以獲得證實，以 Polyisocyanides 來說，量測其μβ/n 值為 1.5，但是發色團接枝於Polyglutamates上可得到比前者大 35 倍的μβ/n 值，這是因為主鏈與發色團極化後提供高的偶極矩而造成。最後將不同類型的 NLO 高分子作一比較，如表 7-6 所示。

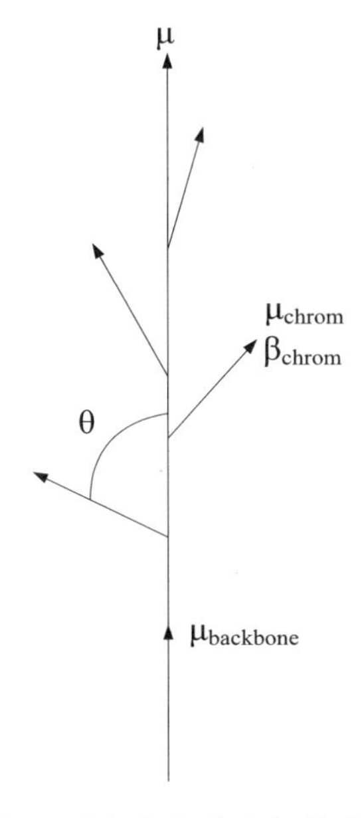

圖 7-3　發色團的偶極矩和超極化度與主鏈的偶極矩夾θ角[57]

表 7-6　不同類型的 NLO 高分子性質

材料型式	發色團與高分子的化學鍵結	發色團的安定	特色與缺點
混合高分子	無（「染料的混摻」）	玻璃態在 T_g 下	染料分子容易聚集
側鏈高分子	染料與高分子有間距	化學附著（T< T_g）	許多染料填充在玻璃態
主鏈高分子	染料為主鏈一部分	主鏈的移動力受到限制	偶極化方向阻礙
網狀高分子	有或無尾端鍵結	染料被鎖在網狀中	極化和交聯

本文將最近一些重要的 NLO 高分子作一回顧，先從理論來了解如何設計一NLO高分子，探討不同類型的優缺點。當然所提到的類型不見得包含所有的NLO高分子，但是這些應該是符合未來應用的類型，且經由本文亦可了解 NLO 性能來進一步探討分子鬆弛、偶極排列、分子間作用力及分子動熱力學。從前面所述知道 NLO 高分子特殊結構設計，確實穩定了 SHG 訊號，但 $\chi^{(2)}$ 仍未達到可應用的範圍，NLO 材料上還有許多需要研究的地方，因此穩定的系統和高 SHG 訊號才能滿足應用上的需求。

1. D. J. Williams, *Angew. Chem., Int. Ed. Engl.* **23**, 690（1984）; P. N. Prasad and D. R. Ulrich, Eds., "Nonlinear Optical and Electro-active Polymers", Plenum Press, N. Y.（1998）.
2. D. S. Chemla and J. Zyss, Eds., "Nonlinear Optical Properties of Organic Molecules and Crystals", Academic Press, N. Y.（1987）.
3. A. J. Heeger, J. Orenstein, D. R. Ulrich, Eds., "Nonlinear Optical Properties of Polymers", *Mater. Res. Soc. Symp. Proc*. 109（1988）.
4. P. N. Prasad, D. J. Williams, "Introduction to Nonlinear Optical Effects in Molecules and Polymers", John Wiley and Sons, N. Y.（1991）.
5. S. R. Marder, J. E. Sohn, G. D. Stucky, Eds., "Materials for Nonlinear Optics: Chemical Perspecives", *ACS Symposium series 455*, American Chemical Society, Washington（1991）.
6. Y. R. Shen, "The principles of Nonlinear Optics", Wiley, N. Y.（1984）.
7. W. Wang, D. Che, H. R. Fetterman, Y. Shi, W. H. Steier, L. R. Dalton and P. - M. D. Chow, *Appl. Phys. Lett.* **67**, 1806（1995）.
8. R. W. Boyd, "Nonlinear Optics", Academic Press, San - Diego, CA（1992）.
9. C. Boshard, K. Sutter, P. Pretre, J. Hulliger, M. Florsheimer, P. Kaatz, P. Gunter, " Organic Nonlinear Optical Materials", *Advances in Nonlinear Optic Series 1,* Gordon & Breach, Basel（1995）.
10. Y. R. Shen, *Annu. Rev. Phys. Chem.* **40**, 237（1989）.
11. G. R. Meredith, J. G. VanDusen and D. J. Williams, *Macromolecules* **15**, 1385（1982）.
12. D. Campbell, L. R. Dix and P. Rostron, *Eur. Polym. J.* **29**, 249（1993）.
13. J. Y. Lee, *Polym. Bull.*（*Berlin*）**35**, 33（1995）.
14. J. Y. Lee, *Polym. Bull.*（*Berlin*）**35**, 73（1995）.

⑮ G. S. Heeren, G. Vanermen, C. Samyn, M. Van Beylen and A. Persoons, *Mat. Res. Soc. Symp. Proc.* **247**, 129（1992）.

⑯ T. Watanabe, K. Yoshinaga, D. Fichou and S. Miyata., *J. Chem. Soc. Chem. Commun.* 250（1998）.

⑰ G. D. Green, H. K. Hall Jr., J. E. Mulvaney, J. Noonan and D. J. Williams, *Macromolecules* **20**, 176（1987）.

⑱ G. D. Green, J. I. Weinschenk, J. E. Mulvaney and H. K. Hall Jr., *Macromolecules* **20**, 722（1987）.

⑲ C. Xu, B. Wu, L. R. Dalton, P. M. Ranon, Y. Shi and W. H. Steier, *Macromolecules* **25**, 6716（1992）.

⑳ G. S'Heeren, A. . Bolink, M. Heylen, M. Van Beylen and C. Samyn, *Eur. Polym. J.* **29**, 981（1993）.

㉑ J. D. Stenger-Smith, J. W. Fischer, R. A. Henry, J. M. Hoover, G. A. Lindsay and L. M. Hayden, *Macromol. Chem., Rapid Commun.* **11**, 141（1990）.

㉒ J. D. Stenger-Smith, J. W. Fischer, R. A. Henry, J. M. Hoover, M. P. Nadler, R. A. Nissan and G. A. Lindsay, *J. Polym. Sci., Polym. Chem.* **29**, 1623（1991）.

㉓ G. A. Lindsay, J. D. Stenger-Smith, R. A. Hery, J. M. Hoover and R. A. Nissan, *Macromolecules* **25**, 6075（1992）.

㉔ M. E. Wright and S. Mullick, *Macromolecules* **25**, 6075（1992）.

㉕ M. E. Wright, S. Mullick, H. S. Lackritz and L. Y. Liu, *Macromolecules* **27**, 3009（1998）.

㉖ L. Y. Liu, H. S. Lackritz, M. E. Wright and S. Mullick, *Macromolecules* **28**, 1912（1995）.

㉗ E. M. Cross, K. M. White, R. S. Moshrefzadeh and C. V. Francis, *Macromolecules* **28**, 2526（1995）.

㉘ L. M. Hayden, G. F. Sauter, F. R. Ore and P. L. Pasillas, *J. Appl. Phys*. **68**, 456（1990）.

㉙ G. Lindsay, R. Henry, J. Hoover, A. Knoesen and M. Motrazavi, *Macromolecules* **25**, 4888（1992）.

30 M. Mortazavi, A. Kowel, R. Hery, J. Hoover and G. Lindsay, *Appl. Phys*. **B53**, 287 (1991).

31 G. L. J. A. Rikken, C. J. E. Seppen, S. Nijhuis and E. W. Meijer, *Appl. Phys. Lett*. **58**, 435 (1991).

32 D. H. Jongee, H. K. Kim, M. H. Lee, S. G. Han, H. Y. Kim and Y. H. Won, *Polym. Bull.* (*Berlin*) **36**, 279 (1996).

33 M. Eckl, H. Muller, P. Strohriegl, S. Beckmann, K. H. Etzbach and M. Eich, *J. Vadra, Macromol. Chem. Phys*. **196**, 315 (1995).

34 M. D. Mc Culloch and H. Yoon, *J. Polym. Sci., Part A: Polym. Chem.* **33**, 1177 (1995).

35 G. S'Heeren, A. Persoons, P. Rondou, J. Wiersma, M. Van Beylen and C. Samyn, *Makromol. Chem.* **194**, 1733 (1993).

36 D. Beljonne, Z. Shuai, JL. Bredas, M. Kauranen, T. Verbiest and A. Persoons, *J. Chem. Phys*. **108**, 1301 (1998).

37 M. A. Hubbard, N. Minami, C. Ye, T. J. Marks, J. Yang and G. K. Wong, *SPIE Proc. Nonlinear Opt. Prop. Org. Mater*. **971**, 136 (1998).

38 M. A. Hubbard, T. J. Marks, J. Yang and G. K. Wong, *Chem. Mater* **1**, 167 (1989).

39 J. Park, T. J. Marks, J. Yang and G. K. Wong, *Chem. Mater*. **2** 229 (1990).

40 Y. Jin, S. H. Carr, T. J. Marks, W. Lun and G. K. Wong, *Chem. Mater*. **4** 963 (1992).

41 M. Eich, G. C. Bjorklund and D. Y. Yoon, *Polym. Adv. Techn.* **1**, 189 (1990).

42 D. Jungbauer, B. Reck, R. Twieg, D. Y. Yoon, C. Wilson and J. D. Swalen, *J. Appl. Phys. Lett.* **56**, 2610 (1990).

43 M. A. Hubbard, T. J. Marks, W. Lun and G. K. Wong, *Chem. Mater*. **4**, 965 (1992).

44 R. Zentel, D. Jungbauer, R. J. Twieg, D. Y. Soon and C. G. Wilson, *Macromol. Chem.* 859 (1993).

45 M. Chen, L. R. Dalton, L. P. Xu, X. Q. Shi and W. H Steier, *Macromolecules* **25**, 4032 (1992).

46 Y. Shi, W. H. Steier, M. Chen, L. Yu and L. R. Dalton, *Appl. Phys. Lett*. **60**, 2577 (1992).

47 H. Q. Xie, Z. H. Liu, H. Liu and J. S. Guo, *Polymer* **39**, 2393（1998）.

48 C. K. Park, J. Zieba, C. F. Zha, B. Swedek, W. M. K. P. Wijekoon and P. N. Prasad, *Macromolecules* **28**, 3713（1995）.

49 C. V. Francis, K. M. White, G. T. Boyd, R. S. Moshrefzadeh, S. K. Mohapatra, M. D. Radciffe, J. E. Trend and R. C. Williams, *Chem. Mater*. **5**, 506（1993）.

50 J. A. F. Boogers, P. T. A. Klaase, J. J. De Vlieger, D. P. W. Alkema and A. H. A. Tinnemans, *Macromolecules* **27**, 197（1994）.

51 C. Xu, B. Wu, L. R. Dalton, Y. Shi, P. M. Ranon and W. H. Steier, *Macromolecules* **25**, 6714（1992）.

52 C. Xu, B. Wu, O. Todorava, L. R. Dalton, Y. Shi, P. M. Ranon and W. H. Steier, *Macromolecules* **26**, 5303（1993）.

53 K. Van den Broeck, T. Verbiest, M. Van Beylen, A. Persoons and C. Samyn, *Macromol. Chem. Phys.* in press.

54 P. Pretre, P. Kaatz, A. Bohren, P. Gunter, B. Zysset M. Ahlheim, M. Stahelin and F. Lehr, *Macromolecules* **27**, 5476（1994）.

55 P. H. Sung, C. Y. Chen, S. Y. Wu and J. Y. Huang, *J. Polym Sci., Polym. Chem*. **34**, 2189（1996）.

56 P. Le Barny, *SPIE* **682**, 56（1986）.

57 M. Kauranen, T. Verbiest, C. Boutton, M. N. Teerenstra, K. Clays, A. J. Schouten, R. J. M. Nolte and A. Persoons, *Science* **270**, 966（1995）.

第八章
電子產業高密度化之發展趨勢

邱國展

學歷：國立交通大學應用化學研究所博士
經歷：工研院材料所研究員（1999~迄今）
　　　經濟部科技專案計畫主持人
　　　民間工業契約服務案計畫主持人
　　　經濟部探索性前瞻計畫主持人
現職：工業技術研究院工業材料研究所研究員
研究領域與專長：高分子材料聚摻合
　　　　　　　　高分子材料破壞力學
　　　　　　　　高分子材料微結構分析
　　　　　　　　無鹵銅箔基板材料開發
　　　　　　　　無鹵增層積層板介電絕緣材料開發

摘 要

半導體構裝技術發展大致依據摩爾定律（Moore's Law）來演進，其製程技術由 0.18μm 推展至 0.13μm，甚至 0.1μm 時，已進入原子效應明顯階段，面臨物理學上的技術極限。因此，必須從其他方面來思考，如何來提升電子產品的訊號傳輸能力。為了提升電路基板訊號傳輸速度，需要開發與傳統材料不同的新型電路基板製程技術與材料。根據半導體封裝產業規劃的藍圖，下一代面陣列封裝的間距是 0.75mm 或者更細。隨著量產的需求，傳統多層板結構將無法達到 2mil 的線寬及線距；這些新一代的封裝技術所生產的基板腳數將超過 1000 I/O 數。目前最受矚目的技術是增層基板技術（Build-up Board Technology）；而材料方面較熱門的主要是背膠銅箔材料與異方性導電膠，這些增層基板材料將是未來高密度電子產品製造的主軸，甚至未來將會全部往環保材料方面研究開發。

關鍵字

摩爾定律（Moore's Law）、增層基板技術（Build-up Board Technology）、背膠銅箔材料（Resin Coated Copper）與異方性導電膠（Anisotropic Conductive Film）。

一、前　言

對於電子產品設計而言，體積愈小、功能愈強是未來設計的主要趨勢。最明顯的例子如最新型的行動電話到PDA（Personal Digital Assistant），整個消費性電子產品市場，就是在往最小的空間中擁有最多的功能及方便性方向演進。因此，電子產品設計者必須持續面對製造出體積更小、速度更快、功能更強、樣式更多及良好可靠度產品的挑戰。而在這過程中更重要的是其價位低廉，如此才具有競爭力。

為了符合這幾項設計的潮流，必須從IC設計、儀器設備、製程技術及新材料開發等方面相互配合，才能將整個電子產業往更高層次提升。而本篇主要根據製程技術及材料開發兩大方面，來介紹高密度化電子產品之發展趨勢。

二、製程技術發展趨勢

印刷電路板系統小型化成功主要來自於孔徑的縮小化技術提升，而其間必須整合各個IC封裝設計、製造及材料業者，才能達到高密度技術水準。在過去幾年中，基板的互連技術並沒有像矽晶片那樣要求較高的縮小化速率。然而在矽晶片與基板接合方面，必須尋找更新的封裝技術及更先進的互連技術。事實上，目前最新的封裝技術只是在測試原有基板系統的極限及缺點。

目前在積體電路領域中IC技術突飛猛進，相對地逼迫基板設計技術必須提升的壓力。根據摩爾定律（Moore's Law），Die的尺寸隨著容量增加而減少，這主要藉助於細線化製程技術的進步。而在高密度、細線化的封裝技術中，例如BGA（Ball Grid Array）組裝設計就擁有超過1000腳數的容量，因此，所使用的基板面積能減至最小。但是，要在高腳數的封裝技術中，縮減空間技術將大大地增加鑽孔的困難度。因此，必須藉由提升加工技術來加以彌補，增加縮減空間的可行性。而在大部分基板設計系統中，BGA元件尺寸大小與CSP（Chip Scale Package）或覆晶（Flip Chip）/DCA（Direct Chip Attach）差異性不大。因此，這些技術已突破最小設計單位限制。然而，COB（Chip On Board）技術創造了另一項獨特的挑戰，可以免除基板上的互連點數，藉以提升鑽孔的穩定度。

另外一項先進的構裝技術是埋入式（Embedded）元件技術——完全不用封裝步驟，因為薄膜型電阻、電容及其他元件皆已設計在基板上。因此為了達到這項目的，必須能將所有元件設計於基板中任何一層內，而不只是在最外層之表面上。基板採用先進構裝技術的趨勢，對於基板互連性的設計有直接影響。假如沒有辦法將晶片連接於基板上面，那就無法縮小晶片封裝的尺寸。因此，為了縮減晶片封裝的尺寸，基板上的互連尺寸（線路及孔徑）也必須相對地做改變。由於通孔（PTH）的孔徑大小無法廣泛地運用於 BGA、其他微細線路及高 I/O 數之元件設計上。相對地，基板設計者在少層數細線路方向努力時，必須同時往降低成本及製程時間來開發。高密度化基板的開發成功，必須將孔徑的大小趨近於線寬大小，並利用盲、埋孔技術來達成是一個主要的關鍵。然而，微孔技術目前最大的困境來自於成本昂貴，但就長遠角度來看，微孔技術在未來高密度化基板的發展趨勢中是一個相當可行的方案。因此，目前在 BGA 及 CSP 元件上，細小微孔技術是主要採取鑽孔的方式，其運用在增層基板（Build-up Board）示意圖，如圖 8-1。

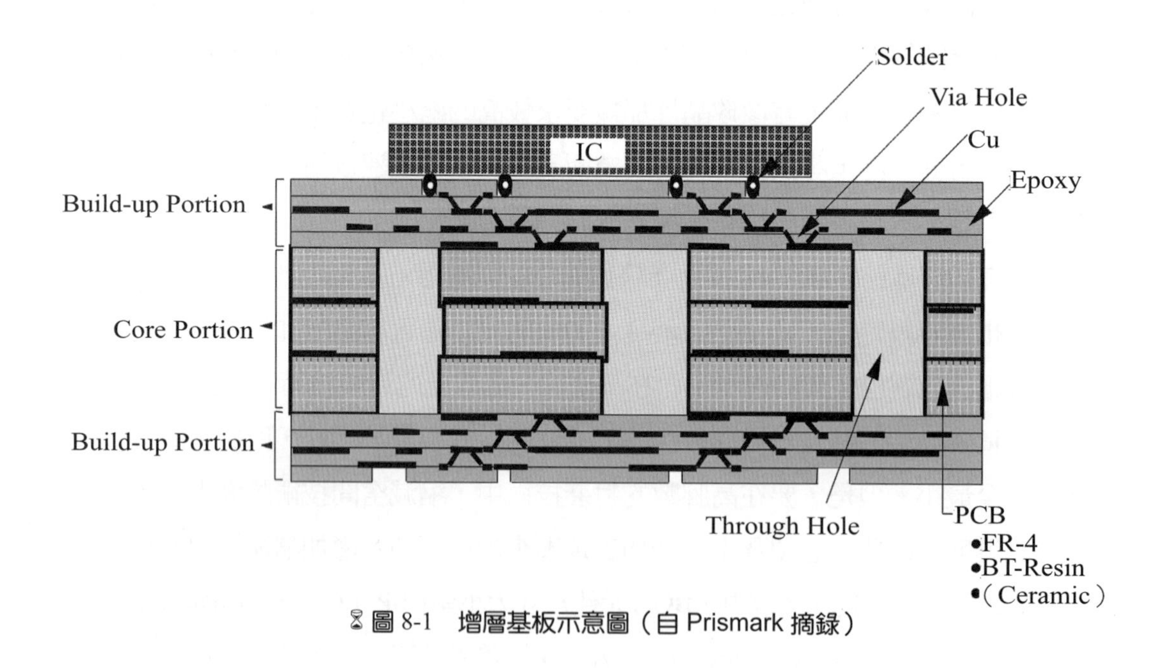

圖 8-1　增層基板示意圖（自 Prismark 摘錄）

近年來，美日等國在增層印刷電路基板技術發展中，已有相當不錯的應用成果。1989 年美國 IBM 公司開發一種既能滿足高密度，又能達到低成本要求的表面疊層外加線路技術（Surface Laminate Circuitry, SLC）；該項技術當時主要應用在 IBM 製作的筆記型個人電腦 Think Pad 750 產品中。最近，PCMCIA 卡及語音 DSP MCM-L 基板亦採用 SLC 技術。在此之後，陸續有 Ibiden 的加成增層技術（Additive Build-Up Process）、IBM Endicott 的薄膜重分配技術（Film Redistribution Layer, FRL）、IBM Austin 的交錯疊層技術（Alternative Laminate Technology, ALT）、Dyconex 的 Dyco strate 製程技術、松下電工的全層間隙孔基板製程技術（Any Layer Interstitial Via Hole, ALIVH）、日立化成的多層間隙孔基板製程技術（HITAVIA）以及日立電線的轉印線路 MCM-L 基板製程技術被開發成功，並且成功地運用於電子產品中。而東芝電路板事業部推出一種 B^2IT（Buried Bump interconnection Technology）方式的高密度電路板，則受到相當的矚目。目前日本增層印刷電路基板的研發及應用情況，如表 8-1 所示。

三、微孔技術發展

目前印刷電路板最熱門，也是世界各大廠商積極開發的是所謂增層（Build-up）或高密度互連（HDI）基板，而這些基板是結合不同的製程所產生的微孔基板。這些製造技術即所謂的連續增層（Sequential Build-up, SBU）、增層技術（Build-up Technology, BUT）或者是增層法（Build-up Method, BUM）；這些製造技術主要用在製作多層基板的細微線路及最小微孔的基板回路上。在增層基板的製作過程中，微孔製作技術一般大致分為：機械鑽孔、微影成孔及雷射鑽孔等三大製程。

(一)機械鑽孔（Mechanical Processes）

1. 傳統鑽頭鑽孔

其孔徑最小只能達到 0.1 釐米，一般使用於增層基板最外層的通孔製作，而非內層的盲、埋孔製作。

表 8-1　目前日本增層印刷電路基板的研發及應用情況

基板製造商	用途	實用化	層數	佈線 pitch	孔徑	導體層／絕緣層
日本 IBM	Notebook PC / 主機板	◎	8	・180μm 前後 ・wire bonding	125μm（一部分）	10-18/40μm
	Notebook PC / DSP 用 MCM	◎	6	150-180μm	90μm	
	PC 卡	◎	6	MCM-L 為 115μm		
	WS	◎	8			
	PC,WS 用 MCM	○	10			
	MCM-L	△	9			
	BGA	△	10			
	OA 消費性機器	○	4-12			
Canon components	攝錄放影機	○	6	150μm	150μm	30/50μm
	攜帶端末	○	6			
NEC	OA 機器用 MCM	○	6	120μm	130μm	20/50μm
	攜帶機器	△	6	250μm		
富士通	BGA	△	6		100μm	20/40μm
三菱電機	MCM-L	△	6		150μm	50/50μm
Satosen		△	6		150μm	
Easterrn	MCM-L	△	6	80μm	200μm	150/150μm
Prince	PC 卡	△	6			
日立 AIC	CC-41	△	4-6	125μm	300μm	125/125μm
Ibiden	攝錄放影機	◎	6	200μm	110μm	10-30/60μm
	Notebook PC	◎	8	150μm 開發中		
	彩色液晶顯示器	○				
Meiko	消費性機器	△	6	200μm	300μm	25/70μm
	OA 機器	△	4	150μm 開發中	100μm	

注：*1.* Princce 為三井東壓化學系列。

2. ◎已搭配機器；○95 年中實用化；△試製品（包括樣品出貨）。

資料來源：中日社。

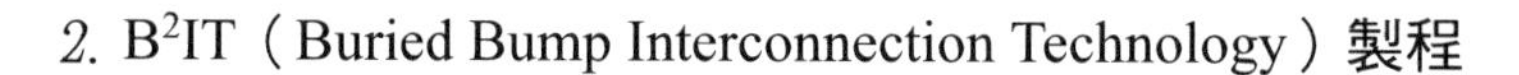

2. B^2IT（Buried Bump Interconnection Technology）製程

其做法是於內層板上預計與另一層互連處將導電膠印成一硬幣形狀，將其硬化後，再將含銅箔膠片壓合其上形成多層板，此時硬幣狀導電膠將穿透膠片與外層互連形成導通構成回路。

3.刻印法

其做法是將所需回路樣式（包含微孔）利用電鑄模轉印於絕緣層上，再將此微孔電鍍形成導通路。此法可提供於未來基板量產的選擇之一。

㈡微影成孔（Photo Via Processes）

此法最大的優點在於成孔快速，且與孔徑大小及數目無關，而且絕緣材料可以是濕膜或乾膜。此法最著名的是 IBM Yasu's SLC Process （Surface Laminar Circuitry），此方法無法成為工業的標準製程在於其成本較昂貴；而目前日本方面也有廠商提出許多類似的製程。其主要是利用低固含量之感光型絕緣材料於內層板上，透過塗佈技術（可能是簾幕式塗佈或網印）將感光型絕緣材料乾燥，在這過程中必須小心控制溶劑的蒸發，以避免氣泡的產生，因為將會大大地影響隨後微孔形成之品質。一般而言，若要形成絕緣層厚度大約 50~70μm時，需要塗佈 2~3 次；所形成絕緣層厚度將會限制孔徑大小，愈厚愈難形成窄且深的微孔。

㈢雷射鑽孔（Laser Via Processes）

目前增層基板方面以雷射鑽孔為主，廠商擁有雷射鑽孔機數目代表其增層基板製造技術能力；而雷射源形態主要分為兩類：CO_2及 UV/YAG。其中 CO_2雷射成孔快速，但基本上只能用於絕緣材料；而UV/YAG雷射則能穿透銅箔及絕緣材料，但其成孔速率較慢。因此，採用何種方式來製作微孔，必須根據雷射的種類及所使用的材料。目前最普遍被採用的方法是 CO_2雷射鑽孔，但背膠銅箔材料（Resin Coated Copper, RCC）需要先開操作視窗以露出絕緣材料，再使用雷射鑽孔。然而，這樣的程序需要上光阻、曝光、顯影、蝕刻及去光阻步驟，並需要相關的無塵室及設備。對於使用 RCC 材料而言，若採用 UV/YAG 雷射時，雖然能同時穿透銅箔及絕緣材料，但是必須小心控制能量，以免損害材料載台。表 8-2

為 UV 雷射成孔對於 ITRI（Interconnection Technology Research Institute） Cost Model 的資料。而圖 8-2 為各種微孔製作成本與傳統製作之比較圖。由以上研究資料可知，後來開發的先進鑽孔技術，不管是機械鑽孔、微影成孔或雷射鑽孔技術，再配合新開發材料所製造的增層基板，其成本皆比傳統技術來得低。

表 8-2　微 UV 雷射成孔對於 ITRI Cost Model 的資料

Process	Description	Laser Throughput Used	Estimated Board Cost
YAG Laser 2 Pass (Cu & resin)	RCC Construction, Processing Copper Foil on the 1st Pass and Dielectric Material on the 2nd	2,100 Vias Per Minute（35 Via Per Second）	$9.63
YAG Laser 1 Pass W/Foil	RCC, pre-etched copper vias	4,500 Vias Per Minute（75 Via Per Second）	$10.57
YAG Laser 1 Pass No Foil	Resin-Only Vias, Semi-Additive plating	4,500 Vias Per Minute（75 Via Per Second）	$8.48
Conventional Process	8-Layer, 16-Mil Dril	——	$14.42

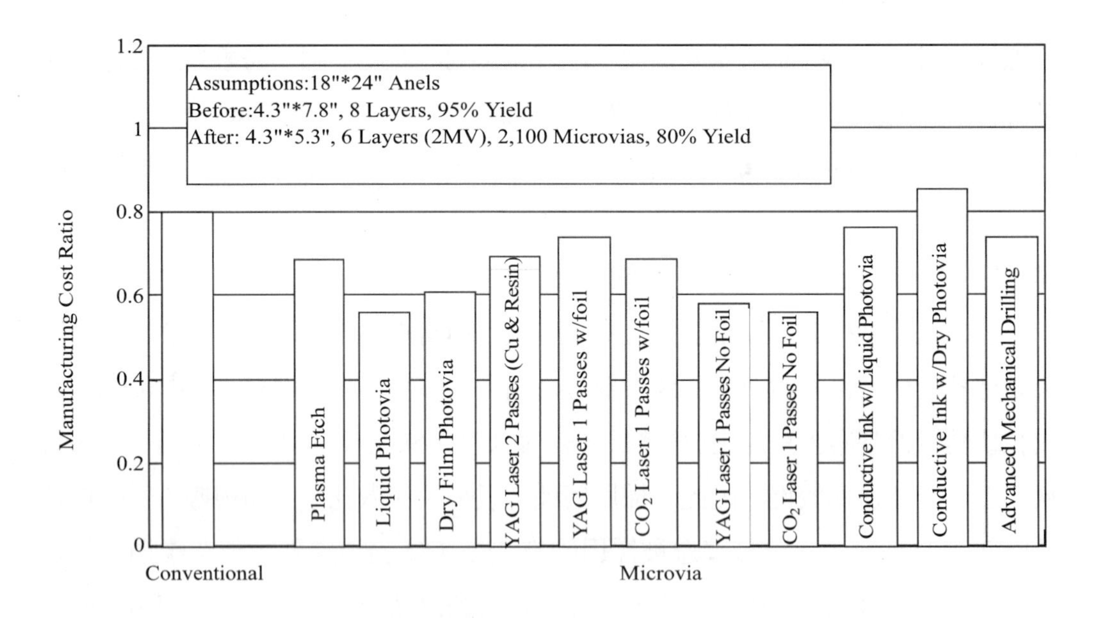

資料來源：ITRI。

圖 8-2　各種微孔製作成本與傳統製作之比較

四、增層基板材料之開發

隨著電子材料系統往輕、薄、短、小、高功能、高密度、高可靠性、低成本的潮流走，以及在電子構裝往高腳數、細微化、多晶片化、面積縮小化和有機材料的選用等需求發展下，作為提供電子元件在安裝與連接時的主要支撐體之印刷電路基板，是所有電子產品不可或缺的主要基礎零組件。印刷電路基板為了能夠符合這些電子產品與技術的需求，亦朝高密度佈線、薄形、細小孔、高尺寸安定、低價格化的方向發展。因此，積極開發新的高密度半導體構裝增層（Build-up）製程技術，以及符合這種高密度基板製程的有機材料，是目前半導體構裝技術非常重要的環節。而以下主要針對目前世界各大廠積極開發之增層基板材料——背膠銅箔材料及覆晶技術連接材料——異方性導電膠兩種材料來進行介紹。

㈠背膠銅箔材料（Resin Coated Copper, RCC）

一般而言，在製造增層基板的過程中，大約有三種方式來製作絕緣層：⑴液態樹脂：直接將液態樹脂塗佈於內層板上，但此法較難控制樹脂的厚度且在研磨過程中較耗時耗力；⑵薄膜狀絕緣材料：是一種相當好的方式，並能精確地控制絕緣厚度；唯一的缺點是經過疊合後，其塑膠載體即撕去拋棄，較耗成本；⑶背膠銅箔材料：是目前在增層基板製造中，最常使用的材料。而 RCC 的大致組成結構、精密塗佈製程與特性評估流程示意圖，如圖 8-4 所示。此材料可因應半導體微處理器與邏輯IC用構裝載板之需求，因此，此類型產品具有高速傳輸、高速運算及高密度之特性。因此，背膠銅箔材料的開發將會帶動整個IC半導體產業、原料供應商、印刷電路板業者、電子資訊製造產業及設備製造業等的蓬勃發展，其詳細的關聯性，如圖 8-5 所示。而背膠銅箔材料具有的優點如下：

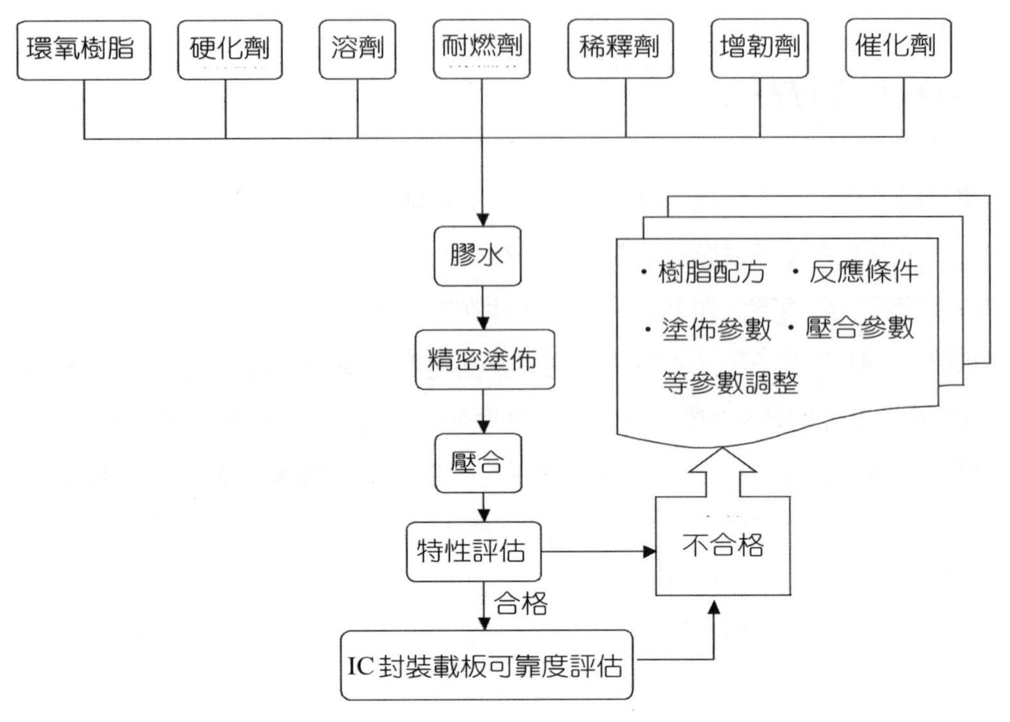

圖 8-3 背膠銅箔材料之製造流程示意圖

1. 搭配雷射鑽孔技術，可使電子產品獲得較細小的線路。
2. 符合新型構裝技術之需求，例如：BGA、CSP 及 Flip Chip 等。
3. 符合增層基板高密度化的需求。
4. 增加增層基板線路設計之彈性。
5. 不需要補強材料，例如玻璃纖維等。
6. 加工性容易。
7. 成本較低。

而 RCC 材料於未來 2001~2005 年之全球市場趨勢，如圖 8-6，由此可知，RCC 在未來增層基板市場所占的比例將會持續地成長。

㈡異方性導電膠（Anisotropic Conductive Film, ACF）

最近幾年來由於資訊及通訊的電子產品需求增加，而這些產品都需具備高功能、輕、薄、短、小的特性。由於IC主要封裝於導線架（Lead Frame）上，造成

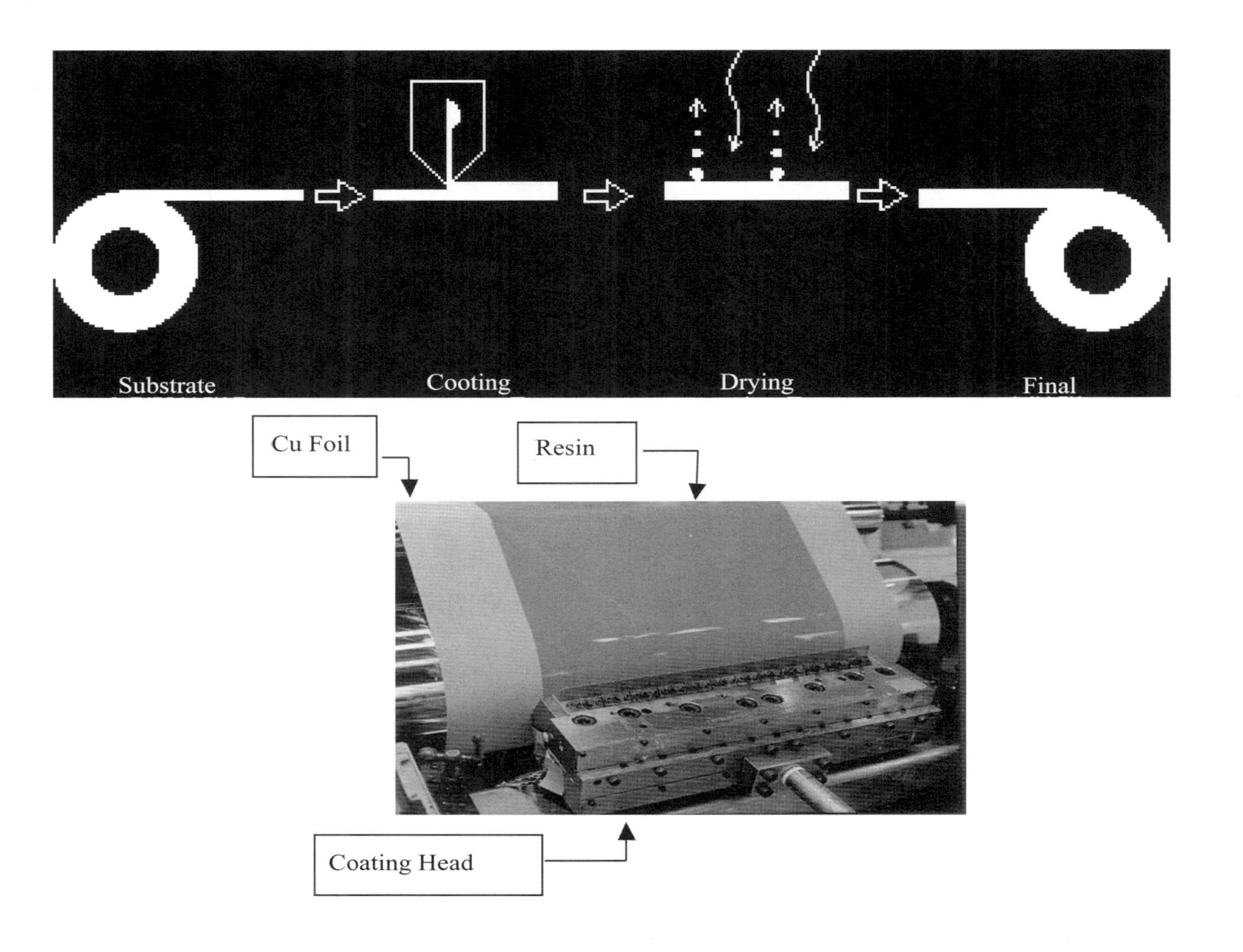

圖8-4　RCC 精密塗佈之製造流程示意圖

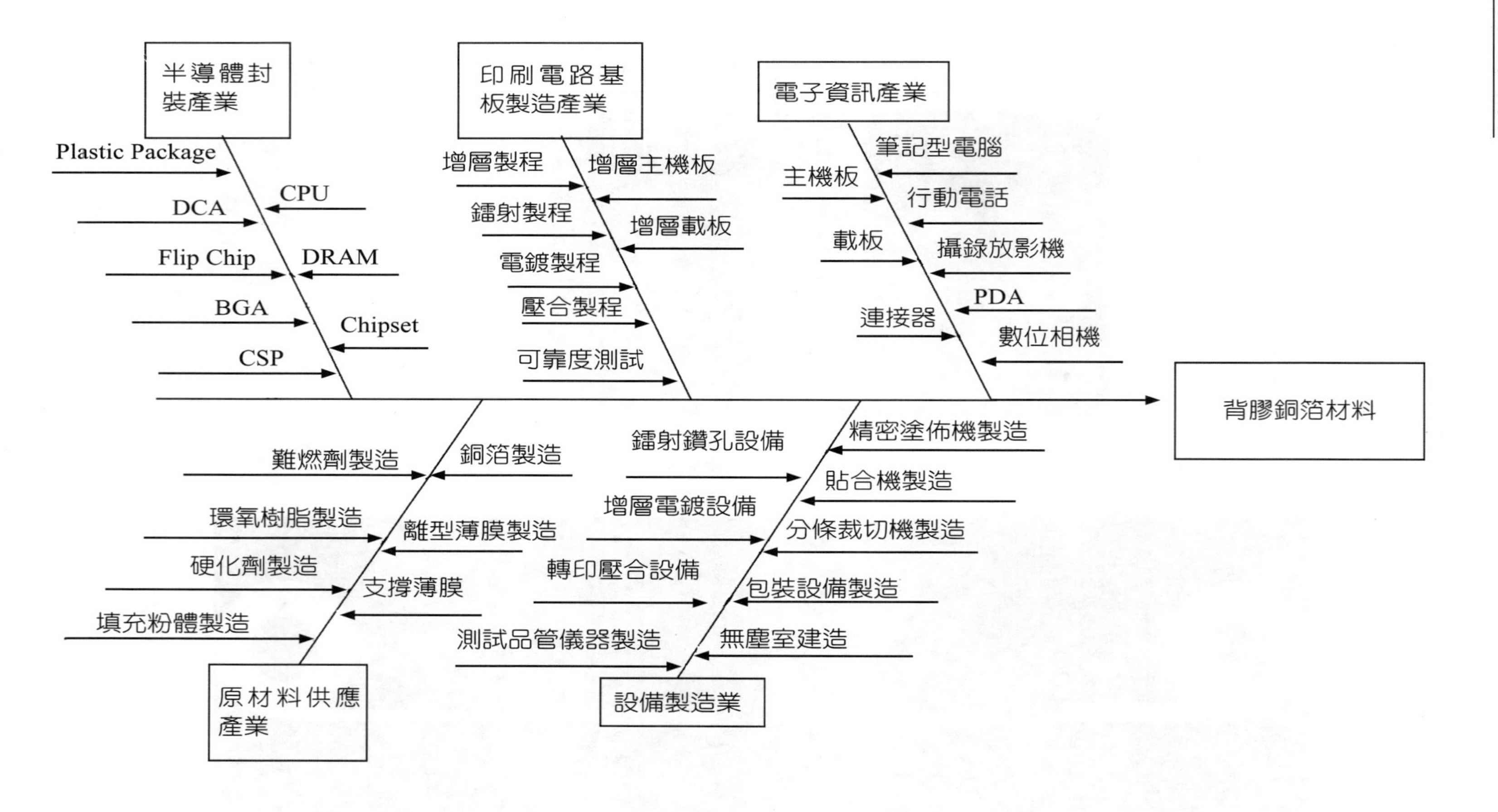

圖 8-5 背膠銅箔材料開發之產業關聯圖

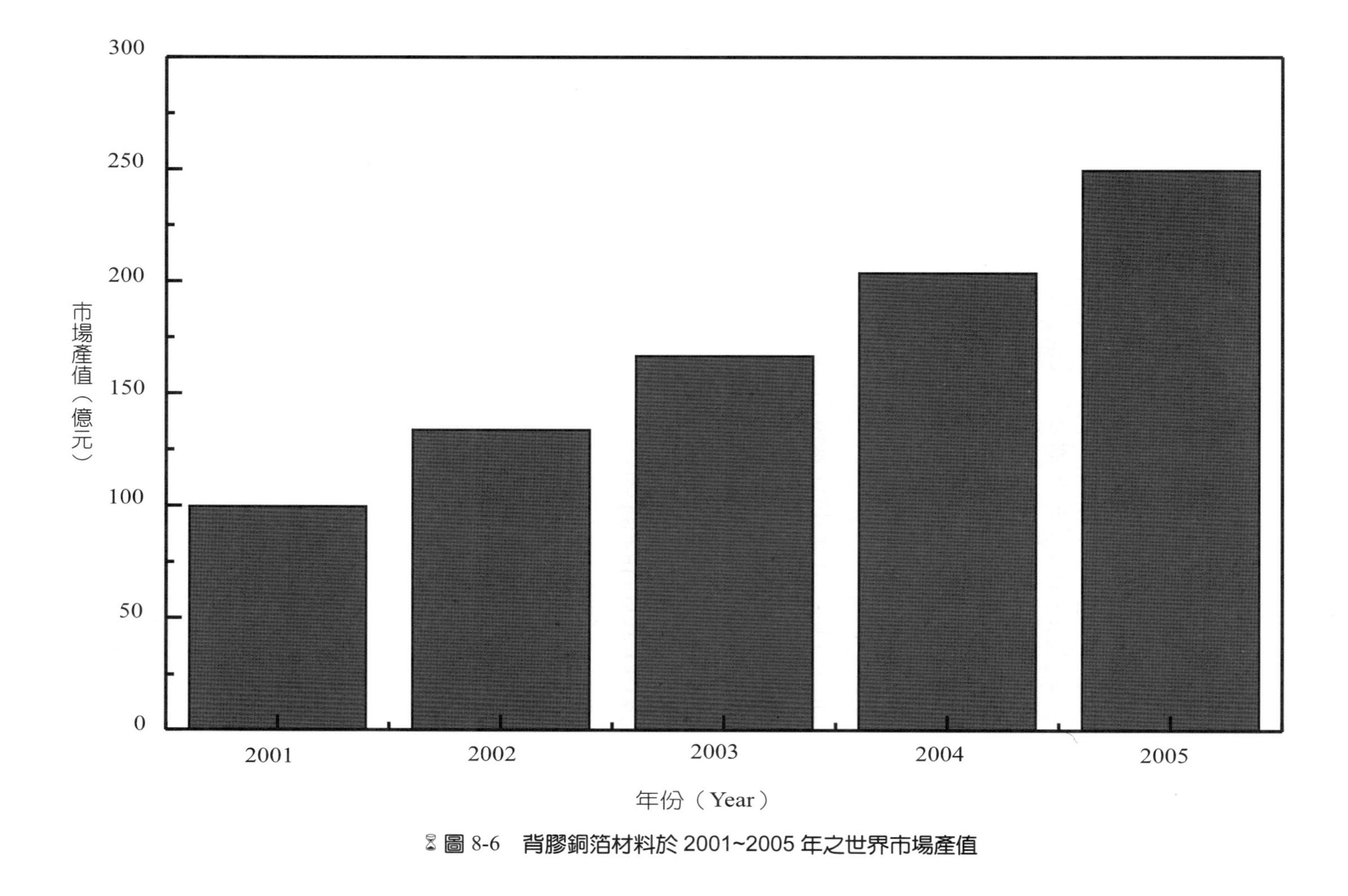

圖 8-6　背膠銅箔材料於 2001~2005 年之世界市場產值

其可用面積受到限制，連帶地運用性也受到影響。然而，覆晶連接技術允許裸晶可以在很小的空間下與基板連接，因此，覆晶連接（Flip Chip Bonding）技術引起相當大的重視且其有實際的運用性。

早期連接技術主要靠金屬間的鍵結，例如：使用銲錫、銀膠、金與金鍵結等方式。然而，在製造過程中必須填充底膠（Underfill）來釋放或分散應力，以避免晶片與基板間之熱膨脹係數差異性過大。目前最熱門的覆晶連接技術是利用異方性導電膠（ACF）來免除底膠填充的步驟及降低整個作業時間，以減少成本。

ACF 在二十幾年前被引入 IC 市場，首先被使用於電子計算機的顯示螢幕連接上，而最近被運用於液晶顯示螢幕（LCD）的連接上。另外一些例子如 ITO（Indium Tin Oxide）及透明的電感與 LCD 的連接、玻璃上線路圖在 TCP（Tape Carrier Package）的連接、IC 與 Polyimide 薄膜的連接、晶片與玻璃基板的連接（Chip On Glass, COG）、驅動 IC 與玻璃基板的連接等。近來，ACF 技術已經被發展來符合覆晶連接技術的需求。其發展歷史及運用範圍，如圖 8-7 所示；而 ACF 的大致結構組成，如圖 8-8 所示。

根據 CSP、MCM 及 COF （Chip On Flex）等構裝技術的使用，ACF 可以運用於各種不同領域當中，其具有的優點如下：

1. 不需要底膠且製造時間較短。
2. 連接不需要特殊的技術，例如光微影技術（Photolithography）。
3. 為無鉛鍵結方式。
4. 覆晶可以與玻璃基板直接連接。
5. 對於不同基板具有良好的可靠度。
6. 可以於低溫及低壓下作業。
7. 連接面積較小（$< 2{,}000\mu m^2$/Studded Bump）。

隨著全球各地的環保意識逐漸抬頭，封裝載板亦不可避免面臨綠色環保的課題，如無鹵、無鉛、無銻及材料再回收利用等重大課題的挑戰。目前與印刷電路相關之環保課題包括：(1)無鉛課題；(2)VOC 課題；(3)廢棄物回收課題；及(4)無鹵課題等。由於歐盟所通過 WEEE 草案預計自 2008 年禁止使用含鉛及鹵素系耐燃劑的使用，此舉對於印刷電路板將造成相當大的衝擊。目前銅箔基板材料主要是利

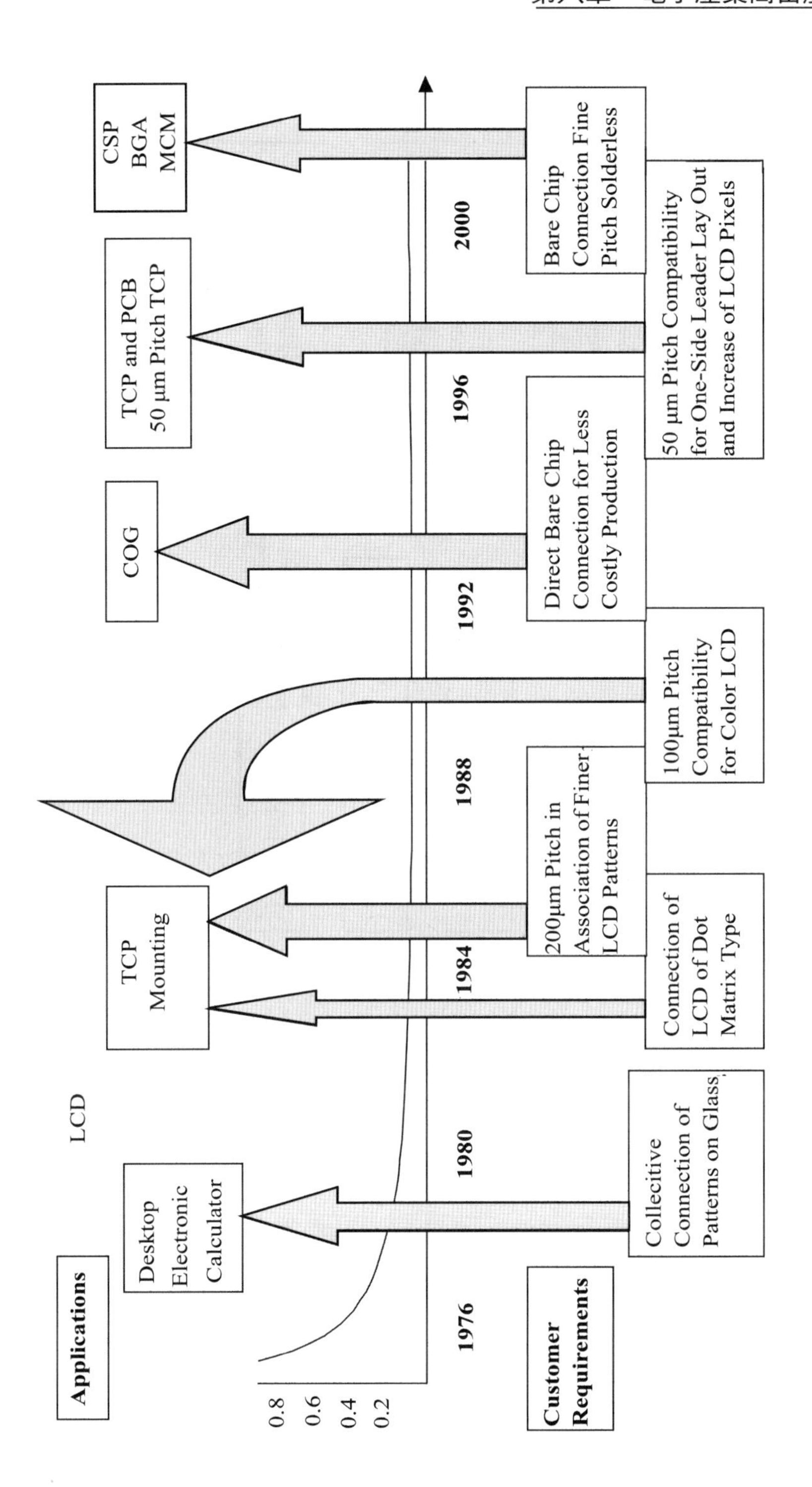

圖 8-7　ACF 之發展歷史及其運用範圍

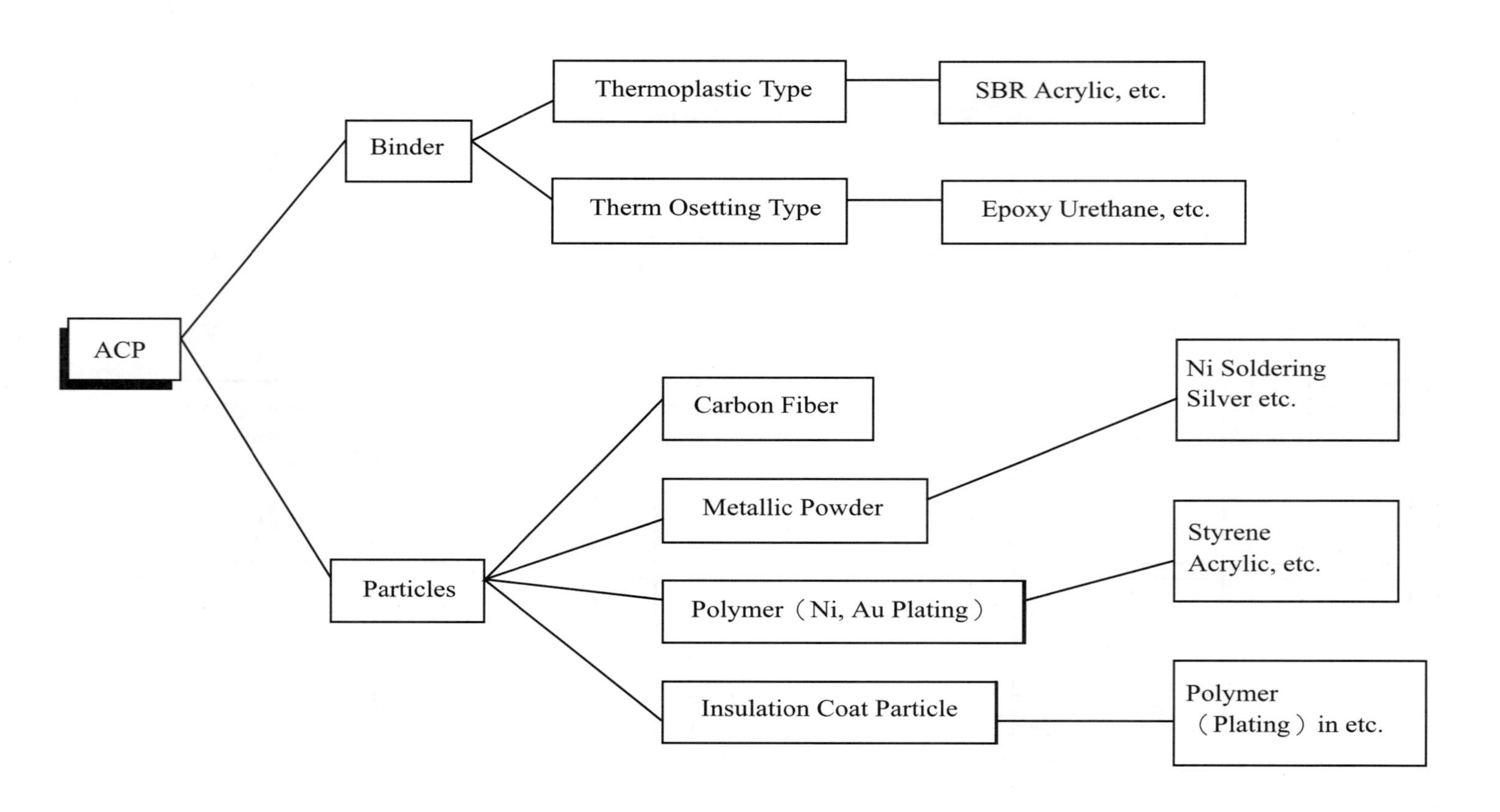

圖 8-8　ACF 之 ACF 之組成示意圖（Reference 3）

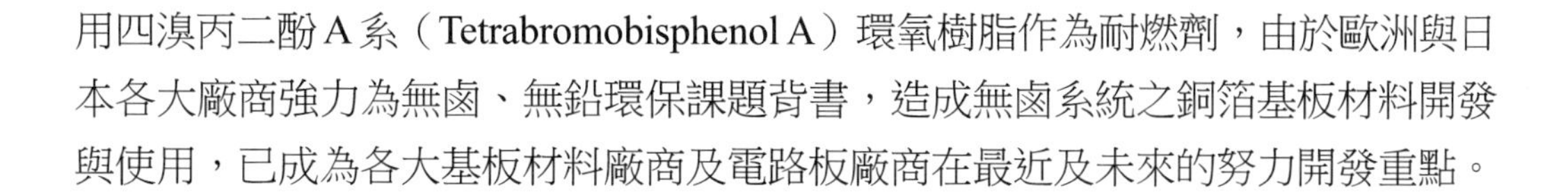

用四溴丙二酚 A 系（Tetrabromobisphenol A）環氧樹脂作為耐燃劑，由於歐洲與日本各大廠商強力為無鹵、無鉛環保課題背書，造成無鹵系統之銅箔基板材料開發與使用，已成為各大基板材料廠商及電路板廠商在最近及未來的努力開發重點。

五、增層基板市場趨勢

於 1993 年，第一件高密度基板產品是由日本 IBM Yasu 公司所生產的筆記型電腦，它是利用其開發的SLC製程於基板上部分區域製作高密度互連區。然而，這製程比傳統鑽孔技術需要較高的成本，因此，並未成為工業的標準製程。圖 8-9 為各類電子產品往高密度化演進的示意圖，PC 卡及攝錄放影機主要是根據其微孔及高密度化結構來做區分。早期這些卡是藉由簡單的雙面板及四層板所構成，而現在大部分已採用增層技術來製造。接下來的另一波增層基板產品是行動電話、汽車導航系統、PDA 及數位相機，行動電話在現在及未來增層基板市場占有率是最大的部分。在世界基板市場中，下一波運用增層技術製造的產品是工作站（Workstation）、伺服器（Servers）及網路系統。

在未來電腦相關產品市場中，只有新一代的窄線寬、窄線距及高腳數之封裝技術才能符合輕、薄、短、小及高功能的條件要求。圖 8-10 是未來增層基板市場中半導體封裝技術演進圖，由早期 TO、DIP（Dual Inline Package）的通孔連接技術，演進至 QFP（Quad Flat Package）、TCP 的表面貼合技術，進而推至 BGA、CSP 面陣列連接技術，而未來將往 MCM （Multi Chip Module）、Flip Chip Package 之 Wafer Level 或 3D 構裝技術發展。目前國內封裝場已具備 PBGA 及 CSP 量產的技術能力，但對於 MCM 及 Flip Chip BGA 的技術仍在開發階段。表 8-3 為各類型高密度增層基板未來全球市場預估產量及產值。

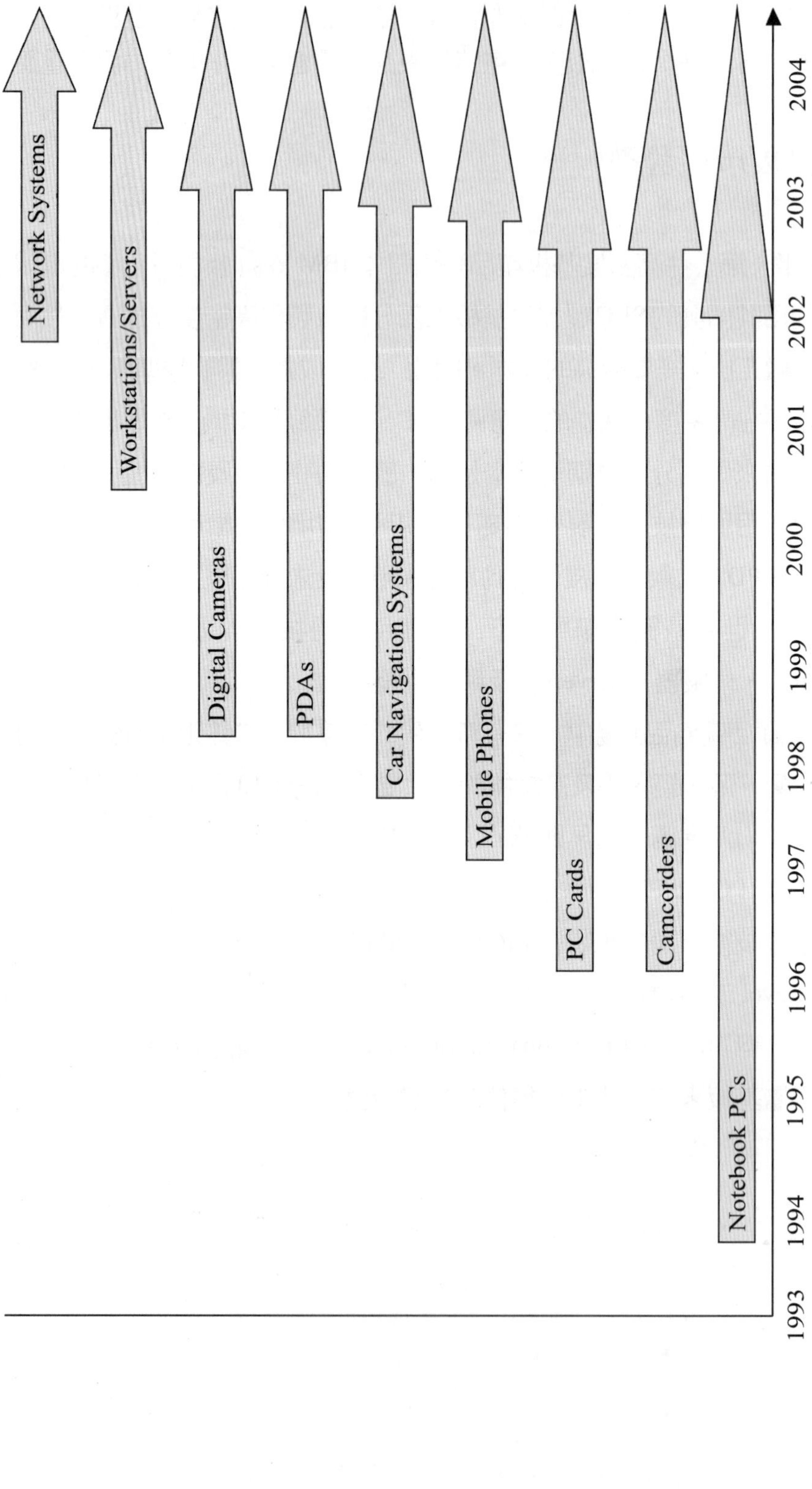

Network Systems

Workstations/Servers

Digital Cameras

PDAs

Car Navigation Systems

Mobile Phones

PC Cards

Camcorders

Notebook PCs

1993 1994 1995 1996 1997 1998 1999 2000 2001 2002 2003 2004

圖 8-9　各類電子產品往高密度化演進之示意圖

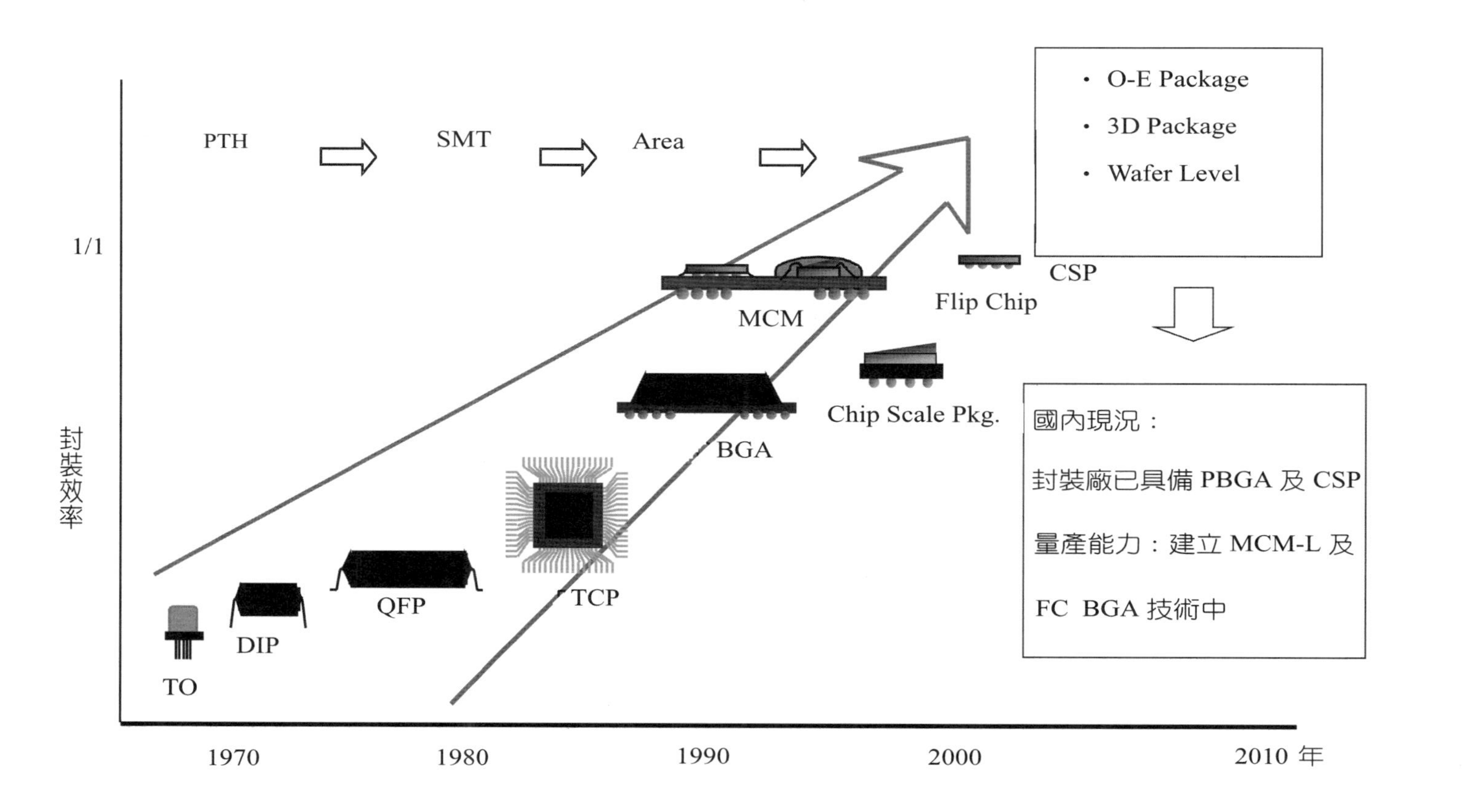

圖 8-10　未來增層基板市場中半導體封裝技術演進圖

表 8-3　各類型高密度增層基板未來全球市場預估產量及產值

	1999		2004	
	Area（000 m^2）	Value（$M）	Area（000 m^2）	Value（SM）
Organic CSP（Exclude Wafer CSP, Leadframe, Ceramic CSP）	56.9	106	536.5	1,145
Commodity PBGAs（DS）	524.9	415	1,837.1	917
Mid-range BGAs（Cavity, TBGA）	215.6	443	447.1	811
High Performance BGAS（Flip Chip）	93.1	536	857.5	3,019
Low Performance Modules	101.5	140	395.5	594
High Performance Modules	32.6	229	143.0	380
PGA	134.8	274	171.5	278
Total	1159.3	2,143	4,388.2	7,145
Build-up Substrates（Flip Chip BGAs, PGAs and Modules）	131.5	791	901.0	3,273

資料來源：Prismark。

結　論

隨著電子產品高性能化、高密度化及輕、薄、短、小等趨勢，IC載板及增層基板將是未來幾年成長最迅速的PCB產品。而根據半導體封裝產業規劃的藍圖，下一代面陣列封裝的間距是0.75mm 或者更細。隨著量產的需求，傳統多層板結構將無法達到2mil的線寬及線距，這些新一代的封裝技術所生產的基板腳數將超過1,000 I/O數。除了封裝製程技術的提升外，其配合的設備及材料也必須相對地研究開發。因此，未來增層基板的潮流大約有下列幾個方向：

1. Direct Imaging 相關技術及設備大量問世。
2. 環保型無鹵 RCC、ACF 及低介質材料是未來的研發重點。
3. 增層軟性基板用於攜帶型電子產品及電子構裝高密度化。
4. COF 構裝技術運用於行動電話及PDA 用 LCD 驅動 IC 製造。
5. 埋入式基板（Embedded Substrate）可將各式各樣元件整合（電容、電感及電阻等），構成層數少、密度高及功能強之基板。

參考資料

1. C. Wall, "A Novel SBU Dielectric and Coating System".
2. D. Moser and S. Raman, "Solutions for Lower-Cost HDI", part II : Laser Drilling Advanced.
3. M. Takeichi, "Development Tendency of ACF for Bare-Chip Bonding", *HDI*, **4**, 30-34（2001）.
4. D. Wiens, "Getting Through the Advanced Interconnect Maze", 44-47（2001）.

第九章
防蝕用有機塗料簡介

林義宗

學歷：台灣大學化學研究所博士

經歷：曾任講師、副教授、教授、助理研究員、副研究員、研究員，防蝕工程組組長、中華民國防蝕工程學會理、監事

現職：中山科學研究院化學研究所簡任副所長

一、前　言

大氣腐蝕（Atmospheric Corrosion）為所有腐蝕形態中最為普遍之腐蝕模式，故往往習以為常或司空見慣而被加以忽視。台灣為一亞熱帶島嶼，四面臨海，高溫、潮濕，且大氣中鹽份含量高，又工業快速成長所造成之空氣污染物偏高，對金屬材質之使用而言，是極為不利之環境，為維持金屬材質長期使用之功能發揮，則需要藉助於防蝕技術之應用。

依日本防蝕協會調查統計，該國使用防蝕塗料之費用占全部防蝕費用 63%；而早在 1975 年美國國家腐蝕工程師協會（NACE）就曾統計，該國全年防蝕直接投資約為 97.6 億美元，其中防蝕塗料占 29 億美元（約占 30%），顯示防蝕塗料之應用，在腐蝕防治方面占有相當重要之份量。若就地理位置而言，國內腐蝕環境實際上較日本更為嚴重，因此，防蝕塗料使用所占經費之比重應不亞於日本。

防蝕塗料仍以有機塗料為大宗，其基本組成包括展色劑（Vehicles）（涵括有機樹脂和溶劑）、顏料（Pigments）和添加物（Additives）等 3 部分，但「沒有任何一種塗料可以完全適用於所有環境中，也沒有一種塗料可以完全適用所有施工條件或方法」，換言之，有機塗料功能之有效發揮，必須考量其環境特性、施工條件與方法、使用方式和維護策略等。由於防蝕塗料種類甚多，限於篇幅本文謹能就常用有機塗料部分做概略性介紹。

1985 年美國之統計資料，顯示該國全年腐蝕損失約為 1670 億美元，所謂之腐蝕損失，除包括：更換材料、生產力降低、使用壽限縮短、零件更新等所投資之費用外，另外亦包括防蝕設計，例如：使用陰極防蝕、腐蝕抑制劑、結構材料更換、過度設計之費用和防蝕塗裝。而塗裝在防蝕應用上是很重要的一環，1975 年美國 NACE 做過之統計資料顯示，美國全年防蝕之直接投資費用為 96.7 億美元，其中 29 億美元（30%）是用在防護塗裝和維護方面，其相關使用情形，如表 9-1 所示。

表 9-1　1975 年美國 NACE 統計全美國防蝕塗料費使用情形

項目	費用（億美元）
塗裝應用及作業	8.05
大氣環境防蝕用漆	5.31
海洋環境防蝕用漆	5.02
管件防蝕用漆	3.01
其他種類防蝕用漆	7.50
	總計：28.89（億美元）

目前因更需要考量作業人員之健康及環境保護之壓力，對塗料工業已造成明顯之衝擊，例如：傳統作業方式係鋼材噴砂後採用醇酸樹脂、乙烯樹脂或環氧樹脂之塗裝系統，即可發揮甚佳之防蝕功能，如今則因環保法規之嚴格限制，而需減少揮發性溶劑之釋放，以及毒性原料之使用，故直接影響上述三種塗料之應用方式。另外表處技術亦需要相對地改變，例如室外乾式噴砂作業在美國和加拿大是可以被接受的，但在所有西方國家卻已經被禁止，目的是要防止噴砂作業過程中，金屬表面去除物所含有之鉛、鉻酸鹽和其他毒性顏料，所可能造成之環境污染。

因應人員作業安全和環境保護之日益嚴格要求，塗料化學必須快速地加以改變或精進，以滿足實際上之需求，今後只要金屬材料還繼續使用，其所遭受之腐蝕反應，是必然存在而且不會中止的，除資源有限和能源再使用之觀念已日漸建立共識外，材料使用之安全性和可靠度等觀點之考量，亦使金屬材料之腐蝕問題，益加被重視，因此，利用塗料做為金屬材質防蝕保護是不可缺少之做法。

二、*有機塗料之基本組成及分類*

塗料是指具有黏稠性之流動性液體，當施塗在物體表面時，可形成一連續性之乾涸膜，以達到保護物體，並同時能賦予美觀或其他特殊目的者。其功能基本上可分為 4 大類：

㈠保護性功能

例如：防蝕、防濕、防污、防化學品等之作用。

㈡裝飾性功能

例如：美觀、平滑、立體化、改善環境等。

㈢標示性功能

例如：交通標示、廣告招牌等。

㈣其他特殊性功能

例如：耐油、耐藥品、耐熱、防火、絕緣、導電、防黴、隔音、溫度指示、偽裝、減阻、吸波等。

塗料基本組成分之分類，可簡單地由圖 9-1 概示。

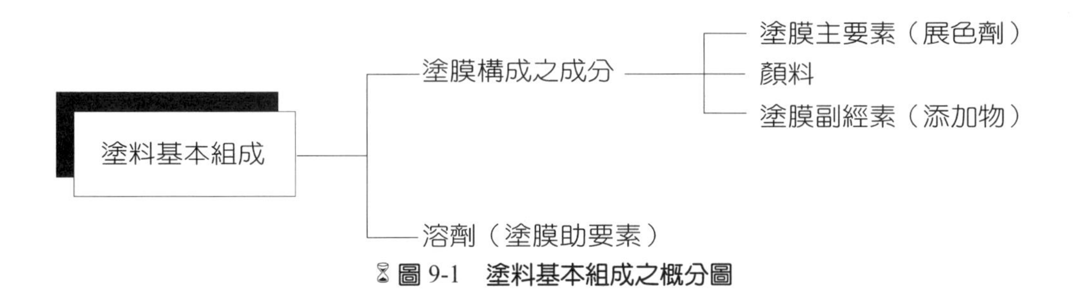

圖 9-1　塗料基本組成之概分圖

展色劑亦稱為成膜溶液，係由膠合劑（亦稱高分子材料或樹脂）與溶劑或調薄劑所組成，為漆膜形成之關鍵要素，故有機塗料常以所含膠合劑之名稱加以分類，展色劑所含之膠合劑，包括油脂、天然樹脂和合成樹脂，如圖 9-2 所示。

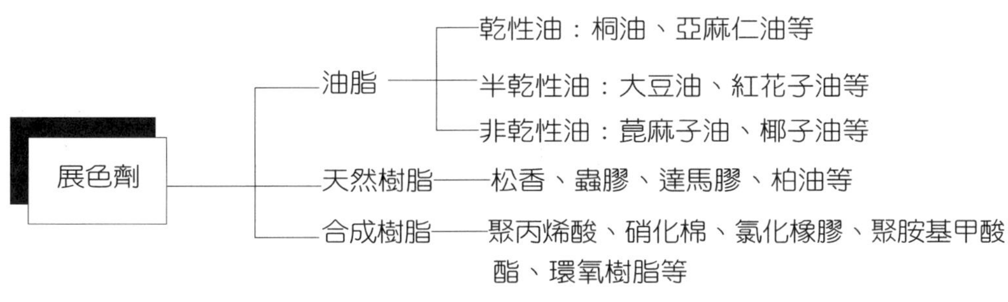

圖 9-2　展色劑所含膠合劑之分類圖

塗料之分類，大致上可依圖 9-3 方式加以區分。塗料中之顏料除可提供漆膜色彩和透明性外，亦可改善漆膜之物理性質，基本上可分為：著色顏料、防污顏料、金屬顏料、防蝕顏料、填充顏料等。溶劑可使塗料保有良好之作業性，另外，必須在塗裝後具有使漆膜形成乾涸狀之功能者，才是適用之塗料溶劑。常用之有機溶劑有：醇類、酯類、酮類、芳香烴、脂肪烴等溶劑。

塗料之基本組成是由展色劑、顏料和添加物三項組成，大部分塗料係由固態狀顏料（無機物居多）分散在樹脂溶液中，然後於使用時因溶劑揮發而形成乾涸膜，此時乾涸膜內之顏料並非呈現連續性分散，惟固態狀之樹脂卻可形成連續相附著在被保護物體之表面，茲將其基本組成分概述，如圖 9-3 所示。

㈠樹脂（Resins）或稱膠合劑（Binders）

在塗料基本組成分中，因樹脂決定塗料之化學和物理性質，因此，最具關鍵性角色，膠合劑包含早期使用之蛋白、血漿，以及近代使用之有機合成樹脂。塗料中若不含顏料者稱為假漆（Varnishes），若 100%為固體者稱為粉體塗裝（Powder Coatings），而一般塗料則含有溶劑，並利用樹脂將塗料內固體成分膠結在一起，然後有效地附著在材料表面。

最簡單之塗料為高分子聚合物分散在溶劑中所形成之拉卡漆（Lacquers），當溶劑揮發後會形成纏結狀，因此，這類塗料之黏性較高。乳化塗料係由樹脂分散在水中所形成，通常以微泡（Micells）方式存在，塗料濃度較低，但不似拉卡漆會形成纏結物。另外，亦可由低分子量化學物質經由化學反應，例如：與熱、氧氣、水氣或化學品等作用後，形成高分子聚合物之漆膜，該類塗料通常稱為二液型（Two-pack Systems）塗料，黏度較低，可含有較高之固體顏料，使用時再行混合，此類型塗料大致上具有較佳之塗膜特性，但卻增加作業上之不方便性。

㈡溶　劑

溶劑主要功能是促使塗料方便於使用，但在必須藉化學反應產生漆膜之塗料系統中，其含量往往會影響塗料之反應性，因此，其用量攸關塗料施工作業時之時效性和漆膜之功能。塗料使用之溶劑大部分為混合型，目的為有利於施工作業、

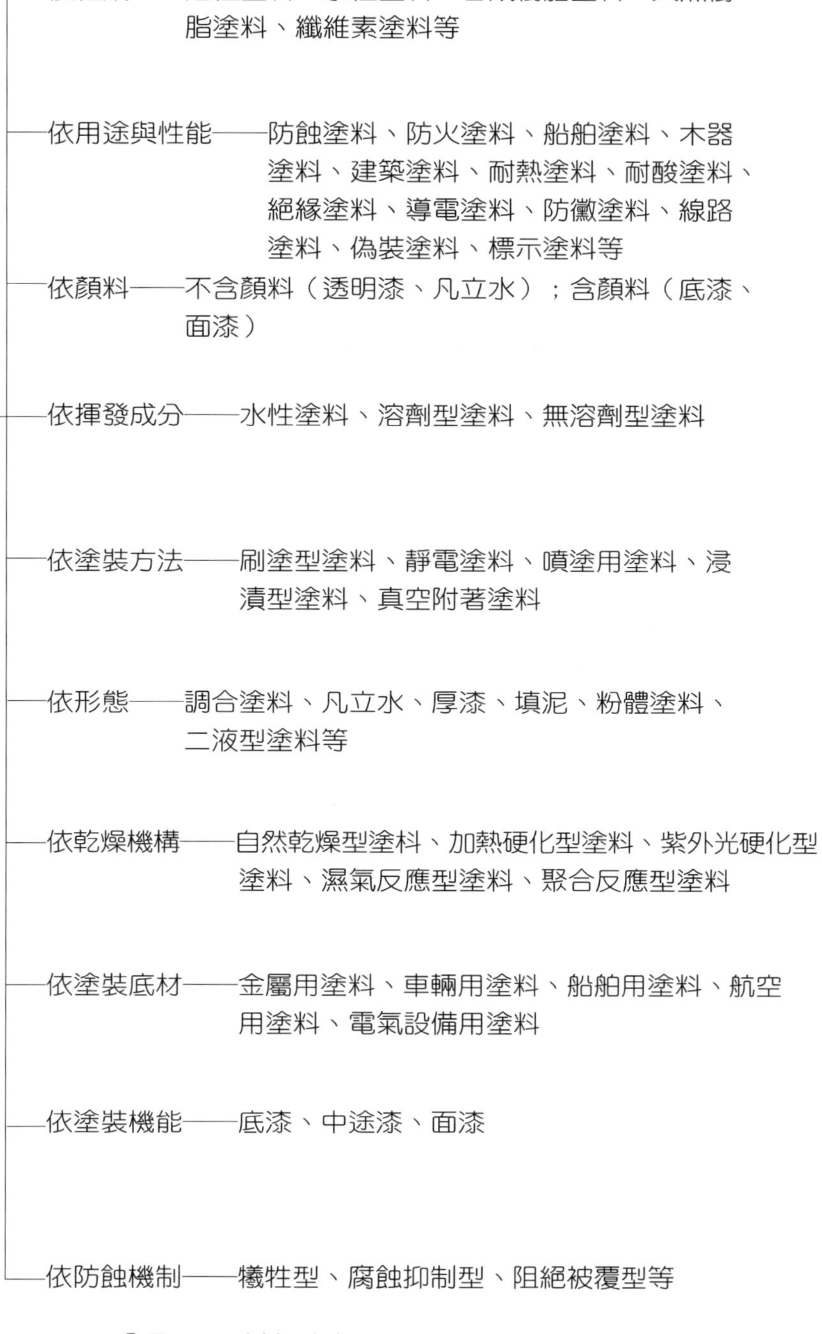
塗料分類
依組成——油性塗料、水性塗料、合成樹脂塗料、天然樹脂塗料、纖維素塗料等
依用途與性能——防蝕塗料、防火塗料、船舶塗料、木器塗料、建築塗料、耐熱塗料、耐酸塗料、絕緣塗料、導電塗料、防黴塗料、線路塗料、偽裝塗料、標示塗料等
依顏料——不含顏料（透明漆、凡立水）；含顏料（底漆、面漆）
依揮發成分——水性塗料、溶劑型塗料、無溶劑型塗料
依塗裝方法——刷塗型塗料、靜電塗料、噴塗用塗料、浸漬型塗料、真空附著塗料
依形態——調合塗料、凡立水、厚漆、填泥、粉體塗料、二液型塗料等
依乾燥機構——自然乾燥型塗料、加熱硬化型塗料、紫外光硬化型塗料、濕氣反應型塗料、聚合反應型塗料
依塗裝底材——金屬用塗料、車輛用塗料、船舶用塗料、航空用塗料、電氣設備用塗料
依塗裝機能——底漆、中途漆、面漆
依防蝕機制——犧牲型、腐蝕抑制型、阻絕被覆型等

圖 9-3　塗料分類概示圖

改善漆膜外觀和降低成本。一般所使用之溶劑均為低分子量之有機溶劑或水，例如：脂肪烴、芳香烴、氧化烴、醇類、酮類、酯類和二醇醚等。

㈢顏　料

塗料使用之顏料大部分屬於無機物，例如氧化物或矽酸鹽偶爾在特殊塗料內亦可能添加複雜之有機性物質，如螢光劑。常用之主要顏料有三氧化鈦、碳黑、氧化鐵，其目的可做為改善塗料之耐用性（Durability）和耐候性（Weathering），另外，亦可提供耐蝕性、防污性、阻燃性和防止鼓泡等功能。填充劑（Extender/fillers），例如：滑石（Talc）、黏土、重晶石（Barytes；硫酸鋇）可提供無色不透光性；另外，填充劑亦可增加漆膜之機械強度，減低或控制光澤性、降低成本等，甚至某些情況下，可以降低漆膜對氧氣、水氣和離子之通透率（Permeability），以增加防蝕性能。

㈣添加物（Additives）

除了上述主要成分外，有時尚需摻入副成分，稱為添加物，其物質則視塗料使用之展色劑種類和塗料使用目的而定，這些物質包括修飾劑（Modifiers），修飾劑可以是顏料或是樹脂，其功用則是提升塗料之抗垂流性。另一類修飾劑稱為可塑劑，可促使某些易碎之漆膜（例如：乙烯類、氯化橡膠類）變得更具柔韌性或改變其他物理性質。有些塗料內亦含有催化劑和促乾劑，目的是在於加速漆膜之硬化速率。

水性乳膠系統則需較多之添加物，包括潤濕劑（Wetting Agents）、分散劑（Dispersants）、抑菌劑、抗凝固劑、抗膠結劑和成膜促進劑等，氯化熱塑性樹脂，例如氯化橡膠和乙烯類塗料較其他塗料更為不安定，則需要有可以改善對熱和光安定性之添加物。

塗料內所需之特殊物質均可歸類為顏料，展色劑則是指樹脂之有機溶液，顏料、樹脂和溶劑三者相互間之比例，亦為漆膜性能和應用之關鍵，如何取得最佳配方為塗料工業之一項專門技術。

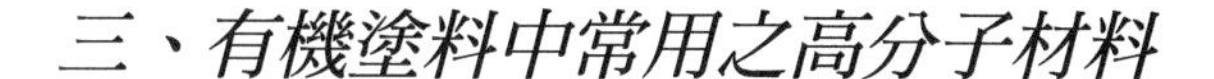

三、有機塗料中常用之高分子材料

前述高分子材料（膠合劑或樹脂）之種類影響漆膜特性甚大，在此擬針對塗料中常用之高分子材料做概述：

㈠醇酸樹脂（Alkyd Resins）

醇酸樹脂為有機酸與醇類分子，經聚酯反應之產物，常用原料包括：蔬菜油（Vegetable Oils）、脂肪酸（Fatty Acids）、甘油（Glycerine）、異戊四醇（Pentaerythritol）、酞酐（Phthalic Anhydride）等。醇酸樹脂亦可使用其他樹脂加以改良，以達到不同需求之化學特性，例如：利用聚醯胺樹脂（Polyamide Resins）可改良醇酸樹脂之膠脂特性；利用矽樹脂（Silicone Resins）可提高醇酸樹脂之光澤度；利用酚醛樹脂（Phenol Formaldehyde Resins）則可增強樹脂膜之硬度，並改善其抗化學性與防水性；利用氯乙烯樹脂（Vinyl Resins）除可增加醇酸樹脂薄膜之硬度外，亦可改善其防水性及抗鹼性，但其光澤度與抗溶劑性將會降低；利用氯化橡膠（Chlorinated Rubber）可改善醇酸樹脂之強韌性、附著力、防水性及抗化學性；利用胺基樹脂（Amino Resins）可修飾醇酸樹脂之機械性及抗溶劑性，更重要的是可改善其耐烘烤特性。

㈡聚酯樹脂（Polyester Resins）

聚酯樹脂可分為飽和聚脂（Saturated Polyesters）與不飽和聚脂（Unsaturated Polyesters），飽和聚脂又稱無油醇酸樹脂（Oil-Free Alkyds），其與一般醇酸樹脂之差別，在於其化學結構不含碳雙鍵。不飽和聚酯樹脂係分別經縮合聚合（Condensation Polymerization）與加成聚合（Addition Polymerization）二次反應而成，其主要原料為反丁烯二酸（Fumaric Acid）、順丁烯二酸酐（Maleic Anhydride）、二甘醇（Diethylene Glycol）、丙二醇（Propylene Glycol）及苯乙烯（Styrene）溶劑等。不飽和聚酯樹脂之化學性質與所用之原料有極大關係，如使用丙二醇所生成之聚酯樹脂，其機械性及耐蝕性較佳，如使用二甘醇所生成之聚酯樹脂，其揉曲性較佳。聚酯樹脂應用於表面塗裝之最大優點為可自然硬化，而無溶劑揮發問題，因苯乙烯既是溶劑又是一種反應物，故無溶劑殘留問題。

㈢胺基樹脂（Amino Resins）

胺基樹脂乃是含有胺基（$-NH_2$）之化合物與醛類作用，再經縮合聚合反應後之產物，常用之原料為甲醛（Formaldehyde）、尿素（Urea）、三聚氰胺（Melamine），胺基樹脂主要分為尿素－甲醛樹脂（Urea Formaldehyde Resins）與三聚氰胺－甲醛樹脂（Melamine Formaldehyde Resins）兩大類，前者用於表面塗裝時具有較佳之附著力與揉曲性，後者則有較佳之光澤度、防水性及耐化學性。

㈣酚樹脂（Phenolic Resins）

酚樹脂係由酚（Phenol）與醛類化合物反應再經縮合聚合作用而成，若是經與松香（Rosin）反應改良後之酚樹脂，則屬油溶性（Oil Soluble），其材質較為堅硬，而使用對-苯基酚（p-Phenyl Phenol）與醛類化合物反應後生成之酚樹脂，則非油溶性，具有較佳之防水性、抗鹼性與耐鹽水性，常用於船舶與機械件方面之表面塗裝，亦可作為電性絕緣塗料；採用鹼性催化與熱反應所得之酚樹脂，則常被作為烘烤型塗料使用，經烘烤之酚樹脂塗層，其耐蝕性特別優異。

㈤聚胺基甲酸酯樹脂（Polyurethane Resins）

聚胺基甲酸酯樹脂係由多元異氰酸酯（Polyisocyanate）與多元醇（Polyol）反應再經聚合過程而得，常使用之多元異氰酸酯如二異氰酸甲苯（Toluene Diisocyanate，簡稱 TDI）。二異氰酸二苯基甲烷（Diphenylmethane Diisocyanate，簡稱 DMDI）及己烷二異氰胺（Hexamethylene Diisocyanate，簡稱 HDI）等。因 TDI 具毒性，目前已較少使用。聚胺基甲酸酯樹脂用於表面塗裝已逾四十年，其應用所以如此久遠與廣泛，主要原因為聚胺基甲酸酯樹脂有下列優異特性，例如：揉曲性佳、耐磨耗、電性佳、耐化學性佳及可低溫硬化，並且具有甚佳之耐候性，故極適合於室外面漆使用之膠合劑；唯一缺點為此樹脂使用之多元異氰酸酯，對

水氣（Moisture）有相當地敏感性，在塗裝作業過程中應注意天候與濕度，否則會影響塗層之品質。

㈥環氧樹脂（Epoxy Resins）

目前市面上最廣泛使用之環氧樹脂，係由 2,2-二酚基丙烷（Bisphenol A）與環氧氯化丙烷（Epichlorohydrin），在鹼性物質存在下反應而成，使用環氧樹脂必須添加硬化劑（Hardener），才能使其進行交聯反應或稱架橋反應（Cross-linking Reaction）而硬化，常用之硬化劑為胺類、酸酐（Acid Anhydride）與酚樹脂。環氧樹脂在工業上之消費量相當大，主要原因為其具備下列優越性能，例如：耐嚴苛腐蝕環境、附著力佳（對金屬、木材、塑膠、玻璃、水泥製品、陶瓷等均可適用）、低收縮率、容易模製、堅韌、耐磨及優異耐化學品之特性，惟其使用溫度有所限制，目前為底漆甚佳及廣泛使用之膠合劑，早期亦使用於面漆，但在室外因易受陽光照射而發生粉化（Chalking）或變色現象，故在此方面，目前已由聚胺基甲酸酯樹脂（即 PU 樹脂）所取代。

㈦矽樹脂（Silicone Resins）

一般用於塗料之矽樹脂屬於矽氧烷類（Siloxanes），而於矽原子上鍵結有機取代基（Organic Substitutes），最常見之取代基為甲基（Methyl Group）與苯基（Phenyl Group）兩種，通常矽樹脂之性質即決定於此二取代基，表 9-1 所列為不同有機取代基之矽樹脂特性比較。矽樹脂具優異之耐熱性、防水性、耐候性、耐蝕性與電氣絕緣性，如將矽樹脂配合其他添加物（如鋁粉、碳黑、陶瓷碎粒等）一起調配，可製備適合不同溫度之耐高溫塗料，因此，在有機塗裝方面有其獨特之應用價值。惟矽樹脂塗料亦有其缺點，其耐磨性較差，且被塗物（或稱底材）之表面必須處理的非常乾淨，否則會造成塗料附著不良現象。

表 9-1　含不同有機基取代基之矽樹脂特性比較（節自參考文獻 3）

高甲基含量	高苯基含量
揉曲性佳 握水性佳 重量損失率低 抗化學性佳 硬化速度快 具耐電弧性 光澤性保持度佳 具抗熱震盪性 抗 UV 與 IR	熱安定性佳 抗氧化性佳 具熱塑性 受熱可保持揉曲性 韌性佳 溶解性佳

(八)丙烯酸樹脂（Acrylic Resins）

主要之丙烯酸樹脂係由丙酮氰酸（Hydrocyanic acid）、硫酸及甲醇，經多重反應步驟生成甲基丙烯酸甲酯（Methyl Methacrylate）後，再經自由基聚合反應（Radical Polymerization）而得。丙烯酸樹脂無色透明、堅固耐用、附著力、抗化學性及防水性均佳，與其他樹脂之相容性良好。工業上大量應用於鋁門框之表面塗裝，在汽車、印刷、木板與塑膠工業方面，亦常被廣泛使用。

(九)氯乙烯樹脂（Vinyl Resins）

氯乙烯樹脂係指氯化乙烯（Vinyl Chloride）之聚合物或共聚合物（Copolymers），乃由氯化乙烯經乳化聚合（Emulsion Polymerization）而成，具有良好色澤、揉曲性與抗化學性，在工業上用途甚多，尤其是氯乙烯共聚物之乳化液，更是常用之乳化塗料（Emulsion Paints）。

(十)水溶性塗料用樹脂

鑑於大氣環境中揮發性有機物（Volatile Organic Compounds）之量持續增加，已經嚴重影響人類生活環境，其中因塗裝作業所釋放揮發性之有機物約占20~25%，因此，開發低溶劑型塗裝（Low-solvent Coatings）或無溶劑型塗裝（Solvent-free Coatings）已成為時代趨勢，表 9-2 為 1990 年世界上各式工業用塗裝系統所占之相對比例，由表中可知水溶性塗裝（Water Soluble Coatings）與高固形物塗裝（High Solid Coatings），已占相當大之比例，另由文獻統計資料報導顯示，水溶性塗裝仍以每年 6~8%之比率繼續成長，由此可知其重要性。水溶性塗料中之膠合劑種類與油溶性塗料大致相同，而兩者所含膠合劑之最大差別，在於結構上之不同，水溶性塗料中之膠合劑，皆為高極性聚合物，因此可溶於水中或形成水溶性膠合劑之鹽類，或至少亦能在水中呈膨脹現象之高分子，表 9-3 所列為水溶性塗料之三種形態及其性質。

製備水溶性塗料之膠合劑，除上述在結構上導入極性官能基外，一般方式為降低合成高分子之聚合度（Degree of Polymerization）。此外，添加乳化劑（Emulsifying Agents）亦有助於形成乳化液（Emulsions）。因此，舉凡醇酸樹脂、胺基樹脂、纖維素衍生物、環氧樹脂、聚酯樹脂、酚樹脂、聚胺基甲酸酯樹脂、丙烯酸樹脂、矽樹脂及氯乙烯樹脂等高分子材料，皆可作為水溶性塗料之膠合劑。然而，水溶性塗料之最大困擾，在於施工作業後之乾燥（硬化）過程，由於水分蒸發速率較一般溶劑為慢，故應選用適當條件，才不致於影響塗膜之品質。影響水溶性塗料乾燥之主要因素，包括添加共溶劑（Co-solvents）之種類與數量、相對濕度、空氣流速及溫度等。

表 9-2　1990 年世界上工業用各式塗裝系統之相對比例（節自參考文獻 4）

塗裝系統種類	相對百分比（%）
水溶性塗裝系統	35
高固形物塗裝系統	18
二液型塗裝系統	16
粉體塗裝	11
光硬化型塗裝系統	5
油溶性塗裝系統	35

表 9-3　水溶性塗料之形態與性質（節自參考文獻 4）

性質＼形態	水溶液（Solution）	膠質溶液（Colloidal Solution）	乳狀液（Emulsion）
外觀	清晰	發乳白光	不透明
粒子大小	0.01μm	<0.1μm	0.1-0.5μm
膠合劑之分子量	<20000	<20000	>20000
黏度	高（隨分子量改變）	中等（隨分子量改變）	低（與分子量無關）
固體含量	低	中等	高
胺含量	中等	中等	微量

水溶性塗料成本較低廉且污染性低，因此其使用量日漸增加，未來勢必成為塗裝業之主流。水溶性塗料應用範圍甚為廣泛，包括汽車、機械、塑膠、木材加工、印刷及建築等行業之需求均有大幅成長。以德國為例，1991 年在汽車工業方面水溶性塗料之年消耗量為 10 萬公噸，為油溶性塗料年消耗量（5 萬公噸）之一倍，由此可見其用量之多。

四、有機塗料之防蝕原理

在談到有機塗料之防蝕原理前，首先需對金屬材質之腐蝕機制有初步了解，金屬材質之腐蝕反應是電化學上涉及到能量轉變之一種過程，簡單地，以鋼鐵材質之生產、使用及腐蝕之關係示意，如圖 9-4 所示。

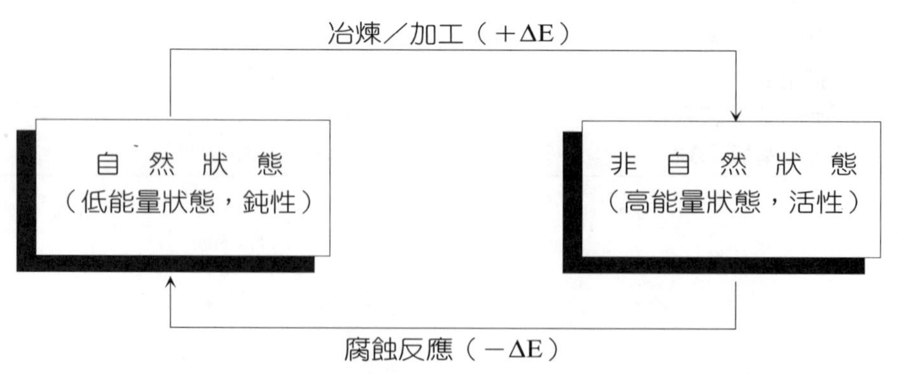

圖 9-4　鋼鐵材質之生產、使用及腐蝕關係示意圖

由圖示可知愈活性金屬愈容易釋放能量，也就是愈容易發生腐蝕反應者，從微觀點角度，金屬之組成、晶體結構、表面污染程度等，均可能使金屬材質呈現不均勻性，而形成材質局部之陰極和陽極。腐蝕現象是一種電化學反應，基本上，是要存有腐蝕電池之構成要件，即陽極、陰極、外導體和電解液，才可能發生腐蝕反應的。金屬材質之腐蝕反應，可簡單地以下列方程式表示：

陽極反應：　$Fe \rightarrow Fe^{+2} + 2e^{-}$ ……………………………… (1)

陰極反應：

－中性或鹼性溶液中　$O_2 + 2H_2O + 4e^{-} \rightarrow 4OH^{-}$ …………………… (2)

－無氧氣之酸性溶液中　$2H^{+} + 2e^{-} \rightarrow H_2$ ………………………………… (3)

－有氧氣之酸性溶液中　$2O_2 + 4H^{+} + 8e^{-} \rightarrow 4OH^{-}$ …………………… (4)

總 反 應：　$2Fe + O_2 + 2H_2O \rightarrow 2Fe(OH)_2$ ……………… (5)

從以上方程式可知腐蝕反應要持續進行，陰極必須能充分地獲得電子以發生還原反應，而氧氣則為促進腐蝕反應之另一要素。以熱力學觀點而言，理論上陽極溶解（腐蝕）速率是取決於陰極和陽極間之電位差，但這只能表示腐蝕發生之趨勢，而以動力學觀點檢視，腐蝕反應之速率則取決於腐蝕反應所產生之電流，若腐蝕反應產生之電流以 I 表示，陽極和陰極間之電位差以 V 表示，電池系統之總電阻以 R 表示，則依歐姆定律存在下列關係：

$$I = V/R \quad \cdots\cdots (6)$$

若將其系統總電阻區分為陽極之電阻（Ra）、陰極之電阻（Rc）、電解質之電阻（Re）、陽極表面漆膜之電阻（Raf）和陰極表面漆膜之電阻（Rcf），則方程式(6)可改寫成方程式(7)和(8)：

$$I = V/(Ra + Rc + Re) \quad \cdots\cdots (7)$$

$$I = V/(Ra + Raf + Rc + Rcf + Re) \quad \cdots\cdots (8)$$

從方程式（8）可知增加 Raf、Rcf 之值，將使得腐蝕電流 I 值變小，意即腐蝕電流將會降低，腐蝕反應亦將趨緩，而增加Raf、Rcf之值，則可藉助於有機塗裝之功能，因大部分有機漆膜均非導體，其電阻值較金屬為高。

裸金屬所發生之腐蝕反應機制及有機漆膜之防蝕原理，已如前所述，但金屬經有機塗裝後，在使用過程中若因漆膜缺陷而發生腐蝕現象，則其機制較裸金屬腐蝕更為複雜，因漆膜缺陷可能衍生之腐蝕形態，如圖 9-5 所示。

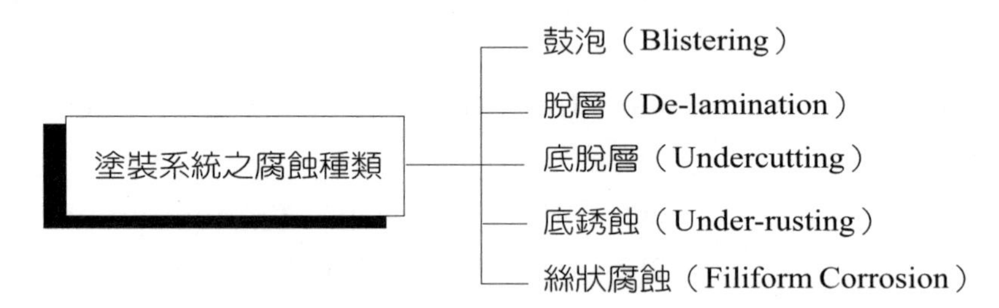

圖 9-5　金屬材質經有機塗裝後可能產生之腐蝕形態

由此可見，有機漆膜之特性攸關防蝕功能至巨，優異之有機防蝕塗料須具備如圖 9-6 所示之各項特性。

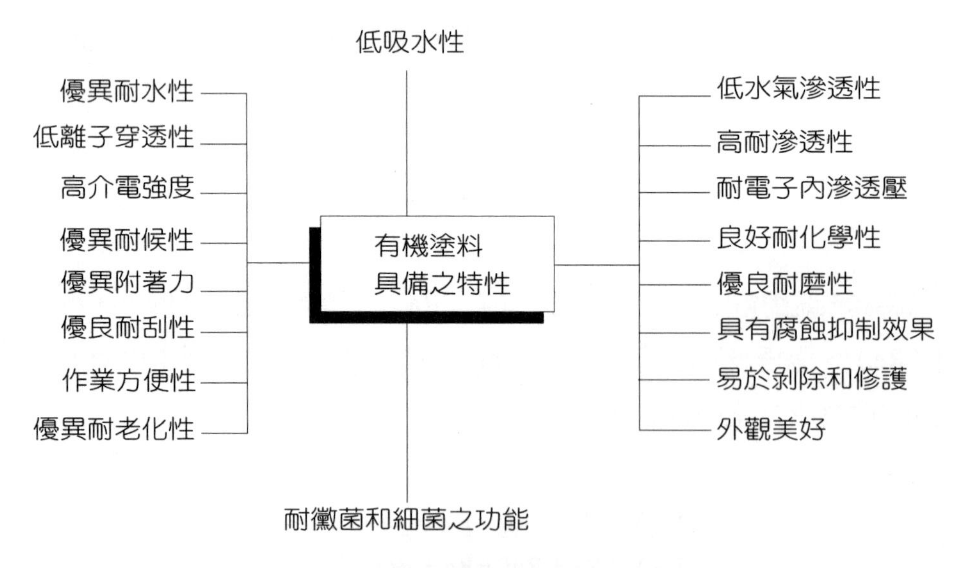

圖 9-6　優異有機防蝕塗裝應具備之漆膜特性

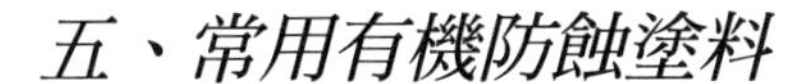

五、常用有機防蝕塗料

本節所介紹之塗料係以膠合劑或樹脂之種類區分，樹脂和膠合劑在塗料中是最具關鍵性之成分，其攸關防蝕功能和塗料之性質至鉅，另外，顏料、溶劑和填充劑等之種類和用量，亦會影響應用性和防蝕效果，特別是某些膠合劑是兩種不同以上之樹脂混合或結合時，更有不同之影響。以下列述幾項常用之有機塗料：

㈠醇酸樹脂塗料（Alkyd Paints）

對大氣和中等化學煙霧具有良好之防護性，長鏈油（Long Oils）型醇酸樹脂之滲透性甚佳，可做為已發生銹蝕鋼材和木質之優異底漆，但漆膜卻不易乾涸；相對地，短鏈油（Short Oils）型醇酸樹脂則較易乾燥；漆膜可耐溫至105℃。可做為工業性和海洋性環境之內部和外部塗裝使用，對大部分工業區中等程度化學煙霧之防護效果尚佳。該類塗料耐化學品作用之性能不佳，且不適合使用在鹼性環境中，例如新水泥之表面亦不適合於水中浸泡使用。

㈡環氧酸酯類塗料（Epoxy Ester Paints）

該類塗料屬高品質之油性塗裝，與其他種類漆膜之共容性良好，易於施工，漆膜具有良好之耐候性，足可耐一般大氣腐蝕作用，耐化學品作用之特性較醇酸樹脂漆為佳，廣泛應用於結構鋼材、油箱外部，做為化學環境下金屬材質之保護使用。惟防蝕功能較環氧樹脂差，而不耐強化學品之煙霧或濺潑、溢出等之作用，亦不適合於浸泡環境中使用。

㈢乙烯樹脂類塗料（Vinyl Paints）

該類塗料所形成之漆膜不溶於油脂、油、脂肪烴、酒精等化學品中，漆膜具韌性和柔軟性，低毒性、無臭、無色，且具防火性為其特點，另具耐水及耐鹽水之特性，在室溫下不受無機酸和鹼性物質之作用，又有良好之耐磨效果；可使用在攜帶式冰箱和衛生裝備方面之塗裝，廣泛使用在工業性塗裝方面。惟此類塗料使用時初期之附著力較差，僅能形成較薄之漆膜（約 0.004~0.005 mm/coat），漆膜可再溶解於極性較強之溶劑中，若無底漆時漆膜附著在鋼材表面之效果更差，另外漆膜呈現針孔現象，較其他樹脂更為明顯。

㈣氯化橡膠塗料（Chlorinated Rubber Paints）

此類塗料具低滲透性和優異之耐水性，而且可耐強酸、強鹼、漂白劑、肥皂和清潔劑、礦物油、黴菌等之作用，並具有良好之耐磨性；同時亦具防火性、無味、無嗅和無毒，塗料使用時易乾燥，對鋼材和水泥具有優異之附著力，因此，常使用為水泥和石材用漆、游泳池塗裝、工業性塗裝和海洋性塗裝。惟此類漆膜可溶解於極性強之溶劑中，另外，在 95℃乾燥之環境下或 60℃濕環境中，均會被熱所分解，而紫外線亦會對其產生分解作用，故必須添加安定劑，以增強其安定性。施工時不易使用噴塗方式作業，尤其是在熱氣候之環境中施工，更是不利於掌握條件。

㈤煤塔瀝青類塗料（Coal tar Pitch Paints）

此類塗料以價格低廉為其優勢條件，較其他塗料具有更優異之耐水性，對酸、鹼、礦物油、動物油和植物油，皆有甚佳之耐性，可應用在地下或水中浸泡之耐濕環境中，因此，廣泛應用在地下管件之內外部塗裝。除非和其他樹脂交聯作用，否則屬熱可塑性材料，在 40℃以上會呈現流動性，而在冷環境中則會呈現脆性和硬化現象，長時間在陽光曝曬下，漆膜雖仍具保護性，卻會發生龜裂情形，而逐漸遞減防蝕效果。

㈥聚醯胺硬化型環氧類塗料（Polyamide-cured Epoxy Paints）

該類塗料之防水性較胺硬化型環氧樹脂類為佳，同時具有優異之附著力、光澤性、耐衝擊性、硬度和耐磨性，卻較胺類硬化型環氧樹脂類之漆膜，更具柔軟性和韌性，在乾燥環境下，可耐溫度至 105℃，而濕環境中僅可耐至 65℃。本項塗料容易施工，且易匹配面漆，對水泥和鋼材具有優異之附著力，廣泛應用於工業性和海洋性之塗裝保護，漆料配方若經適度修飾，可做為濕環境和水下之表面塗裝使用。

㈦煤塔環氧類塗料（Coal Tar Epoxy Paints）

本類型塗料係由環氧樹脂和煤塔混合而成，耐海水和清水之浸泡，對酸和鹼性物質之耐性亦相當優異，但浸泡在溶劑中，則會釋放出煤塔。此類塗料之漆膜曝露在冷溫環境和紫外線下，性質易變脆，且在冷氣溫下之耐磨性亦變差，使用時為減少塗層界面之附著力不良問題，必須在48小時內進行面漆噴塗，該類塗料不得使用在10℃以下之環境中，乾燥環境下之耐溫為105℃，濕環境中之耐溫為65℃，塗料僅有黑色和暗色之色澤為其缺點。

㈧聚胺基甲酸乙酯類塗料（Polyurethane Paints）

本類塗料係以多元異氰酸酯（Isocyanates）和多元醇反應所形之PU樹脂為膠合劑，因異氰酸酯（Isocyanates）化學結構之不同，而有多樣化之各種塗料，漆膜之性質亦各有不同，脂肪族聚胺基甲酸乙酯型漆膜，具有較優異之光澤性。多元醇之化學結構亦會影響塗料之性質；漆膜對耐化學品、濕性和聚醯胺硬化型環氧樹脂相類似，耐磨性亦相當優異，價格較其種類塗料為貴，脂肪族聚胺基甲酸乙酯塗料可廣泛地使用於腐蝕環境中，作為諸多結構物外部光澤性面漆使用，若適當選擇其他化合物與異氰酸酯作用後，可以增強塗料對化學品、濕氣、低溫及磨損之耐性。本項塗料為二元成分，使用時再行有效混合，故二元成分中之異氰酸酯應避免曝露於大氣中，以防止水份降低塗料之反應性，芳香族聚胺基甲酸乙酯之漆膜，較易受紫外線之作用，而產生黃化現象。

㈨柏油瀝青類塗料（Asphalt Pitch Paints ）

此類塗料具有良好耐水性和對紫外線之安定性，不會因光線作用而產生龜裂或分解，可耐30%濃度之鹼液和無機鹽作用，因價格低廉，故常取代煤塔塗料，使用於無法使用之大氣環境中，最常用於舖路、封孔劑和屋頂塗裝。其缺點為耐烴類溶劑、油脂和某些有機溶劑之性質不佳，長時曝露在乾燥或 150℃以上之環境時，會發生碎裂現象，僅有黑色外觀，而無其他色澤可供選用。

㈩丙烯酸類塗料（Acrylic Paints）

此類塗料之漆膜對光和紫外線具有優異之安定性，同時具有良好之光澤性和色彩，若經交聯作用後，可使得漆膜更具有良好之化學耐性和優異之耐候性，可耐化學煙霧及經常性或溢出之化學品侵蝕，長期曝露在紫外線下，較少發生粉化現象，但偶爾亦可能發生變化。若屬交聯型塗料主要應用在汽車塗裝方面，而乳化型塗料則通常使用於水泥和石材之底漆。若為熱塑型或水性乳化型塗料，則不適合使用在浸泡環境中或有酸、鹼化學品之曝露環境中，因此，大部分使用在大氣環境中做為金屬材料之保護使用。

⑾胺類硬化型環氧樹脂類塗料（Amine -cured Epoxy Paints）

此類漆料具有良好之化學耐性和耐候性，為環氧樹脂塗料類中最具化學耐性者，對鹼性物質、大部分有機和無機酸、水、鹽水溶液之耐性優異，只要是漆膜不是連續性保持在潤濕情況下，對溶劑和氧化劑之耐性良好。若以胺類加成物（Adducts）為硬化劑，所形成之漆膜，對化學品和濕氣之耐性則稍差。本項塗料對鋼材和水泥有非常優異之附著力，廣泛使用在維護用塗料和儲槽之防蝕內襯。

本類塗料之漆膜和其他環氧類漆膜比較，硬度較高，惟柔軟度、耐濕性較差，曝露在紫外線下，會發生粉化現象，強溶劑則易加速其漆膜之剝落，在濕環境下，可耐至 105℃；乾燥環境條件下，可耐至 90℃；5℃以下則無法發生硬化反應。為避免漆膜脫落，必須於噴塗後 72 小時內加噴面漆，若要達到最佳漆膜功能，則硬化時間至少需 7 天以上。

⑿酚樹脂類塗料（Phenolic Paints）

本項塗料為所有有機塗料中，具有最優異耐溶劑性能者，對脂肪族烴、芳香族烴、醇類、酸酯類、酮類、氯化有機溶劑等化學品之耐性均甚為優異，在濕環境條件下可耐溫至 90℃，無味、無臭且無毒性，可適用於酒精儲槽、發酵槽和食品工業罐裝之內襯。亦可使用在熱水浸泡之環境中，若利用環氧樹脂或其他樹脂加以修飾後，可增加漆膜對水、化學品和熱之耐用性。漆料在烘烤後會呈現褐色，此可做為交聯程度之指示使用。

塗料使用時若要達到完全之硬化膜，通常要在 175~230℃溫度下烘烤，因漆膜相當薄（約 0.025mm），且每一道次均需經過多次烘烤，同時為促使縮合反應時水份可有效去除，必須經過多道次之噴漆手續，另外，對鹼性物質及強氧化劑之耐性亦不佳，均為本項漆料之缺點。

㈢有機鋅粉塗料（Organic Zinc-rich Paints）

本項塗料係利用其內所含鋅粉之伽凡尼保護作用，以發揮防蝕功能，在歐洲及遠東地區之國家較為廣泛使用本項漆料，而北美洲地區之國家則較多使用無機鋅粉塗料，漆料內之有機膠合劑種類和面漆之共容性關係至巨，一般被保護材料表面之處理程度和面漆之共容性問題，不及無機鋅粉塗料要求嚴格，惟防蝕功能上略遜於無機鋅粉塗料，使用在pH=5~10 以外之化學環境時，必須配合面漆。本項漆料常做為修護受損之伽凡尼保護層和無機鋅粉漆膜使用。

台灣海島型之特殊環境，對金屬材質之應用甚為不利，有效之防蝕保固技術，除可延長材料之使用壽限，同時亦可增加安全性及節省資源之耗用，在防蝕保固技術中，有機防蝕塗料之使用占相當大宗，而有機防蝕塗料是否能發揮有效之防蝕功能，則取決於高分子樹脂。換言之，高分子材料之開發為塗料工業之核心技術，目前在著重功能性、作業性、人員健康及兼顧環保等多元化需求下，研發塗料工業所需之高分子材料，仍有其必要性，尤其因應特殊塗料及特殊表面處理所需之高分子材料，更是今後國內研究單位值得努力之課題。

❶A. D. Wilson, J. W. Nicholson and H. J. Posser, "Surface Coatings", Elsevier Applied Science Publishers Ltd., Barking, England（1987）.

❷R. Lambourne, "Paint and Surface Coatings", Ellis Horwood Limited, West Sussex, England（1987）.

❸S. Paul, "Surface Coatings Science and Technology", John Wiley & Sons, New York, U. S. A.（1983）.

❹K. Doran, W. Freitag and D. Stoye, "Water Borne Coating", Hanser/Gardner Publication, Inc., Cincinnati, U . S. A.（1994）.

❺C. H. Hare, "Protective Coating, Fundamental of Chemistry and Composition", Technology Publishing Company, Pittsburgh, Pennsylvania, U. S. A.（1994）.

❻"Metals Handbook, 9th Edition, Volume 13, Corrosion", ASM International（1988）.

❼劉國杰、耿耀宗合編，《塗料應用科學與工藝學》，中國輕工業出版社，北京（1994）。

❽許永綏校閱，《塗料概論》，徐氏基金會出版（1991）。

❾陳劉旺、童欽文合著，《塗料製造化學》，高立圖書公司出版（1981）。

❿《塗料工業市場／技術趨勢》，工業技術研究院化工研究所出版（1992）。

⓫《工業設施之維護塗料》，永記造漆工業公司技術手冊。

第十章
電子材料——聚亞醯胺

金進興

學歷：國立交通大學材料科學與工程研究所畢業

經歷：曾任工研院工業材料研究所技術員、助理研究員、副研究員、研究員等職

現職：現任工研院工業材料研究所電子有機材料技術組計畫經理

研究領域與專長：高分子合成與物性測試分析
電子構裝材料與製程技術

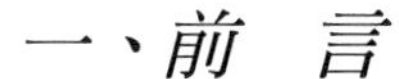

一、前　言

聚亞醯胺（Polyimide, PI）是在 1960 年代在美、蘇軍備競賽及太空發展之下所開發的耐熱性樹脂，也是被公認最成功的一種。早期對聚亞醯胺感到興趣的是一些重機電的製造者，藉助聚亞醯胺優異的耐熱性將它應用於一些需要在嚴苛條件下使用的電動機械及高壓交流電機的耐熱絕緣披覆上，強調它的高溫熱安定性。

1980 年代，由於電子工業的發達，使得聚亞醯胺成為眾所矚目的尖端材料。資訊電子、通訊到國防軍事工業產品都在強調高性能及輕、薄、短、小化，各先進國家均積極投入發展密度更高，容量更大，速度更快的IC元件及電路板構裝技術，過去高分子材料由於無法忍受半導體及電路板加工的高溫製程，並沒有被用來當作元件構成材料的一部分。由於聚亞醯胺能兼顧耐熱性急加工性，使高分子材料正式成為半導體元件及電路板構裝的一部分。

在IC元件的高密度化過程中，多層配線是必要手段，聚亞醯胺可在多層配線上解決傳統方法之缺點，利於線路之平坦化，除了多層配線之層間絕緣外，聚亞醯胺亦可用於 IC 之鈍化層（Passivation）或當作緩衝膜（Buffer Coat），以提高元件之良率及可靠度，更可作為α-粒子之遮蔽塗膜（α-Particle Barrier），來避免記憶體之軟體誤差（Soft Error）。另在電子構裝領域中，軟性印刷電路板（Flexible Printed Circuit）、自動式捲帶晶粒接合（Tape Automated Bonding）及晶圓級尺寸構裝（Chip Scale Package）等所用的基材或絕緣材，也都是聚亞醯胺的用途所在，這些應用將在本章中作一說明。

二、聚亞醯胺特性與種類

㈠聚亞醯胺的特性

在半導體元件製程及元件本身特性的要求，所用之構裝材料必須具備一些基本特性。聚亞醯胺即具備這些特性要求：第一要有足夠之耐熱性可承受所有構裝製程中的高溫，例如在構裝金屬化時之溫度高達 300℃；第二為具有優異的電氣特性，例如低介電常數（Dielectric Constant）及低散逸因子（Dissipation Factor）可適用於高速及高頻電路；第三是適當的機械強度，足夠的韌性（Toughness）作為元件的良好保護塗膜；第四良好的耐化學藥品性，可承受製程中所使用藥品之侵蝕性；第五是高純度，移動性離子含量要低，例如鈉、鉀離子含量低，以避免漏電流（Leakage Current）過高，影響元件之長期可靠性。表 10-1 是聚亞醯胺一般特性。

表 10-1　聚亞醯胺一般特性

介電常數（1 MHZ）	3.5
逸散因素	0.002
體積電阻	10
絕緣破壞電壓　（kV/mm）	300
熱膨脹係數 10/℃（R.T.-400℃）	450
熱分解溫度　℃	>450
抗拉強度　（MPa）	130
伸長率　（%）	20
楊氏模數　（GPA）	3.3
密度　（g/cc）	1.38
吸水率　（%）	2.0
不純物　（ppm）	Na: 0.4, K: 0.1, Ca: 0.3, Cu: 0.1, Fe: 0.1, Cr: 0.1

㈡聚亞醯胺的種類

聚亞醯胺依其結構特性可分為三大類：

1. 非熱可塑性聚亞醯胺（Non-Thermalplastic Polyimide）

這是由較具對稱性的芳香族二酸酐及二胺單體以聚縮合方式聚合而成，分子鏈有較強之剛性，玻璃轉移溫度較高，是三種聚亞醯胺中之最高者，其結構以杜邦（Du Pont）公司所製作的聚亞醯胺膜，商品名為 Kapton 最具代表性，詳細結構請參閱圖 10-1。它也是目前聚亞醯胺中使用量最大的一種。

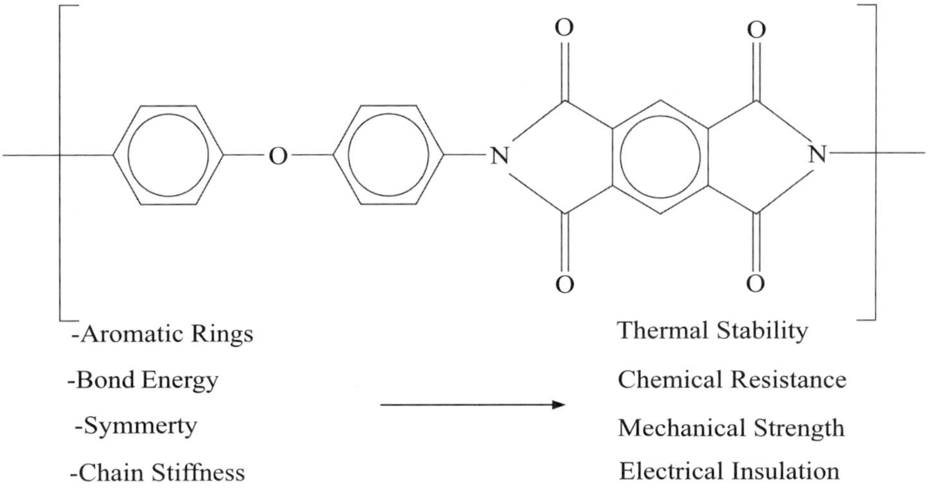

-Aromatic Rings　　　　Thermal Stability
-Bond Energy　　　　　Chemical Resistance
-Symmerty　　→　　　Mechanical Strength
-Chain Stiffness　　　　Electrical Insulation

圖 10-1　非熱可塑性聚亞醯胺結構

2. **熱可塑性聚亞醯胺**（Thermalplastic Polyimide）

此種型式之聚亞醯胺是採用較具不對稱的二酸酐及二胺單體，並在單體結構中選擇具柔軟基，如-O-、-S-、$-SO_2-$等基團，使聚亞醯胺較具柔軟性，其玻璃轉移溫度較低。也有使用含矽氧（Siloxane）或脂肪族之單體來降低其玻璃轉移溫度，此種聚亞醯胺在高溫及壓力下可再具有流動性，有接著劑之功能，這也是熱可塑性聚亞醯胺的主要用途。其結構範例請見圖 10-2。

Trade name (Producer)	Structure
SIM (Sumitomo Bskelite)	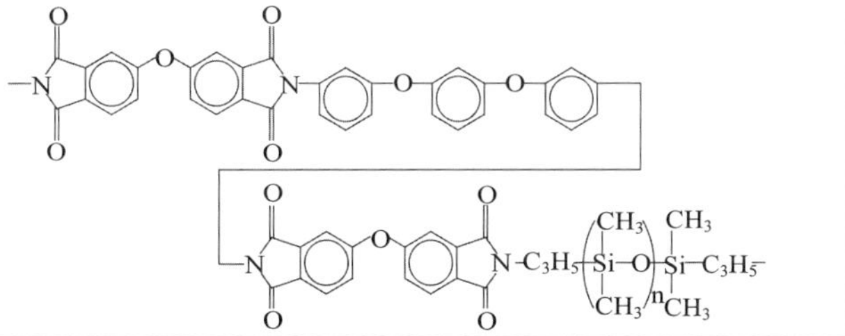
AURUM (Mitsui Toatsu)	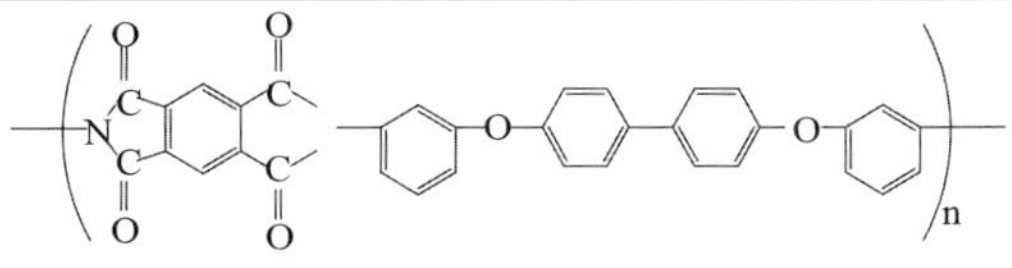
OPTOMER (Japan Synthetic Rubber)	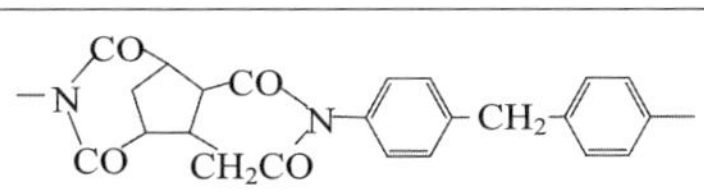

Structure of Thermoplastic Polyinide Being Commercialized in Japan.
圖 10-2　熱可塑性聚亞醯胺結構

3.熱固型聚亞醯胺（Thermalsetting Polyimide）

這類聚亞醯胺的結構是使用具有雙鍵，不飽和結構的單體以自由基（Free Radical）方式進行聚合，與上述兩種聚亞醯胺在結構及合成方法上有較明顯的差異。因此，熱固型聚亞醯胺特性較硬且脆，其應用主要在當作結構性材料，尤其是在一些高玻璃轉移溫度（>200℃）極高功能型的硬式印刷電路板的基材結構。它的其結構範例請見圖 10-3。

Type	Maker	Grade	Chemical strueture	Characteristies
Standard	Mitsui Toatsu Mitsubishi Petrochemical KI Kasci	BMI-S MB3000H BMI	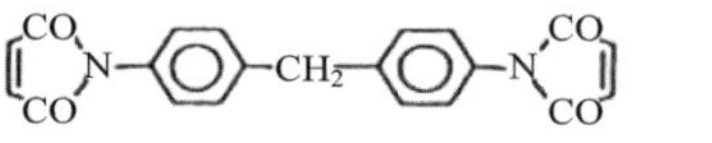 (mp. 155~160℃)	About 3000 Yen/kg
Hydrocarbon Introduccd Type	Mitsui Petrochemical		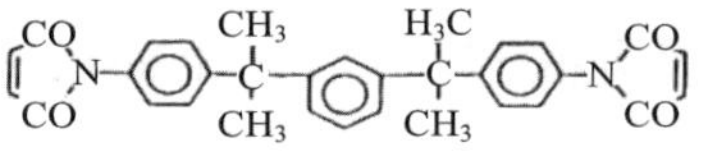 (mp. 160~170℃)	Low Dielectric Constant Low Water Absorption
	Mitsubishi Petrochemical	MB-700	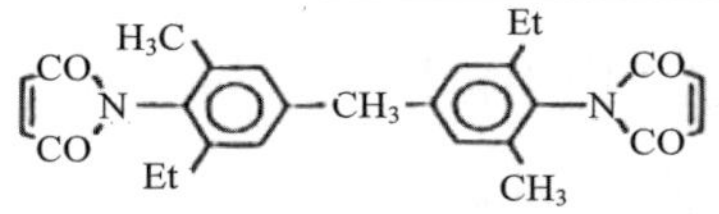 (mp. 87~97℃)	Low Dielectric Constant Low Water Absorption
Ether type	Mitsui Toatsu Mitsubishi Petrochemical	BMI-BAPP MB-800	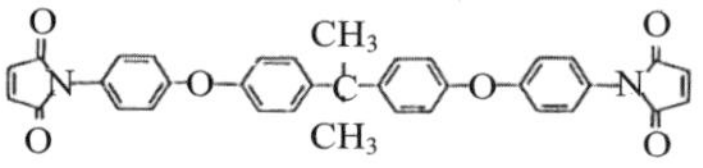	Flexible Low Dielectric Constant
	Mitsui Toatsu Mitsubishi Petrochemical		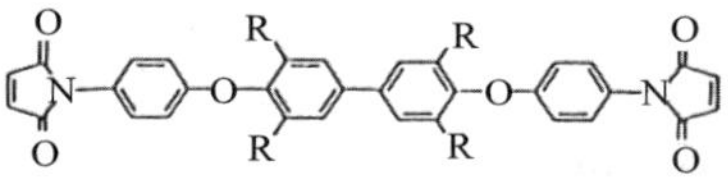	Heat-Resistant Flexible Water-Resistant
	Mitsui Toatsu Mitsubishi Petrochemical		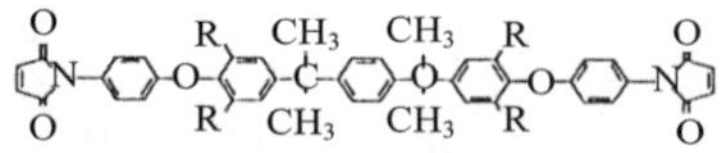 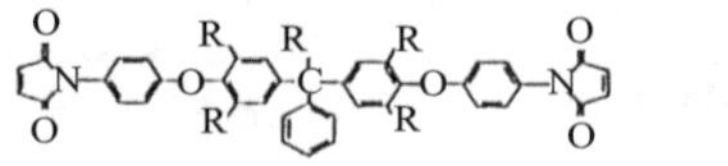	Water-Resistant Flexible Heat-Resistant
Others	Hitachi		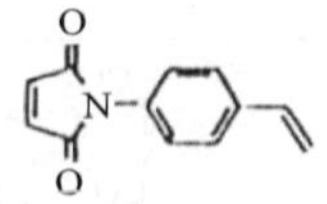	

圖 10-3　熱固性聚亞醯胺結構

三、聚亞醯胺的合成與亞醯胺化

㈠聚亞醯胺的合成

在本文中，我們以非熱可塑性聚亞醯胺代表為例，來說明聚亞醯胺的合成方法，因此類型之聚亞醯胺是應用最廣，市場占有率最大的。圖 10-4 是其合成的示意圖，它是由二酸酐與二胺單體在極性溶劑，例如：NMP、DMAC、DMF 及 DMSO 中經聚縮合反應而成，合成的重要控制因素為接近的單體莫耳比、高單體純度、足夠的反應時間及反應條件的選擇。反應條件須選擇在低溫及惰性氣氛下進行反應，二者都是在避免因水的產生而使反應產生逆反應，而無法得到高分子量。高溫時，因反應產物—聚醯胺酸（Polyamic Acid）會自行發生亞醯胺化（Imidization）反應而放出水來，造成逆反應。反應時的惰性氣體環境也是在避免水氣造成聚合反應的反應，因此，聚亞醯胺的合成對於反應條件及環境是必須嚴格控制的。

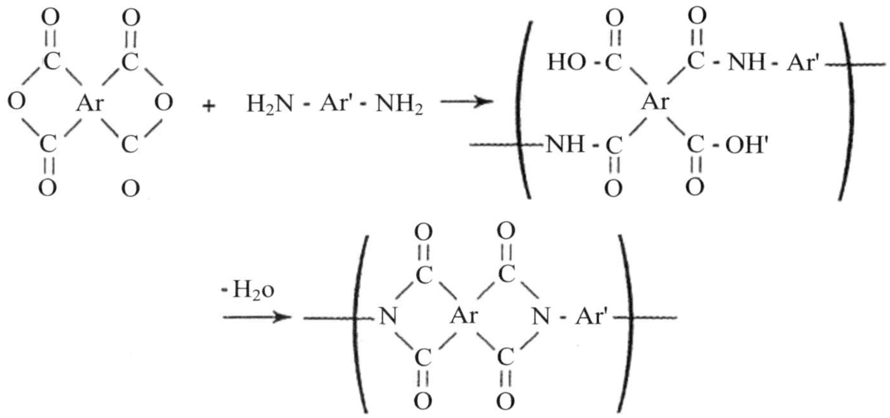

聚亞醯胺之反應流程圖

圖 10-4　聚亞醯胺聚縮合反應流程

聚亞醯胺在應用時大部分是以聚醯胺酸形式應用，當將其以塗佈方式在基材或元件上形成膜後再以高溫或化學環化劑進行閉環反應，所以，在聚醯胺酸階段的分子量將決定聚亞醯胺的最後分子量大小。

㈡聚亞醯胺的亞醯胺化

聚亞醯胺的亞醯胺化可以兩種方式來進行，較常被使用的是高溫的環化反應機構，這是利用高溫一邊將溶劑揮發，一邊藉由高溫使聚醯胺酸中之酸（-COOH）及醯胺（-CONH）基脫水而形成五環之亞醯胺結構，由於水分子之鍵結相當強，需要環化之溫度需達 200℃以上，一般在工業上應用為保持較可靠的特性，通常將環化溫度設定在 300~350 ℃，以求得聚亞醯胺穩定的可靠性。有關高溫環化的機構，請見圖 10-5。由於醯胺酸的共軛鹼比醯胺酸為更強的親核劑，所以亞醯胺化的速率路徑(b)會大於(a)，即進行熱亞醯胺化時較可能經由路徑(b)轉變為聚亞醯胺。

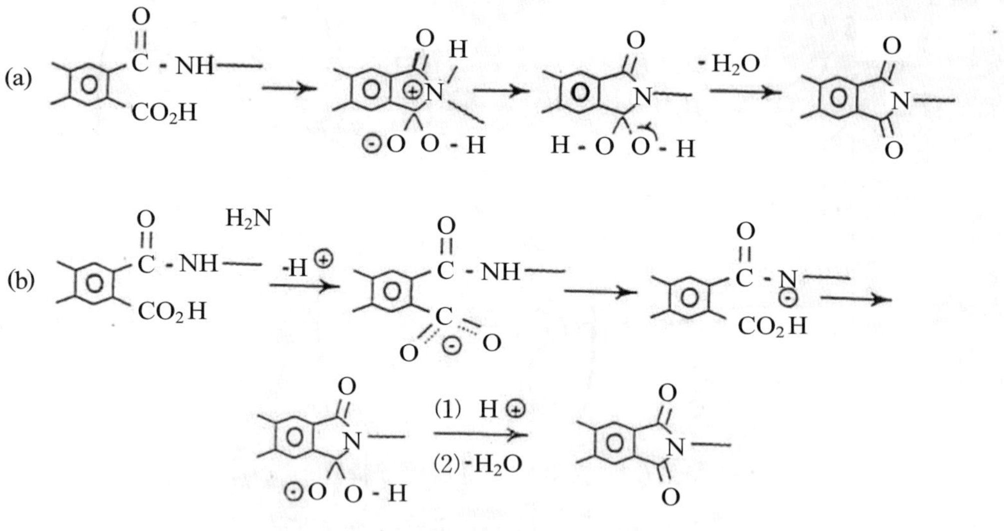

圖 10-5 高溫亞醯胺化之反應機制

另一種環化方法是用化學藥劑為環化觸媒的化學環化法，此法所用之化學環化觸媒組合大部分為三級胺與脫水劑，三級胺如 Pyridine 而脫水劑如醋酸酐，二者之比例約為 1：1。化學環化法的優點是可以降低聚亞醯胺的環化溫度及提高環化效率，其反應機構如圖 10-6。一般在工業上之應用時，會考慮結合二種環化方式進行亞醯胺化，目的在確保有效的環化百分率及增進環化效率。

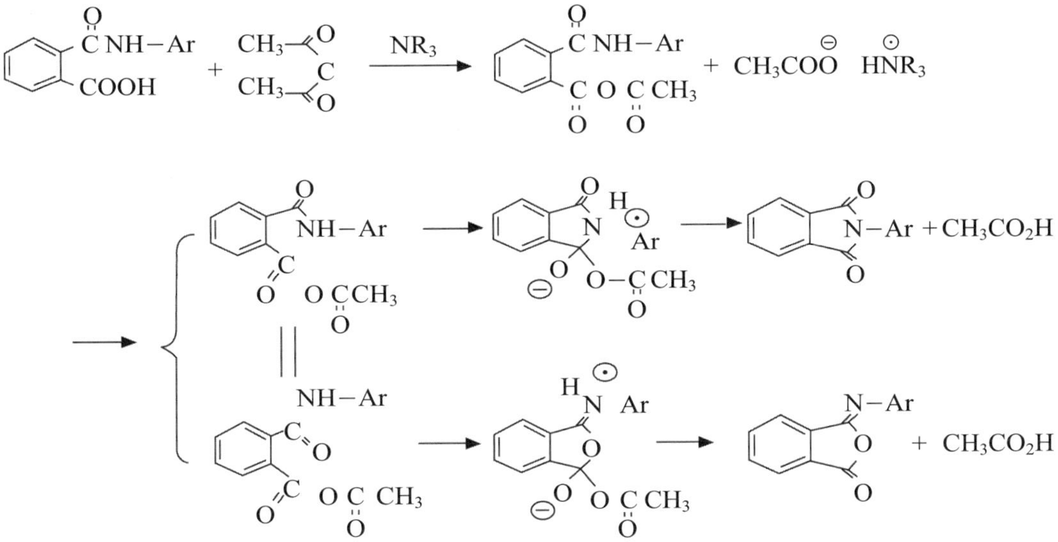

圖 10-6　化學環化之反應機構

四、聚亞醯胺在 IC 元件構裝的應用

IC元件的有機塗膜可區分為兩類，即表面保護及層間絕緣，表面塗膜目的在保護元件表面不讓外界的微塵、溼氣、放射線等侵入元件的表面，而層間絕緣則為 IC 元件高密度化時作為金屬導線織層間絕緣之用。以下將就各項應用作一說明：

㈠鈍化膜（Passivation）

IC元件所用之鈍化膜，一般是用氧化矽及氮化矽為主，需在高溫爐以熱氧化或化學氣相沈積方式成長，不僅速度慢且有針孔（Pin Hole）密度高之缺點，以聚亞醯胺取代，使用旋轉塗佈（Spin Coating）方法很快就能達到想要所需的厚度，且可藉雙層塗佈達到降低針孔密度的目的。同時，有機的聚亞醯胺亦可對膜塑（Molding）構裝時所產生的機械應力有緩衝作用。

㈡緩衝膜（Buffer Coat）

緩衝膜是在鈍化膜完成後，在其上所進行的塗層，主要目的在作為模塑構裝時因高溫及高壓所產生之應力，因具有緩衝應力之功用而稱為緩衝膜，也被稱為第二鈍化膜，如無法對應力做出緩衝將會使IC元件因應力而使鈍化膜破壞、鋁線產生變形、斷裂等不良缺點。有機聚亞醯胺因俱有低應力，而使其成為良好的緩衝膜材料。

㈢α粒子遮蔽塗膜（α-Particle Barrier Coat）

IC 元件在以環氧樹脂模塑材料進行構裝時，因模塑材料中使用大量的填充料，這些Silica填充料含有釷（Th）和鈾（U）同位素，會放射出微量的α放射性粒子，將使得記憶體 IC 元件產生軟體誤差（Soft Error），而聚亞醯胺具有阻擋α放射性粒子的特性，本身又具高純度，故可避免記憶體受到干擾。表 10-2 是以各種不同厚度之聚亞醯胺薄膜作為遮蔽α放射性粒子的遮蔽實驗，由表中可看出，當聚亞醯胺厚度大於 20um 就具有遮蔽α放射性粒子的功用。表中之 Kapton、Upilex 是商品的聚亞醯胺膜，而 MRL 則是工研院材料所自行研發之聚亞醯胺薄膜。圖 10-7 是聚亞醯胺在 IC 元件應用的剖面圖。

表 10-2　聚亞醯胺膜厚度與α放射性粒子的遮蔽效果關係

Sample	Thickness of Specimen (μm)	Instrument Background No/5min.	239Pu Counts/5min Non-Shielding	Shielding	241 Am Counts/5min Non-Shielding	Shielding
Upilex	23	0	2006	1	1467	0
Kapton	23	0	1988	0	1436	0
MRL	30	1	2048	0	1499	0
MRL	20	0	2078	1	1430	1
MRL	10	1	1959	19	1461	21
MRL	3	1	2026	554	1473	426

附注：Pu：5.15 MeV.
Am：5.42 MeV.

㈣層間絕緣膜（Interlayer Dielectric）

傳統為了提高IC元件密度需要使用多層線路方式來做層間絕緣，一般用二氧化矽以化學蒸鍍方式法來生成層間絕緣膜，此種技術生成之膜易產生針孔及微裂縫（Micro-Crack），在第二層金屬化表面有凹凸不平的段差（Step），對第二層線路的配線在線路設計及製造上有諸多的不便與限制，且金屬層與無機二氧化矽絕緣膜間覆蓋不良易造成斷線。已聚亞醯胺當作層間絕緣膜，即可達到平坦化（Planarization）的效果，解決段差所造成問題，並且加工方法簡單，只要以旋轉塗佈方式將聚亞醯胺塗於已完成的線路層尚再經高溫硬化處理，即可形成覆蓋良好，表面平坦的絕緣層。圖 10-8 是傳統二氧矽與聚亞醯胺當多層配線絕緣膜之比較，可看出有機聚亞醯胺層間絕緣的特性和無機材料的差異。

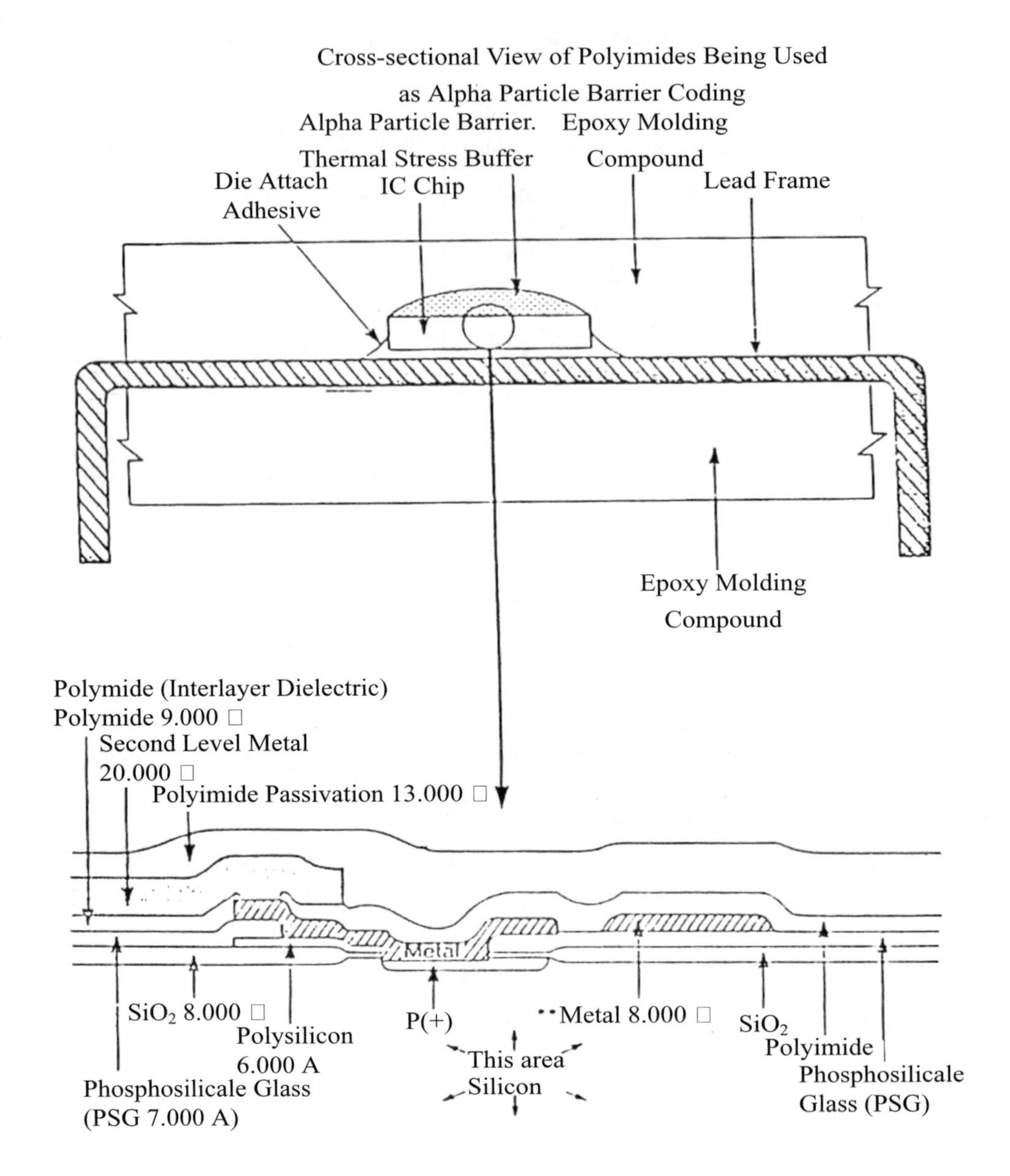
Cross-sectional View of Polyimides Being Used
as Alpha Particle Barrier Coding
Alpha Particle Barrier.
Thermal Stress Buffer
Epoxy Molding
Compound
Die Attach
Adhesive
IC Chip
Lead Frame
Epoxy Molding
Compound
Polymide (Interlayer Dielectric)
Polymide 9.000 □
Second Level Metal
20.000 □
Polyimide Passivation 13.000 □
Metal
SiO2 8.000 □
Polysilicon
6.000 A
Phosphosilicale Glass
(PSG 7.000 A)
P(+)
This area
Silicon
Metal 8.000 □
SiO2
Polyimide
Phosphosilicale
Glass (PSG)

圖 10-7　聚亞醯胺應用於 IC 元件之剖面

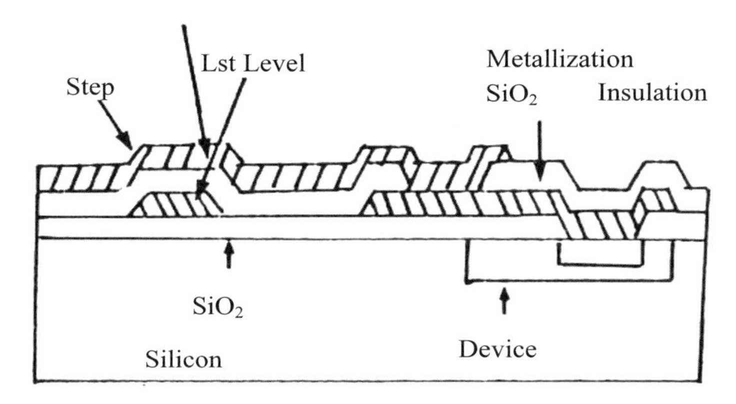

(a)傳統方法所得的兩層金屬化結構

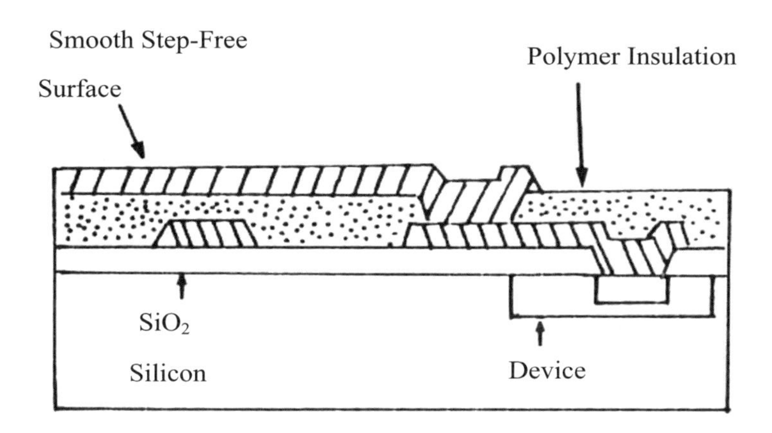

(b)以聚亞醯胺平坦金屬層技術所得的兩層金屬化結構

圖 10-8　**傳統二氧矽與聚亞醯胺當多層配線之比較**

五、聚亞醯胺在印刷電路與 IC 構裝中之應用

在印刷電路與IC構裝中，聚亞醯胺主要的應用方式是以薄模型式來使用，這與上述的 IC 元件所使用的液狀清漆（Varnish）有所不同，它必須先將聚亞醯胺製成薄膜後在進行本節中之應用，聚亞醯胺的製膜也是一項重要且困難度高的技術，將在本節最後稍加說明。圖 10-9 是經製膜完成的聚亞醯胺薄膜。

圖 10-9　聚亞醯胺薄膜

(一)聚亞醯胺應用於印刷電路

印刷電路板有軟、硬二種，聚亞醯胺主要應用於軟性印刷電路之上。再硬板上有一些基板強調高 T_g 其高可靠性，有利用到熱固型聚亞醯胺來製作此類特殊的硬板，其 T_g 可達 220℃較一般硬板FR-4 120-140℃之 T_g 高出甚多，專門用於多層印刷電路板。軟板因同時具有輕薄、輕量、可撓曲、三度空間配線等特殊功能，在一些強調輕量、可攜式的消費性及多功能電子產品使用得非常多，例如：相機、

手提式電腦（Notebook）、辦公室自動化機器、手提攝錄影機、行動電話等皆是軟板的重要應用對象。聚亞醯胺因具有高耐熱、低介電及優異的機械特性，一直是軟板所使用的重要基材，聚亞醯胺是以薄膜形式作為軟板之基材，先在其上塗上接著劑後再將銅箔貼合上去，經微影成像（Lithography）製程製作出想要的線路出來，最後再使用由聚亞醯胺與接著劑組合而成的保護膜（Coverlay）在銅線路上形成保護功用，軟板的製作即完成。因為軟板所獨具的特性使得電子產品在體積與重量上愈做愈小、愈做愈輕，這是現今行動通訊、視訊與資訊如此發達的原因之一。圖 10-10、10-11 是軟板一些應用的實例。

圖 10-10　軟板應用——自動照相機

圖 10-11　軟板應用——硬碟機

㈡聚亞醯胺應用於 IC 構裝

IC 的構裝密度要求愈來愈高及輕薄，為了應付這需求，各種不同強調高密度高功能的構裝方式被提出，這其中以聚亞醯胺為基材之捲帶式晶粒自動接合（Tape Automatic Bonding, TAB）被看好適用於高 I/O（Input/Output）數及輕薄型之先進構裝方式，TAB 構裝方式的結構類似於前述之軟板結構，不同之處在於 TAB 具有較高之線路解析度，以目前技術而言，其解析度已達 50um，而一般軟板則解析度在 200um 以上，因其最主要應用於 IC 構裝，需要較高之線路解析度，圖 10-12 是 248I/O 的 TAB 構裝的結構示意圖，上方是銅面，下方為聚亞醯胺面，圖中間部位為露空，將作為 IC 置放之用。這種 TAB 構裝方式最大的用途是在液晶顯示器（Liquid Crystal Display）中驅動 IC 的構裝，將可有效使液晶顯示器更薄型化，這其中聚亞醯胺膜扮演重要角色。

在 IC 及印刷電路板的應用中，聚亞醯胺膜是不可或缺的，如以應用角色來看，聚亞醯胺膜占整個聚亞醯胺使用量的 70%，是最大的應用市場。目前全球有三大公司進行聚亞醯胺膜的生產，分別是 Du Pont（杜邦）、Kaneka（鐘淵）及 Ube（宇部），其中杜邦及鐘淵生產同類型聚亞醯胺膜，特色為較具柔軟性，適用於作為軟板基材之使用。宇部生產之聚亞醯胺膜，特色為質較剛硬，較適用於需要承載 IC 之 TAB 構裝基材。

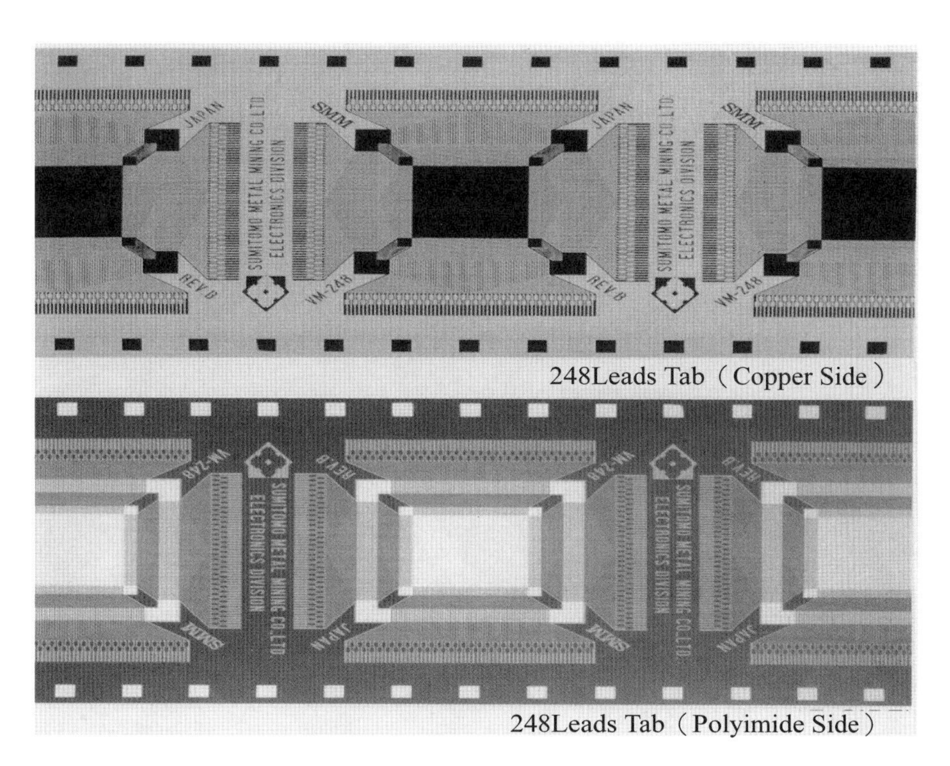

圖 10-12　248I/O 之 TAB 結構

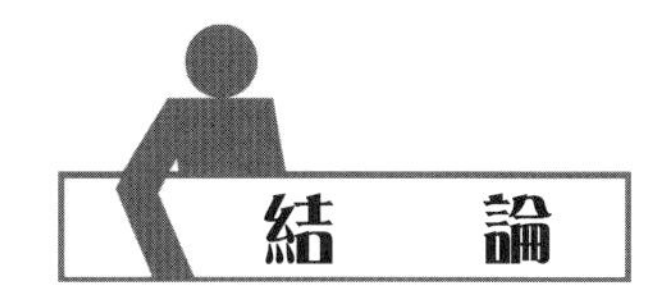

聚亞醯胺挾其優越之特性，在光電產業有著重要的地位，本文僅就其基本特性、合成方法及在IC元件構裝與印刷電路之應用作一粗淺之說明，有關於其在光通訊、工程塑膠、感測器、機械元件等應用，因篇幅有限無法加以說明，但聚亞醯胺在這些方面的應用依然潛力無窮。聚亞醯胺為增強其應用範圍及應用可靠性，在其特性上必須做必要的改善，例如：低吸水率、低熱膨脹係數、低介電常數及低成本等特性，都是將來材料研發的重點。

第十一章
幾丁質、幾丁聚醣簡介及應用

張煜欣

學歷：國立陽明大學 神經科學研究所 碩士

現職：凱得生科技股份有限公司 研發部經理

研究領域與專長：幾丁質與幾丁聚醣之研究

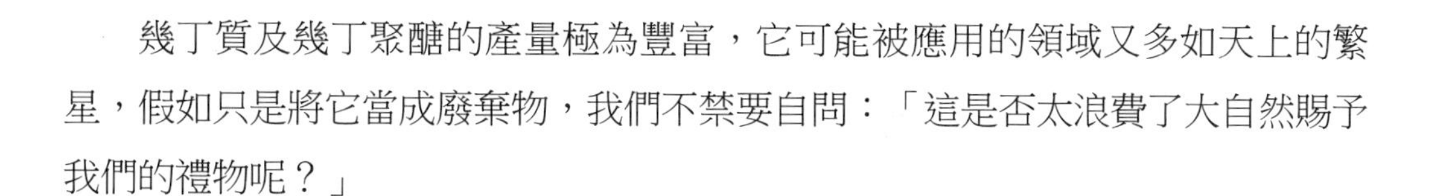
幾丁質及幾丁聚醣的產量極為豐富，它可能被應用的領域又多如天上的繁星，假如只是將它當成廢棄物，我們不禁要自問：「這是否太浪費了大自然賜予我們的禮物呢？」

一、幾丁質、幾丁聚醣簡介

幾丁質（又稱甲殼素）及幾丁聚醣（又稱甲殼質）是最近頗受矚目的生物材料，主要是因為其應用範圍極為廣泛。這類物質的發現，最早在西元 1811 年，法國植物學家（Braconnot）以氫氧化鈉的溶液加熱處理洋菇，分離出幾丁質，並將其命名為「Fungin」，意指其為真菌類產物。1823 年，法國科學家 Odier 在昆蟲表皮堅硬部位發現類似物質，乃命名為 Chitin，即希臘語「信封，包覆物質」。幾丁質是地球上含量僅次於纖維素的第二豐富有機物（Lang et al., 1982）。主要存在於甲殼動物、軟體動物與昆蟲之外骨骼及外殼，藻類、真菌與酵母菌等微生物細胞壁中亦含有幾丁質（Knorr, 1984）。幾丁質係由 1000-3000 個 N-乙醯葡萄醣胺（N-acetyl-D-glucosamine）單體以β-1,4 鍵結所構成的直鏈狀醣類，結構與纖維素相仿，其在 C-2 位置上所接的是乙醯胺基，分子量約在百萬左右（Knorr et al., 1984），並經常與蛋白質結合，以黏多醣（Mucopolysaccharide）的形式存在。幾丁質之分子量視其來源及製造條件而定（王等，1991），依其雙螺旋對稱軸分子排列方向，分為α型、β型及γ型三種（Hackman, 1960; Hackman, 1965; Muzzarelli et al., 1978）。α型為斜方晶系（Rhombic）（以α-form 排列），是幾丁質中最主要的形式。每晶格由八個 N-乙醯葡萄糖胺呈反方向平行（Anti-parallel）排列而成，其羰基及羥基會形成分子間／分子內氫鍵，所以在水中較不易膨潤（Muzzarelli, 1985），構形緻密且堅硬，為自然界最穩定、普遍之構造，大部分昆蟲及甲殼類動物的外骨骼屬之。β型為單斜晶系（Monoclinic），每個晶格由兩個 N-乙醯葡萄糖胺呈平行（Parallel）排列，如烏賊軟骨中之幾丁質，結構與纖維素相似，組織較為鬆散（Hackman, 1965），γ型則為α型及β型交錯排列，如藻類或真菌中之幾丁質。

幾丁聚醣是幾丁質脫乙醯基後的產物，因脫去乙醯基後而裸露的胺基（Amine），是使幾丁聚醣具有各種活性的重要官能基，通常去乙醯基的程度達 70%以上即成為可溶於酸性溶液的幾丁聚醣產物。幾丁質、幾丁聚醣及纖維素之結構，如圖 11-1 所示。

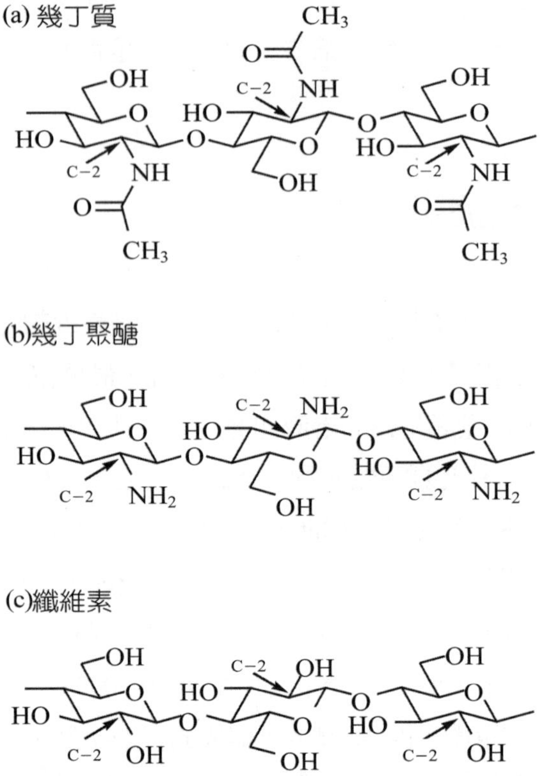

(a) 幾丁質

(b)幾丁聚醣

(c)纖維素

圖 11-1 幾丁質、幾丁聚醣與纖維素之結構

由於幾丁聚醣的水溶解性、重金屬螯合性及抑菌性等特性皆優於幾丁質，因此幾丁質常被反應成幾丁聚醣，以利於更深更廣的應用。有幾種取得幾丁質及幾丁聚醣的可行方法已被應用，包括：⑴從蝦、蟹等甲殼類的殼廢棄物中以化學法萃取；⑵以發酵法大量生產含幾丁質或幾丁聚醣的微生物，再將其萃取出來；⑶利用去乙醯酵素（Deacetylase）將幾丁質反應成幾丁聚醣。上述各種方法中，目前仍以第⑴之化學法萃取法較符合經濟效益，也較廣為工業界採用。茲簡介如下：由於甲殼類動物的外骨骼中，除了幾丁質外還有以碳酸鈣為主要成分的無機鹽、蛋白質、脂質以及色素等，這些雜質都必須依序去除。取得幾丁質後，再經由進一步的反應可得到幾丁聚醣，主要步驟如圖 11-2 所示。但化學萃取法在提升產物的純度及減少製程污染兩方面，仍有改善的空間，因此發酵法及去乙醯酵素的應用值得留意。

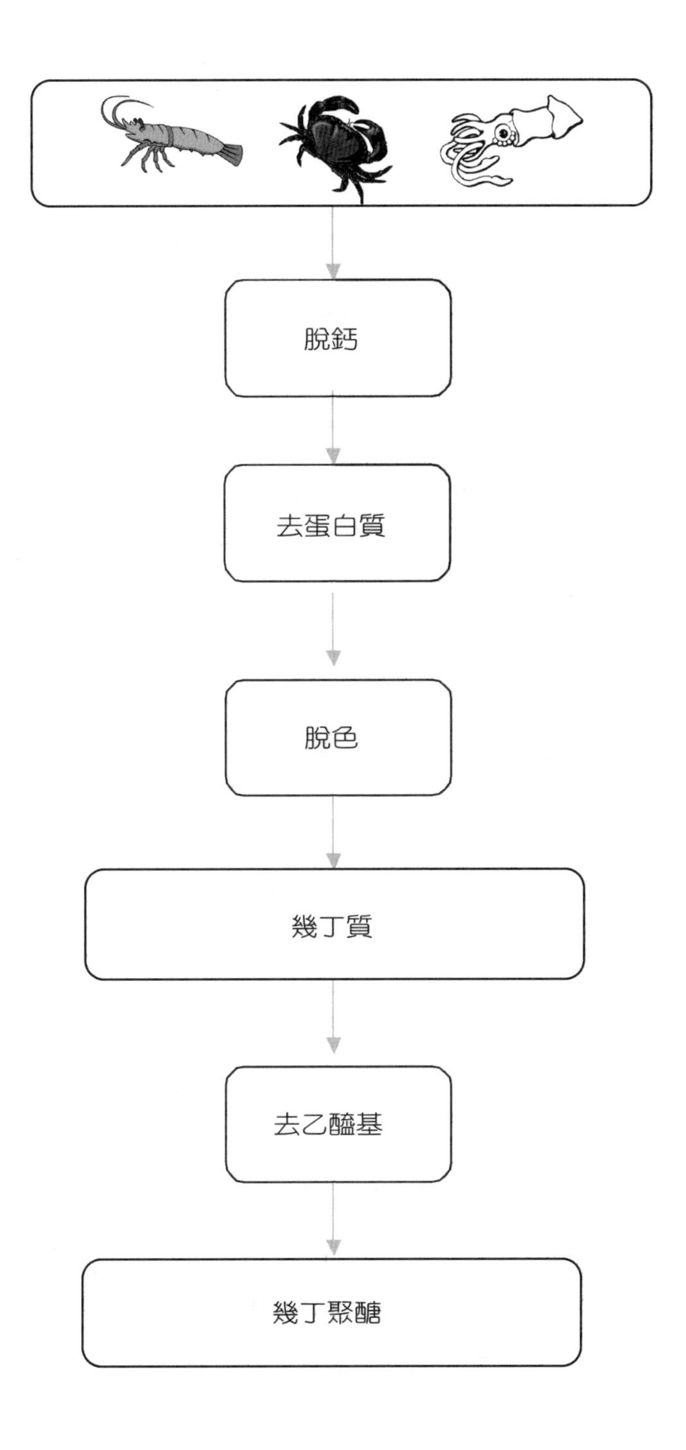

圖 11-2　幾丁聚醣製程

二、幾丁聚醣特性

㈠ 幾丁聚醣一般性質

幾丁質與幾丁聚醣的化學性質，如表 11-1 所示。幾丁聚醣可溶於 pH 值 6.5 以下的環境，例如：稀鹽酸、硝酸、磷酸等無機酸以及醋酸、乙二酸、甲酸、琥珀酸、乳酸、蘋果酸等有機酸。比重 0.1~0.2g/mL。粉末狀呈無色無味，溶液略有刺激性澀味。

表 11-1 幾丁質／幾丁聚醣的化學性質

	幾丁質（Chitin）	幾丁聚醣（Chitosan）
化學式	（$C_8H_{13}NO_5$）n n=1,000-3,000	（$C_6H_{11}NO_4$）n n=1,000-3,000
形態	無定形粉末	無定形粉末
溶解性	不容於水、稀酸、鹼、酒精與其他有機溶劑中，但可溶於濃鹽酸、硫酸、甲酸、Licl-NN'-Dimethylaclamide 中	不溶於水、鹼、酒精以及其他有機溶劑中，但可溶於稀酸，Methane-Sulfonicacid 中

㈡ 重金屬吸附性

幾丁質與幾丁聚醣由於具有羥基、乙醯胺基、胺基與孔洞性，所以，具有化學、物理吸附之活性位置，其官能基可以螯合、錯合和靜電吸引三種方式，對銅、鎳、鉛、鋅、鎘、汞等重金屬進行吸附作用。

㈢生物可降解性

幾丁質及幾丁聚醣可被人體血清內的溶菌酵素（Lysozyme）所降解（Kjell et al., 1997），若其曝露於環境中，也會被自然界的微生物所分解，因此，近來有將其開發成生物可降解性塑膠的研究在進行。此外，幾丁質及幾丁聚醣的生物可降解性可以藉由改變官能基的數目及種類而加以調控。

㈣ 抑菌性

幾丁聚醣在酸性的條件下，會質子化而在 C-2 的位置上形成具有陽電荷（-$NH3^{+}$）的官能基，此電荷會干擾細菌表面所帶的陰電荷，並以靜電作用互相吸引而附著，形成凝集作用。而幾丁聚醣及聚胺類（Polyamines）與細胞膜之作用，會改變細胞壁之通透性（Sudarshan et al., 1992；阮等，1997），關於幾丁聚醣抑菌效果的研究，如表 11-2 所示。

表 11-2　幾丁聚醣的抑菌效果

功能	參考文獻
1. 抑制植物病原菌 Fusaniumsolani	Hadwinger, L. A., et al., 1984
2. 溶於醋酸中可抑制 Staphylooccus Epidemis 生長	Allan, G.G., ct al., 1984
3. 可抑制 Saphylooocus Aureus, Ecoli, Phsedomonas Aeruginosa Bacilus Subtilis, Staphylooccus Typhimurium, Yenterooclitica	Guang-Hwa Wang, 1992
4. 抑制 Rhizopus Stolorifer	Ghaouth, A. E., et al., 1992
5. 抑制 Aspergilhus Riger, A. Parasiticus	Fang, S. W., et al., 1994
6. 抑制 Eocli, Microococus Lutcus, Staphylococcus Aureus	Seo, H., et al., 1992
7. 抑制 Chlamydr Trachomatis 感染	Petronio, M. G., et al., 1997

㈤ 生理活性

具研究報導指出，幾丁聚醣具有生理上的調節功能，包括抑制癌細胞效果、改善消化、降低膽固醇及肝臟脂質、避免高血壓、強化免疫力（活化巨噬細胞、自然殺手細胞）、降低血中尿酸改善痛風症狀、幫助腸內代謝、促進傷口癒合等，故被視為極具潛力的生物高分子。

㈥ 除臭性

臭味是具高揮發性（分子量小於 350）而親水或親油性之化學物質，臭味來源有氨氣、硫化物、揮發性有機化合物等。幾丁聚醣之凝聚性可以吸附去除部分揮發性有機化合物（Hyun-Mee et. al., 1998）、硫化物（United States Patent 5932495）等。

(七)保濕性

幾丁聚醣帶有正電荷，密度很大，可吸附相當於其本身約1.6倍重量之水分。研究發現，在53~100℃時，欲將幾丁質與幾丁聚醣所含水份移除需要花費比一般純水多10倍的能量，所以幾丁質與幾丁聚醣具有很好的含水作用。另外，幾丁聚醣極易於成膜，具良好之附著性及持久性，可在表皮層中形成一層天然屏障保留水分，因此適合作為化妝品之保濕成分。

(八)吸附油脂、膽固醇

幾丁聚醣被視為膳食纖維之一，但幾丁聚醣降低血漿及肝臟膽固醇的效果高於其他膳食纖維。（Nagyvary et al., 1979）

由於幾丁質及幾丁聚醣具有氫氧基（-OH）及胺基（-NH2），因此，易於作化學修飾，各種衍生物已在各地實驗室陸續開發，目前開發出的衍生物，包括用於增加水溶解性及抗菌性的磺酸化衍生物SC（Sulfonated Chitosan）及本磺酸化衍生物SBC（Sulfobenzoyl Chitosan），應用於治療深層褥瘡的MPC（5-Methyl Pyrrolidinone Chitosan）及用於化妝品保濕成分的 N-carboxymethyl Chitosan（Muzzarelli R, A. A. 1997）；此外，帶有imidazole groups的幾丁聚醣可以增進骨質再生作用（Muzzarelli R, A. A. et al., 1994）。茲將幾丁質衍生物及其功能之相關研究整理，如表11-3。

表11-3　幾丁質衍生物及其功能

衍生物種類	功能	參考文獻
Methylpyrolidinone Chitosan	1. 用於創傷敷材 2. 可作為bFGF的載體 3. 可促進骨質增生 4. 加入Ampicillin可以增加抗菌性	Muzzarelli, R. A. A., 1997 Berscht, P. C.,et al., 1994 Muzarelli R. A. A., 1993 Giunchcdi, P., et al.,1998
N-Carboxymethyl Chitosan	為保溼面霜的主要成分	Muzzarelli, R. A., 1997
Low MW Chitosan	可刺激血管不滑肌細胞中「血小板生長因子」	Inui, H., et al., 1995
Chitosan Acetate	可以抑制Bacteriophages T2和T7	Kochkina, Z. M., et al., 1995

至於低分子量的幾丁聚醣，具有某些特性：(1)可以刺激血管壁細胞，促使其修復及增生（Inui, H., et al. 1995）；(2)經體外實驗觀察，具有抗腫瘤細胞之功效；(3)具抗菌性及水溶解性，且不會有苦澀味，因此可用於食品的保存劑。目前有數種製備方式可將高分子量之聚醣（分子量約 300KD~500KD） 降解為低分子量之聚醣（分子量約 100KD）或寡醣（分子量小於 10KD），包括超音波等物理力量、酸降解法及酵素降解法。

三、幾丁質、幾丁聚醣應用

陸地上的固體廢棄物中，其中 50~90%是水產廢棄物（G. R. Swanson, 1980），全球每年平均產量高達 5.118□10^6 公噸（D. Knorr, 1984）。其中大部分為幾丁聚醣。蝦蟹殼加工過程所衍生出來的固體廢棄物量高達蝦蟹活體重的60~80%不等，而幾丁質占這些廢棄物乾重之 20~30%，通常被當成廢物。真正將幾丁類物質拿來應用則是在 1950 年以後，由蘇聯科學家將其開發在軍事用途，之後美國有人將其用在農業工業領域，日本亦有人將其應用在水處理方面。以幾丁質作為新素材而應用於生物醫學則是從 1982 年開始，日本農林水產省的研究小組，以 10 年的時間，全面性的研究幾丁類物質的。同時期，在世界各地實驗室也展開研究，包括義大利、挪威、美國、蘇聯等地，都有實驗室及科學家參與，然而其研究規模還是以日本最大。1977 年起，開始定期召開世界性的幾丁質與幾丁聚醣研討會。目前國際會議較具規模的有歐洲地區及亞太地區之定期會議，國內則在近年有相關學會成立，中國大陸方面在沿海各省也有廣泛的研究。

近年來，多醣類及生物材料之研究增加，幾丁質與幾丁聚醣自然便成為研究題材，應用範圍包括生醫材料、保健食品、化妝品、環境保護、農業、紡織品、生物技術等方面。（如圖 11-3）

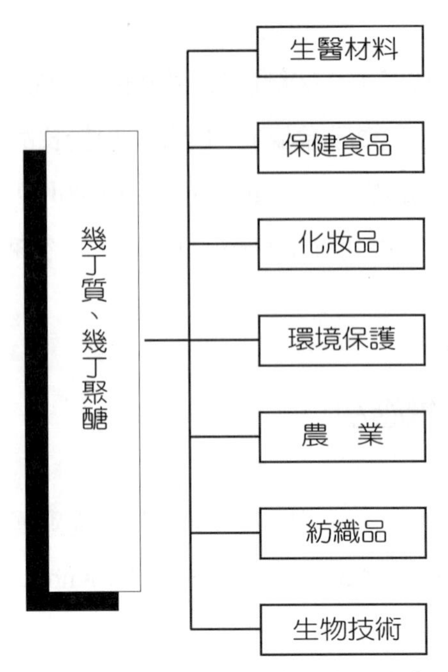

圖 11-3　幾丁質與幾丁聚醣之應用

㈠生醫材料之應用

以生物高分子材料開發組織工程產品是現今醫學工程的趨勢，因其具備優異之生體相容性以及許多物理化學特性，其中幾丁質類（Chitin、Chitosan）更是不可被忽視的生醫材料。早在西元 16 世紀時， 民間流傳以蝦蟹殼蒸煮後作為促進健康、治療疾病的材料，中國《本草綱目》一書亦將蟹殼粉列為藥材。幾丁質類具有特別的物理性質：容易成膜、膜具有高抗拉強度及良好的延伸性。同時，幾丁質類也具有特別的生化性質：良好的生物相容性、促使血小板聚集而催化凝血的形成（止血性）、且可在體內被降解（可控制的生物降解性）、低抗原性、低發炎性、低毒性及促進細胞附著生長的特性，在醫學上可做廣泛的應用，例如：創傷敷材、手術縫合線、人工腱與人工韌帶、藥物緩釋劑、隱形眼鏡等等。幾丁質類材料在經過各種化學改質後，可以促進組織再生、降低感染的機率、改善血液相容性等等，更延伸其應用範圍。因此，幾丁質類成為近年來一個重要而理想的天然高分子生醫材料。

1. 幾丁質用於創傷敷材

若觀察幾丁質類物質在不同生物體中的分布，不難發現它大多存在具有保護及遮蔽的組織結構中，例如：水生甲殼類及昆蟲的外骨骼、軟體動物的外殼、甚至微生物的細胞壁。這似乎指引著我們將其應用在人體的皮膚替代物及傷口敷料之開發。最早從事此方面研究的是美國哈佛大學醫學院 Prudden 教授，他在 1970 年代就用鯊魚軟骨進行創傷復原的研究，結果發現成分之一的葡萄糖胺具有活性，因此他推想此與化合物相關的聚 N-乙醯葡萄糖胺，也就是幾丁質也應該具有同樣效果，經過實驗後發現，幾丁質與葡萄糖胺對傷口的復原均有不可思議的作用。

・幾丁質、幾丁聚醣具有下列幾項特點適合作為傷口敷材（Wound Dressing）：

⑴生物可降解性：如前所述，幾丁聚醣可被人體血清內的溶菌酵素（Lysozyme）所降解（Kjell et al., 1997），而幾丁質在動物體內被降解的時間大約是 4~6 個月。

⑵促進傷口癒合：幾丁質傷口敷料透過體內溶菌酵素（Lysozyme）可逐步分解，分解後的某些產物含葡萄糖胺可透過複雜的機制促進傷口癒合。再加上幾丁質敷料具有良好的透氣性，吸濕性及抗菌性，更能促進傷口癒合。幾丁質傷口敷料對於介白素（Interleukin, IL1） 以及前列腺素（Prostaglandin, PG）等之誘導能力較低，因此幾丁質傷口敷料比較不會有傷口疼痛、發炎、滲出液等情況。

⑶止血效果：幾丁質脫去乙醯基後剩下的胺基（$-NH_2$）形成高分子陽離子（Polycation）的形態，可以促進血小板凝集。有研究顯示，幾丁質可刺激血小板釋出β凝血球蛋白（Thromboglobulin, β-TG）以及血小板第四因子（PF-4），再加上其瞬間吸水速度，能提高血小板凝結速率，是一種良好的止血材料。

⑷吸水速度快，適合作為人造皮膚：幾丁質人造皮膚是用不織布製成，幾丁質纖維本身吸水力強，加上具有毛細現象，使得幾丁質人造皮膚吸水性高。幾丁質人造皮膚與膠原蛋白（Collagen）人造皮膚以及冷凍乾燥的豬真皮比較起來，幾丁質人造皮膚有較好的氣體通氣性、吸水速率、吸水量等。

由於上述原因，將幾丁質用於創傷敷材的研究近年來蓬勃發展，世界各國的學術單位及知名企業無不鑽研於此領域。各種不同的形態及設計也不斷出現在學術期刊及各國專利中。位於新竹科學園區的凱得生科技股份有限公司，更集結了國內產、官、學之力量，致力於幾丁質創傷敷材的商品化，尤其在醫藥級原料級化妝品級原料的品質掌控，已有良好的成效。

2.手術縫合線

一般外科手術所用的縫合線多為羊腸線，它的缺點是在縫合線打結時不好操作，且易產生抗原—抗體反應，傷口癒合後必須拆線。幾丁質手術縫合線強度比羊腸線強，但伸展性則較差，但生體適合性佳，縫合部位癒合情況良好。幾丁聚醣縫合線能被溶菌酉每所降解。因此，傷口癒合後不必再拆線。

3. 藥物的控制釋放

傳統的藥劑半衰期短，經由人體代謝及排泄作用後，血中藥物濃度逐漸下降，必須再次服藥才能達到預期的治療效果。藥物濃度在服藥後逐漸累積其毒性，容易引起各種副作用甚至造成藥物中毒。幾丁聚醣可將藥物包覆起來，到達目標點後，藉由微粒（Microsphere）或薄膜（Film）緩緩釋出，可減少藥物在輸送過程中產生分解或引起不必要的預期外效應。如此一來，既可以達到療效又無副作用，且具有長效性，可以減少患者服藥次數。近年來，在口服藥劑的控制釋放研究最有成果。

・幾丁聚醣可當作藥物載體是基於以下的優勢（Kwunchit et al., 1997）：

⑴幾丁聚醣不是昂貴產品。

⑵幾丁聚醣無毒性、具生物相容性和生物可降解性。

⑶不需要使用有機溶劑來溶解幾丁聚醣。

⑷比其他用於藥物控制釋放的聚合物更具有生物活性。

⑸幾丁聚醣容易被修飾，可依不同需求作化學改質。

⑹將幾丁聚醣當作藥物載體的製程並不困難。

4.人工腱與人工韌帶

幾丁質作為人工腱與人工韌帶時，是由直徑的6~8mm之幾丁質小纖維構成，其生體吸收與癒合性相當良好，但缺點是抗張力不佳。

5.隱形眼鏡

幾丁聚醣可以製成透明的凝膠狀物，因此可結合光學技術，開發成隱形眼鏡。

㈡ 保健食品之應用

1. 對膽固醇的作用

許多動物實驗證實幾丁聚醣可以改變血清中膽固醇濃度，如大白鼠（Nagyary et al., 1979; Kobayashi et al., 1979; Sugano et al., 1988; Ikeda et al., 1993）、雞（razdan and Pettersson, 1994）、糖尿病小白鼠（Miura et al., 1995）、人類（Maezaki et al., 1993）及慢性病腎衰竭病人（Shi-Bing et al., 1997），等研究皆發現幾丁聚醣可降低膽固醇濃度，且效果與臨床上治療高膽固醇血症之用藥 Cholestyramine 相近（Sugano et al., 1980; Vahouny et al., 1983）。每天攝食幾丁聚醣的人會提高血漿中 HDL-TC 濃度，並且降低致動脈硬化指數（Atherogenic index）（Maezaki et al., 1993）。

許多實驗中發現食用甲殼素會降低肝臟膽固醇含量（Kobayashi et al., 1979; Nagyvary et al., 1979; Sugano et al., 1980; Sugano et al., 1988; Jennings et al; 1988）。Lehoux and Grondin（1993）以大白鼠為實驗動物於高膽固醇飲食下，結果發現隨甲殼素攝取量的增加，其肝臟膽固醇有逐漸下降之趨勢。

2. 對肝臟脂質的作用

因幾丁聚醣結構相似纖維素，故被視為膳食纖維的一種。幾丁聚醣在胃中與膳食纖維一樣具有黏度，但在鹼性的腸道中及疏水作用力（Hydrophobic Interaction）會產生抗水性，故可稱為非水溶性膳食纖維（Deuchi, 1994）。幾丁聚醣可溶於 pH<6.5 的酸性溶液中，故又被視為酸溶性膳食纖維（Lim et al., 1997）。Razdan（1994）等人認為幾丁聚醣具有延緩胃排空（Emptying）及縮短排空時間（Transic Time），故可以降低血中脂質，且降低血漿及肝臟膽固醇的效果高於其他膳食纖維（Nagyvary et al., 1979）。

脂肪是以油滴的形態結合，在人體內會形成飽和脂肪酸，這些囤積在人體內的不良脂肪酸會阻塞血管，容易造成高血壓、心臟病等心血管疾病。根據根據日本麒麟啤酒公司研究指出，幾丁聚醣在胃中被胃酸溶解後，和脂質充分混合並包住脂肪，移動至小腸，再透過胰液、腸液的分泌將幾丁聚醣固化成布丁狀一同排出體外。對油滴的分解、吸收，並快速的將脂肪運出體外。純度較高的幾丁聚醣，可以吸收比本身重量高 12 倍以上的脂肪量。此外，血液中的脂肪並非單獨的存

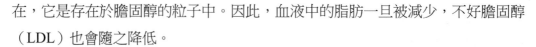

在，它是存在於膽固醇的粒子中。因此，血液中的脂肪一旦被減少，不好膽固醇（LDL）也會隨之降低。

3. **對高血壓的作用**

食鹽進入人體後就會解離成氯離子和鈉離子，其中的氯離子會活化ACE（血管收縮素轉換酵素），其中ACE會間接使得血壓升高。幾丁聚醣經日本愛媛大學醫學部田拓道教授研究小組的人體實驗證實，幾丁聚醣是體內唯一帶正電離子的動物性食物纖維，具有吸附氯離子的特性，使氯離子在腸中不被吸收，降低了高血壓的可能性 。

4. **對免疫功能的影響**

⑴促進免疫球蛋白產生：幾丁聚醣可刺激免疫球蛋白（Immunoglobulin）之增生，Maeda（1992）等人的研究顯示，在無血清培養基中，培養人類融合瘤細胞 HB4GS 與人類淋巴球後，發現幾丁聚醣可促進 IgM 的產生。長期以幾丁聚醣餵食年老的 ICR/JCL 小鼠，亦顯示其脾臟與骨髓之免疫細胞（Immunocytes）數量會增加（Matsumoto et al., 1996）。

⑵增強免疫細胞活性：Nishimura 等人（1984, 1985）研究顯示，去乙醯度70%的幾丁質衍生物可以增強體內細胞活性包括：①促進循環抗體產生；②刺激延遲過敏性反應；③增強輔助 T 細胞（Helper T-Cell）的活性；④誘導異常反應細胞毒性 T 淋巴球（Alloreactive Cytotoxic T Lymphocytes）之生成；⑤加強自然殺手細胞（NK cell）的活性；⑥促進細胞毒性巨噬細胞（Cytotoxic Macrophage）產生；⑦加強宿主對 E. coli 的抗性；⑧並抑制小鼠 meth-A 腫瘤的生長。因此，幾丁質可增強動物免疫監控（Immunosurveillance）系統。

⑶誘導細胞激素產生：Nishimura 等人（1986）研究發現，去乙醯度 70%的幾丁質會刺激小老鼠腹腔中細胞激素CSF（Colony-Stim-Ulating Factor）因子與干擾素之產生。細胞激素是人體淋巴球分泌的蛋白質，可以強化人體對腫瘤細胞的免疫反應。

⑷活化巨噬細胞：Suzuki 等人（1984, 1985）研究發現，若將 N-乙醯幾丁寡糖以及幾丁寡糖注入老鼠之皮下後，其巨噬細胞（Macrophage）之數目增加。

⑸抗腫瘤活性：癌細胞是人體細胞在進行新陳代謝時，發生突變而形成的不

完全細胞。這種細胞的突變在人體是時常發生的。此時，人體的免疫細胞便會迅速的攻擊並分解這些細胞。所以，在正常情況下癌症是不會形成的。癌細胞常出現在人體免疫力衰退時，免疫細胞無法辨識腫瘤細胞並消滅之，此時癌細胞便大量快速增殖，而形成癌症。癌症是一種會藉著血液淋巴循環系統轉移到全身的惡性腫瘤，並任意大量增殖，最後奪走人的生命。

腫瘤細胞表面比正常細胞帶有更多的電荷，導致細胞表面電荷不平衡，使得細胞之間附著力下降，組織遭到破壞。帶正電荷的幾丁聚醣可以吸附腫瘤細胞，中和細胞表面電荷，進而阻斷了腫瘤細胞的生長以及轉移（Muzzarelli et. al., 1977）。

把肉瘤植入小鼠體內，七天後，以靜脈注射方式將兩種幾丁六醣（Hexa-N-acetylchitohexaose與Chitohexaose）打入小鼠中，連續注射3天（100mg/kg/day），結果顯示幾丁聚醣可明顯抑制腫瘤的生長，抑制率分別為85%與93%（Suzuki et al., 1986; Matsumoto et al., 1996）。

5.改善痛風的生理作用

幾丁質與幾丁聚醣特有的氨基可以吸附生物體內的核酸、核甘酸及尿酸物質，進而抑制生物體對核酸的吸收，降低血液中的尿酸，增加糞便中核酸的排泄。

6.腸內代謝之影響

經由動物實驗結果得知，腸內菌所產生的腐敗物質（例如：糞便中的氨、酚、引朵等）與肝癌、膀胱癌、皮膚癌有關，幾丁聚醣不僅可以降低這些物質產生的量，也可以誘發腸內有益乳酸菌（如雙叉桿菌）的增殖，以促進腸內代謝。

由於幾丁質及幾丁聚醣有如上述之諸多功效被研究，因此在日本曾一度成為銷售額排名第二大的保健食品，國內的凱得生科技等公司，也陸續開發出如：康得健、康得纖等許多相關產品，以迎合保健及瘦身訴求之消費者，並逐步開拓出國內消費者對此類產品的接受度。

㈢ 化妝品之應用

幾丁聚醣因具有下列之優點，因此可應用於護膚或護髮劑（Carolan et al., 1991）及化妝品（Delben et al., 1992）。相關產品也已陸續商品化，其主要訴求為：保濕、抗菌、抗紫外線、防止毛髮糾纏。

・幾丁聚醣應用在化妝品上的特點：

⑴具良好生物相容性之天然聚合物：幾丁聚醣為不具毒性、非過敏性之天然聚合物，具皮膚修護及再生功能。

⑵防腐劑：根據報導有八成之市售化妝品添加防腐劑，皮膚科醫生指出，化妝品中的防腐劑是造成皮膚敏感及過敏的主要原因；而幾丁聚醣本身具有抗菌防腐效果，在食品上已使用多年，且效果顯著。

⑶抗紫外線：此特性可應用到美白及防曬之相關製品。

⑷抗細菌／病毒：幾丁聚醣是帶正電荷之高分子，可與細菌結合，抑制細菌生長。對金黃色葡萄球菌、綠膿桿菌及芽孢桿菌均有抗菌效果。

⑸保濕性：幾丁聚醣因構造以及電荷（帶正電荷）的特性，密度很大，對毛髮及皮膚角蛋白的親和性高，具良好之附著性及持久性，可在表皮層中形成一層天然屏障保留更多的水分，令細胞因充滿水分而飽滿膨脹；皮膚變得更為光滑柔嫩。人類的頭髮含水率 14%，其中水並非以自由水方式存在，而是與頭髮中蛋白質結合，且依水分高低決定頭髮的彈性和柔軟性。

⑹保護膜：與毛髮角蛋白形成透明皮膜，可使頭髮富彈性、不易打結與斷裂。

⑺色澤增艷及防止色澤脫落：此特性可應用到口紅、染劑及彩妝相關製品。

⑻增黏性：此特性可應用到洗髮精、潤濕精等洗髮品或沐浴乳、牙膏等與水相關製品。

⑼乳化安定劑：添加幾丁聚醣，會促使乳膠安定，具有保護膠質之功能。

⑽抗靜電作用：幾丁聚醣是帶正電荷之高分子，具良好之附著性、持久性及保水性，所以可以抑制靜電荷蓄電，將負電荷予以中和去除，這種抗靜電荷作用的效果可以預防頭髮乾燥，使頭髮更具光澤且易於梳理。

⑾減少摩擦性：幾丁聚醣會在毛髮上形成具有潤滑作用的保護膜，減少摩擦。因此可避免頭髮打結及斷裂。

⑿治療受損頭髮：頭髮受損時（Cystine 裸露）與幾丁聚醣形成保護膜，賦予頭髮柔軟，且給予自然光澤，發揮良好的調整效果。

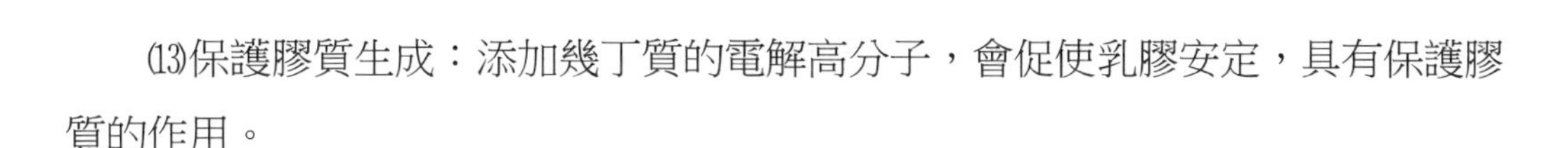

⒀保護膠質生成：添加幾丁質的電解高分子，會促使乳膠安定，具有保護膠質的作用。

⒁金屬封鎖性：混入化妝品中之不純金屬，會使化妝品之品質劣化，幾丁質具有游離的胺基，會與金屬作用形成金屬錯合體，使金屬安定。

㈣ 環保之應用

1. 幾丁聚醣應用於工業廢水之處理

幾丁聚醣對工業廢水之有害重金屬離子、濁度、懸浮固體、甚至 COD 等具有改善的效果。其可應用產業主要包括：

⑴含重金屬廢水（例如：電子業廢水）：幾丁聚醣可與金屬鍵結的官能基有胺基（$-NH_2$）、羥基（-OH）和乙醯胺基（$-NHCOCH_3$）（Lasko, C. L. et al., 1993），會將重金屬捕捉住，故為良好的重金屬離子吸附劑。重金屬與幾丁聚醣吸附模式是多重的，包括錯合（Complexing）、靜電吸引（Electrostatic Attraction）和螯合（Chelating）三個機制，視情況而可能有不同的優勢機制（Onsoyen E et al., 1990）。據吸附研究顯示，幾丁聚醣可吸附多種重金屬離子，例如：鎳、鋅、鉛、銅、汞、鉻、鎘、釩、鈾、銀、金、鉑等不同形態的離子。（如圖 11-4）

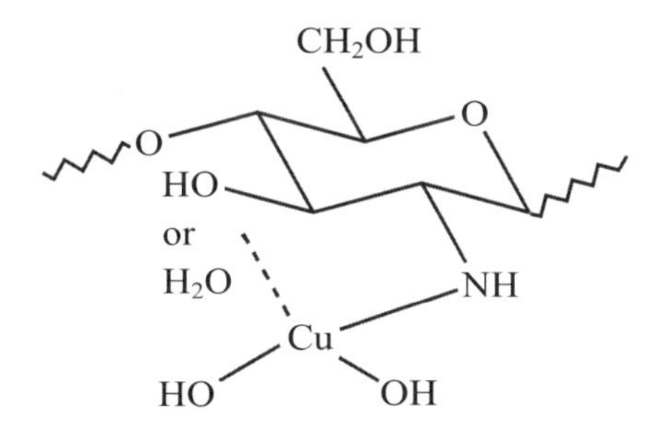

圖 11-4　幾丁聚醣吸附銅離子

⑵食品工業廢水：1996 年 E. Selmer-Olsen 等人使用幾丁聚醣作為混凝劑（Flocculant），處理奶酪食品加工廠廢水，結果比市售混凝劑更有效率。另外，幾丁聚醣亦能去除水中磷酸鹽與微粒物質，降低 COD 值，並借重幾丁聚醣「天

然」的性質回收可食性部分，以供食用或作為飼料。

⑶染整工業廢水：印染廢水污染物中包括染劑為大量有機染料，助劑多為負離子、金屬離子等，將造成嚴重環境污染。幾丁聚醣對染料及負離子具有極大的親和力，且可有效螯合水中重金屬，在美國、日本、加拿大已經用於處理紡織染整廢水之處理劑。1993 年 Yoshida 等人對幾丁聚醣纖維與活性碳纖維作酸性染料的吸附平衡模式比較，證實其吸附能力遠大於活性碳。

⑷污泥處理：幾丁聚醣具有污泥脫水的功效。帶正電幾丁聚醣可與污泥中的表面帶負電的微小生物體及其分泌物因正負電吸引作用而形成凝聚，可利於污泥脫水，並使污泥較為緻密而減少污泥清運及處理的成本。

2. 幾丁聚醣於除臭之應用

⑴工業方面：臭味是具高揮發性且分子量小之化學物質，臭味之來源有氨氣、硫化物、揮發性有機化合物（Volatile Organic Compounds, VOC）等。雖然惡臭物質還不至於對人體造成特殊病因，但會導致呼吸器官障礙，食慾減退、想吐、嘔吐、失眠及一般神經性緊迫的原因。VOC 可能造成的問題有：臭氣問題、酸雨的形成、局部性的室內空氣污染與勞工作業環境污染等問題。已有研究及專利顯示，幾丁質類對於氨氣、硫化物、部分揮發性有機化合物有吸附的效果（United States Patent Re, 1996; Hyun-Mee Park, et.al., 1998）。

⑵民生方面：日本的紡織大廠將幾丁聚醣的防臭抗菌效果應用在紡織上，由於幾丁聚醣對於各種臭源有吸附去除的效果，因此，國內的凱得生科技公司也藉此開發出新一代天然除臭劑，能有效降低臭味對於生活周遭環境的不良影響。

3. 幾丁聚醣應用於民生用水

幾丁聚醣的氨基可以捕捉水中有害人體的鉛鎘汞鎳銅等重金屬，亦可除去自來水中用來殺菌的餘氯。除此之外還對自來水中少量的細菌有抑制的作用，此多重淨化水質的功能可應用於民生用水。國內的凱得生科技股份有限公司率先利用幾丁聚醣作為濾材，研發出 Chito-Pure 純淨□ 淨水器來純化民生用水。

㈤ 農業之應用

幾丁聚醣可當殺蟲劑（Carolan et al., 1991）及增加儲存農產品之儲存期限，

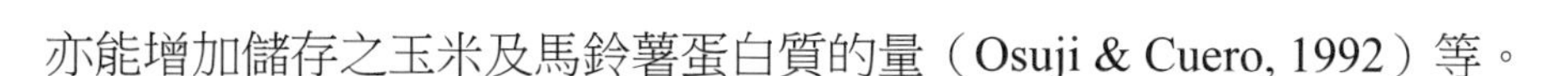

亦能增加儲存之玉米及馬鈴薯蛋白質的量（Osuji & Cuero, 1992）等。

1. 對植物病原菌的抗菌性

在過去，已經有應用幾丁聚醣培養拮抗真菌和細菌之菌種來做許多農作物之生物防治的報告。Singh 等人分離出兩個能分解幾丁聚醣的細菌品系進行試驗，證實幾丁聚醣能在未經消毒而不含土壤之盆栽介質抑制「萎凋病」的發生。這兩個細菌品系皆會產生 Chitinase 去瓦解真菌的細胞壁，因而達到防治的目的。

帶有正電荷的幾丁聚醣溶液會與植物細胞表面（通常帶負電）緊密結合，故可作為藥劑及其他小分子營養成分連結於植物上延長其效果（作為展著劑之功能）。也可吸附於病菌表面抑制其繁殖，或與病菌表面鞭毛及套膜（通常亦帶負電）吸附凝集，抑制病菌繁殖。

由於幾丁聚醣本身具有抗菌、抗黴菌、吸著力、保水力及增強免疫力等機能，當其溶液噴灑於葉面時，對農藥使用相對就可減少，而保持土壤原有的活力。另外，幾丁聚醣於土壤中分解後能促進放射線菌的增殖，產生自然拮抗作用（排除絲狀菌），改良土壤內微生物之生態。

*2.*活化植物幾丁質酵素及抗毒素

刺激植物體產生自由酚化合物（Free Phenolic Compounds）及幾丁質酵素，當病原菌侵入植物時，植物體內的辨認系統可辨認病原菌細胞壁上的幾丁質，使植物中原本活性低之幾丁質酵素生成量提高，並分解真菌細胞壁上之幾丁質而產生幾丁質寡醣，而植物細胞膜上的接受器即可辨認之，並使細胞內酵素活性提高，啟動植物之防禦系統並產生植物干擾素（Phytoalexin）、酚類複合物（Phenolic Compound）等抗病物質，對病原菌產生作用；此過程也會促進植物木質化（Lignification）以隔絕病原菌侵犯植物體，所以幾丁質及其寡醣在植物對抗病系統上扮演重要角色。

3. 促進植物生長

幾丁聚醣具有凝集作用，對黏性土質能改變土壤團粒作用以促進通氣性、保水性及排水性，對農作物的根部伸長，毛細根的發育有良好促進效果。

㈥紡織品之應用

不論天然或是合成纖維，都會因微生物而產生劣化的現象，造成製品變色、破損。例如醋酸纖維或嫘縈具有不規則之斷面，容易附著微生物。抗菌纖維的開發長久以來不曾間斷，尤其是今日的生活水準不斷提升，環境中可能存在的各種病原菌成了人們最大的夢魘，因此，不論是健康的考量或是衣料品質的考量，都使得抗菌纖維成為市場上的寵兒。

但是傳統的抗菌劑，有的含有金屬離子或化學藥劑，已無法滿足人們追求自然的趨勢。因此，同時具備抗菌、除臭及人體親合性的幾丁聚醣，就成了最佳的纖維品天然抗菌劑，可以應用在紡織工業中。另外，也可以抗菌劑來抑制纖維製品上微生物的繁殖並減少因微生物分解所產生之惡臭，達到抗菌防臭的目的。

在纖維表面附加抗菌劑的方法有 3 種：⑴在染整時固著在纖維表面；⑵從外面滲透至內部；⑶將它織入纖維內部，達到永久結合。目前市面上已有甲殼素（幾丁聚醣）的抗菌除臭紡織品，多用於貼身衣物及嬰兒用之品。

㈦生物技術方面

幾丁質類物質在生物技術方面的應用有下列幾種：

1. 酵素固定化

幾丁聚醣可應用在固定化酵素及細胞（ Carolan et al., 1991）及包埋細胞。固定化酵素分為 3 種方法：⑴戊雙醛為架橋；⑵親和吸附法；⑶與陰離子反應同時包被酵素。

2. 蛋白質純化

親合性吸附管柱（Affinity Absorption Column）之填充材料，可用於蛋白質的純化及分析。

3. DNA 之載體

作為基因轉殖之載體（ Carrier ）的可行性正被探討中。

結　論

記得在電影《接觸未來》中，女主角望著浩瀚無際的星空說：「宇宙這麼大，假如只有地球上有生物存在，是否太浪費空間了？」每年地球上有 5.118□10^6 公噸（Knorr, D., 1984）的幾丁質被生物產生，而幾丁質及幾丁聚醣又具有如此多才多藝的開發潛力，假如只是將它當成廢棄物，我們不禁要自問：「這是否太浪費了大自然賜予我們的禮物呢？」

致　謝

對於交通大學張豐志教授的悉心指導、凱得生科技股份有限公司李正明董事長及長官們的鼎力支持、同仁們的全力協助，謹致上個人最深的感謝。

參考資料

❶王以芬，《幾丁聚醣在楊桃汁澄清加工上的應用》，國立台灣大學食品科技研究所碩士論文（1994）.

❷王偉、秦汶、李素清、薄淑琴，《甲殼素的分子量》，應用化學，8：85-95（1991）.

❸江晃榮，《幾丁質生技產品——在醫療、食品及環保上之應用》，經濟部技術處 IT IS 叢書（2000）.

❹江晃榮，《生體高分子（幾丁質、膠原蛋白）產業現況與展望》，經濟部技術處 IT IS 叢書（1998）.

❺阮進惠、林翰良、羅淑珍，《幾丁聚醣水解物之連續式生產及其抑菌作用》，

中國農業化會誌，35（6）: 596（1997）.

❻余嘉萱，《幾丁聚醣對STZ所誘發之糖尿病大白鼠脂質集碳水化合物代謝之影響》，國立台灣海洋大學水產食品科學系碩士論文（1999）.

❼林欣榜，《幾丁類物質在食品加工上之應用》，食品工業，3（10）：26-37（1999）.

❽袁國芳，《幾丁與幾丁聚醣在食品工業上之應用》，食品工業，3（10）：19-25（1999）.

❾陳榮輝，《2000年台灣幾丁質生物科技研討會論文集》，中華幾丁質幾丁聚醣協會（2000）.

❿陳美惠、莊淑惠、吳志律，《幾丁聚醣的物化特性》，食品工業.3（10）：1-6（1999）.

⓫陳懿慧，《幾丁聚醣應用於葡萄柚汁澄清之探討》，國立台灣大學食品科技研究所碩士論文（1995）.

⓬鍾穎健，《幾丁聚醣於儲存期間對草莓保鮮之研究》，國立台灣大學食品科技研究所碩士論文（1993）.

⓭蘇文慧，《幾丁聚醣之抑菌作用及其在食品保存上的應用》，國立台灣海洋大學水產食品科學系碩士論文（1998）.

⓮G. G. Allan, L. C. Altman, R. E. Bensiner, D. K. Ghosh, Y. Hirabayshi, and S. Neoen. Biomedical Application of Chitin and Chitosan. Chitin, Chitosan and Related Enzymes. (John P. Zikakis, ed.) 125-133. Academic Press. Inc. Orlando, FL.（1984）.

⓯M. M. Amiji, Sruface Modification of Chitosan Membranes by Complexation-Inter-Penetration of Anionic Polysaccharides for Improved Blood Compatibility in Hemodialysis. *J. Biomater. Sci. Polym.* 281.（1996）.

⓰P. R. Austin, C. J. Brine, J. E. Castle and J. P. Zikakis, *Chitin: New Factors of Research. Sci*, 749（1981）.

⓱P. C. Berscht, B. Nies, A. Liebendorfer J. Kreuter. *Biomaterials* **15** 593（1994）.

⓲G. Biagini, A. Bertani, R. A. A. Muzzarelli, A. Damadei, G. DiBenedetto, A. Belligolli, G. Riccotti, C. Zucchini and C. Rizzoli., *Biomaterials* **12** 281（1991）.

19 W. A. Bough, A. L. Shewfelt and W. L. Salter, *Poult. Sci.* **54** 992（1975）.

20 W. A. Bough, *J. Food Sci.* **40** 297（1975）.

21 W. A. Bough, *Poultry Sci.* **54** 1904（1975）.

22 W. A. Bough, *Proc. Biochem.* **11** 13（1976）.

23 W. A. Bough and D. R. Landes, *J. Dairy Sci.* **59** 1874（1976）.

24 C. A. Carolan, H. S. Blair, S. J. Allen and G. Mckay; *Trans IchemE.* **69** 195（1991）.

25 F. Delben and R. A. A. Muzzarelli, *Carbohydr. Polym.* **11** 221（1989）.

26 K. Deuchi, O. Kanauchi, Y. Imasato and E. Kobayashi, *Biosci. Biotech. Biochem* **58** 1613（1994）.

27 S. W. Fang, C. J. Li and D. Y. C. Shin, *J. Food Prot.* **56** 136（1994）.

28 M. Fukasawa, H. Abe, T. Masaoka, H. Orita, H. Horikawa, J. D. Campeau and M. Washio, *Surg. Today* **22** 333（1992）.

29 A. E. Ghaouth, J. Arul, J. Grenire and A. Asselin, *Phytopathology* **82** 398（1992）.

30 P. Giunchedi, I. Genta, B. Conti, R. A. A. Muzzarelli and U. Conte, *Biomaterials* **19** 157（1998）.

31 G. H. Wang, *Journal of Food Protection* **55** 916（1992）.

32 R. H. Hackman, *Aust. J. Biol. Sci.* **13** 568（1960）.

33 R. H. Hackman, *Aust. J. Biol. Sci.* **18** 935（1965）.

34 L. A. Hadwinger, B. Fristensky and R. C. Rigglemin "Chtiosan, Anatural Regulation in Plant-Fungal Pathogen Interactions Increases Crop Yield. Chitin, Chitosan and Related Enzymes. (John P. Zikakis, Ed.)", Academic Press. Inc. Orlando, FL 140（1984）.

35 A. Hoekstra, H. Struszczyk and O. Kivekas, *Biomaterials*. **19** 1467（1998）.

36 H. M. Park, Y. M. Kim, D. W. Lee and K. B. Lee; *Journal of Chromatography A* **829**, 215（1998）.

37 I. Ikeda, M. Sugano, K. Yoshida, E. Sasaki, Y. Iwamoto and K. Hatano, *J. Agric. Food Chem.* **41** 431（1993）.

38 H. Inui, M. Tsujikubo and S. Hirano. *Biosci. Biotechnol. Biochem.* **59** 2111（1995）.

39 C. Ishihara, K. Yoshimatsu, M. Tsuji, J. Arikawa, I. Saiki, S. Tokura and I. Azuma,

Vaccine **11** 670-674（1993）.

40 I. G. Lalov, I. I. Guerginov, M. A. Krysteva and K. Fartsov, *Wat. Res* **34** 1503（2000）.

41 C. D. Jennings, K. Boleyn, S. R. Bridges, P. J. Wood and J. W. Anderson, *Prod. Soc. Exp. Biol. Med.* **189** 13（1988）.

42 M. V. Kjell, M. M. Mildrid, J. N. H. Ragnhild, S. Olav. *Carbohydrate Research* **299** 99（1997）.

43 D. Knorr, *Food Technol* **38** 85（1984）.

44 T. Kobayashi, S. Otsuka and Y.Yugari; *Nutr. Rep. Int.* **12** 327（1979）.

45 Z. M. Kochkina, G. Pospeshny and S. N. *Mikrobiologiia* 211（1995）.

46 E. R. Lang, S. C. A. Kienzle, S. D. Rodriquez and C. K. Rha, "Rhelogical Behavior of a Typical Random Coil Polyelectrolyte: Chitosan In: Chitin and Chitosan, Proceedings of the Second International Coference on Chitin and Chitosn", S. Hirano, and S. Tokur, Eds., The Japanese Society of Chitin and Chitosan. 34（1982）.

47 C. L. Lasko, et al., *Journal of Polymer Science* **48** 1565（1993）.

48 J. Lehoux and F. Grondin *Endocrin* **132** 1078（1993）.

49 J. L. Leuba and P. Stossel, "Chitosan and Other Polyamines: Antifungal Activity and Interaction with Biological Membranes. Chitin in Nature and Technology", R. Muzzarelli, C. Jeuniaux and G. W. Gooday, Eds, Plenum Press, New York, 215（1986）.

50 B. O. Lim, K. Yamada, M. Nonaka, Y. Kuramoto, P. Hung and M. Sugano, *J. Nutr.* **127** 663（1997）.

51 S. E. Lower, *Manufacturing Chemist.* **55** 73（1984）.

52 M. Maeda, H. Murakami, H. Ohta and M. Tajima, *Biosci. Biotech. Biochem* **56** 427（1992）.

53 Y, Maezaki, K. Tsuji, Y. Nakagawa, Y. Kawai and M. Akimoto, *Biosci Biotechnol Biochem* **57** 1439（1993）.

54 T. Matsumoto, Y. Ono, T. Watanabe, T. Mikami, S. Suzuki, M. Suzuki, Y. Matajira and K. Sakai, "Effect of Long Term Oral Administration of Chitin, Partially Degraded Chitin and N-acetyl Chitooligosaccharide on Immunological and Blood Enzyme

Levels in Aged Mice", Chitin Chitosan Research, Proceedings of the 10thSymposium, Japanese Society for Chitin and Chitosan（abstract A3）2, 94（1996）.

55 M. C. Chen, G. H. C. Yeh and B. H. Chiang, *Journal of Food Processing and Preservation* **20** 379（1996）.

56 T. Miura, M. Usami, Y. Tsuura, H. Ishida, Y. Seino, *Biol. Pharm. Bull.* **18** 1623（1995）.

57 R. A. A. Muzzarelli, "Chitin", Oxford Pergamon Press, 257（1977）.

58 R. A. A. Muzzarelli G. Barontini and R. Rocchetti, *Biotech. Bioeng.* **20** 87（1978）.

59 R. A. A. Muzzarelli and R. Rocchetti, *Carbohy. Polym.* **5** 461（1985）.

60 R. A. A. Muzzarelli, Carbohy Polym. **8**（1988）.

61 R. A. A. Muzzarelli, G. Biagini, A. Pugnaloni, O. Filippini, V. Baldassarre, C. Castaldini and C. Rizzoli, Carbohy Polym. **10** 598（1989）.

62 R. A. A. Muzzarelli, R. Tarsi, O. Filippini, E. Giovanetii, G. Biagini and P. E. Varaldo, *Antimicrob. Agents Chemother* **34** 2019（1990）.

63 R. A. A. Muzzarelli, G. Biagini, M. Bellardini, L. Simonelli, C. Castaldini and G. Fratto, *Biomaterials* **14** 39（1993）.

64 R. A. A. Muzzarelli, M. M. Belmonte, C. Tietz, R. Biagini, G. Ferioli, M. A. Brunelli, M. Fini, R. Giardino, P. Ilari and G. Biagini, *Biomaterials* **15** 1075（1994）.

65 R. A. A. Muzzarelli, "Some Modified Chitosans and Their Niche Applications," Chitin Handbook (R. A. A. Muzzarelli and M. G. Peter, Eds.), European Chitin Society, 47（1997）.

66 J. J. Nagyvary, J. D. Falk, M. L., Schmidt, A. K. Wilkins and E. L. Bradbury, (Nutr Rep Int) **20** 677（1979）.

67 K. Nishimura, S. Nishimura, N. Nishi, I. Saiki, S. Tokura and I. Azuma, *Vaccine* **2** 93（1984）.

68 K. Nishimura, S. Nishimura, N. Nishi, F. Numata, Y. Tone, S. Tokura and I. Azuma, *Vaccine* **3** 379（1985）.

69 K. Nishimura, C. Ishihara, S. Ueki, S. Tokura and I. Azuma, *Vaccine* **4** 151（1986）.

70 S. I. Nishimura, H. Kai, K. Shinada. T. Yoshida, S. Tokura, K. Kurita, H. Nakashima, N. Yamamoto and T. Uryu. *Carbohydr. Res.* **306** 427（1998）.

71 G. O. Osuji and R. G. Cuero, *J. Agric. Food Chem.* **40** 724（1992）.

72 E. Onsoyen and O. Skaugrud, *J. Chem. Tech. Biotechnol* **49** 395（1990）.

73 A. Razdan and D. Petterson, *Br. J. Nutr.* **72** 277（1994）.

74 A. M. Papineau, D. G. Hoover, D. Knorr and D. F. Farkas, Pressure, *Food Biotechnol.* **5** 45（1991）.

75 M. G. Petronic, A. Mansi, C. Gallinelli, S. Pisani, L. Seganti and F. Chiarini, *Chemotherapy* **43** 211（1997）.

76 I. Saiki, J. Murata, M. Nakajima, S. Tokura and I. Azuma, *Cancer Res.* **50** 3631（1990）.

77 P. A. Sandford, "Chitosan: Commercial Uses and Potential Applications. In: Chitin and Chitosan", S. G. Break, T. Anthonsen and P. Sandford. Eds., Elsevier Applied Sci. Publishers, London. 52（1989）.

78 H. Seo, K. Mitsuhashi and H. Tanibe. "Antibacterial and Antifungal Fiber Blended by Chitosan. Advances in Chitin and Chitosan", C. J. Brine, P. A. Sandford and J. P. Zikakis, Eds. Elsevier Applied Science, New York. 34（1992）.

79 J. S. Bing, L. I. Leishi, J. I. Daxi, Y. Takiguchi and Y. Tatsuaki, *J. Pharm. Pharmacol.* **49** 721（1997）.

80 W. L. Stanley, G. G. Watters, B. G. Chan and J. M. Mercer, *Biotech and Bioeng.* **17** 315（1975）.

81 N. R. Sudarshan, D. G. Hoover and D. Knorr, *Food Biotechnology* **6** 257（1992）.

82 M. Sugano, T. Fujikawa, Y. Hiratsuji, K. Nakashima, N. Fukuda and Y. Hasegawa, *Am. J. Clin. Nutr.* **33** 787（1980）.

83 M. Sugano, S. Watanabe, A. Kishi, M. Izume and A. Ohtakara, *Lipids* **23** 187（1988）.

84 K. Suzuki, Y. Okawa, K. Hashimoto, S. Suzui and M. Suzuki, *Microbiol. Immunol.* **28** 903（1984）.

85 S. Suzuki, Y. Okawa, A. Tokoro, K. Suzuki and M. Suzuki, "Immunopotentiating

Effects of N-Acetyl-Chitooligosaccharides. In Chitin in Nature and Technology. Proceeding of the THIRD International Conference on Chitin and Chitosan," R. Muzzaeelli, Eds., Plenum Press, New York. 485（1985）.

86 K. Suzuki, T. Mikami, Y. Okawa, A. Tokura, S. Suzuki and M. Suzuki, *Carbohy. Research* **51** 403（1986）.

87 G. R. Swanson, E. G. Dudley and K. J. Williamson, "The Use of Fish and Shellfish Wastes as Fertilizers and Feedstuffs. in Handbook of Organic Waste Conversion", M. W. M. Bewick, Eds. Van Nostrand Reinhold Co, New York, U. S. A.（1980）.

88 T. Y. Tanigawa, H. Tanaka, H. Sashiwa, Saimeto and Y. Shigemasa. "Various Biological Effects of Chitin Derivatives. Advances in Chitin and Chitosan.", C. J. Brine, P. A. Sandford and J. P. Zikakis, Eds. Elsevier Applied Scinece, New York 206（1992）.

89 S. Tokura, N. Nishi and A. Tsutsumi, *Polym. J.* **15** 485（1983a）.

90 S. Tokura, N. Nishi and I. Azuma, "Immunological Aspects of Chitin Derivatives. In Industrial Polysaccharides: Genetic Engineering, Structure / Property Relations and Applications," M. Yalpani, Eds., Elesevier Science Publisher, Amsterdam, Netherlands, 347（1987）.

91 Y. Uraki, T. Fujj, T. Matsuoka, Y. Miura and S. Tokura, *Carbohydr. Polym.* **20** 139（1993）.

92 G. b. Vahouny, S. Stachithanandam, M. M. Cassidy, F. B. Lighfoot and I. Furda, *Am. J. Clin. Nutr.* **38** 278（1983）.

93 V. y. Daele and J. P. Thome, *Bulletin of Environmental Contamination & Toxicology* **37** 858（1986）.

94 K. Watanabe, I. Saiki, Y. Matsumoto and I. Azuma, *Carbohydr. Polym.* **17** 29（1992）.

95 M. Yalpani, F. Johnson and L. E. Robinson. "Antimicrobial Activity of Some Derivatives. Advances in Chitin and Chitosan," C. J. Brine, P. A. Sandford and J. P. Zikakis, Eds, Elsevier Applied Science, New York 543（1992）.

96 US Patent 5932495.（1999）.

97 US Patent 35151.（1996）.

第十二章
淺談可攜式資訊產品的人機界面——液晶顯示器技術與未來展望

黃素真

學歷：國立中央大學電機工程系學士（1986）
私立大同工學院電機工程研究所碩士（1989）
私立大同工學院電機工程研究所博士（1993）
經歷：工研院電子所助理工程師
虎尾技術學院光電系副教授
現職：聯合技術學院光電工程科副教授（2000）
研究領域與專長：IC 製程
積體光學
LCD 光電材料與元件

在未來，我們只需帶著一份可摺疊或撓曲，且如文件般薄的顯示器件，屆時即可透過無線電通訊傳輸介面來做資訊的接收與發送。通話的同時，可以看到對方的臉，所有的動作、表情盡收眼底。

近年來，隨著無線通訊與網際網路傳輸的急遽發展與整合，數位資訊化產品漸漸進入個人生活層面，且由於液晶顯示器挾帶著輕、薄、短、小與低耗電量等特色，使得在今網際網路的數位資訊化市場的浪潮興起中，可攜式資訊產品之應用更呈快速成長；因此液晶顯示器可謂是高密度資訊時代中最佳的人機界面之溝通橋樑，在本文中將針對該裝置的基本工作原理、顯示技術和模式、評價技術、發展現況與未來展望作一簡單說明及介紹。

一、前　言

隨著電腦網際網路與無線電通訊技術的急遽發展，資訊化漸漸滲透到個人層面，因此可攜式資訊產品，如筆記型電腦、行動電話、數位相機、及個人數位處理器（PDA）等，快速發展與成長。由於液晶顯示器（Liquid Crystal Display Devices, LCD）具有薄型化、輕量化、低耗電量化、無輻射污染、且能與半導體製程技術相容等數項優點，並順應著這股網際網路的數位資訊化市場的浪潮興起，使得其在短短三十年間，其產品之應用更呈飛躍性的快速成長，由早期的簡易手錶、計算機等低資訊容量的顯示產品應用漸漸擴及提升至高精細化的監視器或可攜帶式資訊產品；其技術涵蓋著材料、設備、製程、產品特性等諸多層面的開發，真可謂是一日千里、突飛猛進。時至今日，更以驚人的氣勢持續成長著，儼然成為下一代平面顯示器件市場的主流，因此液晶顯示器可謂是高密度資訊時代中最佳的人機界面之溝通橋樑。本文即將就此革命性的顯示器件的基本工作原理、顯示技術和模式、評價技術、發展現況與未來展望作一簡單說明及介紹。

二、液晶的認識

何謂「液晶」？液晶是一種同時具有液體的流動性與晶體的一定規則排列性的材料，所以稱此材料為液態晶體；「液晶」的發現已有一世紀之久，早在西元 1888 年時，奧地利植物學家雷尼哲（Reintzer）在加熱安息香酸膽固醇時，意外地發現該物質的異常熔解現象，因為此物質加熱至 145℃ 會熔解成白濁狀的液體，而且若再繼續加溫至 179℃ 時，則呈現透明的均方向特質液體（均向液體）。反之，若再從高溫逆轉降下時，也可以發現在 179℃ 溫度以下時，透明液體漸漸轉成混濁狀，且下降至 145℃ 時又形成固體的結晶態，如圖 12-2 所示。其後德國物理學者萊曼（Lehmann）利用偏光顯微鏡觀察此安息香酸膽石醇的混濁液體時，發現此液體具有晶體所特有的異方向性特質，因此證實了液晶的存在，亦同時開啟了液晶材料的開發研究與應用技術。

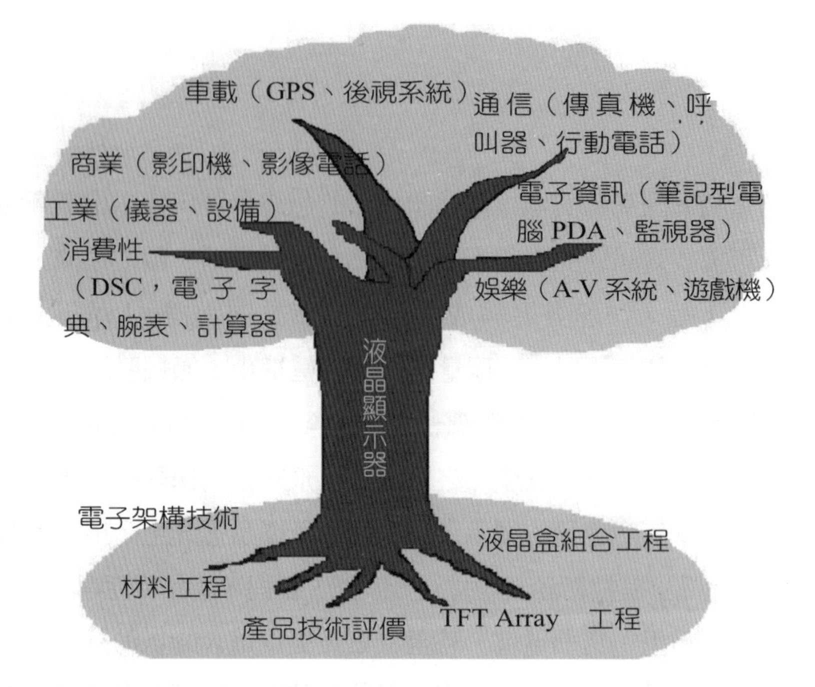

圖 12-1 液晶顯示器在日常生活的資訊產品應用相當廣泛，舉凡一些娛樂通訊、工商業及電子資訊等產品皆可看到此人機介面的顯示面板；而其示技術的開發更涵蓋了材料、液晶盒組合、TFT 陣列及產品評價等多方面的技術

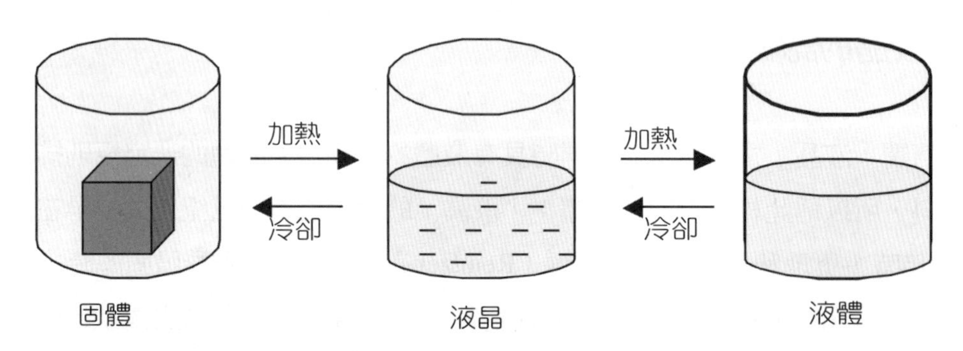

圖 12-2 同時具有晶體規則性與流體流動性的液晶會因溫度的增加或下降變化，而造成液晶狀態的改變

液晶分子容易因受外力作用而流動，且具有類似單軸晶體的異向（Anisotroic）特性，也就是材料的光折射率，介電常數、磁化率，及黏度等特性會隨著方向的不同而有所差異；是故，在許多應用中均是利用液晶分子受外界刺

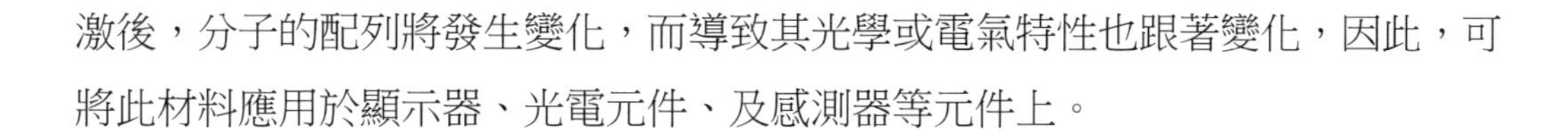

激後，分子的配列將發生變化，而導致其光學或電氣特性也跟著變化，因此，可將此材料應用於顯示器、光電元件、及感測器等元件上。

三、*液晶顯示器的基本原理*

由於液晶顯示器是以液晶分子材料為基本要素，將這白濁的液晶分子夾在經過配向處理的兩片玻璃板之間，即可組合而成目前熱門且是與我們日常生活息息相關的液晶顯示器件，其結構如圖 12-3 所示。這個介於固態與液態之間的中間態分子，其不但具有液體易受外力作用而流動的特性，亦具有晶體特有的光學異方向性質，所以，能夠利用外加電場來驅使液晶的排列狀態改變至其他指向，因此，造成光線穿透液晶層時的光學特性發生改變，此即是利用外加的電場來產生光的調變現象，我們稱之為液晶的光電效應。利用此效應可製作出各式的液晶顯示器，例如：扭轉向列型液晶顯示器（TN-LCD）、超扭轉向列型液晶顯示器（STN-LCD）、及薄膜電晶體液晶顯示器（TFT-LCD）等。

表 12-1　液晶顯示器之架構與應用

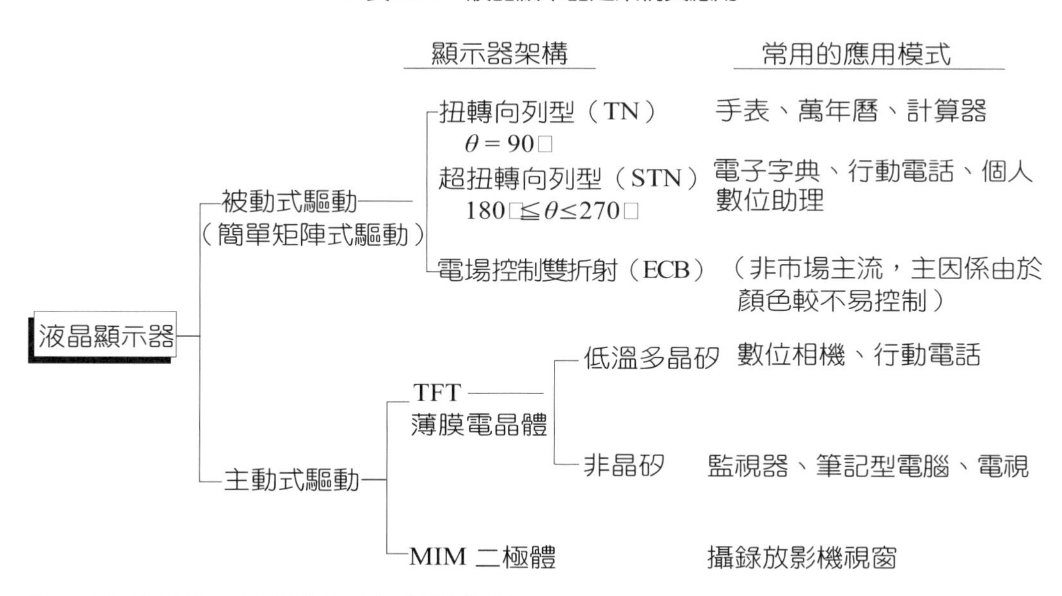

注：θ為液晶分子在液晶盒內的旋轉角度

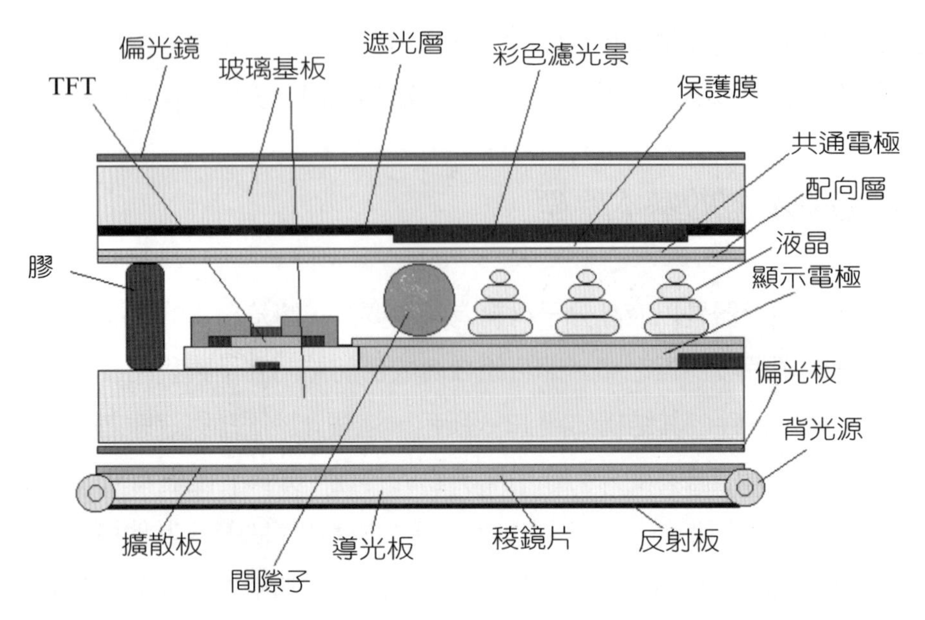

圖 12-3 薄膜電晶體液晶顯示器的結構示意圖，在兩片玻璃基板間夾有一定排列方向的液晶分子層，利用間隙子控制晶盒的均勻厚度

現在我們舉扭轉向列型液晶顯示器的構造來加以說明。圖 12-4 中 TN 型液晶顯示器的基本構造為上下兩片導電玻璃基板，在導電膜上塗佈一層經由摩擦而形成極細溝紋的配向膜，當向列型液晶灌注入上下兩片玻璃之間隙時，由於液晶分子擁有液體的流動特性，因此很容易順著溝紋方向排列；在接近基板溝紋位置，液晶分子所受的束縛力較大，故其會沿著上下基板溝紋方向排列，而中間部分的液晶分子束縛力較小，故在液晶盒內會形成扭轉排列，如圖 12-4(a)所示；因為在液晶盒內的向列型液晶分子共扭轉 90□，故稱此工作模式為扭轉向列（TN）型。另外，上下基板外側各加上一片偏光板。

接著我們進一步說明此顯示器的明暗對比顯示動作原理。首先，由白色背面光源所出射的光通過第一偏光板後，自然光即被偏極化為線偏極光，在不施加電壓時，則此線偏極光進入液晶盒內，會逐漸隨著液晶分子扭轉方向前進，因上下兩片偏光板的穿透軸和配向膜同向，即兩偏光板的穿透軸互相垂直，故光可通過第二片偏光板而形成亮的狀態。相反地，若施加電壓時，液晶分子傾向於與施加電場方向呈平行，因此液晶分子一一垂直於玻璃基板表面，則線偏極光直接通過液晶盒到達第二片偏光板，這時光會被偏光板所吸收而無法通過，而形成暗的狀態，如圖 12-4(b)所示。因此利用適當驅動電壓即可得到亮暗對比顯示的效果；此顯示畫面即為一白底黑字的模式。

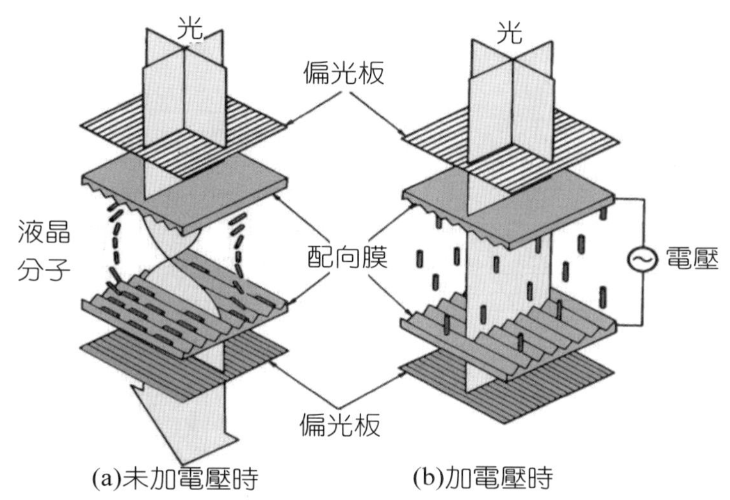

圖 12-4　扭轉向列型液晶顯示器（TN-LCD）之工作原理；利用外加電壓來改變液晶分子排列狀態，進而達到亮暗對比的顯示效果

四、液晶顯示器顯示模式與種類

液晶顯示器依據驅動方式的差異可分為二大類：被動式驅動及主動驅動技術二種，如表 12-1 所述。前者的液晶顯示器面板乃單純地由電極與液晶所構成，並在上下基板配置行列矩陣式的掃瞄電極和資料電極，如圖 12-5(a)所示，直接運用與掃瞄訊號同步的方式，由外部電壓來驅動各畫素內的液晶，以達到對比顯示之作用；然而當畫面密度愈高時，掃瞄線數就愈多，則每一畫素所分配到的驅動時間愈短，此將造成顯示對比值的降低。

為改善對比問題，可利用主動矩陣的驅動方式來加以改善，該技術係運用薄膜電晶體（TFT）或金屬絕緣層金屬（MIM）二極體的主動元件來達到每個畫素的開關（On/Off）動作，如圖 12-5(b)所示；當輸入一掃瞄訊號使主動元件為選擇狀態（開）時，這時所要顯示的訊號就會經由該主動元件傳送到畫素上；反之，若為非選擇狀態（關）時，顯示訊號被儲存保持在各畫素上，使得各畫素有記憶的動作，並隨時等待下一次的驅動。因此，這種模式即使是在高的占空比（Duty）情況下，也可以得到良好的顯示畫質。一般而言，被動式的多工驅動顯示器畫質與反應速度，比同級的主動驅動產品要來得差，但由於其價格較為低廉，是故目前仍然是中低階消費性市場的主導者。

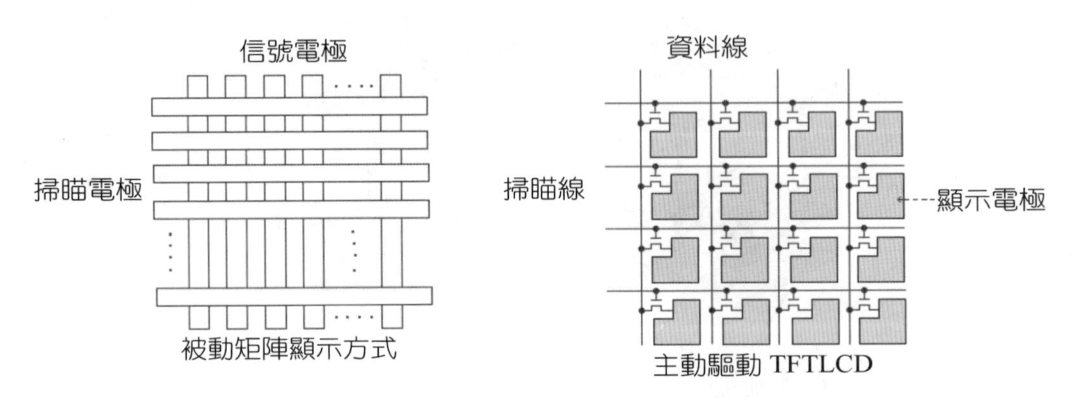

圖 12-5 (a)LCD 的被動與主動矩陣驅動技術；利用掃瞄電極與資料電極的安排來達到點矩陣的驅動形式；(b)主動驅動 LCD 是運用主動元件(如電晶體)來控制各畫素的 On/Off

另由於液晶顯示器並不同於其他之自發光性顯示器件，在整個顯示器件中，液晶盒扮演著光閥的作用，藉由不同的驅動電壓來改變液晶的配列狀態，進而控制通過此光閥的照明光亮度，以達到灰階的顯示效果。而依據照明光的來源可將 LCD 的顯示效果模式分為穿透式、反射式、及半穿透反射式的顯示器件，如表 12-2 所示的幾種不同顯示效果模式。穿透式顯示器是由液晶面板與背光源所組成，整個顯示器的光量是由面板下方的背光源所提供；而反射式液晶顯示器則是以外界環境光為光源，並利用液晶面板下方的反射板來將照明光予以反射，此模式省去了提供光源的背光模組，所以，降低整個液晶顯示器製作成本，且大幅減少電源的消耗功率；當戶外光愈強時，其所呈現的影像愈清晰，是故該省電的反射式顯示器的主要市場，就定位於可攜式的戶外用資訊產品上。

表 12-2　LCD 工作顯示模式

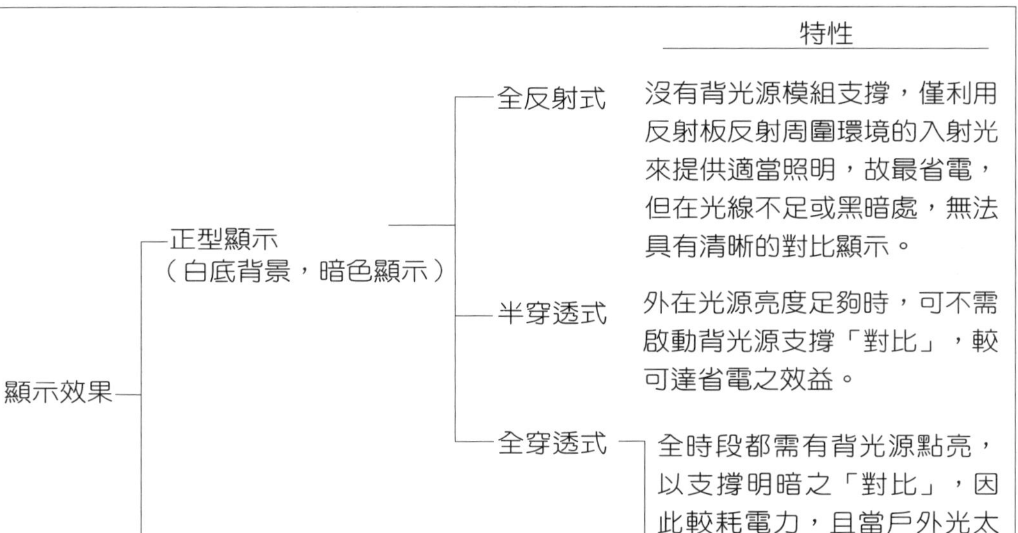

特性
顯示效果
正型顯示
（白底背景，暗色顯示）
全反射式
沒有背光源模組支撐，僅利用反射板反射周圍環境的入射光來提供適當照明，故最省電，但在光線不足或黑暗處，無法具有清晰的對比顯示。
半穿透式
外在光源亮度足夠時，可不需啟動背光源支撐「對比」，較可達省電之效益。
全穿透式
全時段都需有背光源點亮，以支撐明暗之「對比」，因此較耗電力，且當戶外光太強時，易使 LCD 的亮度相對地顯得黯淡及對比極低。
負型顯示
（暗底背景，亮色顯示）
全穿透式

五、彩色化技術

平面顯示器的彩色化毫無疑問是必然的需求，因而含有紅色、綠色、藍色三原色的彩色濾光膜乃成為重要且必備的周邊材料。所謂的濾光膜即是在透明玻璃上塗覆一層有顏色的透明薄膜，當自然光通過時即產生濾光的效果，不同顏色的濾光膜則產生不同的色光，如圖 12-6 所示，因此可利用濾光膜來實現全彩化的顯示。

色彩學中的三原色係為「紅色」（R）、「綠色」（G）、「藍色」（B），透過此三原色的混色加成，可得到各式不同多樣的色彩，圖 12-7 是國際照明委員會 1931 年（CIE 1931）公布的色度座標圖，顏色可用色度座標值（x, y）來表示，而在馬蹄型圖框內的每一點則代表著不同的顏色，例如在（1/3, 1/3）處的位置表示白色，而圓弧邊界上的每一點代表著各單一波長光的顏色。而一般常見的混色加成法可區分為兩大類：一為時序混色法（Time Sequential Mixing）；另一為空間

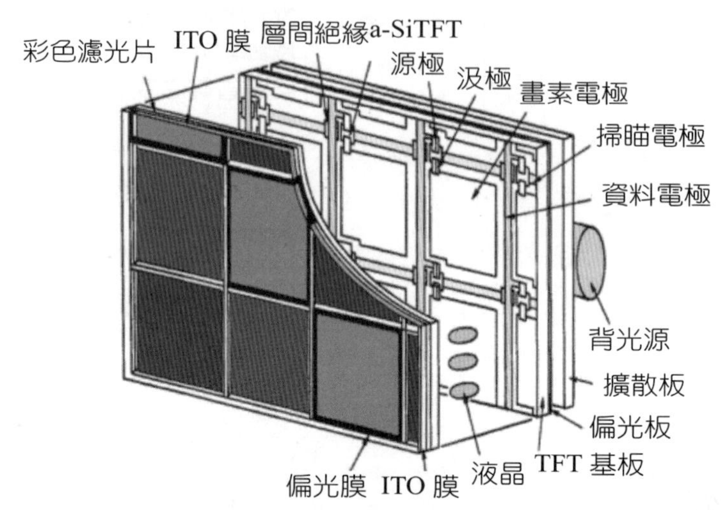

圖 12-6　自然光包含有各種不同顏色（波長）的光，是故在液晶顯示器上塗覆——紅、綠、藍等三原色的彩色濾光膜，以達到顯示裝置的全彩化顯示

混色法（Spatial Mixing）。時序混色法乃是利用三原色 RGB 圖場循序地在人眼視覺暫留的時間內來合成彩色的圖像，也就是說將三原色的色度分別依序地切割在三個不同的顯示時段（例如：在$\frac{1}{180}$秒之內）表現在同一畫素中，由於人眼視覺暫留的影響，導致在$\frac{1}{60}$秒內已有三個不同光強度的三原色重疊在一起，而得到色彩繽紛的彩色顯示效果。至於在空間混色技術方面，則是將空間的某特定點細切分割成三個細小的原色點，再藉由控制通過三原色點的光亮度強弱，而得到混色加成的效果。常見的彩色顯示器，絕大多數係使用空間混色技術來達到彩色化效果。

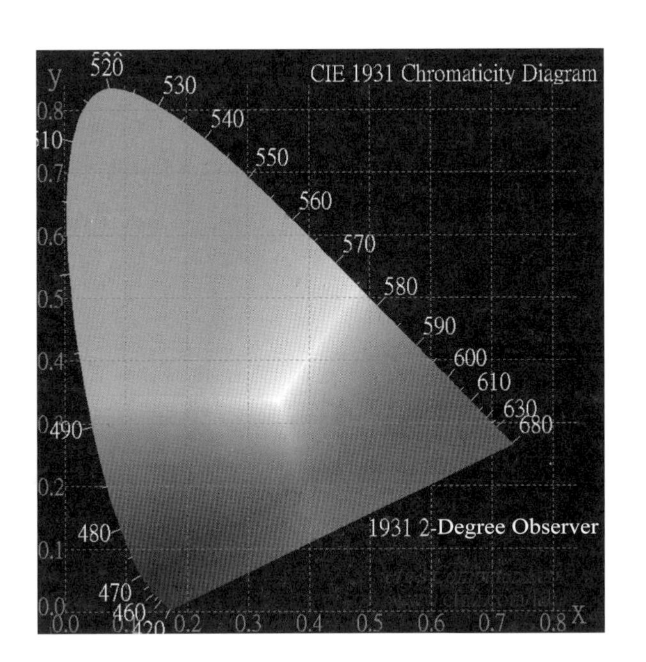

圖 12-7　CIE1931 色度座標圖；利用三原色的混色的加成效果可得到各種不同色彩

六、彩色濾光片技術

彩色液晶顯示器是利用空間混色技術來得到全彩化的顯示功能，也就是在每個畫素中適當安排 RGB 三個子畫素的濾光膜，如圖 12-6 所示。由背光板所發射出來的光源，經過 RGB 彩色濾光片後，可視為三個新的色彩光源，此和傳統映像管——陰極射線管（CRT）的紅、綠、藍三槍的色彩性能相同。通常藉由外加驅動電壓在液晶顯示器板上，驅使液晶盒內的分子改變排列狀態，進而改變光偏振狀態與光透過率；就好像在每一畫素中利用三個不同電壓來直接調變子畫素紅、綠、藍的光強度一樣。隨著偏光角度的改變，各個不同強度的光經彩色濾光膜的紅、綠、藍子畫素後再混色加成，就會顯現出不同顏色及亮度的畫素，經由各畫素即可組成一幅我們所看到色彩繽紛的圖案或影像。

圖 12-8 所示，為彩色濾光片的基本構造圖，在玻璃基板間配置有紅、綠、藍微細彩色濾光膜，且在紅、綠、藍之間分別夾有遮光層（Black Matrix, BM），遮光層

具有提升對比度及防止色材混色等作用；因為「對比」乃是亮態與暗態時的光穿透率比值，當對比值愈大時，則所看到的影像愈清晰，故為了能使對比提升，在外加電壓驅使液晶動作時（即暗態，光被遮斷），被驅動的畫素（Pixel）呈現非常黑暗是必要的；因此為防止畫素與畫素間的漏光現象，遮光層（BM）的作用是有效的。

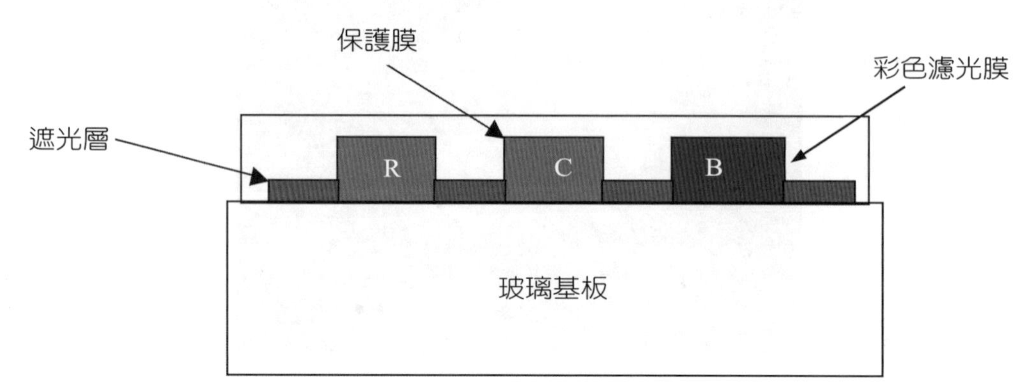

圖 12-8　彩色濾光片之基本結構；在玻璃基板上形成 RGB 三原色濾光膜，並於其間夾有遮光層以提升整個顯示器的對比度

同時為防止紅、綠、藍色材間的混色，彩色濾光片中的紅、綠、藍並不能互相接觸，所以在各色材之間必須配設無色材、不透光的遮光膜，以提供「避免漏光」和「三原色混色」之效果。另外，在最外層塗覆一層保護膜，以保護紅、綠、藍濾光膜，避免紅、綠、藍膜在後續的製程中遭到不必要損傷，同時也兼具著避免它們色材膜與遮光層（BM）間的落差，使其平坦化。對於紅、綠、藍色材膜的白色光穿透率約為 25%。

彩色濾光片的製作方法有染料法、顏料分散法、電著法、印刷法等，圖 12-9 所示為顏料分散法的製作流程，首先在玻璃基板上形成一層遮光層〔通常為鉻（Cr）金屬材料或黑色樹脂〕，利用光蝕刻微影技術（Photolithography）來進行遮光層圖形之定義。其程序是先塗覆一層光阻（Photoresist），預烤（Pre-Baking）後進行對準與曝光，最後再利用顯影液將曝光區域的光阻洗去，並加以烤乾（Hard Baking），而剩存的光阻圖形可作為下一道蝕刻遮光層的罩幕，最後再以腐蝕酸將不必要的遮光層蝕刻掉，且將光阻加以剝離，如此即完成遮光層製

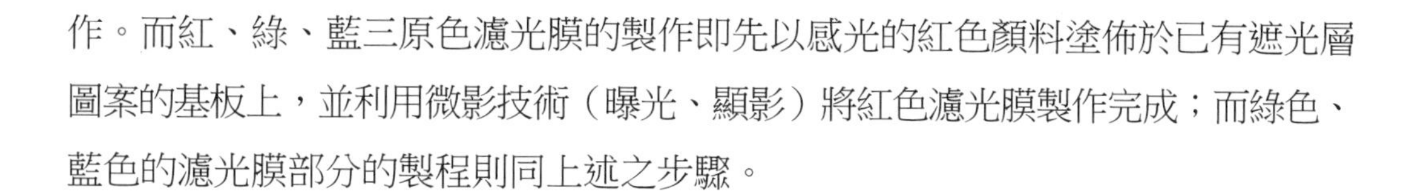
作。而紅、綠、藍三原色濾光膜的製作即先以感光的紅色顏料塗佈於已有遮光層圖案的基板上，並利用微影技術（曝光、顯影）將紅色濾光膜製作完成；而綠色、藍色的濾光膜部分的製程則同上述之步驟。

七、液晶顯示器製作

由於液晶顯示器的顯示原理是利用適當的電壓驅動液晶分子改變初始的特定排列（配向）狀態，分子配列方向的改變會伴隨著光學特性的變化，進而呈現光線亮或暗的對比顯示效果，因此整個液晶顯示器的製作程序應包含有三個部分；首先是銦錫氧化物（ITO）電極圖案的定義製作，以便能將適當的偏壓透過掃描電極與資料電極適時地加到欲驅動的畫素上；運用光微影蝕刻技術將銦錫氧化物（ITO）電極製作成「行」或「列」的條狀式結構，該步驟與濾光膜中的遮光層製作程序相類似，可參考圖 12-9(a)所示之流程。

第二步驟則是基板表面的配向工程，利用包覆於滾輪的毛輪布在塗有聚亞醯胺（Polyimide）有機薄膜的基板上進行定向摩擦（Rubbing Processing），以使灌注於液晶盒內的液晶分子能沿著定向摩擦的方向進行整體一致的規則排列；藉由兩面基板的定向摩擦方向的適當安排，可得到液晶的初始排列狀態，如扭轉向列型液晶顯示器的 90°扭轉排列或超扭轉向列型液晶顯示器的 180~270°的超扭轉配列狀態。倘若所製作出來的配向膜之配向能力不佳時，將造成液晶的局部配向紊亂情形發生，進而產生所謂的反向扭轉現象，使得在該逆向扭轉區域的分界線處會造成漏光現象，而造成顯示對比的下降；因此，配向膜的良窳關係著液晶顯示器的顯示品質，是故在整個配向製程中，預傾角的可控制性與配向膜的均勻性之獲得是相當重要的，至於配向膜的定向特性主要取決於配向膜有機材料的化學結構與定向摩擦的物理機械力作用。

完成配向膜的定向摩擦製作後，接著將二片基板進行液晶盒的組裝，以便能將液晶填充其內。由於液晶盒的間隙會影響液晶顯示器的響應時間、對比及顯示均勻性等特性，因此在製作時必須藉由間隙子（Spacer）來控制液晶盒內的均一間距，是故在二片基板貼合組裝之前，必須先將間隙子均勻噴灑在一片基板；至

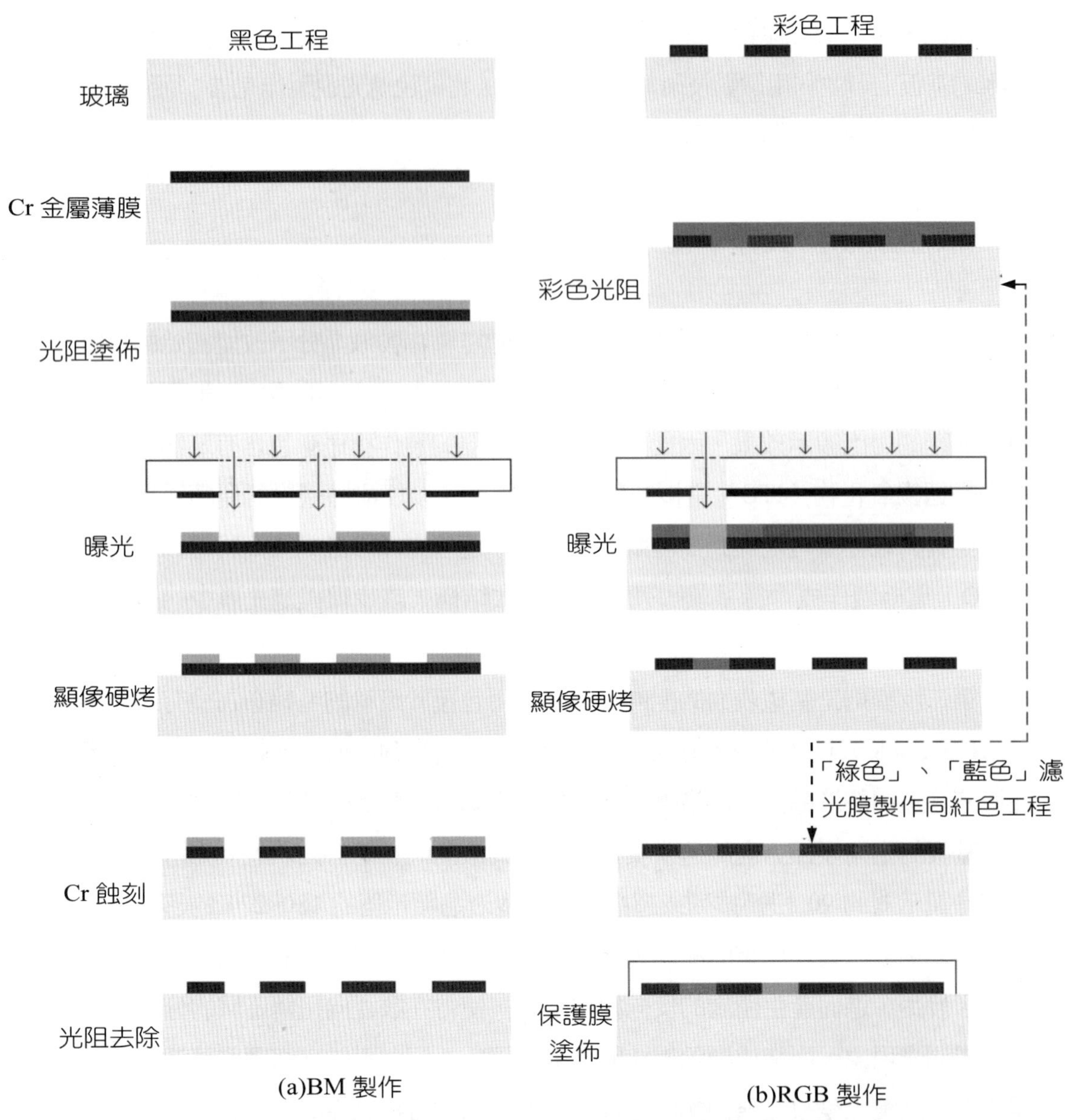

圖 12-9　彩色濾光膜的製作包含有遮光層與紅、藍、綠三原色的製程

於分布在基板上的間隙子密度及均勻性的控制必須相當嚴格，因為間隙子的噴灑量太多將造成對比不良，而太少的話也會無法得到均一的間隙控制。而另一片玻璃則必須塗上框膠，並與已噴有間隙子的玻璃進行黏合、組裝成一液晶盒，然後再將液晶填入此空盒內並加以封口，如此即完成液晶盒的製作。最終再於玻璃基

板的兩測貼上偏光板，如此即完成液晶顯示面板之製作。

八、評價技術

顯示器的品質優劣，端賴於其光電特性的量測評價而定，常見的操作機能評價項目有：對比與工作電壓依存性、視向、視角、應答時間、彩色顯示品味、產品信賴性，將分別於下面一一討論之。

(一)對比與工作電壓依存性

在某一特定的視向下，正型液晶顯示器件（即白底黑字的顯示）的光電特性如圖 12-10 所示，在工作電壓 V1 時的對比值 C. R.，正如（C.R.）$_{V1}$=（B_2/B_1），所以，在不同工作電壓下會得到不同的對比；對比值愈高，所代表辨識之顯示效果愈明顯。

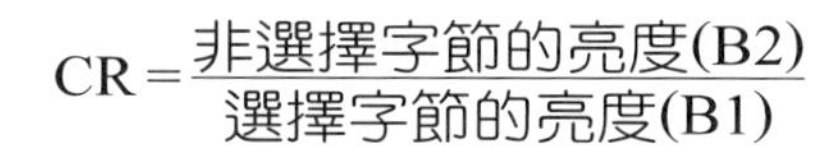

$$CR=\frac{非選擇字節的亮度(B2)}{選擇字節的亮度(B1)}$$

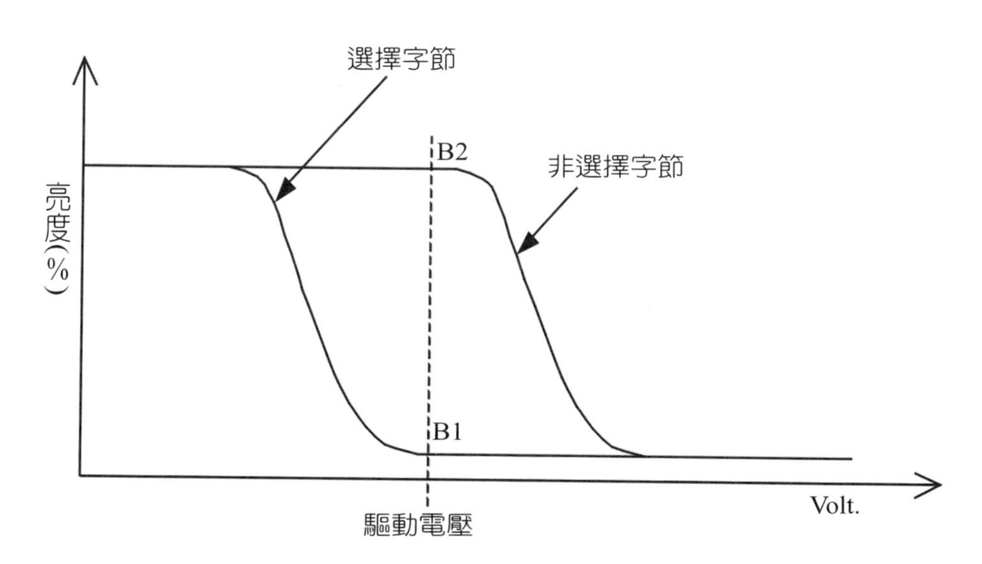

圖 12-10　液晶顯示器之電光特性曲線圖；亮暗對比值表示為非選擇字節的光亮度與被選擇字節的光亮度之比值

㈡視　向

液晶顯示器的顯示能力係植基於液晶分子的光學異向特性，因此顯示的視向特性與液晶分子的排列方向有著明顯的依存關係。我們常以時鐘之方位來比擬定義視角方向，簡稱視向；圖 12-11 表示視向中視角的定義，舉例而言，由於常人在使用電子字典或是筆記型電腦時，人眼係置於銀幕屏面法線方向之上方 12 點鐘方向，則顯示幕在製作時即需於液晶轉向上取得此效果；另一個案，如掌上型計算機或壁掛式的時鐘，則由於常人絕多數是在其顯示屏面法線方向之下方 6 點鐘方向觀看之，此時顯示器件則稱之為 6 點鐘之視向。

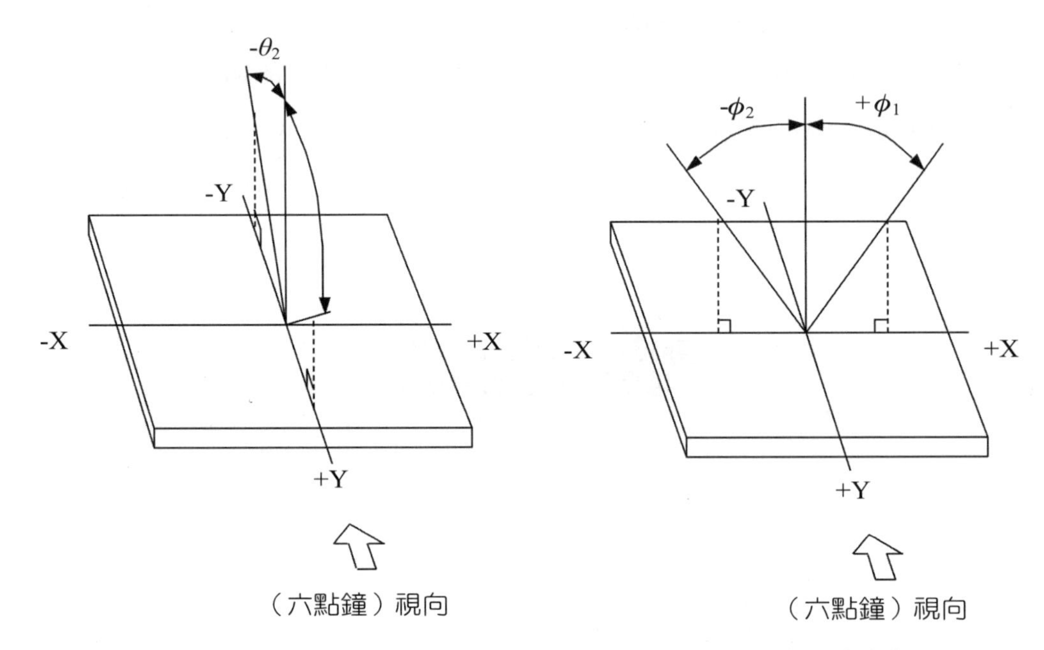

圖 12-11　液晶的光學異向特性造成了顯示器之視向與液晶的排列方向有關，通常以時鐘的方位來定義液晶顯示器之視向

㈢視　角

如視向決定之後，往往須於一定之工作電壓前提下，於屏幕之 x, y 軸向量測其對比值，並要求於特定對比下，可得 x 軸之左右視角範圍（$+\Phi_1$，$-\Phi_2$），及 y 軸之前後視角範圍（$+\theta_1$，$-\theta_2$）；如果另有機會再量測 45□或 135□等其他角度之法線共平面之兩側視角，則可將量測值聯合而得到三度空間之等對比視角錐

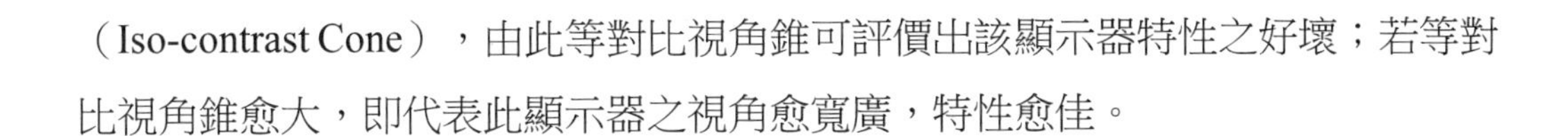
（Iso-contrast Cone），由此等對比視角錐可評價出該顯示器特性之好壞；若等對比視角錐愈大，即代表此顯示器之視角愈寬廣，特性愈佳。

㈣應答時間

液晶顯示器之外加電壓與應答時間的關係如圖 12-12 所示，由觸發電場變化之那一刻起，至顯示器上該驅動畫素的相對穿透輝度變化的前 90%止，所需要的時間，即為應答時間。在啟動該畫素時，即為上升應答時間（T_{rise}），而若在關閉該畫素時，則為下降應答時間（T_{fall}）。

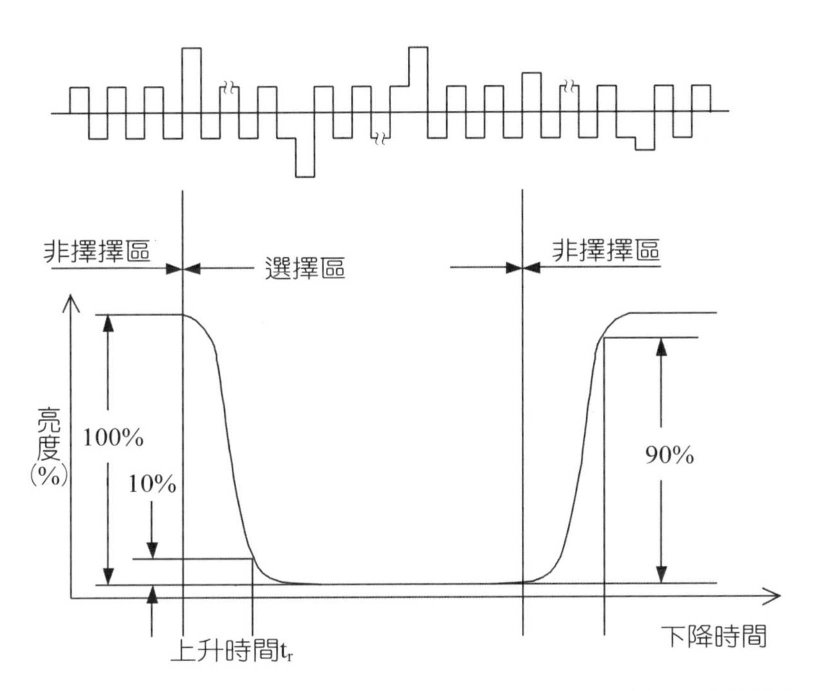

圖 12-12　**液晶分子具有黏性，故在外加或解除驅動電壓時，其分子狀態的改變需要有一定的應答時間；通常是以上升時間與下降時間來定義其應答情形**

由於液晶顯示器是利用電場效應導致液晶分子排列狀態改變，進而造成光的偏振狀態與方向改變，因此得到明暗對比顯示效果；然而其應答速度比其他自發光性的顯示器件來得緩慢，往往造成畫面有拖尾巴的缺點，這也是早期此類產品並不適合於動畫顯示的原因之一。然而近年以來，由於液晶材料、液晶盒製作與驅動電路之技術改善，應答速度已有明顯的改善與進步，雖然仍無法與傳統陰極射線管（CRT）的產品相競爭，但至少也能滿足特定之需求，目前最佳的應答時間可達 15 秒左右。

㈤彩色顯示品味

顯示器的顯像常有灰階或色階之要求，如果液晶盒製作之均勻性不佳或者是驅動電路設計不良，往往容易造成無法達到色階的要求，而就會使得整體之顯示品質失真，故評價顯示器內各重點畫素間之相對均勻性是極其重要的。各畫素間的顯示特性愈接近，產品的品味就愈高。彩色顯示器得以色度座標之規格加以區別其色彩純度。

㈥產品信賴性

由於液晶顯示器具有輕量、薄型及省電等優點，故常見於可攜式的資訊產品，舉凡戶外、車用、室內等幾乎處處可見，因此針對各式不同類型應用的產品，會有不同的環境標準要求，因此，必須面對產品本身的信賴性問題。

常見信賴性評價方式，包含有高溫放置／操作測試、低溫放置／操作測試、熱衝擊測試、高溫高濕測試等，如表 12-3 所示。這些測試條件僅為典型之參考，但依產品之應用層面之需求時，有變更測試溫度、時間、濕度等條件之考量。

表 12-3　液晶顯示器的信賴性測試

項目	測試條件	備註
高溫放置	靜態不加電壓，高溫 70℃、96 小時置放，外觀及特性等無變化	液晶盒內我變化，有不安定之虞
高溫操作	高溫 60℃、120 小時（外加電壓／動態操作）外觀及特性等無變化	易推估產品壽命
低溫放置	低溫-20℃、24 小時靜態置放，外觀及特性等無變化	液晶分子與玻璃材料熱收縮係數不一，易有氣泡產生之問題
熱衝擊	（-25℃30 分鐘→常溫 5 分鐘→70℃ 30 分鐘→常溫 5 分鐘）□10 次循環後，外觀及特性等無變化	溫度急遽變化之嚴苛環境（常見車載用產品之測試）
高溫高濕放置	60℃、90% RH，96 小時置放，靜態不加電壓，外觀及特性等無變化	偏光板容易變質

九、商品化應用

近十年間在各方技術的不斷精進下，液晶顯示器已被廣泛的應用在每一個人的生活圈中，舉凡在通信領域（例如：行動式移動電話、無線電話、傳真機）、計測領域（例如：工業用儀表、機器）、家居生活領域〔例如：影音（AV）家電、電玩〕、資訊領域（例如：監視器、可攜式電腦），均已不斷開發新產品，需求量也愈來愈大。茲就近年來最熱門及新興之三大應用市場，提出說明：

㈠液晶顯示器監視器應用

自 1998 年以來，在材料價格下滑及產能充裕的前提下，產品價格已逐步為市場所接受。預估每年需求量將以約 40%的速率成長，且由於其比現行陰極射線管監視器具有輕型化、薄量化、無輻射、低耗電化等多項優點，頗有超越陰極射線管之勢；目前仍以 15 吋大小之尺寸為該監視器市場之主流。

㈡行動電話應用

從早期只能傳送語音信息的功能，一直發展到目前能涵蓋著電子郵件之收發，及彩色圖像之互動傳收功能的第三代行動電話（3G）的通訊願景，如圖 12-13 所示人像的傳輸顯示。資訊無遠弗屆，暢通無比之時代即將來臨，無疑地，省電化、觸控式的彩色液晶顯示器將在未來占有相當大的比重。

㈢車載用液晶顯示器應用

配合社會環境的資訊化潮流，為能隨時提供汽車駕駛者擁有一個更安全舒適的環境；在汽車內配設儀表監視、電話通訊、汽車導航、影音（AV）設備（DVD 娛樂）、後視影像系統等設施是必然的趨勢；因此，人機介面的顯示器件之市場需求大幅提升，預期在此新興市場，液晶顯示器將有高度的成長。但此類產品，則需要有嚴苛環境的耐久性、寬廣視角，及安全環保上之相關要求，此將是往後研發的主要課題。

圖 12-13 內建無線 Modem 的手機，可提供高速數據（128K/sec）傳輸；使用手機通話的同時，可以看到對方的臉，所有的動作表情盡收眼底

十、液晶顯示器的現狀與未來展望

從應用面而言，現在的可攜式資訊產品發展，和以往只是管理個人行程的電子記事本不同，它不僅可以在外出地點連接電子郵件及收發信，也可以輕易地做到資料庫（Database）的檢索。倘若想要將行動電話、個人數位助理（PDA）從只能提供上述功能的電子產品改變成能提供影像讀取等各式各樣應用的工作平台（Platform），則更是可攜式資訊產品未來的發展趨勢，這也即是所謂的「後PC」時代的來臨。因此，身為其中之主要裝置的面板顯示器需滿足下列要求：大型化、高精密化；薄型、輕量化；可撓曲性、操作簡單；高效率照明彩色化；低耗電量化等特性。以下就針對其中的「基板薄型輕量化」與「反射型彩色顯示器」兩項加以說明：

㈠基板薄型輕量化

為了謀求薄型化、輕量化，現在有兩個方法：第一，使用更薄的玻璃；第二，使用塑膠作為基板。在玻璃基板方面，目前被動式液晶顯示器的主流為 0.5 釐米厚度的玻璃基板，藉由將玻璃基板厚度做到 0.4 毫米、0.3 毫米，以達到輕量化之目的。現在 0.4 毫米的玻璃基板在部分用途上已經實用化了。而主動式薄膜電晶體液晶顯示器的主流，則為 0.7 毫米厚度的玻璃基板，現在也在檢討 0.5 毫米玻璃基板的可行性。但是，若使用 0.5 毫米厚度以下的玻璃基板，在製造工程中會發生因玻璃本身重量所引起的彎曲現象等問題；因此，如何確保和現行的 0.7 釐米基板具有同等的良率，將是薄型化技術開發的重點之一。

另外，傳統的液晶顯示器主要是玻璃基板與液晶材料所組成，但因玻璃具有容易碎、不耐衝擊、以及較大厚度與重量等先天缺點；因此，此類基板將逐漸無法滿足新一代產品應用之輕量、薄型化與可撓曲、摺疊使用等特質的需求。所以，利用「塑膠材質」來取代「玻璃基板」是個不錯的解決方案，不但改善了玻璃基板的缺點問題，同時更因塑膠本身具備可撓曲性及薄型化之特質，更可提供新世代平面面板較寬廣的設計。相信在未來，我們只需帶著一份可摺疊或撓曲，且如文件般薄的顯示器件，屆時即可透過無線電通訊傳輸介面來做資訊的接收與發送。

至於目前塑膠液晶顯示器的主體基板有 0.1 毫米厚度的塑膠薄膜形態（可以捲帶狀方式製造、供給）和 0.2 毫米以上厚度的塑膠片。在面板的顯示成色改善方面，確保塑膠基板的高透光率（透明度）與耐熱性是極為重要。但是目前這兩者之間往往無法同時被達成。例如，以現在實用化的基板來說，薄膜型塑膠的透光率高、薄型輕量、且容易製作處理，但是在耐熱性上卻較差。而膠片式因擁有 0.2 毫米的厚度，所以相對地透光率降低，但在耐熱性卻比薄膜型來得好。

塑膠基板的耐溫、耐濕性及硬度均較玻璃為差，因此必須針對塑膠的耐溫、濕性及硬度作加強才能做為液晶顯示器用之基板。因此，需在基板表面塗佈一層透明之抗氧氣與水氣侵入的阻隔層（Gas Barrier），以防止氣體滲透入塑膠基板，並進入液晶盒，而破壞液晶材料的品質。最早的塑膠液晶顯示器曾應用於扭轉向列型液晶顯示器的卡式電子計算機與呼叫器的用途上，但由於會產生面板的彎曲、變形、氣泡等缺陷，且在信賴性以及顯示成色方面出現種種難題，因此，一直無法市場普及化。直到最近，這些難題被克服了，塑膠超扭轉向列型液晶顯示器也漸漸被應用於行動電話上，且需求也逐漸擴大中。

如果是針對行動電話尺寸的產品，使用塑膠液晶顯示器的整體模組可達成 1~2 克的輕量化，而且模組的厚度也能在 0.6~0.8 毫米之間。但是塑膠液晶顯示器和玻璃液晶顯示器相較之下，塑膠液晶顯示器在顯示成色與耐久性上尚有改善的餘地，尤其是在顯示成色改善方面，塑膠基板的高穿透率與耐熱性的改善極為重要。

㈡反射型彩色顯示器

反射型液晶顯示器因不須配置背光模組，其直接利用周遭環境光的照明為光源，可大幅減少電源功率的消耗，同時也降低整個顯示器件的製作成本。與傳統的穿透式彩色液晶顯示器相比較，反射式彩色液晶顯示器具有較低耗電量、較薄厚度、較輕重量等優點；其比一般穿透式彩色液晶顯示器可省下 60%以上的耗電量，如此將使得資訊產品的工作時間可以增加許多。因此，該類模式的顯示器極適合搭載於可攜式的資訊產品，以作為終端顯示器件。

反射式的液晶顯示器技術依所使用的偏光片數目或對反射光的擴散機制來加以分類，如表 12-4 所示；內部反射式的顯示效果較優於使用反射式偏光片，唯金屬層之反射電極材質選用，需特別留意，避免該金屬層會有霧化之虞，而影響了反射效果。在使用的偏光片模式中，液晶盒呈扭轉向列型或超扭轉向列型配向，因此，可以直接沿用以往液晶盒的製作技術，在產品實用化方面會比其他技術進展來得較快。

表 12-4　反射式液晶顯示器之分類

液晶顯示模式	偏光片	反射式構造
TN	1 枚	擴散片 偏光片 位相差板 玻璃基板 彩色濾光片 液晶 反射電極 TFT 玻璃基板 （前方擴散片型） 偏光片 位相差板 玻璃基板 彩色濾光片 液晶 擴散反射電極 TFT 玻璃基板 （內部擴散片型）
	2 枚	偏光片 位相差板 玻璃基板 彩色濾光片 液晶 玻璃基板 擴散片 反射式偏光片
STN	1 枚	偏光片 位相差板 擴散片 玻璃基板 彩色濾光片 液晶 反射電極 玻璃基板
	2 枚	偏光片 位相差板 玻璃基板 彩色濾光片 液晶 玻璃基板 擴散片 反射式偏光片

結　論

顯示器產業做為高密度資訊時代人機界面中的最佳溝通橋樑，將是在二十一世紀所不可忽視的科技產業。面對新興和多變的對手，液晶顯示器在電漿顯示器（PDP）、映像管（CRT）、有機高分子電激發光顯示器（OEL LCD）等等類產品的競爭之下，仍是以極強的優勢於市場中屹立不搖，其在研發或生產技術環節中所相繼投入的人力、物力更是屢見不鮮。但由於我國除了在半導體相容製程的技術較純熟之外，尚有許多關鍵的材料、零組件與開發專利權都掌握在他國手中，因此，未來在新的技術建構中，更需賴全國產官學界之整合研發，積極創新與熱情推動，使能在適當的時機點上，在此領域中占一席之地。

參考資料

❶趙中興，《顯示器原理與技術》，全華書局，台北。

❷飯野聖，《可攜式資訊產品顯示器之現狀與未來發展》，EKISHO Vol. 4, No. 4, 2000，日本。

❸成環編輯群編譯，《平面顯示器技術與未來趨勢 2000》，成環文化事業股份有限公司，2000/06/01，台北。

❹松本正一、角田市良，劉瑞祥譯，《液晶的基礎與應用》，國立編譯館，台北。

❺金子英二，王新久、田建民譯，《液晶電視——液晶顯示的原理和應用》，電子工業出版社，大陸。

第十三章
噴墨列印材料

張信貞

學歷：交通大學應用化學所博士

現職：工業技術研究院化學工業研究所
　　　電子化學技術組電子高分子研究室主任

研究領域與專長：聚酯改質技術、電子、光電材料，透過分子設計、反應機構研究及高分子合成上的導入功能基，成功運用在熱熔膠、改質聚酯纖維、濃縮母粒載體（Master Batch Carrier）、磷系難燃劑、高分子型乳化劑、噴墨印表機的列印基材表面處理劑等。目前研發奈米級顏料型噴墨墨水，開發出 ENCAD 及 hp 噴墨列印相容墨水、印刷電路板（PCB）介電層材料並積極投入導電高分子相關材料開發

相關研究成果：已獲二十篇以上之國內外專利，論文發表五十篇以上，曾獲工研院成果貢獻獎、成就獎、論文獎、推廣獎、發明獎等獎項，並獲教育部優良博士論文獎及中國化學會 88 年度化學技術獎章

e- mail: jennychang@itri.org.tw

一、*The Teory of Ink Jet Technology*

(一) Ink Jet Printing 分類及其噴墨機構與市場資訊

噴墨列印之分類如圖 13-1 所示，分為兩大類：一為連續式（Continuous）；一為DOP（Drop On Demand）。連續式即為墨滴一直連續產生，而其成像主要是由 charge electrode 控制墨滴飛行至基材或至 Ink Gutter，見圖 13-2 及圖 13-3(a)，因此墨水必須具導電離子使可導電而可被控制飛行方向，其噴墨速度很快每秒可噴 50000 至 1000000 滴，列表機價格昂貴應用於工業用途如：罐、瓶之印刷，代表的廠牌有Scitex Digital Printing、Video Jet、Domino、Image、Willet、Linx、Du Pont、Stork；而DOP顧名思義，即當需要時才產生墨滴，而此墨滴即飛行至基材成像，如圖 13-3(b)脈衝型，而此型又可細分為：(1)壓電型（Piezo），代表的廠牌有 Epson、Xaar、Tektronix；(2)熱／氣泡型（Thermal / Bubble），代表的廠牌有 Hp、Canon、Lexmark、Olivetti；及(3)靜電型（Electrostatic），代表的廠牌有Seiko-Epson、NEC。脈衝式噴墨技術分類及廠商，見圖 13-4。

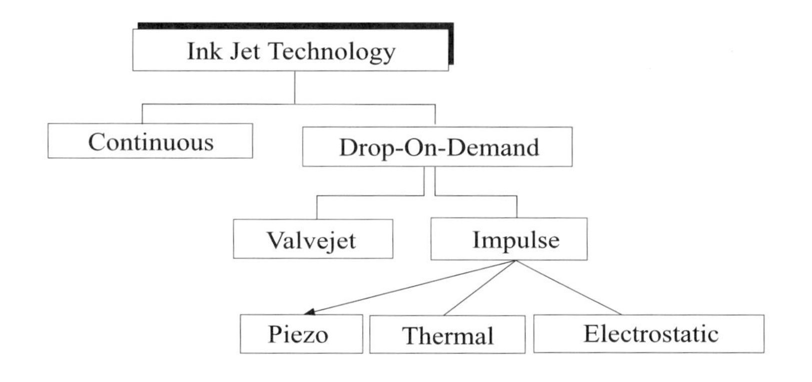

圖 13-1　噴墨列印之分類圖

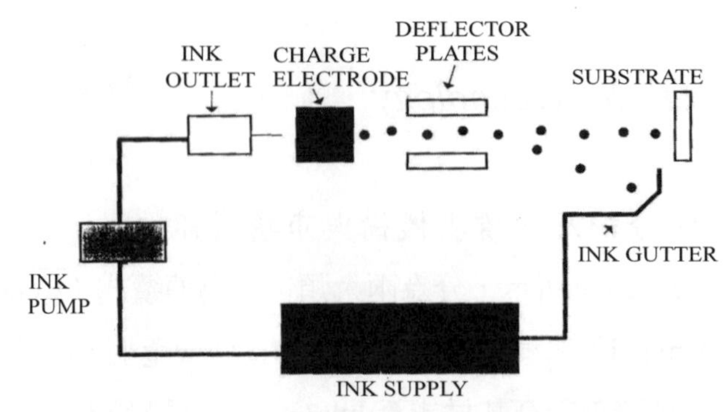

資料來源：Digital Color Imaging'99 Tutorial 3 "Fundamentals of Ink Jet Technology".

圖 13-2　連續式 Ink Jet Printer 之結構示意圖

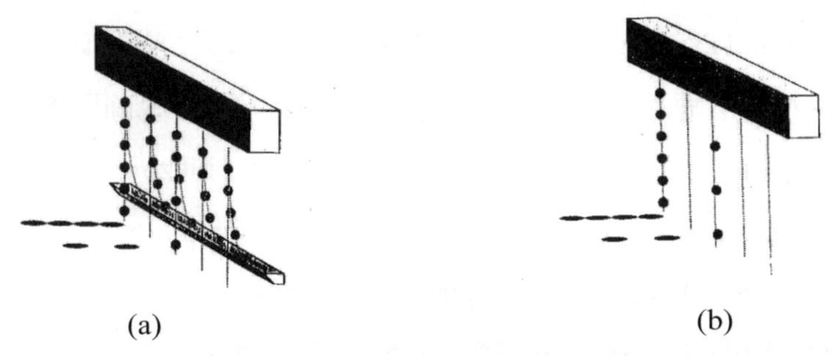

資料來源：Digital Color Imaging'99 Tutorial 3 "Fundamentals of Ink Jet Technology".

圖 13-3　連續式／脈衝式之墨滴成像與飛行示意圖

Impulse ink jet technologies

- THERMAL
  - Face: Hewlett-Packard, Lexmark, Olivetti
  - Edge: Canon, Xerox
- ELECTROSTATIC
  - Direct: Matsushita, iTi, RLA, NEC
  - SEAJet: Seiko-Epson
- Piezo
  - Direct
    - Roof: Seiko-Epson, OTT, Spectra, Tektonix
    - Tube: Seimens
    - Moving Wall: Xaar, MIT, Brother, Citizen, TEC, Topaz
    - Piston: Dataproducts, Oce, Trident
  - Acoustic
    - SAW: Seiko-Epson
    - Submerged: Xerox

圖 13-4　脈衝式噴墨技術的分類及廠商

比較連續噴墨技術與脈衝式噴墨技術的差異，見表 13-1，我們可以看出連續噴墨技術的列印速度遠比脈衝式快許多，在要求快速列印的工業應用上有其絕對的優勢，然而其價格卻也是讓人覺得高不可攀，這也是脈衝式噴墨技術能廣泛地應用於 SOHO/Office 印表機的原因。

表 13-1　連續噴墨技術與脈衝式噴墨技術的比較

	Impulse	Continuous	Continuous
Product	HP DeskJet	Iris SmartJet	Scitex 3500
Technology	Thermal Ink Jet	Hertz	Binary
Product Configuration	Scanning Head	Drum Plotter	Page Array
Nozzle Freq	12KHz	1MHz	100KHz
Drop Dia	40μm	50μm	70μm
No. Nozzles	300	1(Per Colour)	4096
Resolution	600 dpi	300 dpi	240 dpi
Print Speed	7 Pages/Min.	2 Mins/Page	1,000 Pages/Min
Product Cost	$400	$30,000	$1,000,000
Cost/Nzzle	$1.33	$7,500	$250

分別就目前最熱門之熱／氣泡式及壓電式說明如下：

1. 熱／氣泡式噴墨結構及噴墨機構

將熱／氣泡式噴墨頭細微處放大來看，可以圖 13-5 來表示，墨水底下有一熱電阻，以局部來看有如一小加熱片煮水，且於幾個微秒（μs）內即可迅速加熱達 350~450℃而使氣化產生微氣泡，當氣泡聚集為一大氣泡時體積膨脹必須將原來空間中的墨水擠出於噴孔形成墨滴（Dorp Formation），當墨滴噴出飛行至基材而於基材上成墨點（Dot），見圖 13-6 此時加熱片又迅速冷卻使氣泡崩解，如此返復，此機構見圖 13-7，其結構可有如圖 13-8 所示之三種。對 Edge Shooter 而言，可有較高的噴孔密度（canon），而 Face Shooter 則是有較低的製造成本（Hp, Lexmark, Olivetti）而 Heater in the Pit 方式則可使氣泡穩定，此種機構噴墨是最便宜的方式，噴墨速度每秒可達 2000~8000 滴，目前更甚至可達 12000 滴，由於製做成本便宜，故做成可丟棄式之噴墨頭卡匣用於桌上型列印表機，有好的解析度及可信賴度，且墨水補充性優。

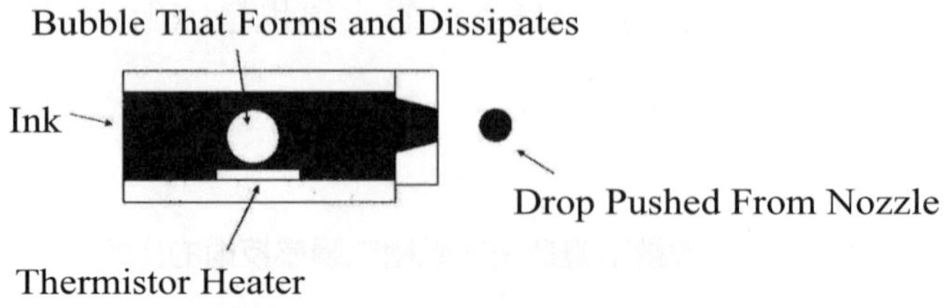

Bubble That Forms and Dissipates
Ink
Drop Pushed From Nozzle
Thermistor Heater

資料來源：IMI 8th Annual Ink Jet Printing Conference.

圖 13-5　熱／氣泡式噴墨匣結構／噴墨機構示意圖

Bubble Nucleation
Drop Ejection
Bubble Collapse
Nozzle Refill

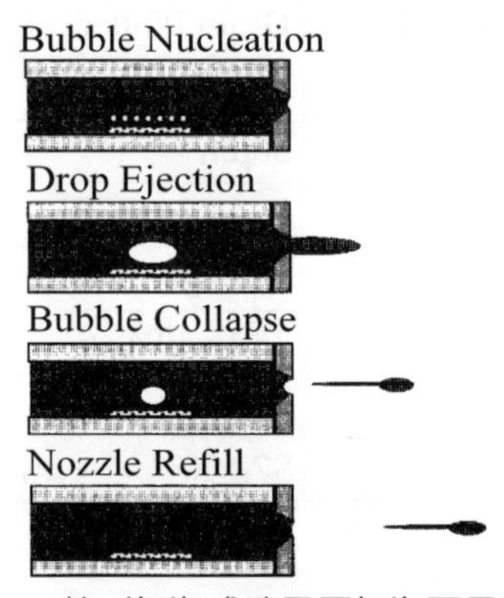

圖 13-6　熱／氣泡式噴墨匣氣泡至墨滴形成說明圖

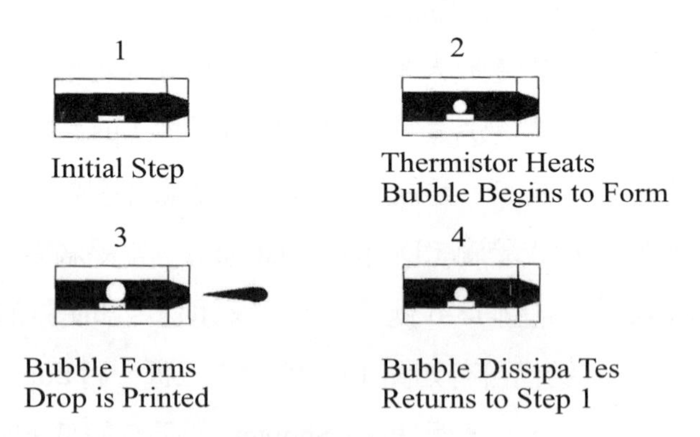

1
Initial Step
2
Thermistor Heats
Bubble Begins to Form
3
Bubble Forms
Drop is Printed
4
Bubble Dissipa Tes
Returns to Step 1

資料來源：IMI 8th Annual Ink Jet Printing Conference.

圖 13-7　熱／氣泡式噴墨匣噴墨機構圖

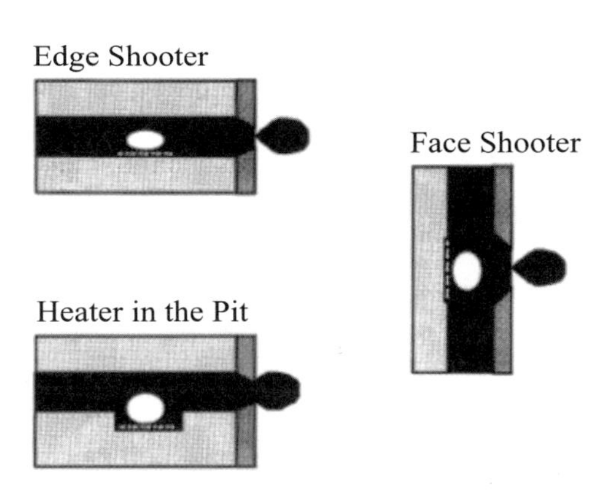

圖 13-8　熱／氣泡式噴墨結構圖

2. 壓電式噴墨結構及噴墨機構

壓電式噴墨匣的結構如圖 13-9，將壓電式噴墨匣想像為一鋼筆之儲墨管（Tube），當電路供給電壓管壁產生變形，有如我們手擠墨管使墨滴產生見圖 13-10，其結構有四種，見圖 13-11。此種噴墨匣因為不需 Pump 及墨水回收循環，比連續式的便宜。且噴墨速度每秒可達 5000~15000 滴，可信賴度高、解析度高，但價位比熱／氣泡式貴。

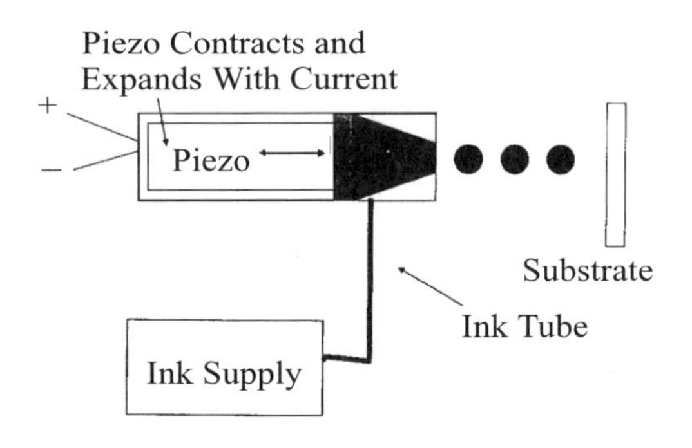

資料來源：IMI 8th Annual Ink Jet Printing Conference.

圖 13-9　壓電式噴墨結構圖

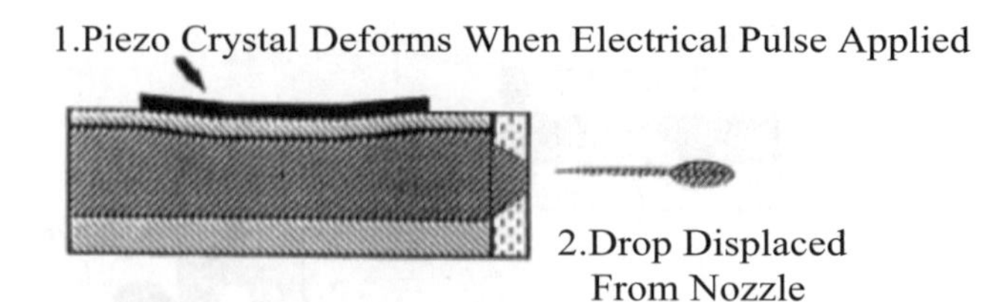

資料來源：IMI 8th Annual Ink Jet Printing Conference.

圖 13-10　壓電式噴墨匣墨滴形成說明圖

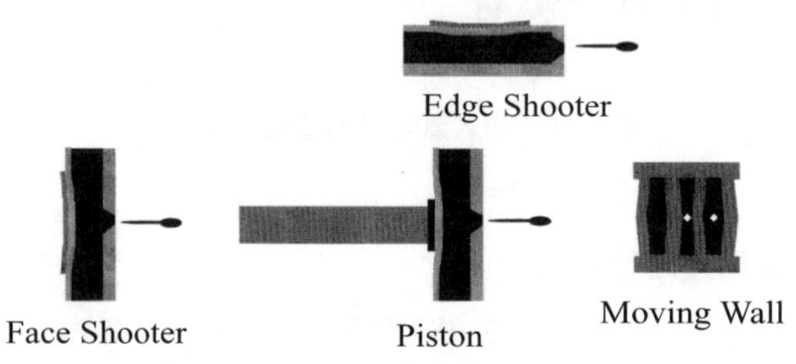

圖 13-11　壓電式噴墨匣之四種結構圖

技術上的發展兩者都朝提高解析度—高噴孔數與低墨滴體積。表 13-2 列出 HP 與 Epson 產品發展歷程。

表 13-2　Hp 與 Epson 噴墨匣的發展歷程

HP	Thinjet 1985	DeskJet 1987	DeskJet 1200C 1993	DeskJet 850C (720C) CMY1995 (1997)	Deskje 850C Black 1995	Deskjet 2000C 1998	Deskjet 970C CMY 1999	Deskjet 1000 Series1 999
Orifices	12	50	50	3□64	300	304	408	512
dpi	96	300	300	300	600	600	600	600
墨滴（pl）	180	86	77	30	35	8	5	12
Epson	400-440 2/97-10/ 98CYM	600-640 3/97-10/ 98CYM	Photo5 /98	800-850 3/97-4/98	800-850 3/97-4/98	760/86010 /99	9002/99	
dpi	90	90	90	90	90	120	180	
墨滴（pl）	20-14	14-14	11	14	11	4	3	

資料來源：IMI 9th Annual Ink Jet Printing Conference, April 10-12,（2000）.

未來熱／氣泡式噴墨頭持續發展的目標為小墨滴、全灰階多脈衝式；壓電式噴墨頭的發展趨勢為以波動式控制灰階及多脈衝式。

目前市面上高階辦公室使用的噴墨印表機規格整理成表 13-3 所示，HP DeskJet970 市售價格已接近 7000 元，列印品質相當好，技術上是 Driver-on-Chip，與目前光電所 MOEA 計畫開發 HP800 系列的印頭技術相當。HP Deskjet2000 與 Canon BJC8200 的印頭屬於雙驅動 IC 噴墨印頭（譯為 Double Stage Multiplexer on Chip），從放大相片與專利研讀所了解的是，它有一個地址解碼器，並分兩段式解碼，這樣的設計雖然複雜化IC設計與製程，但對元件噴孔數大於 500 個時TAB 的接點可減少許多。

表 13-3　市面上高階辦公室用的噴墨印表機規格

	DPI	Orifices	操作 Frequency	墨滴大小	列印速度
HP Deskjet970	600	300（K）,136（YMC each）	12KHz（K），18KHz（YMC）	35（K），5pl	6.5ppm（K），5.3ppm（Color）
HP Deskjet2000	600	304（YMCK each）	12KHz	8pl	8ppm（K），3.5ppm（Color）
Canon BJC8200	1 200	25（YMCKcm each）	—	4pl	2.5ppm（K），1.5ppm（Color）
Epson Stylus Color900	720	192（K）,96（YMC each）	—	3pl	12ppm（K），10ppm（Color）

對 Desktop 噴墨市場而言，1999 年 SOHO 市場有 4000 萬台噴墨印表機的銷售量，對應的銷售金額有 84 億美元；預測 2003 年將有 5500 萬台的銷售量，然而銷售金額卻下降至 68 億美元（見表 13-4）。墨水在 1999~2003 年間，對 SOHO 市場而言將持平，約有 40 億美元的市場，但對大尺寸列印的市場將成長兩倍，至 2003 年將有 52 億美金的市場。在 Media 的市場，大尺寸列印的市場亦是 SOHO 市場的 2~5 倍，達 36 億美金之多。在對 SOHO 市場而言，目前 HP 在噴墨頭與墨水市場上占有率為 61%、Lexmark 占有率為 14%、Canon 占有率為 12%、Epson 占有率為 10%，四家共囊括了 97%的占有率。根據 Pivotal Resources Limited 的計

算，至 1999 年 11 月 HP 已經銷售了 1 億台印表機，每小時的產值在 200 萬美元上下。

表 13-4　Desktop 噴墨相關市場分析

	市場分類	1998	1999	2000	2001	2002	2003
Inkjet printers	SOHO/Home	35M	40M	43M	49M	51M	55M
	Business	2M	2.3M	2.7M	3.9M	5.5M	6.3M
	Large Format	—	—	—	—	0.15M	0.6M
Hardware	SOHO/Home	$7.9Bn	$8.4Bn	$8.2Bn	$8.0Bn	$7.6Bn	$6.8Bn
	Business	$1.2Bn	$1.5Bn	$2.2Bn	$2.5Bn	$2.6Bn	$3.2Bn
	Large Format	$0.6Bn	$0.7Bn	$0.9Bn	$1.1Bn	$1.2Bn	$1.5Bn
Ink	SOHO/Home	$3.4Bn	$4.1Bn	$4.4Bn	$4.7Bn	$4.8Bn	$4.9Bn
	Business	$0.85Bn	$1.2Bn	$1.7Bn	$2.3Bn	$2.8Bn	$3.5Bn
	Large Format	$1.7Bn	$2.4Bn	$3.2Bn	$3.9Bn	$4.5Bn	$5.2Bn
Media	SOHO/Home	$0.49Bn	$0.53Bn	$0.61Bn	$0.66Bn	$0.69Bn	$0.71Bn
	Business	$1.2Bn	$1.5Bn	$1.7Bn	$2.3Bn	$3.1Bn	$3.8Bn
	Large Format	$1.0Bn	$1.5bn	$1.9Bn	$2.5Bn	$3.0Bn	$3.6Bn

以 1999 年技術專利篇數而言，前三名分別是 Canon（432 篇，24%）、HP（228 篇）、Epson（182 篇），然而 HP、Canon 及 Epson 的專利數總和，占所有專利的 48%。單以 Canon 目前在噴墨專利數迄今超過了 2000 篇，是相當驚人地，可見投入的研發人力與資金之多。

噴墨技術在工業應用上統計至少有 25 億美元的市場，並不比 Office 市場差，然而由於印頭龐大的體積、複雜的墨水系統維護以及可靠度要求高，都是系統價格高居不下的原因，連續噴墨技術在工業應用被廣泛地使用著。在列印速度的需求下，墨滴產生的頻率相當的高（50~150KHz），墨點的大小約在 100~400μm。目前生產工業用噴墨列印系統的廠商著名地有 Scitex 及 Iris，如表 13-5 所示。

表 13-5　Scitex 及 Iris 噴墨列印系統之比較

	噴墨方式	Nozzles	DPI	Drop Fre-Quency	Dot Size	Drops per Pixel	Product Cost
Scitex 3600	CIJ Binary	4096	240	100KHz	70μm	1	$1M
Iris Graphics	Hertz（Vibrating Crystal）	1 Per Color	300	1MHz	10μm	0~32	$30~100K

市場的經濟規模及墨水需求量如表 13-6 所示，由表 13-4 與表 13-6 可看出，墨水與紙張的成長趨勢相對於印表機的市場是相當的快，印表機的銷售量雖有逐年增加的趨勢，然而銷售金額確不見成長，可見印表機的售價將愈來愈便宜。對 SOHO 而言，噴墨印頭技術開發隨著 DPI 的增加與 Chip 大小加大，然而對列印速度與列印品質的提升卻是有限，主要是人眼視覺感受差異不明顯，因此，印頭技術開發速度將因技術困難程度增加而趨緩，然而因為人們對色彩表現的要求愈來愈高，對墨水與 Media 而言，卻是成長的開始。

㈡ Ink Jet Ink 設計原則

與列印品質相關的因素有：printer、Ink、Media，其中與printer直接相關的是噴墨頭本身硬體的結構與品質，另外，Printer 在 Media 的 Handling、Recognition 與 Media 有關，亦影響列印品質，而其 Printing Mode，Color Map，Image Processing，Half Tone Printing 則與 Ink 有關連，同時影響列印品質；而 Ink 本身必須負責列印品質責任的相關因素有：Ink Flow、Wetting Characteristics、黏度、pH 值、比重、粒徑及其分布大小、Drop Formation 是否均勻、是否噴墨速度持續穩定且固定、噴孔是否堵塞、對噴孔片之濕潤情形、是否有細菌滋長等；而與 Media 相互之影響，控制列印品質之墨點、線寬、Color Bleed、Feathering、色域、色強度、墨乾速度、Fastness、Curl、Cockle 及 Smear Resistance 等；Media 本身之表面光澤、均勻性、白度／亮度、軟硬性，亦直接影響列印品質。

由第一節中之各種噴墨 printer 的噴墨機構，可推知其對應之 Ink Jet Ink 的

表 13-6 噴墨列印墨水／基材的市場資訊

Media		Narrow Format Liquid Ink JetS OHO	Narrow Format Liauid Ink Jet（Corprte）	Super wide format	Wide format
1999	Media（億美元）	（9.06）	（8.99）	（1.0）	（10）
	Printer（萬台）（億美元）	3952.31（79.65）	254.19（11.43)	136（0.462）	4.16（7.34)
	Ink（萬升）（億美元）	554.22（11.17）	185.6（11.17）	37.15（0.279）	248.3（7.63)
2000	Media（億美元）	10.53	（10.71）	（1.1）	（12.6)
	Printer（萬台）（億美元）	4433.23（79.80）	339.5（13.58）	141（0.465）	4.78（8.18)
	Ink（萬升）（億美元）	632.71	227.1（13.00）	42.23（0.307）	330.96（9.62)
2001	Media（億美元）	11.96	（12.87）	（1.17）	（15.7)
	Printer（萬台）（億美元）	4843.75（77.50）	439.16（15.37）	147（0.470）	5.96（94.76）
	Ink（萬升）（億美元）	708.94	279.8（15.20）	45.74（0.323）	421.55（11.63）
2002	Media（億美元）	13.08	（15.26）	（1.20）	18.86
	Printer（萬台）（億美元）	5135.41（71.90）	542.8（17.64）	152（0.47）	7.17（10.58）
	Ink（萬升）（億美元）	773.46	339.1（17.43）	48.21（0.330）	520.78（13.64）
2003	Media（億美元）	（14.03）	（17.37）	（21.59）	（21.59）
	Printer（萬台）（億美元）	5378.33 (64.54）	637.60	156（0.476）	8.5（11.57）
	Ink（萬升）（億美元）	923.98	306.65	50.08（0.332）	616.32（15.33）
2004	Media（億美元）	(14.87）	19.35	（1.226）	（24.34）
	Printer（萬台）（億美元）	5593.46 (55.93）	735.84	159（0.447）	10.11（12.50）
	Ink（萬升）（億美元）	978.4 8	335.47	51.56（15.93）	7.674（16.95）
複合成長率	%	10	17	4	19
	%	-7	24（12）	3（11）	19（11）
	%	12	13（17）	7（4）	24（17）

基本性質亦會不同，表 13-7 為各種噴墨印表機適用墨水的基本性質，由表 13-7 可知。如前所述，連續式印表機使用之墨水因必須具有導電性，其導電度需大於 500μSiemens，且其可接受之氯離子含量較高；但不論是何種機型之墨水，其黏度均需低且墨滴之形成必須穩定，而在設計墨水時除要考慮其墨滴形成及其噴墨性外，必須同時顧及噴孔之設計、流動性與其他化學物質、組成之相容性、與色料之間的相互作用、化學結構、分子量、黏彈性、界面能等，而以信賴度為依歸。

表 13-7 各種噴墨印表機適用墨水之基本規格

Ink Property	CIJ Binary	CIJ Multi Deflection	DOD Piezo	Valve-Jet	Office Piezo	Office TIJ
Viscosity/cps	~1.5	3-8	8-12	<2	~1.5	~1.5
Surface Tension/Dynes/cm	>35	25-40	>32	>24	>35	>35
Max. size/Microns	1	3	1	5	1	0.2
Conductivity Microsiemens	Yes>500	Yes>1000	No	No	No	No
Salt Levels Chlorides/ppm	<100	<100	<100	<100	<10	<10
Special Ink Problems	Jet Wander Redisperse Foaming	Jet Wander Foaming	De Priming Nozzle Drying Starvation		De Priming Nozzle Drying Starvation	Kogation Nozzle Drying
Heat Stability Jet Break up Drop Formation	Very ImPortant	Very Important	Very Important		Very Important	Very ImPortant

資料來源：IMI 8th Annual Ink Jet Printing Conference May 10. 14. 1999，The Ink Jet Academy.

噴墨列印用墨水的主要成分有：

1. 液體載體（Liquid Carriers），通常為水、溶劑或油。

2. Binders，為 Polymer/Resin。

3. 色料（Colorants），可為染料（dyes）或顏料（Pigments）。

4. 添加劑（Additives）包括：界面活性劑（Surfactants）、保濕劑（Humectants）、導電鹽類（Conductivity Salts）。

就色料而言，必須考慮溶解度（分散性）、過濾性質、流變性、純度、鹽及離子含量、Thermal Shocking、化學及氧化安定性、噴墨安定性等；對連續式列印而言，必須可與鹽類及高分子物質相容且可帶電荷；對 DOD 式列印而言，必須有高的色料含量提高色濃度，及抗結疤（Crusting）性、抗結垢（Kogation Resistance）性。

就 Binder 而言，必須考慮溶解度、Jet break up（Satellite and Ligaments）、分子量、化學功能性與色料之相容性、對 Ink Jet Media 之附著性、流變性、蒸發性等。

常使用的添加劑有界面活性劑及保濕劑，界面活性劑主要在於調節表面張力，Ink Jet Ink 之表面張力必須同時兼顧靜態表面張力與動態表面張力，調整在使可於噴孔形成墨滴且不 Wetting 噴孔面，而可 Wetting 噴墨基材；保濕劑主要的功能是使墨水 Hold 在噴孔不噴墨時可保有墨滴不乾涸，則可使噴孔保持流暢不堵塞，另一功能則在於調整墨水與基材之顯色色相及調節墨點在基材上的墨乾速度。

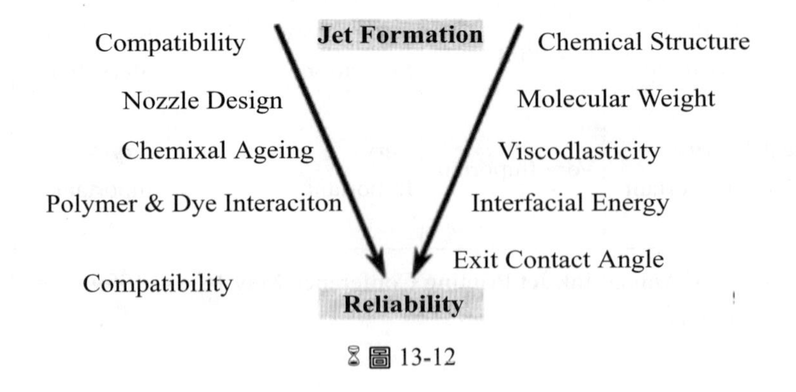

圖 13-12

在墨水的配方設計中（要考慮的因素見圖 13-12）被列入「困難」的參數是：⑴墨滴的形成及穩定噴墨：必須注意高分子溶液之熱動力性質、流變性及 Jet Restoring Energy；⑵信賴度：化學或老化安定性及配方敏感性；⑶功能性：依應用需求而定。列為「簡單」的參數是：⑴物性：黏度、表面張力、導電度；⑵純度：離子含量、過濾性；⑶ End user Properties；⑷列印品質。故以物性衡量 Ink Jet Ink 不難，但要實際符合消費者需求則不容易。

其中 Flow 及 Exit Angle Properties 主控信賴度，見圖 13-13 及圖 13-14，圖 13-14(a)顯示其噴墨穩定性差，而圖 13-14(b)則顯示其噴墨穩定性優。

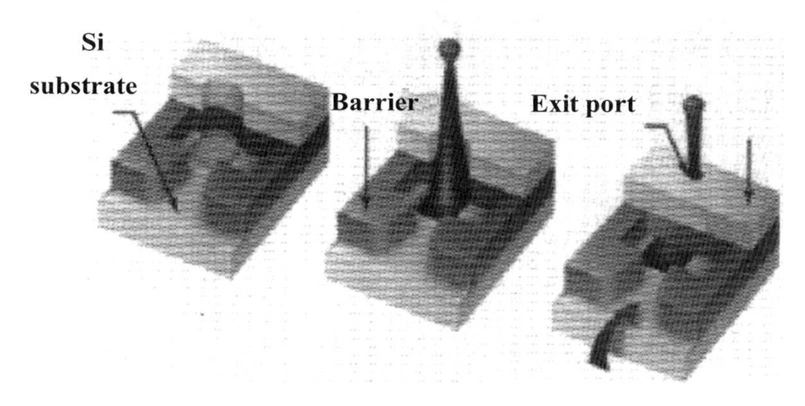

資料來源：2000 IMI Europe Digital Printing Summer School 「Ink Jet Academy, Theory of Ink Jet Technology".

圖 13-13　熱氣泡式噴墨印頭的 3D 結構

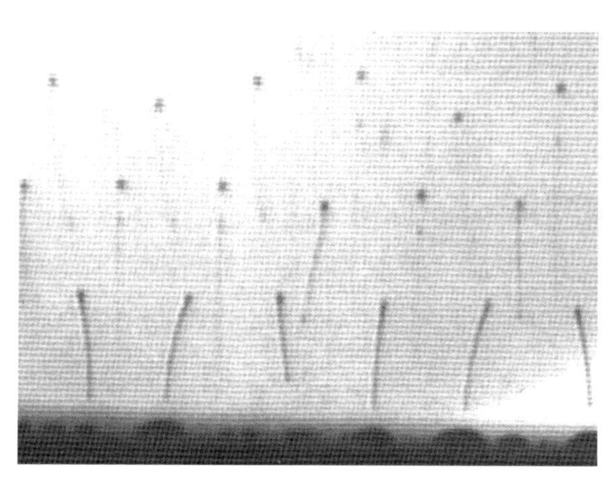

資料來源：2000 IMI Europe Digital Printing Summer School "Ink Jet Academy, Theory of Ink Jet Technology".

圖 13-14(a)　多噴孔噴墨測試，噴墨狀態不良，頻率反應不足

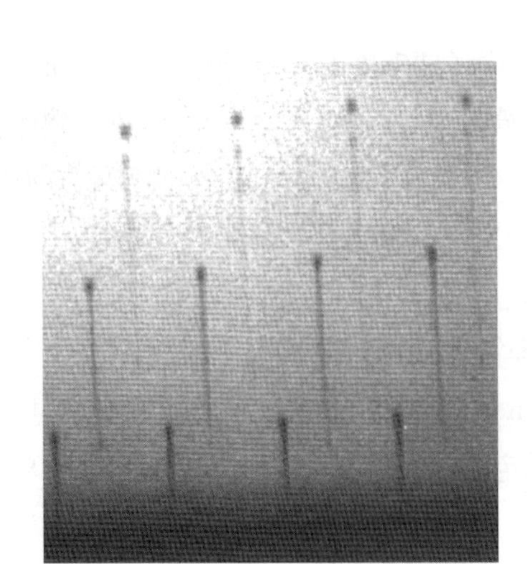

資料來源：2000 IMI Europe Digital Printing Summer School "Ink Jet Academy, Theory of Ink Jet Technology".

圖 13-14(b)　多噴孔噴墨測試，顯示印頭噴墨狀態穩定良好

於此以 DOD Type Ink Jet Ink 為例，說明各因素之必須考量點及其原因：

1. 表面張力

主控 Head Performance，墨水在噴孔片上的 Wetting 是 Positive Neutral，或 Negative Wetting 是墨滴形成於噴孔外之主要掌控因素，且影響其於噴孔之乾燥性及是否造成殘留墨水於噴孔片，而影響墨滴飛行行為，並直接影響對列印基材之 Wetting 與列印品質，對熱／氣泡式 Ink 而言，表面張力之範圍通常在 35~45dynes/cm^2，使其對噴孔形成 Positive Wetting。

2. 流動性

從墨滴成型飛行至基材整個過程，Shear Rate 一直在變化，故必須考慮其動態黏度、墨滴速度及 Ligament Length，此與高分子之分子量相關，且影響列印品質；以熱／氣泡式之 Ink 的黏度而言，一般在 1.5 cps 左右且通常不使用高分子，此乃受限於其趨動電壓，若必須使用則使用低分子量之 Oligomer。

3. 定安性

考慮 Corrosion、Nozzle Crusting、熱安定性。

⑴ Corrosion：考慮 Ink 中各成分是否會腐蝕 Printhead，尤其注意氯離子含量。

⑵ Nozzle Crusting：Ink 各成分在噴孔上必須是保持溶解或分散狀態良好且未乾涸，一般以 0.2μ過濾膜過濾使 Particle 維持在 100nm 左右以確保噴射流暢。

⑶熱安定性：對熱／氣泡式而言，每秒中氣泡產生及消散多次，且溫度高達 350℃，故其熱安定性很重要。否則易因熱裂解產生垢（Kogation），若有垢產生會影響加熱效率及噴墨準確性，而影響列印品質。

在早期由於 Ink Jet Printhead 結構較簡單，Ink Jet Ink 之色料甚至僅使用原子筆用，食用或織物用色料，且是否滋長細菌亦不被關心，而隨著 Printhead 結構日益複雜，且噴孔漸小、墨滴漸小、染料（Dye）要求純度漸高，亦開始引用 Ultrafiltration 技術，且必須結合生化家、化學家、化工工程師及色彩專家配製墨水。未來在 Ink 方面的發展將以高純度染料的合成、微粒化顏料及開發水溶性高分子，使可噴印至非多孔性基材，且具戶外耐候性為目標，而色料方面有朝向 Pigment-dye hybrid 之趨向。

㈢噴墨頭的新發展

在噴墨印頭技術上，陸續有新結構的印頭被提出，其中以今年 Aprion 提出的 600DPI 22pl 壓電式印頭最引人注目。（如圖 13-15 所示），以 Porous 材質形成的墨水通道層（具有吸附供應墨水的功能層）貼附在噴孔片上，由於 Porous 層的特殊功用，墨水的充填可忽略流阻的影響，工作頻率可達到至少 25KHz，再加上噴孔的設計可以以陣列式緊密排列，列印速度可以相當的快，是具有潛力的一顆印頭。Aprion 這顆頭可使用墨水的黏度在 5~20cps 之間，墨水可為 Pigment 或 Dye-Based，每個噴嘴的壽命約可噴 6 □10^{11} 墨滴，比 HP 的噴墨印頭高了 2~3 Orders，可製成 1~13Inch 的陣列式印頭，列印速度可達 $200M^2$ /Hr。Aprion 正在開發一種網路列印的印表機，並希望能像 Xerox 的影印機一樣，廣泛讓公司租用，只要在網路下單列印，一個小時之內就可拿到 50 本厚 300 頁裝訂好的書或小說。

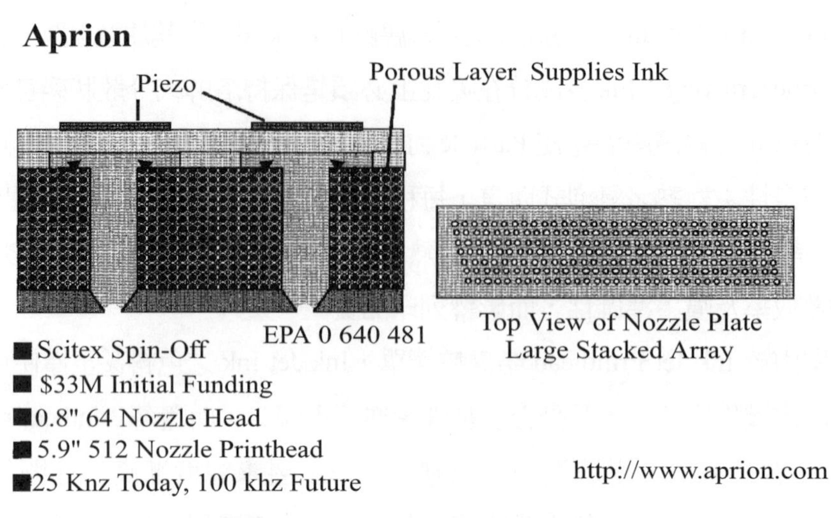

圖 13-15　Aprion 噴墨印頭的結構與規格

Canon提出新一代的熱氣泡噴墨印頭設計（見圖 13-16），墨水通道與熱氣泡產生的通道以隔版隔開，Heater 與墨水不接觸，因此，不會有 Kogation 的發生，墨水的黏度宣稱可達 150cps，比一般的墨水高非常多。

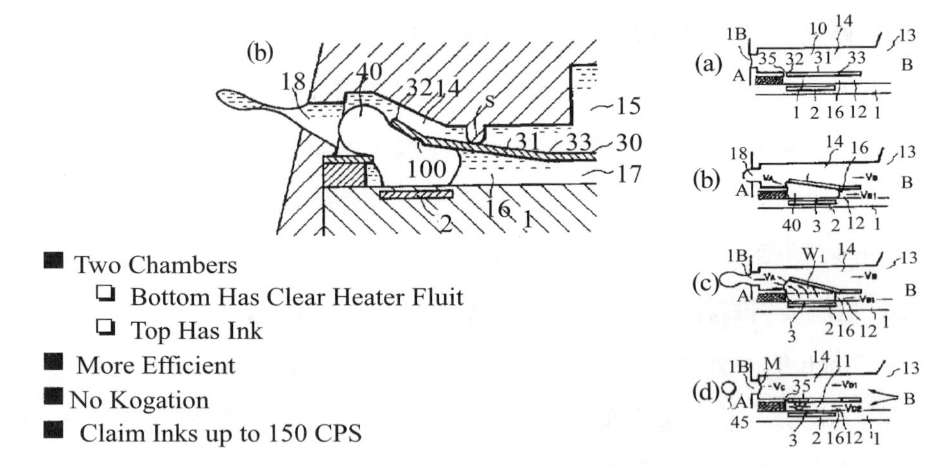

資料來源：2000 IMI Europe Digital Printing Summer School "Ink Jet Academy, Theory of Ink Jet Technology".

圖 13-16　Canon 新一代的熱氣泡噴墨印頭設計

Kodak 繼 Back Shooter 噴墨印頭之後，提出類似 Back Shooter 的 LIFT 噴墨印頭（見圖 13-17），也是利用 CMOS 控制 Heaters 長 Bubbles，但 Bubbles 的大小較小，藉著 Bubbles 形成所產生的溫度，改變墨水的特性，並將墨水稍微噴出，此時再利用靜電吸引或墨水震盪壓力將墨滴帶出。雖然想法相當獨創，然而溫度改變墨水特性以及墨水恢復常態是需要時間，能否在數個μs的時間內完成，是這顆印頭能否在高頻下工作的原因，此外，即是以靜電方式吸引墨滴，對相鄰噴嘴的距離是否適合高 DPI 設計，或是必須減少噴孔數。

Kodak-LIFT

- Liquid Ink Fault Toleranrt
- Monolithic Silicon Wafer With CMOS Processing
- Drop Selection Means
  - Elextro-Thermal Reduction of Surface Tension
  - Electro-Thermal Reduction of Viscosity
  - Small Bubble Generation
- Drop Separation Means
  - Electrostatic Attraction
  - AC Electric Field
  - Oscillation Ink Pressure

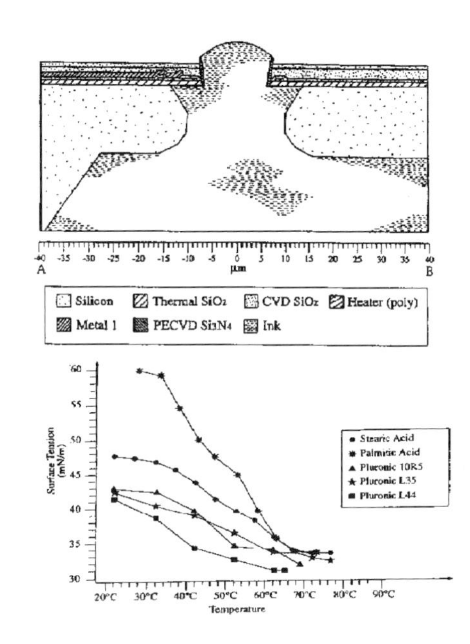

資料來源：2000 IMI Europe Digital Printing Summer School "Ink Jet Academy, Theory of Ink Jet Technology".

圖 13-17　Kodak-LIFT 噴墨頭的工作原理

Epson 提出一種靜電致動式噴墨印頭（見圖 13-18），與壓電噴墨印頭致動的原理有相似之處，藉著 Diaphragm 因靜電相吸而瞬間擠壓變形所產生的壓力波，而將墨滴從噴孔噴出。

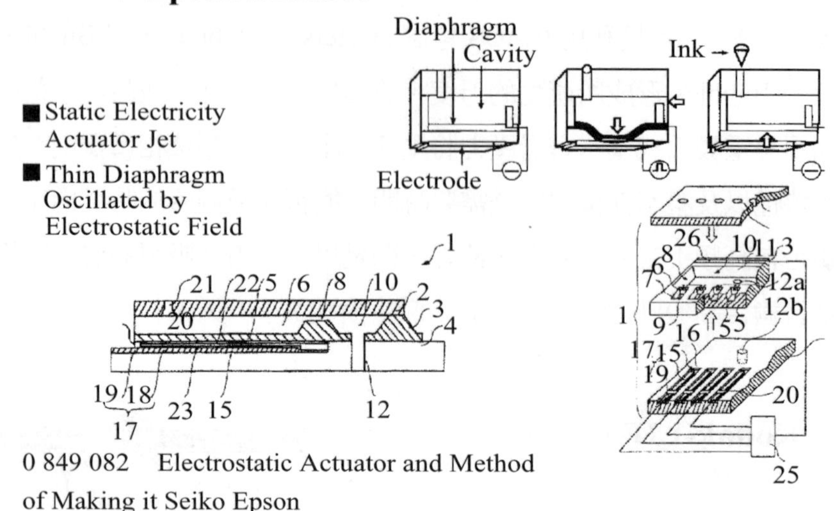

資料來源：2000 IMI Europe Digital Printing Summer School "Ink Jet Academy, Theory of Ink Jet Technology".

圖 13-18　Epson 的 SEAjet 靜電致動式噴墨印頭

Xerox於 1988 年提出的聚焦聲波噴墨印頭，是將超音波聚焦在墨水的表面而產生的墨滴濺射（見圖 13-19），與其他噴墨技術最大的差異點在於無噴孔設計，無噴孔堵塞的問題，可有較高的噴墨頻率，印頭與系統的維護成本也較低。1994

Nozzle-less ink jet

- Xerox Acoustic Inkjet Printing (AIP) Development
- Piezo Transducer Array Focused at Liquid Surface
- High Speed High Print Quality
- Low Manufacturing Cost
- Color Docutech of Thd Future?

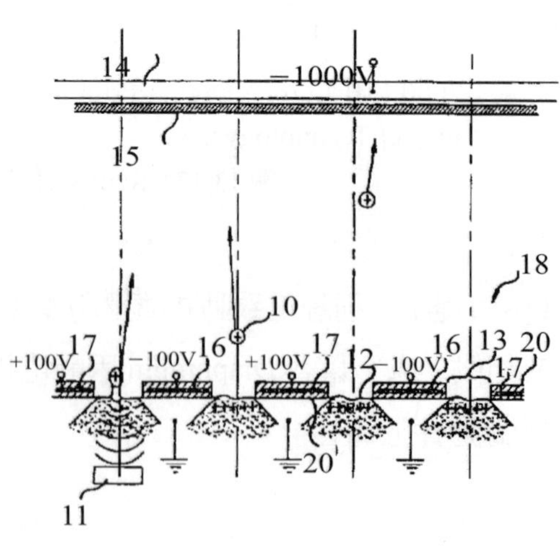

資料來源：2000 IMI Europe Digital Printing Summer School "Ink Jet Academy, Theory of Ink Jet Technology".

圖 13-19　Xerox 提出的聚焦聲波噴墨印頭

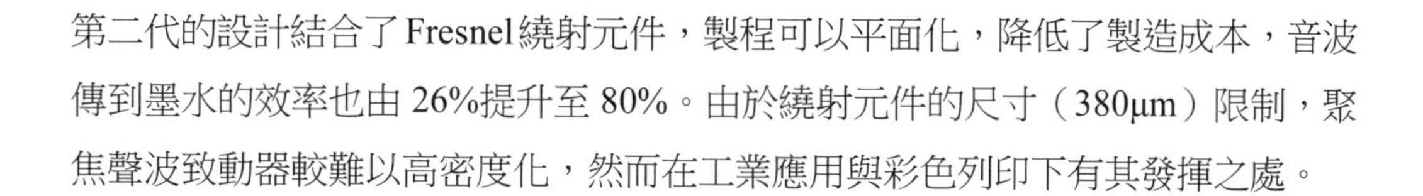

第二代的設計結合了Fresnel繞射元件，製程可以平面化，降低了製造成本，音波傳到墨水的效率也由26%提升至80%。由於繞射元件的尺寸（380μm）限制，聚焦聲波致動器較難以高密度化，然而在工業應用與彩色列印下有其發揮之處。

(四)噴墨頭設計重點及品質評估

噴墨印頭設計的一些重點，包含噴墨頻率反應、互擾（Crosstalk）、壽命、驅動電壓、溫度控制、墨滴定址精確度、可靠度等，將分別討論如下：

1. 墨滴定址精確度

根據以往我們的量測數據，噴嘴與紙張的距離為1釐米時，定址的不確定度約在10μm左右，定址能力在噴孔與噴孔就存在著變異性，單一噴孔亦與時間相關。定址精度對噴孔平整度及噴孔Straightness、表面清潔度、Wetting狀態、墨水的組成以及墨滴的速度相當地敏感。

2. 噴墨頻率反應

噴墨頻率反應一般受限於墨水通道Refill Time（Overdamped System）、噴孔、墨水通道與Ink Manifold，皆會影響墨水Refill。至於測量頻率反應的方法是以墨滴飛行時間來做判斷（如圖13-20所示），當飛行時間變化低過-10%時即為頻率反應值。為了正確地量測墨滴的飛行時間，Xennia的VisionJet系統以墨滴通過雷射成像的兩個狹縫先後時間差，計算墨滴速度、體積，小墨滴數等參數，系統簡圖如圖13-21所示。

3. 驅動電壓

成本上的考慮趨向低電壓與低電流設計，高電壓易發生材質的劣化與材料電解腐蝕，在我們經驗中確實發現電極接腳的電解腐蝕。

4. 可靠度

可分為可恢復與不可恢復的Failures，噴孔片的層積物、噴孔附近墨水黏度提高與小氣泡堵住墨水通道，在一般情況下是可恢復的；然而Heaters的Kogation（熱氣泡式才有）、噴孔完全結垢、乾膜脫層、電極（Heaters或噴孔片）腐蝕、電極或主動元件的Failures、外部電極的Failure，皆為不可恢復的Failures。

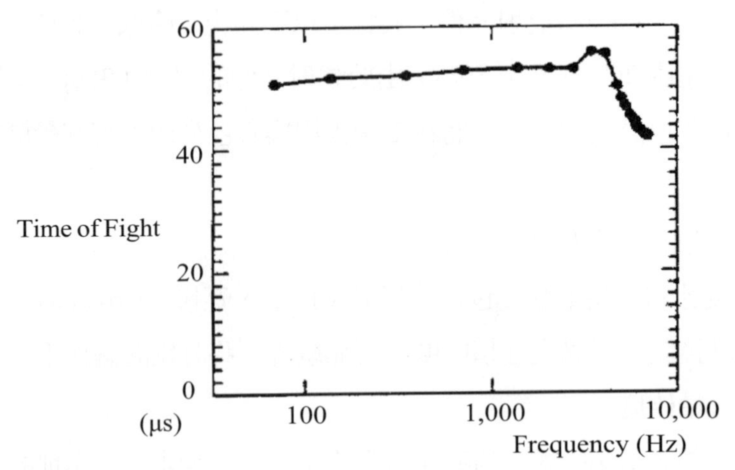

資料來源：2000 IMI Europe Digital Printing Summer School "Ink Jet Academy, Theory of Ink Jet Technology".

圖 13-20 墨滴頻率反應

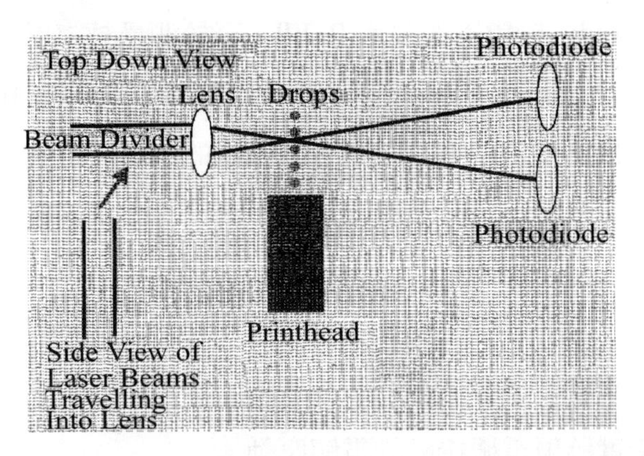

資料來源：2000 IMI Europe Digital Printing Summer School "Ink Jet Academy, Theory of Ink Jet Technology".

圖 13-21 墨滴特性量系統

5. 印頭壽命

可分為時間相依的退化與使用狀況相依的退化；膠、保護層、電極與墨水的化學反應；材料長期質變如變硬變脆；材料的電性擊穿與電解，或材料的機械疲

勞；層積物的形成；列印時材料的腐蝕。

6. 溫度控制

墨水的黏度是溫度的函數，溫度提升會降低黏度值，墨滴飛行速度會加速，列印品質會受影響，大部分的噴墨印頭都有溫度偵測元件在印頭上，藉著信號的回授來控制印頭的溫度。

㈤墨水列印品質評估與量測

Printer/Ink 對列印品質直接受下列兩因素控制：(1) Dorp Placement Accuracy，墨滴是否噴至它該到達的位置？此與噴孔孔壁是否夠直、均勻且乾淨、噴孔片是否有污染，及墨滴是否在噴孔附近造成潤濕有關；(2) Jet Break-up and Drop Formation（每滴墨是否大小一致及形狀適當且相同）。

Ink/Media 對列印品質之控制主要有：(1) Feathering or Wicking；(2) Dot Gain（墨點大小）；(3) Color Bleed（兩種相鄰顏色是否互相暈開相染）；(4) Puddling。

1. Feathering/Wicking

以基材而言，對於 Ink 載體之吸收是受 Defects 及 Fibers 等影響，導致墨點邊緣不規則，且造成 Dot 之 Color Density 不均勻，而以 Ink ／ Media 之相關性來說：(1) Ink 本身的揮發性；(2) Ink 對基材之滲透性，均是改善 Feathering 必須著手考量的。

2. 墨點大小（Dot Gain）

主要受墨滴及基材的影響。對墨滴而言，其表面張力（與 Wetting 有關）、黏度、墨滴之飛行速度，及到達基材之速度，均與在基材上表現之墨點大小有關；以基材而言，基材之表面能、墨滴與基材之接觸、基材表面形態，及其是否有靜電均有關。而就 Dot 形成之機構來看，當墨滴飛抵基材後主要由墨水與基材之間的 Evaporation、Penetration、Spreading 來決定墨點大小，當 Evaporation 與 Penetration 較快時，顯示出來的 Dot 較小，而當其往外 Spreading 之速度比 penetration 快時，墨點則顯得較大，見圖 13-22。至於墨乾速度亦由上述三個因素共同決定，見圖 13-23，而當此三種因素均快時墨滴乾得快，當 Evaporation 不是那麼快時，Penetration 及 Spreading 則有助於墨乾。通常由於配方中必須摻入保濕

A Drop This Big
(100pL, 57 µm Dla)
Produces Dots These Sizes Dependihg on The Drop Spre (Assuming No Abscrption or Evaporation)
Spread lactor 1 2 3
Top view
Side view
57µm 114µm 171µm

Factors Affecting Drop Spread
Drop
Surface Tension（與 Wetting 有關）
· Viscosity (High Shear at Impact, Low Shear Post Impact)
· Drop Impact Veloc-
· Droplet Arrival Rate
Substrate
· Suface Energy
· Drops Already on Substrate
· Contamination
· Surface Topography
· Electrostatic Charges

資料來源：IMI 8th Annual Ink Jet Printing Conference May 10. 14. 1999，The Ink Jet Academy.

圖 13-22 Spread Factor 對 Dot Size 之影響(一)

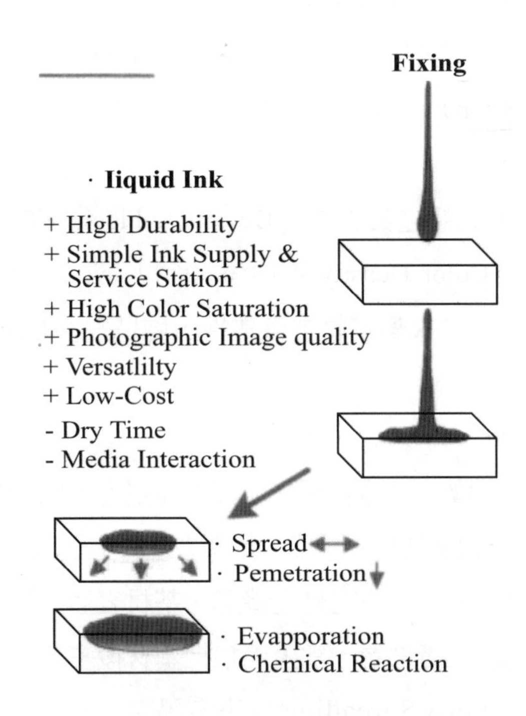
Fixing
· Iiquid Ink
+ High Durability
+ Simple Ink Supply & Service Station
+ High Color Saturation
+ Photographic Image quality
+ Versatlilty
+ Low-Cost
- Dry Time
- Media Interaction
· Spread
· Pemetration
· Evapporation
· Chemical Reaction

資料來源：IMI 8th Annual Ink Jet Printing ConferenceMay 10. 14. 1999，The Ink Jet Academy.

圖 13-23 Drying、Penetration 及 Spreading 對 Dot Size 之影響(二)

劑，而使墨乾速率緩慢，必須借助 Penetration 及 Spreading。

3. Color Bleed

Color Bleed 指的是一個顏色擴暈（入侵）至另一顏色區，見圖 13-24，亦即兩顏色互滲情形，與邊緣是否粗糙有關，且與墨點大小有關，所以，凡與墨點大小有關的因子亦均影響是否造成 Color Bleed，故可使用滲透劑幫助滲透，以減少 Spread 達成，減少 Color Bleed，亦可以 pH 值控制 Ink 之溶解度，使不易因互滲相溶而 Color Bleed，或以一顏色 Ink 遇到另一顏色 Ink 時會產生沈澱或相分離來避免此問題，Color Bleed 的評估是相鄰列印兩種顏色而以放大鏡觀察。

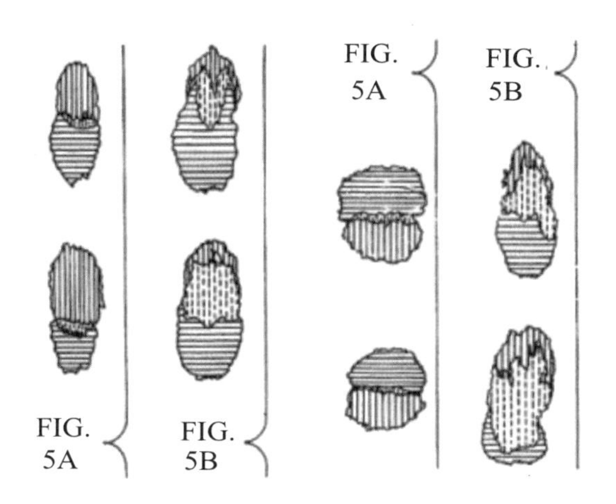

資料來源：USP. 5700317, Hp（1997）.

圖 13-24　color bleed 圖形

4. Puddling

墨滴於基材表面凝集（Coalesce）會造成影像擴散、斑點及其他缺陷，此現象主要發生於基材之 Porosity 少或已飽和或重複列印。

列印品質的量測，對 Dot 品質而言，需要量測的有：(1)單位面積之 Dot 數目；(2) Dot 平均面積；(3)圓度、直徑比；(4)圓周長；(5)點之對齊（Alignment of Dot）、Fit to Line；(6)衛星點數（Number of Satellites）。對線的品質而言，需要量測的有：(1)線寬；(2) Edge Acuity-Raggedness；(3) Feathering；(4) Broken Lines。另外，尚需評估其色強度（Color Density）。

二、*Media for Ink Jet Printing*

對 Ink Jet Printing 而言，是將一液態油墨噴至紙張表面，當油墨噴至紙張表面時，經接觸置放於紙張、潤濕／揮發、擴散／吸收／揮發而乾燥附著於紙張上面，見圖 13-25，而這些過程均掌控制列印品質的優劣。

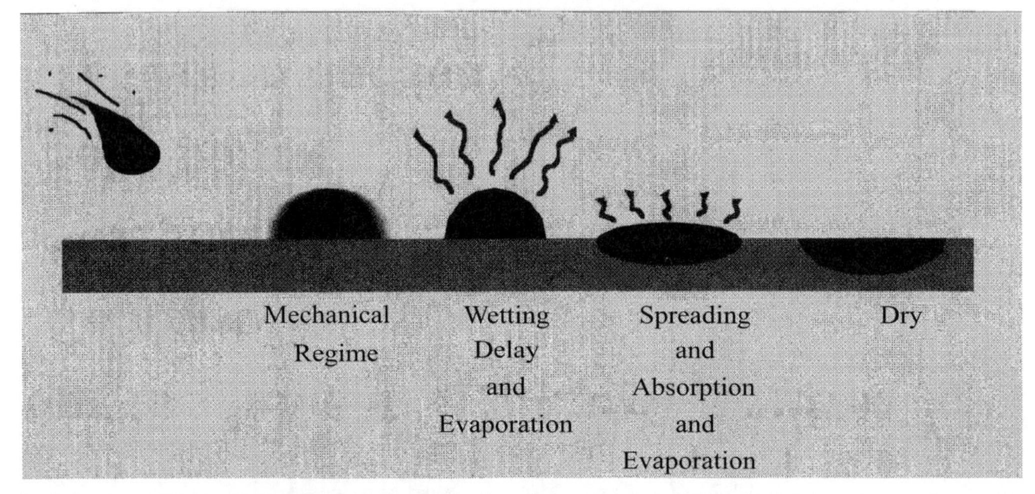

資料來源：2000 IMI Europe Digital Printing Summer School "Ink Jet Academy, Paper for Digital Printing".

圖 13-25 Liquid Ink Deposition on Paper

Ink Jet 的列印質品主要由：Contrast、Sharpness、Solid Noise 及 Tone Reproduction 來判定，分別說明如下：

(一) Contrast（對比）

主要是透過光學性質量測其 Optical Strength，表達黑白的對比及色彩的飽和度，這項性質可由控制墨水儘量少滲入紙張內部，及儘可能將墨水保持在紙張表面來加強，故可藉由紙的 Sizing、Porosity、Smoothness、Coating 及添加 Filler，來控制 Ink 與紙張間的滲透、擴散、反應等，而達成高反射高白度及好的

Contrast。

㈡ Sharpness（輪廓鮮明度）

主要是看影像是否邊緣筆直乾淨俐落，對 Unsharpness 之影像而言，其邊緣是粗糙、有毛邊、模糊的、有斑點的，可藉控制墨水的擴散（表面化學性質、紙張的表面平整性及 Coating）及降低墨水與紙張的作用力，來達成高 Sharpness，及降低 Color Bleed。

㈢ Solid Noise〔顏色（底色）不均〕

描述顏色的不均勻性，是因 Optical Density 的變異所引起，主要是由紙張表面接受墨水不均勻所造成，可藉由將紙張表面均勻化（如使纖維更均勻或加入填充劑 Pigments、Sizing Chemicals 及塗佈）改善之，而這些主要均是在製紙製程中即應加以控制。

㈣ Tone reproduction

是藉由墨點大小變化提供連續色調之列印，對文字的列印而言，此性質較不重要，而對彩色圖形則很重要，藉由 Sharpness、Contrast 及 Printer Resolution 來調整此性質，故必須使紙張具有高的 Contrast、Sharpness 及低的 Solid Noise，圖 13-26 及 13-27 顯示不同基材之列印效果，經塗佈之紙張其 optical density 及墨點與線寬均表現比未經塗佈的好。

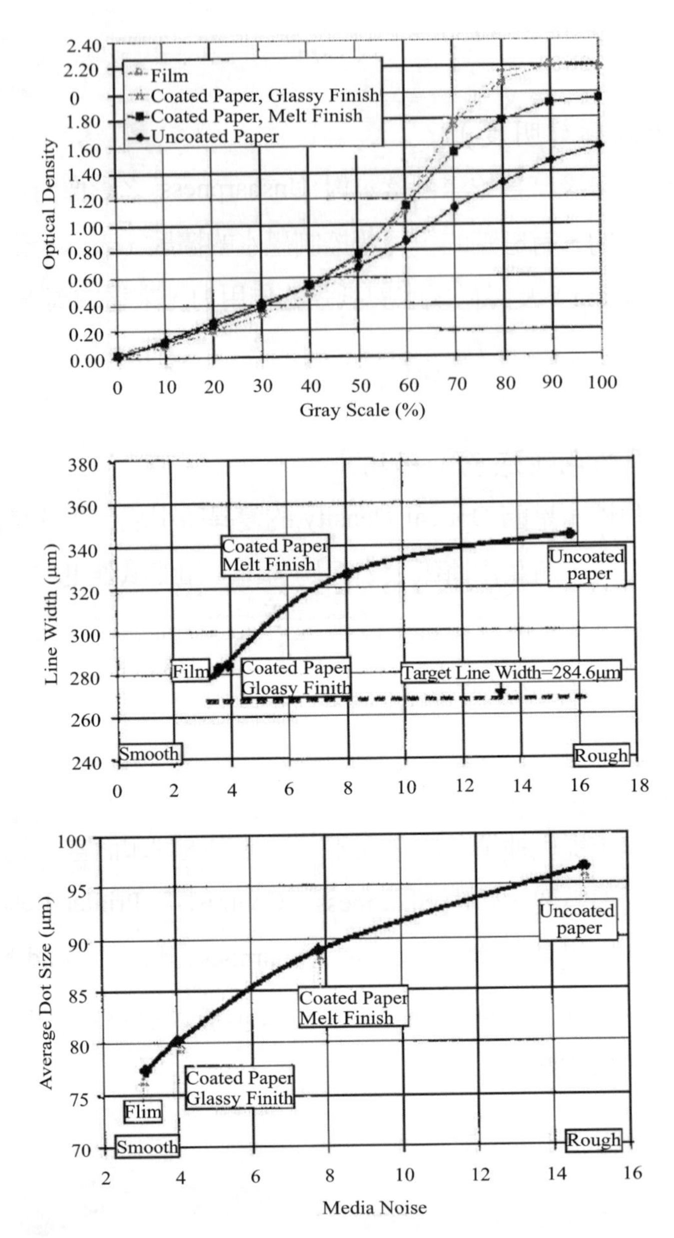

資料來源：2000 IMI Europe Digital Printing Summer School "Ink Jet Academy, Paper for Digital Printing".

圖 13-26　各種列印基材、列印效果比對

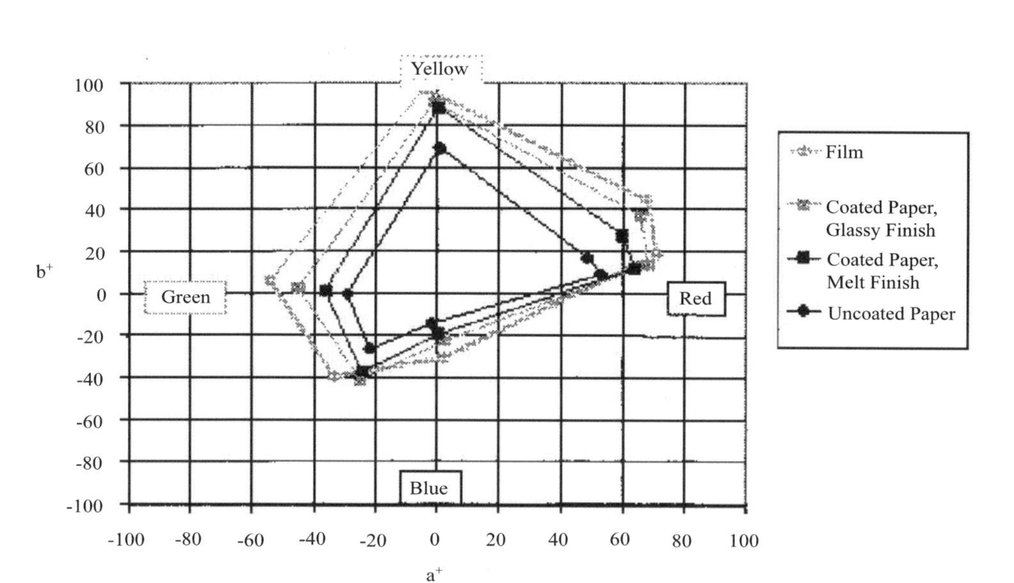

資料來源：2000 IMI Europe Digital Printing Summer School "Ink Jet Academy, Paper for digital printing".

圖 13-27　各種列印基材、列印色域比較圖

其他尚有：色域、乾燥速度、墨水－墨水間的作用（Wicking/Color Change）、光堅牢度等，亦是列印品質常要求的。墨水滲透進紙張太多會降低 Contrast，而增加 Show-Through；而當墨水之滲透量太少則會致 Cleeding Haloing，墨水擴散的少亦會增加墨乾時間，且不易列印均勻，但擴散太多則會增加墨乾時間，並易造成墨水－墨水間的互推作用，而導致減少 Sharpness、增大墨點及 Ink Bleed 及減低色調，通常於紙張中加入 Pigments/Fillers 去破壞纖維方向性，使墨水不會沿纖維方向流動，且可降低滲透性，並改善紙張之平整性，或於 Size Press 時加入澱粉，使墨水不會遷移，或加入一些表面張力較低的化學品，減少纖維的吸水力，降低墨水向下滲透或橫向擴散，而減少 Wicking、Feathering 等。

另外，以塗佈方式於基材上改善吸墨性及墨乾速度，改善方向有：(1)塗佈多孔洞性物質使可於表面塗佈層即吸墨；(2)塗佈高表面積、高親水性礦物，如 Silica；(3)使用透明 Silica 增加色彩飽和度及色強度。

塗佈之表面層工程視其用途及功能需求而定，如圖 13-28 所示，塗佈所使用的高分子材料，見表 13-8，常使用的填充料則列於後，若為了防止紙張綯捲，可於背面加一層背塗。

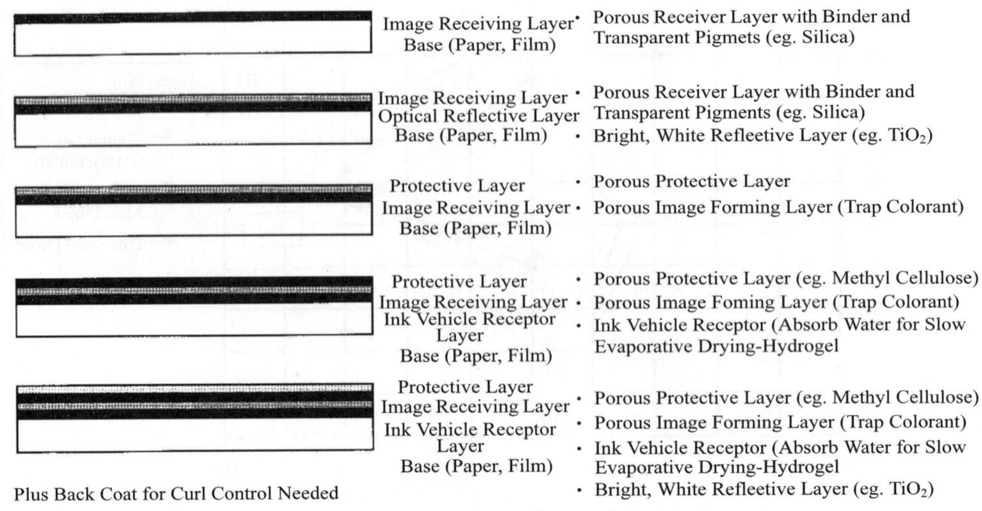

資料來源：2000 IMI Europe Digital Printing Summer School "Ink Jet Academy, Paper for Digital Printing".

圖 13-28　各種 coated Media（Paper）之層別、功能及其使用材料

表 13-8　塗佈紙張用的高分子材料

Polymers	Polymers（Water Soluble）	Polymers（Cationin）
• Starch • Gums • Polyvinyl Alcohol • Polyethylene Glycol • Polyacrylamide • Polyvinylpyrrolidone • Polyvinyl Imidazole • Polyviny Pyridine • Polyallylamine • Caroboxymethyl Cellulose • Hydroxyethyl Cellulose • Polyacrylic Acid • Polyamides • Gelatin • Etc.	• Polyacfylamide • Polyacrylic Acid • Polyethylene Oxide • Polyvinyl Alcohol • Polyvinylpy Rrolidone • Polyethylene Amine • Polyoxazonine • Polyvinyl Pyidine • Polyvinyl Midazole • Polyamines • Cellulosics • Gelatin • Etc.	• Polyvinyl Benzyl Trimethyl AmmOnium Chloride • Polydiallyl dimethyl ammoniumchloride • Polymethacryloxyethyl Hydroxy Ethyl DMACI • Mirapols & Merquats • Quaternary Acrylic Copolymer Latex • Polyamide • Dimethylaminomethacrylate copolymer • Polyethyleneimine • Etc.

塗佈紙張用的材料常使用的填充料有：Silicas、Precipitated、Fumed、Gelled、Carbonates、$CaCO_3$（Precipitated, Ground）、Ammonium Zirconium Carbonate、Aluminates、Speciality Clays、Plastic Pigments、TiO_2。

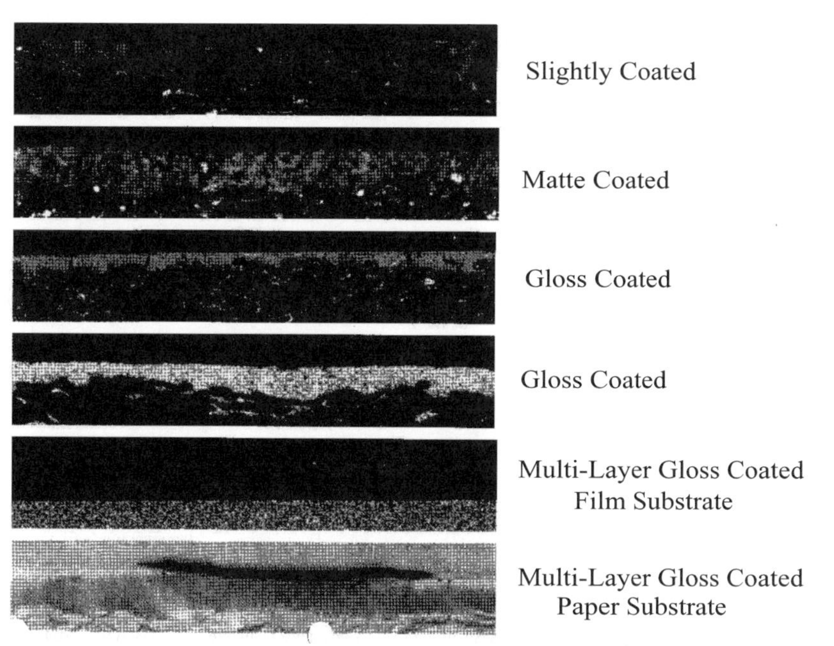

資料來源：2000 IMI Europe Digital Printing Summer School "Ink Jet Academy, Paper for Digital Printing".

圖 13-29　各種塗佈之噴墨紙張剖面圖

由上所言對 Ink Jet 用紙而言，主要重點在控制墨水墨滴對紙滲透性、墨乾速度，以調整列印在紙張上的墨點大小、毛邊（Feathering）、暈色（Bleeding）、縐點（Cockle and Buckle）及不穿透紙背面，使可用兩面列印；而未來的目標則是希望朝適用多品牌列印機台、快速列印耐光、低價，甚至 Uncoated Paper，因此，必朝快乾紙方向，往紙張內部添加化學品方向研發，更甚者要求具「Parallel」功能（所謂 Parallel 功能，是指同一紙張具可適用於 Ink Jet Printing、Electrophotogrophic 及 Offset），或具「Serial」功能（所謂「Serial」，是指可適於 Printer A 列印後再以 Printer B 列印之紙張）。總之，紙張之功能被要求多樣化列印、高品質化，而價格則最低化。

三、關鍵詞

Ink Jet Printing、Ink Jet Head、Ink Jet Ink、Print Quality、Contrast、Sharpness、Solid Noise、Tone Reproduction、Uncoated Paper/Coated Paper、Parralel、Serial。

1. IMI 8th Annual Ink Jet Printing Conference May 10. 14. 1999，The Ink Jet Academy.
2. Digital Color Imaging'99 Oct. 3~5 Diamond Research Corporation Imaging'97.
3. IMI 9th Annual Ink Jet Printing Conference, April 10-12,（2000）.
4. IMI 8th Annual Ink Jet Printing Conference May 10. April 23-25,（2001）.
5. "Worldwide Printer & Supplies Market Report" A Worldwide Statistical Extract Covering Mainstream & Emerging Digital Printing Markets Commissioned by IMI From I.T. Strategies April（2001）.
6. HP, US Patent 5700317（1997）.
7. IMI Europe Digital Printing Summer School "Ink Jet Acadeny" The Theory of Ink Jet Technology", July 12-13, Clare Colege, Cambridge, England.（2000）.

第十四章
高分子奈米複合材料

廖建勛

學歷：國立清華大學化工博士（1992）

經歷：清華大學化工所博士後研究（1992~1993）

工研院化工所高分子聚合室研究員（1993~2000）

逢甲大學材料系助理教授（2000）

現職：元智大學化工系助理教授（2000~迄今）

研究領域與專長：共軛導電高分子

高分子奈米複合材料

有機半導體元件

光感應性高分子材料

一、前　言

在人類文明的發展過程中，每一種重要新材料的發現與應用，都帶來生產技術、社會文化與生活文明的重大變革。1959 年美國物理學家費因曼在加州理工學院一次物理學會議上的先知式預言:「我不懷疑，如果我們對物體微小規模上的排列加以某種控制的話，我們就能使物質得到大量我們所需要的特性」。奈米技術（Nanotechnology）即是具體呈現此項預言的關鍵新技術——在原子、分子等奈米層級對物質（存在的種類、數量和結構形態）進行精確的觀測、識別、控制、組織與製造生產的研究與應用，其深遠的影響，有如千禧年的產業革命，對於邁入 21 世紀持續發展的資訊科學、生命科學、分子生物學、新材料科學和生態系統學的發展，提供一個新的跨領域的技術基礎。

大自然是偉大的導師。粉筆與貝殼具有幾乎相同的化學組成，但粉筆易折而脆，其關鍵在於貝殼中之生物聚合體分子於碳酸鈣結晶成長時，使晶體順向成長所形成的奈米相微結構所致。植物纖維與動物肌腱組織之所以兼具柔軟性、高強度、高韌性等人造物所無法達到的平衡性質，其秘密亦在於物競天擇演化所形成的奈米微結構組織。浩瀚如蒼茫宇宙之宏觀物理世界的探索，飄渺如原子核之微觀世界的窮究，一直是科學發展的兩大主軸。奈米，是介於宏觀與微觀兩個世界之間的一種尺度，這第三種世界我們稱之為介觀世界，這個長度是一個非常特殊的尺度，無數的驚奇與想像蘊含其中，猶如愛麗絲夢遊仙境般的瑰麗奇炫。

二、高分子奈米複合材料簡介

奈米複合材料是在奈米尺度混成兩種或以上的材料所形成的新材料，具有諸多獨特的高功能性質，在電子、磁性、光學元件及結構材料的開發應用上，極有潛力。目前所使用的三大基本材料類型：金屬、陶瓷、高分子，其單一材料的物理、化學與機械性質，面對愈趨多元化應用的性質要求，已不敷所需。結合兩種材料以上所混成的複合材料（Composites），乃因應而生。複合材料不僅結合了個別混成材料的性質特徵，所形成的複合材料相形態及界面性質，更是大大的影響了複合材料的整體性能。隨著分散相粒徑尺寸的遞減，混合效果愈好，界面作用力也隨著增加。以高分子為基材，不同材料分散相之粒徑大小，所形成之複合材料分類，如表 14-1 所示。「奈米複合材料」（Nanocomposites）一詞，首見於1982~1983 年間 Roy & Komarneni 及其同僚的新造語，用於指稱溶膠（Sol-gel）方法所製造的奈米異相（Nanoheterogeneous）材料，其中至少一組成相的尺寸大小在奈米（Nanometer）範圍。其他相類同的名詞包括：分子混成（Molecular Hybrid）材料、分子複合材料（Molecular Composites）、Ceramers、Polycerams、Ormocers、Polymer Hybrid 等等。奈米複合材料依材料機能、物性、化性及製造溫度的不同可分為五大類：(1) Sol-gel Nanocomposites：在低溫下（＜ 100℃）製造，其前驅體在高溫加熱時可形成均相之單一結晶相陶瓷或多相結晶陶瓷；(2) Intercalation-type Nanocomposites：於低溫（200℃）下製備，可在加熱至適當溫度（＜ 500℃）後，形成有用的材料；(3) Entrapment-type Nanocomposites：於三度空間立體連結之網格結構中（例如：zeolites）製備，合成溫度亦在低溫範圍（＜ 250℃）；(4) Electroceramic Nanocomposites：將奈米相之強介電性、介電性、超導、及鐵磁材料在低溫下（＜ 200℃）與高分子基材混合製備而成；(5) Structural Ceramic Nanocomposites：以傳統陶瓷製程在極高溫下（1000~1800℃）燒結製備①。本文是介紹以高分子為基材，與奈米尺度的高分子、金屬、或無機微粒混成為高分子奈米複合材料之製程、結構、性質與應用，並詳述高分子奈米複合材料的技術研究領域及未來可能的發展趨勢。

表 14-1　高分子系複合材料的分類

分散相之粒徑大小	＞ 1,000 nm (＞ 1μm)	100 ~ 1,000 nm (0.1 ~ 1μm)	＜ 100 nm (＜ 1μm)
高分子／高分子	Macro 相分離型 高分子聚摻體	Micro 相分離型 高分子合金	完全相容型高分子合金（奈米複合材料）
高分子／無機物	高分子/無機物 複合系-I	高分子／無機物 複合系-II	超微粒子複合系（奈米複合材料）
高分子／金屬	高分子／金屬 複合系-I	高分子／金屬 複合系-II	超微粒子複合系（奈米複合材料）

資料來源：Plastics（Japanese）, 46, 20（1995）.

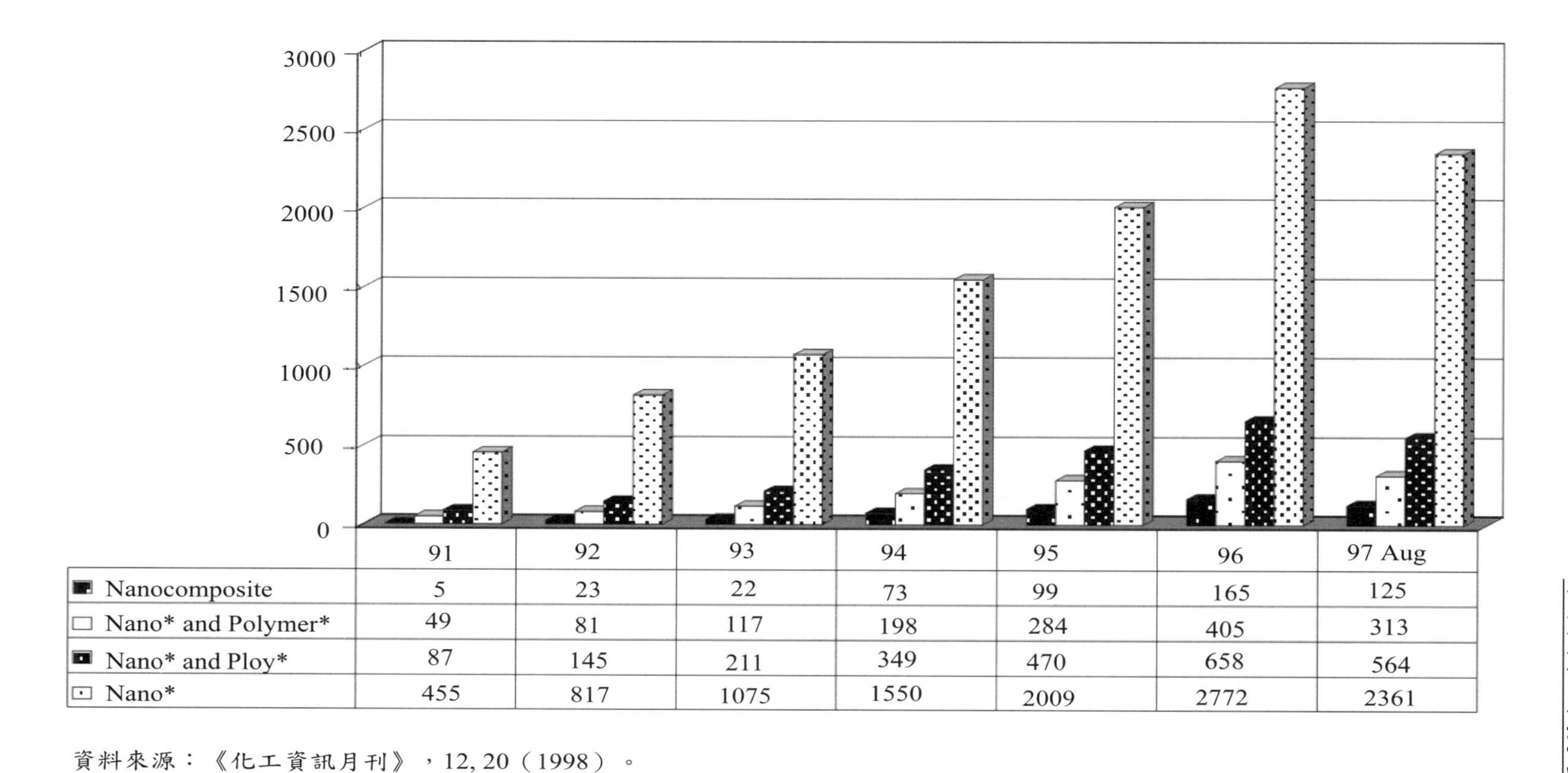

	91	92	93	94	95	96	97 Aug
Nanocomposite	5	23	22	73	99	165	125
Nano* and Polymer*	49	81	117	198	284	405	313
Nano* and Ploy*	87	145	211	349	470	658	564
Nano*	455	817	1075	1550	2009	2772	2361

資料來源：《化工資訊月刊》，12, 20（1998）。

圖 14-1　奈米材料近年之文獻搜尋結果統計

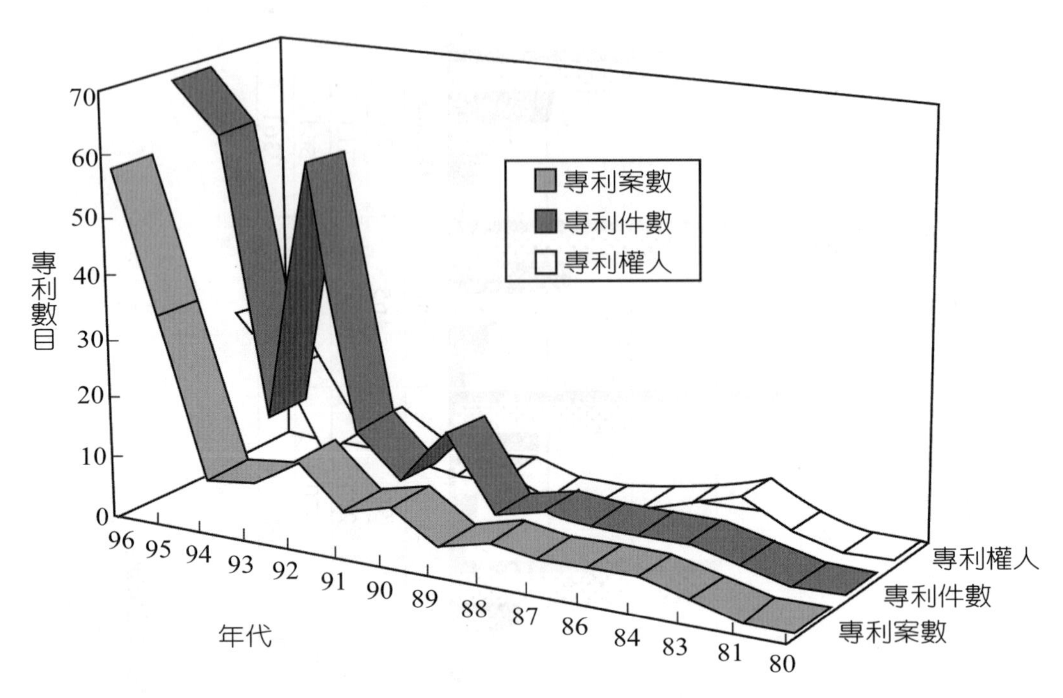

資料來源：《化工資訊月刊》，12, 20（1998）。

圖 14-2　奈米高分子材料專利管理圖

三、高分子奈米複合材料結構與物性

複合材料相形態、界面性質及微粒尺度大小，是決定高分子奈米複合材料整體性能及特徵性質的關鍵因素。物質粒子於尺寸遞減時，粒子的比表面積反比於粒子粒徑。隨著粒子粒徑的冪次降低，粒子比表面積則冪次增大，表面原子數所占的比例亦隨之增大，使得表面能量與體積能量之比大為增加（表 14-2）。此一奈米尺度之表面效果，使得奈米粒子表面層及界面層之表面原子作用力大為增加，影響所及，包括機械性質、熱傳導性、觸媒性質、破壞韌性等性質均異於巨觀材料物質②。另一奈米尺度之體積效果，包括粒子內電子能階為離散性之遠紅外線材料、駐波長受限於粒子大小的電磁波共鳴器、粒徑為固體內電子平均自由行程的光電傳導材料等。奈米材料特徵的光學性質改變，如軟片上感光性溴化銀微粒，當其尺度為 10 nm 時，有 25%是表面離子，正是這表面離子的效應，才使溴化銀

表 14-2　銅微粒子粒徑與表面能量

粒徑	1 克原子中的粒子數	1 粒子中的原子數	1 個粒子重量（g）	全表面積（cm^2）	表面能量（erg）	表面能量與體積能量之比（%）
50□	5.69□10^{19}	1.06□10^{4}	1.12□10^{-18}	8.54□10^{7}	1.88□10^{11}	5.51
100□	7.12□10^{18}	8.46□10^{4}	8.93□10^{-18}	4.27□10^{7}	9.40□10^{10}	2.75
1000□	7.12□10^{15}	8.46□10^{7}	8.93□10^{-15}	4.27□10^{6}	9.40□10^{9}	0.275
1μm	7.12□10^{12}	8.46□10^{10}	8.93□10^{-12}	4.27□10^{5}	9.40□10^{8}	0.0275
10μm	7.12□10^{9}	8.46□10^{13}	8.93□10^{-9}	4.27□10^{4}	9.40□10^{7}	0.00275
100μm	7.12□10^{6}	8.46□10^{16}	8.93□10^{-6}	4.27□10^{3}	9.40□10^{6}	0.000275

資料來源：《超微粒子材料技術》，復漢出版社（1989）。

具感光顯影的效果。另外，如化妝品中所添加之 TiO_2、ZnO、PbO 等金屬氧化物之奈米微粒所具有的紫外線吸收效果；高光線反射率的金屬形成奈米微粒後，可完全吸收可見光而成為太陽黑體之金黑。奈米材料特徵的電學性質改變，如銅到奈米級就不導電；絕緣的 SiO_2在 20 nm 時開始導電。奈米光電性質的改變如半導體矽晶通電是不發光的，但是多孔質非晶矽的奈米材料卻可發出耀眼的藍光。奈米磁性材料所具有之巨磁電阻效應，於磁記錄媒體、磁致冷效應等方面的研究，皆已有重大的突破。機械性質之奈米效應，如奈米微晶所製之摔不斷陶瓷刀，奈米微晶金屬所製之高強度超級金屬。

高分子奈米複合材料的性質特徵在少量奈米次元分散相存在下，物性及機械性質即大幅提升，這在材料工藝的應用上是一大進步。與添加 30~40%無機充填料或玻璃纖維的傳統複合材料比較，高分子奈米複合材料僅需 10%以下的微分散奈米補強材（液晶高分子或無機層材），即有大幅度的抗拉彈性率提升（表 14-3），若以每 1%補強材添加量的彈性率提升效果來看，高分子奈米複合材料約 5~10 倍大於傳統複合材料。高分子基材在高溫環境使用時會軟化而受到很大的限制，耐熱性質的提升，一直是研發努力的方向，不管是有機耐高溫聚合體或無機充填料、玻璃纖維的添加，與高分子奈米複合材料 5%以下之無機層材添加量所致的耐熱性改善效果相比，每 1%添加劑所提升的耐熱溫度約小了 5~40 倍（表 14-4）。除機械性質之提升外，高分子奈米複合材料透明性的保持、難燃性提升、氣體透過率降低 1/2~1/3 等特性，在實際應用上均具有獨特的功能性競爭力③。

表 14-3 高分子添加劑之彈性率改良實例

No.	塑膠基材		高分子添加劑	彈性率改良狀況	彈性率提升效果
	種類	彈性率（kg/cm^2）			up 率（%）/1%添加
1	Nylon 6	11,000	黏土	4.2%添加 ~ 21,000	21.6
2	PET*1)	14,000	LCP*2)	10%添加 ~ 96,600	59.0
3	軟質環氧樹脂	3,000	黏土	10%添加 ~ 14,400	36.7
4	PPE/PS 高分子合膠	22,500	LCP*2)	10%添加 ~ 60,000	16.7
5	PC(70)/ LCP-1*2)（27）	18,000	LCP-2*3)	3%添加 ~ 37,000	35.2
6	PP	13,000	talc	40%添加 ~ 40,000	4.8
7	PP	13,000	玻璃纖維	30%添加 ~ 55,000	10.8
8	Nylon 6	28,000	玻璃纖維	30%添加 ~ 70,000	5.0

注：*1) Kodar A-150.
*2) Vectra-A 950.
*3) Rodlan LC-5000.

資料來源：Plastics（Japanese）, 47, 24（1996）.

表 14-4 高分子添加劑之耐熱性改良實例

No.	塑膠基材		高分子添加劑	耐熱性改良狀況	耐熱性提升效果
	種類	T_g (℃)			（℃/1%添加）
1	PVC	81	CPVC	20%添加 6 ~ 10℃up	0.3 ~ 0.5
2	PVC	81	St/MAH copolymer 系	20%添加 ~ 16℃up	0.8
3	PVC	81	imide copolymer	20%添加 ~ 11℃up	0.55
4	PET	69	PEN	20%添加 ~ 20℃up	1.0
5	PS 系	100 (GPPS)	PPE	20%添加 ~ 17℃up	0.85
6	Nylon 6	53	黏土	4.2%添加 ~ 87℃up	20.7
7	PP	-8	talc	40%添加 ~ 31℃up	0.78
8	PP	-8	玻璃纖維	30%添加 ~ 86℃up	2.87
9	Nylon 6	53	玻璃纖維	30%添加 ~ 133℃up	4.43

資料來源：Plastics（Japanese）, 47, 24（1996）.

四、高分子奈米複合材料製程

高分子奈米複合材料的製備方法可分為五類：(1)層間插入法（Intercalation）：是將聚合體插層於無機層狀材料間，典型的例子有己內醯胺單體插層於黏土的矽酸鹽層間聚合成 Nylon6，使矽酸鹽層（100nm□100nm□1nm）形成一層層去層化（Exfoliation）分散的奈米級補強材。另一例子則是聚苯乙烯（PS）於有機化矽酸鹽層的直接熔融插層（Intercalation）；(2)原位（In-Situ）法：有原位充填料形成法及原位聚合法兩種，前者即為溶膠（Sol-Gel）法，含末端基 Si（OEt)$_3$

的 Polyoxazolin（POZO）與 Si（OEt)$_4$ 溶於乙醇中，添加鹽酸後形成透明的膠體，使 POZO 微細分散於矽膠基材。原位聚合法則是將聚合體與另一單體溶於共通溶劑中聚合，或是貴金屬錯合物溶於單體中分散聚合後，加熱使奈米級金屬簇析出微分散於高分子基材中；(3)分子複合材料（Molecular Composite）形成法：是液晶高分子與工程塑膠熔融摻混的高分子合金；(4)超微粒子直接分散法：是在液相 Flashing 法製造粒徑 5~10nm TiO_2 及 Fe_2O_3 超微粒子時，於表面被覆單分子層的界面活性劑，與 PP 等高分子在押出機中熔融混煉，避免二次凝集達到奈米級分散的效果；(5)其他製造法：包括γ-ferrite/離子交換樹脂系奈米複合材料，EPR/PP 共聚體/PE/talc 複合體（Toyota Super Olefin Polymer, TSOP）中的奈米複材構造等④。

層間插入之高分子奈米複合材料所插層之無機層狀材料主要是膨潤性黏土（Smectite），包括 Montmorillonite、Beidelite、Nontronite、Saponite、Hectorite，其 Charge Per Unit Formula 為 0.25 ~ 0.60。另一指標值為陽離子交換當量（Cation exchange Capacity, CEC），當 CEC 值太低時，則高分子基材與無機層材鍵結力弱，補強效果差，若 CEC 值太高，則黏土層間鍵結力強，膨潤分散困難。於奈米尼龍 6 複合材料系統中，補強效果較好之黏土有蒙脫土（Montmorillonite）（CEC：~120 meq/100g）及人工合成之氟化雲母（CEC：70 ~ 80 meq/100g）。蒙脫土之特徵是具層狀矽酸鹽結構（兩層 SiO_2 四面體包夾住一層 Al_2O_3 八面體；1000□□1000□□10□；spacing：10□），層間有可離子交換的陽離子，吸水膨潤後體積脹大數十倍。以金屬陽離子水溶液與層間陽離子行離子交換時，交換陽離子愈小，電荷愈高，愈容易離子交換，其離子交換能力（或是被離子交換之容易程度）大小順序如下所示：

$$M^{+}<<M^{2+}<H_3O^{+}\sim K^{+}\sim NH_4^{+}<M^{3+}<M^{4+}$$

其中 H_3O^+、K^+ 及 NH^{4+} 等陽離子在序列中的異常位置，原因是這些陽離子幾乎能 Perfect Fit Into the（SiO_4)$_6$ —— Ring Coordination Sites。影響離子交換之最主要因素為 pH 值及其溶液濃度。

考慮 Smectite 黏土的結晶型式，有四種主要的形狀，其中蒙脫土是 Hexagonal Lamellae 結構，隨著結晶條件的不同，亦可能伴隨有其他三種結晶形狀。Nontronite

主要是 Lath 和 Ribbon 結構。Hectorite 為非常薄之 lath 形狀，容易斷裂成小碎片，以 End-to-End 或 Edge-to-Edge 形式堆疊在一起。Saponite 則是 Thin Film 及 Flakes 所形成的大 Foilated Aggregates。黏土的顆粒是由基本層狀結構堆疊而成，黏土比表面積的大小，是由層狀矽酸鹽層的大小、形狀、堆疊方式及堆疊數目等因素所決定。考慮黏土之堆疊結構，以溶劑膨潤黏土，包含兩種膨潤形態：一是黏土間孔隙的膨潤（主要為 Diffuse Double Layer 的展開）；另一是黏土結晶層間的膨潤（主要為表面水合作用的展開，因為其距離小於 20 埃，難以形成 Double Layer Diffusion）。

因黏土組成結構之不同，會影響到電荷平衡性與銨陽離子的鍵結力，由 ^{15}NNMR 之化學位移值（δ）可分析其界面離子鍵結力，表 14-5 為各種黏土補強奈米尼龍 6 複合材料之機械性質及與 Model Compound 之 ^{15}N 化學位移值（δ）。由表 14-5 可看出 HDT 與δ有正比的關係式，與 CEC 則無絕對的關係式（因為 Saponite 及 Hectorite 之 CEC 值約在 70～100 meq/100g，氟化雲母約在 70～80 meq/100g）。另一關係為蒙脫土屬 Dioctahedral Subgroup（同屬尚有 Beidellite 及 Nontronite），Saponite 及 Hectorite 均屬 Trioctahedral Subgroup。兩者的區別在於 Dioctahedral 為 Al^{3+}占據了 3 個八面體位置中的 2 個，而 Trioctahedral 則是 Mg^{2+}占據了 3 個八面體位置。雖然 Saponite 及 Hectorite 所補強的奈米尼龍 6 之 HDT 較低，但卻有與純尼龍 6 相當之高伸度（> 100 %）⑤。

表 14-5　奈米尼龍 6 複合材料機械性質與 ^{15}N 化學位移值

黏土種類	蒙脫土	氟化雲母	Saponite	Hectorite	-
抗拉強度（23℃）	97.2	93.1	84.7	89.5	68.6
（120℃）	32.3	30.2	29.0	26.4	26.6
伸度（%）	7.3	7.2	>100	>100	>100
抗拉彈性率（23℃）	1.87	2.02	1.59	1.65	1.11
（120℃）	0.61	0.52	0.29	0.29	0.19
HDT（1.8MPa）（℃）	152	145	107	93	65
δ*（ppm）	11.2	9.4	8.4	8.3	-

*^{15}N 化學位移：with Model Compound, $N\overset{+}{H_3}CH_2COOH$

完全離子化鍵結：Cl^--$N\overset{+}{H_3}CH_2COOH$, δ=15.6 ppm

無離子化中性分子：NH_2-$(CH_2)_6$- NH_2, δ= 7.0 ppm

資料來源：Plastics（Japanese）, 46, 31（1995）.

五、高分子奈米複合材料應用與發展現況

高分子奈米複合材料的商品化年代（表 14-6），大都在 1990 年以後，屬新興蓬勃的應用新領域，在材料特徵性質的新商機開發應用上，更開拓了傳統材料因性質受限所無法涉足的新市場，創造了高附加價值的新產業。層間插入法之高分子奈米複合材料以豐田中央研究所—宇部興產之奈米 Nylon 6/黏土複合材料為典型，因其質輕、耐熱性高、表面光滑塗裝美觀、抗曲彈性率高、水氣透過率低等性質優點，成功地取代原先所使用之 PP/GF（30%）複合材料，應用於豐田 Corola 及 Tercel 等新車的時規皮帶外殼。在食品包裝膜的應用上，奈米Nylon/黏土複合材料優異的阻氣性、透明性、高引張彈性率、耐針孔性及加工成型性等，與其他高阻氣性包裝膜：PVDV 及 EVOH 相比，更具有價格競爭力，應用範圍包括保鮮膜、生鮮食品包裝膜、肉製

表 14-6　高分子奈米複合材料之商品化（日本）

No.	會社	構造	製法	企業化年度	商品名	備註
1	豐田中央研究所—宇部興產	Nylon 6/蒙脫土（~5%）	層間插入法	1990	UBE Nylon 1015C 等	汽車零件，包裝材料
2	豐田自動車—三菱油化	EPR(30%)/PP copolymer(60%)/PE/talc(10%)		1991	Toyota-Super-Olefin-Polymer	bumper 材料
3	日本合成橡膠	環氧樹脂/架橋 NBR(~10%)	In-Situ 聚合法	1990	MF 611, 620	耐衝擊性耐熱性高性能接著劑
4	日本合成橡膠	PP/氫化 SBR	分子複合材料形成法	1992	Dynaron alloy	耐衝擊性透明
5	日本 Zeon	氫化 NBR/甲基丙烯酸亞鉛		1991	Zeoforte	高強度耐油性橡膠
6	各社	PE 等/超微粒子碳黑	超微粒子直接分散法			導電性高分子等
7	Unitika	Nylon 6/氟化 mica	層間插入法	1996	Nanocomposite M1030D	connector，工程塑膠摻配料

資料來源：Plastics Age (Japanese), Aug., 86 (1998).

品包裝膜、加熱調理包及速食麵調味油包等。Unitika 所發展以人工合成無機層材為 Nylon 6 奈米補強材的複合材料（M1030D），於 1996 年商業化生產，以其耐熱性及加工特性應用於電子連接器和高分子聚摻體，廣泛的引起世人的注目⑥。

為了解近年來高分子奈米複合材料之研發動態，以"Chemistry Citation Index"文獻資料庫搜尋下列關鍵字：Nanocomposite、（Nano* and Polymer*）、（Nano* and Poly*）、Nano*，搜尋欄位包括：Title、Abstract、Keyword 等三類，搜尋年代自 1991 至 1997 年 8 月，搜尋結果統計繪圖，如圖 14-1 所示。由圖中搜尋所得文獻數目在 90 年代之成長趨勢，可看出不管是狹義之 Nanocomposite 或是廣義之 Nano*相關文獻數目均呈倍數，甚至冪次之增加，而高分子相關之奈米材料的研究發展，亦具快速成長的特性，顯見高分子奈米複合材料為當今高分子學術研究領域之研發熱點。針對以無機層材為分散介質的奈米高分子材料作專利搜尋，所得專利管理圖示於圖 14-2，在 1990 年以前，主要的專利開發公司為日本豐田中央研究所，而所開發的奈米高分子系統為奈米 Nylon6/黏土複合材料，並於 1990 年由宇部興產正是商業化量產。1993 年則有：美國 Allied-Signal、日本三菱化學、住友化學、Toray 等公司相繼投入此一領域的開發。1996 年日本 Unitika 公司亦商業化量產奈米 Nylon6/氟化雲母複合材料，而主要的無機層材供應商及各大化學公司之相關專利亦陸續公開，正式開啟奈米高分子材料應用開發新紀元⑦。

表 14-7 所示為奈米高分子材料之專利技術圖，其中近半之專利為奈米 Nylon/黏土系統，又以聚合製程及加工摻配專利最多。主要發展公司為：宇部/豐田、Unitika、Allied-Signal 等。奈米聚酯專利近來有急遽增加之趨勢，在高阻氣性熱充填 PET Bottle 之加工應用值得大舉投入。主要研發公司為：Unitika、Nanocor、CO-OP。熱塑性奈米複合材料涵蓋：⑴單一製程適用多種材料者（如摻混製程）；⑵單一材料專利件數仍少者（例如：PU、PI、PPO、PC、ABS、PPS、EVOH、PVAc 等）。主要開發公司為：三菱化學、Nanocor、Allied-signal、GE Plastics、Exxon 等。熱固性奈米複合材料專利目前不多，包括橡膠、環氧樹脂、酚醛樹脂等，值得找尋利基市場切入。奈米非高分子／黏土複合材料於加工摻配之添加劑用途，極有發展空間，例如：奈米相容化劑、奈米增韌劑、奈米晶核劑、奈米難燃劑、奈米發泡劑等。觸媒用奈米複合材料主要是三菱化學所開發的

表 14-7　奈米高分子專利技術圖

技術分類＼組成分類	射出及摻配	薄膜押出	纖維押出	聚合製程	摻混製程	摻混／聚合混合製程	總計
聚醯胺	21	11	11	19	1	2	65
聚　酯		1	3	4	2		10
熱塑性	1	7		5	20	1	34
熱固性						6	6
添加劑用		5	2				7
觸媒用				14			14
天然黏土					9		9
人工層材					5		5
總計	22	24	16	42	37	9	150

資料來源：《化工資訊月刊》，12, 20（1998）。

Polyolefin聚合反應之金烯觸媒載體。兼具觸媒載體及補強充填料的奈米複材系統值得發展。天然黏土之專利偏向於機能化改質，如碳 60/ 黏土插層、電氣黏性流體應用、液晶光電元件、增黏、抗紫外線、抗菌等。非 Smectite 黏土系之改質應用（插層、去層）使黏土具膨潤性之製程值得發展。人工合成無機層材專利，主要是氟化雲母及人工 Smectite 合成專利，其應用偏重於不燃紙開發。具分子設計觀念的人工無機層材合成及製程技術值得開發⑦。

以層間插入法所製備的高分子奈米複合材料，在高分子基材的應用上，除了已商業化的尼龍材質之外，於其他工程塑膠及泛用塑膠的性能提升，包括苯乙烯系高分子⑧及導電高分子—聚苯胺的奈米複合化⑨。奈米微分散製程的開發，包括無須界面活性劑前處理的Nylon6/ 黏土奈米複合材料之低含水量 One-Pot 製程⑩，以及將反應性醯胺單體插層於改質膨潤處理過之矽酸鹽層間，分別與Nylon6、PP、PC、PS 等熱塑性高分子基材聚摻混煉。插層於黏土層間的反應性單體，在溫度200℃以上，開環聚縮合生成剛硬分子鏈之聚合物，將黏土層間距離撐開，可得去層化分散的奈米級熱塑性複合材料，此項製程可適用於所有結晶性／非結晶性及極性／非極性的熱塑性高分子基材⑪。在奈米分散無機層材的應用上，以天然蒙脫土（Montmorillonite）的研究最為廣泛，其他天然無機層狀材料（例如；絹雲母，

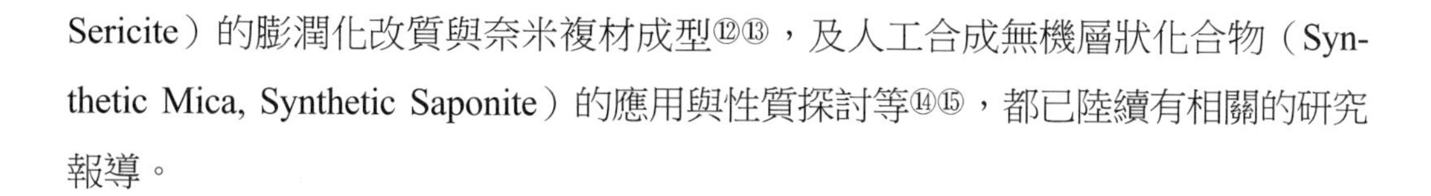
Sericite）的膨潤化改質與奈米複材成型[12,13]，及人工合成無機層狀化合物（Synthetic Mica, Synthetic Saponite）的應用與性質探討等[14,15]，都已陸續有相關的研究報導。

六、高分子奈米複合材料未來展望

在塑膠之高性能化應用上，常添加高分子添加劑以改善其性能（表 14-8），例如：機械性質之強度、彈性率、耐衝擊強度、耐熱性、摺動性及低應力化等，高分子奈米複合材料的添加改善效果於強度、阻氣性及耐熱性的提升上，已有顯著的商業化應用實績。在其他功能性提升的研究開發上，利用奈米分散相的改質賦予其機能性，並達到奈米級微分散，將是未來機能性高分子奈米複合材料的發展趨勢[16]。

在高分子奈米複合材料的製備上，主要的工藝原理包括 Top-down 的奈米物理製造及 Bottom-up 的奈米化學合成。Top-down 製造方法是利用物理方法將較大尺寸的材料切削蝕刻成所需的奈米結構尺寸。Bottom-up 合成方法則是在奈米尺寸的空間進行化學合成反應，以得到所需的奈米尺寸結構材料。更廣義的 Bottom-up 製造方法則包括原子、分子、分子簇、膠體等材料的操縱（Manipulation）及自組織化（Self-assembling）等控制方法，將較小尺寸的物質堆疊成較大且具結構性的材料。

光子晶體（Photonic Crystals）是由不同介電常數的材料週期排列所成的結構，如同半導體材料對電子之影響一般，光子晶體的結構也會影響光波於晶體中的傳導，亦即在晶體結構中存在一能帶間隙可排除特定頻率的光子通過，所以，光子晶體又稱為光能隙晶體（Photonic Bandgap Crystals, PBG）。光子晶體可用來局限、控制、調變三次元空間的光子運動，例如：阻隔特定頻率光子的傳導、將限定頻率的光子定域化於特定面積、禁制激發態發光基團的自發光、充當特定方向無損耗的光波導，這些性質可應用於相干性發光二極體、無閥值半導體二極體雷射等。圖 14-3(a)、(b)所示分別是以 Top-down 及 Bottom-up 的方法所製備的光子晶體。圖 14-3(a)是將直徑約 220 nm 的 PS 球粒膠體懸浮液，以氮氣加壓注入經光微影蝕刻的通道中，並持續施以超音波震盪，使球粒膠體在物理侷限條件下達

表 14-8 高分子添加劑之塑膠高性能化實例

No.	改良之性質	塑膠基材	高分子添加劑		備註
			種類	添加量(%)	
A. 機械性質提升					
1	抗拉強度， 彈性率	PET Nylon6	LCP 黏土	~10 ~5	需相容劑 形成奈米複合材料
2	衝擊強度	PVC GPPS	MBS CPE SBS	5~10 10~20 ~15	
3	耐熱性 （熱變形溫度）	PET Nylon6	LCP 黏土	~10 ~5	需相容劑 形成奈米複合材料
4	耐磨耗	Polyacetal	氟素樹脂， 嵌段共聚物		
5	低應力化	環氧樹脂	Siliconc, Elastomer	<5	樹脂封裝材料應用對應全量之添加量
B. 成型性提升					
1	成型性	PVC	壓克力樹脂	<10	
2	收縮性	UP SMC BMC	PS, PVAc	10~15	對應全量之添加量
C. 特殊機能性賦與					
1	相容性	各種	各種	3~10	高分子合膠形成用
2	阻氣性	HDPE	特殊 PA	~20	需層狀分散
3	永久抗靜電性	ABS、PP.等 PA、PVC	特殊親水性高分子 Polyaniline	10~20 5~10	高層狀分散
4	導電性	PA、PVC	Polyniline	20~30	
5	生物分解性 （生物崩壞性）	LDPE	澱粉	5~10	生物崩壞性種類
6	難然性	各種	Silicone 系		

到熱力學平衡最小值的規則排列⑰。圖 14-3(b)則是以複雜、費時及所費不貲的光微影蝕刻方法，在矽晶圓上切削蝕刻出具有 Lincoln Log 構造的三維光子晶體結構⑱。

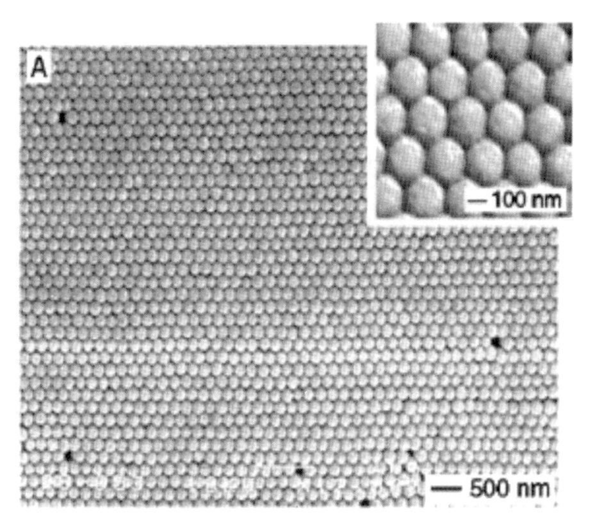

(a)PS 膠體粒子的 bottom-up 堆疊

資料來源：Adv. Mater., 12, 693（2000）.

(b)矽晶圓的 top-down 光微影蝕刻

資料來源：Adv. Mater., 12, 1071（2000）.

圖 14-3　3-D 光子晶體的不同製備方法

奈米微粒的分散製程在高分子奈米複合材料的製備上，是關鍵且複雜的技術。以噴墨技術的應用為例，顏料墨水的可靠性與分散穩定度取決於分散劑的選擇與分散技術，其中以結構性高分子分散劑的使用最為重要。最常使用於水性顏料分散劑的結構性高分子是嵌段共聚合體或接枝共聚合體，其分子鏈結構包括親水分子段與疏水分子段，疏水部分以包埋效應（Encapsulation Effect）吸附於顏料表面，親水分子段則伸展於水相中，同時提供立體障礙推斥力（Steric Repulsion）及靜電性離子雙層效應（Ionic Double Layer Effects）。一般而言，結構性高分子溶解或分散於水溶液時，可以圖 14-4 所示三種狀態之一存在：完全溶解之⑴高分子溶液；⑵自身形成微胞；⑶部分溶解並具形成微胞的弱趨勢。在水性分散過程中，以第三種形態可得到最佳的分散品質，因為在分散過程中，結構性高分子為介穩態並尋求較小的能量表面，奈米顏料表面則提供了此需求。不像有機相分散劑需具胺官能基或芳香環以吸附於顏料表面，這些水溶性嵌段共聚合體不需吸附官能基，而是以非極性疏水分子鏈段包埋住顏料表面，以獲得較小的能量表面[19]。另一奈米微粒的應用，則是如圖 14-5 所示的各種不同 Alternate Layer-by-layer Deposition 的製程，在每一奈米微粒沉積層的設計中，可賦予塗層薄膜每一層不同的機能化性質[20]。

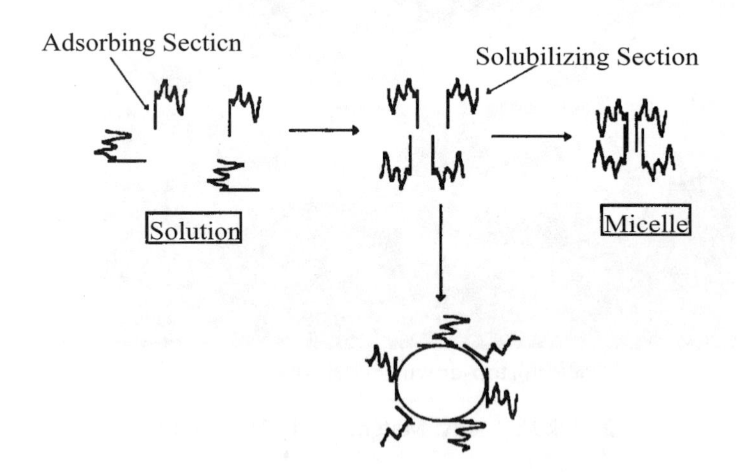

資料來源：Adv. Mater., 10, 1215（1998）.

圖 14-4　結構性高分子於水中之構形狀態。圖左：形成完全溶解之溶液；圖右：自身形成微胞；圖中：部分溶解且具形成微胞之弱趨勢

(a) Fast Adsorption

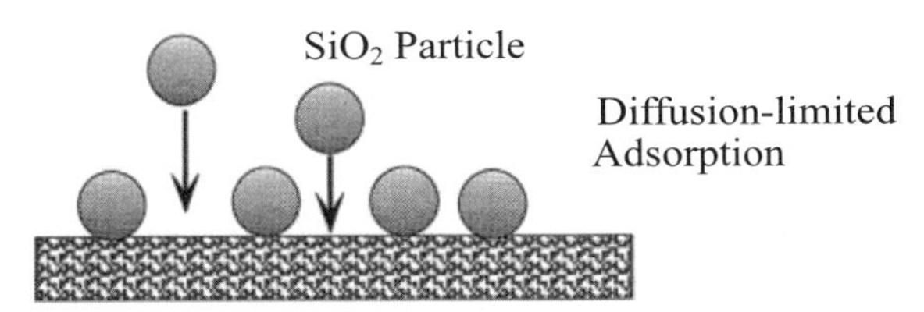

(b) Slow Adsorption

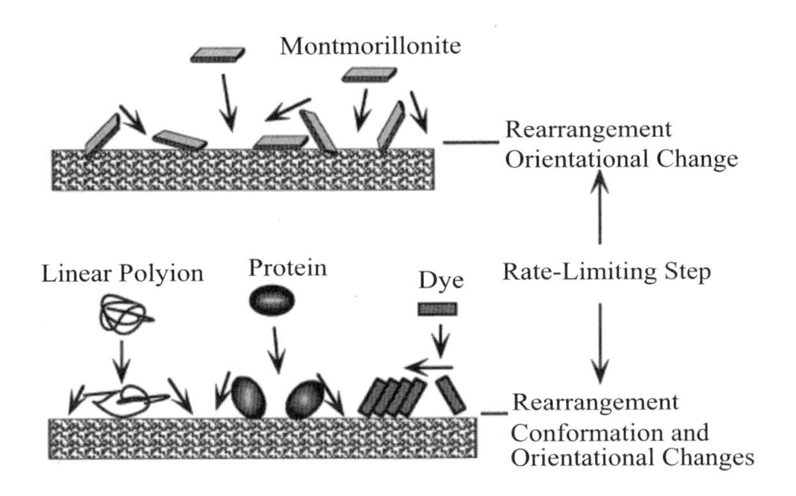

(c) Infinite Growth

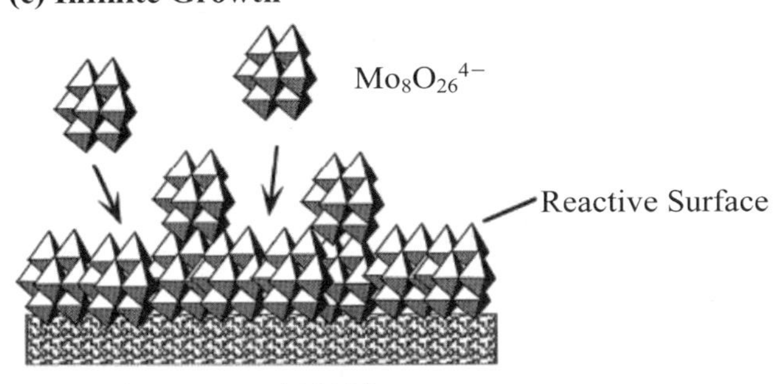

資料來源：Appl. Clay, Sci., 15, 137（1999）.

圖 14-5　交替式層接層奈米微粒沉積製程

奈米無機層狀材料於高分子添加劑的應用，除了用以補強機械性質之外，因其層狀堆疊的結構亦使得薄膜材料的阻氣性質大幅提升。利用此一結構特性，將無機層狀黏土經有機化處理後，與電致發光高分子（Electroluminescent Polymer,

ELP）-Poly（phenylene vinylene）（PPV）的衍生物於有機溶液中混合，經旋轉塗佈於透明導電 ITO 玻璃上，在於其上蒸鍍一層低工作函數的金屬薄膜，即得高分子發光二極體的元件結構。在此，無機層狀化合物於元件中扮演電荷載子之阻隔層，如圖 14-6(a)所示結構示意圖㉑，具有如同量子阱般的結構。在電荷載子的阻隔上，可能有兩個機制，圖 14-6(b)左圖顯示電荷載子僅能於特定的通道傳導，圖 14-6(b)右圖則是表示電子及電洞均累積於無機層狀化合物間，這兩種機制均使得由陽極及陰極所注入的電洞與電子再結合的比例大幅提升㉒，而使得高分子電致發光元件的量子效率大幅提升。一般而言，無機層狀化合物大都是金屬氧化物的絕緣體。近幾年來，由金屬鹵化物與有機銨鹽所合成的層狀 Perovskite 結構有機—無機混成物具有半導體特性㉓，可應用於薄膜場效電晶體的半導體通路㉔，並以旋轉塗佈的加工製程製備元件，其結構示意圖，如圖 14-7 所示，所得元件之場效傳導率μ= 0.6 $cm^2/V\mu sec$，約與非晶矽的傳導率相當。

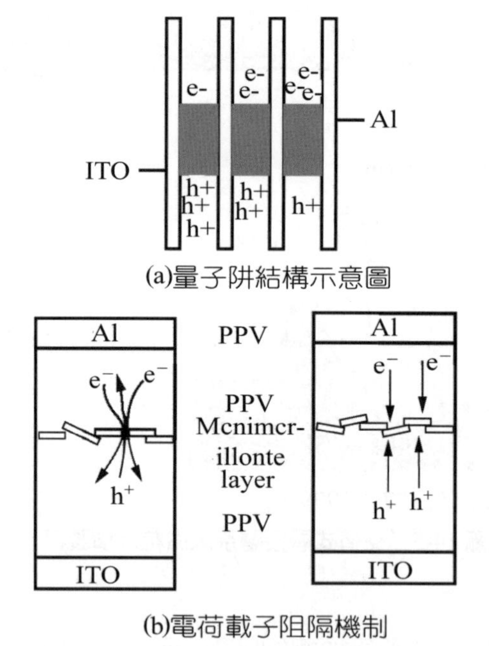

資料來源: Adv. Mater., 13, 211（2001）; Nano Lett., 1, 45（2001）.

圖 14-6　電致發光高分子／黏土奈米複合材料

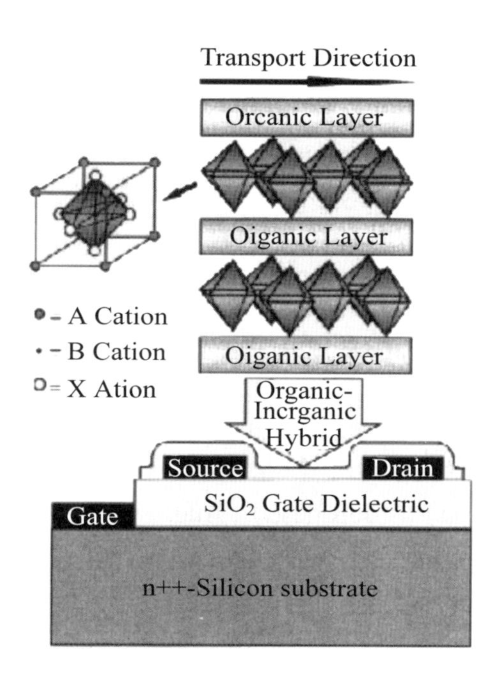

資料來源: Science, 286, 945（1999）.

圖 14-7 層狀 Perovskite 結構有機—無機混成物之薄膜場效電晶體結構示意圖

高分子奈米複合材料之未來發展趨勢，主要有兩個大的方向：生物模擬材料（Biomimetic Materials）與量子光學（Quantum Photonics）的應用。在生物模擬方面是以大自然界的生物材料及結構為模型，模擬生物材料的結構／功能特徵與組成，基本原理是利用自動裝配程序、成核與長晶的控制及模板的應用，以建構全尺寸（Panascopic）的複合材料結構與階層式結構組織等。奈米量子光學是在奈米層級的光學程序，在奈米尺寸下，光子與物質的交互作用，包括光輻射的奈米局限、物質的奈米局限、奈米光物理與光化學的轉換等，這類的光子—物質交互作用主要是以量子力學的形式進行。光輻射的奈米局限是藉由控制光輻射的傳導性質與物質的交互作用，以應用於近場光學顯微鏡及光子晶體的局域化。物質的奈米局限主要是藉由奈米尺寸的微粒、分散相、複合材料等物質以控制光學共振、激子動力學與能量轉移等。奈米光程序則是光物理與光化學程序的空間局限，以應用於奈米製造技術、奈米感測器及奈米光記憶體等㉕。

參考資料

1. S. Komarneni, *J. Mater. Chem* **2**, 1219 （1992）.
2. 蘇品書編撰，《超微粒子材料技術》, 復漢出版社（1989）。
3. 中條 澄，《Plastics 》（Japanese）, 47, 24 （1996）.
4. 中條 澄，《Plastics 》（Japanese）, 46, 20 （1995）.
5. 臼杵 有光，岡田 茜，《Plastics 》（Japanese）, 46, 31 （1995）.
6. 中條 澄，《Plastics Age》（Japanese）, Aug. , 86 （1998）.
7. 廖建勛，《化工資訊月刊》，12, 20 （1998）.
8. 郭文法與廖建勛等人，中華民國專利，發明第 110458 號。
9. C.-S. Liao et al., US Patent 6,136,909.
10. 廖建勛等人，《尼龍 6/黏土奈米複合材料 One-Pot 聚合製程》，1999 化工所技術論壇，3 月 17 日（1999）。
11. C.S. Liao et al., "Preparation of Thermoplastic Nanocomposite", US Patent 6,136,908.
12. 蔡宗燕與廖建勛等人，《絹雲母膨潤改質與 Nylon 6/Sericite 奈米複材之特性與分析》，1999 化工所技術論壇，3 月 17 日（1999）。
13. 鍾松政與廖建勛等人，《Nylon 6/Mica 奈米複合材料的製備與鑑定》，Proceedings of the 22th ROC Polymer Symposium，1 月 28-29 日（1999）。
14. T. M. Wu and C. S. Liao, *Macromol. Chem. Phys.* **201**, 2820-2825 （2000）.
15. 廖建勛等人，《奈米尼龍 6/黏土複合材料結構與熱分析》，Proceedings of the 20th ROC Polymer Symposium，6 月 26-27 日（1997）。
16. 中條 澄，Plastics （Japanese）, 47, 17 （1996）。
17. Y. Xia et al., *Adv. Mater.* **12**, 693（2000）.
18. E. Chomski and G. A. Ozin, *Adv. Mater.* **12**, 1071（2000）.
19. H. J. Spinelli, *Adv. Mater.* **10**, 1215（1998）.

⑳ K. Ariga et al., *Appl. Clay. Sci.* **15**, 137（1999）.

㉑ T. W. Lee et al., *Adv. Mater.* **13**, 211（2001）.

㉒ M. Eckle and G. Decher, *Nano Lett.* **1**, 45（2001）.

㉓ D. B. Mitzi et al., *Science* **267**, 1473（1995）.

㉔ C. R. Kagan et al., *Science* **286**, 945（1999）.

㉕ Y. Shen et al., *J. Phys. Chem. B* **104**, 7577（2000）.

[illegible] 15, 1[illegible] (1999).

E. W. [illegible] et al., Adv. Mater. 13, 211 (2001).

M. [illegible] and G. [illegible], Nano Lett. 1, 45 (2001).

D. B. Mitzi et al., Science 267, 1473 (1995).

C. R. Kagan et al., Science 286, 945 (1999).

Y. S. [illegible] et al., J. Phys. Chem. B 104, 5577 (2000).

第十五章
高分子加工

劉士榮

學歷：國立台灣大學機械系畢業
美國康乃爾大學機械工程碩士
美國威斯康辛麥迪遜大學機械工程博士
經歷：加拿大麥克麥斯特（McMaster）大學化學工程所博士後研究員
日本東京工業大學有機材料工學科研究
德國Aachen工業大學塑膠加工研究所研究
現職：長庚大學機械工程學系暨研究所副教授
研究領域與專長：光電零組件開發製造
精密高分子加工
生醫高分子開發應用
高分子流變學
高分子複合材料
塑膠加工模具與機具分析設計

高分子工業在我國經濟地位一直扮演著重要角色，尤其是高分子加工製品之外銷，僅次於電子、紡織產品，居於第三位之高，是支助我國外銷之重要力量，亦是一股經濟穩定不可忽視的力量。高分子加工依高分子的類型大致可分為兩大類：熱塑性高分子加工及熱固性高分子加工。其中熱塑性高分子加工包括：

1. 射出成型。
2. 氣體輔助射出成型。
3. 押出成型。
4. 吹瓶成型。
5. 熱壓成型。
6. 吹袋成型。
7. 旋轉成型。
8. 發泡成型等。

而熱固性高分子加工包括：

1. 壓縮成型。
2. 轉移成型。
3. 反應射出成型。
4. 壓力斧成型等。
5. 拉製成型。

一、*熱塑性高分子加工成型法*

㈠射出成型

在我們周圍看的到塑膠製品幾乎都是用射出成型加工的。包括鈕扣、杯子、筆管、筆蓋、電視機、洗衣機及電腦外殼、安全帽、塑膠尺等，幾乎你能看到的或想到的都是。而射出成型之工作原理，則可源自極古老年代之金屬鑄造法。人類發展進步史中，最早期的金屬鑄造法，是將熔融的銅液或鐵液注入由沙或水泥所鑄成的密閉模具中，經冷卻後成型而得。在 1872 年，凱悅（Hyatt ）兄弟將此原理應用到塑膠成型上，而製出第一部的射出成型機（Injection Molding

Machine），用來加工第一種的人造塑膠、硝酸纖維素（Cellulose Nitrate），也就是塞璐璐（Celluloid）。可惜由於塞璐璐的易燃性，使得此種機器並不實用。直到1920年代初期，改良形的機器才出現，漸為世人使用。在塑膠加工成型上，真正大量使用射出成型法是到1930年PVC出現之後。射出成型法是所有塑膠成型法中，產品種類最多的一種，約占90%之多，而在塑膠消耗量方面，也是僅次於押出成型法，其重要性可見一斑。

塑膠加工成型法的基本原理不外「熔化」、「流動」、「凝固」等三個基本動作。射出成型法就是將熱塑性塑膠加熱熔融後，射入一中空的模具中，在高壓下冷卻固化後，形成與模具同一形狀產品的成型方法。射出成型法的主要優點，是生產速度非常快，成型品表面光滑沒有餘料（Flash Free），對熱塑性塑膠而言，產生的邊料（Scrap）、注入口（Sprue），或流道（Runner）等的廢料，可以粉碎後再加工成型。射出成型法可以生產形狀複雜的成型品，而且也由於速度快，適合大量生產。在經過不斷改進之後，射出成型亦可以應用在熱固性塑膠的成型，逐漸取代傳統的壓縮成型法及轉移成型法。

塑膠熔液的產生、混合、加壓及流動主要在射出成型機（Injection Molding Machine）中完成，其理論分析相當類似押出機的押出過程。然其比押出複雜之處為其螺桿除有圓周方向運動外，尚有軸向運動。因此能產生不同於押出（為連續動作）的不連續動作。而產品的成型則是當射出機中的螺桿做軸向運動時，螺桿有如活塞桿般將塑膠熔液加壓，使其自螺桿套筒中經噴嘴、注入口、流道、閘口而進入模穴中（圖15-1）。

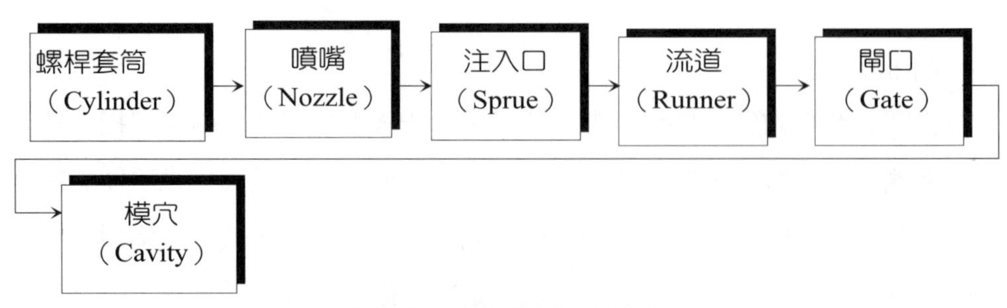

圖15-1 塑膠熔液之流程

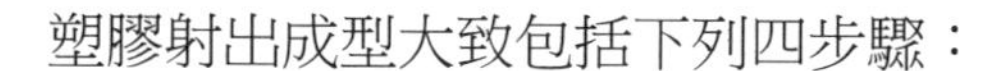

塑膠射出成型大致包括下列四步驟：

1. **充填**（Filling）

充填乃是射出單元將塑膠熔液自套筒中推入模具中的動作。充填時，螺桿不轉動但整支作軸向運動（Axial Motion），將熔膠射入模穴中。

2. **保壓**（Packing）

當充填步驟結束後，螺桿即保持在原地不動，並維持某一熔膠壓力。其最主要作用乃是當熔膠在模穴中凝固時會產生收縮，為使產品不致因冷卻收縮而改變，保壓步驟即可適時補充熔膠進入模穴中，以使收縮降至最小，得到最精確尺寸之產品。

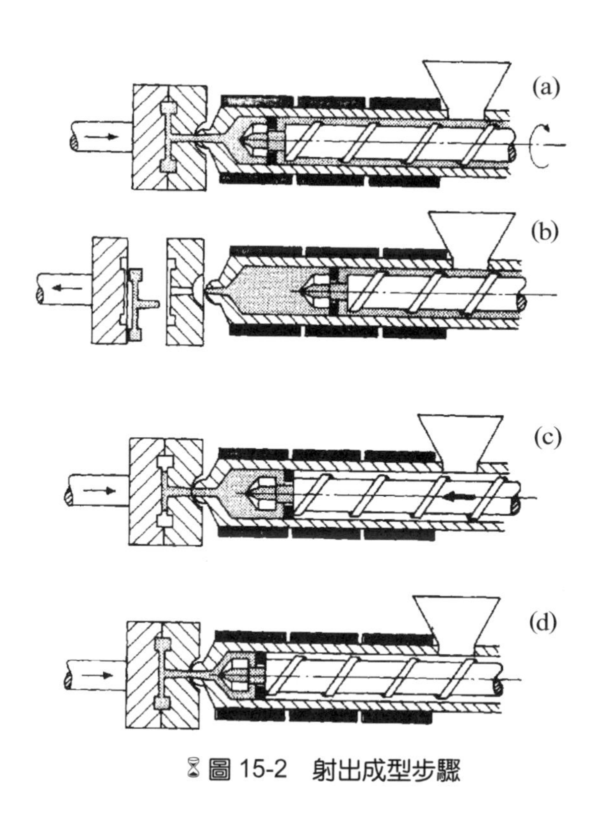

圖 15-2　射出成型步驟

3. 冷卻（Cooling）

保壓的同時及保壓步驟後，模穴的熔膠均在進行冷卻的步驟。一般在射出模具的公模及母模均裝置有冷卻流道（Cooling Channel），熔膠的熱藉著熱傳導及熱對流由循環的冷卻水帶走。冷卻步驟大約占用整個射出成型過程 2/3 的時間。冷卻的同時，螺桿開始倒轉，以將螺桿末端的熔膠送往前，補充螺桿前端熔膠的量，以等待下一次之充填射膠。

*4.*脫模（De-molding）

當模穴中的熔膠逐漸凝固成固體，模具即打開，頂針（Ejector Pin）將產品頂出而完成一射出生產過程（Cycle）。在成型過程中，冷卻時間占了最大的部分，正因如此，大多數的射出成型件之厚度均極小（<2mm）以減小加工的過程時間。

㈡氣體輔助射出成型

氣體輔助射出成型主要是將高壓氮氣注入射出成型件中，將原有塑膠掏空而形成一種中空（Hollow）件，如圖 15-3 所示。

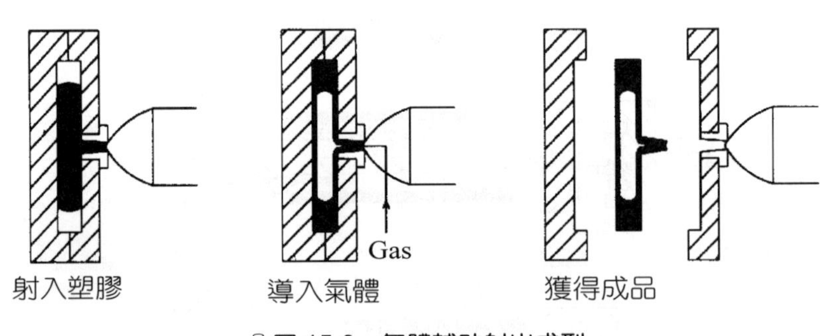

圖 15-3　氣體輔助射出成型

加工步驟乃是先將塑膠熔液射入模穴中，但並不完全填滿模穴，而是形成短射（Short-shot）狀態。接下來將高壓（High Pressure）氮氣（Nitrogen）沿著氣針（Gas Needle）注入，利用高壓氮氣之壓力將塑膠熔液往前推，直到填滿模穴為止。待塑膠熔液冷卻固化，將氮氣釋放，即可得到一中空之射出成型件。

截至目前為止，高壓氣體進入模穴的方法有兩種：第一種方法為將氣針裝置於射出機的噴嘴（Nozzle）上，當塑膠熔液自注入口（Sprue）被注入後，氮氣亦沿著注入口注入並往前推送，如圖 15-4(a)所示。此種方法因為需要極長之氣道（Gas Channel）來導引氮氣，因此，有時對一些較複雜幾何形狀的工件，在應用上較不方便；第二種氣體注入的方法為將氣針裝置在模具上，可直接將高壓氣體注入模穴，如圖 15-4(b)所示。此種方法因可在模穴任何地方安排氣針，因此，在產品設計上擁有較大的自由度。但相對的，模具製作所需的費用亦較高。

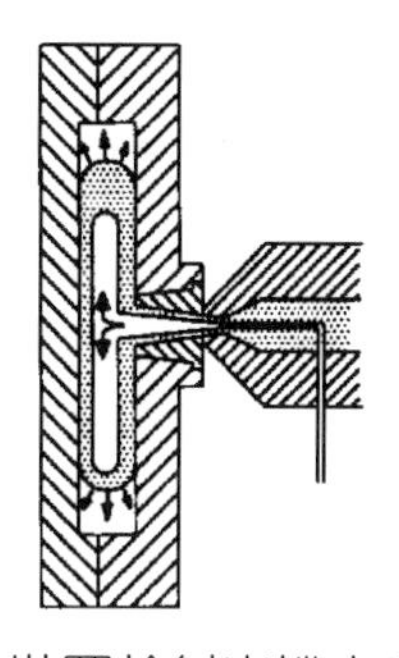
(a)氣針裝置於射出機之噴嘴

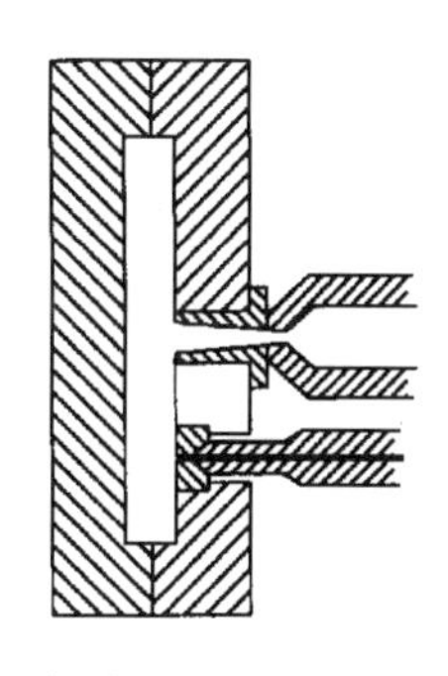
(b)氣針直接裝置於模具上

圖 15-4

氣體輔助射出成型，號稱是射出成型工業發展史上，自往復式螺桿（Reciprocating Screw）出現以來的最大發明。氣體輔助射出成型最大的優點在於，可以有效解決傳統射出成型（Conventional Injection Molding）所有的翹曲（Warpage）及凹痕（Sink Mark）問題。

(三)押出成型

在我們日常生活所有的塑膠製品中，若以量計（By Quantity），押出成型的產品是最多的，不同於射出成型件的 3-D 結構，押出成型的產品為 2-D 的結構。舉凡塑膠水管、平板、薄膜、桌巾、窗簾，甚至汽車上的許多壓條等，均是押出成型件，接下來就讓我們一起探討塑膠之押出成型。押出成型（Extrusion）簡單的說，就是把塑膠加熱熔融後，自押出模具（Die）往外推，使其得到與模口同樣幾何形狀的流體，待冷卻固化成固體後，即可得到所要之產品，如圖 15-5 所示。事實上，Extrusion 這個字在拉丁文的原字義中，即有往外推的意思。

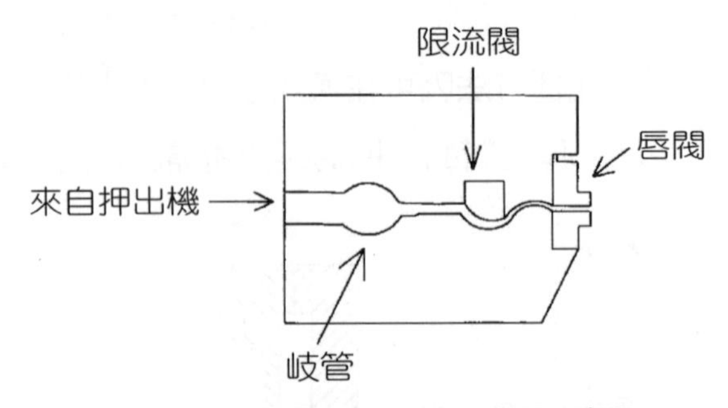

圖 15-5　押出成型示意圖

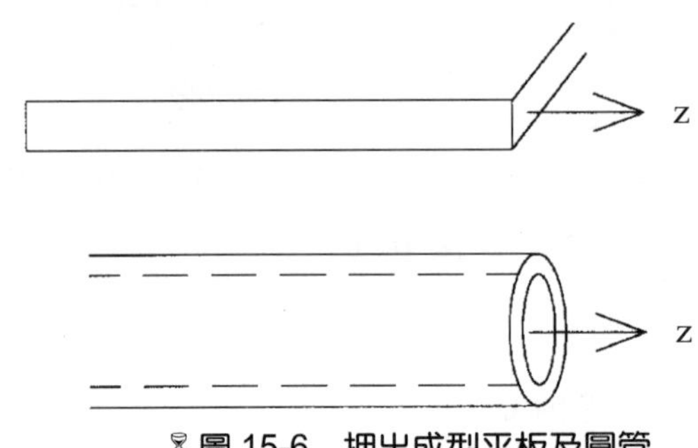

圖 15-6　押出成型平板及圓管

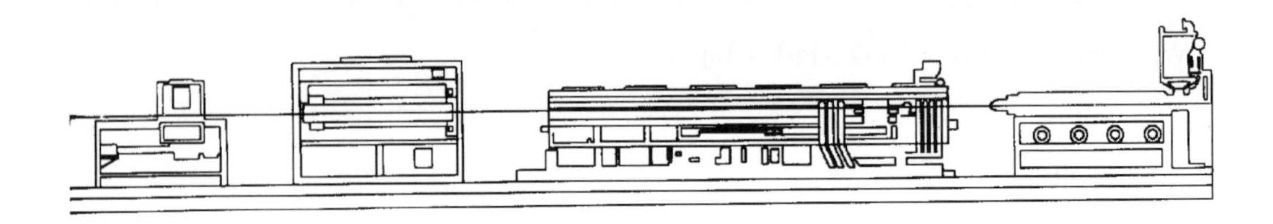

圖 15-7　押出成型生產線

如圖 15-7 所示，整個押出成型之生產線，包括押出機、押出模具、冷卻定型機（或冷卻輪 Chill Roll）、牽引機及剪裁機。在冷卻定型機之後的牽引機及裁剪機，則是負責牽引已固化之押出件，並加以剪裁。以押出成型塑膠管為例，大約 10~20 公尺為單位加以減裁以利運送。

而押出成型大致可分為兩大類，平板淋膜押出成型（Film and Plate Extrusion）及異形押出成型（Profile Extrusion）。前者主要用以加工製作塑膠平板及薄膜，後者則是加工除了平板及薄膜狀的各種幾何形狀，包括管狀（Pipe）、汽車窗戶導條及塑膠門窗押出等。

平板押出成型加工（Flat Extrusion），有時亦稱押鑄成型（Casting），主要是生產塑膠薄膜（Film）或塑膠平板（Sheet）。一般而言，厚度大於 0.25 釐米者為板（布），而小於 0.25 釐米者為膜。押出過程中，首先將塑膠原料加入押出機（Extrusion）中，經加熱熔融後自一個 T 型模（T-die）中被擠出。之後再經數個冷卻輪（Chill Roll）加以冷卻及滾壓後加以捲取，即可得所要之塑膠膜板，如圖 15-8 所示。

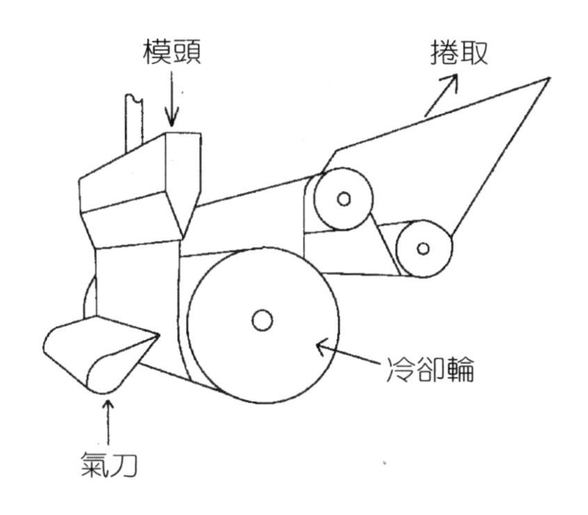

圖 15-8　塑膠自 T-die 中被擠出，經冷卻輪冷卻，而後捲取

在塑膠熔液自 T-die 中被擠押出來後，除了冷卻外，另一個動作就是將塑膠膜加以單向延伸（Uni-axial Orientation）。延伸的方法乃是將自 T-die 出來的膠膜加以預熱（Pre-heat）後利用滾輪組間不同的轉速，將膠膜沿加工方向（Machine Direction）加以延伸，如圖 15-9 所示。

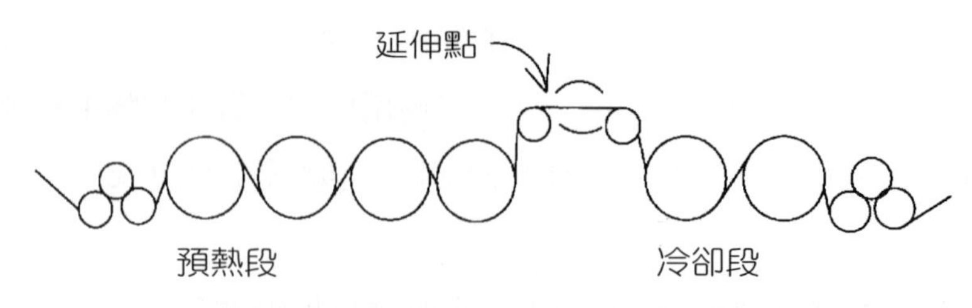

圖 15-9　塑膠膜在加工方向之延伸

運用單向延伸的優點是可使產量增加，同時保持膠膜的單一品質，且又可避免氣體殘留在膠膜及滾輪之間。另一方面，膠膜在加工方向之強度也會因分子鏈的順向排列而有所增強。

類似於單向延伸將膠膜沿加工方向（Machine Direction），雙向延伸（Biaxial Orientation）則是在加工方向及側向（Transverse Direction）同時加以延伸。此種延伸所使用之機具，如圖 15-10 所示，除了利用滾輪之不同轉速來達成加工方向的延伸外，側向的延伸則是利用延伸鏈（Chain）來完成。延伸鏈上附有許多的夾子（Clips），可用挾住自 T-die 中出來的膠膜，而當延伸鏈向前移動時，即會挾住膠膜往側向延伸而前進。因此，膠膜除了受到加工方向之延伸外，亦有側向之延伸。

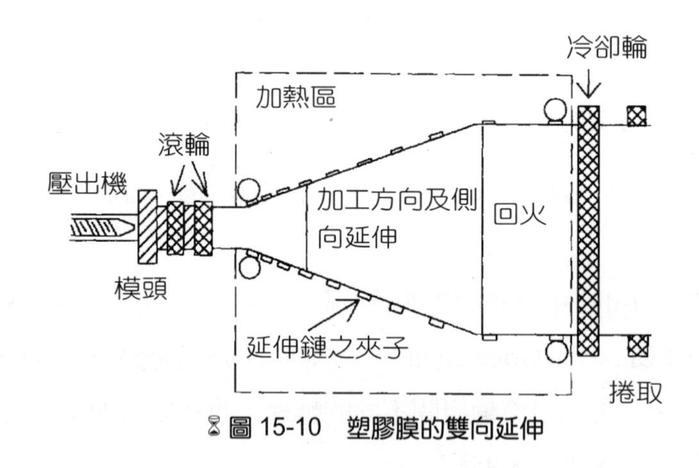

圖 15-10　塑膠膜的雙向延伸

雙向延伸的目的不外乎增加材料之順向性（Orientation）及強度，同時提高塑膠膜之商業使用性。我們日常生活中常見的塑膠合成紙 BOPP，即是經雙向延

伸而成的聚丙烯膜。

㈣吹瓶成型

吹瓶成型（Blow Molding）又稱為吹製成型，是將塑料製成型胚（Parison），再在熱可塑狀態時，以空氣壓力將其吹脹，成為中空製品的方法，與自古即有的玻璃吹瓶法十分相似。理論上所有熱塑性塑膠均可用於吹瓶成型，但實際應用上只限於少數熔膠強度及延伸性較佳的塑膠。最常用於吹瓶成型的塑料有 LDPE、HDPE、PP、HIPS、PET 及 PC 等。至於聚縮醛（POM）及尼龍（Nylon）等雖也可用於吹瓶成型，但由於成本較貴，使用不多，且多作為特殊用途。

目前已有很多種類的中空製品可由吹瓶成型法製成，包括壓絞瓶、硬質瓶、化妝品用具、家庭容器、化學藥劑、容器、玩具、家具、配管，以及許許多多的工業上用品，它的形狀及大小眾多，可由一毫升的小東西至一百公升以上的大容器，因此，在商業上及工業上廣受歡迎。據統計，吹瓶成型是目前世界上第三大塑膠生產技術，消耗約 10%的塑膠，而押出成型約消耗 36%、射出成型約消耗 32%。在世界各地，吹瓶成型已成為一持續快速發展的工業。圖 15-11 所示為一些常見的吹瓶成型產品。

圖 15-11　不同的吹瓶成型品

雖然吹瓶成型的機器種類極多，但其基本操作過程可分為四步驟，如圖 15-12 所示。

1. 製作型胚，型胚通常為圓管型。

2. 把型胚加熱到一定的溫度之後，放置由在兩半模組成的模具中。

3. 從模型的一端吹入壓縮空氣，使型胚受壓而貼到模上冷卻，吹瓶所使用的空氣壓力多在 2~7 kg/cm（Bar）之間。

4. 打開模取出成品。

除上述的基本操作以外，還需要從機頭上切斷型胚，以及從模具頂出製品等。

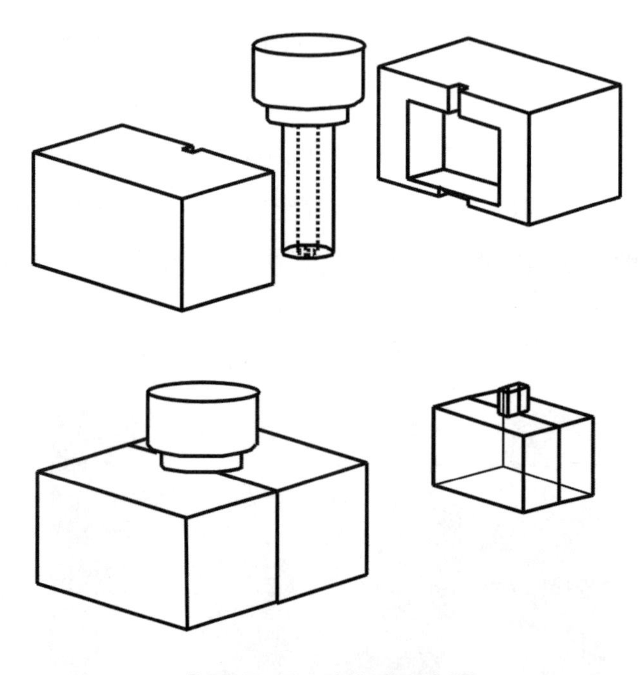

圖 15-12　吹瓶成型步驟

㈤熱壓成型

你用過免洗餐具吧！此種以塑膠製成的碗、盤與湯匙在日常生活中極受歡迎，除了其方便性以外，其價格便宜恐怕是最重要的因素。而他們乃是以熱壓成型法（Thermoforming）加工製造而成。熱壓成型由於其加工速率快，且成本設備較低，因此，大大的降低加工成本及產品的價格，特別適合用來加工體積較大，總產量個數小或是對產品厚度均勻性要求較低的產品。正由於這些特性，一般人總覺得熱壓成型均是加工製造低附加價值的產品如免洗餐具，然而實際上許多高價位產品如冰箱的內槽，甚至軍事用戰機中飛行員上方的座艙罩（Canopy）等，亦是用此種方法加工製造。

塑膠熱壓成型（Thermoforming）的製程包括：

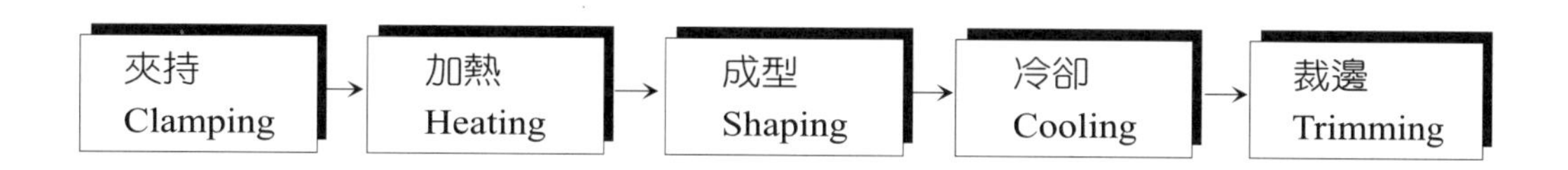

基本上，熱壓成型乃是將膠膜或膠板（Plastic Film）加熱至半融狀態，並以真空壓力將其壓成與模具的形狀，待冷卻後即得所需之產品，如圖 15-13 所示。

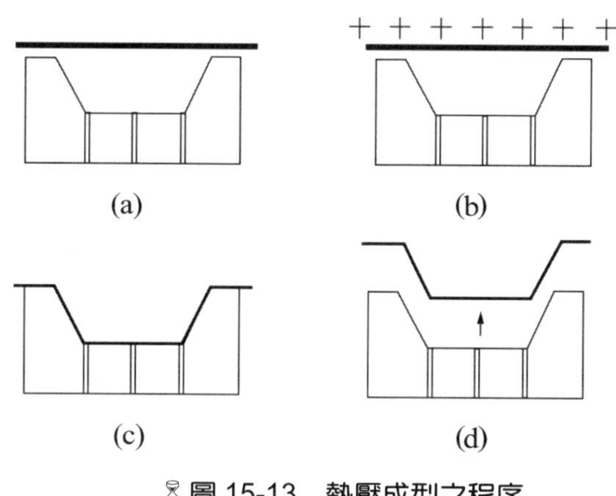

圖 15-13　熱壓成型之程序

熱壓成型依成型件厚度，可以分為連續式（Continuous）及非連續式（Noncontinuous）加工兩種。

1. **連續式加工**

一般用於加工厚度小於 0.25 釐米之膠膜，其待加工膠膜乃為捲筒狀，經過加熱、成型、冷卻、裁邊後，其所剩餘之廢料亦是捲成筒狀，可再回收使用。整個過程如圖 15-14 所示。我們日常生活中所用之免洗餐具即採此種加工而成。

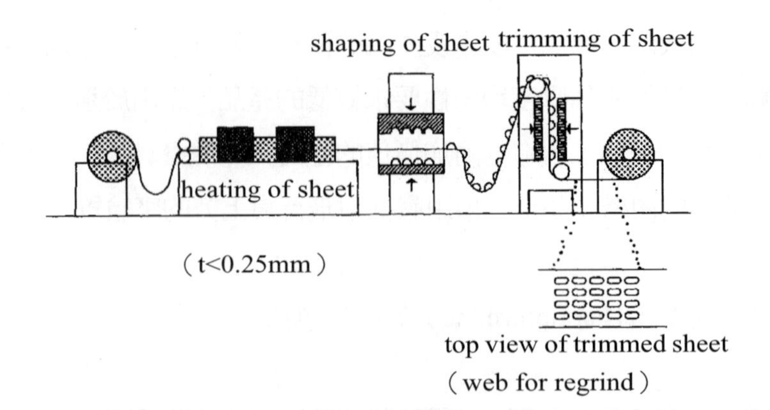

圖 15-14　連續式熱壓成型加工

2. 非連續式加工

用於厚度大於 0.25 釐米之膠板加工，加工前先將膠板切成一定大小之板塊，後經加熱台、成型台及置換台，即得所要之產品。一般用於加工厚度較大之工件，如冰箱內槽之成型。整個過程如圖 15-15 所示。

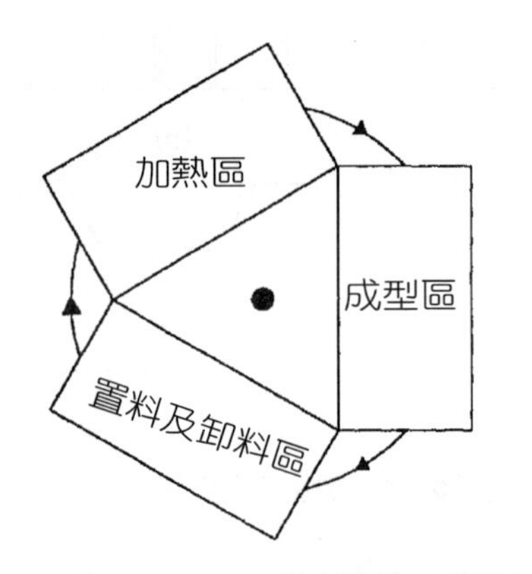

圖 15-15　非連續熱壓成型加工

㈥吹袋成型

我們每天日常生活中所使用的塑膠袋是以吹袋成型（Blown Film）加工法製作而成。事實上，除了塑膠袋以外，許多常用的塑膠膜如保鮮膜等，亦是以吹袋成型製成袋狀後加以切割而得。

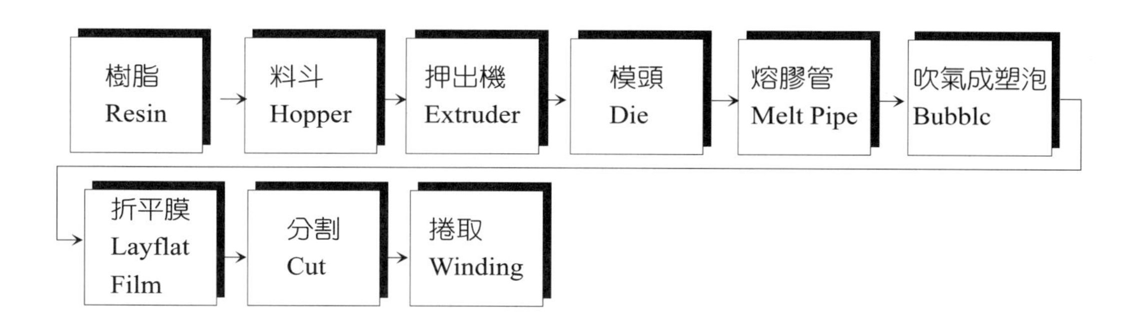

吹袋成型或稱吹膜成型（Blown Film），是將塑膠原料加工成袋狀或薄膜狀產品的一種方法。在諸多塑膠加工技術中，屬於較為簡單的一種，也因此其附加價值相對較低。吹袋成型之基本程序，乃是將塑膠原料餵入押出機（Extruder）之料斗中，塑膠經押出機熔融，再經一模頭（Die）分開成中空之熔膠管（Melt Pipe）後，以空氣將其吹脹成塑泡（Bubble）。塑泡周圍並以來自風環（Air Ring）的高速空氣加以冷卻，待其冷卻後折平（Layflat）成膜，再經分割（Cut）並加以捲取（Winding）即得，其整個過程如圖 15-16 所示。

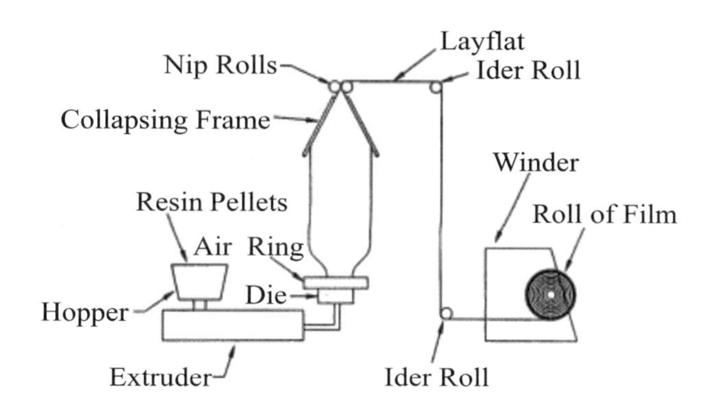

圖 15-16 吹袋成型基本步驟

理論上，所有的熱塑性塑膠（Thermoplastic）均可被用來加工製成塑膠袋。然而由於考慮材料的強度，延展性及加工難易等，絕大多數用來加工的材料均屬半結晶（Semi-crystalline）型，例如：PE、PP 及 PU 等，其中又以 PE（包括 HDPE、LDPE 及 LLDPE）最為普遍。

(七)旋轉成型

旋轉成型法（Rotational Molding 或 Rotomolding）主要應用於中空塑膠件的製造，此成型法雖於 1940 年代發展，但是因為製程時間太長，不符合經濟效益，因此，在當時並不很盛行。直到程序控制及塑膠粉末研磨技術提高後，此種成型法之應用才慢慢的增加。在 1940~1950 年代此種成型法發展緩慢，而至 1960 年代最早用此成型法的產品是玩具，使用的材料是 PVC，但 PVC 的強度及剛度較低，為提高產品價值，交聯 PE、耐龍、ABS、PC、HIPS 和 PE 都加入生產的行列。旋轉成型法發展至今日，市面上的產品 90%為 PE 材料，顯然使用於旋轉成型法的原料仍以 PE 為大宗，此和 PE 的特性有關，將於後面章節針對 PE 加以詳細探討。旋轉成型法係用來製造中空塑膠產品，例如：鼓體、浮箱、玩具、球類、容器、搬運箱、野餐用冷藏箱、洋娃娃、塑膠水果、家具，及近年來廣為汽車所用的塑膠油箱等等，用此法可製造幾乎無尺寸限制的大型產品（如圖 15-17）。

圖 15-17　以旋轉成型製成之大型塑膠兒童玩具

旋轉成型法乃是將已知量之塑膠粉末加入兩片分割之密閉模中，並將模具閉合轉移至加熱爐，此已進料的模具在加熱爐內加熱的同時，繞其垂直的兩軸（或說兩垂直面）以異向旋轉（自轉、公轉），如圖 15-18 所示。爐內的溫度因材料及產品的不同，設定在 200~500℃之間。熱量經由模壁傳遞到達內部的塑膠粉末，使粉末熔化變成半液態，由於旋轉運動而使塑膠均勻黏附於模具內表面，待模內塑膠粉末完全熔化後，再將持續旋轉中的模具由爐中轉移至冷卻區，用高壓空氣或噴射水霧，來冷卻模具及其內容物，使模內的塑料凝固硬化，最後模具移至卸下產品的位置，產品即可自模具內退出，而將模具重新裝填以進行下一次循環。

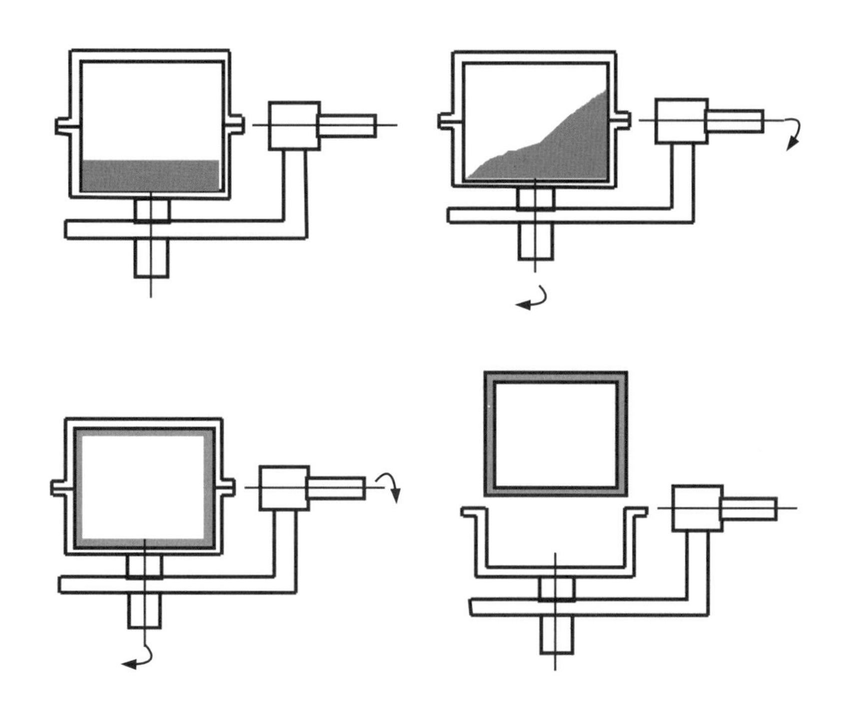

圖 15-18　旋轉成型工作原理

㈧發泡成型

在塑膠工業中，約莫在一個世紀前，人們就已經知道如何製造出發泡劑，但是直到近 40 年，專為熱塑性塑膠使用的發泡劑才真正地被廣泛使用於塑膠成型加工上，對於熱塑性塑膠用的發泡劑，常用於以下幾種塑膠成型法：

1. 押出成型（Extrusion）。

2. 射出成型（Injection Molding）。

3. 吹瓶成型（Blow Molding）。

4. 旋轉成型（Rotational Molding）。

而發泡劑發泡過程的機制，不外乎以下幾種：

1. 吸熱型 Endothermal（到達足夠能量，使發泡劑分解）。

2. 放熱型 Exothermal（加熱後發泡劑即揮發）。

3. 直接混入氣體（Direct Gassing）。

相對於其他塑膠成型法，旋轉成型法擁有可製大型產品卻不須太大成本的優點，再加上材料費用低廉，曾經使得利用旋轉成型製品製造商，對發泡劑應用於旋轉成型法的技術不感興趣，然而經學術界證實旋轉成型發泡製品與一般塑膠製品相比，具有很多可貴的性能，例如：質輕、比強度高、具有吸收衝擊強度的能力、隔熱、隔音性能好等。此外，發泡劑的選擇應根據塑膠種類、加溫曲線、產品形狀、預定製品厚度、單層或雙層結構及用途等來決定，而發泡劑最重要的是能夠在塑膠材料逐漸熔融的狀態下，產生的氣泡均勻的分布於整個材料中，形成空孔。

二、*熱固性高分子加工成型法*

(一)壓縮成型

壓縮成型是普遍用來加工熱固性塑膠的方法之一。雖然此種方法也可以用來加工熱塑性塑膠，然而由於加工速率過慢，實務上很少使用。圖 15-19 所示，為壓縮成型法的加工步驟，首先將預先秤重好的熱固性塑膠置入一加熱的模穴中，然後上模即朝下運動，使塑膠流動。帶塑膠完成固化（聚合）成型後脫模即可得所要之產品（此時工作仍然相當的燙）。一般加熱模所使用之溫度介於 130~200℃之間，加工時間及長（達數分鐘），而所使用之模內壓縮壓力介於 7~25Mpa。

理論上，所有的熱固性塑膠，例如：環氧樹脂、未飽和脂肪酸、尿素甲醛、酚甲醛等，均可壓縮成型加工。日常生活中之鍋柄、不碎餐盤（美耐皿）、雕花塑膠門均是以此種方法加工而成。

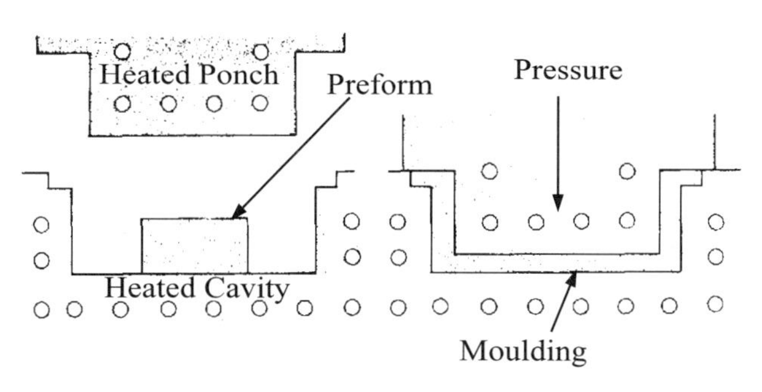

圖 15-19　壓縮成型

㈡轉移成型

轉移成型（Transfer Molding）工作原理與壓縮成型類似，不同的地方是熱固性塑膠並不直接置入模穴中加熱，而是以另外一個加熱模將塑膠加熱使之流動，並藉栓塞之移動加壓，將之注入模穴中。

一般而言，轉移成型可同時充填成型數個模穴，如圖 15-20 所示。轉移成型的優點乃在於，藉獨立分離的加熱模可使材料的溫度分布更為均勻，並加速固化（聚合）過程。此外，亦可減少加工的時間及降低產品的翹曲變形。另一方面由於預熱的結果提升了塑膠的流動性，因此，可加工製作形狀較為複雜的產品。目前，轉移成型均用來加工製作各式航空產品（機翼、鼻錐罩）或電子產品（IC 封裝）等。

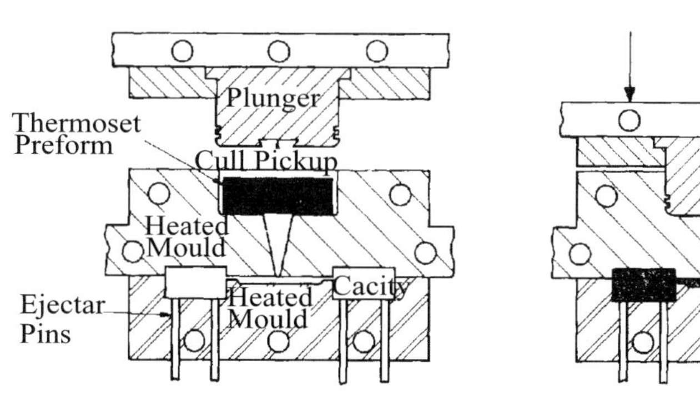

(a) Preform in Position

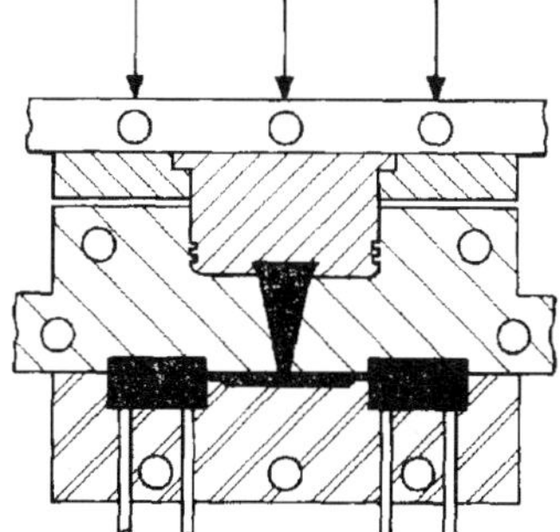

(b) Material Forced into Cavities

圖 15-20　轉移成型工作原理

㈢反應射出成型

亦稱為液體射出成型（Liquid Injection Molding, LIM）原理是將冷或熱的具高反應熱塑性或熱固性的液態單體，打入一混合槽中混合，再將混合液壓入一熱模具中，經化學反應固化而成型，如圖 15-21 所示。其最大的優點乃是加工速率極快，一般只須 2~3 秒即可完成充填與隨後化學反應，因為所需加工時間極短，可大大降低成本。

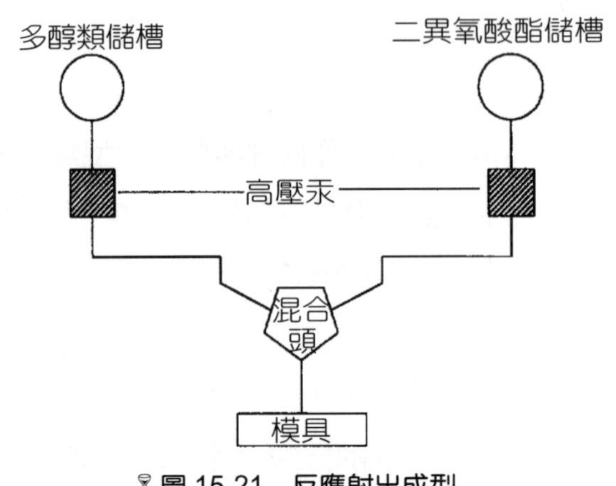

圖 15-21　反應射出成型

㈣壓力斧成型

在航空工業中，為了要生產製造高品質及高精密的工件，負荷材料中的纖維走向及分布均須能有效控制。為達成此目標，預浸纖維布（事先浸過高分子樹脂的纖維布）須事先有計畫的堆疊，纖維布的堆疊方向將會決定產品的順向性及強度。典型的堆疊方式，如圖 15-22 所示。最後，堆疊成的纖維布堆再以一系列的細孔板加以覆蓋，並置於一個真空袋中。之後，將真空袋中的空氣抽掉以形成中空，使不同纖維布能緊密結合，最後，再將整組材料置入烘箱中烘烤後即可得。

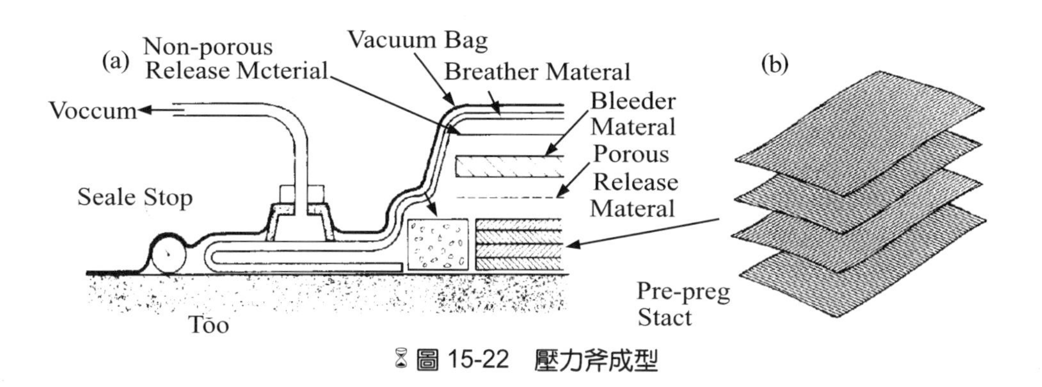

圖 15-22　壓力斧成型

㈤拉製成型

拉製成型（Pultrusion）之加工，類似於熱塑性塑膠加工法中的押出成型。首先讓預編織好之纖維布通過一個裝著高分子樹脂的容器，待沾著了樹脂後，再通過一個拉製模以形成所要之產品形狀，如圖 15-23 所示。經過模具後所得到的不同形狀的複合材料，再經過一個隧道爐加以烘烤固化即得。產品可以有不同的截面形狀，包括 U 型、I 型或機翼型等。

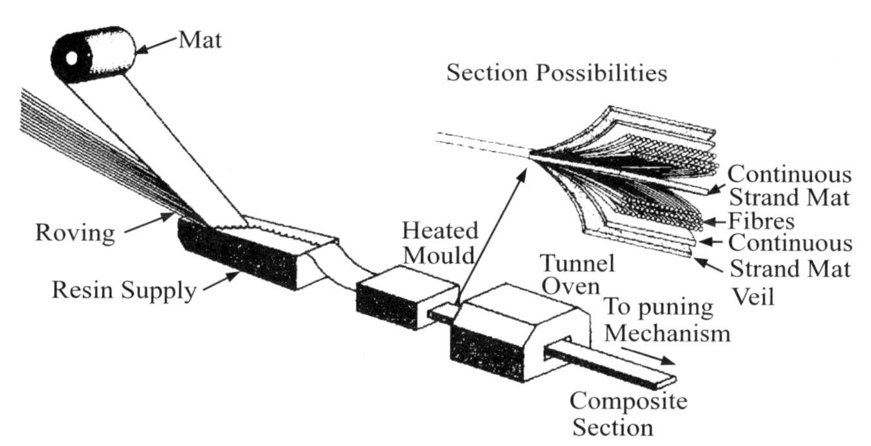

圖 15-23　拉製成型

❶R. J. Crawford, "Plastics Engineering, Pergamon Press", New York（1987）.

❷D. Rosato and D. Rosato, "Blow Molding Handbook, Hanser Publisher", Munich (1989）.

❸J. L. Throne, "Thermoforming, Hanser Publisher", New York（1986）.

❹I. I. Rubin, "Injection Molding-Theory and Practice", Wiley, New York（1972）.

❺D. V. Rosato and D.V. Rosato, "Plastics Processing Data Handbook", Van Nostrand Reinhold, New York（1990）.

❻Z. Tadmor and C.G. Gogos, "Principles of Polymer Processing", John Wiley & Sons, New York（1979）.

❼R. J. Crawford, "Rotational Molding of Plastics, John Wiley", New York（1992）.

❽J. F. Monk, "Thermosetting Plastics-Practical Molding Technology", George Godwin, New York（1981）.

❾劉士榮編著，《高分子流變學》，滄海書局總經銷（1995）。

❿劉士榮編著，《塑膠加工學》，滄海書局總經銷（1999）。

第十六章
對位性聚苯乙烯材料之合成方法與應用

蔡敬誠

學歷：東海大學化學系學士（1983）

美國奧克拉荷馬大學（University of Oklahoma）化學研究所博士（1983）

經歷：麻省理工學院化學研究所博士後研究（1992~1994）

工研院化學工業研究所研究員（1994~1998）

工研院化工所聚合觸媒與工程研究室主任（1998~1999）

現職：國立中正大學化工系副教授

研究領域與專長：觸媒結構設計

觸媒應用技術開發

觸媒合成技術開發

聚合物合成

高分子材料開發

一、背景介紹

苯乙烯為大宗之石化原料，其主要合成方法來自苯和乙烯之烷基化反應（生成乙基苯），再進行脫氫反應以生成苯乙烯。以苯乙烯單體之結構組成而言，苯乙烯除了具備可進行加成聚合之乙烯基外，苯乙烯還帶有苯基之取代基（Phenyl Substituted α-Olefin），此一結構特徵，除了賦予了苯乙烯單體相當特殊的反應活性之外（苯乙烯可應用幾乎所有常見之聚合方式，包括自由基、陽離子、陰離子，甚至於 Zieglar-Natta 觸媒來進行聚合），更賦予了苯乙烯單體高反應選位性的聚合模式（由於苯取代基可藉由共振之方式穩定自由基、陽離子及陰離子等相當活潑之聚合反應中間體，因此常見之苯乙烯加成聚合皆採 Head to Tail 2,1- Insertion 之聚合模式）：

HC^*-CH_2P + 苯乙烯 → （Head to Tail 2-1 Insertion）

→ （Head to Head 1-2 Insertion）

* = Radical, Anion or Cation

苯乙烯單體之聚合，除了上述反應選位性（Regio-Selectivity）之問題以外，聚苯乙烯更可以因為苯基排列之立體規則性形成：(1)雜排性聚苯乙烯（Atactic Polystyrene, aPS）；(2)等位性聚苯乙烯（Isotactic Polystyrene, iPS）；及(3)對位性聚苯乙烯（Syndiotactic Polystyrene, sPS）。

下圖為不同立體規則性聚苯乙烯之結構及性質：

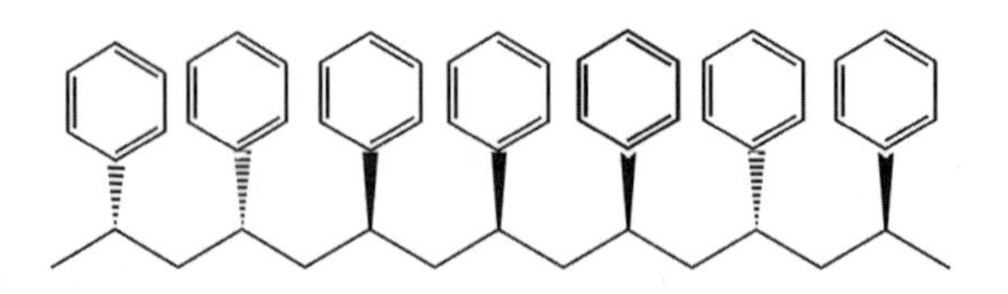

(Atactic Polystyrene; aPS T_g-100℃ (T_m-無)

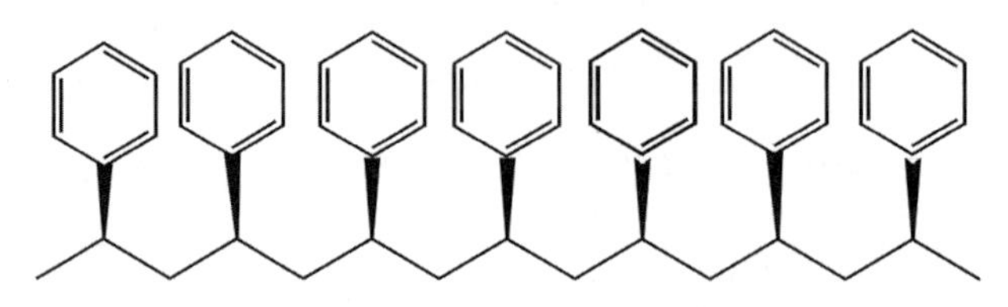

(Isotactic Polystyrene; iPS $T_g = 100$℃ ($T_m = 240$℃)

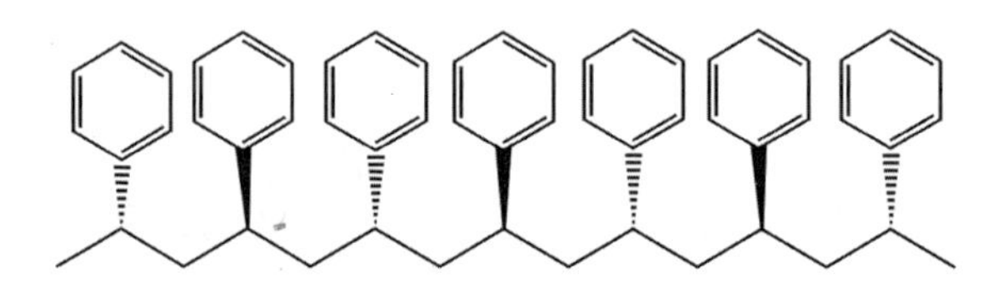

(Syndiotactic Polystyrene; sPS $T_g = 100$℃ ($T_m = 270$℃)

雖然苯乙烯單體具備帶有苯基之特殊結構，能明顯的影響並控制苯乙烯聚合之選位性，然而此一結構特徵卻無助於控制苯乙烯聚合之立體規則選擇性。以目前工業上常用之苯乙烯聚合技術而言，以使用自由基聚合來進行苯乙烯之單聚共或聚反應，最常被廣泛的應用於工業界（例如：GPPS、HIPS、ABS、SAN、SBR，皆為工業量產之大宗材料）；另外，使用陰離子聚合，來合成鏈段式共聚合物（如 SBS）亦被應用於大量的工業生產。上述之聚合反應技術，由於不使用具備立體選規則之掌性觸媒或形成掌性結構之中間產物（Reaction Intermediate），因此所生成之聚合物皆為不具備立體規則之雜排性苯乙烯聚合結構。另一方面，運用配位聚合技術以控制苯乙烯之立體規則排列，則早在 1954 年即被 Natta ①② 使用 Ziegler-Natta 觸媒加以成功的合成了等位性聚苯乙烯（iPS）。相對於雜排性聚苯乙烯（aPS）、等位性聚苯乙烯（iPS），此一具備立體規則排列之高分子材料，卻明顯的擁有了截然不同於 iPS 之物理性質。最明顯的差異在於，等位聚苯乙烯為一結晶性高分子材料，而並非如同雜排性聚苯乙烯僅具備較鬆軟之非晶性（Amorphous）物性。而此一可形成結晶之物理形態，除了提升了了 iPS 材料之耐熱溫度（相對於 aPS 之低熱變形溫度：T_g=100℃；等位聚苯乙烯則擁有高結晶熔解溫度：T_m=240℃）以外，更賦予 iPS 材料能適用於工程塑膠領域之強韌的物理性質。雖然以物性與應用市場之考量，皆預測 iPS 材料可能具備明顯的發展空間，但受限於 iPS 合成條件與低聚合反應活性（需在低溫條件下進行聚合以形成 iPS）之限制，截至目前為止，Isotatic Polystyrene 尚未具備可商業量產的利基。下圖為苯乙烯之聚合方法及其（共）聚合物之工業應用。

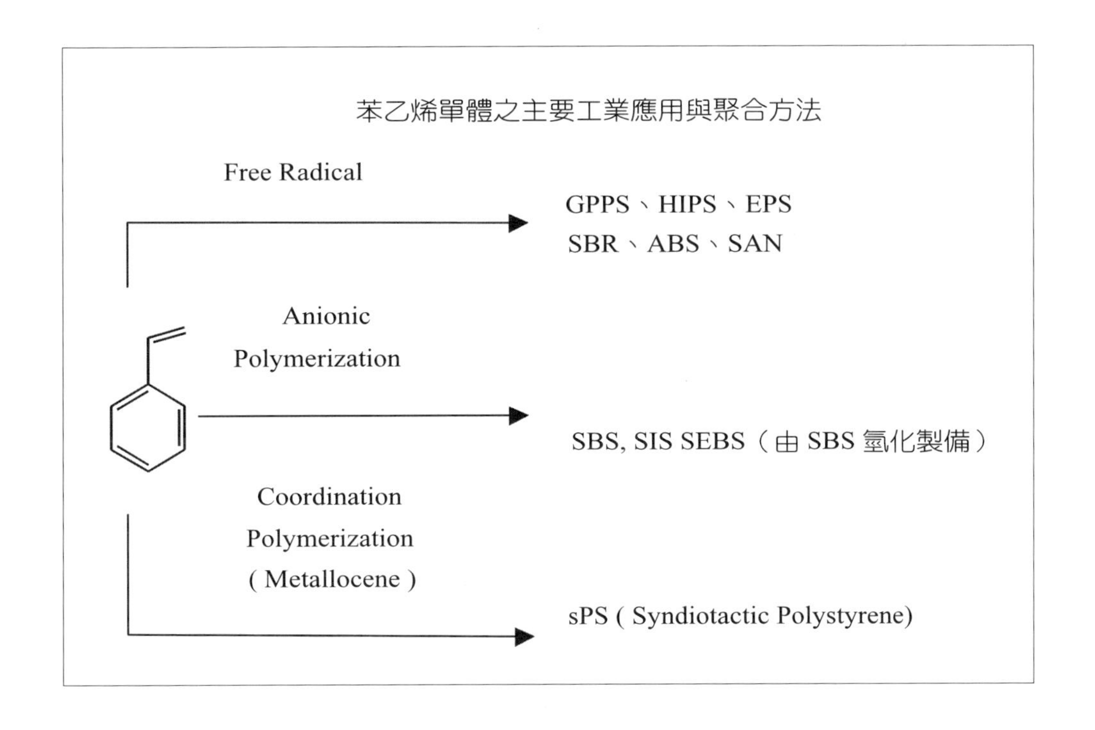

另一方面，針對對位聚苯乙烯（sPS；另一立體規則排列之聚苯乙烯高分子）材料的開發，則一直受限於無適當的觸媒技術能有效的聚合苯乙烯以生成 sPS 聚合物，因此，sPS材料比 iPS 慢了將近三十年的時間，才被成功的加以合成③。雖

然如此，sPS 材料的開發卻備受矚目（投入 sPS 材料開發之國際石化大廠，包括 Idemitsu、Dow Chemical、BASF、Samsung 及國內的國喬石化）。下表為 sPS 材料開發的重要里程紀要：

- 1985 Ishihara（Idemitsu）. First prepared □The Syndiotactic Polystyrene（sPS）□ by using metalocene catalyst
- 1989 Idemitsu and Dow Chemical Jointed ressearch efforts in developing sPS material.
- 1993 Dow Chemical strated up its first 900 tons/year pilot at midland, Michingan（US）.
- 1996 Idemitsu started up its 500Mt/year sPS semicommercial plaht at Chiba, Japan.
- 2000 GPPC（國喬）start up 1000 tons/year sPS pilot plaht（高雄大社工業區）.
- 2000 Dow Chemical on stream its 22,000 tons/year commercial plant in 3rd quarter of 2000 in Germany.
- 2002 Dow Chemical expects to construct the 2nd sPS production lin in 2002.

值得注意的是，國內之國喬石化亦藉由與經濟部科技專案之多年計畫，建立自主性之專利技術⑤~㉑，並應用於建立了一套 sPS 之 Pilot 試產公廠，很明顯的國內高分子產業對於 sPS 材料未來之發展亦相當重視並投入了可觀之資源。sPS 材料的開發之所以倍受國內望重視的主要原因在於，sPS 材料具備高單價工程塑膠之物性規格，然而 sPS 材料的製備卻可以由價格低廉之苯乙烯單體直接加以聚合合成，此一結合低生產成本與高物理性質之組合造就了 sPS 材料未來發展寬廣的想像空間。以下我們將針對 sPS 材料之聚合反應技術與未來的發展趨勢，作一較深入的介紹。

二、對位聚苯乙烯（sPS）材料之聚合反應技術

㈠ sPS 材料之觸媒技術介紹

由於傳統之聚合反應技術（包括自由基、陽離子、陰離子及 Zieglar-Natta 觸媒技術）皆無法有效率的聚合苯乙烯，以生成具備立體規則排列之對位性聚苯乙烯材料，因此，sPS 材料能否被成功合成的關鍵，一直有賴於聚合觸媒技術方面

的突破。近年來，由德國漢堡大學Kaminsky④教授等人開始研發，並隨後被逐步被應用於量產聚烯烴材料之金屬茂（Metallocene）觸媒技術，則提供了 sPS 材料合成技術上的重要突破。雖然Metallocene觸媒與Ziegler-Natta觸媒皆運用過渡金屬為反應中心，以進行烯烴單體之配位聚合，然而 Metallocene 觸媒在本質上與Ziegler-Natta 觸媒則呈現明顯的差異，而這些特點更造成了 Metallocene 觸媒之所以能夠高效率的合成對位性聚苯乙烯之主因：

1. Metallocene 觸媒為一均相觸媒（Ziegler-Natta 觸媒則為非均相觸媒）系統，因此，Metallocene 觸媒將擁有僅具備單一活性點之特性（Ziegler-Natta 觸媒之活性點，則常因為固態觸媒表面活性點位置之不同，衍生出不同的活性點與立體規則選擇性），此一特徵使得適用於聚合對位聚苯乙烯之Metallocene觸媒結構能逐一加以確認，且有效的加以合成，並應用於單一活性與對位選擇性的聚合苯乙烯，以生成高對位性之聚苯乙烯材料。

2. Metallocene觸媒反應活性點之立體空間效應可隨著配位基之改變加以大幅度的調整（相對的 Ziegler-Natta 觸媒活性點之立體空間將受限於固態觸媒之晶格排列），因此，針對聚合苯乙烯此一立體結構障礙較大之單體，能藉由調整觸媒配位基之空間效應，以提升苯乙烯之聚合活性。

3. Metallocene觸媒反應活性點之電子組態與陰電性，可隨選用之配位基本身配位電子數的多寡、或配位能力（Electron Donating）的強弱來加以調整（相對的Ziegler-Natta 觸媒之電子組態與陰電性，亦完全受限於固態觸媒之晶格排列），並搭配苯乙烯單體之電子組態進行觸媒結構之調整，以提升觸媒之活性與對位選擇性。

隨著Metallocene觸媒技術的持續發展，並且在國際多家石化大廠及學術單位多年的投入研究後，關於sPS觸媒組成元素的重要關鍵因素已大致塵埃落定⑤~㉑，以下我們將針對不同組成與結構之 sPS 觸媒及其可能之活性與對位選擇性作一彙整性的分析：

1. sPS 觸媒反應中心金屬元素的選擇

雖然Metallocene觸媒之中心金屬元素並不受限於第四族過渡金屬（Ti、Zr、Hf），然而實用上仍以第四族過渡金屬元素具備較佳之活性與可行性。若參考目前已知相關於 sPS 觸媒之聚合活性與對位選擇性（Syndiotacticity），則不難發現使用鈦金屬觸媒應用於 sPS 材料合成之絕對優勢。

Productivity and Syndiotacticity for sPS:
Ti >> Zr, Hf, Ni, Co, Pd, Ta, V, Nb, Cr

2. sPS 觸媒配位基之選擇

傳統之 Metallocene 觸媒系統，一般皆具體雙環戊二烯（Cyclopentadienyl）之配位基（第一代Metallocene觸媒系統），後來隨著觸媒技術的演變，亦陸續開始應用僅含一個環戊二烯為配位基之第二代Metallocene觸媒系統（Half-Sandwich Metallocene），及不含環戊二烯為配位基之第三代 Metallocene 觸媒系統（Nonsandwich Metallocene）。而若以sPS聚合之反應活性與對位選擇性為考量，則呈現使用 Half-sandwich Metallocene 觸媒之絕對優勢。

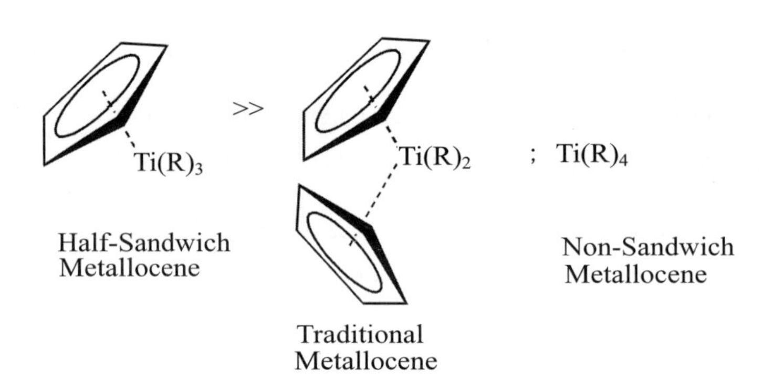

3. Half-sandwich Metallocene 觸媒之環戊二烯（Cyclopentadienyl）配位基取代基的影響

由於 sPS 觸媒之反應中心為帶正價之離子態金屬反應點，因此若能在環戊二烯配位基上適當的引入推電子基，皆能有效的提升 sPS 聚合之反應活性與對位選擇性。

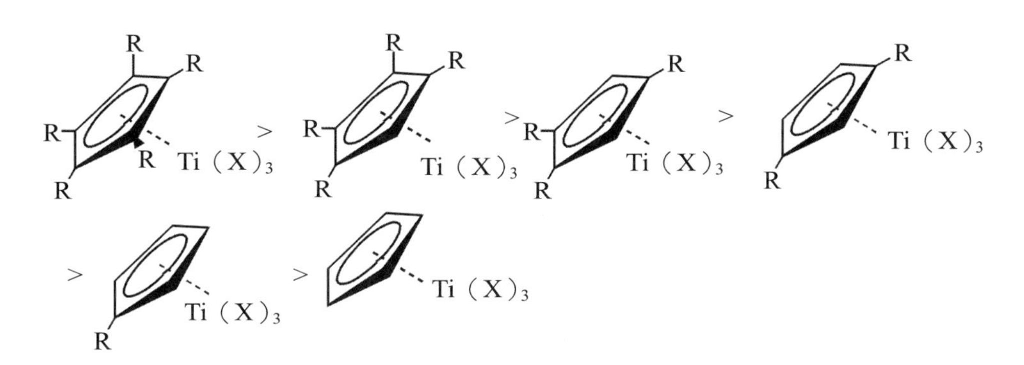

R: Clcctron Donating Substitucnts cg. Mcthyl, Cthyl Groups etc.

㈡助觸媒（Co-catalyst）之應用與相關技術

在 Metallocene 觸媒之聚合技術中，助觸媒扮演了相當重要的一環，其主要的功能在於活化Metallocene觸媒，使觸媒中心形成帶正價，並且極度缺電子之活性金屬中心，以利單體進行配位與及後續之高分子鏈成長反應。除此之外，助觸媒還可以作為聚合系統的清潔者（Scavenger），以清除聚合系統中可能毒化觸媒的微量之水、氧或帶有雜元素（Heteroatom）之化合物。而典型的助觸媒可以分為兩大種類：

1. MAO （Methyl Aluminoxane）

MAO 是由三甲基鋁（Trimethyl Aluminum, TMA）和水反應加以製備，其反應式如下：

$$n\,Al(Me)_3 + n\,H_2O \longrightarrow (Me)_3\,Al-[\,\underset{}{\overset{Me}{\overset{|}{Al}}}-O\,]_n-Al(Me)_2 + n\,MeH$$

而 MAO 的主要結構更可區分為線型和環狀兩種，其結構如下圖所示：

$$R-\left[\overset{R}{\overset{|}{Al}}-O\right]_n-AlR_2 \quad 和 \quad \left[O-\left[\overset{R}{\overset{|}{Al}}-O\right]_m-AlR_2\right]_{\text{cyclic}}$$

Linear MAO　　　　Cyclic MAO

MAO 應用於觸媒活化的反應式如下，其將觸媒中心活化成正價的離子，而MAO 則型成帶負價之離子形態。由於帶負價之 MAO 離子上之-OMe （Methoxy Group）可藉由與不同之鋁原子結合而將負價平均分散於MAO之長鏈鋁原子上，此一特性有效的降低帶負價 MAO 離子之陰電性，也因此明顯的降低負價 MAO 離子與帶正價之觸媒活性中心結合的可能性。

$$\mathrm{Ti(OMe)_3} + \underset{}{\overset{\mathrm{MAO}}{\rightleftharpoons}} \left[\ \mathrm{Ti\,Me}\ \right]^{+} + \left[\ \mathrm{Me{-}\underset{\underset{OMe}{|}}{\overset{\overset{Me}{|}}{Al}}{-}\left[O{-}\overset{\overset{Me}{|}}{Al}\right]_n{-}Me}\ \right]^{-}$$

值得注意的是，MAO 與 Metallocene 之間的活化反應（如上式），為一可逆反應，因此，為了有效活化觸媒（增加活化觸媒的比率），MAO 的使用當量數往往必須遠高於 Metallocene 觸媒之使用當量數。

2. Non-coordinated Borate Complexes

另一種能應用於有效活化Metallocene之助觸媒系統為具備高立體障礙之硼化合物（Bulky Borate）的助觸媒系統。此類助觸媒系統主要由帶有具大的拉電子基團（如C_6F_5）之硼化合物所組成。如下反應式所示，Metallocene觸媒藉由與Trityl Cation 反應而活化成正價的離子態觸媒，而帶有 4 個強力拉電子基團（C_6F_5）之硼化合物陰離子，則因為其負價被拉電子之C_6F_5基團加以分散，因此，該價離子相當的穩定，此一現象使得帶正價的觸媒中心（具活性的觸媒）不易與負價之硼化合物陰離子結合，因此，被活化之 Metallocene 觸媒中心可穩定的保持其高活性。值得注意的是，Borate 助觸媒與 Metallocene 之間的活化反應是一熱力學 Faverable 的放熱反應，因此，活化過程使用一個當量之 Borate 助觸媒，即可有效活化 Metallocene 觸媒。

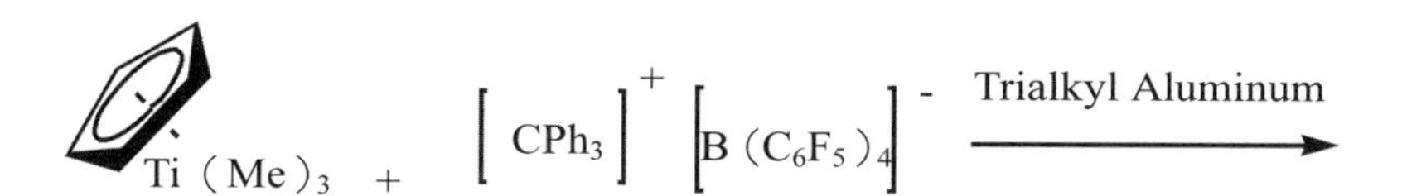

$$\left[\text{Ti Me} \right]^{+} \left[B(C_6F_5)_4 \right]^{-} + \text{Me-CPh}_3$$

另外，在Metallocene聚合反應中亦會加入部分的三烷基鋁，作為聚合系統中的清潔者（Scavenger），清除聚合系統中可能毒化觸媒的微量之水、氧，或帶有雜元素（Heteroatom）之化合物，以取代部分 MAO 及 Borate 的功能。此一應用具備明顯之商業價值，因為三烷基鋁之單價遠低於昂貴之 Borate 及 MAO。

㈢ sPS 材料之聚合反應製程簡介

一個完整的 sPS 聚合製程必須包括單體前處理、聚合反應與聚合物後處理等三個基本操作單元，以下我們將分別說明上述操作單元須特別注意的操作條件與技術重點：

1. 單體前處理

由於Metallocene觸媒之反應中心，為極端缺電子之帶正價金屬，因此，微量之水、氧或帶有雜元素（Heteroatom）之化合物，皆能夠藉由與Metallocene觸媒中心之正價金屬形成鍵結，而毒化觸媒之聚合活性。自然的，為了能確保 sPS 聚合之高反應活性與高轉化率，則須要借由蒸餾或吸附之方法去除上述微量的不純物質，並且嚴謹的監控苯乙烯單體之水、氧含量。另外，常見之苯乙烯生產製程，乃經由苯乙烷之脫氫反應以生成苯乙烯，然而此一製程亦將產生微量（~100 ppm）過度脫氫之苯乙炔，由於苯乙炔相對於 sPS 觸媒亦能造成明顯的毒化現象而明顯的降低觸媒活性，因此，此一微量存在於苯乙烯單體內之苯乙炔，亦需要藉由單體前處理之反應步驟（工業上一般皆使用選則性氫化苯乙炔之方法），以降低苯乙炔之含量。

2. 聚合反應製程

sPS 之聚合反應製程，以純 Styrene（不外加其他稀釋溶劑）之總體聚合[22]（Bulk Polymerization）方式最被廣泛的使用（包括 Idemitsu 之 5,000 Tons/Year 之 Semi-Commercial Plant 及 Dow Chemical 在歐洲建廠投產之 22,000 Tons/Year 之 Commercial Plant 皆採用總體聚合製程）。然而此一聚合反應技術卻仍然存在明顯的問題與缺陷亟待克服，造成上述 sPS 聚合製程方面困擾的原因在於：

⑴ sPS 材料具備之明顯抗溶劑特性：此一物理性質造成 sPS 聚合生產製程之種種困難點。由於 sPS 聚合物在苯乙烯單體溶劑中之低溶解度特性，造成 sPS 聚合物在相當低聚合轉化率的狀態下（小於 3%），即沈澱析出於反應液，而以黏稠之 Swelling Particles 懸浮於反應溶液中。需要特別注意的是，此一現象非但限制了 sPS 聚合的轉化率，同時因為 Swelling Particle 容易黏附於反應器壁，造成明顯易 Fouling Reactor 的問題。雖然 Fouling Reactor 之問題可藉由使用臥式刮壁式反應器（Self-cleaning Reactor）加以克服，然而此一聚合製程，從一開始之 Low Conversion（轉化率＜ 3%）的 Solution Polymerization 狀態到 Medium Conversion（轉化率 5~15%）的 Slurry Polymerization，一直到 High Conversion（轉化率＞ 15%）的 Solid State Polymerization，經歷了三種的聚合形態，其間觸媒活性的變化，熱傳、質傳的問題等，皆造成此一製程控制上的困難。

⑵苯乙烯單體之沸點（145℃）太高，因此，較難應用氣相聚合的方式來進行 sPS 材料之聚合。值得注意的是，在減壓下進行氣相聚合 sPS 的製程[23]曾在相關之專利發明中被揭示，然而其高生產成本卻明顯的抑制了氣相聚合 sPS 之商業量產的可行性。

⑶苯乙烯單體可行高溫自聚以生成 aPS，此一事實限制了企圖藉由提升反應溫度，以增加 sPS 材料在聚合反應液內之溶解度，來克服 sPS 聚合之低轉化率與 Fouling Reactor 的問題。

3. 聚合物後處理

經聚合反應製程產生之 sPS 聚合物，一般皆會殘存部分高沸點之苯乙烯單體、及微量之 aPS（因為高溫自聚產生之 aPS）與鋁金屬（來自於 sPS 觸媒之助觸媒——鋁氧烷），而這些不純物質皆可藉由萃取、過濾等後處理步驟加以去除。

三、對位聚苯乙烯（sPS）材料之物性規格與未來發展

sPS 材料之物性除了會受到聚合物分子量的影響之外，最明顯影響 sPS 物性的因素在於 sPS 聚合物對位排列之規則性（Syndiotacticity）。由於 sPS 聚合物之對位性取決於聚合時使用觸媒之種類，因此基本上，sPS 材料之物理性值亦受限於使用觸媒之類別。以一般文獻報導或專利論文中常用之sPS觸媒：Pentamethyl-Cyclopentadienyl-Titanium Trichloride (I)或 Cyclopentadienyl-Titanium Trichloride (II)為例。則應用觸媒(I)將可生成高對位性（Racemic Triaid: 98%）之sPS聚合物，相對的使用觸媒(II)則僅能產生對位性較低（Racemic Triaid: 90%）之sPS聚合物。此一立體結構規則性之差異除了影響 sPS 材料之結晶度（Crystallinity），亦將影響其結晶熔解溫度（Melting Point）。例如上述使用觸媒(I) 生成之高對位性（Racemic Triaid: 98%） sPS 材料，將具備較高之結晶度（~45% Crystallinity）與結晶熔解溫度（T_m=270℃）；相對的觸媒(II)生成之低對位性（Racemic Triaid: 90%）sPS 材料則僅能提供較低之結晶度（~30% Crystallinity）與結晶熔解溫度（T_m =250℃）。由於高對位性之sPS材料具備可適用於電子、電氣材料等工程塑膠領域應用材料之物性規格，因此，目前 sPS 商品料（目前多半來自 Idemitsu 在日本之 Semi-Commercial Plant）之物性規格皆以高對位性材料為基準，而其主要之物性規格㉔如下：

a. Density:	1.04g/cm^3
b. Melting Point :	270℃
c. Glass Transition Temperature:	100℃
d. Tensile Strength:	41MPa
e. Elongation at Break:	1%
f. Flexural Strength:	71 Mpa
g. Flexural Modulus:	3930 Mpa
h. Dielectric Constant	2.5(at 25℃, 1MHz)

由於 sPS 材料具備極佳之耐熱溫度與低介電常數之物性，sPS 材料應用於連接器（Connector），印刷電路板（PCB）及電子電氣產品材料之應用空間備受看好。另一方面，基於sPS材料同時具備極佳之抗溶劑性與高耐熱溫度，因此，sPS材料在汽車引擎室應用材料之發展空間亦相當的可觀。值得特別注意的是，sPS材料之高結晶特性亦造成 sPS 材料應用之明顯缺點，最主要的原因在於高結晶性之 sPS 材料不易與其他高分子材料相容，造成 sPS 朝向合膠材料開發方面的明顯困擾。若能在 sPS 聚合物上導入適當的官能基或接枝鏈段，都將可能改善 sPS 材料與其他材料摻混之相容性，並借此提升 sPS 材料之市場與應用空間。上述關於 sPS 材料改質方面的研究，由於具備相當寬廣的想像空間與實用性，因此，近期內仍將是 sPS 材料相關技術研究之重點。

參考資料

1. G. Natta, F. Danusso and D. Sianesi, *Markrnol Chem*. **28**, 253（1958）.
2. G. Natta, P. Pino, E. Mantica, F. Danusso, G. Mazzanti and M. Peraldo, *Chim. Ind*, **38**, 124（1956）.
3. N. Ishihara, M. Kuramoto and M. Uoi, *Macromolecules* **21**, 3356（1998）.
4. H. Sinn and W. Kaminsky, *Adv. Organomet. Chem*, **8**, 99（1980）.
5. J. C. Tsai, S. J. Wang and S. L. Pang, US Patent 5664009（1997）.
6. J. C. Tsai, S. J. Wang and S-L Pang, US Patent 5756610（1998）.
7. J. C. Tsai et al., European Patent 775712（1997）.
8. J. C. Tsai et al., Japan Patent 2783527（1998）.
9. J. C. Tsai et al., US Patent 5914375（1999）.
10. J. C. Tsai et al., Japan Patent 2957510（1999）.
11. J. C. Tsai et al., US Patent 5869721（1999）.
12. J. C. Tsai et al., Japan Patent 3004967（1999）.
13. 蔡敬誠等，中華民國專利 106293（1999）。
14. J. C. Tsai et al., Japan Patent 2968503（1999）.
15. J. C. Tsai et al., European Patent 965602（1999）.
16. J. C. Tsai et al., US Patent 6051668（2000）.
17. J. C. Tsai et al., European Patent 1013671（2000）.
18. J. C. Tsai et al., European Patent 1010711（2000）.
19. J. C. Tsai et al., Japan Patent 3113868（2000）.
20. 蔡敬誠等，中華民國專利 113943（2000）。
21. J. C. Tsai et al., US Patent 6211106（2001）.
22. US Patent 5032650（1991, to Idemitsu）.
23. US Patent 5272229（1991, to Idemitsu）.
24. Chem System PERP Report: Syndiotactic Polystyrene 92811（1992）.

第十七章
熱塑性彈性體

王修堂

學歷：美國麻州大學高分子研究所博士
現職：國寶化學總經理
　　　逢甲大學化工所客座教授
研究領域與專長：彈性體材料
　　　　　　　　聚合體

賴森茂

學歷：美國阿克隆大學高分子工程研究所博士
經歷：台灣科技大學高分子系兼任副教授
現職：文化大學化工系副教授
研究領域與專長：高分子加工
　　　　　　　　高分子機械性質
　　　　　　　　生物／環保／奈米高分子

一、前　言

熱塑性彈性體一般簡稱為 TPE（Thermoplastic Elastomer），具有傳統塑膠的加工成型快速之便，並具傳統橡膠彈性佳，低壓縮變形等優點，硬度恰好介於傳統橡塑膠之間（如圖 17-1 所示）。此外，TPE 成品仍可再回收成型，改進了一般傳統熱固性橡膠的廢料回收問題。並能有效地降低資源浪費及環境污染。因此，TPE 在這些方面之應用有逐漸取代部分橡膠之趨勢。特別是汽機車零配件、運動器材等高附加價值之押出（Extrusion）、射出（Injection）等產品。根據最近美 Market Survey 推測到西元 2004 年止，TPE 之年平均成長率可達 7.7%①②。在 TPE 之兩大類中，一為嵌段共聚合物（Block Copolymer），如聚苯乙烯—丁二烯—苯乙烯共聚合物（SBS），聚胺基甲酸酯（TPU）等；另一類為聚烯烴系橡塑膠合膠（TPO）及交聯型 TPO（TPV）。本章節主要將針對這些 TPE 之發展沿革、市場應用、優勢、性質及未來展望做簡要介紹。

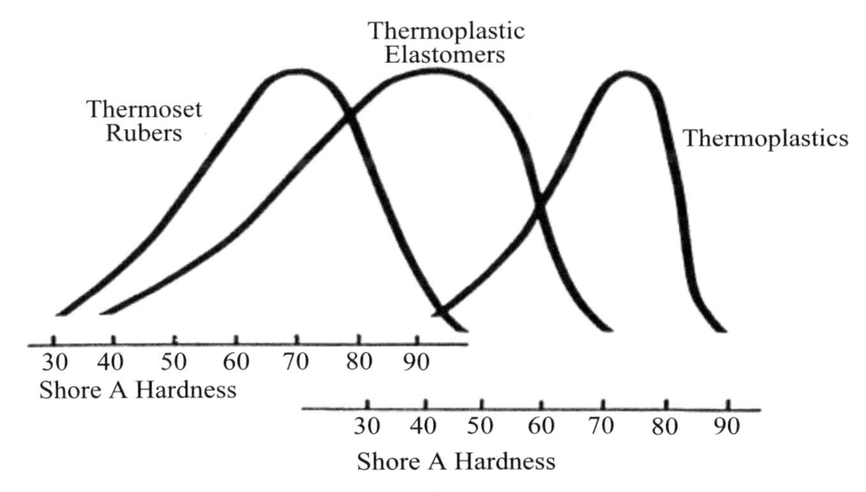

圖 17-1　TPE 填補傳統橡塑膠應用之間隙③

二、發展沿革

TPE一般為兩相材質所組成，在嵌段共聚合物這一大類中，主要由一硬質奈米區域（Nano-Domain）因相分離而分散於一軟質橡膠區域中。此硬質區域及軟質區域分別由具有剛性（Rigid）及可撓性（Flexible）之分子所構成，且兩者間鍵結通常為共價鍵（Covalent Bond）。而另一類橡塑膠合膠 TPO 或交聯型 TPO（TPV）中，上述之軟質區則常由富有彈性之橡膠所組成並分散於塑膠硬質基材（Matrix）中，兩區域常為不同之高分子材料所組成，由於兩相間之界面鍵結不同於前述之共價鍵結且橡塑膠之混合又是藉由一般剪切力作用，因此，此類 TPE 之分散相尺寸不如前述奈米區域微細，常為數個μm 之數量級大小。不過，此兩大類TPE都因為受力變形時，軟質區域扮演高延伸率，且硬質區域扮演類交聯點（Psudo Crosslink）之角色，使得 TPE 富有橡膠般之彈性，此外，又因這些類交聯點於高溫下熔解或軟化，因此又可以塑膠加工方式成型。這些獨特的性質使 TPE 之應用持續擴大。以下乃針對 TPE 之發展狀況作一簡要敘述③：

1937 TPE 首次由德 I. G. Farben（現為 A. G. Bayer）發展出來，為聚胺基甲酸酯系列 TPE（Thermoplastic Polyurethane, TPU）。

1940 B. F. Goodrich 將 Nitrile Rubber/PVC 合膠申請專利。

1947 B. F. Goodrich 首次將 Nitrile Rubber/PVC 推進市場。

1959 B. F. Goodrich 首次在北美推出 TPU（Estane）。

1962 Philips 首次推出苯乙烯系 TPE（Styrenic, TPS）：聚苯乙烯—丁二烯嵌段共聚合物（Styrene-Butadiene Block Copolymer, SBS）。

1966 Shell 亦推出 SBS（Kraton®）系列，大量用於感壓膠（Pressure-Sensitive Adhesives）及鞋類（Shoe Sole）市場。

1971 Du Pont 首次推出共聚酯系 TPE（Copolyster）、Hytrel®。

1974 Uniroyal 提出第一種聚烯烴系 TPE（Olefinic）、PP/EPDM 合膠（TPO）。

1981 Monsanto 推出第一種動態交聯型合膠（Dynamic Vulcanized Blend）為 PP/EPDM 交聯 TPV（Thermoplastic Vulcanizate）、Santoprene®。

1982 Atochem 首次推出聚醯胺系 TPE（Polyamide）、Pebax®。

自 1982 之後，TPE 市場大量拓展開來，也因此使得各個公司推出新型 TPE 或生產線之合併等。這些代表性市場上之變化如下：

1983　TPE 用量在美國超過 15 萬公噸，Philips 停止生產苯乙烯系 TPE，Shell 成為唯一生產公司。

1984　Reichhold 賣掉 TPE 生產線予 B. P Performance Polymer、Monsanto，推出耐油性 TPV 與 Nitrile Rubber 競爭。

1987　Teknor Apex 及 Vitacom 推出 PP/NBR。

1987 之後，B. P.及 Bayer 賣掉部分 TPO 生產線予 Monsanto Bayer；BASF 則擴大 TPU 產能；住友 3M 推出氟系 TPE；Shell 推出具官能基之氫化 SBS（SEBS）；Monsanto 亦推出 PP/NR（Vyram®）；Exxon 及 Dow 推出新型觸媒合成類似 TPE 之 Metallocene Polyethylene（mPE）；Monsanto 與 Exxon 合資組 Advanced Elastomer System（AES），再擴大 Santoprene 之市場應用。

在國內 TPE 之進展方面，台橡為第一家生產 TPE 之廠商，其技術來源主要以 Philip 年產 2 萬公噸之 SBS 為主，由於市場反應良好，更逐漸擴充產能到 5 萬公噸，現階段更進一步準備氫化 SBS（即 SEBS）之投產。除了台橡之外，奇美、長榮、英全也看好 SBS 之國內市場，而相繼投入，使得國內 SBS 年產能高達 25 萬公噸，成為東南亞最大生產國。除了 SBS 外，福聚生產聚烯烴系 TPE，益晃、優得、展宇、國慶等生產 TPU。在交聯型 TPE（TPV）方面，國寶則為第一家投產之廠商，其他投產者尚包含南帝等企業。未來配合大陸市場需求，各類 TPE 之投產將更加激烈。

由於 TPE 兼具橡膠之彈性及塑膠之加工性，自從最早商品化之 TPE 至今為止，TPE 的使用成長迅速，根據美國（Advanced Elastomer Systems, AES）公司統計，到西元 2000 年，TPE 的成長率約為每年 7.7%，從 1960 年到 2000 年間，美國在 TPE 的用量大約成長十倍，達到每年 50 萬公噸。這樣的成長速率平均高於一般塑膠工業之 1~3%及橡膠工業之 0~2%。雖然市場逐漸擴大，但對於 TPE 之開發則趨近於成熟，若能搭配新的合成及合膠技術，特殊性能 TPE 之應用將更加寬廣。表 17-1 為市場需求狀況。

表 17-1　全球 TPE 市場需求狀況（千噸）③

Item	1985	1995	2000	2005	(%) Annual Growth 95/85	00/95
GDP (bil US 1994$)	22179	29257	35112	42608	2.8	3.7
kg per mil $ GDP	24.2	36.2	41.6	45.9	--	--
Thermoplastic Elastomer Demand	536	1059	1460	1955	7.0	6.6
By Type:						
Styrenic Block Copolymets	287	496	655	850	5.6	5.7
Polyolefin-based TPEs	131	312	450	625	9.1	7.6
Urethane-based TPEs	77	117	95	135	9.8	9.3
Copolyester Elastomers	24	61	95	135	9.8	9.3
Other TPEs	17	73	115	170	15.7	9.5
By Region:						
North America	198	450	603	761	8.6	6.0
Western Europo	199	291	355	423	3.9	4.1
Japan	55	114	168	240	7.6	8.1
Other Asia	60	156	258	417	10.0	10.6
Other Rogions	24	48	76	114	7.2	9.6

在 TPE 之應用方面，至少包含了汽車工業、鞋類、工業機械及設備、消費性產品、電線電纜、醫療用品、建築工程等。如表 17-2 所示，並於以下各點細分其應用產品。

表 17-2　全球 TPE 應用需求狀況（千噸）③

Item	1985	1989	1995	2000	2005
GDP (bil US 1994$)	22179	25696	29275	35112	42608
kgs/mil $ GDP	24.2	28.5	36.2	41.6	45.9
Thermoplastic Elastomer Demand	536	732	1059	1460	1995
Motor Vehiclew	168	240	362	514	713
Footwear	170	191	228	269	307
Industrial Machinery & Equip	94	137	210	296	408
Consumer Products	49	70	107	157	222
Wire & Cable	30	42	59	75	92
Medical Products	7	21	45	79	121
Construction	10	17	28	41	55
Other End-Uses	8	14	20	29	37

㈠汽車工業

汽車仍然是最終產品的最大使用者，其中最主要的是應用在汽車保險桿上、排檔桿套、空氣濾清器、電纜套、車窗及車門之隔音條等等。

㈡工業機械及設備

使用在本範圍內，包括泵浦墊圈、管路止洩環、過濾及泵浦密封圈、天候緩衝條、托盤、小型車輪、工業滾筒、防護靴、防護套、軟管及套管等等。

㈢消費產品

使用在本範圍內，包括用在運動器材及工具之握把及把手、玩具、容器密封墊、潛水設備、彈性隔膜、閥類封條等等。

㈣電線及電纜

使用在本範圍內，包括電池充電電纜、伸縮電線及機械電線等等。電線電纜工業是一相當成熟的工業，其成長率要比上述幾種行業緩慢的多。

㈤醫療用品

創傷繃帶、藥物傳輸、透析管、透析隔膜、針筒軟塞、O型密封、幫浦外殼、針頭護套、奶嘴、控制閥門、可饒管、手術刀、及夾子之握把、可丟棄醫療用品、乳膠手套。

㈥建築工程

使用在本範圍內，包括玻璃帷幕防漏圈、門窗墊圈、球形密封條、定位塊、建築、橋樑、公路之伸縮接縫等等。

三、優　勢

為了增進對 TPE 的了解，本節說明 TPE 與傳統橡膠之比較，包括了加工方法、廢料回收、經濟效益等方面（如圖 17-2）。藉此吾人也易能體會為何TPE能有潛力，也有能力取代傳統橡膠的部分市場而持續成長④。

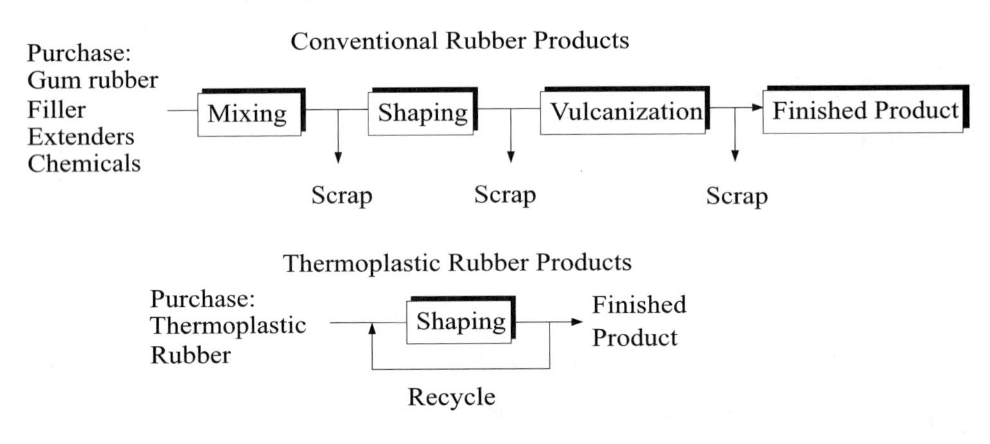

圖 17-2　TPE 與傳統橡膠加工程序之差異④

(一) TPE 之優點

1. 加工簡易，步驟少。圖 17-2 為兩者加工方式的比較。傳統橡膠所需步驟較多，如此造成成本也較高，無法與 TPE 競爭。

2. TPE所需加工成型時間是以秒為單位計算，比傳統橡膠用分計算（因交聯所需時間較長）為經濟。

3. TPE可廢料回收。而相反地，傳統橡膠則不易回收，如此也無意間造成了環保問題。

4. TPE 可直接以原料的方式購買，且所需混合配料的種類也較傳統橡膠較少。也因此其成品的尺寸也較為平均。

5. TPE的比重一般較輕，如果以同樣的應用而言，當原料以重量購買，但使用則以體積計算，所以 TPE 可加工製成較多的成品。

6. TPE 提供了一些不適合於傳統橡膠的加工方法，例如：吹出成型（Blow Molding）、共擠壓出（Co-Extrusion）、熱熔接（Heat Welding）等。

(二) TPE 之缺點

1. 對傳統橡膠製造業而言，加工設備對業者較為陌生，設備的購買也是一種負擔。另外對塑膠業者，他們對加工設備較為熟悉，但對取代橡膠的市場較不清楚。

2. TPE一般需要乾燥的設備，對橡膠業者而言，較不熟悉，也是一種負擔。

3. TPE 一般需要大規模的生產才能使整個成品價位低於傳統橡膠產品。

由於環保意識日益高漲，對於廢料（Regrind）之回收使用，更有其必要性。部分 TPE 具有的另一項優勢是廢料回收後之物理性質變化不大，特別是 TPV 系列，如圖 17-3 所示，相對於其原料，當回收 5 次之後，發現不論抗張強度、伸長率、100%模數等機械性質之變化均有限，這特殊性質使得產品更具實用性且符合環保趨勢。

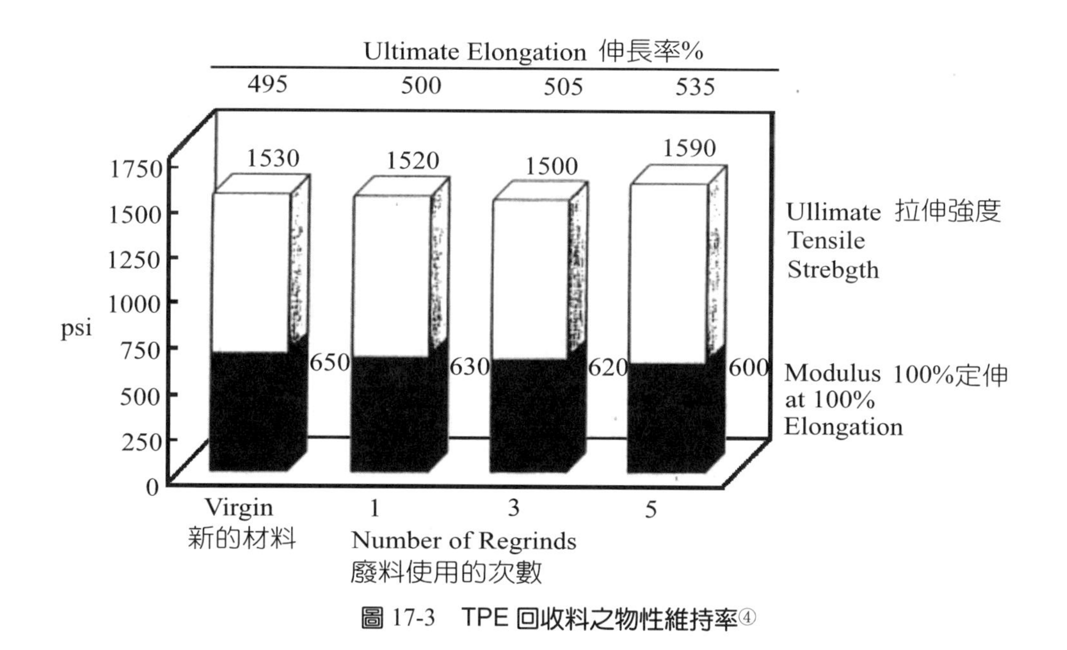

圖 17-3　TPE 回收料之物性維持率④

四、一般性質

TPE 基於其室溫下使用之彈性及在高溫下之可加工性，因此在學術上或工業上均持續受到相關領域之重視。一般而言，其彈性行為來自於物理交聯（奈米相區域及分子纏繞）或是化學交聯。其回復力則與亂度（Entropy）之變化有關，亦即與其結構及形態相關。有關各類型 TPE 之特性將在本章之下一節介紹，本節則先行介紹 TPE 之一般結構、形態及性質之相關性。

TPE 形態大概依其分子結構、排列、組成不同而區分以下不同形態。（見圖 17-4）

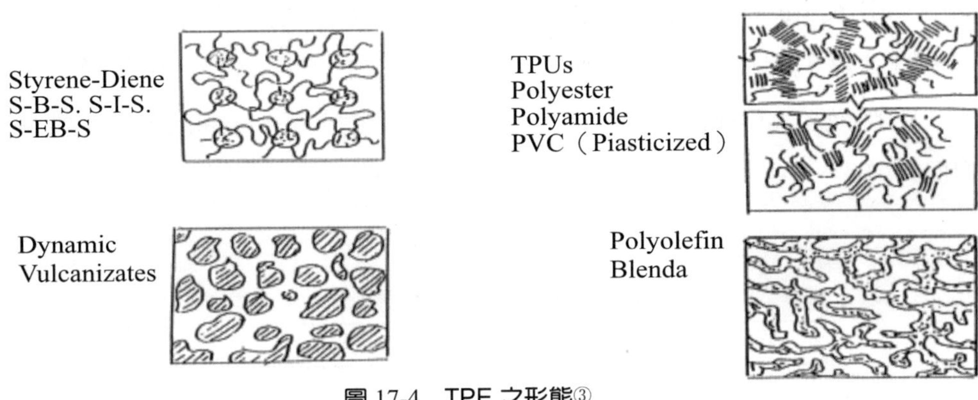

圖 17-4　TPE 之形態③

苯乙烯系 TPE（Styrenic TPE, TPS）及 TPU 等嵌段共聚合物系列，其硬質區常為奈米相分離區域，此區域（Domain）可分為多種形狀，例如：球形（Sphere）、柱狀（Cylinder）、層狀（Lamella）等。這些形態提供了 SBS 極佳之彈性，為了解釋此特異之行為及形態，Holden 等人則首次提出區域理論（Domain Theory）來說明形成這些區域之原因及現象⑤。

不同於上述嵌段共聚合物之奈米相分離區域形態，TPO 或 TPV 之分散相（Dispersed Phase）大小通常在 0.1~10μm 之間，利用機械力進行橡塑膠熔融混合（Melt Blend）通常因高分子之大分子量本質而不易形成相容（Compatible）或互容（Miscible）合膠，使得此種混合僅限於微米層次（Micro-level），而無法達到

奈米層次（Nano-level）。Taylor ⑥最早提出分散相大小主要由應力大小（Stress Level）、表面張力（Surface Tension）、及黏度（Viscosity Ratio）來控制，如下列所示：

$$D=\frac{\mu\gamma R}{\Gamma}-\frac{19\lambda+16}{16(\lambda+1)}$$

其中

D：變形量，μ連續相黏度，γ剪切速率，R 顆粒半徑，Γ表面張力，λ黏度比

對於一般高分子材料的加工性評估不外乎其流動性（Flow）、熱安定性（Thermostability）、相容性或分散性（Compatibility or Dispersibility）。而且依熔融強度（Melt Strength）之不同，可以簡易分為押出（Extrusion）或射出（Injection）成型。混練（Mixing）在高分子加工是一個很重要的步驟。此步驟主要在增加組成之均勻度（Uniformity）。均勻的組成可使產品之物性、化性及機械性質等俱一定之標準以上。依照一般混練機構區分，大致上可分為兩種主要方式⑦：

㈠分配混練（Distributive or Extensive Mixing）

這個方式主要為流體受到極大之變形作用，例如：剪切（Shear）及拉伸（Elongation）等作用，而產生應變（Strain），如兩黏度相近之流體混練。

㈡分散混練（Dispersive or Intensive Mixing）

此方式主要在固體或流體粒子受到極大之應力而分散。例如，碳黑在流體中之分散。

以上兩種機構有時是同時存在的，如此方能達到一定程度之均勻性。

透過適當的加工混練過程，TPE 可以上述成型方式製備所需產品。而其使用範圍則常依其熱性質（Thermal Property）決定。一般而言，其使用溫度（Service Temperature）界於軟質區之 T_g 及硬質區之 T_m 或 T_g 間，當溫度低於軟質區之 T_g

時，TPE 硬化而不在具有其彈性特質，同理，當溫度高於硬質區之 T_m 或 T_g 時，原具有類交聯點之硬質區或基材熔解，亦不再提供回彈性質或產生永久變形。表 17-3 為各類型 TPE 之軟質區 T_g 及硬質區 T_g 或 T_m 之代表值。

表 17-3　TPE 之 T_m 或 T_g[4]

Thermoplastic Elastomer Type	Soft, Rubbery Phase T_g(℃)	Hard Phase T_g or T_m(℃)
S-B-S	−90	95 (T_g)
S-I-S	−60	95 (T_g)
S-EB-S	−60	95 (T_g)
Thennoplastic Polyesters	−60 to −40	185 to 220 (T_m)
Thennoplastic Polyurethanes	−40 (Polyester) −60 (Polyester)	190 (T_m)
Thermoplastic Polyamides	−65 to −40	120 to 275 (T_m)
Poly	−60	165 (T_m)

a)Measured by Differential Seanning Calorimetry.
b)In Compounds Containing Polypropylene.

以 SBS 為例，一般使用溫度則介於-90℃（丁二烯軟質區）及 95℃（苯乙烯硬質區）之間。若觀察剛性在不同溫度下之變化，亦可了解分子運動與實際使用狀況之關係。當溫度低於橡膠區之 T_g 時，所有分子運動近乎「凍結」，材料變得硬脆，屬於玻璃狀態（Glass State）；當溫度在轉折區（Transition）附近時，約是 20 個碳原子之運動屬於皮革狀態；當溫度再升高，則進入橡膠彈性區（Rubber Plateau）受到交聯或糾纏之作用而富有彈性，此區即為一般 TPE 之使用範圍；當溫度高於硬質區之 T_g 或 T_m 時，分子大幅移動、流動，剛性大幅下降，提供良好之加工成型性。圖 17-5 則是 TPE 剛性隨溫度變化之代表圖。

一般 TPE 在其使用範圍內，最重要的性質便是其彈性性質（Elastic Property），在彈性理論中，彈性係數與交聯程度有以下之關係⑧：

$$G=NkT$$

其中

G：剪切模數，N：交聯分子數，k：波茲曼常數，T：絕對溫度

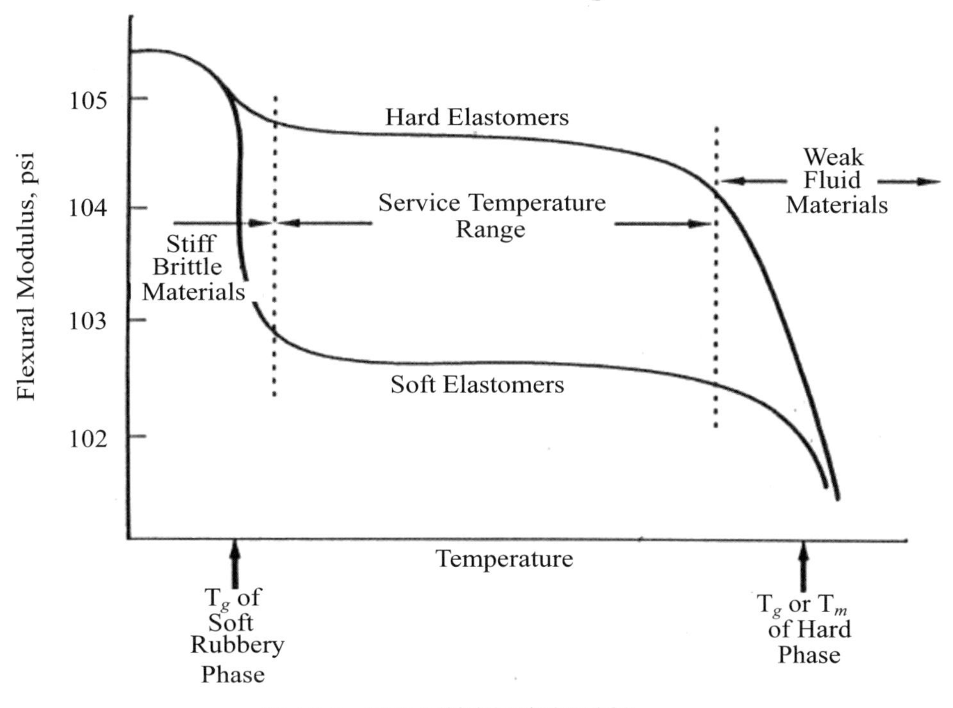

圖 17-5　TPE 剛性與溫度之關係③

而通常 TPE 之彈性範圍較塑膠材料（Plastic Materials）為大，但是當超過此彈性範圍時，常伴隨著一些分子能量消耗（Energy Dissipation）現象，使得受力（Loading）到應力消除時（Unloading）時，變形無法完全回復，而產生永久變形（Permanent Set）。因此，TPE 之永久變形通常較傳統橡膠為大，主要也是因為TPE遲滯（Hysteresis）現象較為明顯所造成。由於高分子強度之大小與能量消耗之程度有關，一般高分子破壞時其能量消耗機構至少包括驚紋（Crazing）、降伏（Yielding）、黏度消耗（Viscous Dissipation）等。而對於無機物填充之高分子而言，其能量消耗機構則另包括了脫離機構（Debonding Mechanism）等。例如，當 SBR 加入 50phr 碳黑時，撕裂強度高達數 10KJ / m^2，遠高於未補強者。一般認為碳黑表面上因物理附著或化學鍵結之高分子鏈脫離時，需要消耗大量能量。同樣地情況，奈米級分散相結構表面與高分子鏈鍵結之高分子鏈，必也在破壞時消耗部分提供破壞之能量。TPE 形態學中奈米分散之 PS 嵌段區，便是依微降伏（Micro-yielding）方式消耗能量，使得強度比美於碳黑填充之 SBR。

這種能量消耗於破壞產生之觀點，最早是由 Gent 及 Schultz ⑨提出，所測得黏著強度（Strength of Adhesion, *Ga*）為熱力學黏著功（Thermodynamic Work of Adhesion, *Wa*）與一能量消耗函數（Dissipation Function, *Φ*）之乘積。*Φ*為裂痕成長速度（*R*）之函數，如下列所示。

$$G_a = W_a * \Phi(R)$$

這觀念不只適用於黏著強度，後來也發現適合於高分子本身強度之破壞。對於簡單結構之無定型彈性體（Amorphous Elastomer），此能量消耗多來自於高分子黏彈性質之消耗（Viscous Dissipation）。

根據TPE之形態，吾人可基於上述能量消耗之機構歸納出，至少具有以下幾種可能因素，造成TPE之永久變形較大，但也同時提供了較高之強度。以嵌段共聚合物為例，硬質區的變形到鏈脫離，可以樹脂／填充粒子介面分子脫離及結晶區之降伏現象說明。同理，TPO 或 TPV 因包含了橡塑膠混料，其消耗大都由無定型黏性消耗（Viscous Dissipation）及結晶降伏所貢獻。也就是在一般無定型未填充之橡膠彈性體，其能量消耗方式，較 TPE 材料為少，使得 TPE 的強度及永久變形較傳統彈性體為大。

五、分類及特性

本節就TPE兩大類，嵌段共聚合物系列及橡塑膠合膠系列之分類、特性作簡要介紹。在嵌段共聚合物中包含苯乙烯系（TPS）、聚胺基甲酸酯系（TPU）、共聚酯系（TPEE）及聚醯胺系（TPAE）；在合膠部分則以聚烯烴系（TPO）及交聯型合膠（TPV）為代表種類。

㈠嵌段共聚合物

1. 苯乙烯系（TPS）

下圖為代表性 TPS 之化學結構，主要為 Styrene-Butadiene-Styrene（SBS），Styrene-Isoprene-Styrene（SIS）和 Styrene-Ethylene-Butylene-Styrene（SEBS）三種。

由於後者未含不飽和鍵，所以，性質上均較前二者佳。這類 Block Copolymer 是由 Styrene Group 形成硬質相（Hard Domain），所以，其適用範圍需低於其玻璃溫度以下（95~110℃），並高於軟質區 Butadiene 的 T_g（ca.－90℃）。

B: $\left(CH_2CH(C_6H_5) \right)_a \left(CH_2CH=CHCH_2 \right)_b \left(CH(C_6H_5)CH_2 \right)_c$

I: $\left(CH_2CH(C_6H_5) \right)_a \left(CH_2C(CH_3)=CHCH_2 \right)_b \left(CH_2CH(C_6H_5) \right)_c$

EB: $\left(CH_2CH(C_6H_5) \right)_a \left(CH_2CH_2CH_2CH_2CH_2CH_2(CH_3CH_2) \right)_b \left(CH_2CH(C_6H_5) \right)_c$

a, c = 50 to 80
b = 20 to 100

圖 17-6　苯乙烯嵌段共聚合物的結構[4][10]

當苯乙烯及丁二烯之組成改變時，其形態學亦有所變化。由於 TPS 的相分離區域（Blocks）較少，通常為三嵌段共聚合物（Triblock Copolymer），而且其分子量分布較窄，因此，分子常自我排列（Self-assemble），形成高度具有規則性（Ordered）之奈米結構（Nano-structured）材料。Hamley [10]對於形成這種形態之物理現象有詳細描述，圖 17-7 為 A-B-A block copolymer 之 A/B 組成變化對其形態學之影響。

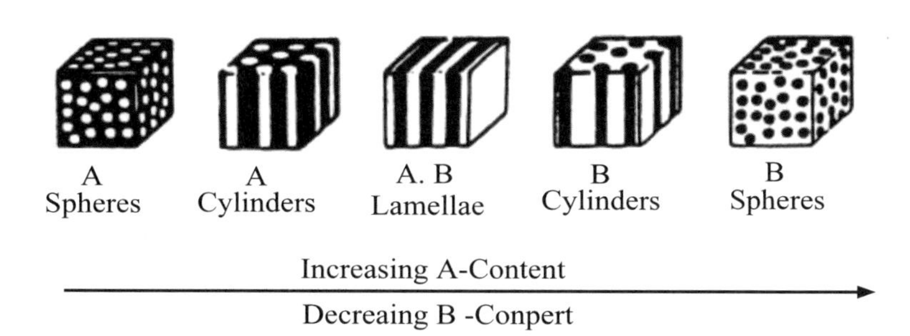

圖 17-7　A-B-A 嵌段共聚合物形態與組成之關係[4]

當 A 成分較少時，常自我排列聚集成球狀（Sphere）分散在基材中，隨著 A 成分增加時，A 呈現柱狀形態（Cylinder），當 A/B 兩者比例接近時，則成層狀（Lamella）相互交錯。持續增加 A 比例則使 B 反而相反轉形成柱狀或球狀，分散在 A 基材中。

除了組成控制主要形態外，分子量大小、溫度、溶劑等亦是造成其微相結構變化之因素。Hashimoto[12]曾提出規則－不規則移轉溫度（Order-Disorder Temperature, ODT）。當分子量夠大時，方能產生不相容現象（Incompatible）進而形成上述奈米規則形態。在溫度效應方面，如果高於硬質區（苯乙烯）及軟質區（丁二烯）之 T_g，而低於規則－不規則溫度時，分子均勻混合，無微觀相分離（Microphase Separation），仍呈現高度非牛頓流體（Non-Newtonian）流變行為，當溫度高於 ODT，亦即分子呈現完全互容狀態，則黏度及彈性均相對較低。另外，溶劑作適當的選擇時，亦可控制其形態。Laurer 等人[13]曾以一般礦油（Mineral Oil）為例，僅選擇性（Selectively）的膨潤 SIS 中間區段（Mid Block），且 SIS 在礦油中比例達到臨界微胞濃度（Critical Micelle Concentration）時，則 SIS 就像物理凝膠般形成奈米網路結構（Network）。

由於 TPS 之特殊形態學造成了其極佳之機械性質，如果苯乙烯及丁二烯兩個區域之相容太好時，將不再形成奈米相分離區域，其強度將與一般共聚合物差異不大。圖 17-8 為交聯 SBR（Styrene-Butadiene Copolymer）、交聯 NR（Natural Rubber）及未交聯 SBS 之抗張強度、延伸率相關圖。由於 NR 具有應力結晶（Stress Induced Crystallization）之特性，為少數可結晶之橡膠材料，所以所施應力除了提供分子變形外，另須消耗一部分「熔解」（Melt）所形成之結晶，也因此較一般無定形 SBR 強度高許多。此外，同樣接近的苯乙烯／丁二烯比例下，SBS 之強度比 SBR 高許多，主要因苯乙烯區域的分子內作用力極大，所施應力絕大部分在使丁二烯區域之分子自苯乙烯區域中脫離（Detach）。如果仔細觀察低應力應變區域，發現起始楊氏模數較高，之後在一定應力下，亦另有極大之變形，這種微降伏現象（Micro-Yielding），則類似於聚乙烯降伏行為。

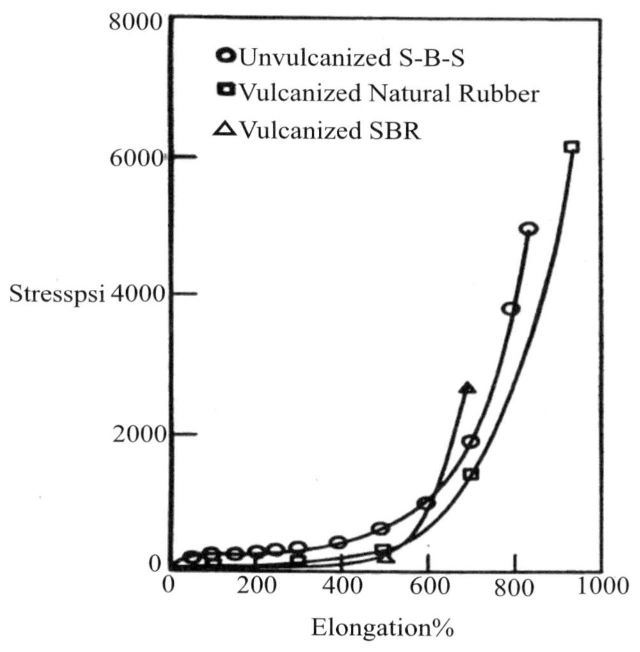

圖 17-8　彈性體抗張強度之比較④

對於這種形態變化影響機械性質之研究者，除了抗張強度外較少有深入探討。Wang 等人⑭曾探討在不同溶劑處理 SBS 之後，撕裂強度（Tear Strength）及切割強度（Cutting Resistance）之變化，結果顯示，撕裂強度高達 $20KJ/m^2$，且依形態不同而有很大差異，相反地，切割強度則不因形態變化而異且其值相對較低（約 $0.5\ KJ/m^2$）。造成不同測試方式所得強度不同之原因，可能來自於變形裂痕直徑不同（Crack Tip Diameter）。

由於苯乙烯系列具有上述特殊之形態及機械性質，其應用範圍相幫廣泛。以 SBS 為例，主要應用在一般鞋類、消費用品、瀝青改質、塑膠改質等，但也因為其耐溫及耐氧化性不高，在耐候性需求較高之應用則受到限制。在 SIS 方面，Styrene/Isoprene 比值較 SBS 為低，硬度也較低，常加入一些樹脂、油及溶劑作為黏著劑使用。氫化 SBS（即 SEBS）具有較 SBS 佳之耐熱性、耐氧化性及耐候性，因此，其應用更加廣泛，包含了電線電纜包覆、醫療管線、汽車及建築窗條、塑膠改質等。

2.聚胺基甲酸酯系（TPU）

圖 17-9 為代表性 TPU 之化學結構：

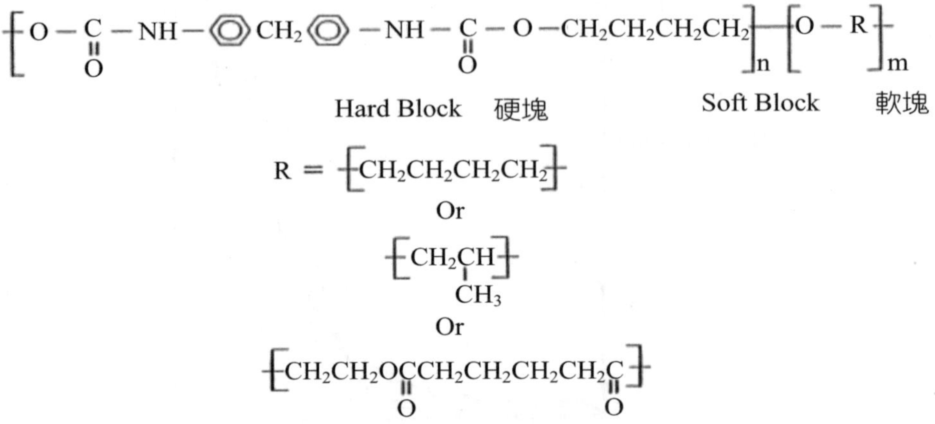

$$\left[O - \underset{\underset{O}{\|}}{C} - NH - \langle\bigcirc\rangle - CH_2 - \langle\bigcirc\rangle - NH - \underset{\underset{O}{\|}}{C} - O - CH_2CH_2CH_2CH_2 \right]_n \left[O - R \right]_m$$

Hard Block　硬塊　　Soft Block　軟塊

$$R = \left[CH_2CH_2CH_2CH_2 \right]$$

Or

$$\left[CH_2\underset{\underset{CH_3}{|}}{CH} \right]$$

Or

$$\left[CH_2CH_2O\underset{\underset{O}{\|}}{C}CH_2CH_2CH_2CH_2\underset{\underset{O}{\|}}{C} \right]$$

圖 17-9　聚胺基甲酸酯系的結構④⑩

TPU也是屬於一種Block Copolymer，由Soft Segment的種類不同，可區分為聚酯型（Polyester Type）和聚醚型（Polyether Type）。前者具較佳物理性質、耐候性、耐氧化、耐油性及高耐磨性；後者則具較佳低溫特性、耐水解、抗菌特性且彈性較佳、Hysteresis 較小。嚴格而言，TPU 屬於 Segmented Copolymer，也就是多嵌段共聚合物（Multi-block），不像TPS系列僅為三嵌段（Triblock），也因此，形態上也有不少差異。此外，TPU以氰酸鹽（Diisocyanate）、多元醇（Polyol）及鏈延長劑（Chain Extender）行逐步聚合（Step Reaction），分子量分布不及 TPS 為窄，所以，熔融冷卻時形成之奈米結構規則性較差。但基本上仍同時提供硬質及軟質區之兩相特性。其中，硬質區決定硬度、楊氏係數、強度及使用溫度上限，而軟質區則決定了低溫使用範圍及彈性程度大小。

TPU之形態與機械性質之基本關聯性與TPS相近，因為同屬於嵌段（Block）形態，當受力變形時軟質區分子會先行變形，最後再從硬質嵌段區脫離，不同的是，此硬質區為結晶區，而 TPS 之硬質區為無定形分子聚集。Lee ⑮曾以小角度 x-ray 散射（Small Angle x-ray Scattering, SAXS）及傅利葉光譜轉換（Fourier Transform）方式確認單軸延伸下，硬質區之變形之情形。除了上述特性外，TPU

具有極佳之生物相容性（Biocompatibility），也因此在生醫上之用途為所有 TPE 中最廣者⑯。

TPU之耐熱性等雖佳，但硬度較高，且吸水性強、加工性較差，不易完全取代傳統橡膠之市場。主要應用於汽車墊圈、耐磨管線、血管、工業用黏著劑等。

3. **共聚酯系（TPEE）**

圖 17-10 為代表性 TPEE 之化學結構：

$$-\!\!\left[O-(CH_2)_4-O\overset{\displaystyle O}{\overset{\|}{C}}-\!\!\langle\bigcirc\rangle\!\!-\overset{\displaystyle O}{\overset{\|}{C}}\right]_a\!\!-\!\!\left[O-(CH_2CH_2CH_2CH_2O)_x-\overset{\displaystyle O}{\overset{\|}{C}}-\!\!\langle\bigcirc\rangle\!\!-\overset{\displaystyle O}{\overset{\|}{C}}\right]_b\!\!-$$

a ＝16 to 40　　x ＝ 10 to 50　　b ＝ 16 to 40

Hard Segment
Crysalline
硬的部分
結晶體

Soft Segment
Amorphous
軟的部分
無定形體

圖 17-10　共聚酯系的結構④⑩

TPEE如同TPU一般屬於Segmented Copolymer，所以，基本形態差異不大，硬質區一般亦為結晶區，而軟質區則提供彈性，差異在其化學組成之不同，進而影響其耐熱性質、機械性質等。

特別是機械性質方面，雖然TPEE之硬度高但其彈性範圍相當廣。以Du Pont 的 Hytrel 為例，所具有的彈性範圍遠比一般塑膠材料大許多，可達 25%，如圖 17-11 所示。

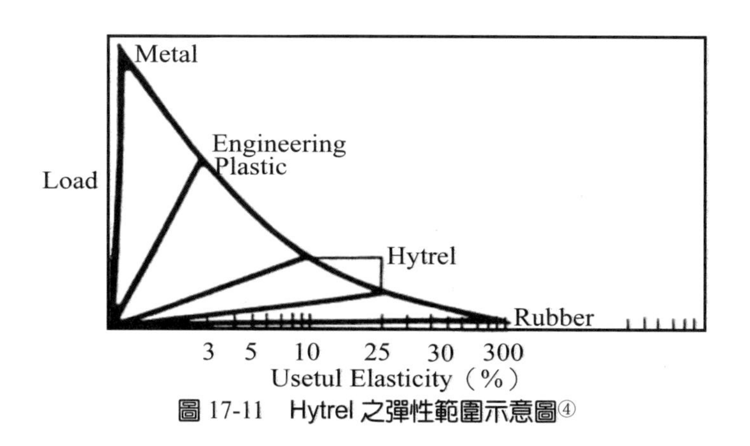

圖 17-11　Hytrel 之彈性範圍示意圖④

這一類之TPE具有極佳之安定性、耐油性、耐疲勞特性。兼具強度、彈性、動態性質之優點，屬於工程用TPE。在疲勞測試時，熱累積量小，不會喪失原有之物性。其應用包含汽車零組件，鋼鐵替代品、避震器外殼、電線電纜、管線包覆等。

4. 聚醯胺系（TPAE）

圖 17-12 為代表 TPAE 之化學結構：

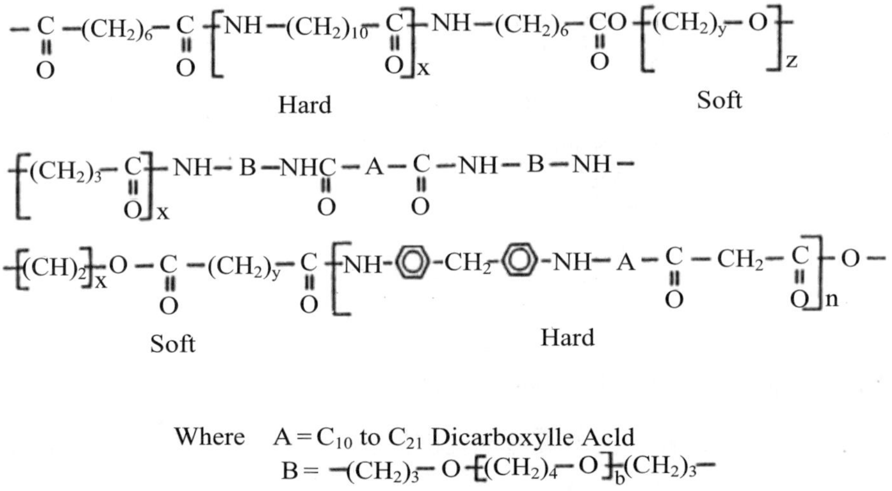

$$-\underset{\|}{\overset{}{C}}(=O)-(CH_2)_6-C(=O)-\left[NH-(CH_2)_{10}-C(=O)\right]_x-NH-(CH_2)_6-CO-\left[(CH_2)_y-O\right]_z$$

Hard　　Soft

$$\left[(CH_2)_3-C(=O)\right]_x-NH-B-NHC(=O)-A-C(=O)-NH-B-NH-$$

$$-\left[(CH)_2\right]_x-O-C(=O)-(CH_2)_y-C(=O)-\left[NH-C_6H_4-CH_2-C_6H_4-NH-A-C(=O)-CH_2-C(=O)\right]_n-O-$$

Soft　　Hard

Where　A = C_{10} to C_{21} Dicarboxylle Acld

B = $-(CH_2)_3-O-\left[(CH_2)_4-O\right]_b-(CH_2)_3-$

圖 17-12　聚醯胺系的結構[4][10]

TPAE與TPU為同一類多嵌段共聚合物，TPAE之機械性質及耐熱性質極佳，不過低溫特性較不及其他嵌段式TPE，在耐磨方面則幾近於TPU。但是，不需除濕乾燥便可加工為其主要特色之一。主要應用於耐熱性高之管線、回彈及耐磨性高之鞋類、電線、輸送帶等。

㈡合　膠

1. 聚烯烴系橡塑膠合膠（TPO）

一般TPO由橡塑膠混合，以EPM/PP（70/30）為例，經過強力分散混練後，PP 與 EPDM 幾乎成共連續相（Co-Continuous Phase）。常見 TPO 合膠主要以耐衝擊（High Impact）為訴求，因此，除了傳統混練合膠外，最近已有另一系列反應型TPO（Reactor-TPO, R-TPO）推出。R-TPO主要於合成PP粒子中，同時（In Situ）共聚合 EPM。經由此特殊方式，此系列 TPO 可達到極佳可撓性及耐衝擊性。由於 TPO 具有以上特性且燃燒時較不具毒性，因此對於 PVC 在建築、汽車內裝市場上有很大影響。另外，在汽車緩衝擋板（Bumper）、電線電纜包覆、醫藥用管件及家庭器具均有很大成長空間。不過，由於 TPO 亦像 TPS 一樣，耐化學藥品性及耐溫性較不足，因此，在此方面之應用需求較受限制。

2.動態交聯合膠（TPV）

表 17-4 為代表性TPV之形態。除了形態上稍與TPO不同外，也由於TPO之抗強度、耐熱性、彈性、耐永久變形等性質仍不及TPV，因此，TPV之發展則受到更多之重視。Fischer [17]最早提出部分分散相與未交聯分散相之差異。在這些合膠中又以動態交聯方式（Dynamic Vulcanization）製備者，因為具有高度交聯橡膠分散相，所以其耐熱性較一般未交聯型合膠為高。特別是抗永久變形性質，是所有 TPE 中最優者。Coran [18]在 Monsanto 時，則更進一步指出只有在近乎完全交聯橡膠分散相下，TPV之性質方具有競爭力。因此，曾探討了多種系列橡塑膠在不同交聯劑下之組合，其中又以動態交聯 PP/EPDM（Santoprene）系列最早商品化[19]，之後另有 PP/NBR（Geolast）等符合不同領域需求。由於原有專利於 1997 年左右過期，其他公司如 Teknor Apex、DSM 等，更積極地擴展此方面之研究。

Coran 曾將 99 種動態合膠組成之機械性質，以三個變數探討，包含界面張力、結晶度及糾纏分子量。在相對於塑膠料的抗張強度下，合膠之抗張強度、應變、永久變形值，可分別以不同經驗方程式來描述。並指出動態交聯至少可以改善 TPO 的多項缺點[19]：

(1)減少永久變形。

(2)改善最終機械性質。

(3)改善疲勞極限。

(4)增加耐化學藥品性。

(5)增加熔融強度。

(6)改善加工成型性。

以未交聯及交聯之 EPDM/PP 為例，表 17-4 便可看出兩者之差異。

表 17-4　未經交聯以及高度交聯三元乙丙膠／聚丙烯的性能比較[20]

性能 Property		未經交聯的 Uncrosslinked	已交聯了的 Crosslinked
Hardness, Shore A	硬度，如氏 A	81	84
Ultimate Tensile Strength, psi	最終拉伸強度 spi	583	1905
Ultimate elongation, pct	最終伸長率%	630	430
100% Modulus, psi	100%定伸 psi	412	725
Compression Set, pct	壓縮變形%	78	31
Tension Set, pct	拉伸變形%	52	14
Swell in ASTM No. 3 oil, pct	在 ASTM 三號%汕漫後的膨脹	162	52

由於交聯分散相具有極佳之優勢，因此，交聯程度及分散相粒子大小對機械性質便有極大之影響，以圖 17-13 為例：

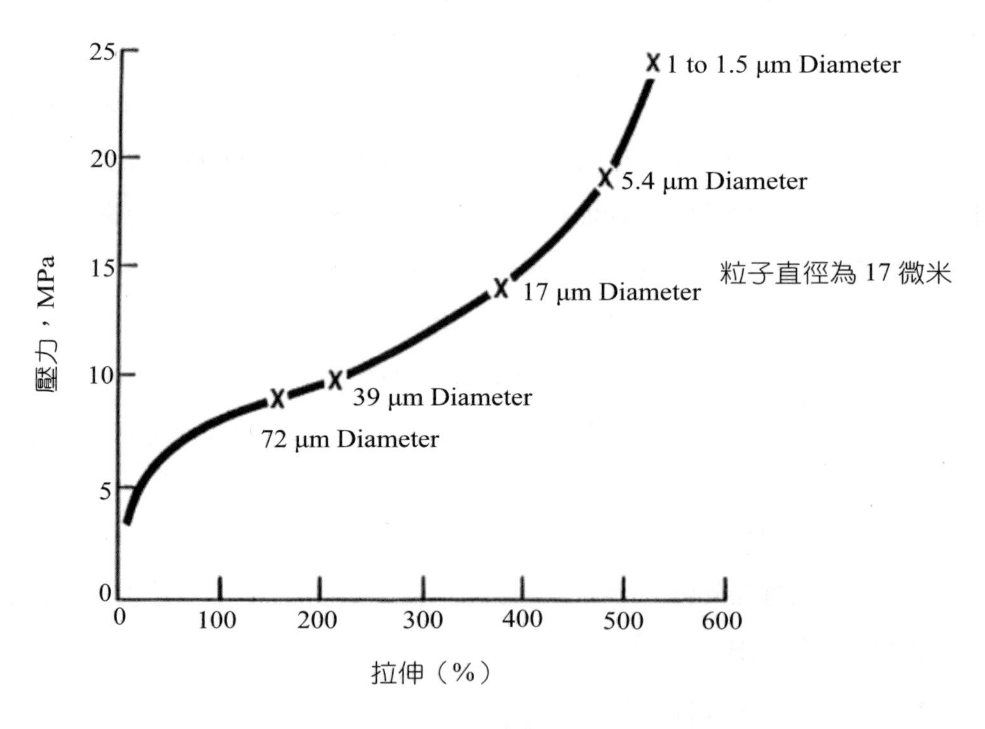

圖 17-13　三元乙丙膠粒子尺寸對於 TPV 拉伸強度的影響[4]

當分散粒徑愈小時（達 1~1.5μm），其抗張強度愈高。不過，分散粒徑仍不

及前述嵌段共聚合物之奈米相分離區域微細。為了達到更小的分散粒徑，利用一些特殊加工方式，例如，Solid State Shear Pulverization㉑及 Cryogenic Mechanical Alloying㉒均有可能使交聯分散粒小至 0.1μm 以下（接近奈米尺寸大小）。Boyce 等人㉓則以微觀機械模型（Micro-mechanical Model）成功的模擬預測了巨觀下（Macroscopic）抗張強度受力變化及其回復變形（Loading and Unloading）的行為，以進一步了解 TPV 之變形行為。

六、比較表

上節對各類 TPE 之特性作簡要介紹。為了進一步了解這些 TPE 之差異，本節就各類 TPE 在物性、熱性質、耐化學性等作比較。

圖 17-14 為各類 TPE 與傳統橡膠在性能與價位上作一對照。

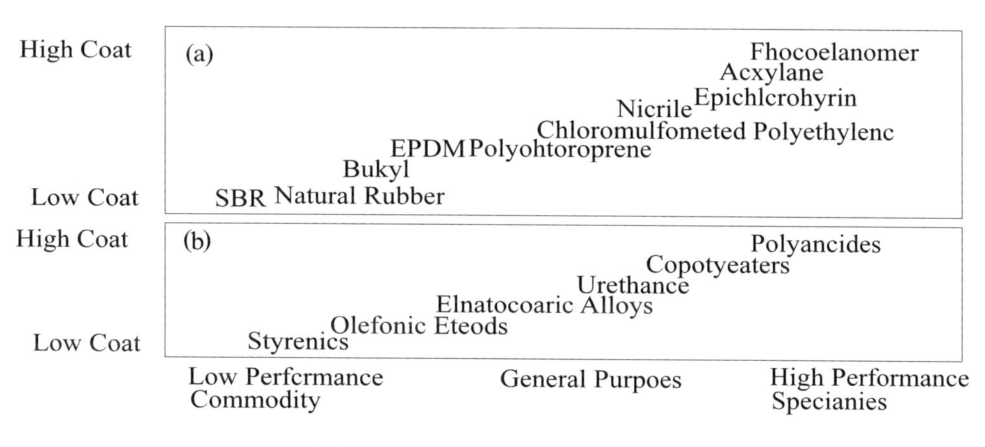

圖 17-14　(a)各類傳統橡膠與；(b)TPE 在性能與價位上作一對照④

從上圖可看出 TPS、TPO 屬於泛用型 TPE；TPV 及 TPU 屬於功能性較佳者；而 TPEE 與 TPAE 則屬於特殊用途之 TPE，相對的成本也較高。然而，這只是一般性的比較，圖 17-15 則更詳細的說明各類 TPE 之差異。

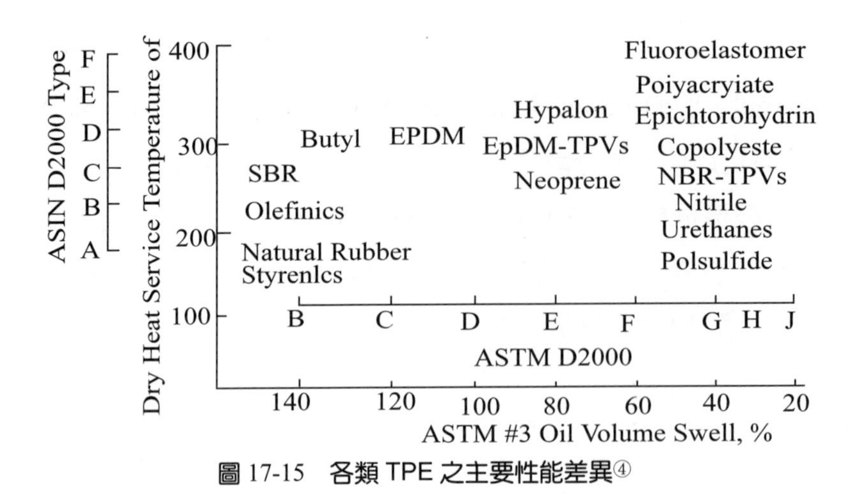

圖 17-15　各類 TPE 之主要性能差異④

綜合前述 TPE 之特性，TPS 與 TPO 之抗壓縮（Compression Set）、耐化學藥品性較差，而 TPV 是所有 TPE 中抗壓縮性最佳者，聚醯胺系列之長時期耐高溫特性則是最優。這些重要特性與一般橡膠之對照則詳見於圖 17-16。

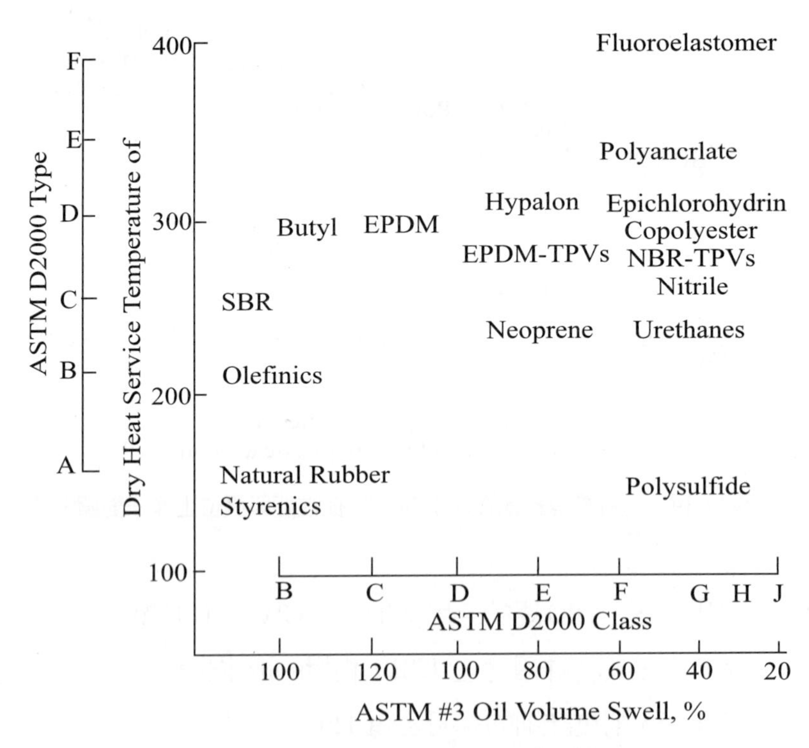

圖 17-16　一般橡膠與 TPE 之重要特性對照④

七、未來趨勢

一般材料開發已朝向高品質、低成本，具環保安全特性之基本原則，再配合加工成型及設計時，考量輕、巧、短、小、快、準的要求，TPE 的發展趨勢至少包含了以下兩大範疇[24]。分述如下：

㈠新樹脂

除了前述反應型TPO朝向更低硬度的發展外，新型的彈性體的種類就以茂金屬（Metallocene）觸媒製備之 Metallocene Polyethylene 最為重要，茂金屬觸媒系統為近 20 年來，高分子聚合在觸媒上一重要之里程碑。美、日、歐各大石化公司均大量投入這方面之開發工作。此種觸媒最早由德國 Kaminsky 及 Sinn 開發出來，此系統之聚合活性相當高，現階段已廣泛的應用於α-olefin 之均質聚合（Homopolymerization）及共聚合（Copolymerization）。利用 Metallocene 觸媒系統所產生之聚合物或共聚合物具有較窄分子量分布（約 2）及均勻之化學組成分布。Exxon 及 Dow 已分別於 1991 年及 1993 年利用此系統發展具有均勻之共聚合單體分布，以及較窄之分子量分布之乙烯—辛烯共聚合物。在微細結構方面 Exxon 之 mPE 具有均勻之短鏈長度及分布。而 Dow 之 mPE 除具有均勻之短鏈長度及分布外，則另具有一長鏈分枝（Long Chain Branch），據聞可改善因分子量分布較窄造成加工性困難之缺點。這些微細結構之控制，均非傳統 Ziegler-Natta 觸媒所能達到的特性。

由於 mPE 具有上述微細結構特性，近年來，已有許多學者探討因此特殊結構所造成之結晶行為、形態學、流變行為及機械性質等研究。對於不同含量之短鏈分枝（Short Chain Branch），其結晶形態不同，在低共單體（Comonomer）含量時，其結晶形成為傳統層晶（Lamellar）形態。一般結晶厚度約 30□到 200□間，而具此種形態之聚合物一般在受外力時，常出現有所謂降伏（Yielding）的行為。此種形式之 mPE 可稱之 mPE 塑性體，（Polyolefin Plastomer, POP）。而在高共單體含量時，其結晶形成為微胞（Fringed Micelle）形態，此種形式之 mPE 可稱為 mPE 彈性體（Polyolefin Elastomer, POE）。其結晶厚度則小於 30□，具一般彈性體之延伸行為而無降伏現象，所以，可將此種特殊結晶形態視為一種物理交聯點（Physical Crosslink），其他未形成結晶區者則以此交聯點相互連結而形成一彈性體之網狀結構（Network Structure），類似於熱塑性彈性體（Thermoplastic Elastomer, TPE）之區域理論（Domain Theory）。除了 mPE 之外，利用茂金屬觸媒系統發展之新型 TPE 陸續將占有一席之地。

㈡新合膠

由於 Metallocene 觸媒之開發，使的這些新材料在 TPE 領域也開啟了另一新紀元。這些受到最矚目之茂金屬觸媒（Metallocene Catalyst）系統合成之聚合物中，除了 mPE 外，尚包含 Metallocene PP（mPP）、Syndiotactic Polystyrene（sPS）、Metallocene Cyclic Olefin Copolymer（mCOC）等。DuPont Dow Elastomer 強調，相較於 EPDM，mPE 具 Mooney Viscosity 低、加工性佳，且機械性質高等之優點，並基於上述特性，mPE 在 TPO（PP/EPDM）之應用已有逐漸取代 EPDM 之趨勢。此外，由於合膠在製備成本上較低，許多新興產業便藉由多種新開發之橡塑膠原料，製備新型之 TPE。在這些合膠中，特別是以動態交聯方式（Dynamic Vulcanization）製備之 TPE，因為抗永久變形性質，是所有 TPE 中最優者，也因此可製備之 TPV 種類將更多樣化。此外，傳統動態交聯合膠由於交聯系統之故，使得形成合膠略帶淡黃色之色澤，且耐熱性仍需改善，再加上新型樹脂的開發，交聯系統便需做適當的搭配，也使得這些特殊合膠之開發及市場將更加快速。

1 Rudy School, "Market for Thermoplastic Elastomers into the New Millennium", The Rubber Division, ACS, Nashville, Tennessee, USA. Sept 29-October（1998）.

2 "The Market for Thermoplastic in the U.S - Overview, Market Environment, Compounding by Resin and Markets", FREEDONIA GROUP（1996）.

3 王修堂，《熱可塑彈性體應用技術研討會》，逢甲大學，台灣（1996）。

4 B. M. Walker and C. P. Rader, "Handbook of Thermoplastic Elastomers", Van Nostrand Reinhold, New York（1988）.

5 G. Holden, E. T. Bishop and N. R. Legge, "Proceedings International Rubber Conference", 287（1967）; Maclaren and Sons, London（1968）; *J. Polym. Sci. Part C*, **26**, 37（1969）.

6 G. I. Taylor, *Proc. Roy. Soc.*, **A146**, 501（1934）.

7 Z. Tadmor and C. G. Gogos, "Principles of Polymer Processing"（1976）

8 L. R. G. Treloar, "The Physics of Rubber Elasticity", Oxford, Clarendon（1975）.

9 A. N. Gent and J. Schultz, *J. Adhes.*, **3**, 281（1972）.

10 G. Holden, "Understanding Thermoplastic Elastomers", Hanser, Munich（2000）.

11 I. W. Hamley, "The Physics of Block Copolymers", Oxford University Press, New York（1998）.

12 T. Hashimoto, "Thermoplastic Elastomers", by G. Holden, N. R. Legge, R. P. Quirk and H. E. Schroeder, 2nd ed., Hanser, Munich（1996）.

13 J. H. Laurer, S. A. Khan and R. J. Spontak, *Langmuir*, **15**, 7947（1999）.

14 C. Wang, C.　I. Chang and S.-M. Lai, ANTEC SPE Conference Proceedings, #1984（1997）.

15 H. S. Lee, S. R. Yoo, and S. W. Seo, *J. Polym. Sci. B: Polym. Phys.*, **37**, 3233（1999）.

16 R. J. Zdrahala and I. J. Zdrahala, *J. Biomater. Appl.*, **14**, 67（1999）.

17 W. K. Fischer, US Patent 3758643（1973）.

18 A.Y. Coran, B. Das and R. P. Patel, US Patent 4130535（1978）.

19 A.Y. Coran, R. P. Patel, and D. Williams, *Rubb., Chem. Technol.*, **55**, 116（1982）.

20 S. K. De and A. K. Bhowmick, "Thermoplastic Elastomers from Rubber-Plastic Blends", Ellis Horwood, New York（1990）.

21 N. Furgiuele, A. H. Lebovitz, K. Khait, J. M. Torkelson, *Macromolecules*, **33**, 225（2000）.

22 A. P. Smith, H. Ade, C. M. Balik, C. C. Koch, S. D. Smith and R. J. Spontak, *Macromolecules*, **33**, 2595（2000）.

23 M. C. Boyce, S. Socrate, K. Kear, O. Yeh and K. Shaw, *J. Mechs. Phys. Solids*, **49**, 1323（2001）.

24 R. J. Spontak and N. P. Patel, *Curr. Opin. Coll. Interf. Sci.*, **5**, 334（2000）.

第十八章
聚胺酯——單體、化學原理、合成與產品

戴憲弘

學歷：國立師範大學化學系學士（1962）
美國佛羅里達大學有機化學博士
（1966~1971）
經歷：Cornell University 博士後研究員
（1971~1973）
Upjohn company 研究員（1973~1985）
Dow Chemical company 研究員
（1985~1998）
現職：國立中興大學化工系教授（1998～）
研究領域與專長：新單體的裝備
PU 及其他高性能塑膠合成
工業用化學品的新製成程序

一、簡　介

聚胺酯（PU）是多元異氰酸鹽（Polyisocyanates）和多元醇（Polyols）反應生成的高分子產物之總稱。PU 是一成熟的工業產品，在發展的歷程中，有幾個重要的里程碑，最初的導火線是在十九世紀末，Hentschel（1884）及 Gatterman（1888）發展出簡易而高產率的光氣法（Phosgenation），可將一級胺製成異氰酸鹽。不過 1935 年時，I. G. Farben 公司在 Otto Bayer 及其實驗室同仁的研發下，發展出 TDI、HDI、EG（Ethylene Glycol）及聚酯二元醇等重要 PU 單體，並以加成法製得 Perlon 等 PU 纖維的突破，可說是 PU 史上最重要之創舉。這由德國所發展的高分子，無疑是受到美國杜邦（Dupont）公司在 1930 年代，由 Wallace Crother 發明聚醯胺（Polyamide, Nylon 6,6）所帶來的激發及影響。但 PU 的崛起，而成為工業上大宗的高分子產品，則須等到二次大戰後，由英國 ICI 及美國杜邦公司取得德國的技術情報，並在 PU 原料的生產程序及 PU 製造技術上有了重大的進展之後才達成。這些成就包括聚醚多元醇（polyether Polyols）由環氧化物（PO/EO）聚合生產，多元 MDI（p-MDI）由苯胺（Aniline）和甲醛為主要原料，再經由光氣法製備及量產。因而在 1960 年代，這些基本單體的應用才帶動了大批 PU 產品的發展。目前每年 PU 產品的生產量及營業額皆高達百億磅（元）計。

工業上適用於合成 PU 的多元異氰酸鹽為數並不多，以 p-MDI、TDI、IPDI、HDI 及 H12MDI 等五項及其相關的衍生物用途最廣。但能用於合成 PU 的多元醇之種類及數目，相比之下就明顯地倍多。多元醇的分子量大小可由 62~8000，官能基數及長鏈上的結構也可有許多不同的選擇。其中以聚醚類與聚酯類多元醇兩類的使用量最大。PU 產品之所以能有五花八門的性質，是因為有這些不同單體可以變換選擇，並能採用不同的比例組合及配方的緣故。目前市場上已發展出的 PU 產品可說是琳瑯滿目，有抗熱的塑膠（Thermoplastics），有抗磨損的彈性體及塗料（Elastomer and Coating Materials），有低密度的泡綿（Foams），具高性能的纖維（Fiber），以及高機械強度的複合材料（FRP）等。換言之，可生產的 PU 產物幾乎已涵概了整個高分子性能之「光譜」，也橫跨熱塑及熱固型二大領域。這近乎無所不能的可行性，就是 PU 與其他高分子產物不同的主要特徵之一。

PU 的另一重要的特點，在於由單體聚合成高分子產品時極快的聚合速率。絕大部分的 PU 製備，是由兩種主要液態或低熔點的單體直接混合後，在自發性的放熱反應下持續地進展，PU高分子達到成型或成膜的時間，常以分秒計算之，且最為有利的是其產率近乎百分之百，沒有副產物的問題或困擾。如此高效率的合成法，加上混合初期使用低黏度的單體，使所需的成模設備得以大肆簡化，而免除一般塑膠在射出成型（Injection Molding）時所要求高溫高壓的昂貴設備。因此單純在原料成本的考量下，PU 所採用的單體或許並非是成本最低的選擇，不過以整體產品製造過程作為全盤的考量時，PU 的製備法就有相當可取的競爭力及經濟價值。

PU 是名符其實的功能性高分子（Functional Polymers），主要的構造是由胺酯基（Carbamate Group, -NHCOO-）作為連結，其組成即含羧基（Carbonyl Group, -COO-）又有胺基（-NH-）兩者皆是具極性的官能基。因此，不止高分子本身長鏈之間可形成極有效的物理氫鍵現象，而產生類似交聯般的物理效應可提升其高分子之性能，對於其他高分子產物或顏料亦有極佳的黏著性。更可貴的是，能在處方及設計下，此胺酯官能基也可以和異氰酸鹽單體做進一步的反應，而生成 Allophanate 及 Biuret 等新的官能基，締造實際的化學交聯功效，以此策略更能進一步地提升 PU 的剛性及其他的物性。最後胺酯官能基也有熱解之可逆性，尤其在加熱至 180℃以上的高溫下，部分的胺酯基會裂解成異氰酸鹽及多元醇，而使原先高分子之分子量降低，這也使TPU在加工成型的過程中，能有效地減低其熱融黏度（Melt Viscosity）。

總之，PU 是一多元性的高分子產品，可選用的單體多，可製造的產品也相當廣泛，製造方法也可以用不同的配方、儀器及添加劑的影響下有所創新，因此，新的技術及產品仍在日新月異的發展中。

二、*用於合成聚胺酯的單體（Monomers Used in PU Syntheses）*

PU 產品的特性取決於單體的選擇及應用。因此熟悉諸一可用單體的構造及特性，就成為每一位從事PU研發人員不可或缺的基本知識。當選用各種單體作為 PU 配方時，應明瞭各單體之官能基活性，以考慮其反應狀況及催化劑的使用，也必須清楚單體上含苯基形態（Type of Aromatic Groups）、鏈之長短、鏈上官能基的特點及分子構造的對稱性，這些結構特點將決定所形成PU產品的硬度、安定性及影響 PU 之高分子形態結構（Morphology）等特性。故將於以下之數節列出最常使用的 PU 單體及其分子結構特點，以供之後的討論。

㈠異氰酸鹽單體（Isocyanate Monomers）

合成 PU 的異氰酸鹽單體在分子結構上，至少須含有兩個異氰酸鹽官能基（-NCO）。常用的單體有兩大類，分類則是依據異氰酸鹽官能基是否連接於苯環上而定。TDI、p-MDI 及 4,4'-MDI 即屬於芳香族異氰酸鹽（Aromatic Isocyanates），因其之異氰酸鹽官能基皆是直接連接於苯環上。另一類如HDI、IPDI 及 H12MDI 則屬於飽和族烴的異氰酸鹽（Aliphatic Isocyanates），乃因其之異氰酸鹽官能基是連接於飽和族的碳鏈或碳環上。此二類型在活性上有極懸殊之差異。

1. 芳香族異氰酸鹽（Aromatic Isocyanates）

芳香族異氰酸鹽目前在製造PU的使用量遠超過飽和族類，占市場用量的90%以上。這些單體皆為石化的衍生物，具有單價低、活性高極易與醇類（-OH）或胺基（-NH2）進行加成反應。主要製造 TDI、MDI，以及 p-MDI 的廠商為 BASF、Bayer、Dow 及 Huntsman 等大化學公司，小型製造商少，是因工廠傾向於單一生產區（Integration Site），以因應製造異氰酸鹽在原料供應及安全防備上所需龐大的投資。

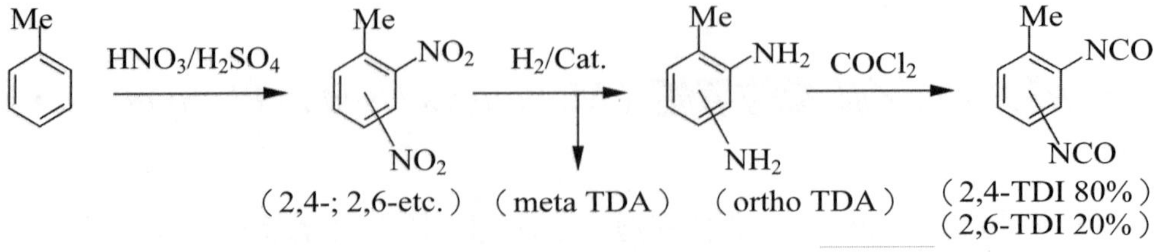

圖 18-1　TDI 的合成

(1) TDI（Toluene Diisocyanate）

TDI 並非單一的化合物，市售的大宗 TDI（commodity TDI）含有 80%的 2,4-TDI 及 20%的 2,6-TDI 兩種同分異構物，這比例是在合成 TDI 的前驅物亦即硝化甲苯成二硝化甲苯（DNT）的階段即成定局（圖 18-1）。TDI 的分子量小（M_W =174）沸點偏低，工業上以蒸餾法淨化之，因此，生產TDI時，將生成的TDI渣，而必須將後者做最妥善的處理。但因TDI的揮發性及毒性較高，歐洲共用市場（歐盟，EU）已於 1999 年將TDI列為高毒性（Very Toxic）的化學品，因此，能用MDI或其他高沸點的單體取代時，皆已採用以取代 TDI。因此，TDI 的消耗成長率（2~3%）並無劇增之勢。但是目前在軟性泡綿的製程上，TDI 仍是個不可或缺的主要原料之一，顯示TDI製出的PU產品仍有其獨特的高分子結構及特性。2,4-TDI分子中，對位（4-）的異氰酸鹽官能基活性比位在鄰位（2-,6-）的異氰酸鹽官能基高至 4~5 倍之多，而有利以製造選擇性的預聚物（Isocyanate Prepolymers）。

(2) *p*-MDI （Polymeric MDI）

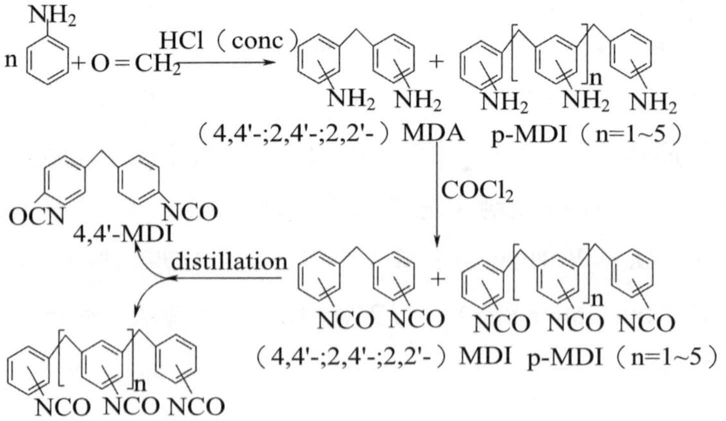

圖 18-2　p-MDI 及 4,4'-MDI 的合成

p-MDI是p-MDA和光氣反應而得多元異氰酸鹽產物的通稱，自1984年後，其使用量已超過TDI而成為所有異氰酸鹽單體之冠。p-MDA可由苯胺（Aniline）及甲醛（Formaldehyde）兩化合物縮合而得，此反應一般是以濃鹽酸的催化下促成，生成的產物組成極為複雜，含兩苯環的MDA是主要產物（50~80%），也有三至六環的產物於混合物中，但只就兩環的MDA而言也含有三種同分異構物（圖18-2），再視縮合反應的溫度及苯胺、甲醛及鹽酸三者不同的比率調配，更會產生不同含量的p-MDA混合物，經過與光氣反應後，即可得所謂之p-MDI。大部分p-MDI在PU產品應用時，諸如應用於硬質泡綿的製造，並不需進一步的淨化，所以，p-MDI的產率可說是百分之百。

市售的p-MDI產品甚多，品質組成不一，因廠商而異。產品中二環MDI組成的多少能左右p-MDI的黏度。一般直接光氣反應後的p-MDI黏度在40~250cps之間，外觀呈的咖啡色液態。為使p-MDI下游使用者能取得類似的p-MDI，每一廠商也都推出性質形態相近的p-MDI以供互相取代，最廣用的p-MDI是官能基數目為2.3及2.7的液體，其黏度各為50及700 cps（25℃），如表18-1所示。另一可改變p-MDI組成及性質的策略是蒸餾出p-MDI中的二環MDI，以增加其黏度及官能基數，同時也可利用蒸餾而得的MDI和其他p-MDI調配以得顏色淺或黏度低的高品質產品。總而言之，p-MDI產品雖來自p-MDA的光氣反應，但品質參差不一，顏色、官能基及含氯的濃度等規格上皆必須嚴加控制，方能在PU的製造及產品獲得滿意的再現性。

表18-1　市售p-MDI的種類

	平均官能基 (f)	黏度 (cps, 25℃)	I. E.	NCO%	用途
p-MDI-(a)	2.30	50	131.0	32.0	硬質泡綿（RIM）
p-MDI-(b)	2.70	200	134.2	31.0	硬質泡綿（冰箱）
p-MDI-(c)	3.00	700	138.2	30.0	硬質泡綿（建材）

(3) 4, 4'-MDI （Methylene Diphenyl-4, 4'-Diisocyanate）

純淨的 4, 4'-MDI 是一極有價值於製造高性能 PU 的中間體，但直至今日，仍沒有直接合成二環 4, 4'-MDA 及 4, 4'-MDI 之商業方法，仍須由合成 p-MDI 的途徑從中蒸餾純化而得。但在合成 p-MDA 的製程上，特別於甲醛與胺基的縮合反應過程中，以高濃度的 HCl 來促進反應，再配合甲醛於低溫下進料時，可以得到最佳的效果，取得大量的二環 4, 4'-MDA 的產物，不過，這種合成法的效率及中和手續較一般程序繁雜。再經光氣反應後於減壓蒸餾時，2, 2'-MDI 及 2, 4'-MDI 的同分異構物是屬於比較低沸點的部分，可以分段式分餾之，而高達 98.5%以上的 4, 4'-MDI 則可於 230℃/10mmHg 的溫度下分離出（表 18-3）。因 4, 4'-MDI 容易進行二量化（Dimerization），故 4, 4'-MDI 淨化取得後必須冷凍儲藏之，以減低其副產物生成。容易形成 MDI 二量體（Dimer）是 4, 4'-MDI 之特性之一，因此，必須在工廠製程上慎加避免之。另一在工廠操作上的難題是 4, 4'-MDI 其熔點 （m.p. 38℃）高於常溫，因此，固態 MDI 必須在使用前，先經加熱後方可液化使用。此外，也有液體 4, 4'-MDI 的商業產品出現，其產品是以 PO 的衍生物（Dipropylene Glycol 及 Tripropylene Glycol）和小部分的 4, 4'-MDI 反應或以 4, 4'-MDI 的 CDI 衍生物生成於 4, 4'-MDI 之中來避免其結晶在室溫之出現，而達到液化之效果（表 18-2）。

表 18-2 市售液態 4,4'-MDI

	平均官能基 (f)	黏度 (cps, 25℃)	I. E.	NCO%	用途
聚醚醇衍生	2.00	800	181	23.0	合成皮
聚酯醇衍生	2.00	1500	240	18.7	皮革
CDI 衍生	2.15	40	141	29.4	RIM elastomer

(4) 特用芳香族異氰酸鹽 （Speciality Aromatic Isocyanate）

PPDI 及 NDI 兩種特用芳香族異氰酸鹽的用量小且單價高，只應用於特殊需求的 PU 產品上。PPDI 及 NDI 的異氰酸鹽官能基（-NCO）之活性高，分子結構有極高的對稱性（表 18-3），所合成的 PU 產品較易形成結晶型或明顯分段式的高分子結構，對於合成抗熱且不變形的 PU 產品生產上，有其應用之價值。

表 18-3　重要的芳香族多元異氰酸鹽

簡稱	結構式	分子式	分子量	沸點（℃/mmHg）	熔點（℃）	NCO%（%）	官能基數
TDI	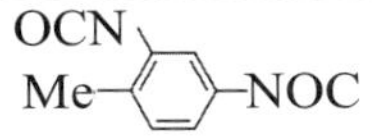 OCN, Me, NOC	$C_9H_6N_2O_2$	174.16	251/760	14	48.26	2
4,4'-MDI	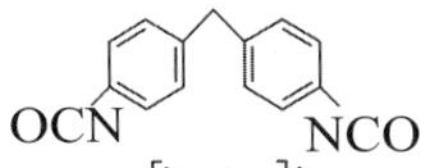 OCN, NCO	$C_{15}H_8N_2O_2$	250.26	170/1.0	38	33.58	2
p-MDI	 OCN, n, NCO, NCO	--	260~300	--	液	26~30	2.1~2.7
PPDI	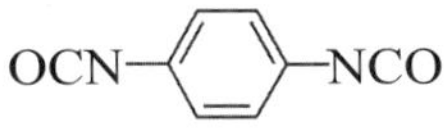 OCN—, —NCO	$C_8H_4N_2O_2$	160.13	263/760	94	52.48	2
NDI	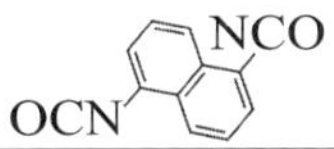 NCO, OCN	$C_{12}H_6N_2O_2$	210.19	263/760	130	39.98	2

2. 飽和族二元異氰酸鹽（Aliphatic Diisocyanates）

上述芳香族異氰酸鹽唯一明顯的缺點，就是其 PU 產品，經過日光照射及氧化後會迅速變黃，而失去原來的色澤。而飽和族二元異氰酸鹽恰能彌補此一缺陷，所以，在製造不變色的 PU 產品，尤其是塗佈及彈性體的兩項應用上，飽和族異氰酸鹽具有實用的價值。市場上主要的飽和族異氰酸鹽有 HDI、IPDI、H_{12}MDI 三種主要化合物，約占全球異氰酸鹽銷售量的 6%。因製造此類異氰酸鹽的程序較繁雜且步驟多，和芳香族的 TDI / p-MDI 比較，價錢貴上 2~3 倍，因此，堪稱是 PU 單體的特用化學品，其主要製造廠商為 BASF、Rhone Poulenc、Bayer 及 Takeda。

(1) HDI（Hexamethylene Diisocyanate）

市面上最便宜的飽和族異氰酸鹽首推 HDI，它是由光氣反應將己二胺轉化而成。己二胺是 Nylon 6,6 的單體之一，工業上製程是以丁二烯及己二酸為起始原料。HDI 分子量小，揮發度高，為了確保實際操作上的安全著想，HDI 可轉化為含 biuret 結構或含 isocyanurate 結構的三元化衍生物（圖 18-3），改造後二者之分子量約增加 3 倍，異氰酸鹽之官能基數（f）也增加大於 3.0，能適用於製備熱固型（Thermoset）的 PU 高分子及交聯的應用上。

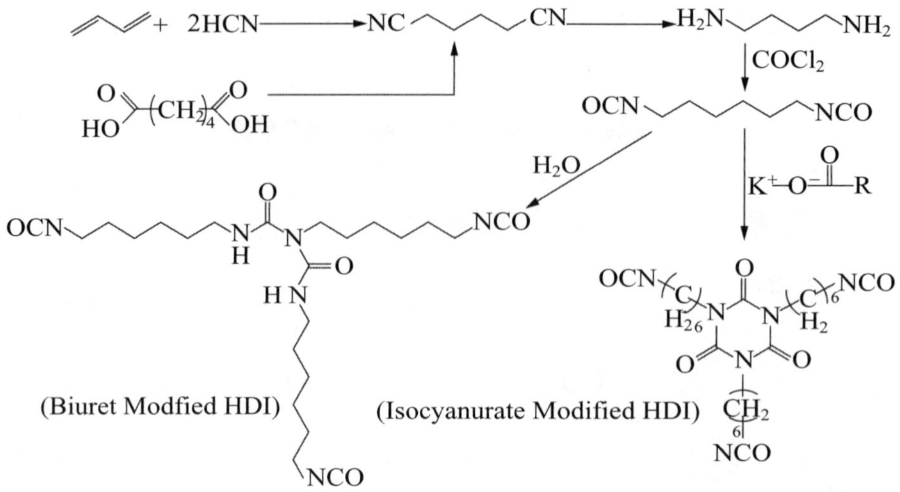

圖 18-3　HDI/HDI Biuret/HDI Isocyanate 的合成

⑵ IPDI　（Isophorone Diisocyanate）

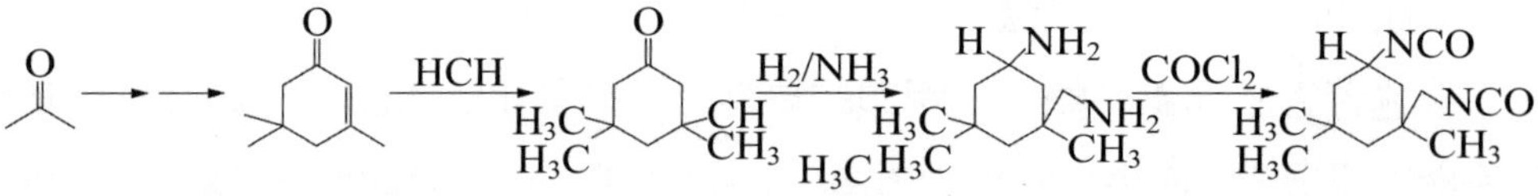

圖 18-4　IPDI 的合成

IPDI 是源自於丙酮的 isophorone，由其衍生而成的異氰酸單體，其製備步驟簡示於圖 18-4，也是常用於塗佈的應用上。據分析知 IPDI 含 75%（Z-Form）和25%的（E-Form）二種立體結構物，常溫呈透明液體。IPDI 分子構造中具兩種不同的異氰酸鹽官能基，不管是（E-Form）或（Z-Form）的構造，分子結構上的兩個異氰酸鹽官能基都顯示不同的活性，在沒有催化劑的影響時，二級異氰酸鹽官能基（2° -NCO）比一級異氰酸鹽官能基（1° -NCO）的反應速率為高，更奇特的是加上微量的錫類（Tin Catalyst）催化劑後，2° -NCO 比 1° -NCO 的反應速率竟可高達 11~15：1 的絕對優勢，在製造 PU 預聚物（Prepolymer）的步驟上，這優勢有極可利用的好處，例如，可合成分子量較低的選擇性產物，而可利於製得低黏度預聚物的合成，並可獲得在 PU 高分子製備程序上操作的方便，因此，以 IPDI

生產異氰酸鹽的預聚物（Prepolymer）是大有可利用價值。

(3) H_{12}MDI （Hydrogenated MDI）

H_{12}MDI 可由 MDA 或 p-MDA 經氫化其苯環後，再將所得的飽和環二元胺經光氣反應成 H_{12}MDI。因其特殊雙環之結構，可含有三種不同立體同分異構物之 H_{12}MDA，亦即為 trans-trans（m.p. 65℃）、cis-trans（m.p. 36℃）、cis-cis（m.p. 61℃）三種，如圖 18-5 所示的結構，而其同分異構物組成的分布，取決於氫化反應時

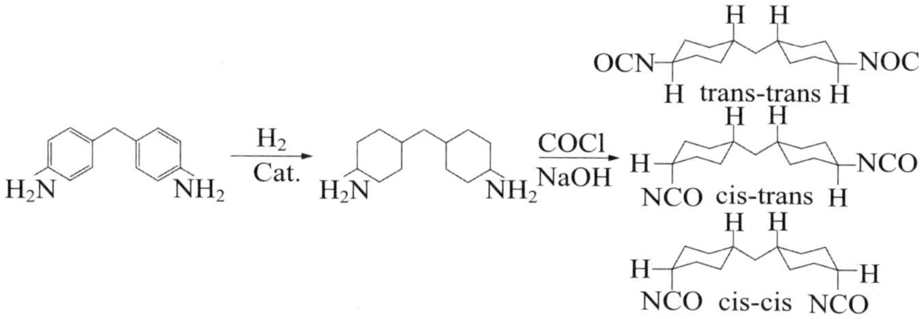

圖 18-5　H_{12}MDI 的合成

所用之催化劑及溫度而定。H_{12}MDI 因異氰酸鹽官能基連接在六環之上為二級的異氰酸鹽，所以，因立體障礙及沒有苯環提升反應性的影響下，活性明顯低迷，必須依靠適量的催化劑協助，以合成高分子 PU 產品。H_{12}MDI 是常應用於製造透明以及耐天候的 PU 產品之重要原料。

表 18-4　重要的飽和族多元異氰酸鹽

簡稱	結構式	分子式	分子量	沸點 (℃/mmHg)	熔點 (℃)	NCO% (%)	官能基數
HDI	$OCN{-}(CH_2)_6{-}NCO$	$C_8H_{12}N_2O_2$	168.2	130/760	13	50.0	2
Biuret Modified HDI	（圖 18-3）	$C_{23}H_{38}N_6O_5$	478	--	--	23.8	≧3
Isocyanurate Modified HDI	（圖 18-3）	$C_{24}H_{36}N_6O_6$	504	--	--	23.1	≧3
IPDI	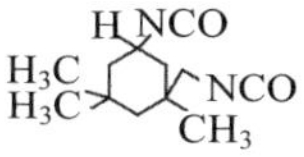	$C_{12}H_{18}N_2O_2$	222.3	153/760	10	37.8	2
H_{12}MDI	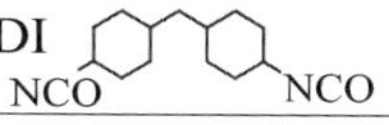	$C_{15}H_{22}N_2O_2$	262.3	179/760	0.9	32.0	2

㈡ 聚醚多元醇（Polyether Polyols）

多元醇是製造PU的另一重要基石，分子量低於200的醇類，例如：乙二醇（EG）、甘油（Glycerin）、丁二醇（Butanediol）、己二醇（1,6-Hexanediol）及三甲醇丙烷（TMP），在PU的合成上常常當作鏈延長劑（Chain Extender）或交聯劑（Crosslinkers）之功用。但高分子的多元醇（分子量從400~8000）其實才是合成PU的基礎，其結構及鏈長是實質上導致PU有各種不同特性的主因。這些長鏈的多元醇，都是石化產物，聚醚醇來自環氧乙烷及環氧丙烷（EO / PO），另一類為聚酯多元醇，則是由多元酸及多元醇經縮合而成的聚酯預聚物，兩類型皆以羥基（-OH）作為末端基，以利和異氰酸鹽反應成胺酯。

1. 環氧乙烷/丙烷衍生的聚醚多元醇（Polyether Polyols Based on EO/PO）

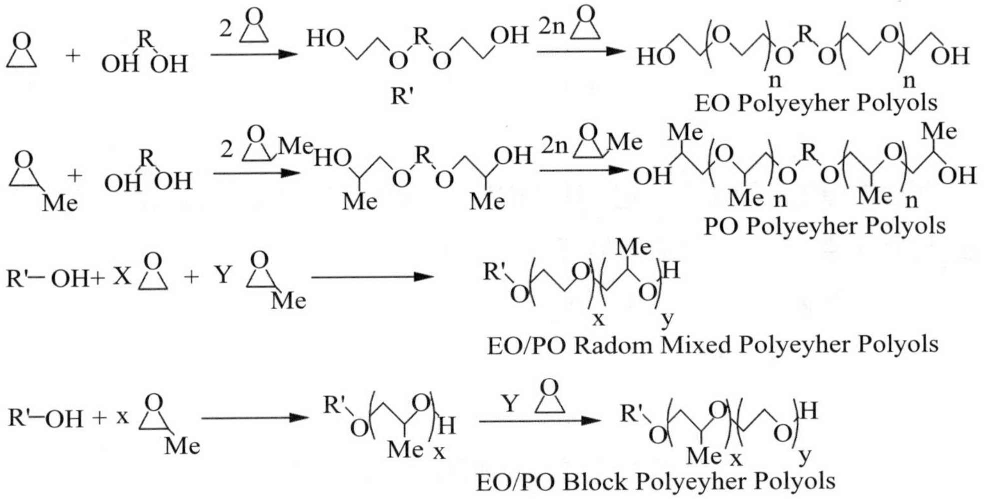

EO Polyeyher Polyols

PO Polyeyher Polyols

EO/PO Radom Mixed Polyeyher Polyols

EO/PO Block Polyeyher Polyols

圖 18-6　聚醚多元醇的合成及種類

聚醚醇是用於合成PU軟性泡綿及PU硬性泡綿的主要醇類，自從EO及PO在20世紀的40年代大量產出後，50年代就發展出聚醚醇的製造及應用，全球目前產量約4~500噸，居所有PU原料之冠。一般製備聚醚醇的方法，是採以批次（Batch）或半批次（Semibatch）式製程，常以水、甘油、蔗糖或其他短鏈的多元醇作為起始劑（Initiator），以少量的KOH或三級胺作為催化劑，在80~140℃

的溫度，密閉的加壓反應爐下進行，再通入 EO 或 PO 作開環聚醚反應。經過某一定量的 EO 或 PO 被消化後，再經過減壓抽去 EO 或 PO 的步驟，以及中和鹼（＜ 3ppm），過濾及去水等手續，方得最後產物（圖 18-7）。以純 EO 作出的醇類，其鏈的排列具對稱性，生成的是一級醇，和異氰酸鹽的反應較快速，但長鏈的醇類且親水性強，分子量超過 800 以上在常溫有固化結晶之虞，因此，在 PU 產品的應用時，並非最理想。

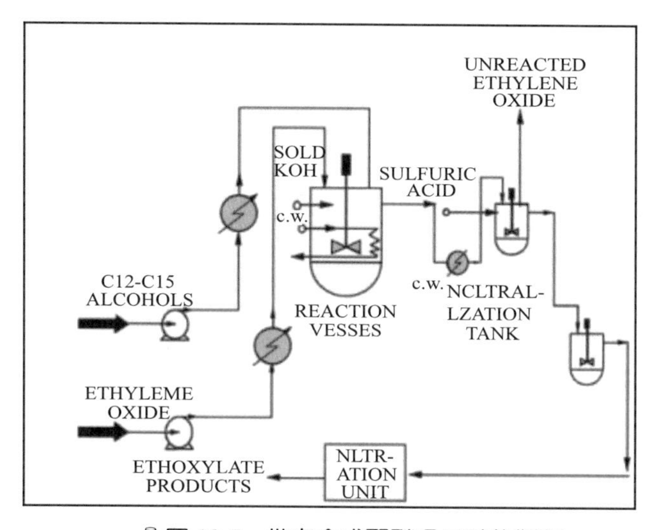

圖 18-7　批次合成聚醚多元醇的製程

PO的分子不具對稱性，有兩處開環的位置，而可生成一級或二級醇的可能。但一般而言，主要的開環模式是循著攻擊未含甲基的碳端先開始，再由含甲基的位置生成含 RO-的 2 級含氧陰離子，繼續作開環反應，直到 PO 消耗殆盡為止。因此，反應終了時的末端基將呈現以二級醇為多（圖 18-6），和 EO 生成的醇類不同，反應活性也較低，在主鏈上也都含有甲基支鏈，而使生成的醇類較為親油，並有疏水性，而且此性質也隨著分子鏈的延長而趨於顯著。在物性上，以 PO 合成的醇類因不具對稱型，生成的多元醇一般比等分子量的 EO 多元醇黏度更低而不易固化，在 PU 製作的程序上有極可取之處。另外，在合成聚醚醇時，也可將一定比例的 EO 及 PO 混合使用，以生成含乙烯醚（Ethylene Ether, $-CH_2CH_2O-$）

及丙烯醚（Propylene Ether,-CH_2CH（CH_3）O-）相混的雜混醇類。更有許多製造商，以分段式的方式，例如，先以 PO 開始，製成丙烯醚段後，再繼續以 EO 來完成後半段，且以乙烯醚作成末端基，如此所生成的分段式產物，不但可有丙烯醚段的疏水性及不結晶的好處，又可具有乙烯醚在完成反應後形成一級醇的高反應性，因此，在一分子上具有多功能的好處。而用於軟式泡綿的多元醇是分子量約 3000 的三元醇，並以 PO 聚醚型為主。

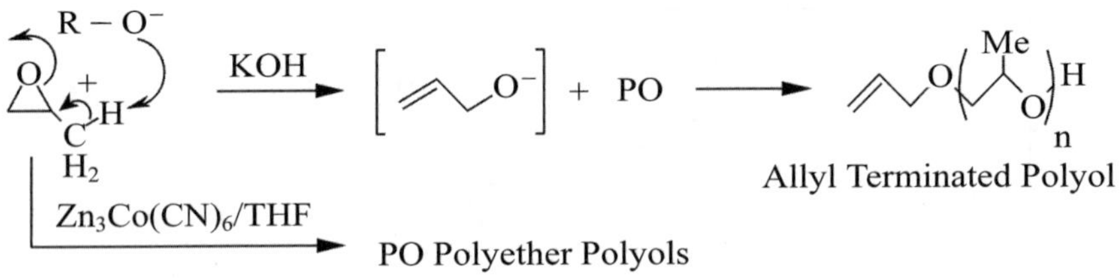

$R-O^-$ KOH + PO Allyl Terminated Polyol
$Zn_3Co(CN)_6$/THF PO Polyether Polyols

圖 18-8　PO 聚醚合成時的副反應

PO 在聚醇的製造中，少部分的 PO 有生成副產物的現象，副產物是由轉化 PO 而成丙烯醚的陰離子，而形成 1-丙烯醚之一元醇的副產物（圖 18-8）。生成此一元醇在 PU 的高分子合成是不利的，它將是高分子的鏈終止劑，使 PU 無法趨於應有的高分子量及特性。因此，許多製造商都已有因應之道，目前以 Zn_3〔Co（CN）$_6$〕$_2$ 或稱 DMC 錯合物為主的催化劑來取代 KOH 最為有效，可大肆減少末端含不飽和 1-丙烯醚陰離子的生成，由於此金屬錯化物為一高效率的催化劑，用量極少，而且不需將此催化劑在反應後除去，可以省去後段的中和鹼過濾及去水的手續，很適合作連續式製程。此多元醇製備技術原在 1966 年由 General Tire 和 Rubber Co 所發明，然後轉由 ARCO（現已賣給 Bayer）作實用上發展，使分子量高達 8000 左右的PO多元醇亦可產出。代表性的PO、EO多元醇，列於表 18-5。

表 18-5　代表性的 EO、PO 聚醚多元醇

聚醚多元醇	分子量	觸媒	官能基數	黏度（cps,35℃）
EO	400	KOH	2.0	40
PO	400	KOH	2.0	40
PO	2000	KOH	2.0	160
PO	2000	DMC	2.0	165
PO	3000	KOH	3.0	500
PO	3000	DMC	3.0	275
PO	8000	DMC	2.0	1460

2. 聚 THF 二元醇（PTMEG）

圖 18-9　PTMEG 的合成

另一種常用的聚醚型二元醇是由 THF（Tetrahydrofuran）所合成，不過，THF 不能以類似 EO/PO 的方法以 KOH 來開環聚合，目前仍依賴陽離子開環聚合（Cationic Polymerization）的模式來製造 PTMEG。製造時通常將 THF 和強酸混合在−10~10℃中進行，常用的強酸有發煙硫酸、FSA（FSO3H）及氫氟酸（HF）等，BF3 和 SbCl4 等路易士酸亦可用於開環。近幾年來，新的固體強酸如杜邦的 Nafion 及含鎢或鉬的異多元酸（Hetropolyacids, $H_3PW_{12}O_{40}$ 及 $H_6P_2Mo_{18}O_{63}$）也有研發的活動。但目前每一種技術仍各有其利弊。例如常用的一種技術是以FSO3H 和 THF 以 1：2 在 40~60℃迅速混合後產生 Oxonium 陽離子，反應物立即冷卻至 0~10℃，並加上更多的 THF 進行聚合，最後反應物又升溫至 25℃，當分子量平均達到所要的目標後再加以終止，如此分子量的分布可較狹窄，唯一的缺點是 PTMEG 有少量金屬鹽雜質。商業最常用的 PTMEG 的平均分子量在 600~2000 之

間，他們是製造高性能 PU 產品的主力，尤其是在合成 Spandex 彈性纖維以及高強度彈性體的製造上，是不可或缺的原料之一。

㈢ 聚酯多元醇（Polyester Polyols）

$$n+1\ HO\ R\ OH + n\ HO-\overset{O}{\overset{\|}{C}}-R'-\overset{O}{\overset{\|}{C}}-OH \longrightarrow HO\left(R-O-\overset{O}{\overset{\|}{C}}-R'-\overset{O}{\overset{\|}{C}}-O\right)_n R-OH + 2n\ H_2O$$

$$R = -(CH_2)_2- ,\ -(CH_2)_4- ,\ -(CH_2)_6- ,\ -(CH_2)_2O(CH_2)_2- ,\ -CH_2-\underset{CH_3}{\overset{CH_3}{\underset{|}{\overset{|}{C}}}}-CH_2-$$

$$R' = -(CH_2)_4- ,\ -(CH_2)_8- ,\ -C_6H_4-$$

圖 18-10　聚酯多元醇的聚合

聚酯多元醇是多元酸及多元醇經縮合作用後而得，除了形成含酯類的長鏈外，末端基團仍需具有羥基（-OH），所以在縮合反應時，醇類必需過量 5~20%，且得視最後所欲取得的分子量或當量來設定多元酸及多元醇之比例。市場上較便宜的二元酸有己二酸（Adipic Acid）、癸二酸（Sebacic Acid）或芳香族的鄰位苯二甲酸及對位苯二甲酸。常用於合成聚酯多元醇的醇類如乙二醇、1, 2-丙二醇和 DEG（Diethylene Glycol）等，若官能基數要大於 2 時，可用甘油、三甲醇丙烷（TMP）、單醣類（Sorbitol）或其混合物來製備之。

傳統的酯化反應將多元酸及多元醇在高溫下（200~250℃）反應，所生成的水份必須立即和混合物分離。為此目的在反應器可套上真空設施，或以另一共沸物（Azeotropes），以幫助提高除水效率，將有利酯化反應的速率及完峻。若再通入氮氣或其他惰性氣體，更能避免高溫氧化所生成的副產物，以確保產物顏色之安定。大量製造時，一般仍以批次程序在玻璃鋪蓋或鋼製的反應器中進行，而反應的進展，常以混合物所含酸量（Acid No.）之程度，以滴定法追蹤之。酯化可以不必加催化劑，但鈦（Ti）、鋯（Zr）及錫（Sn）等的有機化物可用於酯化反應以減少時間，但這些催化劑必須在反應後設法除去活性，以免影響聚酯醇的安定性，或是在 PU 合成時產生不良效果。

由於聚酯多元醇在結構上有極頻繁的酯基出現，能使 PU 產品的剛性、熱穩定性、透氣率、抗油性以及黏著性，遠超過由聚醚多元醇所合成的 PU 產品。所以在合成高性能 PU 產品時，是不可或缺的原料，但唯一明顯的缺點是，其水解性容易在潮濕的環境下有斷鏈分解之虞，代表性的聚酯多元醇，列於表 18-7。

表 18-7　代表性的聚酯多元醇

General Structure $HO-R\left[O-\overset{O}{\overset{\|}{C}}-R'-\overset{O}{\overset{\|}{C}}-O-R\right]_n OH$		OH No.	分子量	官能基數	黏度(cps)
$R=\left(CH_2\right)_2 \quad \left(CH_2\right)_2$	$R'=\left(CH_2\right)_6$	56	2000	2.0	8,000(25℃)
$R=-CH_2-\underset{CH_3}{\underset{\|}{CH}}-$	$R'=\left(CH_2\right)_6$	56	2000	2.0	12,000(25℃)
$R=\left(CH_2\right)_4$	$R'=\left(CH_2\right)_6$	56	2000	2.0	1,300(60℃)
$R=-CH_2-\overset{CH_3}{\underset{CH_3}{C}}-CH_2-$	$R'=\left(CH_2\right)_6$	56	2000	2.0	1,300(60℃)

1. 由環酯合成之聚酯多元醇（Polyester Polyols Based on Caprolactone）

$$m+n\ \text{(Caprolacton)} + HO-R-OH \longrightarrow HO\left[\left(CH_2\right)_5\overset{O}{\overset{\|}{C}}-O\right]_m R\left[O-\overset{O}{\overset{\|}{C}}\left(CH_2\right)_5\right]_n$$

（Caprolacton）

圖 18-11　由環酯合成聚酯多元醇

Caprolactone 是以過氧酸（Peracid）氧化 Cyclohexanone 的產物，它能和多元醇直接加熱反應而形成聚酯多元醇，此反應不會生成任何副產物如水分子，且因開環反應極為迅速，故不需添加催化劑。又因開環作用不會有任何酯基交換的現象，而產生有如 Adipate 多元醇在酯化作用時的不良現象，因此，開環而生的多元醇分子量分布較窄，分子鏈的對稱再現性也較高，這些聚酯多元醇不但較有抗水解性，也特別使PU在軟鏈上易有結晶狀態形成。以此二元醇合成的PU產品，其軟段熔點約高於50℃，比一般由二元醇及二元酸作成的多元聚醇更有特色及優點。尤其在製造高初期強度（Green Strength）的強力黏著劑上，是一必須考慮使用的特用品。

表 18-8　Caprolactone 合成的聚酯二元醇

分子量	OH No.	結構	外觀（常溫）	熔點（℃）	黏度（cps,55℃）
550	204	直鏈	液態	20	約 90
1000	112	直鏈	半固體	38	~180
2000	56	直鏈	蠟狀	47	~650
3000	28	直鏈	蠟狀	55	~1500

三、*PU的化學原理（Chemical Principles）*

PU 儘管有五花八門的產品，但在合成的化學反應模式上皆極類同，大部分是利用多元異氰酸鹽的高活性，與多元醇進行加成反應，而得到胺酯為主官能基的高分子產品。加成反應也可以多元胺取代部分或全部的多元醇，而生成含尿素（Urea）官能基的PU產品。也有的PU配方在主要的加成反應中，摻雜一些異氰酸鹽的次要反應（Secondary Reaction），用以引進其他輔助的官能基，來改變PU的性質，以加強或互補 PU 性質上的不足。以下討論形成 PU 主要及次要反應的種類及模式。

㈠異氰酸鹽與醇／胺的加成反應（Addition Reactions of Alcohols/Amines with Isocyanates）

異氰酸鹽是一高活性的化合物，其構造的特徵在於兩雙鍵集中連接於異氰酸鹽官能基（-N=C=O）的碳原子上，兩邊又連接了氮和氧陰電性大易極化的原子，此結構必將使電子在異氰酸鹽官能基上分佈不均，尤其令居中的碳原子，明顯成為帶正電的角色，可用圖 18-12 幾個共振的分子式表露無疑。因此，任何和異氰酸鹽官能基作用的反應，無不以此荷正電的碳原子做起始點，並以從事「親正電」的加成反應（Nucleophilic Reaction）為主。再則，異氰酸鹽官能基加成反應的難易度或速率之快慢，取代基（R-）的影響力也頗大。例如，當取代基為一拉電子基時，異氰酸鹽官能基中碳的荷正電性會增強，而使異氰酸鹽官能基的化學活性提升，相反的假使取代基為一推電子的官能基，則異氰酸鹽官能基中的碳之荷正電性將被消弱，使整個異氰酸鹽官能基的化學活性減低。這些論點可以圓滿的引用來解釋以下幾個已知異氰酸鹽活性之趨勢（圖 18-12）。

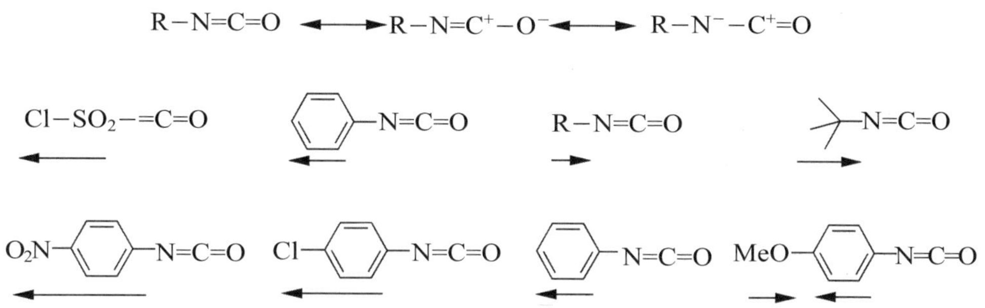

$$R-N=C=O \longleftrightarrow R-N=C^{+}-O^{-} \longleftrightarrow R-N^{-}-C^{+}=O$$

$Cl-SO_2-=C=O$ ⟵　Ph-N=C=O ⟵　R-N=C=O ⟶　$(CH_3)_3C$-N=C=O ⟶

$O_2N-C_6H_4-N=C=O$ ⟵　$Cl-C_6H_4-N=C=O$ ⟵　Ph-N=C=O ⟵　$MeO-C_6H_4-N=C=O$ ⟶ ⟵

圖 18-12　異氰酸鹽的構造及活性趨勢

參與加成反應的另一半，例如：醇（ROH）、胺（RNH2）或酚（PhOH）和同一異氰酸鹽反應時有反應速率的差異。基本上凡是鹼性高（Bascity）的化合物，或是所擁有的取代基能提供電子或推電子給予羥基或胺基時，則有益其與異氰酸鹽加成反應之進行。以此假設，此三類含活性氫的化合物和異氰酸鹽反應時的順序，如圖 18-13。

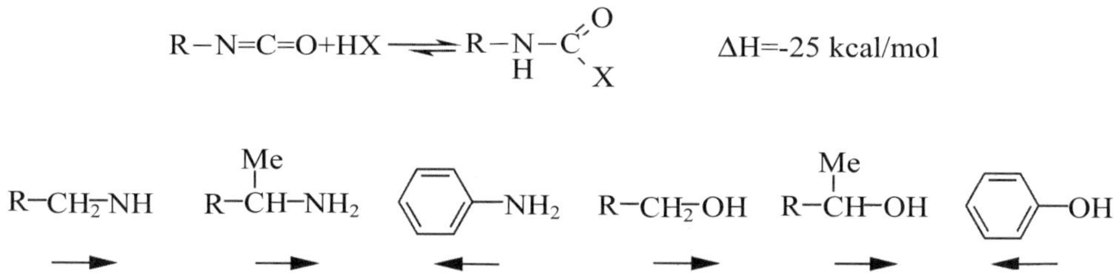

$$R-N=C=O+HX \rightleftharpoons R-NH-C(=O)-X \qquad \Delta H=-25\ kcal/mol$$

$R-CH_2-NH$ ⟶　$R-CH(Me)-NH_2$ ⟶　$Ph-NH_2$ ⟵　$R-CH_2-OH$ ⟶　$R-CH(Me)-OH$ ⟶　Ph-OH ⟵

圖 18-13　異氰酸鹽的加成反應及胺、醇的活性趨勢

在上列的次序中，二級胺和二級醇的活性比起相對的一級化合物都有明顯的減低，似乎顯示著α碳上的取代物能因立體障礙而影響加成反應的速率。總而言之，解析異氰酸鹽的加成反應速率，反應物結構之電子分布以及立體障礙的考量必須並重。

㈡其他異氰酸鹽的加成反應（Other Addition Reactions of Isocyanates）

異氰酸鹽的加成反應不只限於醇和胺二類，幾乎任何含活性氫（Active Hydrogens）的化合物，只要假以適當的反應狀況，最終都有形成加成物的可能。異氰酸鹽和胺、醇的快速結合，當然是PU合成的主流反應，但在PU的化學上，也常引用異氰酸鹽和尿素（Urea）、胺酯（Carbamate）及醯胺（Amide）間的加成反應。這些反應在常溫時速率較為緩慢，是因羧基（-C=O）在旁的影響，但在高溫及有催化劑的促進下，也有如圖 18-14 的加成物形成。但這些產物的化學穩定性較差，超過 200℃後，即有分解的傾向。在 PU 高分子合成時，可利用上述反應來形成 PU 鏈之分支，或導致化學交聯的現象，可提升 PU 高分子的物性。

$$R'\text{-NH-C(=O)-NH-}R'' + R\text{-N=C=O} \overset{\Delta}{\rightleftharpoons} R'\text{-N(C(=O)NHR)-C(=O)-NH-}R'' \quad \text{(Biuret)}$$

$$R'\text{-NH-C(=O)-O-}R'' + R\text{-N=C=O} \overset{\Delta}{\rightleftharpoons} R'\text{-N(C(=O)NHR)-C(=O)-O-}R'' \quad \text{(Allophanate)}$$

$$R'\text{-NH-C(=O)-}R'' + R\text{-N=C=O} \overset{\Delta}{\rightleftharpoons} R'\text{-N(C(=O)NHR)-C(=O)-}R'' \quad \text{(Axylurea)}$$

圖 18-14　異氰酸鹽與尿素、胺酯及醯胺的加成反應

異氰酸鹽和水及有機酸間的反應，也有預期的加成物產生，但這些初產物的穩定性差，通常立即會釋放出二氧化碳，形成第二梯次的產物（Secondary Products），反應會持續直到安定的產物生成為止。以下的三種化合物包括水、有機酸及酸酐，和異氰酸混合作用時皆有 CO_2的產生，可利用於 PU 製造泡綿的程序上作為主要或輔助的發泡劑，以形成低密度具微細孔洞的泡綿產品。

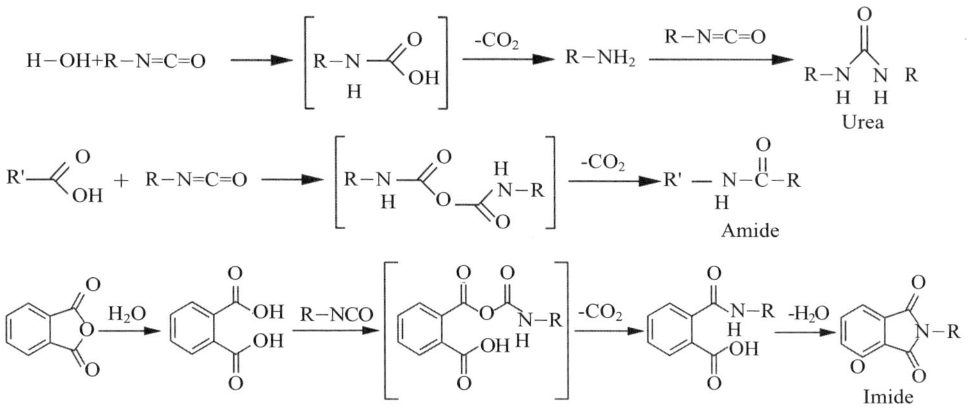

圖 18-15　異氰酸鹽與水及有機酸的反應

除外，異氰酸鹽也能和被羧基活化的酸性氫原子進行加成反應，最常研究的化合物有 Malonic Ester 以及 Enamine 等，不過，形成的化合物是以醯胺（Amides）為主，而不屬於 PU 的範圍之內。

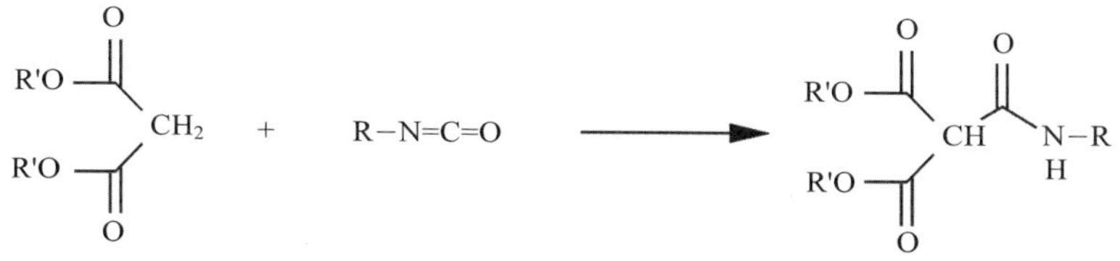

圖 18-16　異氰酸鹽和 Malonic Ester 的加成反應

㈢ PU 加成反應的催化劑（Catalyst Used for PU Addition Reactions）

胺類化合物（Amines）和異氰酸鹽的反應速率幾乎一拍即合，當然其間不必考慮到催化劑的使用。但是使用活性較低的PU單體時，例如，二級醇和飽和族異氰酸鹽間的反應，則需依賴催化劑的使用，以調整反應的進度。有效的PU催化劑，必須能和異氰酸鹽官能基或羥基其中之一或同時形成錯合物（Complex），如此可改變正常的反應路徑，錯合物的生成必須能降低越過過度態（Transition State）所需的能量方可奏效。目前最為廣用的 PU 催化劑有兩大類，即三級胺和錫的有機化合物（Organo-tin Compounds），其共通點是可以個別地和醇及異氰酸鹽形成有利的錯合物。

決定三級胺類催化效率的因素有二：其一為三級胺的鹼性強度（Bascity），也就是視其 pKa 的大小，pKa 愈大者愈為有利；其二則視胺類上氮原子周遭的環境而定，愈能顯現氮原子上未配位電子對者，愈有效率。因苯環連接在胺基上時，會減低胺的強鹼性，所以通用的催化劑，絕大多數是三級飽和烴基胺為多。再則，氮原子若是烴環的一員，氮原子上未被配位的電子對，將更顯露之故，形成錯合物較易，所以，這些含氮的環狀物，例如：Morpholines、Triazines、Piperazines 及 Triethylene Diamines 等（如圖 18-17 所示）極受廣用，但以 Triethylene Diamine 的效率及實用率最多。

含 Aminol-Ethylene Ether 類型的三級胺是專為異氰酸鹽和水反應而設計的特用催化劑，亦稱為發泡催化劑（Blowing Catalysts），這類的催化劑可經由水及醚類的氧原子所產生的氫鍵之便，來引進水和胺—異氰酸鹽錯化物間的距離，所以，可明顯加速水及異氰酸鹽間的作用及生成CO_2，在軟硬性泡綿製作上，可應用作發泡的功能。

二及四價金屬有機化物，例如：汞、鉛、銻及錫的有機化物（Organometalic Compounds），是另一群有效的 PU 催化劑，常作為所謂的「促進交聯催化劑」（Gelling Catalysts），不過其中錫的有機化物（Organotin Compounds）是最突出的一群，應用也最廣泛。例如：三級胺、錫的有機化物也能和 PU 的單體形成錯合物，但它是以一個路易士酸（Lewis Acid）的姿態與醇及異氰酸鹽形成錯合物。文獻上，錫化物至少以兩種不同的機制促進反應：其一是錫化物可和醇類形成錯合物，取代了氫而與 RO-基形成帶負電的錯合物，以提升其攻擊異氰酸鹽官能基中的碳原子的反應性（如圖所示）；其二是由錫化物和二分子的異氰酸鹽而形成如圖的錯合物，再由醇類攻擊這錯化合上的帶正電的碳原子上。文獻上的實驗所觀察到，關於錫化物及胺同時加入 PU 合成所引起「相得益彰」的現象，可由圖 18-17 所示的反應機構得到啟示。因三級胺是強鹼，當二催化劑相混時，第一步可

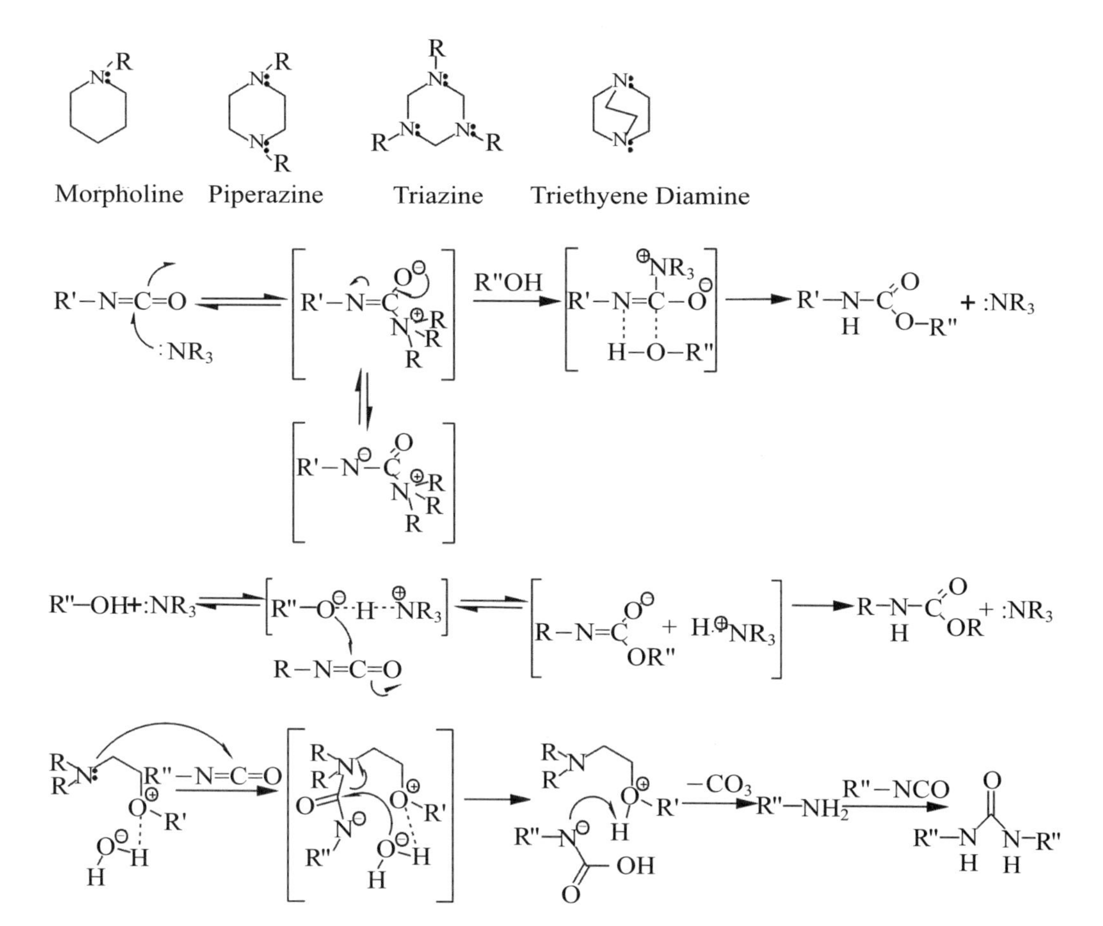

圖 18-17 三級胺催化劑及其與異氰酸鹽及醇的互動

能形成 Sn--NR_3間的互動，再由醇從錫原子的另一方向進來，形成如「三明治」式的新錯合物，再和異氰酸鹽反應，會因在錫上化合物的酸基接受了氫原子而產生加速效應。

㈣其他重要的異氰酸鹽反應—環化反應（Cycloaddition of Isocyanates）

除了上述的加成反應外，異氰酸鹽還有另類的反應，尤其是他們有形成環狀物的傾向。此反應的特點常發生於異氰酸鹽官能基相互間的作用，或是他與他們類似的官能基間之作用，通常必須在有鹼性（Lewis Base）的催化劑協助下完成。活性高的異氰酸鹽常有自發性的二量化反應（Dimerization），生成四環的對稱型產物，亦即所謂的 Uretidine-1,3-dione。MDI 和 PPDI 的二量化可以在低溫及沒催化劑的狀況下緩慢持續進行，所以，常是貯存這些化合物的難題，但較溫和的異氰

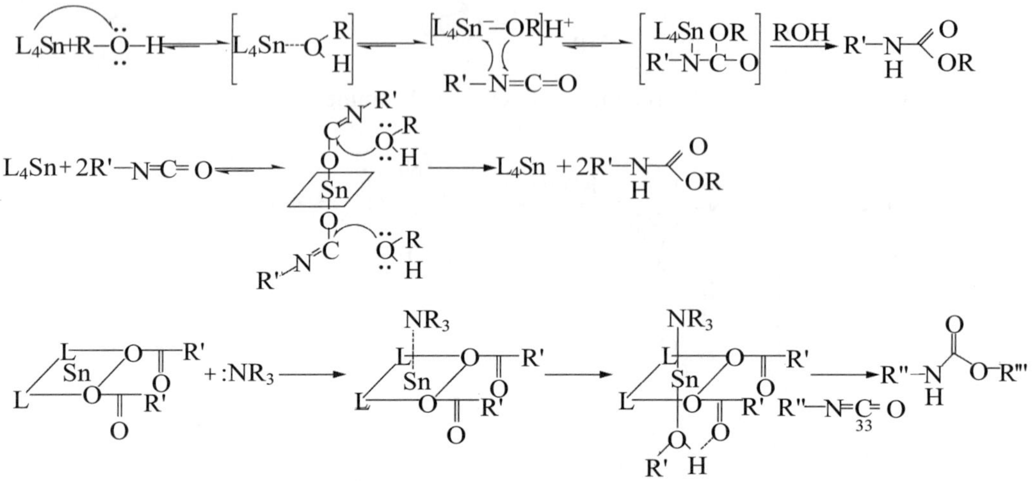

圖 18-18　錫有機化物的催化作用

酸鹽如 TDI 及飽和族異氰酸鹽就較沒此現象，但若需製備他們的二量化產物時，則須加入 Trialkyl Phosphine 作為催化劑以加速之。異氰酸鹽的二量化產物一般為高溫結晶形固體，安定度不佳，一經熱熔化時即有大部分回復成原來的異氰酸鹽。在工業上就有利用這種可逆性，製成隱性（Blocked Isocyanates）異氰酸鹽的策略，以熱促進異氰酸鹽的再現。

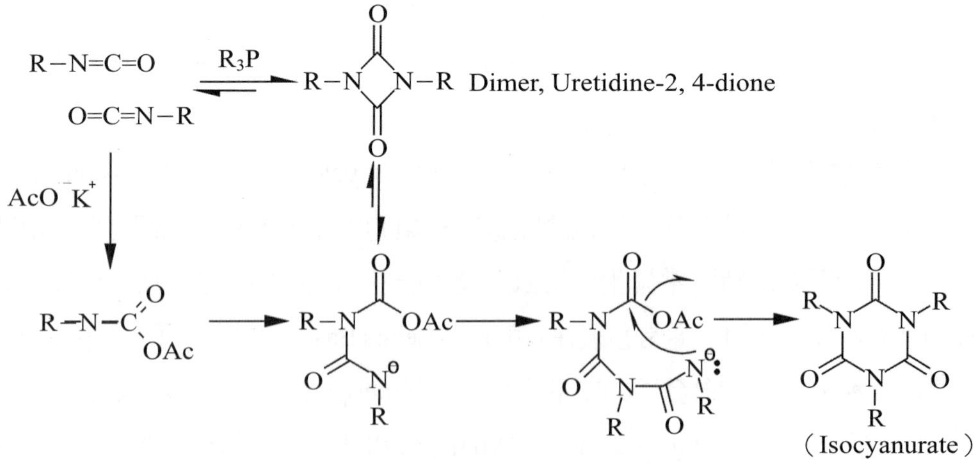

圖 18-19　異氰酸鹽的二量化及三量化反應

在微量強鹼的促進下，異氰酸鹽常有放熱反應的現象，一般以形成六環的三量化產物（Trimer或Isocyanurate）為多。最有效率的三量化催化劑，有鈉、鉀的有機酸鹽，四級胺的有機酸鹽亦有多種有效的催化劑。三量化所形成Isocyanurate的熱穩定性極佳，若能在 PU 加入此官能基，不只可提升 PU 的抗熱性，同時也可造成高度的交聯性。在製造高交聯性的硬質泡綿時，常用此反應作成耐熱耐燃的絕緣產品。

在高溫加熱時，一部分的異氰酸鹽也可生成非對成型的二量化產物，如圖 18-20 所示。此產物可經切除 CO_2 的途徑，而生成 Carbodiimide（CDI）的產物。若此 CDI 與過量的異氰酸鹽混合共存時，他們極易形成四環的產物，稱之為Uretidone-imine，這個化學反應已被利用於MDI改質，以製造液態MDI的應用上。從異氰酸鹽轉化成CDI可用Campbell的催化法（圖 18-20），此法以五價磷的環化物如 DMPO 或 MPO 作為催化劑，轉化溫度可在 60~100℃下進行，可以生成 CO_2 的速率來衡量反應的進行。因以釋放 CO_2 的方法也極有效，似乎可用於合成高分子發泡的技術上。

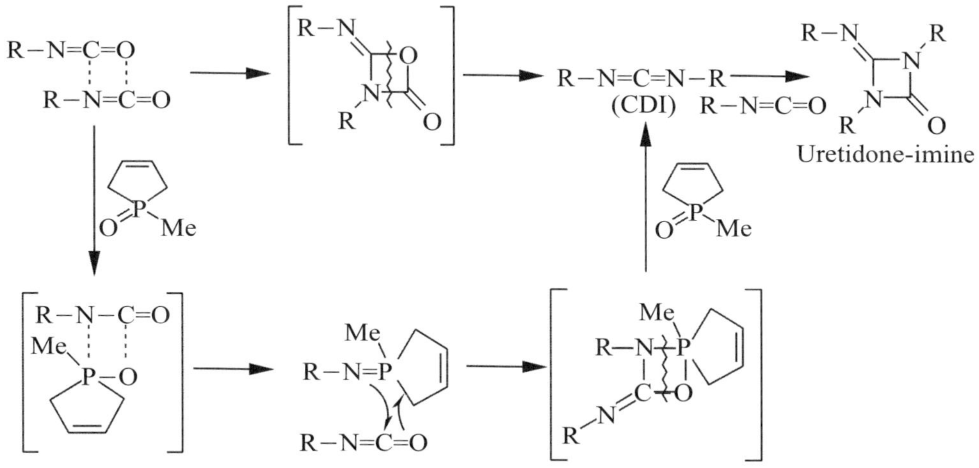

R−N=C=O
R−N=C=O
R−N
O
N
R
O
R−N=C=N−R
(CDI)　R−N=C=O
R−N　R
N
N
R　O
Uretidone-imine
O=P　Me
O=P　Me
R−N−C=O
Me
P−O
Me
R−N=P
R−N=C=O
Me
R−N−P
C−O
R−N

圖 18-20　異氰酸鹽轉化成 CDI 及 Uretidone-imine 的反應

四、聚胺酯的合成方法（Preparation Methods of Polyurethanes）

PU 產品和其他塑膠的製程大不相同。一般的塑膠（PE、PS、PC）是在一大型工廠完成所有聚合的操作，並製成塑膠粒子售出，下游的加工廠商須再次把粒子融解後，射出或擠壓成型而得。相反的，PU 的製程是製造商確定產品物性及規格後，直接買進所需的 PU 原料，再研發出適當的處方，即可量產。因此，PU 的製程著重於原料的選擇、化學反應的預聚、處方的調配，以及有效的混合。尤其處方的研發，是 PU 製程上不可或缺的一環。在調配處方的各種實驗上，須要求高純度的單體，對每一單體的當量也得有準確的測定，因此，（NCO %）及（OH No.）的測定是任何 PU 處方之依據。操作前，要將多元醇中的水分減到最低（< 200 ppm），也得從異氰酸鹽去除異氰酸鹽的二量體等雜質。在製備時，必須能妥善的控制溫度，精準的計算異氰酸鹽及多元醇之當量比率（亦即所謂的「Iso Index」），並作有效的攪拌，如此方能製得再現性高的 PU 產物。

(一) 一次射出的 PU 製備法（One-shot Process）

一次射出法常用於工業製造 PU 軟、硬質泡綿及一些熱塑性的聚胺酯（TPU），製程上不使用任何溶劑，進料時，直接引進異氰酸鹽的部分（A-side）及含多元醇的另一部分（B-side），在一密閉反應器中混合，輔助的添加劑可另用第三管道介入其中，但為著簡化操作起見，這些添加劑也可預先加入於 B-side 之中混合均勻。常用的添加劑包括催化劑、發泡劑、安定劑、防燃物等。經數秒混合後，便可立即射入模中以製成定型產品，也可均勻的噴射或塗抹在紙張、鋁箔上或空隙之空間，任 PU 產品自由成長或膨脹。在催化劑的加速下，正常的反應過程將有急速的放熱反應，溫度可由原先 50~60℃的混合溫度，在數分鐘內直升到 150~200℃之間，視PU的周遭環境及厚度而定。總共操作的時間約 10~20 分鐘而已，但 PU 的性質，則必須等候 24 小時後方達成熟。

(二)預聚物製造程序（Prepolymer Process）

另一製備PU高分子的方式是採兩段式的程序，先製備預聚物（Prepolymer）作為 A-side，再和另外多元醇或多元胺的 B-side 以定量混合後而成最後產品。一般所謂的預聚物，通常以超當量的異氰酸鹽和高分子量的多元醇反應而得，因此，預聚物的末端基必定是異氰酸鹽官能基。其分子量分布可小至數千或高至上萬，但須以保持常溫液態或低熔點的狀態為原則，如此方可在第二步完成高分子的操作上仍保持流動性，以利混合的方便。

合成預聚物的主要目的有二：一是在高分子合成的操作上取得優勢；二是在產品的性質上可以得到提升。此合成法最常應用於高性能 PU 彈性體的製程上，能使活性低的多元醇，在急速混合的製備法中不致落後，而導致分子量偏低之缺點。譬如，以低活性的 PPG（Polypropylene Glycol）與乙二胺（Ethylene Diamine）同時和 MDI 作用時，乙二胺急速的與 MDI 反應，若先形成硬質段（Hard Segment），則混合物有立即固化而打斷分子量持續成長的可能。但若改以兩段式的合成法，可由 MDI 及 PPG 先行作加成反應，完成預聚物後再和乙二胺反應，即可解決此難題。而對於反應溫度的控制方面，兩段式的放熱反應也較易控制，減少過熱以致燒焦（Scorching）的機會。且作成預聚物也相對的減少了異氰酸鹽單體的揮發性，因此，在工廠的製程上也較為安全。同時此法更有助於合成分子量分布較均勻的 PU 高分子，有利製成性能較佳的 PU 產品。

不過，以預聚物製程來製備 PU 產品，最重要的影響是在於 PU 高分子之形態（Morphology），可以製得明顯且有效率的分段式PU（Segmented PU）之高分子結構。異氰酸鹽先和長鏈多元醇的結合是形成軟質段（Soft Segment）之部分，此預聚物的玻璃轉移溫度（T_g）偏低，可提供如天然橡膠似的彈性、延展性及抗撞性，而仍缺乏的是抗熱性。但若以短鏈的二元醇或二元胺來完成合成後，在長鏈上將出現一定延伸長度的硬質段，恰與另一端的軟質段形成強烈對比，這一長串的硬質段將帶來高熔點及剛性之特性，可彌補彈性鏈段之不足。更可貴的是經由硬質段的形成，將排斥互不相溶的軟質段，而使鏈與鏈間的硬質段以苯環間的相互作用力或以胺酯間的氫鍵（H-bonding）密切結合，把同性質的硬質段聚集並束綁成一團，而形成硬質相區（Hard Segment Domain），此高分子之狀態有如一些柔軟的彈簧鋼絲，二邊緊繫於固定的鋼板上，這種形態不止仍保有部分彈性，也將兼具高剛性及高熔點，而使整體的性質具有高超的回覆彈性（Elastomeric Resilence），這種如「量身打造」的特質，是預聚法最突出的貢獻。

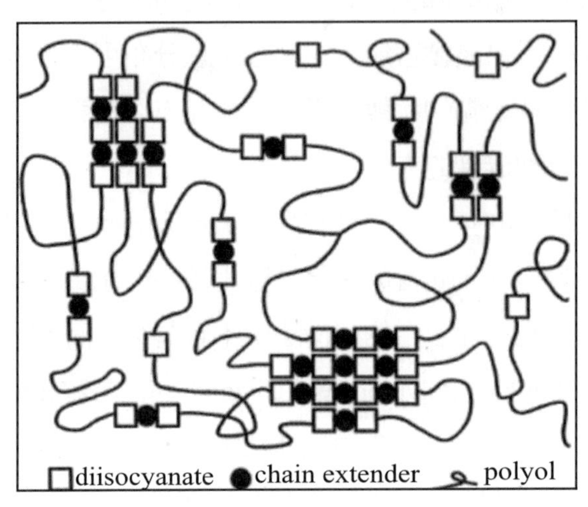

圖 18-21　分段式 PU 的高分子形態

㈢ PU 的高分子溶液（油性 PU）（Reaction in Solution）

用於合成及溶解PU高分子的有機溶劑，必須有很高的極性，並能和胺酯（官能基作有效的互溶，沒有活化氫的酮類（Ketones）及醯胺類（Amides）溶劑，包括 MEK、DMF、DMAc 等所謂的「A-protic Solvent」，是最常用的 PU 溶劑。在溶液中合成PU高分子，一般仍以二段式預聚法（Prepolymer）的方式為主。當預聚物溶液製成後，最後一步才加入鏈延伸劑來完成聚合。為求得反應的效率及形成優質產品，鏈延伸劑一般以二元胺如乙二胺（Ethylene Diamine）或其他環狀二元胺為主。二元胺類作鏈延伸劑時所生成的 PU 是以含尿素為主的硬質段，也可生成高熔點及明顯的硬質相區。高分子量的PU溶液仍以DMF最為普遍，商業上所採取之含固量約在 20~30%，適用於PU塗佈、黏著劑、高性能纖維及人造皮等應用上。但近來因為環保意識的興起，這種含有機揮發物（VOC）的 PU 溶液以及塗佈方式，已成為眾矢之的，所以，PU 有機溶液的製程及成品，似乎有漸被淘汰之勢。

㈣水性 PU （Water Born PU）

水性 PU 顧名思義是以水取代有機溶劑，作為合成聚酯及稀釋高分子 PU 的媒介。雖然單純以經濟及環保上的考量時，以水作為溶劑似乎是明智的選擇，因水蒸發時是無毒又不燃，對水及空氣也無污染可言，但若以化學及安全的角度來衡量時，這一策略似乎就有顯而易見的瑕疵。主要的原因是水分子小，又含活性氫，能和異氰酸鹽進行加成反應，而生成二氧化碳（CO_2）及胺類，後者更將立即和另一分子的異氰酸鹽作用，成為含尿素官能基的化合物，由這些事實可預料，以水為溶劑時，在調配異氰酸鹽和多元醇的比例上將遇到難題，或許將低估異氰酸鹽所需的量，而使反應無法達到所預期的分子量。再則，在實際生產的操作上，若有二氧化碳所引發的泡沫產生，也將帶來裝置及程序上的困擾。但經過數十年的研究，至今已有許多配方及新技術的進展與突破，再經由原料的選擇，以及乳化劑在預聚物上的合成，目前水性 PU 已漸成可接受的商業產品。

低分子量（$< 8,000$）又黏度低的PU預聚物和水激烈攪拌之下，可生成油／水的 PU 乳化溶液，這時候預聚物分子結構上未作用的異氰酸鹽末端基，若以二元胺再加以延伸，則可形成 PU 高分子之微粒分散於水中之現象，而形成的顆粒之大小介於 0.1~10μm，此 PU 高分子之微粒可均勻而安定的懸浮於水中。但一般合成的 PU 預聚物的黏度都大於 8000，尤其以聚酯二元醇合成的預聚物時，黏度可超過 25000 cps 以上，當遇到這種高黏度的狀況時，能加入甲苯或丙酮等有機溶劑稀釋之，再加鏈延伸劑來完成 PU 的製備之後再加水乳化之。但以此方法，仍得處理有機溶劑的後續回收，似乎又失去原來利用水製成水性PU的環保原意。另外，生成之 PU 預聚物或高分子 PU 若不使用有機溶液稀釋法時，也可提高 PU 或 PU 預聚物的溫度至 100℃，再與水混合。這種熱融乳化法，也得加入有效的界面活性劑，並使用剪切力（Shear Stress）強的攪拌機來分散PU高分子於水中，但這種高溫熱融法來合成的程序仍有缺陷，因為所生成的分散物其顆粒偏大，顆粒在水中的安定性不佳，有分層之可能。

近年來，為解決高分子預聚物在水中的分散問題上，已有較妥善的方案。最佳的策略是在合成最初的 PU 預聚物時，加入含有親水性側鏈的二元醇，這側鏈可以是以 EO 為主的非離子型之聚醚親水基，亦可是以有機酸或亞硫酸鈉為親水基，插入這種「內植乳化劑」不管其分子量大小，可使 PU 的預聚物，不需依賴強有力的攪拌器，就能自我分散於水中。分散之後，再以二元胺如乙二胺，在水中將 PU 鏈段延展之後，即可形成在水中分散均勻的乳化溶液，這溶液不但在水中有機械性及化性上的安定特點，也有極佳的成膜性質及接著能力，在應用上，有相當廣泛的可能性，已能和油性 PU 的性質有並駕齊驅之勢。但最可取之處，是在塗佈或成膜的過程中沒有VOC的憂慮，是符合「綠色環保」的PU產品。預期水性 PU 的技術，會有繼續的研發及發展，或許不久的將來，也在 PU 產品內占有一席之地。

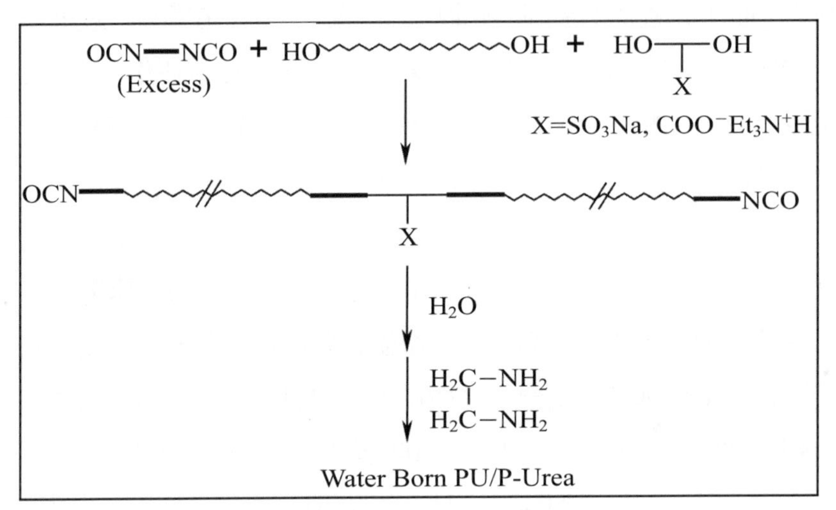

圖 18-22 水性 PU 的製備

五、PU 的產品（PU Commercial Products）

PU的產品比比皆是，在我們身邊就有許多生活上不可或缺的PU民生用品，他們常是隱藏在內部而不受注目，因此，令人忽視了 PU 產品的重要性。例如，我們的家具及球鞋所用的彈性墊；冰箱或冰庫的絕緣裡層；車上方向盤、座椅，以及防撞板（Bumper）裡，所用的都是PU材料（圖 18-23）。就因PU的產品種類繁多、用途極廣，在此無法一一詳述，只得以最具代表性的四種大宗 PU 產品來介紹。

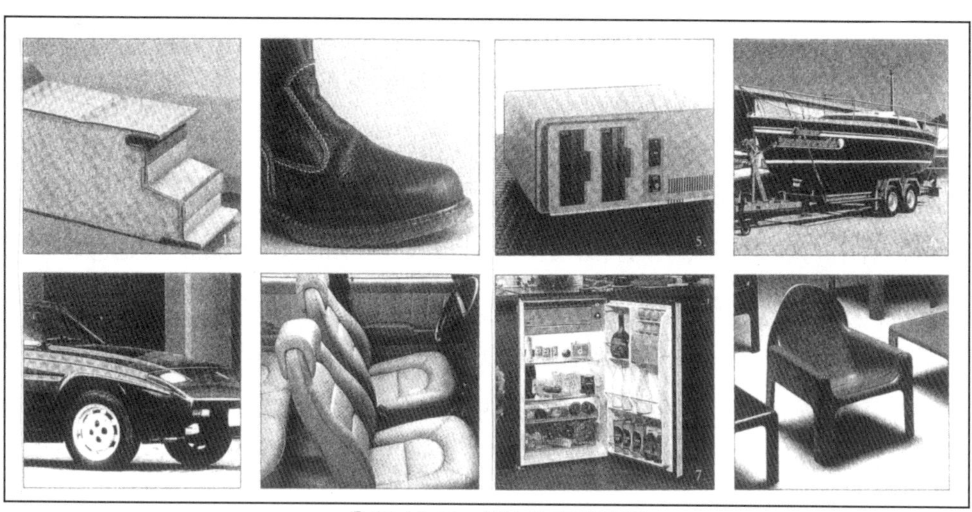

圖 18-23　PU 的商業產品

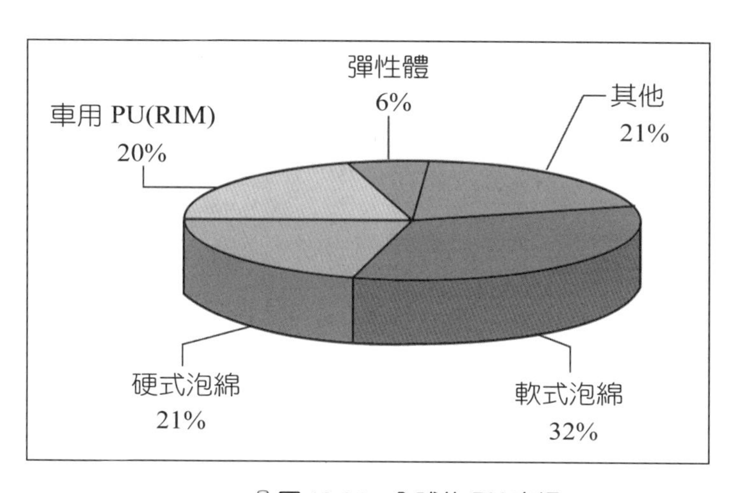

圖 18-24　全球的 PU 市場

㈠ PU 軟質泡綿（PU Flexible Foams）

PU 軟質泡綿產量高居所有 PU 產品之冠，約占全球 PU 市場的 32%。PU 軟質泡綿是指 PU 之密度在 12~80 kg/m^2（0.8~3.0 lb/ft^3）之間的開放式泡綿而言。所謂開放式泡綿，是指泡綿結構之微孔洞上的窗戶薄膜是破裂的，因此，可讓空氣能自由穿梭其中，如圖 18-25 所示。這泡綿共通的性質是具有強韌性可抵抗拉力，也具高反彈性可迅速的由應力變形後恢復原狀。在基本處方及製程上也都有極類似的共通點，軟質泡綿皆是由 A、B 兩成分經迅速混合後，以一次射出法（One-

Shot Process）製得，製程以連續式的 Slabstock Foam 及批次式的 Molded Foam 為主。A 成分以 80/20 的 TDI 為主，B 成分以長鏈的聚醚型三元醇（當量約 1000，f =3.0）為多，例如，Molded Foams 所用的多元醇的主鏈是環氧丙烷，但末端則以環氧乙烷來完成，得到末端基是一級醇的多元醇，可加速反應的進行，而 Slabstock 所用的多元醇其主鏈是以定比的 PO 及 EO 混合反應而成，並也在以 EO 加予末端基以得一級的多元醇。B 成分中另加入發泡劑（如水，3~5wt%）、界面活性劑、三級胺（三乙烷二胺，如 DABCO 33 LV）及錫有機化物等添加劑幫助反應。而 A 成分及 B 成分的當量比（Iso. Index），通常調配在 0.95~1.15 之間。

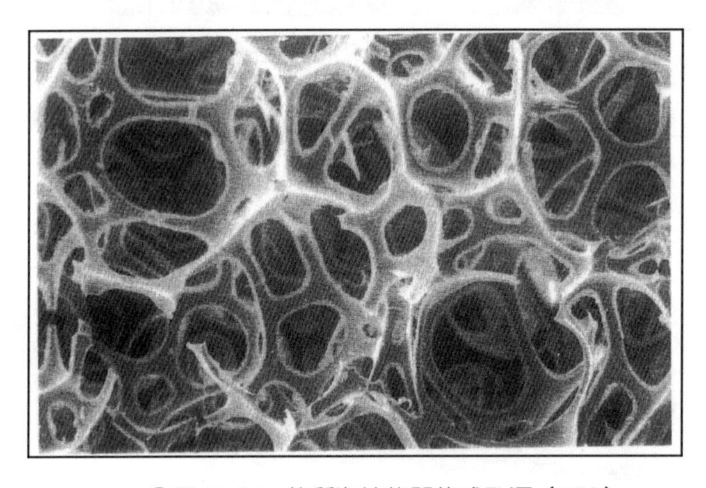

圖 18-25　軟質泡綿的開放式孔洞（□50）

形成微孔洞泡綿的原理雖極簡單，但成功的製程仍賴多次的實驗，平衡製造過程中物理及化學轉變的均衡成長，方能產生再現性佳而性能高的的產品。不過，生產孔洞的泡綿技術至少得利用下列要訣：(1)混合 A、B 兩成分時，必須同時打入空氣作為開始長泡的起始劑；(2)依賴水和 TDI 反應所生成氣體來膨脹混合物，也依賴 TDI 和醇類的加成反應，提升混合物的黏度及機械性，以便穩固初期液體之膨脹，使它不致有崩潰決裂的現象；(3)由界面活性劑的效應，而能有均勻孔洞的生成；(4)經由催化劑，促進的化學放熱反應，使混合物的溫度持續上升，同時，PU 聚合反應的迅速提升，而導致高分子交聯的現象；(5)由 TDI 和水反應的部分，形成尿素為高分子硬質段，而 TDI 與多元醇的加成反應，形成高分子的軟質段，當反應進入後期時，也漸漸形成分段式的高分子形態；(6)在最後階段，由於膨脹後孔洞間窗戶薄膜的稀薄化，加上溫度的上升，二氧化碳及水蒸氣在洞中的壓力增高，進而撐破薄膜，形成開放式的孔洞結構。在整個發泡（Blowing）的過程中，如圖 18-26，化學反應和物理變化是相互且錯綜複雜的在交替影響，尤其 TDI 和水的發泡反應，必須和 TDI 與多元醇的聚合反應同步進行，任何一方過快或不均勻成長，都將導致嚴重的缺陷。

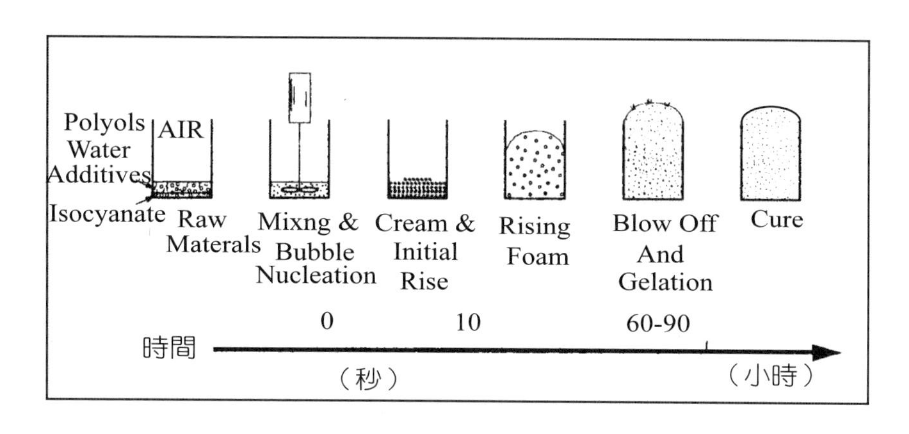

圖 26　軟質泡綿發泡過程

商業上大型製備 PU 軟質泡綿的工廠，有幾個不同的設計及設施，但可用圖 18-27 所示的傳統方法作為示範。例如，所生產的 Slabstock Foam 泡綿厚度可高達 1~2 公尺，呈麵包形長塊，在輸送帶 10 分鐘後的下游，泡綿即可加以切割，儲存 1~2 天待泡綿冷卻後，再送至加工廠商，如家具製造廠加以應用。

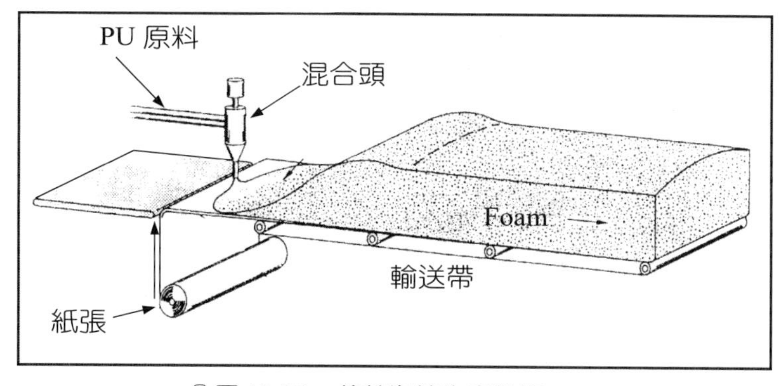

圖 18-27　傳統泡綿生產設施

㈡ PU 硬質泡綿（PU Rigid Foams）

PU 硬質泡綿是 PU 產品中產量僅次於軟式泡綿的大宗商品，約占全球 PU 市場的 21%。PU 硬質和軟質泡綿的發泡原理有相同之處，但也有完全不同的產物形態。硬質泡綿也是由 A、B 二成分的混合採一次射出法而得，也有賴混合時打入空氣作為發泡的起始點，也利用界面活性劑協助減低互不相溶的液—液間之界面張力，以利均勻孔洞的生成，最後，也是依賴A和B成分間的放熱反應來使混合物膨脹，達到低密度的效果。不同的是，硬質泡綿A成分的異氰酸鹽是以多官能基的 p-MDI 為主，B 成分中是利用短鏈的聚酯多元醇（當量約 150~250，f=2.0~2.2）或是聚醚多元醇（當量 150~250，f=2.0~6.0），或是二者的混合物為原料。水雖也可做為發泡劑，但它只能用作輔助性的功用，主要的發泡仍以含氟的低沸點有機物為多，另外，再加入催化劑以利反應的持續進行。在比例的調配上也有基本的差異，A 成分及 B 成分之當量比，硬質處方採用的比例範圍大，是視產品應用的性質而定。一般當量比（Iso. Index）設定在 1.15~2.50 之間，但高達 3.00 或 5.00 的配方也大有人在，在這種高 index 的處方時，需多加異氰酸鹽三量化的催化劑，如 Na 或 K 的有機鹽，或四級胺的有機鹽，以促進 Isocyanurate 官能基的形成。另外，在高分子形成過程中，硬質泡綿的特點，是孔洞—孔洞之間的窗間薄膜，在發泡完成後仍保完整，如圖 18-28 所示，因此，大部分的發泡劑是均勻地分布並閉鎖在每一孔洞之中，而利用它們作為有效的絕緣體。

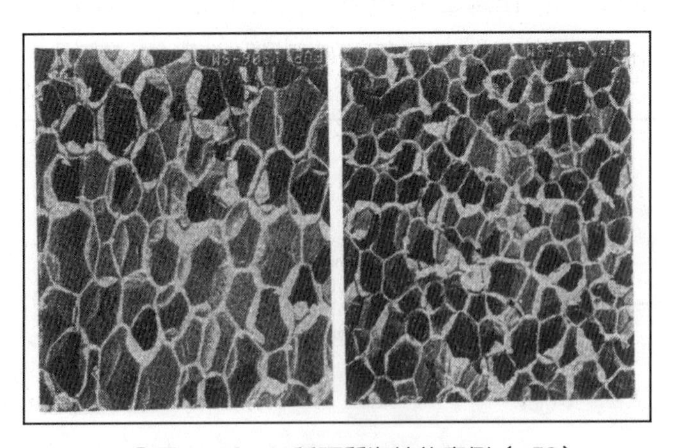

圖 18-28　二種硬質泡綿的實例（□50）

硬質泡綿有兩項重要的用途，不管其密度多小，它必須是良好的隔熱絕緣材料，同時也須保持整體形體不變的結構，以利複合材料如夾板的製造（如圖 18-29、圖 18-30），如此才能在冰箱、冷凍庫、屋頂或隔間的建板等應用上發揮功效。若以高 Iso. Index 製造的所謂「Polyisocyanurate」泡綿（PUIR Foams），它不但能有極佳的保持形狀不變之好處，並可擴展其使用溫度從−320~300°F之間，而且也有抗熱防燃之功效。

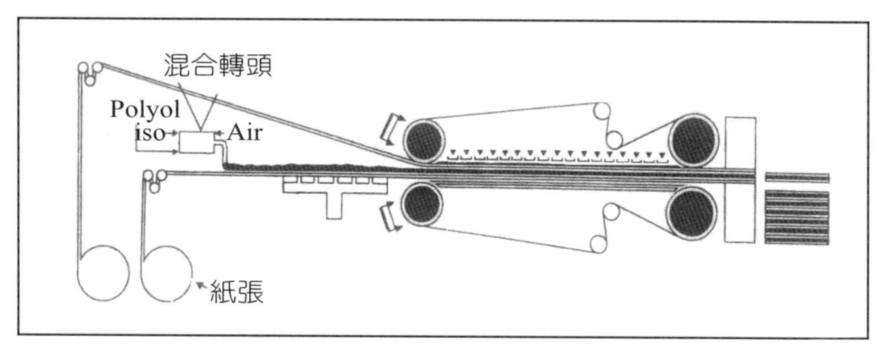

圖 18-29　硬質泡綿夾板的製造設施

圖 18-30　硬質泡綿夾板的製造實例

近幾年來，因為發現氟氯碳化物對大氣中的臭氧層，有侵蝕破壞的現象，原來大量使用於 PU 硬質泡綿的發泡劑 CFC-11〔CCl_3F, M_w = 137.4, b.p. = 23.8℃〕，已因蒙特婁公約的禁用而被取代，因此，在PU的硬質泡綿工業造成極大的困擾。到目前為止，新的發泡劑仍不能完美的取代 CFC-11。CFC-11 在製造硬式泡綿有三大好處：第一，是它的沸點低，容易汽化，有利於硬質泡綿的膨脹成長為低密度高分子；第二，是因它化性很安定，又對 PU 的溶解度低，能迅速汽化輔助發泡；第三，其分子量是在同沸點中的有機化物為較高的，汽化後的擴散率較低，氣體的熱導係數低（圖 18-31），所以是極佳的絕緣體。在影響熱導係數 K-Factor 的三大因素之中，氣體的導熱係數貢獻最為重要，可由下列方程式得知，CO_2不能成為優良的發泡體，主要是 K_g值（0.12）約為 CFC-11 的 2 倍。總而言之，取代這長年來使用的發泡劑是件不易的事，現在市面上廣用的發泡劑雖使用 HCFC-141b〔CCl_2FCH_3, $M_w = 117$, b.p. = 32℃〕為多，但 HCFC-141b 仍將不是永遠的替代品，因環保的考量下將於 2003 年開始廢止使用，如今，尋求便宜而有效的技術或發泡劑仍在進行中，預期能在不久的將來找到新而圓滿的技術，以力保 PU 在絕熱工業上的領導地位。

$$\Sigma K = K_g + K_s + K_r$$
$$\rightarrow K = 0.06 + 0.03 + 0.025 = 0.115 \text{（CFC-11）}$$
$$K = 0.12 + 0.03 + 0.025 = 0.175 \text{（}CO_2\text{）}$$

K ：熱傳導係數，單位：（BTU □in）/（ft^3 □hr □°F）。
K_g：氣體（CFC-11）之熱傳導係數。
K_s：高分子固體（PU）之熱傳導係數。
K_r：輻射式之熱傳導係數。

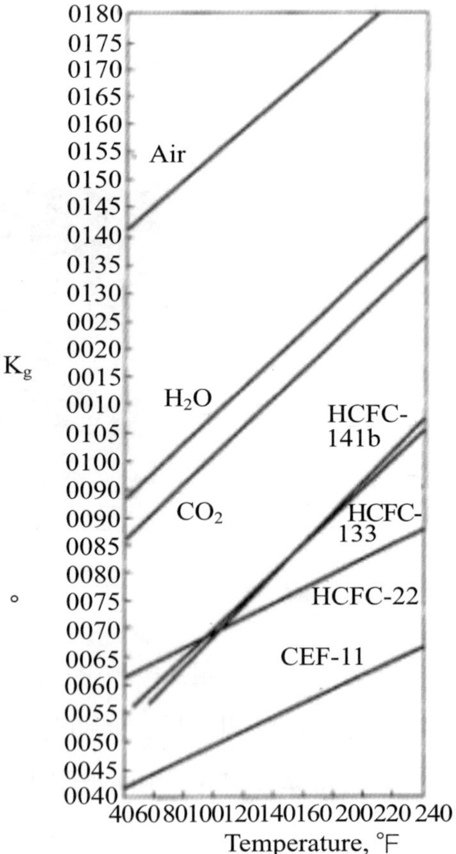

圖 18-31　氣體之熱傳導係數

㈢ 反應射出成模型的 PU 產物（Reaction Injection Molding PU Products）

PU-RIM 的製程法是直接將 PU 的液體原料，經快速的混合後，射入於封閉的模內，形成 PU 的物件，一般通用的設施示範，如圖 18-32。這種 PU 成模的製程有下列的好處：

1. 成模的時間極短，通常反應時間以分秒計，脫模的時間也不超過 10 分鐘。

2. 可做出大型的 PU 產品（ >10 kg），通常用於汽車部分的產品製造。

3. 不必使用高溫高壓的模具，生產過程的能量消耗低。

4. 模具的成本低，有利於常常得「變形」的製造業。

5. 可製出高性能的彈性體。可加入玻纖等物，以製成抗撞高剛性的複合產品。

6. PU-RIM 產品有極佳的可漆性，表面經油漆後可製得 A 級的表面。

7. 因原料是液體，它的穿透力、流動性比一般高分子塑膠為佳，在處方時，常加少量的水或其他發泡劑，以利填模上的方便，故此製程較易做出形態複雜的成品。

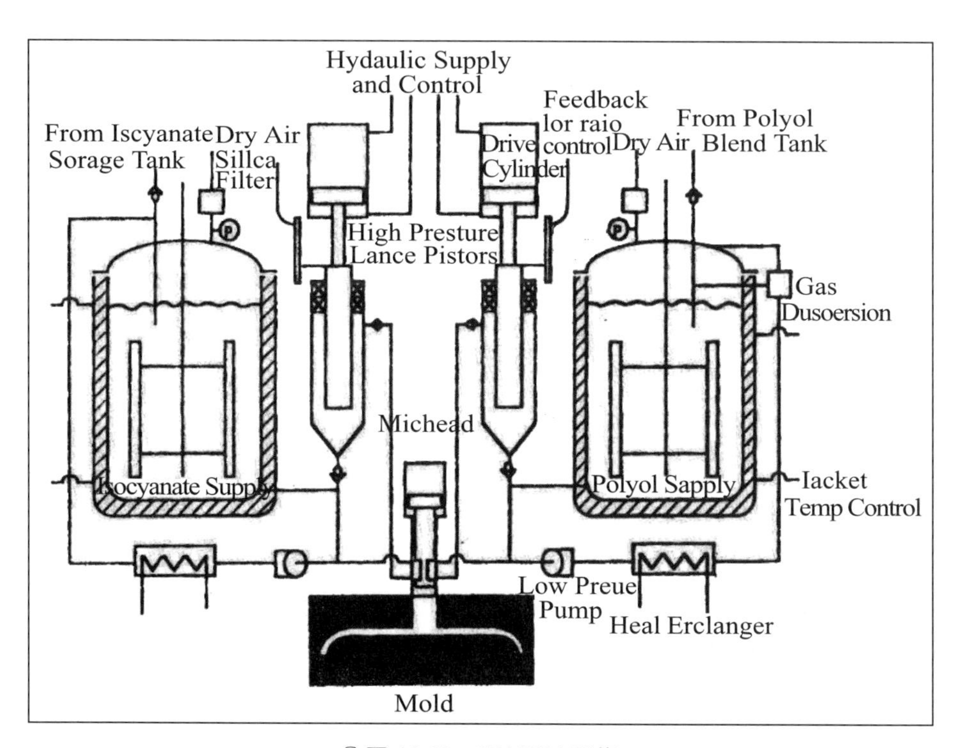

圖 18-32　PU RIM 設施

經過 30 年的技術演變，第 3、4 代的 PU-RIM 處方已引進胺類化合物於 B 成分，主要硬質段原料是DETDA（圖 18-33），軟質段的原料可用預聚物的方式由聚醚多元醇合成，但若以聚醚多元胺（2000~3000 分子量，f=2~3）和DETDA搭配作為 B 成分的原料，和液態 MDI（A-成分）以 RIM 的方式混合射出時，此聚尿素的脫模時間可縮短至 1~2 分鐘，不只成品性能好，製程的效率更大肆的提升。一般用於製造 PU-RIM 的裝置分別有 A、B 二原料的計量引進部分，混合部分及射出等部分，如圖 18-32 所示。

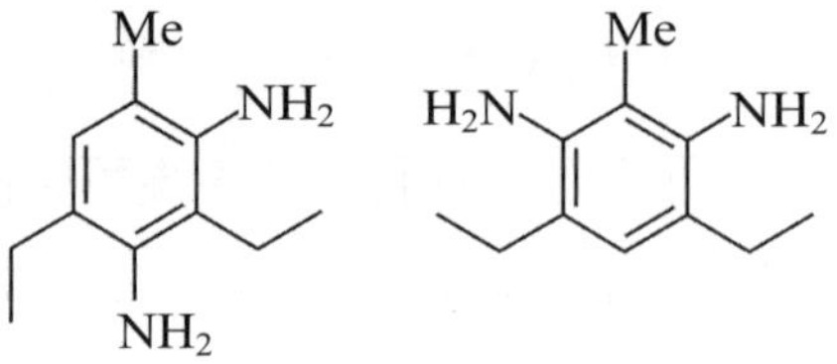

Me, NH_2, NH_2 ; Me, H_2N, NH_2

圖 18-33　DETDA（Diethyl Toluenediamine）

㈣熱塑性 PU 彈性體（Thermoplastic PU）

除了以上所列關於軟、硬式泡綿以及 RIM 等主要大宗的PU 產品外，還有產量較少但種類繁多的可塑性聚胺酯（TPU）彈性體廣用於市場上。這些產品是線狀高分子，由製造廠大量產出 PU 粒子，這些粒子在下游廠商再加工成定型的產品。一般而言，PU 粒子可使用通用的射出成模機（Injection Molding）或擠壓機（Extruder）等設施及程序製成薄膜、導管或各形狀的產品，適用於建材、運輸、航太及生醫應用上。這些所謂的TPU涵蓋的性質及功用很廣，就以其硬度為例，也有硬度高達約 100A 的 PU 塑膠，也有低硬度小至 10A 的橡膠類，這些硬度以及其呈現的機械性質，恰介於工程塑膠（PC、Nylon 等）及天然橡膠之間，能提供兩者中間的性質，以彌補此兩大類之間極廣大的空隙。

TPU的結構可用分段式（AB)$_n$型的分子式代表之，它們具軟質段（A）、硬質段(B)，兩結構互相交替結合而成。原料在異氰酸鹽的部分以 MDI 為主，然後搭配不同份量的長鏈二元醇作為軟鏈段，再以短鏈的二元醇，如丁二醇（BDO）或己二醇（HDO）來完成鏈的延伸。長鏈及短鏈二元醇用量比的多寡（表

18-9），即決定所形成TPU的硬度高低，同時也衝擊到熱穩定度，當然也就影響到其溫度使用範圍。一般趨勢而言，硬度之高低也直接影響到TPU的剛性及拉力性質。除合成的狀況會直接的影響外，TPU的高分子形態，所用的軟鏈二元醇也很重要，尤其對相分離的程度有極重要的相關性，聚醚二元醇所形成的軟質段和硬質段因互溶性較差，故所生成聚胺酯的軟鏈段，容易在PU的高分子形成明顯的微相分離現象。若以分子量大的二元醇，這種微相分離的現象也將更易形成，而其相區域（Domain）也將更擴大。分子量1000~3000的聚酯二元醇，雖然是合成TPU的軟段主力，但若需要製成高性能的分段式PU時，使用高分子量的聚醚醇如PTMEG作為軟段鏈，尤其能顯著提升其彈性及安定性。各種長鏈Polyol的T_g及熔點列於表18-11，MDI 及短鏈二元醇的硬段熔點亦列於表18-10，這些物理數據可作為它們在TPU合成後T_g、T_m及其他性質的參考。

表 18-9　不同硬度 TPU

Polycarolactone Diol 分子量	530	1250	2100	3130
重量比（MDI/BDO）	0.53	0.32	0.22	0.16
重量比（軟質段/硬質段）	5.9	13.9	23.3	34.8
硬度（A）	95	80	65	50
Elongation（%）	250	500	600	700
拉力強度（MNm-2）	28	41	35	31
T_g（℃）	25	-27	-40	-35

Polycaprolactone diol：MDI：1,4-BDO = 1：2：1

表 18-10　硬質段的熔點

異氰酸鹽	二元醇	$HO-(CH_2)_n-OH$	mp(℃)
MDI	EG	n = 2	241~243
MDI	BDO	n = 4	230~237
MDI	HDI	n = 6	193~198

表 18-11 多元醇軟質段的 T_g 及熔點（mp）

	T_g (℃)	mp(℃)
聚丙烷醚（PPG）	-73	—
PTMEG	-100	32
聚酯（BDO-Adipate）	-71	56
聚脂（EG-Adipate）	-60	17
Polycaprolactone	-72	59

工業上大量製造 TPU 粒子的方法至少有 4、5 種，比較常用的方法是以一次射出方式或二段式的方式採批次製程製得 TPU 之後，趁熱倒入金屬收集皿冷卻之，最後經切割而成粒子，如上完成聚合的TPU也可用在輸送帶上直接冷卻，待 TPU 穩定後，以自動化的旋轉切割刀自動切成粒子。但目前，大量的 TPU 製程以反應式擠壓機（Reaction Extrusion）的製程方式最普遍也最有效率，這種聚合方式，可將 MDI（A-side）和多元醇包括長、短鏈二元醇及催化劑（B 成分），以精確計量機引入擠壓機的進料品（圖 34），再以雙螺桿的轉動及推進，持續地將混合物在儀器分段的區域內定溫反應，螺桿必須有高扭力以及極高密閉性，只允許混合物單向推進，雙螺桿的擠壓率須在 2.5 之上，螺桿之長度及直徑比也應大於 20，反應及混合溫度約在 180~210℃之間，而旋轉速率保持在 15~150 rpm 之間，如此操作之後，可將擠出的TPU線條冷卻，再予以切割及包裝。反應中若用錫有機化物作催化劑，必須加入氯酸以使它失去活性。表 18-12 顯示一般型商業 TPU 的種類及其物性。

表 18-12 商業 TPU 的實例

商品	I	II	II	IV
密度	1.19	1.20	1.20	1.20
硬度（D785）Rockwell	R116	R120	--	M121
Tensile Modulus（psi）	220,000	230,000	260,000	270,000
（MPA）	（1,520）	（1,590）	（1,900）	（1,880）
Flexural Modulus（psi）	9,900	12,000	13,000	13,000
（MPA）	（68）	（83）	（90）	（90）
Elongation at Break（D638）	160	120	90	160

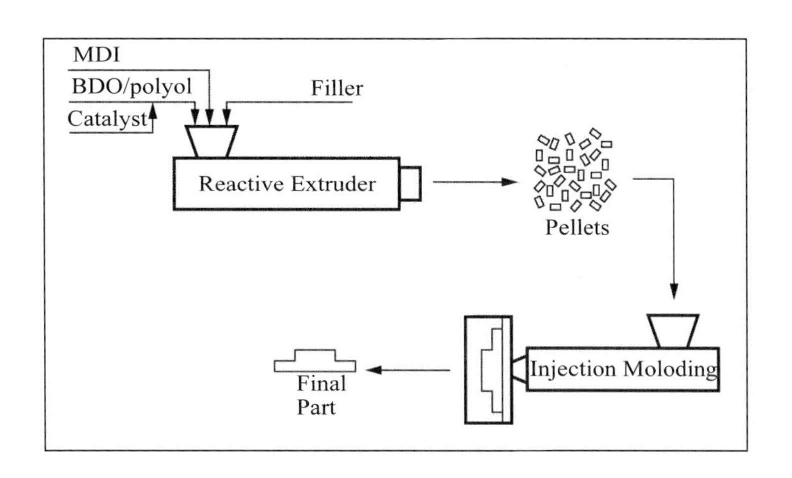

圖 18-34　反應式擠壓機的 TPU 製程法

六、PU 高分子的展望（PU Prospectives）

PU 的研發活動朝向製造新而高性能、高單價的產品是重要的領域之一，高性能的 TPU 纖維、薄膜黏膠鏡片以及工程塑膠，都是相當活躍而利多的產品，TPU 獨一無二的製程是其主要的優勢。而在生醫材料的應用上，也試圖著利用 TPU材質的持久性及與人體相容性的好處，以製成人工血管、人工心臟等重要的醫學產品，這些研發還是在持續發展中。另一重要的PU研發工作，是為因應PU單體之安全及毒性，而從事種種必要的防範及綠色技術之改良方案，其中軟硬質泡綿處方中 CFC 發泡劑的去除、DMF 從人造皮及 Spandex 的回收，都是相當迫不及待的。在異氰酸鹽製程、光氣的取代，並以非鹵素而低毒性的原料，在研發上也受到相當大的重視，但在TDI/MDI兩大原料的製程上仍缺技術上的突破。還有，各種 PU 廢料及異氰酸鹽製造的副產物的再利用，也是刻不容緩的課題，也有待所有研究 PU 人士的重視。

感謝陶氏公司（Dow Chemical）的王冠中博士對於本章內容及安排上諸多的建議及指教。也感謝我的學生陳衍甫在縮排、製圖及打字上的用心協助，以及學生魏欣怡同學的打字，使本章能順利完成。

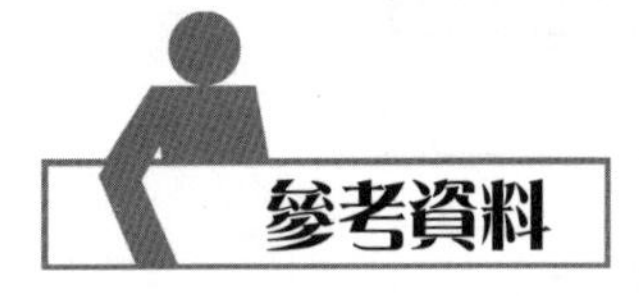

1. H. Ulrich, "Chemistry and Technology of Isocyanates", John Wiley（1996）.
2. A. A. R. Sayigh, H. Ulrich and W. J. Farrissey, "Diisocyanate", John Wiley（1990）.
3. R. Herrington and K. Hock, "Flexible Polyurethane Foams", Dow Chemical Co.（1990）.
4. G. Woods, "The ICI Polyurethanes Book", John Wiley（1987）.
5. SRI International, "Polyols for Polyurethanes", Y-R Chin（1995）.
6. SRI International, "Isocyanates",（1970-1988）.
7. C. Hepburn, "Polyurethane Elastomers, 2nd Edition", Elsevier（1994）.
8. K. Ashida and K. Frisch, "International Progress in Polyurethane Elastomers", Technomic Publications, Basel.（1956-91）.
9. G. Oertel, "Polyurethane Handbook", Hauser Publication（1985）.
10. J. H. Saunders and K. C. Frisch, "Polyurethane: Chemistry and Technology, Vol. I and II", Interscience（1962）.
11. D. A. Brandreth, "Improved Thermal Insulation", Technomic Publishing.（1991）.
12. K. Frisch and D. Klempner, "Advanced in Urethane Science and Technology Vol. II,"（1992）.

第十九章
聚烯烴的發展演進與應用

謝永堂

學歷：國立成功大學化學工程系學士
國立清華大學化學工程研究所碩士
美國麻州州立大學高分子科學博士
經歷：長春人造樹脂公司研發部副課長
現職：國立雲林科技大學化工系教授
研究領域或專長：聚烯烴之合成

一、聚烯烴（Polyolefin）之定義

烴意指碳氫化合物（Hydrocarbon Compounds）。烯烴意指具雙鍵的碳氫化合物（Olefins），包括Linear Olefins及Cycloolefins等，例如：Ethylene、Propylene、1-Butene、1-Hexene、Cyclopentene等皆屬之。

常見的聚烯烴舉例如下：聚乙烯（Polyethylene, PE）、低密度聚乙烯（Low Density Polyethylene, LDPE）、高密度聚乙烯（High Density Polyethylene, HDPE）、線性低密度聚乙烯（Linear Low Density Polyethylene, LLDPE）、超高分子量聚乙烯（Ultrahigh Molecular Weight Polyethylene, UHMWPE）、Metallocene線性低密度聚乙烯（mLLDPE）、Metallocene低密度聚乙烯（mLDPE）、聚丙烯（PP, Polypropylene）、烯烴共聚物彈性體例如EPDM（Ethylene Propylene Diene Monomer）、mEPDM、EPR（Ethylene Propylene Rubber）等。

二、聚烯烴的發展演進

(一) 1930s, LDPE, ICI 公司

特點如下：High pressure Process（1000~3000 atm）、High Temperature Process（200~400 ℃）、Free-radical Polymerization、Crystalline Polymer（T_m ~110℃）、Flexible（Low T_g）、Density 0.915~0.930 g/cc。

(二) 1950s, HDPE, Phillips 和 Du Pont 公司

特點如下：Low Pressure Process（< 35 atm）、Low Temperature Process（< 100℃）、Coordination Polymerization〔使用Ziegler或Phillips（CrO3）觸媒〕、Crystalline Polymer（70~90 %）、Density~0.96 g/cc。

㈢1960s，超高分子量聚乙烯，（Ultra High Molecular Weight Polyethyle, UHMWPE）Allied Chemical Corp

特點如下：超高分子量（10^6 ~10^7g/mol，傳統的 PE 分子量約為 10^5 ~ 5□10^5 g/mol）、低壓程序、使用配位聚合（使用 Ziegler 觸媒）、為結晶性高分子。

表 19-1　Comparison of Polyethylene Types

Properties	LDPE	HDPE	UHMWPE
Molecular Weight	300,000	120,000	1,500,000
Density, g/cc	0.92	0.96	0.945
Melting Point, ℃	113	136	135
Izod Impact, Notched, ft-lbs/in	16	4	>20*
Stiffness Modulus, psi	14,000	150,000	91,000
Tensile Strength, psi	1,600	4,400	5,400
Heat Deformation, ℃, at 66 psi	48.9	71.1	68.9

* Specimen deflects, but does not break.

1. Ziegler 發明「混合型」觸媒，$TiCl_4/AlEt_3$，利用低壓聚合可得到高密度聚乙烯（HDPE），其具有高熔點（T_m~135℃），及高密度（0.96 g/cm^3）。

2. Natta 發明的觸媒為 $TiCl_3/AlEt_2Cl$，利用立體特異性的聚合方式以聚合聚丙烯以及α形態的烯烴（α-olefins），例如：同態聚丙烯（Isotactic polypropylene），其密度為 0.90 g/cm^3，熔點為 165℃。 Ziegler 和 Natta 在 1963 年共同獲得諾貝爾化學獎。

㈣1950s，同態聚丙烯（Isotactic polypropylene, ipp）Montecatini and Hercules 公司

此公司所生產的聚丙烯是 Isotactic Polypropylene，結構如下，並具以下特點：利用配位聚合、觸媒、具結晶性（大部分為α形態，T_m~165℃）、31 種螺旋狀結構。

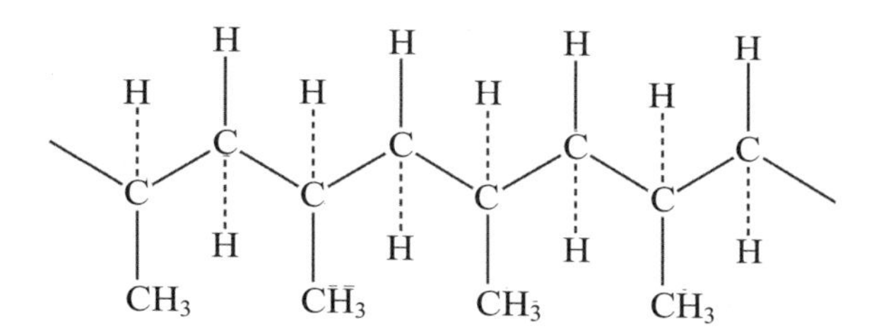

iPP 具有三種結晶形態：α、β及γ形態。

1. α形態為主要的結晶形態，$T_m = 165$℃。

2. β形態的獲得，可藉由迅速冷卻，使溫度達 100~130℃即可，具 31 個螺旋的結構，其 $T_m = 145$℃。

3. γ形態在高壓下結晶即可獲得。

4. β形態和γ形態，經由加熱均可轉變為α形態。

㈤ 1970s，線性低密度聚乙烯（Linear Low Density Polyethylene, LLDPE）Union Carbid（商品名 Unipol）

1. 乙烯與少量烯烴（常用的是：1-Butene, 1-Hexene 或 1-Octene）之共聚合物。

2. 利用配位聚合（Ziegler 或 Phillips 觸媒）。

3. 為結晶性高分子。

表 19-2　Basic Classification（ASTM 1248-48）of Polyolefin Copolymers

Copolymer	Designation	α-Olefin*（mol %）	Crystallinity（%）	Density（g/cc）
PE of Medium Density	MDPE	1~2	45~55	0.926~0.940
Linear PE of Low Density	LLDPE	2.5~3.5	30~45	0.915~0.925
PE of Very Low Density	VLDPE	>4	<25	<0.915

* Four Olefins are Used in Industry : 1-Butene, 1-Hexene, 1-Octene, and 4-Methyl-1-Pentene。

表 19-3 DuPont Dow Engage® Polyolefin Elastomer

	GPE 8003	GPE 8452	GPE 8100	GPE 8150	GPE 8180	FP 8401	FMG 8400	EP 8440
% Octene	18	22	24	25	28	19	24	14.5
% Crystallinity	22	15	12	10	8	22	22	29
Density, g/cc	0.89	0.88	0.87	0.87	0.86	0.89	0.87	0.895
T_m, ℃	76	67	60	55	49	76	60	95

表 19-4 Effect of Compositional Uniformity on Density of LLDPE

LLDPE	2.0 mol %	3.0 mol %	4.0 mol %
Uniformly Branched	0.918~0.920	0.908~0.912	<0.900
Nonuniformly Branched	0.927~0.930	0.920~0.922	0.912~0.915

* A lower α-Olefin Content is Required in a Uniformly Branched Ethylene Copolymer to Decrease Its Crystallinity and Density to a Given Level.

1. **非均相 Ziegler-Natta 觸媒之缺點**

(1)產率低：只有少部分的 Ti 為活化中心。

(2)分子量分布廣：隨著不同的配位狀態，而有不同的活化中心。

(3)非均相共單體組成分布：一些活化中心具選擇性，某一單體會優先聚合。

(4)反應所得的高分子為不同立體結構的混合物。

(5)除了乙烯烴化合物，其餘烯烴化合物均適用。

(6)所得之高分子分子量並不高。

2. **多活化中心（Ziegler-Natta）與單一活化中心（Metallocene）觸媒之比較**

(1)多活化中心觸媒包含不同形式的活化中心，每一種均可反應生成不同的PE分子。

(2)單一活化中心觸媒只包含一種形式的活化中心，只能生成一種形式的線性 PE 分子。

3. **Metallocene 觸媒**

(1) 1950s Metallocene 觸媒名稱誕生，現中文翻譯為金烯觸媒。

⑵ 1980s 德國漢堡大學 Kaminsky 教授成功地應用 Metallocene 觸媒（鋯(Zr)化合物與環戊烯之錯化合物）與共觸媒〔$(AlOCH_3)_n$〕合成出 PE 高分子。

⑶ 1990s mLLDPE 與 mLDPE 製程商業化。

⑷活性高。

⑸單一且均勻之活性點。

⑹可控制 PE 分子量、分子結構，與共聚合物之組成、分布及排列。

㈥ 1991, mLLDPE, Exxon（Exact）

產品特點包括：狹窄的分子量分布及其分枝短且均勻分布。

㈦ 1993, mLDPE, Dow（Affinity）

產品特點包括： 狹窄的分子量分布，但其分枝較長且均勻分布。

1. mPE 材料的特性

⑴窄分子量分布。

⑵均一的長短鏈分枝分布。

⑶高效率之 Metallocene 觸媒。

⑷堅硬度較 LLDPE 高。

⑸加工性較 LLDPE 差。

2. 聚烯烴發展的方向

⑴在過去為觸媒趨動程序

（從 Ziegler-Natta 發展到 Metallocene 觸媒）

A.了解觸媒的催化程序。

B.改善觸媒的效能。

C.增加高分子（PP, PB, PS 等）的態別（tacticity）。

D.控制產物的形態（Morphology）。

E.製備特定結構的共聚高分子。

⑵未來將以材料為趨動程序

A.可製備不同特性和性能的聚烯烴。

B.擴展聚烯烴的應用性。

三、影響聚烯烴物理性質之因素

1. 分子量與分布。
2. 組成：共單體種類、含量與分布。
3. 結構：線形、分支（長短、含量、與分布）、結晶度、密度。

表 18-5 Commercial Classification of Polyethylenes

Designation	Acronym	Density, g/cc
High Density Polyethylene	HDPE	>0.94
Ultrahigh MW Polyethylene	UHMWPE	0.930 ~ 0.935
Medium Density Polyethylene	MDPE	0.926 ~ 0.940
Linear Low Density Polyethylene	LLDPE	0.915 ~ 0.925
Low Density Polyethylene	LDPE	0.910 ~ 0.940
Very Low Density Polyethylene	VLDPE	0.880 ~ 0.915

表 18-6 Correlations Between Industrial and Scientific Parameters Describing PE Characteristics

PE parameter used in industry	Correlation with structural properties
Melt index （MI）：Weight of molten resin flowing at 190℃ for 10 min through a 2.095 mm diameter die at 2.16 kg load	MI is an approximate measure of the weight average molecular weight
Melt flow ratio （MFR）：The ratio of two MI values measured at 21.6 and 2.16 kg loads	MFR value is an approximate measure of the width of MWD
Density, g/cc	PE density is a function of crystallinity

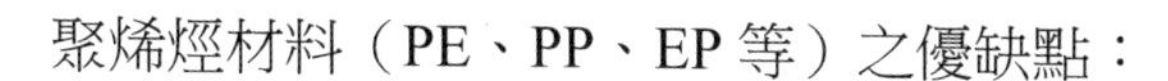
聚烯烴材料（PE、PP、EP 等）之優缺點：

1. **優點：**

⑴此類高分子已有超過 50%的市場佔有率。

⑵價錢合理且材料穩定性佳。

⑶易於加工。

⑷可再回收利用。

⑸依高分子特性，應用領域廣。從結晶性的熱塑性塑膠到非結晶的彈性體均可製備。

⑹先進的觸媒技術（Metallocene 和 Ziegler-Natta 觸媒）。

2. **缺點**

⑴缺乏具極性或反應性的官能基團。

⑵相容性及吸附能力差。

四、聚烯烴之改質

利用官能基化改質：

1. 利用 Ziegler-Natta, Metallocene 或過渡金屬等觸媒，將烯烴單體與具反應性官能基的單體進行共聚合反應。

2. 利用接枝反應（Grafting Reaction）改質聚烯烴等高分子。

舉例如下：

㈠ LDPE, LLDPE, HDPE 之矽烷（silane）接枝反應。

$$C_6H_5-C(CH_3)_2-O-O-C(CH_3)_2-C_6H_5 \xrightarrow{\text{Heat}} 2\ C_6H_5-C(CH_3)_2-O \quad \cdots\cdots(1)$$

$$C_6H_5-C(CH_3)_2-O\cdot \longrightarrow C_6H_5-C(CH_3){=}O + CH_3\cdot \quad \cdots\cdots(2)$$

$$CH_3\cdot + \text{Polyethylene(PH)} \longrightarrow CH_4 + P\cdot \quad \cdots\cdots(3)$$

$$P\cdot + CH_2{=}CH{-}Si(OCH_3)_3 \longrightarrow P{-}CH_2{-}\dot{C}H{-}Si(OCH_3)_3 \quad \cdots\cdots(4)$$

$$P{-}CH_2{-}\dot{C}H{-}Si(OCH_3)_3 \xrightarrow{PH} P{-}CH_2{-}CH_2{-}Si(OCH_3)_3 + P\cdot \quad \cdots\cdots(5)$$

㈡矽烷接枝聚乙烯的水性交聯反應

$$P{-}CH_2{-}CH_2{-}Si(OCH_3)_3 \xrightarrow[\text{catalyst}]{H_2O} P{-}CH_2{-}CH_2{-}Si(OH)_3 \quad \cdots\cdots(6)$$

$$2\ P{-}CH_2{-}CH_2{-}Si(OH)_3 \xrightarrow[\text{catalyst}]{-H_2O} P{-}CH_2{-}CH_2{-}Si(OH)_2{-}O{-}Si(OH)_2{-}CH_2{-}CH_2{-}P \quad \cdots\cdots(7)$$

㈢ Ethylene Vinyl Acetate Copolymer（EVA）

$$CH_2{=}CH_2 + CH_2{=}CH(OCOCH_3) \longrightarrow {-}\!(CH_2{-}CH_2)_n\!(CH_2{-}CH(OCOCH_3))_m{-}$$

㈣ Ethylene Ethyl Acrylate Copolymer（EEA）

$$CH_2{=}CH_2 + CH_2{=}CH(COOC_2H_5) \longrightarrow {-}\!(CH_2{-}CH_2)_n\!(CH_2{-}CH(COOC_2H_5))_m{-}$$

㈤聚乙烯的氯化反應

$$—CH_2CH_2CH_2— + Cl_2 \xrightarrow{h\nu} —CH_2\underset{\underset{Cl}{|}}{C}HCH_2— + HCl$$

㈥聚乙烯的氯硫化反應

$$-(CH_2)_n- + (b+c)\,Cl_2 + c\,SO_2 \xrightarrow[\text{or } h\nu]{\text{Initiator}} -(CH_2)_a-(\underset{\underset{Cl}{|}}{CH})_b-(\underset{\underset{SO_2Cl}{|}}{CH})_c- + HCl$$

一般，a : b : c = 108 : 32 : 1

五、聚烯烴之應用

1. LDPE 應用性之比較：薄膜（ Film）>> 射出成形（Injection Molding）>> 吹瓶成形（ Blow Molding）

2. HDPE 應用性之比較：吹瓶成形 > 射出成形 > 薄膜

3. LLDPE 應用性之比較：薄膜 >> 射出成形 >吹瓶成形 > 押出成形（Extrusion）

4. iPP 應用性：可應用於押出成形、射出成形、吹瓶成形、纖維及薄膜

第二十章
芳磷系難燃劑

蘇文炯

學歷：台灣大學化學博士

現職：中山科學研究院化學研究所

研究領域與專長：有機合成

有機分析

應用化學與磷特用化學品製程

研究

一、前　言

為了降低火災危害，必須對易燃和可燃材料進行難燃處理。難燃劑與難燃材料的開發，由於環保意識的抬頭與考慮危害性，必須減輕燃燒時衍生有毒氣體與發煙量。最佳的難燃當然是由材質直接精質化，材質因其自身結構排列，而加強其耐燃性，如此材質自身物性、化性或機械性改變最少。在高分子聚合反應中，由於科學家努力的開發新型催化劑，使產品材質規律性排列且分子量更精準而性能提升，惟尚未符合經濟效益而無法推廣。磷系難燃劑在環保前提下，近 10 年來被引進成難燃劑主流，概因其部分製品具經濟性價值，添加後造成材質的變化較小，在前瞻科技未有重大突破，預計 10 年內，因應歐美法規漸成熟下，磷系難燃劑將在市場上被大量製備與使用。

難燃劑或稱之阻燃劑應用的領域日漸廣泛，全世界每年使用量 40~50 萬噸，且以 9%的速率成長。主要是應用於塑膠、織物和塗料，其中塑膠用比例占 92.6%（美國 Ferrdonia Group 調查報告）。而國內需求高分子難燃材幾乎全仰賴進口，每年 10 萬噸以上，總產品價值超過新臺幣 80 億元，市場成長率更超過 10%，研發與經濟價值發展潛力甚高。

磷系難燃劑於 1940 年代已漸次開發，由脂肪族磷酸酯演進至芳香族磷化物。磷酸酯系難燃劑其阻燃效果，在於燃燒中形成聚磷酸保護層，同時催化基材脫水反應，減少裂解與揮發物產生。在氣相中，磷酸酯分解為 PO·、HPO_2·、P_2·等游離基，捕捉燃燒中 H·，以減緩空氣中氧的延燃性。

脂肪族磷酸酯雖含磷量較高，但吸濕性高且難燃效果與熱安定性均差。因此，芳香族磷酸酯已成為塑化製品主要添加的難燃劑，因其具可塑劑性質、增韌效果與聚合物相容性佳，且燃燒時不產生毒性或腐蝕性氣體，並能降低煙濃度。由於製備技術、使用對象與成本考量，芳磷系難燃劑由添加型漸次開發，近年來，高溫加工與高規格塑化品需求，反應型芳磷系難燃劑已漸受重視。

二、添加型芳磷系難燃劑

近數十年來，著名的化工廠 Akzo、FMC、Monsanto、Rhodia 等世界大廠，開發了數十種添加型芳磷系難燃劑，應用於不同塑化材料。主要的 10 種商品名稱與用途，如表 20-1。

表 20-1 添加型芳磷系難燃劑

	結構式	商品名	用途
1.	$(C_6H_5O)_3PO$ Triphenyl Phosphate	Akzo's Phosflex TPP FMC's K-TPP	PPO-High Impact PS， ABS-PC Vinyl Resins Cellulose Acetate
2.	$(CH_3C_6H_4O)_3PO$ Tricresyl Phosphate	Akzo's Lindol FMC's Kronitex TCP	PVC，Cellulose Nitrate， Ethyl Cellulose
3.	$(C_6H_5O)_2P(=O)OC_6H_4CH_3$ Cresyl Diphenyl Phosphate		Vinyls， ABS-PC
4.	$((CH_3)_2C_6H_3O)_3PO$ Trixylenyl Phosphate	Akzo's Phosflex 179A FMC's Kronitex TXP	PVC
5.	$(C_6H_5O)_2P(=O)OC_6H_4CH(CH_3)_2$ Isopropylphenyl Diphenyl Phosphate	Akzo's Phosflex 41P	PVC，Cellulose Nitrate， Ethyl Cellulose
6.	$(C_6H_5O)_2P(=O)OC_6H_4C(CH_3)_3$ t-Butylphenyl Diphenyl Phosphate	Akzo's Phosflex 71B	PPO-High Impact PS， ABS-PC

表 20-1　添加型芳磷系難燃劑（續）

7.	$(C_6H_5O)_2P(=O)-OCH_2CH(C_2H_5)C_4H_9$ 2-Ethylhexyl Diphenyl Phosphate	Akzo's Phosflex 362 Monsanto's Santicizer 141	PVC
8.	$(C_6H_5O)_2P(=O)-OCH_{10}H_{21}$ Isodecyl Diphenyl Phosphate	Akzo's Phosflex 390	PVC
9.	$(C_6H_5O)_2P(=O)-O-C_6H_4-O-P(=O)(OC_6H_5)_2$	Akzo's Fyroflex RDP	PRO, PE, PA, PC, Vinyls
10.	$(2,4\text{-}Br_2C_6H_3O)_3PO$ Tris(2,4-Dibromophenyl) Phosphate	FMC's Kronitex PB-460	PE , PC , ABS

一般添加型芳磷系難燃劑的製備①②，使用的反應物為氯化磷醯（Phosphoryl Chloride），配合催化劑 BF_3、$MgCl_2$、$AlCl_3$、LiCl 或三級胺等，於加熱中鍵結芳香族進行各階段酯化反應。若需增加疏水性而必須於苯環上建立烷基，則另進行 Friedel-Crafts 反應。主要合成法可歸納為下列四項：

1. $$POCl_3 + ArOH \xrightarrow[\Delta]{Cat.} (ArO)_3PO + HCl$$

ArOH：phenol（C_6H_5OH），o-cresol，2,6-dimethylphenol，2,4-dibromophenol（Br, Br, OH）

2. $$POCl_3 + C_6H_5OH \xrightarrow[\Delta]{Cat.} (C_6H_5O)_3PO + HCl$$

$$\xrightarrow[Cat.]{Alkene} (C_6H_5O)_2P(=O)-O-C_6H_4-R$$

R：CH_3，C_3H_7，C_4H_9

3. $POCl_3$ + C_6H_5-OH $\xrightarrow[\Delta]{cat.}$ $(C_6H_5$-O$)_2$POCl + HCl

$\xrightarrow[Cat.\ \Delta]{HO\text{-}Ar\text{-}OH}$ $(C_6H_5\text{-}O)_2\overset{O}{\overset{\|}{P}}\text{-}O\text{-}Ar\text{-}O\text{-}\overset{O}{\overset{\|}{P}}(O\text{-}C_6H_5)_2$

4. $POCl_3$ + HO-Ar-OH $\xrightarrow[\Delta]{Cat.}$ $Cl_2\overset{O}{\overset{\|}{P}}\left(O\text{-}Ar\text{-}O\text{-}\overset{O}{\overset{\|}{P}}(Cl)\right)_n Cl$

$\xrightarrow[Cat.\ \Delta]{C_6H_5\text{-}OH}$ $(C_6H_5\text{-}O)_2\overset{O}{\overset{\|}{P}}\left(O\text{-}Ar\text{-}O\text{-}\overset{O}{\overset{\|}{P}}(O\text{-}C_6H_5)\right)_n O\text{-}C_6H_5$

HO-Ar-OH ： HO-C_6H_4-C(CH$_3$)$_2$-C_6H_4-OH ， HO-C_6H_4-OH（間位）

近年來發展的添加型芳磷系難燃劑為 RDP（Tetraphenyl Resorcinol Diphosphate）與BDP（Tetraphenyl Bisphenol A Diphosphate），因其耐高溫，於 300℃不易裂解，高溫加工時不會揮發附著於模具因此漸受重視，尤其 BDP 的製備原料 Bisphenol A 為大宗工業化學品，且經測試比較，疏水性更佳，因此極具發展性。

相關 RDP 製程的專利資料③④⑤，如表 20-2，RDP 產品規格與實測值，如表 20-3；BDP 製程比較⑥⑦，如表 20-4，BDP 產品規格與實測值，如表 20-5。

表 20-2　RDP 製程比較表

公司名稱		Akzo（荷蘭）	FMC（美國）	Ethyl（美國）
專利		美國 5457221（1995）	歐州 485807（1991）	歐州 521628（1992）
第一階段酯化反應	反應物	$POCl_3$/Phenol=1/2	$POCl_3$/Resorcinol =5/1	$POCl_3$/Phenol=1/2
	溶劑	無	二甲基苯	無
	催化劑	氯化鎂	三氯化鋁等	三氯化鋁等
	反應溫度	105~106℃	95~113℃	109~150℃
	反應時間	不詳	2 小時以上	5 小時
	蒸餾	回收 $POCl_3$與 MPCP	回收 $POCl_3$	無

表 20-2　RDP 製程比較表（續）

第二階段酯化反應	反應物 催化劑 反應溫度 反應時間	續添加 Resorcinol 氯化鎂 130~150℃ 4 小時	續添加 Phenol 三氯化鋁 120~140℃ 2 小時以上	續添加 Resorcinol 無 140~158℃ 7 小時以上
	產品純化	2%NaOH 二次，清水三次。	3%NaOH 一次，清水二次。	10%NaOH 二次，先溶於甲苯，清水四次。
	產品純度	RDP 78.1% Dimer 14.4% Oligomer ~3.6% TPP 2.6% TPPOH 0.28%	RDP 70.68% Oligomer 27.36% TPP 1.96%	RDP 63.4% Oligomer 21.9% TPP 14.7%

注：MPCP：Monophenyl Dichlorophosphate.
　RDP：Tetraphenyl Resorcinol Diphosphate.
　TPP：Triphenyl Phosphate.
　TPPOH：3-Hydroxyphenyl Diphenyl Phosphate.

表 20-3　RDP 產品規格與實測值

產品規格	Akzo 規格	Akzo 品管值	Akzo 實測值
外觀	無色或黃色液體	無色或黃色液體	淡黃色液體
比重 25/25℃	1.292~1.318	1.301	1.310
酸值 mgKOH/g	<0.12	0.06	0.05
含水量 wt%	<0.10	0.03	0.02
酚含量 ppm	<500	222	390
磷含量 wt%	<11.0	10.9	11.1
TPP 含量 wt%	<5.0	4.1	~4.0
黏度（cps,25℃）	400~800	684	634
折射率（25℃）			1.574

注：Akzo 品管值為樣品附錄數據。

表 20-4　BDP 製程比較表

公司名稱		Great Lakes（美）	Akzo Nobel（荷蘭）
專利		美國 5756798（1998）	美國 5750756（1998）
第一階段酯化反應	反應物 溶劑 催化劑 反應溫度 反應時間 蒸餾	Bisphenol A / $POCl_3$=1/3.6（Mole） 無 $CaCl_2$（2% $POCl_3$重量） ~100℃（reflux） 6.25 小時 回收 $POCl_3$（110℃/25mmHg）	$POCl_3$/Phenol（未注明） 無 $MgCl_2$（160ppm） 105~110℃ 未注明 回收 POCl3 與 MPCP（180℃/75mmHg）
第二階段酯化反應	反應物 溶劑 催化劑 反應溫度 反應時間	BPCP/Phenol = 1.3/1（重量比） 無 $CaCl_2$（8% phenol 重） 180~240℃ 9 ~11 小時	DPCP/Bisphenol A = 2/1（Mole） Heptane（20wt%） $MgCl_2$（1.05 x 10-2Mole） ~100℃（reflux） 6 小時
產品純化		濾 $CaCl_2$（180℃） 除 Phenol（188℃/1mmHg）	5% 鹼水一次，清水二次
產品純度		BDP　81% TPP　3.6%	BDP　92.3% Dimer　2.4% TPP　1.5% BDP-OH　0.5%

注：MPCP : Monophenyl Dichlorophosphate.
DPCP : Diphenyl Chlorophosphate.
BPCP : Bisphenol A Tetrachloro Diphosphate.
TPP : Triphenyl Phosphate.
BDP：Tetraphenyl Bisphenol A Diphosphate.

表 20-5　BDP 產品規格值與實測值

項目	旭電化規格	旭電化實測值
外觀	淡黃色	無色
主成分	BDP	BDP
磷含量（%）	8.9	8.8～8.9
黏度（cps）	80（80℃）	–
酸價（KOHmg/g）	0.1	0.15

另外Ciba-Geigy公司發展環狀芳磷化物⑧⑨⑩，可減少吸濕性，維持聚合物熱性質與機械性質，其合成步驟如下列公式，產品為磷硫化物與磷酸酯化物。在測試數據，如表 20-6，以 100phr Bisphenol A Diglycidyl Ether，添加 15 phr 難燃劑，10phr 的 25% Dicyandiamide 與 75% Oligomeric Cyanoguanidine，及 0.3 phr 的 2-Methylimidazole，測得玻璃轉化點（T_g）微下降，吸濕性不變，難燃效果為 UL 94 垂直燃燒測試 V-0。

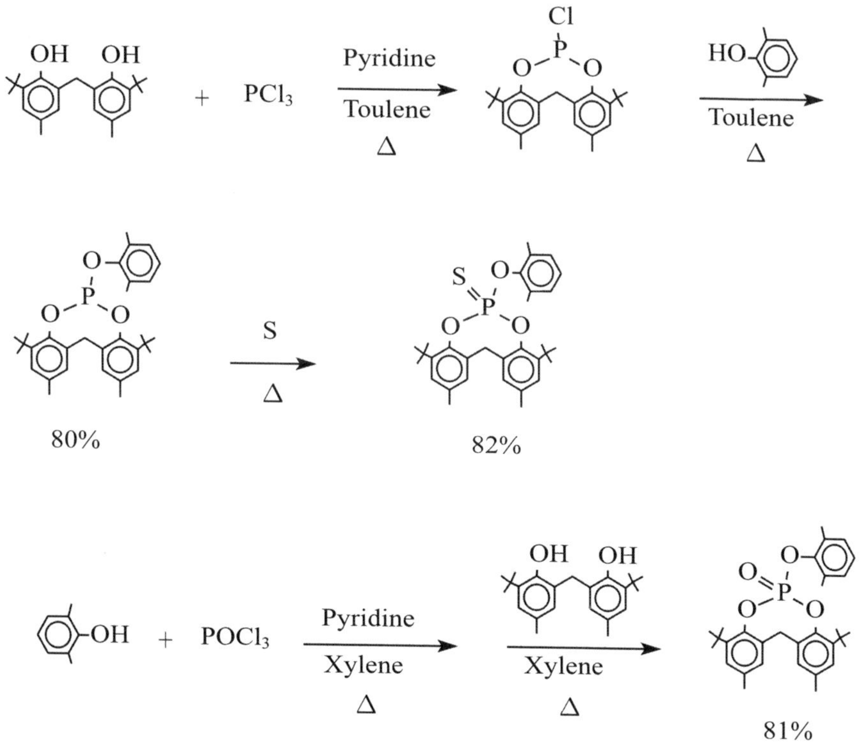
OH
OH
PCl_3
Pyridine
Toulene
Δ
Cl
P
O
O
HO
Toulene
Δ
S
Δ
80%
82%
OH
$POCl_3$
Pyridine
Xylene
Δ
Xylene
Δ
81%

表 20-6　摻混環狀芳磷系難燃劑物性測試

Flame Retardant According to Example	——	1	2	3	4
Flame Inhibition According to UL at 4 mm	burns	V-0	V-0	V-0	V-0
Glass Transition Temperature（DSC）〔℃〕	150	138	140	141	145
Boiling Water Absorption（4mm/1h）〔% by Weight〕	0.39	0.29	0.42	0.40	0.38
Cold Water Absorption（4mm/4 days）〔% by Weight〕	0.43			0.35	0.40
t（~5% by Weight）（TGA）〔℃〕	325	270	280	290	300
t（~10% by Weight）（TGA）〔℃〕	345	300	305	310	315

注：難燃劑構造分別為　1. X=S，Ar= 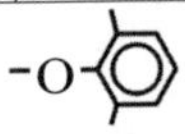　2. X=S，Ar= 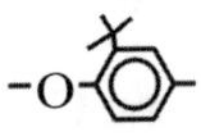　3. X=O，Ar= 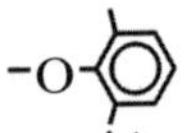　4. X=O，Ar=

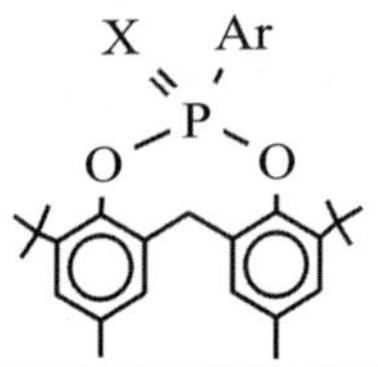

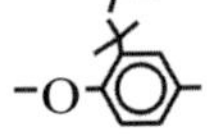

三、反應型芳磷系難燃劑

有機磷難燃劑開發已逾 50 年，但反應型磷系難燃劑商品，卻僅止於脂肪族，如表 20-7，其官能基為乙烯基或羥基，在高溫加工的工程塑膠應用上或高強度規格的需求下，無法滿足需求。因此，Ciba-Geigy 公司於 1996 年發表美國專利 5506313⑪，發展羥基芳磷系難燃劑，其三階段酯化反應步驟如下。所得產物為混和物，產率為 71%，分子量在 M_n=700 及 M_w=2947，可使用鍵結於環氧樹脂，但添加量為 20phr，即試片的磷含量為 1.78%，並須另搭配其他助劑（Tetrabromobisphenol A 等），才能達到 V-0 的 UL 94 垂直燃燒結果。

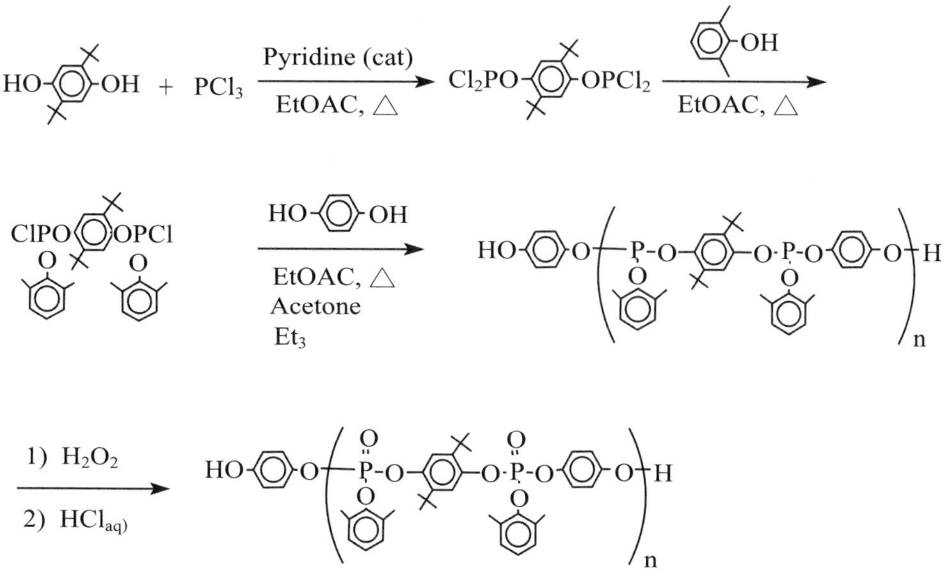

HO-⟨Ar⟩-OH + PCl_3 —Pyridine (cat) / EtOAC, △→ Cl_2PO-⟨Ar⟩-$OPCl_2$ —⟨Ar⟩-OH / EtOAC, △→

ClPO-⟨Ar⟩-OPCl (O, O) —HO-⟨Ar⟩-OH / EtOAC, △ / Acetone / Et_3→ HO-⟨Ar⟩-O-(-P-O-⟨Ar⟩-O-P-O-⟨Ar⟩-O-)$_n$-H (O, O)

—1) H_2O_2 / 2) $HCl_{aq)}$→ HO-⟨Ar⟩-O-(-P(O)-O-⟨Ar⟩-O-P(O)-O-⟨Ar⟩-O-)$_n$-H (O, O)

表 20-7　塑橡膠用反應型磷系難燃劑

構造式	商品名
1. $(ClCH_2CH_2O)_2P(=O)\cdot CH{=}CH_2$	Akzo's Fyrol Bis-Beta
2. $C_4H_9P(=O)OC_3H_6OP(=O)$, $O(C_3H_6O)_xH$, OC_4H_9, $O(C_3H_6O)_yH$　$x + y = 3.4$	Albright & Wilson's Vircol 82
3. $(HOCH_2CH_2)_2NCH_2P(=O)(OC_2H_5)_2$	Akzo's Fyrol 6
4. $H\ -(OCH_2CH_2OP(=O)(OCH_3))_{2x}(OCH_2CH_2OP(=O)(CH_3))_x-OC_2H_4OH$	Akzo's Fyrol 51
5. $(ClCH_2CH_2O)_2P(=O)-[CH_2CH_2O-P(=O)(OCH_2CH_2Cl)-O]_n-CH_2CH_2Cl$　$n = 0\sim25$	Akzo's Fyrol 99
6. $HOCH_2\ -P(=O)-[(OCH_2CH_2)\ nOH]_2$	Akzo's Fyrol HM
7. $(CH_3)_2CHCH_2$ 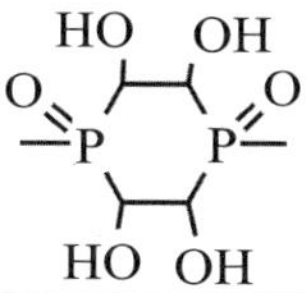 –P(=O) (HO, OH, HO, OH) P(=O)– $CH_2CH(CH_3)_2$	American Cyanamid Cyagard RF 1204

日本旭日化學公司 Nishihara 等作者，於 1994 年發表美國專利 5278212 ⑫，以氯化磷醯先鍵結 1~3 當量酚，再以適量的間苯二酚或對苯二酚進行酯化反應，可得到含 50~65%羥基之反應型芳磷系難燃劑，餘為三取代無羥基之芳磷化物。將此產品摻混於 HIPS 或 ABS 或 PC，測試其熱熔流速（Melt Flow Rate）、Izod 撞擊強度（Izod Impact Strength）及 Vicat 軟化溫度（Vicat Softening Temperature），並與僅添加 TPP（Triphenylphosphate）的相同成分進行比較，如表 20-8。

表 20-8　HIPS、ABS 或 PC 摻混難燃劑物性測試

聚合物量 (phr)	磷化物添加量			MFR (g/10min)	Izod Impact Strength (Kg.cm/cm)	Vicat Softening Temperature (℃)
	TPP-OH	TPP	RDP			
HIPS 100	13.5	4.6	6.9	13.2	13.8	83.7
HIPS 100	10.8	3.7	5.5	9.9	13.8	83.8
HIPS 100	5.4	1.8	2.8	6.3	13.9	84.3
HIPS 100	0	0	0	1.3	13.8	105.6
HIPS 100	0	25	0	38.0	5.2	55.4
HIPS 100	0	20	0	23.0	8.9	64.2
HIPS 100	0	10	0	8.5	13.5	80.1
ABS 100	0	0	0	1.6	15.5	105.7
ABS 100	13.5	4.6	6.9	25.3	5.0	68.5
ABS 100	0	25	0	41.5	5.1	64.9
PC 100	0	0	0	0.12	8.8	154.2
PC 100	13.5	4.6	6.9	11.4	2.6	85.4
PC 100	0	25	0	17.1	2.8	78.5

注：*1.* TPP-OH：含羥基芳磷系難燃劑，TPP：Triphenylphosphate，RDP：Tetraphenyl Resoncinal Diphosphate。
2. 難燃劑比例為合成時不同條件所得結果。
3. 未添加磷化物，即為 HIPS 或 ABS 或 PC 空白試片。

發現添加等量磷化物，即試片之磷含量相同，具羥基反應型與添加型的熱熔速度均增加，但添加型增加幅度較大；在Izod撞擊強度測試，反應型與未添加難燃劑的高強度聚苯乙烯試片幾乎相同，但添加型卻隨量而減小；Vicat軟化溫度測試，均有下降趨勢，唯添加型下降幅度較大，顯示反應型難燃劑，對塑化品的機械性質影響較小。另難燃試驗，反應型必須添加 20phr 及其他助劑，才能達到 UL 94 垂直燃燒試驗的 V-0 效果。

Akzo 公司在製備 RDP 後，利用前驅物 MPCP（Monophenyl Dichlorophosphate）與MCDP（Monochloro Diphenylphosphate），進行反應型含羥基磷酸酯合成⑬⑭ 其反應式如下；在無立體阻礙下，產物按機率分布，不具選擇性，即所獲為混合物。

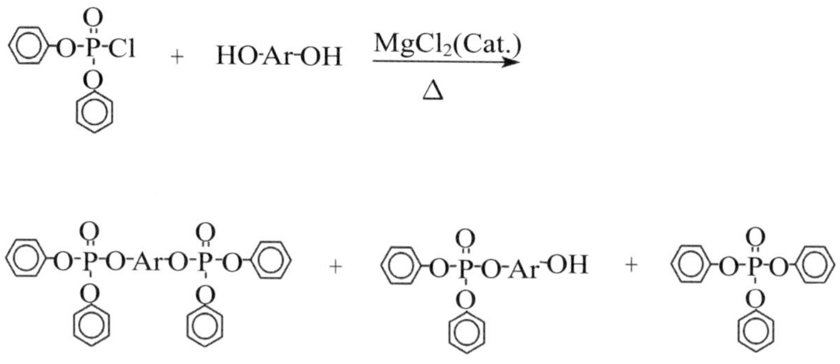

$(PhO)_2P(O)Cl$ + HO-Ar-OH $\xrightarrow[\Delta]{MgCl_2(Cat.)}$

$Ar(DP)_2$ + **ArDP** + **TPP**

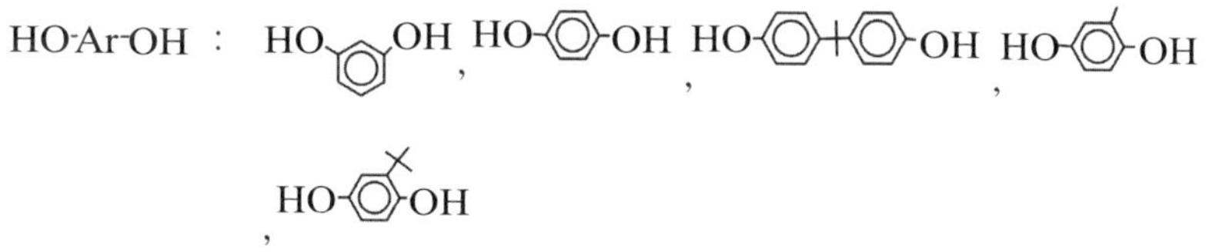

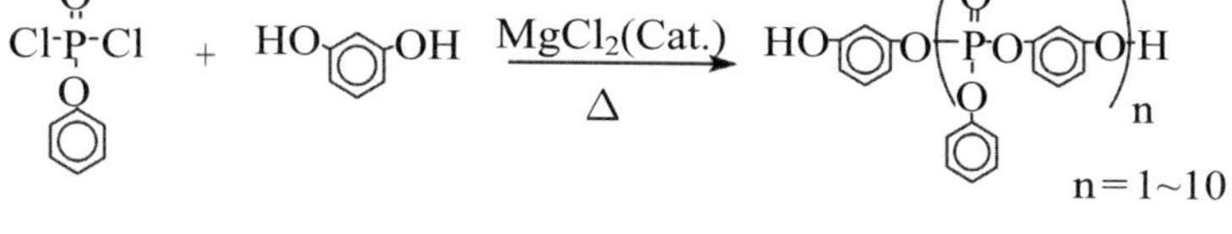

HO-Ar-OH：HO-C₆H₄-OH (resorcinol), HO-C₆H₄-OH (hydroquinone), HO-C₆H₄-C(CH₃)₂-C₆H₄-OH, HO-C₆H₃(CH₃)-OH, HO-C₆H₃(C(CH₃)₃)-OH

$Cl_2P(O)OPh$ + HO-C₆H₄-OH $\xrightarrow[\Delta]{MgCl_2(Cat.)}$ HO-C₆H₄-O-(P(O)(OPh)-O-C₆H₄-O)$_n$-H

n＝1~10

近年來，本實驗室亦戮力於反應型難燃劑合成[15,16]，以單釜三階段酯化反應，選擇制酸劑與溶劑，並以最佳純化條件，製備出具 80%單體的高純度羥基芳鄰酯（HDP）。

$POCl_3$ + HO OH $\xrightarrow[\Delta]{MgCl_2\ (Cat.)}$ Cl-P(=O)(Cl)-[O-Ar-O-P(=O)(Cl)]$_n$-Cl + HCl

n = 1, 2

Cl-P(=O)(Cl)-[O-Ar-O-P(=O)(Cl)]$_n$-Cl + OH (Ar) $\xrightarrow[\Delta]{\text{pyridine}}$ Cl-P(=O)(O-Ar)-[O-Ar-O-P(=O)(O-Ar)]$_n$-Cl + pyridine*HCl

Cl-P(=O)(O-Ar)-[O-Ar-O-P(=O)(O-Ar)]$_n$-Cl + HO-Ar-OH

$\xrightarrow[\Delta]{\text{pyridine}}$ HO-Ar-O-P(=O)(O-Ar)-[O-Ar-O-P(=O)(O-Ar)]$_n$-O-Ar-OH + pyridine*HCl

結　論

由於環保意識高漲，綠色產品漸成為共識，因此，為避免二次公害產生，鹵素等難燃劑使用範圍將日漸由磷系難燃劑所取代。芳磷系難燃劑添加於塑化品或參與共聚合，具可塑劑性質、增韌效果並相容性佳，且熱安定性優良，已成為塑化難燃的主流。

添加型芳磷系難燃劑易於製備，成本低，具經濟效益，可使用於部分聚合物。小分子添加型芳磷化物，於高溫加工時易揮發，凝集於模具，影響加工成效，並且在聚合物中因游離效應，而改變成品性質。因此添加型芳磷系難燃劑應朝向寡聚合化，增高磷含量，約2000分子量的芳磷化物，於聚合物中相容性佳，並且不易游離，適於高溫加工，為添加型難燃劑未來趨勢。為減輕成品熱變形溫度，固態難燃劑亦列為目前研發的重點。

反應型芳磷系難燃劑僅止於開發階段，未來必有廣闊的發展空間。基於高規格材料需求，鍵結於聚合物的難燃劑，才能降低機械性質改變，並使難燃材料具耐候性。反應型芳磷系難燃劑製備上的瓶頸，在單一選擇性與純化研究，因此高合成技術，簡化製程步驟，為開發反應型芳磷系難燃劑研究重點。

以開發難燃環保型環氧樹脂成品為例，必須先考慮設計為含磷環氧樹脂或製備為難燃硬化劑，該分子設計完成後於實驗室進行合成反應，製備所需難燃劑。續設定配方按比例滲混後製作試片，進行難燃性能測試、機械性能測試與物性化性測試，可由測試結果調整配方或修飾分子以加強某部分性能。當測試結果符合所需，則進行難燃劑擴量製程相關試驗，包含其簡化製程、環保製程與經濟效益評估。新化合物或新產品必須律定規格，並建立物質安全性能評估資料，俾便由建立的資料庫，提供客戶使用與相對的工程設計。

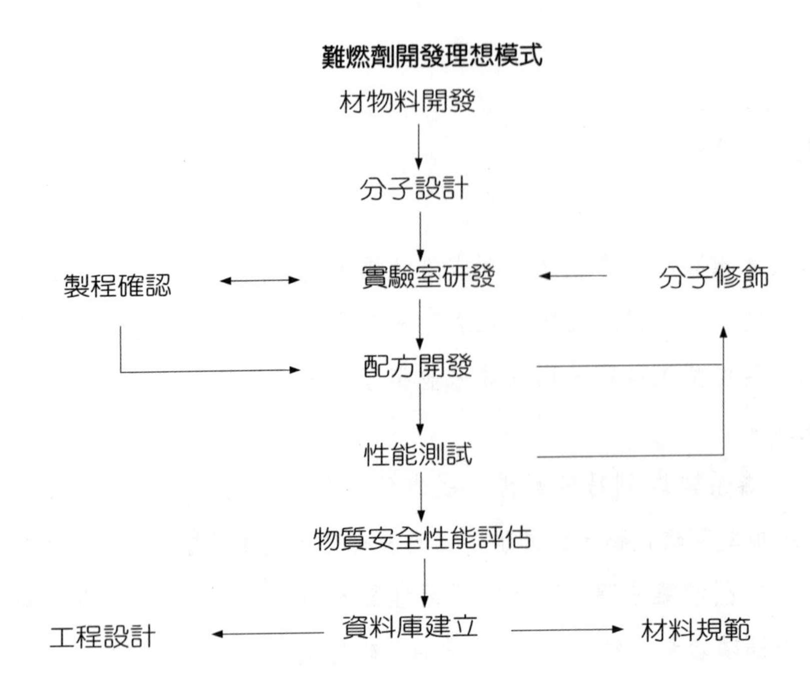
難燃劑開發理想模式
材物料開發
分子設計
製程確認
實驗室研發
分子修飾
配方開發
性能測試
物質安全性能評估
工程設計
資料庫建立
材料規範

❶蘇文，《四酚間二磷酸苯酯之合成研究》CSIRR-86D-CA-03-024，中山科學研究院（1997）。

❷蘇文，《丙二酚四酚二磷酸酯製程研究》CSIST-260.2-T301（90），中山科學研究院（2001）。

❸B. L. Brady, D. A. Bright, F. M. Schafer, to Akzo Nobel Co.", Process for the Manufacture of Poly（hydrocarbylene Aryl Phosphate）Compositians", US Patent, 5,457,221（1995）.

❹L. T. Gunkel, H. J. Barda, to FMC Co.", Process for Preparing Aryldiphosphate Ester", US Patent, 5,281,741（1994）.

❺J. V. Hanton, C.H. Kolich, J. G. Bostick, to Ethyl Co.",Organic Phosphates and Their Preparation", European Patent, 521,628（1992）.

❻J. S. Stults, to Great Lakes Co.", Process to Prepare Aryldiphosphoric Esters", US Patent, 5,756,798（1998）.

❼D. A. Bright, R. L. Pirrelli, to Akzo Nobel Co.",Process for the Formation of Hydrocarbyl Bis（hydrocarbyl phosphate）", US Patent, 5,750,756（1998）.

❽P. Flury, to Ciba-Geigy Co.", Cyclic Phosphates and Thiophosphates Useful as Flame Retardants for Halogen-free Polymers", US Patent, 5,072,014（1991）.

❾P. Flury, to Ciba-Geigh Co.",Flame Retardant Compositions of Halogen-free Polymers Containing Cyclic Phosphate or Thiophosphate Flame Retardants", US Patent, 5,132,346（1992）.

❿P. Flury, W. Scharf, to Ciba-Geigy Co.", Phosphorus Componds and Their Use as Flame Retardant for Polymers", US Patent, 5,130,452（1992）.

⓫P. Flury, C. W. Mayer, W. Scharf, E. Vanoli, to Ciba-Geigy Co.", Phosphorus-containing Flameproofing Agents for Epoxy Resin Materials", US Patent, 5,506,313（1996）.

⑫ H. Nishihara, K. Maeda, H., Ishikawa, H. Hikami, to Asahi Kasei Kogyo Kabushiki Kaisha",Flow Modifier for Thermoplastic Resin and Thermoplastic Resin Composition Containing the Same", US Patent, 5,278,212（1994）.

⑬ D. A. Bright, R. L. Pirrelli, to Akzo Nobel Co.", 4-Hydroxy-alkylphenyl Diphenyl Phosphate Flame Retardants", US Patent, 5,817,857（1998）.

⑭ D. A., Bright, R. L., Pirrelli, to Akzo Nobel Co.", Process for Making Hydroxy-terminated Aromatic Oligomeric Phosphates", U.S. Patent, 5.508,462（1996）.

⑮ W. C. Su, Y. S. Chiu, to Chung Shan In.", Process for Preparing Bis（3-t-butyl-4-hydroxyphenyl-2,4-di-t-butyl -phenyl）resorcinol Diphosphate", US Patent, 6,124, 492（2000）.

⑯ 蘇文，《反應型芳磷酯難燃劑HDP合成研究》，CSIST-260.2-T301（89），中山科學研究院（2000）。

第二十一章
界面活性劑

黃建銘

經歷：國立成功大學化工系專任助教（1985~1994）

晟堅企業股份有限公司研發部經理（1995）

統圓工業股份有限公司協理（1996~1999）

財團法人塑膠工業技術發展中心研究員暨技術部主任（1999~2001）

財團法人塑膠工業技術發展中心高級專員（1999）

財團法人塑膠工業技術發展中心副研究員（1999）

現職：修平技術學院化工系助理教授

國立勤益技術學院化工系兼任助理教授

經濟部工業局提升傳統產業競爭力計畫技術審查委員

中央標準局 CNS 規範技術審查委員

中華民國環保生物可分解材料協會第一屆理事長

一、前　言

二次大戰後，石油化學工業的快速發展，而使石油化學的製品替代了過去以天然原料為主的界面活性劑，由於石油化學產品具有特殊的性質與功能，而使得界面活性劑不僅在工業上的用途變得更為廣泛，而且在特用化學品工業發展中也扮演舉足輕重的角色。

近10年來，先進國家投入大量的資金與人力從事特用化學品的發展，其成長的速率至為驚人，以日本、西德為例，其特用化學品的外銷占化學出口值分別為49.5%和65%左右，而我國卻只有15%左右。由於界面活性劑是典型的技術密集產業，以目前國內大學，化學、化工研究所教育的普及和基礎，非常適合我國的發展。實際上我國工業發展的基本條件與日本、西德極為相似，由於本身物質資源的不足，唯有以高度的智慧與勤奮，並適時掌握相關的技術與市場資訊，才能加速界面活性劑工業之發展，如此我國特用化學品的產值到公元2000年可以達到化學工業的49%以上。

界面活性劑兼具有親油和親水的雙重特性，此種特性會隨界面活性劑之濃度、溶劑的種類及添加物之種類與濃度而異。譬如界面活性劑在水中時，當其濃度高於微胞的臨界濃度（Cricical Micelle Concentration, CMC）時，其單體受van der Waals Force or Hydrophobic Interaction（親油基的相互作用）或是庫倫靜電作用力及溶液內添加物的影響，而形成Fluid Microstructure或是懸浮的液晶。此種懸浮的液晶會隨溶劑的增多而消失，是典型的Lyotropic Liquid Crystal。

最早界面活性劑，如肥皂，遠在紀元前2500年已被人們所利用，並在Leblanc氏和Solvay氏研究苛性鈉製造法後，肥皂界面活性劑始大量生產。

到了1960年代界面活性劑不僅使用於清潔方面，而逐漸擴充至造紙、金屬、選礦、紡織染整及食品等範圍。同時原料亦由動植物油為主體之狀況，轉換成大部分利用石油化學製品為原料之時代。進入1970年代，界面活性劑的消費除家庭用清潔劑外，其他之應用範圍開始大幅的擴增。同時清潔劑對河川之污染問題也開始被重視。因此，清潔劑原料也由微生物難分解之硬性烷基苯轉換成微生物易分解之軟性烷基苯原料。隨著科技之進步與生活水準之提高，界面活性劑被應用於產業及日常生活上日趨廣泛，對國內相關產業之發展亦極為重要。

二、界面張力、表面張力與界面活性劑之定義

(一)界面張力與表面張力

在日常生活中，當我們緩慢開啟水龍頭，觀察讓水滴持續滴落之狀態，了解短時間內滴落的水滴可暫時形成球狀（界面活性劑具有多種結構形態，球形為其中之一），如圖 21-1 所示。此外，下雨後，樹葉上停留之水滴亦形成圓珠狀。這些現象皆由於水滴之表面具有收縮力，促使水滴收縮成最小表面積之球狀。

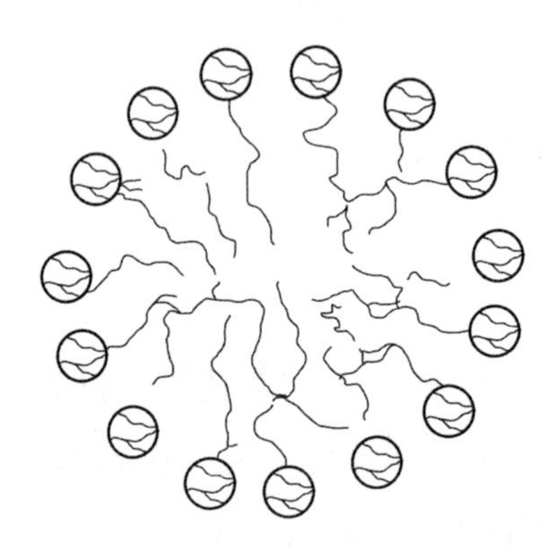

圖 21-1　界面活性劑球狀微胞

當水液相與氣相相接觸時，液相內部的分子因其四周所作用之吸引力相互抵銷，故無引力作用可言。而液體表面之分子與液體表面上之氣體分子之引力甚微弱，可忽略不計。其結果只剩下拉向液相內部的引力作用，此種內向的引力，使液體之表面積儘量減小，而形成向內收縮之引力，即可稱之為表面張力（Surface Tension）

由上述可知，所謂表面（Surface）即表示液相和氣相之界面。至於界面（Interface）任何相異兩相（除氣相外）間之界面。例如液態油相注入水液相內，靜置後，油相因比重小浮於上層，水液相比重大則沈於下層，油一水兩層之接觸

薄膜即為界面。

液體和氣體接觸面所產生之張力，稱為表面張力（Surface Tension），而液體與別種液體或是固體接觸面所產生之張力，稱為界面張力（Interface Tension）。

㈡靜態表面張力之測量

測量表面張力之傳統辦法是假設液體表面已達平衡狀態，然後再利用Du Nouy Ring Tensiometer 或是 Wilhelmy Plate Tensiometer 進行測量。使用 Du Nouy Ring Tensiometer 表面張力儀測量液面之表現張力時，需要被測之液面面積維持一常數，而且要用全力將環拿起。對液體而言，無以上的問題，不過當溶液中含有界面活性劑時，由於界面活性劑分子會快速擴散地至新形成的表面，而造成此表面張力下降，因此，在測量界面活性劑溶液之表面張力時，需要給界面活性劑分子一些時間，讓這些分子在溶液表現達成平衡。

1. 圓環法（Ring Method）

圓環法可以精確快速的測量在兩種液體或液體與蒸氣之間的界面張力。它與Plate method是目前最普遍使用者。測定的原理是利用一個鉑銥合金的圓環，水平浸在液面或界面後，超初圓環吸附液面而產生液膜柱，用扭力拉斷此液膜柱所需的力與表面張力有下列的關係：

$$W = W_{total} - W_{ring} = 4\pi r\sigma$$

r：圓環的半徑

2. Wilhelmy 法（Wilhelmy Method）

L. F. Wilhelmy發展出此套利用薄的白金平板來測定接觸角或表面張力，此法與圓環法均較普遍。

測定的原理是利用一個白金平板浸在液體，再將白金平板拉起，此脫離液面所需的力即表現張力，它們之間有下列關係：

$$\sigma = \frac{Fw}{L\cos\theta}$$

Fw: Wilhelmy 力
L：濕潤長度（Wetted Length）
θ：接觸角（Contact Angle）

當此液體在白金平板上完全展開，假設接觸角為零，由上式可以很容易計算出表面張力。

Wilhelmy的方法，是測試平板浸入與液面接觸時的拉力，可以由下列公式表示：

$$F \cdot a = D \cdot g \cdot l \cdot b \cdot d$$

D：密度白金平板
g：重力長數
l：測試平板（Sample Plste）長度
b：測試平板寬度
d：浸入高度

所以，當測試接觸角時，完整考慮應為：

$$\cos\theta = \frac{1}{\sigma \cdot 1}(F + Fa)$$

使用 Du Nouy Ring 表面張力儀較 Wilhelmy Plate 表面張力儀差，是因為 Du Nouy Ring 的環與溶液的接觸大，會將殘餘的液體留在環上，而造成實驗的誤差變大。

㈢動態表面張力之測量

溶液內的界面添劑分子擴散至界面需要一些時間，但是當這些分子擴散至界面不僅會調整位向，同時會與鄰近的分子重新排列至最穩定及自由能最小的狀況。由於溶液內分子重新排列至最穩定及自由能最小的狀況，使得溶液內分子在溶液表面位向變化之速率遠比界面活性劑分子在溶液表面擴散之速率要慢，因此，要探討界面活性劑分子在溶液表面或是界面快速變化之結構時，就需要使用Bubble

Pressure Method。

當氣體被移入管內而氣泡尚未形成時，管內的液體會升高，而氣—液界面移動至管底時，管子外會維持一個固定的半球型形狀。此時，管內的氣壓最大，不過當氣泡的半徑比管口的半徑大時，管內的氣壓會急劇地下降。

毛細管上升法，其液體之表面張力可由下式求得：

$$\gamma = (\rho_C - \rho_G)\frac{ghr}{2} \quad \cdots\cdots(1)$$

γ：為液體之表面張力

ρ_C：為液體之密度

ρ_G：為氣體之密度

g：為重力加速度

r：為毛細管之半徑

h：為液面在毛細管內所達到之高度

(1)式可由下列之關係式：

$$P_A = P_B + \frac{2\gamma}{r} \quad \cdots\cdots(2)$$

在 C 點之壓力為：

$$P_C = P_B + \rho_C gh \quad \cdots\cdots(3)$$

在 D 點之壓力為：

$$P_D = P_A + \rho_G gh \quad \cdots\cdots(4)$$

當溶液表面之曲度為零時，C 點與 D 點之壓力必須相等：

即 $P_C = P_D \quad \cdots\cdots(5)$

將(2)式減去(3)式：

$$P_A - P_C = \frac{2\gamma}{r} - \rho_C gh \cdots\cdots(6)$$

將(4)式減去(5)式加起來：

$$P_C - P_A = \rho_G gh \cdots\cdots(7)$$

將(7)式減去(6)式，可得：

$$\rho_C gh - \rho_G gh = \frac{2\gamma}{r} \quad \text{或是} \quad \gamma = (P_C - P_A)\frac{ghr}{2}$$

Bubble Pressure Method 之表面張力，可由下式獲得：

$$P_{max} = (\rho_C - \rho_G) g (h + r) + \frac{2\gamma}{r}$$

或是

$$\gamma = \frac{(P_{max} - P_0) r}{2}$$

γ：為液體之表面張力
ρ_C：為液體之密度
ρ_G：為氣體之密度
g：為重力加速度
r：為毛細管之半徑
h：為液面在毛細管內所達到之高度

(三)界面添劑之分類

界面活性劑的分類方法很多，例如：合成分類法、化學構造分類法、用途分類法、性能分類法、主要原料分類法以及離子型式之分類法。其中離子型式之分類法最常被使用，亦較簡便。此種分類法是以界面活性劑溶於水溶液內，能解離成離子（離子性）或不能解離生成離子（非離子性）的化學變化作為基準，再依生成之離子種類分成陰離子性、陽離子性及兩性界面活性劑，如表 21-1 所示。

表 21-1　界面活性劑之分類（依對水之溶解性與離子型分類）

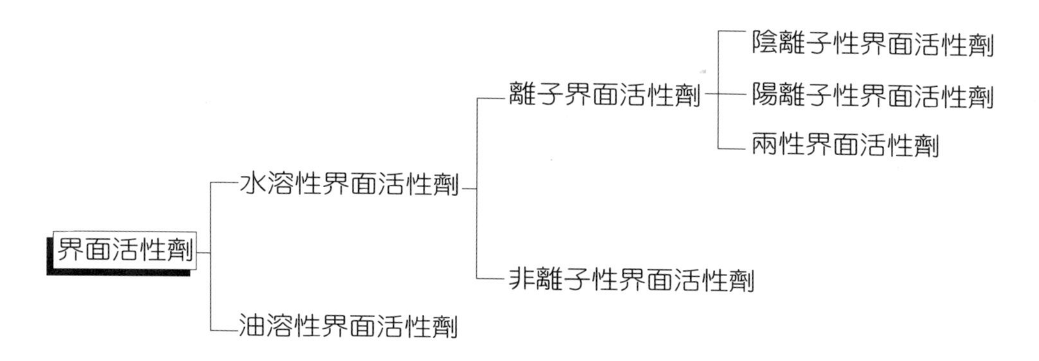

㈣陰離子性界面活性劑

所謂陰離子性界面活性劑即界面活性劑之物質溶於水中其親水基之部分為陰離子，如圖 21-2 所示。

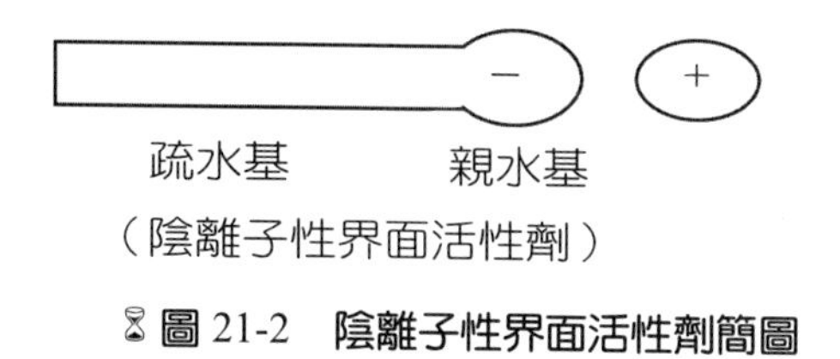

圖 21-2　陰離子性界面活性劑簡圖

陰離子性界面活性劑之例子如下：

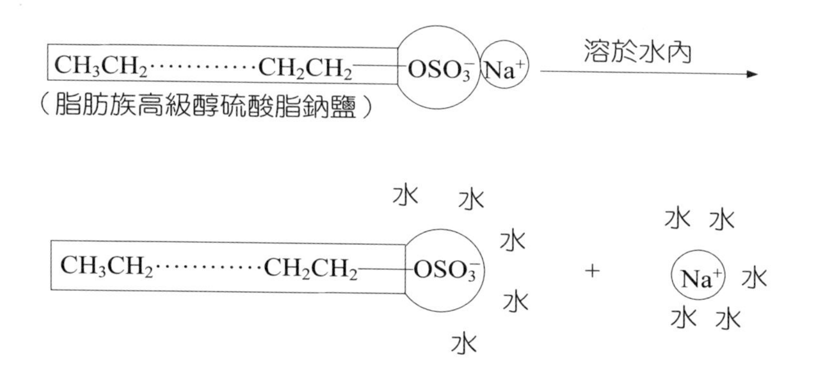

陰離子性界面活性劑係很早即被持續使用之物質。最古老的界面活性劑——肥皂，即為陰離子性界面活性劑。陰離子性界面活性劑之特性是在高溫下，其對水之溶解性較佳。其應用於洗淨劑方面之用量最多，除肥皂外，都具有良好的耐硬水性。此類界面活性劑一般可分為羧酸鹽、磺酸鹽、硫酸酯鹽、磷酸酯鹽、福馬林縮合系磺酸鹽等 5 類，其分類構造，如表 21-2 所示。

表 21-2　陰離子界面活性劑之分類與構造

種類	構造
1. 羧酸鹽(1)脂肪酸及松脂酸肥皂 (2) N—醯羧酸鹽 (3)醚羧酸鹽	——COO^- ——$CON—COO^-$(—polyoxyethylene) ——$O—COO^-$
2. 磺酸鹽(1)烷磺酸鹽 (2)磺基琥珀酸鹽 (3)酯磺酸鹽 (4)烷苯及烷萘酸鹽 (5) N 醯磺酸鹽	——SO_3^- ——$OCOCH_2CHCOO$——（CH 上接 SO_3^-） ——COO——SO_3^- —⌬—SO_3^-，—⌬⌬—　SO_3^- ——CON——SO_3^-
3. 硫酸酯鹽(1)硫酸化油 (2)酯硫酸酯鹽 (3)烷硫酸酯鹽 (4)醚硫酸酯鹽 (5)烷苯醚硫酸酯鹽 (6)醯胺硫酸酯鹽	——COOX（X 是甘油酯） SO_3^- ——$COO—OSO_3^-$ ——OSO_3^- ——O——OSO_3^- —⌬— O——OSO_3^- ——$CONH—OSO_3^-$
4. 磷酸酯鹽(1)烷磷酸酯鹽 (2)醚磷酸酯鹽 (3)烷苯醚磷酸酯鹽 (4)醯胺磷酸酯鹽 *5.* 福馬林縮合系磺酸鹽	——OPO_32^-—O, —O > PO_2^- —O——O, —O——O > PO_2^- PO_2^- [—⌬—O—]$_2PO_2^-$ [——CONH——O]$_2PO_2^-$ [——CH_2⌬⌬]$_n$ (SO_3Na)

1.肥　皂

肥皂是清潔劑中最常用的一類，屬於脂肪酸鹽，係利用苛性鈉溶液將油脂物皂化，或將脂肪酸中和而得。

$$(RCOOH)_3C_3H_5 + 3NaOH \longrightarrow 3RCOONa + C_3H_5(OH)_3$$

或

$$RCOOH + NaOH \longrightarrow RCOONa + H_2O$$

肥皂之特性依原料油脂之不同而異，例如棕櫚酸鈉鹽（Sodium Palmitate）肥皂具有適當之硬度，洗滌力佳。油酸（01eic Acid）鈉鹽肥皂質軟易溶於水。椰子油脂肪酸之鈉鹽肥皂易溶於水，起泡力亦大。為使肥皂具有適當之硬度、溶解度、洗滌力與起泡力等須選擇80%牛脂與20%椰子油混合為原料之油脂為宜。肥皂之洗滌力主要受肥皂液之表面張力、滲透力、分散力與乳化力等所支配，與起泡力無直接關係。

一般所稱之肥皂係指高級脂肪酸之鈉鹽，如改為鉀鹽，洗淨力相近，外觀上則是半固體，但是鉀肥皂成本較高，故以鈉肥皂較常被使用。如將鈉改為銨、乙醇胺等所製得之銨肥皂，乙醇胺肥皂則洗淨力較差，但可應用於殺蟲劑、石油、塗料、化妝品等乳化之用途上；如將鈉改為鈣、鎂、鋁、鉛等重金屬所得之金屬肥皂，係不溶於水者，可作潤滑劑、殺蟲劑、防水劑、化妝品、填充劑等方面之應用。

2.烷基苯磺酸鈉鹽（Alky1 Benzene Sulfonates）

此類陰離子性界面活性劑之消費量甚大，其中十二烷基苯磺酸鈉尤其廣泛被應用。十二烷基苯磺酸鈉界面活性劑之浸透力、洗淨力皆良好，比肥皂更易溶於水，其水溶液之起泡力強（較肥皂更易產生細小氣泡），由於黏度較低，故氣泡亦易消失，微生物分解性良好，價格適宜，通常使用作製造家庭用合成清潔劑、非肥皂等製品之主要成分物質。

製造十二烷基苯磺酸鈉鹽界面活性劑之十二烷基結構分為支鏈與直鏈狀，其對所製成界面活性劑之性質影響至巨。

⑴支鏈狀十二烷基苯磺酸鈉：支鏈狀十二烷基苯磺酸鈉，簡稱ABS，又稱硬質ABS〔注：ABS本係代表烷基苯磺酸鹽（Alky1 Benzene Sulfonic Acid Salt）的簡稱，因此類初期產品是支鏈ABS，故以ABS代表支鏈ABS〕。

支鏈狀十二浣基苯磺酸鈉界面活性劑主要應用作家庭用清潔劑之成分，不過此類物質之微生物分解性較差，且易產生氣泡而造成河川污染之現象。

⑵直鏈狀十二烷基苯磺酸鈉：直鏈狀十二烷基苯磺酸鈉（Linear Alkyl Benzene Sulfonate），簡稱LAS，（又稱軟性ABS。此類界面活性劑之洗淨力並非最佳，但滲透力、可溶化力等性質良好。其微生物分解性亦較佳，已逐漸取代支鏈狀十二烷基苯磺酸鈉。

㈤陽離子性界面活性劑

所謂陽離子性界面活性劑，即界面活性劑之物質溶於水中，其親水基之部分為陽離子，如圖21-3所示。

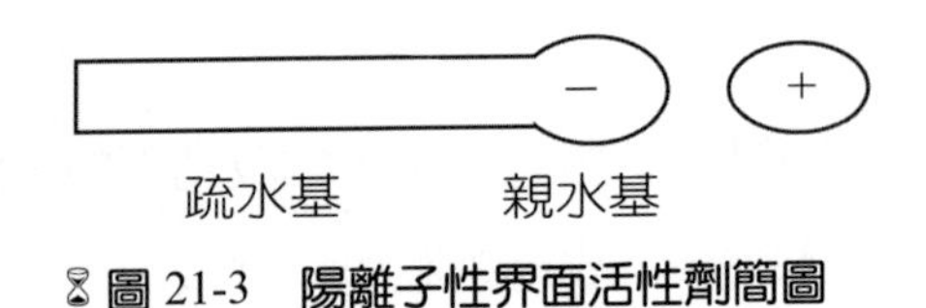

圖21-3　陽離子性界面活性劑簡圖

陽離子性界面活性劑之例子如下：

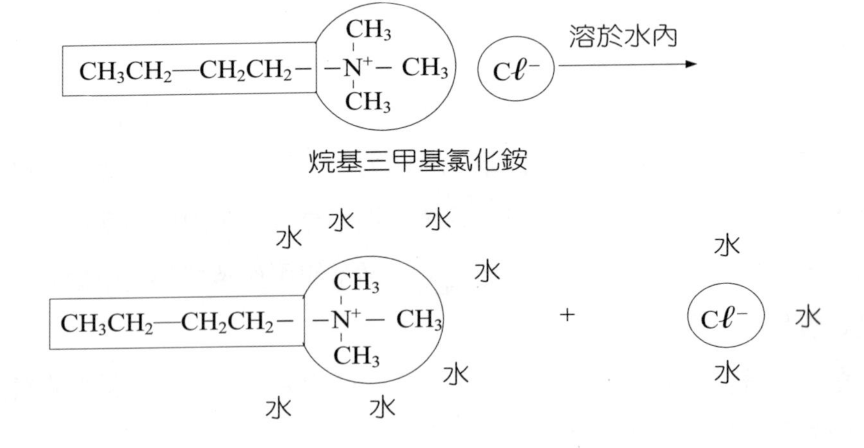

此類活性劑之親水性原子團在水中形成陽離子者，其性質與陰離子性界面活性劑相反，因此，亦稱之「逆性肥皂」。天然棉纖維與人造棉等在水中常帶陰電荷，因此，以此陽離子性界面活性劑處理時，活性劑被吸附於其表面，而增加其柔軟性、防水性，亦可利用於殺菌劑及消毒劑等方面之使用。

陽離子性界面活性劑可分為：

1. 胺鹽型

胺鹽依構造上之不同分為第 1 級胺鹽、第 2 級胺鹽及第 3 級胺鹽等三級。此類型陽離子性界面活性劑係由高級烷基胺與低級胺所製成。

2. 第四級胺鹽型

此類型界面活性劑係由第 3 級胺與烷化劑反應而製得之產品，其組合方式不同，所得產物亦異，產品種類甚多。此類活性劑主要係由高級烷基胺、低級胺與烷基吡啶鹽（Alky1 Pyridinium Salt）為原料而製得。

陽離子性界面活性劑之起泡力較強，但是一般污垢帶有陽電荷，因此，洗淨力則較陰離子性界面活性劑差。故此類界面活性劑很少應用作洗淨劑。由於價格較高，因此，一般消毒用之陽離子洗淨劑亦僅使用於醫學方面。此類界面活性劑於水溶液中與帶陰電荷之纖維可直接結合，故可應用於柔軟劑、平滑劑、均染劑、染料固色劑等纖維之染整加上。

㈥非離子性界面活性劑

所謂非離子性界面活性劑，即界面活性劑分子中之親水基不會解離成離子者（該親水基為羥基、醚基或亞氨基等），如圖 21-4 所示。

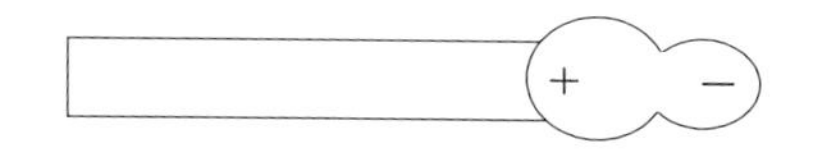

圖 21-4　非離子性界面活性劑簡圖

非離子性界面活性劑之例子如下：

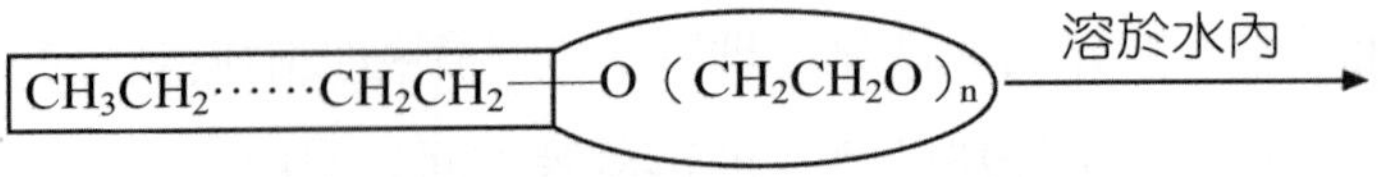

$$CH_3CH_2 \cdots\cdots CH_2CH_2-O\ (CH_2CH_2O)_n \xrightarrow{\text{溶於水內}}$$

脂肪族高級醇環氧乙烷附加物

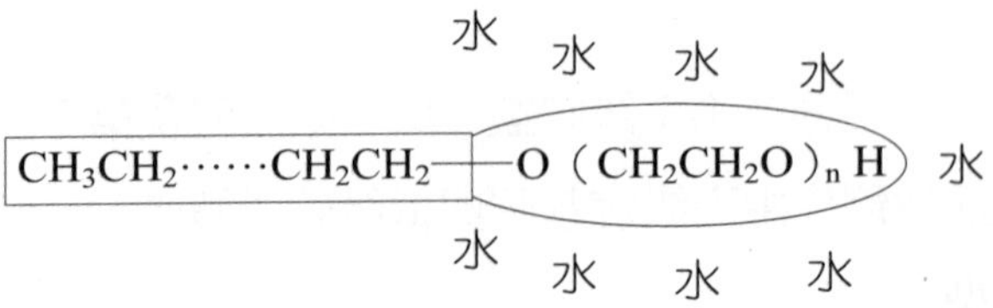

水 水 水 水

$$CH_3CH_2 \cdots\cdots CH_2CH_2-O\ (CH_2CH_2O)_n H$$ 水

水 水 水 水

非離子性界面活性劑之使用量僅次於陰離子性界面活性劑，主要使用於纖維染整、食品、化妝等工業上。非離子性界面活性劑之毒性較低，故可用於食品工業；因其不受硬水、鹽類之影響，故應用作乳化劑時，可調製成穩定之乳化液。非離子性界面活性劑在染整工業上可應用作柔軟劑、均染劑、緩染劑、乳化劑、洗淨劑等，且常與陰離子性界面活性劑配合使用作家庭清潔劑。此外，由於分子內沒有離子性，故可與任何一類界面活性劑混合使用。

非離子性界面活性劑依親水基之類型或可分為聚乙二醇型（Polyethylene Glycol）與多元醇型（Polyhydroxy）兩類。

1. **聚乙二醇型非離子性界面活性劑**

此類界面活性劑係將親水基和環氧乙烷附加於水基內，而形成之非離子性界面活性劑，如下式所示：

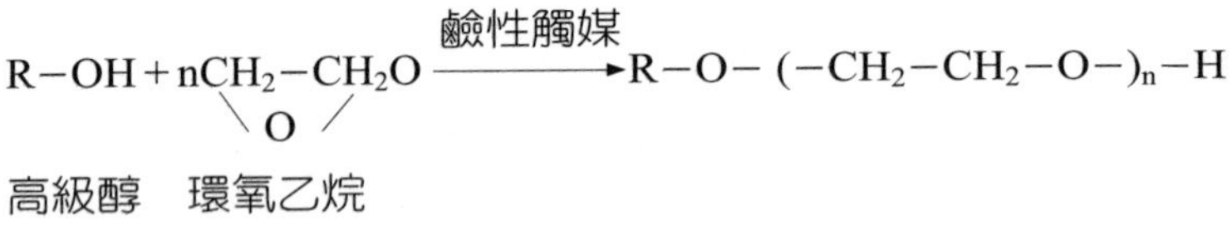

$$R-OH+n\underset{\diagdown\ O\ \diagup}{CH_2-CH_2}O \xrightarrow{\text{鹼性觸媒}} R-O-(-CH_2-CH_2-O-)_n-H$$

高級醇　環氧乙烷

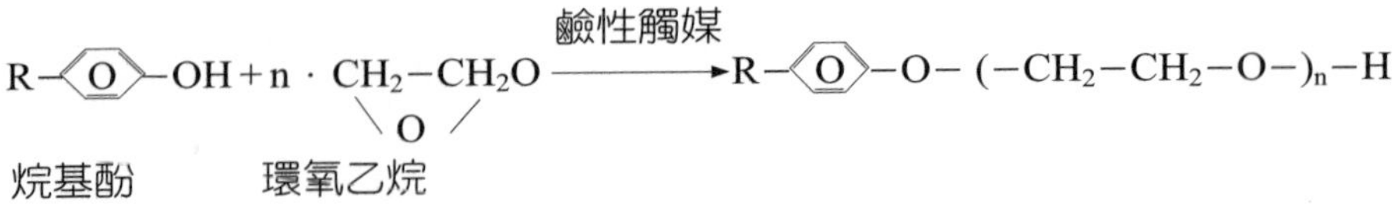

$$R-\langle O \rangle-OH+n\cdot \underset{\diagdown\ O\ \diagup}{CH_2-CH_2}O \xrightarrow{\text{鹼性觸媒}} R-\langle O \rangle-O-(-CH_2-CH_2-O-)_n-H$$

烷基酚　環氧乙烷

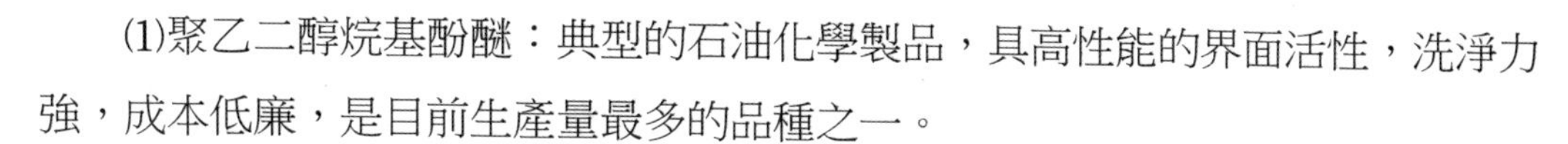

⑴聚乙二醇烷基酚醚：典型的石油化學製品，具高性能的界面活性，洗淨力強，成本低廉，是目前生產量最多的品種之一。

烷基鏈長為 C_8，C_9POE 數為 3~18，少部分為 50~100mol 之產品。

⑵聚乙二醇烷基醚：為非離子界面活性劑的代表之一，生產量頗多，烷基鏈長在 C_{12}~C_{18}之間，EO 聚合物在 3~18 之間較多。

POE 在 6~12mol 間之去污力佳，水溶性亦佳，可作為液體清潔劑。

⑶聚乙二醇聚丙二醇共聚合物：親油基的PPG分子量約在 1000~2000 之間，親水基的POE分子量則在200~800之間，屬低泡、低刺激性的高分子界面活性劑。

⑷聚乙二醇脂肪酸酯：烷基鏈長 C_{12}~C_{18}屬單脂與雙脂的混合物。屬於不耐酸，低毒性的製品。

⑸山梨糖醇酯及聚乙二醇山梨糖醇酯：山梨糖醇為油溶性物質，適用於食品添加劑，需求頗多。烷基碳數在 C_{12}~C_{18}之間。

聚乙二醇山梨糖醇酯則為山梨糖醇酯附加 4~20 mol EO 之化合物，水溶解性佳，構造較複雜。

⑹烷基酸胺：毒性低，易起泡適於清洗食器，一般商品以C_{12}的二乙醇酸胺較多。

⑺其他尚有脂肪單甘油酯、聚乙二醇脂肪酸單甘油酯、蔗糖脂肪酸酯，以及聚乙醇烷基胺等非離子性界面活性劑。

2. 多元醇型非離子性界面活性劑

多元醇由於具有多個羥基（-OH），因此，較易溶於水中，其與脂肪酸類之疏水基結合在一起則形成多元醇型非離子性界面活性劑。

此類界面活性劑之親水基主要原料，如表 21-3 所示。至於疏水基原料則以脂肪酸物質為主。由表 21-3 可了解多元醇非離子性界面活性劑大部分不溶於水，故此類界面活性劑很少應用作清潔劑或浸透劑。

表 21-3　多元醇型非離子性界面活性劑的親水基原料

	名稱	化學式	脂肪酸酯或醯胺的水溶性
多元醇	glycerin OH 基數＝3	CH_2-OH $CH-OH$ CH_2-OH	不溶 具自己乳化性
	pentaerytthrite OH 基數＝4	CH_2OH $HOCH_2-C-CH_2OH$ CH_2OH	不溶 具自己乳化性
	sorbitol OH　基數＝6	CH_2OH $CHOH$ $HO-CH$ $CHOH$ $CHOH$	不溶~難溶 具自己乳化性
	sorbitan OH　基數＝4	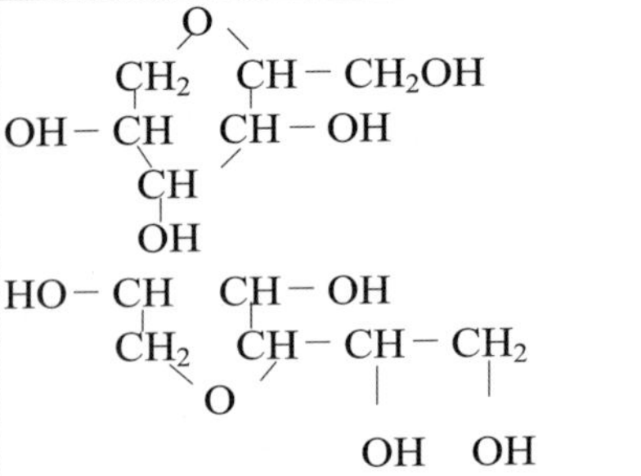 等混合物	不溶 具自己乳化性
胺醇類	monoethanol amine	$H_2NCH_2CH_2OH$	不溶
	diethanol amine	$HN(CH_2CH_2OH)_2$	1：2 摩爾型者可溶[b] 1：1 摩爾型者難溶[b]
糖類	砂糖 OH 基數＝8	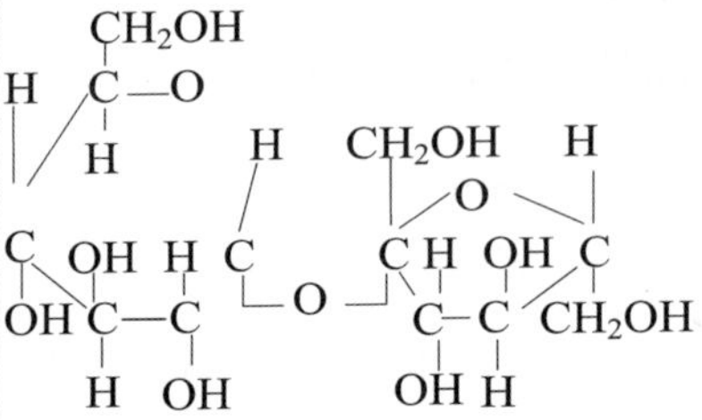	可溶~難溶

㈦兩性界面活性劑

所謂兩性界面活性劑，根據廣義之定義係表示界面活性劑之分子同時負有陰離子和陽離子之特，其分子結構說明如下：

1. 陰離子性基和陽離子性基之組合（狹義的兩性界面活性劑）

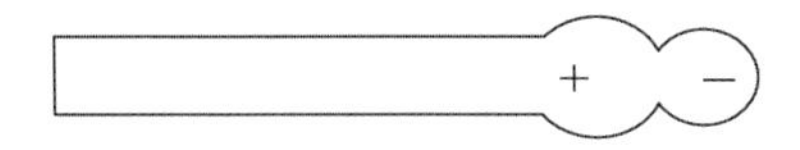

例如：

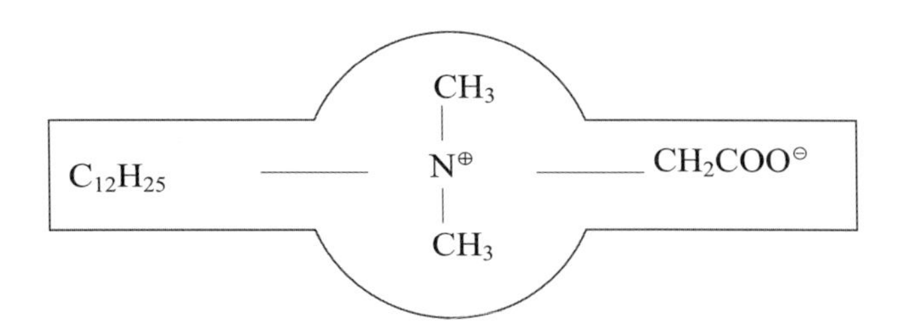

此種組合之界面活性劑分子中，陰離子性比陽離子性強時整個分子呈陰離子性，相反的陽離子性比陰離子性強時則呈陽離子性。兩性剛好平衡時，即是中性，可與其他型之界面活性劑自由混合。

界面活性劑分子內的陰離子性或陽離子性會隨PH值之變大或是變小而改變。

2. 陰離子性基與非離子性基之組合

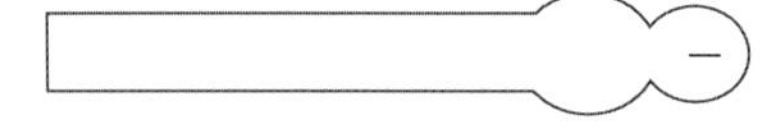

例如：

$C_{12}H_{25}-O-(CH_2CH_2O)_n-SO_3^{\ominus}$　$Na^{\oplus}$

3. 陽離子性基和非離子性基之組合

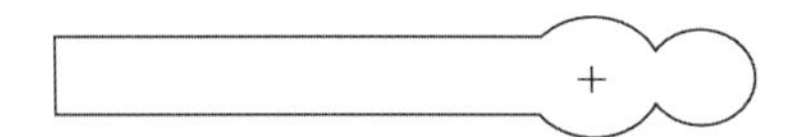

例如：

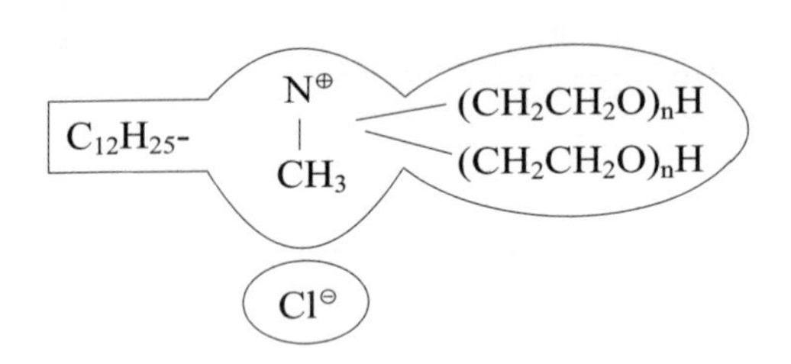

兩性界面活性劑雖有上述幾類，但是目前應用較多者仍以羧酸鹽型為主。羧酸鹽型兩性界面活性劑為含羧基（－COOH）作陰離子部分的兩性界面活性劑。兩性界面活性中含胺鹽陽離子部分者謂之氨基酸型兩性界面活性劑，而含第 4 級銨鹽型陽離子部分者謂之甜菜鹼（Betaine）型兩性界面活性劑。氨基酸型在等電點時有發生沈澱之傾向，甜菜鹼型在等電點時有較大之溶解性較佳，不易在溶液中產生沈澱。至於浸透性、洗淨力和靜電防止等，甜菜鹼型仍較氨基酸型為佳。

兩性界面活性劑之產量較少，價格較高，僅應用於特殊用途，例如：特殊清潔劑、殺菌劑、消毒劑、靜電防止劑、纖維柔軟劑、防鏽劑、燃料油添加劑及洗髮精等。

兩性界面活性劑之分子中，陽離子部分大都採用胺鹽或第 4 級銨鹽之親水性基。而陰離子部分則有羧酸鹽、硫酸酯鹽、磺酸鹽及磷酸鹽等 4 類。在實際應用上，兩性界面活性劑主要以陰離子部位之差異加以分類，如表 21-4 所示。

表 21-4　兩性界面活性劑之分類

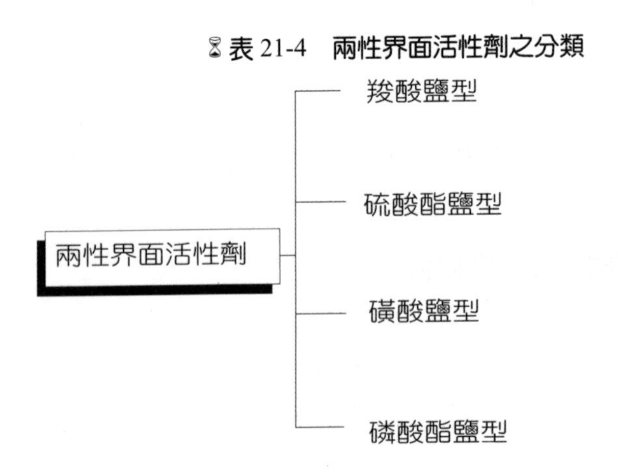

1. 甜菜鹼（Betaine）型兩性界面活性劑

甜菜鹼型兩性界面活性劑係由第 4 級銨鹽型之陽離子部分與羧酸鹽型陰離子部分所組成之兩性界面活性劑。其化學構造如下：

$$R-\overset{\displaystyle CH_3}{\underset{\displaystyle CH_3}{\overset{|}{\underset{|}{N^{\oplus}}}}}-CH_2COO^{\ominus}$$

R 為長鏈烷基，一般為 $C_{12}\sim C_{18}$，市面上最常使用有下列幾種：

(a) $$C_{12}H_{25}-\overset{\displaystyle CH_3}{\underset{\displaystyle CH_3}{\overset{|}{\underset{|}{N^{\oplus}}}}}-CH_2COO^{\ominus}$$

十二烷基二甲基甜菜鹼或月桂基二甲基甜菜鹼（Laury1 Dimethy1 Betaine）

(b) $$C_{18}H_{37}-\overset{\displaystyle CH_3}{\underset{\displaystyle CH_3}{\overset{|}{\underset{|}{N^{\oplus}}}}}-CH_2COO^{\ominus}$$

十八烷基二甲基甜菜鹼或硬脂基二甲基甜菜鹼（Steary1 Dimethy1 Betaine）

(c) $$C_{12}H_{25}-\overset{\displaystyle C_2H_5OH}{\underset{\displaystyle CH_2COO^{\ominus}}{\overset{|}{\underset{|}{N^{\oplus}}}}}-C_2H_5OH^{\ominus}$$

十二烷基二羥基乙基甜菜鹼或月桂基二羥基乙基甜鹼（Lauryl Dihydroxy Ethyl Betaine）

上述各種甜菜鹼型兩性界面活性劑於中性、酸性及鹼性溶液中均易溶解，在等電點時不會產生沈澱，而適用 pH 值之範圍極寬，可應用作染整助劑、靜電防止劑、增進手感之洗劑、縮絨劑等用途。

2. 氨基酸型兩性界面活性劑

最常見之氨基酸型兩性界面活性劑為十二烷基氨基丙酸鈉鹽（$C_{12}H_{25}NHCH_2COO^-Na^+$）該物質溶於水中，可形成透明之溶液，具有良好的起泡性和強鹼性。此類界面活性劑係屬於鹹性物質，由於基所含的氨基部分不會形成鹽之形態，故此種親水基之作較小。而羥酸鹽部分則成為親水性之親水基之主體。此類兩性界面活性劑所顯示之鹼性作用幾乎近似陰離子性界面活性劑之性質，不過，在酸性方面則具有陽離子性界面活性劑性質。此外，在陽離子與陰離子平衡時之等電點的位置上，親水性層變小且會發生沈澱之現象。

十二烷基氨基丙酸鈉鹽具有良好的洗淨力、起泡性及溼潤性，可應用於特殊之清潔劑。

甘氨酸型兩性界面活性劑是一種有效之消毒殺菌劑，代表產品如Tego。甘氨酸型兩性界面活性劑，有兩種化學結構如下：

$$R-(NH-CH_2-CH_2)_2-NH-CH_2COO^-Na^+$$

$$\begin{matrix} R-NH-CH_2-CH_2 \\ R-NH-CH_2-CH_2 \end{matrix} \rangle N-CH_2COO^-Na^+$$

甘氨酸型兩性界面活性劑，對格蘭氏陽性菌和陰性菌均有較強殺菌力。它的起泡性、濕潤性均佳，降低表面張力之能力亦強，毒性亦較陽離子性界面活性劑為弱，故使用於消毒殺菌劑上甚多。

三、界面活性劑之物性

界面活性劑水溶液的清潔力、密度、表面張力、滲透壓、當量導電度等物理化學性質，隨界面活性劑濃度增高到某一濃度時而產生急劇的變化，此異常的現象經科學家研究的結果，提出由多個界面活性劑單體聚集在一起的大聚合體，稱為微胞，而形成比微胞的最低濃度，稱為微胞形成的臨界濃度。水溶液中微胞的

內部是由烷基所構成，所以，不溶於水的油或有機液體可溶於微胞的裡面，此現象稱之為溶化（Solubilization）。

由同一親水基所構成的界面活性劑，其親油基愈長則 CMC 值愈小，原因是親油基與親油基受 Hydrophobic 的作用較強，因此，較容易聚集在一起。

界面活性劑之水溶液，當其濃度達到臨界微胞濃度時，水溶液的電傳導度、滲透壓、凝固點下降、蒸氣壓、黏度、可溶化力、清潔力、光散射、混濁度等物理性質均會產生急劇的變化。同樣地，經由測定這些物理性質之急速變化點，便可測出水溶液之臨界微胞濃度，如圖 21-5 所示。

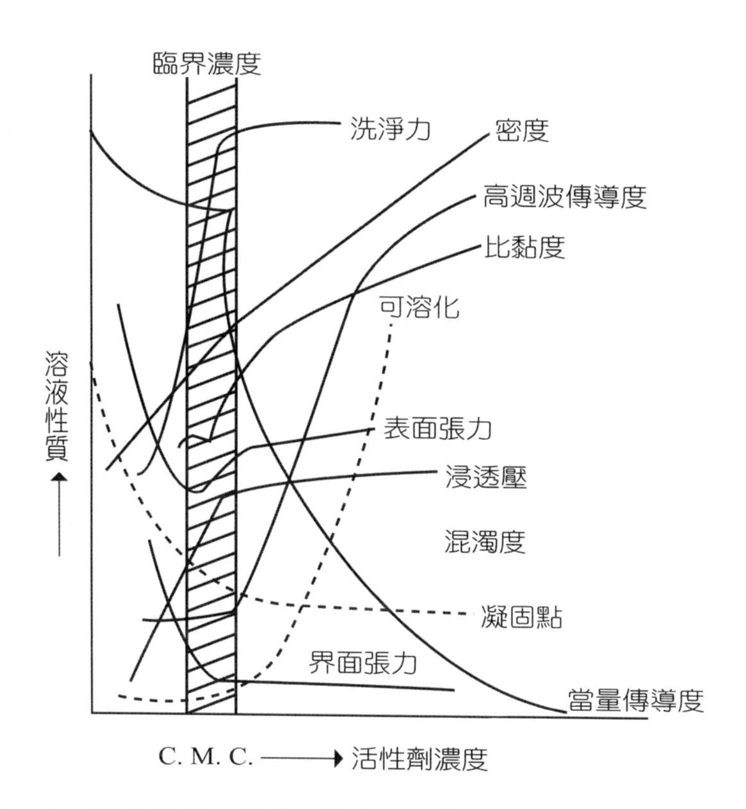

圖 21-5　界面活性劑水溶液的各種物理性質和臨界微胞濃度（CMC）的關係圖

㈠界面活性劑的濃度變化與臨界微胞濃度機構之關係

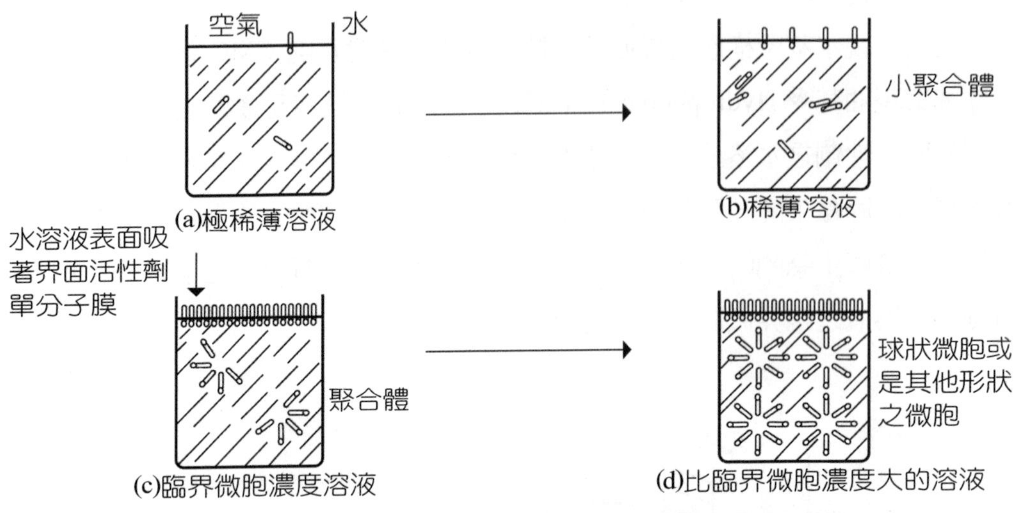

圖 21-6　界面活性劑的濃度變化和臨界微胞濃度機構之關係圖

由圖 21-6 可了解界面活性劑之濃度的變化與臨界微胞濃度之關係如下：

1. 圖 21-6(a)

表示界面活性劑濃度極稀薄溶液之情況，此種界面活性劑濃度甚低的溶液，僅有極少界面活性劑分子聚集在空氣和水之界面，使空氣和水幾乎在完全直接接觸的狀態，因此，水溶液表面張力降低的情況甚小，溶液保持接近液體水的表面張力。

2. 圖 21-6(b)

表示界面活性劑之濃度略高的溶液狀況。此溶液的表面張力會有下降之現象，這是因為吸附在溶液表面上界面活性劑的疏水基逐漸增多，結果造成溶液的表面張力下降。

3. 圖 21-6(c)

說明界面活性劑濃度增高至某一濃度時，溶液的表面張力會急劇地下降至某一數值後，不會再隨濃度進一步增高而有顯著的變化，此濃度稱之為臨界微胞濃度。臨界微胞濃度之界面活性劑分子的結構，可能是由若干界面活性劑單體分子聚集成一聚合體分子，此聚合體分子之疏水基吸附在水面上之含量已近飽和，因

此該溶液的表面張力會下降至一極限值。

*4.*圖 21-6(d)

很清楚地顯示水中的界面活性劑正形成微胞，此微胞界面活性劑分子之親水基是朝外並與水接觸，而疏水基（Hydrophobic Group）是在微胞裡面，此微胞結構的形狀若是球形，則每一個球形微胞大約由 50~150 個界面活性劑單體所組成，無論如何，微胞的形狀會受界面活性劑的濃度、溶劑，電解質及其他添加劑之影響，而形成不同的結構。

(二)微胞的形狀與功用

微胞的形狀係隨著界面活性劑之形狀和濃度，以及其他種種條件之不同而異。一般構造模型有小型微胞、球形微胞、層狀微胞、棒狀微胞等形狀。

在水中與在油中之分子排列，如圖 21-7 與 21-8 所示。

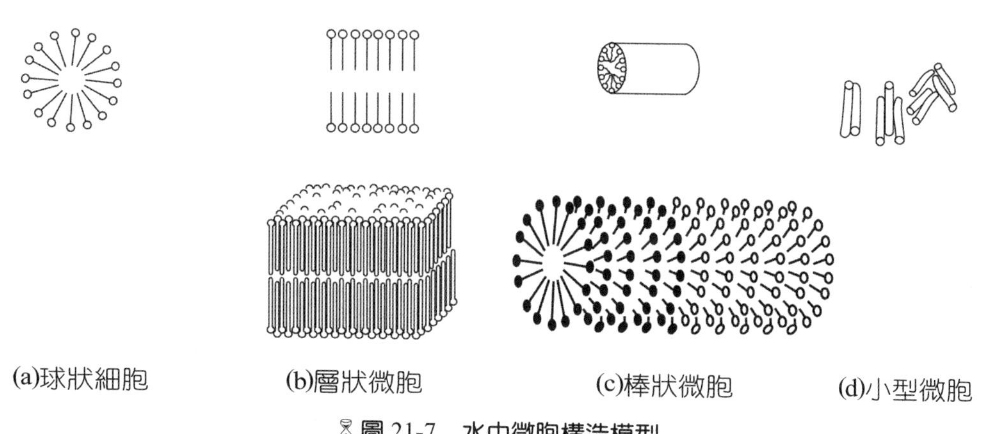

圖 21-7　水中微胞構造模型

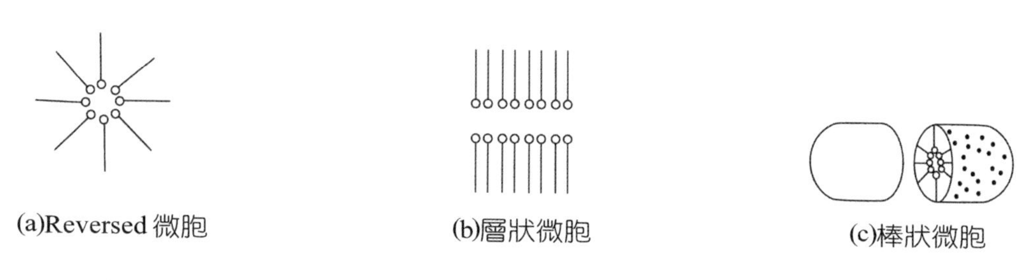

圖 21-8　油中微胞構造模型

圖 21-7 中可以看到水中微胞之形成是界面活性劑的極性基部分排向外界與極性化合物之水接觸，而將非極性基集中於內部而與水接觸。再說水中的微胞，其內部可說是非極性的集中處，且猶如小水滴，如此油滴即被溶化，界面活性劑之微胞即有溶化作用（Solubilization）之現象。

圖 21-8 中，可看出油中微胞之模型。界面活性劑之非極性基排向外界與非極性之油物質接觸，故其形狀與水中微胞之排列剛好相反。

微胞除了有溶化作用外，尚有洗淨與分散之現象。微胞所引起之洗淨作用是靠溶化而洗淨。至於微胞所引起之分散作用，是將在水中不易分散之非極性物質可溶化於水中之微胞內部，使其分散穩定以達到分散之目的。

四、濕潤作用

早在 15 年前，歐美界面科學家，即利用接觸角儀及表面張力儀，測油滴在固體表面之接觸角及界面張力的變化，來研究油滴自水中吸附到固體上或油滴自固體上脫落至水中的現象。這種研究不但能促進我們對濕潤（Wetting）及撥水（Roll−up）現象的了解，而且能做為發展成品改良品質之基石。因此，時至今日歐美界面學家仍然非常重視有關此類性質的研究。鑑於國內在這方面（Oil/Water/Solid）的研究，尚在萌芽階段，就科技需要提升的今日而言，卻有加強與推展的必要。

本文以 Fowkes 的理論配合接觸角儀及圓環形張力儀之運用，來說明油滴在蛋白質上或極性物質上之濕潤及撥水現象。

㈠儀　器

1. 接觸角儀（Contact Angle Goniometer）

2. 接觸角儀的構造非常簡單，見圖 21-9。

㈡接觸角與濕潤性之關係

一滴液體在固體（金屬、玻璃、其他等等）表面（平面）濕潤的情形，決定在分子間的引力大小，若液體一固體分子間的吸引力大於液體一液體分子間吸引力，則液滴對此固體的濕潤性一定很強（$0 \approx 0$□）；若液體一固體分子間的吸引力小於液體一液體分子間的吸引力，則液滴對此固體無濕潤性（$\theta \ll 0$□，無濕潤性；$\theta \gg 90$□，撥水性），如圖 21-10 所示。

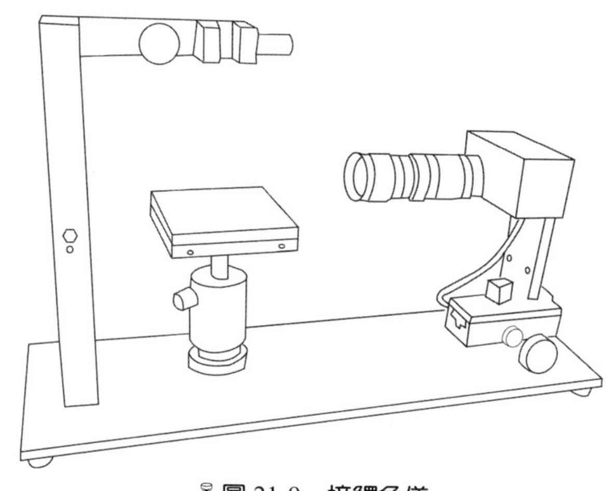

圖 21-9　**接觸角儀**

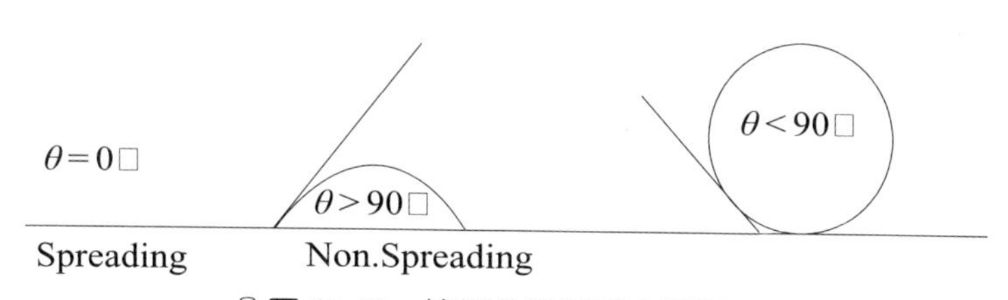

圖 21-10　**接觸角與濕潤之關係**

前接觸角（Advancing Contact Angle）與後接觸角（Receding Contact Angle）之定義

液滴在固體表面之接觸角會因為液滴量的增加而改變。當增加液滴的量接近新平衡時，其接觸角不會因液滴量的繼續增加而有所變化，此接觸角稱之為前接觸角（Advancing Contact Angle），見圖 21-11。

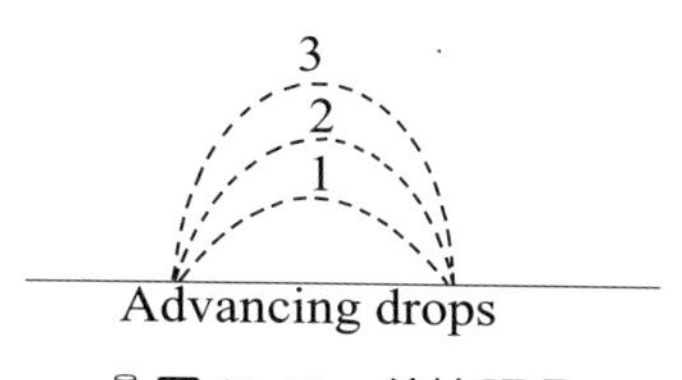

圖 21-11　**前接觸角**

固體表面上的液滴被用針孔抽取數滴後，剩餘的液滴接近新平衡時，其接觸解稱之為後接觸角（Receding Contact Angle），如圖 21-12 所示。在理論上，若固體的表面是非常均勻、平滑和清潔，而且選用溶劑與樣品的純度也非常之高，則前接觸角與後接觸角的大小應該是相等的。但實驗上，因為固體表面不夠平滑、清潔，樣品的純度也不夠高再加上人為的因素，結果前接觸角與後接觸角的大小，有時會相差到 20 度以上。

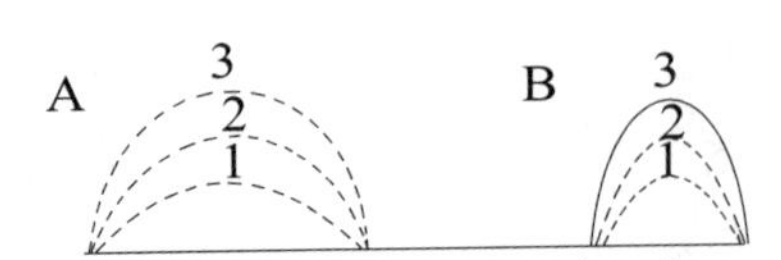

圖 21-12　後接觸角

㈢表面張力的方程式

在水中，油滴在固體表面上之吸附能（Work of Adhesion），$W_{o/w/s}^{total}$，可由下列方程式示之：

$$W_{o/w/s}^{total} = \gamma_{o/w}(1 + \cos\theta)$$

$\gamma_{o/w}$ = 油一水之界面張力

θ：在水中油滴與固體表面間之接觸角

根據 Fowkes 的理論②~④，油滴在固體表面上之總吸附能⑤ $W_{o/w/s}^{total}$，是由非極性吸附能 $W_{o/w/s}^{dispersion}$ 和極性吸附能 $W_{o/w/s}^{total}$ 所組成，即

$$W_{o/w/s}^{total} = W_{o/w/s}^{polar} + W_{o/w/s}^{dispersion}$$

極性吸附能主要是 $W_{o/w/s}^{polar}$ 主要是受氫鍵、金屬鍵、極性鍵等影響而非極性吸附能 $W_{o/w/s}^{dispersion}$ 則僅受分散力（Dispersion Force＝London or Van der Waals Force）

之影響。此兩吸附能（$W_{o/w/s}^{polar}$和$W_{o/w/s}^{dispersion}$）的大小隨油、水和固體之物性而改變，其關係分別討論如下：

1. 在水中，若液滴非性油，而固體是屬於極性的，則 $W_{o/w/s}^{polar}$ 與 $W_{o/w/s}^{dispersion}$ 間之關係為：

$$W_{o/w/s}^{polar} = W_{o/w/s}^{total} - W_{o/w/s}^{dispersion}$$
$$= \gamma_{o/w}（1+\cos\theta）-\gamma_{s/w}+（\gamma_{s/w}-\gamma_{s/w}） \quad (1)$$

根據 Fowkes 之實驗理論（Emperical Theory），水一固體和油一固體間的吸附力，可由下列方程式表示：

$$\gamma_{s/w} = \gamma_0 + \gamma_w - 2（\gamma_s^d \gamma_w^d）^{1/2} \quad (2)$$
$$\gamma_{s/o} = \gamma_s + \gamma_o - 2（\gamma_s^d \gamma_o^d）^{1/2} \quad (3)$$

將方程式(2)和(3)代入(1)式得

$$W_{o/w/s}^{polar} = \gamma_{o/w}\cos\theta - \gamma_w + 2（\gamma_s^d \gamma_w^d）^{1/2} + \gamma_0 - 2（\gamma_s^d \gamma_s^d）^{1/2} \quad (4)$$

γ_0：油的表面張力
γ_s^d：油的表面張力（僅受擴散力的影響）
γ_w^d：水的表面張力（受擴散力的影響）
γ_o^d：固體的表面張力（僅受擴散力的影響）
$\gamma_{o/w}$：固體一水之界面張力
$\gamma_{s/o}$：固體一油之界面張力

2. 在水中，若液滴是非極性油，而固體也是非極性，則油在固體表面的非極性吸附能，依據 Young 及 Fowkes 的理論，有下列關係：

$$\gamma_{s/w} = \gamma_{s/o} + \gamma_{o/w}\cos\theta$$
$$W_{o/w/s}^{dispersion} = W_{o/w/s}^{total}$$
$$= \gamma_{o/w} + \gamma_w - \gamma_o + 2（\gamma_s^d）^{1/2}[（\gamma_s^d）^{1/2} -（\gamma_w^d）^{1/2}]$$

3.在水中，若液滴是屬於非極性油，而固體卻屬於極性，則油在固體表面上之極性吸附能為：

$$W_{o/w/s}^{polar} = W_{o/w/s}^{total} - W_{o/w/s}^{dispersion}$$
$$= \gamma_{o/w}\cos\theta - \gamma_w + 2\left(\gamma_s^d \gamma_w^d\right)^{1/2} + \gamma_0 - 2\left(\gamma_s^d \gamma_s^d\right)^{1/2}$$

如何取得上式中γ_s^d、γ_o^d和γ_w^d值，在 Fowkes 的文獻裡有詳細的說明。在上式中非極性油（屬於碳氫型）的表面張力，γ_o僅受擴散力（Dispersion Force）的影響，$\gamma_o = \gamma_s^d$，而水的表面張力因受擴散力和極性力（Polar Force）的影響，因此，

$$\gamma_w\ (=72\text{dyne/cm}) = \gamma_w^{polar}\ (=50\ \text{dyne/cm}) + \gamma_w^{disparsion}\ (=22\ \text{dyne/cm})$$

本實驗中固體的表面張力γ_s^d（受擴散力影響），可由下列方程式解得：

$$\gamma_L - \gamma_{sL} = \gamma_{LV}\cos\theta \cdots\cdots (1'')$$

γ_{Lv}：受液氣影響的液體表面張力。

θ：液滴擴觸角。

$\gamma_s\ (= r_{SV} + \pi_e)$：固體之表面張力

π_e：吸附在固體表面之蒸氣壓（若接觸角很大，則π_e可被省略）

$$\gamma_{sL} = \gamma_s + \gamma_L - 2\left(\gamma_s^d \gamma_L^d\right)^{1/2} \cdots\cdots (2'')$$

在水中，$\gamma_L = \gamma_{Lv}$，聯合方程式(1)和(2)得

$$\cos\theta = -1 + 2\left(\gamma_S^d\right)^{1/2} \cdot \frac{\left(\gamma_L^d\right)^{1/2}}{\gamma_L} \cdots\cdots (3'')$$

由$\cos\theta$與$\frac{\left(\gamma_L^d\right)^{1/2}}{\gamma_L}$(4)之直線關係，及此直線必須通過原點（$\cos\theta = -1$）的條件下，可求得$\gamma_s^d$。

五、乳化作用

將兩種互不溶解的液體混合，其中一種以直徑約0.1μ～1μ的微細粒子狀態（稱為分散相、內相或非連續相），均勻分散於另一種液體（分散媒、外相或連續相）的情形，稱之為乳化。例如水與油性液體混合，使油分散於水中（Oil in Water）或水分散於油中（Water in Oil）。惟單純地將油加入水中振盪另可瞬間分散，但不久再形成油水兩相分離之狀態。為了促使乳化作用之進行，須添加界面活性劑，使分散狀態可維持較長期且穩定之保存，此種界面活性劑通常稱為乳化劑（Emulsifier）。經乳化處理，使兩種液體相互混合成安定狀態即形成乳化液。乳化液是處在不穩定的熱力學狀態，乳化液液滴可藉著加入陰離子型界面活性劑所造成的靜電排斥力而維持安定性，或可藉著液體表面吸附一層親水性長鏈分子（例如非離子性界面活性劑）而能安定地懸浮在連續相中。

分散是固體微粉粒均勻分布於氣體、液體或固體之中者。一般而言，在液體中分散者較多，而其所形成之溶液謂之分散液。關於乳化液與分散液之區分，如圖 12-13 所示：

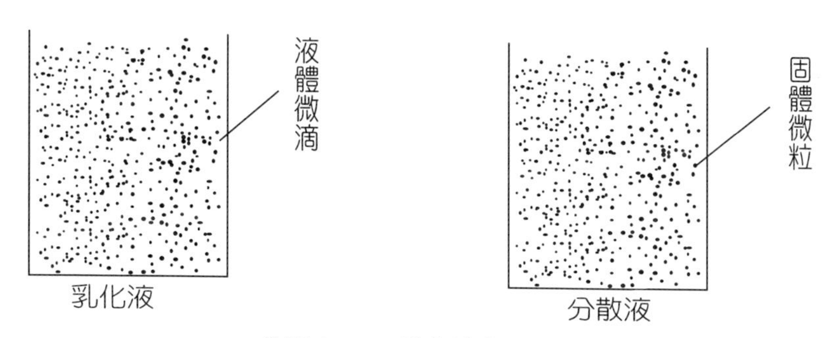

圖 21-13　**乳化液與分散液**

但是半固體的油脂類在水中分散時，難以區別是乳化或分散，故可稱為乳化分散。界面活性劑可當作乳化劑、分散劑或乳化分散劑等用途。

㈠乳化液之類型

乳化液是由連續相（Continuous Phase）（外相、或分散媒）以及非連續相（Discontinuous Phase）（內相或分散相）所組成。若某液體之體積遠小於一般液體，通常體積小者稱為非連續相，體積大者稱為連續相，而非連續相分散於連續相內。乳化液可分為下列 3 種：

1. 水中油滴型（Oil in Water, o/w）

油分散於水中，油為非連續相，水為連續相的乳化液，例如：牛奶即屬於此類型者。

2. 油中水滴型（Water in Oil, w/o）

水分散於油中，水為非連續相，油為連續相的乳化液，例如：奶油即屬於此類型者。

3. 複式乳化液

連續相包圍著非連續相，而非連續相又包圍著連續相的情況，即形成複式乳化液。

六、洗淨作用

洗淨作用是界面活性劑主要用途之一。洗淨作用之意義，簡單地說係自物體之表面，將附著於其上之無用、有害的污物，藉著物理或化學方法將之去除，使物體表面清潔。洗淨作用若以界面化學之觀點而言，即是集濕潤、滲透、乳化分散、溶化、泡沫、吸附等各種作用之綜合結果。

各種污物之去除法隨污物之種類、洗淨物之類別，以及污物之吸附狀態等而異，不同條件下所使用之洗淨劑之成分亦有差異。界面活性劑中用作洗淨劑者，陰離子與非離子型界而活性劑較廣泛地被應用而陽離子型界面活性劑洗淨力差，價格高，一般僅用於醫學方面。

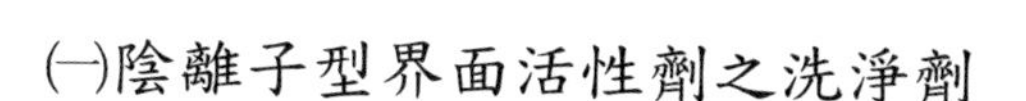

陰離子型界面活性劑應用作洗淨劑者有下列幾項：

1. 肥皂：RCOONa。

2. 高級醇硫酸酯鹽：$ROSO_3Na$。

3. α－烯的硫酸酯鹽：$\begin{array}{l}RCH_2\underset{|}{C}HCH_3\\ \quad\quad\quad OSO_3Na\end{array}$。

4. 烷基苯磺酸鹽：$R-SO_3Na$。

5. Igepon T型洗劑：係德國I. G. 商品名稱，屬於氯化油醯（Oleoyl Chloride）與正甲基牛磺（N－Methyl Taurine）反應所生成之界面活性劑。

$$C_{17}H_{3}3COCl+\underset{\text{正甲基牛磺酸}}{\overset{CH_3}{\overset{|}{NH}}-CH_2-CH_2-SO_3Na}\rightarrow \underset{\text{Igepon T}}{C_{17}H_{33}CO-\overset{CH_3}{\overset{|}{N}}-CH_2CH_2SO_3Na}$$

氯化油醯　　正甲基牛磺酸　　Igepon T

此類洗淨劑用量最多，價格較便宜，除肥皂外，都具有良好的耐硬水性。陰離子型界面活性劑在溶液內大多呈現中性至弱鹼性，通常硫酸鹽在鹼性溶液中較安定，在弱酸溶液內較易分解。

㈡非離子型界面活性劑之洗淨劑

非離子型界面活性劑應用作為洗淨劑有下列幾項：

1. 高級醇環氧乙烷附加物：$RO(CO_2CH_2O)_nH$。

2. 烷基苯酚環氧乙烷附加物：$R-\langle\bigcirc\rangle O(CO_2CH_2O)_nH$。

3. 脂肪酸二乙醇醯胺。

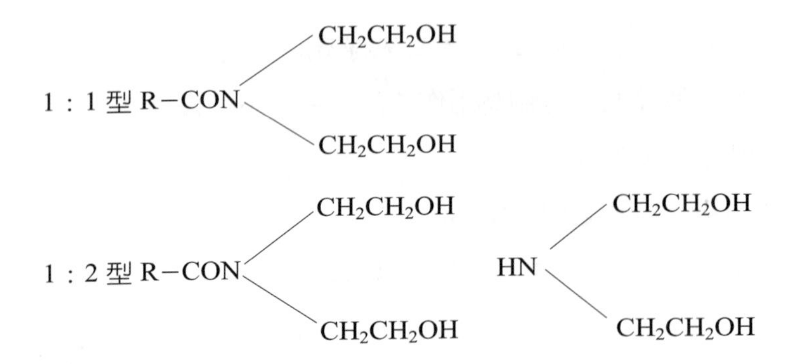

4. Pulronik 型非離子系洗劑

$$HO-(CH_2CH_2OH)_b-(\underset{\displaystyle CH_3}{\underset{|}{CH_2CHO}})_a-(CH_2CH_2OH)_cH$$

此類洗淨劑之優點為：

1. 洗淨力強，低濃度即有洗淨力，這是因為非離子型界面活性劑之監界微胞濃度較低之故。

2. 起泡性小，工業上使用上較方便。

3. 對硬水、酸性、鹼性安定。

4. 對水之溶解度大，易製成透明液態製品。

此類洗淨劑之缺點：

1. 有混濁點，在混濁點以上的溫度不溶於水，故不易使用。

2. 應用於紡織方面時，洗淨後，織物之手感較差。

七、界面活性劑之應用

界面活性劑之用途甚為廣泛，玆其應用敘述如下：

㈠紡織工業之應用

1.嫘縈纖維製造工程添加劑

⑴黏液嫘縈之添加劑

⑵凝固浴添加劑

2.紡織油劑

⑴黏液嫘縈紡紗油劑

⑵製造梳毛紗用油劑

⑶製造紡毛紗用油劑

⑷棉紡紗用油劑

⑸合成纖維紡絲紡紗用油劑

3.前處理用劑

⑴退漿助劑

⑵精練劑

⑶漂白助劑

⑷絲光滲透劑

⑸纖維用脫膠劑

4.羊毛加工之洗絨劑、縮絨劑及碳化工程助劑

5.染色或印花用

⑴均染劑

⑵分散劑

⑶導染劑

⑷固色劑

⑸溶解劑與助溶劑

⑹增濃劑

⑺乳化劑

⑻消泡劑

⑼濕潤滲透劑

⑽起泡劑

⑾皂洗劑

6. **整用加工用劑**

⑴柔軟劑

⑵平滑劑

⑶靜電防止劑

⑷防水劑

⑸防污劑

⑹防油劑

⑺樹脂加工助劑

⑻洗衣工業用清潔劑

㈡家庭用清潔劑與個人衛浴用品

1. **家庭用清潔劑**

⑴洗衣粉

⑵洗衣精

⑶洗碗精

⑷衣領精

⑸冷洗精

⑹柔軟精

2. **個人衛浴用品**

⑴洗面乳

⑵牙膏和刮鬍膏

⑶洗髮精

⑷沐浴乳

⑸面霜

㈢造紙工業之應用

1. 脫墨劑

2. 浸透劑

3. 消泡劑

4. 柔軟劑

5. 分散劑

6. 螢光增白劑

㈣土木、建築工程之應用

1. 瀝青之乳化用劑

2. 粉塵抑制劑

3. 沈降凝集劑

4. 土壤改良劑

5. 混凝土之減水劑、空氣連行劑

6. 增黏劑

7. 分散劑

8. 浸透劑

㈤橡膠及塑膠工業之應用

1. 乳化劑

2. 懸浮劑

3. 可塑劑

4. 分散劑

5. 增黏劑

6. 離型劑

7. 潤滑劑

8. 整泡劑

9. 消泡劑

10. 靜電防止劑

㈥染料、顏料、塗料及油墨之應用

1.乳化劑

2.分散劑

3.溼潤滲透劑

4.增黏劑

㈦食品工業之應用

1.乳化劑

2.溼潤劑

3.清洗劑

㈧醫藥品工業之應用

1.殺菌、消毒劑

2.乳化劑

3.溼潤、滲透劑

㈨機械工業之應用

1.脫脂劑

2.防銹劑

3.清洗劑

4.切削及壓延油劑

㈩礦冶工業之應用

1.浮選劑起泡劑與捕應劑

2.金屬表面加工劑

3.切削油、潤滑油及壓延油

㈩醱酵工業之應用

1.殺菌和消毒用劑

2.消泡劑

3.萃取劑

4.微生物之培養促進劑、新陳代謝之轉換劑、生成物之貯存延長劑

㈪石油工業之應用

1.原油之採掘、提練、貯存及輸送用劑

2.原油回收

3.原油之乳化破壞劑

4.重油添加劑

八、界面活性劑之市場分析

我國工業用界面活性劑之使用量以染整業最大，其次為建築、造紙及農藥業等等。我國在 1995 年使用之界面活性劑約 13 萬噸，除國內生產約 9 萬噸外，約 5 成是由國外進口。在進口項目中，非離子約 9 千噸，陰離子約 7 千多噸，陽離子較少約 6 百多噸，而其他技術層次較高之界面活性劑產品約 2 萬噸，如表 21-5 所示。由表 21-5 顯示各界面活性劑產品之濃度與價格比格雖然有偏差，但平均單價每公斤進口約為 61 元，出口約為 26 元，進出口平均單價相差 2 倍多，足以說明國內需要價格較高之界面活性劑產品，因此，如何提高界面活性劑產品之技術層次，成為我國界面活性劑工業發展之重要課題之一。

目前我國生產之界面活性劑仍以國內市場為主，而國內市場所需之界面活性劑約有 50%是由國外進口，至於我國出口之界面活性劑均屬低價位產品且占生產量 5~6%而已，因此，今後我國界面活性劑工業之發展策略，應發展技術層次較高之功能性界面活性劑並積極開始國外市場，以增強我國界面活性劑之競爭力。

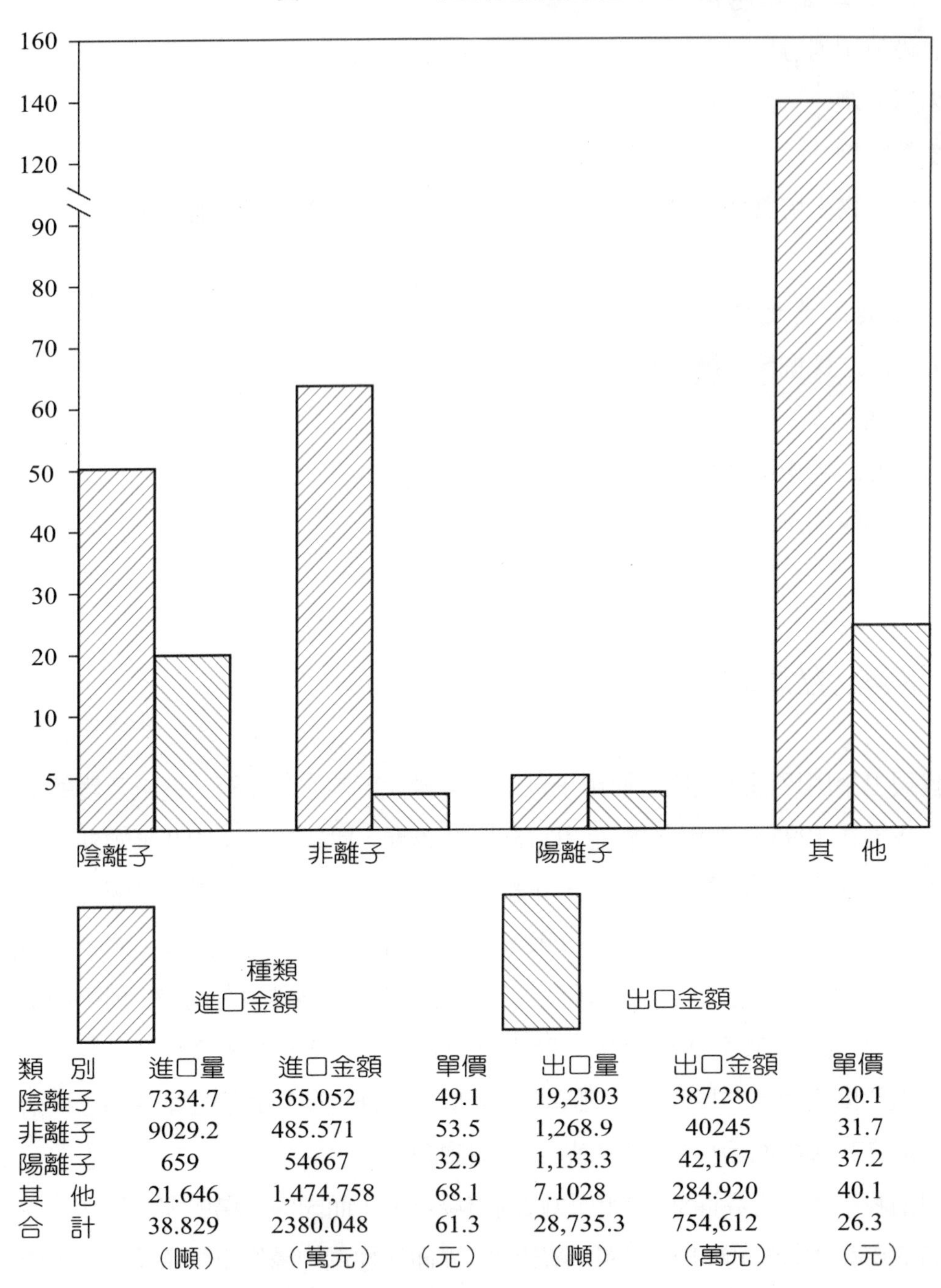

表 21-5 1995 年工業用界面活性劑進出口金額

類　別	進口量	進口金額	單價	出口量	出口金額	單價
陰離子	7334.7	365.052	49.1	19,2303	387.280	20.1
非離子	9029.2	485.571	53.5	1,268.9	40245	31.7
陽離子	659	54667	32.9	1,133.3	42,167	37.2
其　他	21.646	1,474,758	68.1	7.1028	284.920	40.1
合　計	38.829	2380.048	61.3	28,735.3	754,612	26.3
	（噸）	（萬元）	（元）	（噸）	（萬元）	（元）

九、界面活性劑之發展策略

我國界面活性劑工業經多年努力，不僅在產品方面力求生產成本合理及多元化外，在市場方面了積極開拓國際市場，藉以降低國內市場競爭的壓力，顯然界面活性劑工業朝向技術密集的方向邁進。展望未來⑴促進界面活性劑相關產業之發展及建立合作體系包含原料供需之整合和技術開發之整合；⑵增強界面活性劑，特質之認知；⑶積極培育界面活性劑工業之專業人才；⑷我國界面活性劑高附加價位產品的發展及走向，本人僅對一些高附加價位的產品且較適合我國工業發展的產品加以說明如下：

1. 萘磺酸鈉甲醛縮合物體（Sodium Naphthalene Sulfonate Formaldehyde Condensate）可做為染料分散劑、染整染色分散劑、農藥分散劑和高強度混凝土之流動劑，目前絕大部分仰賴進口，是值得相關業界開發的產品。

2. 符合 ASTMC-494 D 和 M Type 的木質磺酸鈉（Sodium Lignosulfonate）可作為一般強度混凝土的減水劑，目前絕大部分仰賴進口，也是值得相關業界開發的產品。

3. 聚醚胺（Polyetheramine）可作為汽油的清淨劑，目前全部仰賴進口。由於其需求量已達 3500 公噸，是值得業界考慮開發的產品。

4. 化粧品工業使用的 Alkyl Polyglycoside 雖然全部仰賴進口，但需求量不大，目前尚無設廠的必要。

5. 高分子型界面活性劑、反應性界面活性劑、Germini 界面活性劑等特殊型界面活性劑，是值得業界開發的產品。

國家圖書館出版品預行編目資料

應用高分子手冊／張豐志編著.
--初版.--臺北市：五南，2003[民92]
面；　公分
ISBN 978-957-11-3190-0（平裝）
1.高分子化學　2.工程材料
467　92001679

5E07

應用高分子手冊

Hand Book of Applied Polymers

作　　者 — 張豐志
發 行 人 — 楊榮川
總 編 輯 — 王翠華
主　　編 — 王正華
責任編輯 — 金明芬
出 版 者 — 五南圖書出版股份有限公司
地　　址：106台北市大安區和平東路二段339號4樓
電　　話：(02)2705-5066　傳　　真：(02)2706-6100
網　　址：http://www.wunan.com.tw
電子郵件：wunan@wunan.com.tw
劃撥帳號：01068953
戶　　名：五南圖書出版股份有限公司
法律顧問　林勝安律師事務所　林勝安律師
出版日期　2003年 2 月初版一刷
　　　　　2016年10月初版四刷
定　　價　新臺幣610元

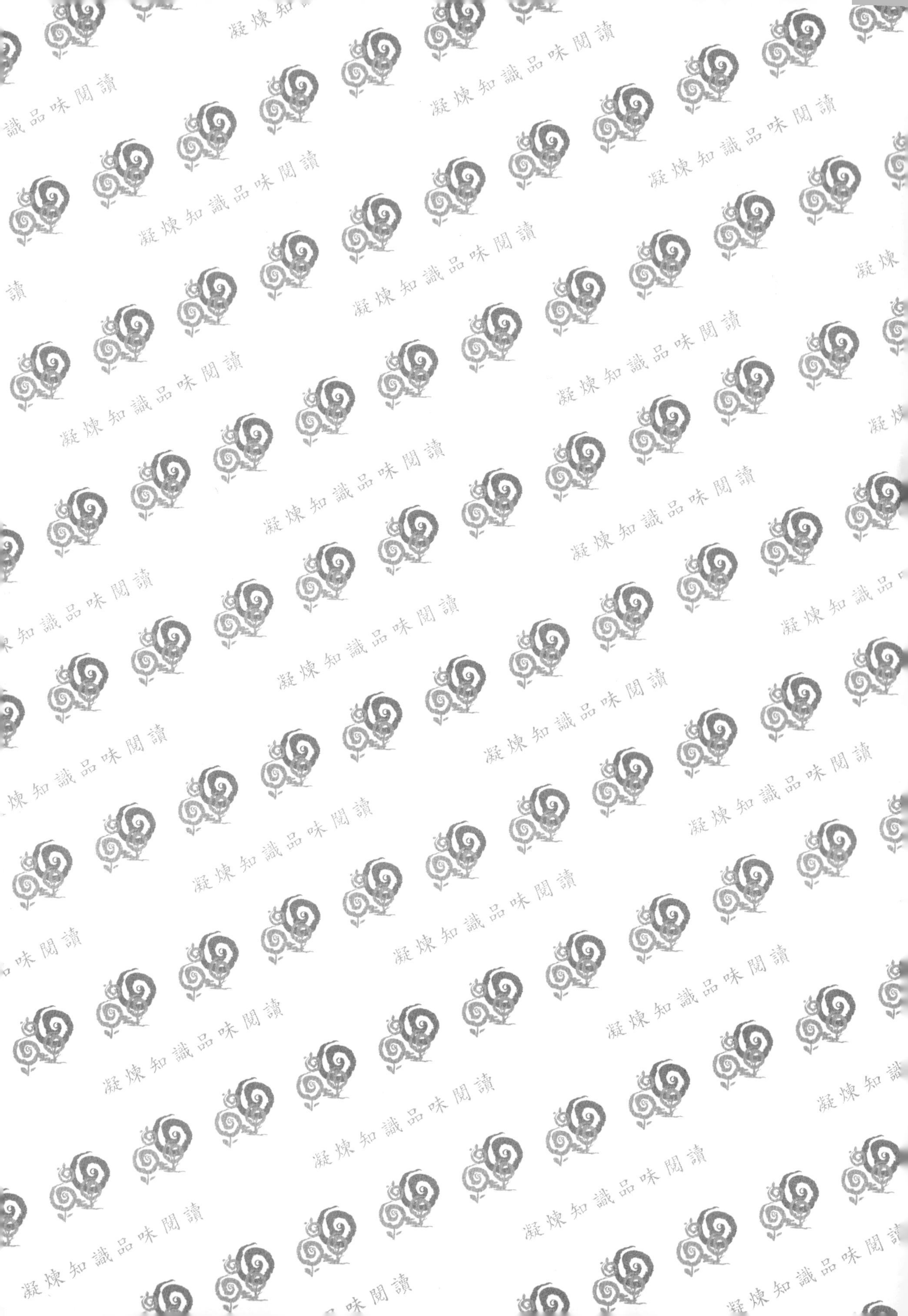